大到不能倒

TOO BIG TO FAIL

The inside story of how Wall Street and Washington fought
to save the financial system—and themselves

金融海嘯內幕真相始末

Andrew Ross Sorkin

安德魯・羅斯・索爾金｜著　潘山卓｜譯

經濟趨勢 43

大到不能倒：金融海嘯內幕真相始末

作　　者　安德魯・羅斯・索爾金（Andrew Ross Sorkin）
譯　　者　潘山卓
企畫選書人　林博華
責 任 編 輯　林博華
行 銷 業 務　劉順眾、顏宏紋、李君宜

發 行 人　凃玉雲
總 編 輯　林博華
出　　版　經濟新潮社
104台北市中山區民生東路二段141號5樓
電話：(02)2500-7696　傳真：(02)2500-1955
經濟新潮社部落格：http://ecocite.pixnet.net
發　　行　英屬蓋曼群島商家庭傳媒股份有限公司城邦分公司
104台北市中山區民生東路二段141號11樓
客服服務專線：02-25007718；25007719
24小時傳真專線：02-25001990；25001991
服務時間：週一至週五上午09:30-12:00；下午13:30-17:00
劃撥帳號：19863813；戶名：書虫股份有限公司
讀者服務信箱：service@readingclub.com.tw
香港發行所　城邦（香港）出版集團有限公司
香港灣仔駱克道193號東超商業中心1樓
電話：852-25086231　傳真：852-25789337
E-mail: hkcite@biznetvigator.com
馬新發行所　城邦（馬新）出版集團 Cite(M) Sdn. Bhd. (458372 U)
11, Jalan 30D/146, Desa Tasik, Sungai Besi,
57000 Kuala Lumpur, Malaysia
電話：603-90563833　傳真：603-90562833
印　　刷　宏玖國際有限公司
初 版 一 刷　2010年9月16日
初 版 12 刷　2022年2月25日

城邦讀書花園
www.cite.com.tw

ISBN：978-986-120-326-3

定價：650元
Printed in Taiwan

〈出版緣起〉

我們在商業性、全球化的世界中生活

經濟新潮社編輯部

跨入二十一世紀，放眼這個世界，不能不感到這是「全球化」及「商業力量無遠弗屆」的時代。隨著資訊科技的進步、網路的普及，我們可以輕鬆地和認識或不認識的朋友交流；同時，企業巨人在我們日常生活中所扮演的角色，也是日益重要，甚至不可或缺。

在這樣的背景下，我們可以說，無論是企業或個人，都面臨了巨大的挑戰與無限的機會。

本著「以人為本位，在商業性、全球化的世界中生活」為宗旨，我們成立了「經濟新潮社」，以探索未來的經營管理、經濟趨勢、投資理財為目標，使讀者能更快掌握時代的脈動，抓住最新的趨勢，並在全球化的世界裏，過更人性的生活。

之所以選擇「**經營管理—經濟趨勢—投資理財**」為主要目標，其實包含了我們的關注：「經營管理」是企業體（或非營利組織）的成長與永續之道；「投資理財」是個人的安身之道；而「經濟趨勢」則是會影響這兩者的變數。綜合來看，可以涵蓋我們所關注的「個人生活」和「組織生活」這兩個面向。

這也可以說明我們命名為「經濟新潮」的緣由——因為經濟狀況變化萬千，最終還是群眾心理的反映，離不開「人」的因素；這也是我們「以人為本位」的初衷。

手機廣告裏有一句名言：「科技始終來自人性。」我們倒期待「商業始終來自人性」，並努力在往後的編輯與出版的過程中實踐。

目次

〔推薦序〕

金融海嘯帶給我們的珍貴教訓

殷乃平

「大到不能倒」一直是金融界的名言。因為銀行吸收民眾的存款，貸放或投資給企業、投資者、消費者等，一旦倒閉，波及甚廣。愈大的銀行影響層面愈深，嚴重者可以撼動一國經濟。所以世界各國出現嚴重的大銀行倒閉事件時，多由政府出面解決，當然最後都是納稅人買單。不過金融海嘯發生之後，不少國家發現銀行的虧損已大到政府無法因應的地步，例如冰島的銀行業務遍及歐洲，倒閉虧損是其全國GDP的二十倍左右，而瑞士的瑞士信貸與瑞士銀行業務跨及全世界，虧損也超過瑞士GDP的六倍，這時，政府想救也救不起來。於是有人改稱之為「大到不能救」。本書以「大到不能倒」為名，自然一語道破其中的問題所在。

書中從金融海嘯的源頭華爾街的投資銀行在金融市場上興風作浪、槓桿操作講起，其中金融機構所創造的金融資產證券化，將銀行的放款集束包裝成市場上可以轉手買賣交易的證券，不同的金融機構從規畫到包裝、提供信用保證、信用評等、負責上市行銷、撮合造市等，由於有多重保障，風險低而報酬相對卻較高，成為機構投資人主要投資對象，對沖基金又以之為主要的投資工具對沖風險。如此，每家金融機構環環相扣，一旦發生違約事件，就會造成骨牌效應，每家涉入的金融機構都會被拖累。次貸風暴就是在這種背景之下爆發出來的。

本書從貝爾斯登倒閉在金融市場中帶來的衝擊，到雷曼掙扎求生，波濤起伏，終至敗亡的經過，歷歷如繪。而美國政府不救雷曼卻因為擔心體制風險，怕引起全球金融恐慌，扔出八百五十億美元救AIG（最後是花了一千八百億美元），折衝往返的決策過程，頗為精彩。隨後投資人對金融機構失去信心，客戶不斷流失，美林被迫併入美國銀行，摩根士丹利與高盛也在持續虧損、股價直落的情形下，改制為銀行，接受較嚴格的銀行規範，至此，美國的投資銀行幾乎全部消失。而在財政部的壓力下，摩根士丹利與高盛不甘不願地被迫與銀行做合併商議，雖然終以增資暫時解決，不過，未來前途未卜，仍難預料。除此之外，房地美、房利美是半官方的房貸批發機構，隨著房貸市場出問題，若不立即救援，房地產市場全面崩潰可期。同時，為恢復投資人與存款人對金融機構的信心，問題資產拯救計畫（TARP）在國會的通過，以及執行銀行注資，近乎國有化過程的經過，都有頗為深入的分析。

金融海嘯為人類有史以來少有的大災難，處身其中的每個人應該都有不同的體會。本書中對金融危機從華爾街到華盛頓每一個場景，都生動地描繪出來。其中，最值得一看的是面臨金融災難下，扮演救火隊的各個角色：財政部長鮑爾森（來自華爾街）、聯儲主席柏南克（原是研究一九三〇年代經濟大恐慌的學者）、紐約聯儲總裁蓋特納（後接任財長）等人在金融危機當中，如何全力施展，力圖挽救惡化中的金融機制、以及衰退的美國經濟。當然，事後觀察，許多危機處理政策不無可置喙之處，同時整個危機的發展已延伸到全世界，全球經濟問題接二連三的爆發，已近失控狀態，卻是始料未及。

回顧美國在金融危機中的救援政策，有許多打破先例的做法，如聯儲原只負責銀行的管理，卻於法不合地跨界救援投資銀行與保險公司；當財政部公債賣不掉時，聯儲干冒大不諱印鈔來買；財政部長濫用權力，介入迫使金融機構配合購併，以解決問題等，均多有違常理，縱使事急從權，亦有所不當。

華爾街為世界金融中心，集世界上最為聰明、最有智慧的金融專業人才，在金錢追逐與貪婪動力之下，堆砌成世界財富的聚散之地。本書指出，在政府「大到不能倒」的原則下，整個經濟體系與社會成為華爾街的人質，不管你願不願意，都要付出贖金。肥貓一族，可以坐享其利，風險與成本卻都由社會承擔，頗值得深思。美國新近通過的金改法案，就是在這個背景之下推出的。

細讀此書，可以了解華爾街金融機構的運作，對金融業者應有所啟發；面對各種金融問題，如何因應，政策如何制定，對金融主管亦有頗多可參考或戒慎之處；對投資人而言，可以看到金融危機發生的原因與發展的經過，可以經由書中的分析知道投資風險之所在，找出哪類金融機構較能在風雨中屹立不搖，進而找出趨吉避凶之道。這也是人類史上極為重要的一段紀錄，它所產生的體制變革，影響將更為久遠。

總之，本書不僅值得一讀，更值得保存。

（本文作者為國立政治大學金融學系教授）

〔推薦序〕

金融資本主義的失落

許振明

《大到不能倒》這本書是以二〇〇八年的三月至十月期間，從金融危機爆發，到美國財政部投入資金於各大銀行為止，其中的發展與各種內幕為主。其以雷曼兄弟（Lehman Brothers）為主視窗，旁及其他投資銀行（高盛、摩根士丹利、美林）、商業銀行（美國銀行、摩根大通、花旗、美聯銀行……）、大型保險公司（AIG）、對沖基金、空頭炒家、媒體、國會、金融主管機關（財政部、聯準會），眾多機構與人物牽涉其中，不僅描摹出金融危機的全貌，高度的寫實性與豐富的情節，凸顯了各機構的不同立場與衝突合作，使這本書讀來像是一本抽絲剝繭的偵探小說、一部懸疑影片，讓讀者可在趣味中，不知不覺、一氣呵成地看到最後，並能從中汲取寶貴教訓。

在雷曼兄弟執行長福爾德（Richard Fuld）的掌舵之下，雷曼兄弟度過了一九九八年的俄羅斯金融危機，卻躲不過十年後的美國次級房貸危機，甚而釀成國際金融海嘯。福爾德太過自信，認為擁有足夠的流動資金即可支應任何狀況，對於自家的房地產相關衍生商品過於自信，也缺乏足夠的理解與注意，為了追求高利潤，過度承擔風險，忽略了資產泡沫的信用風險、倒帳風險，終遭反噬。當各資產一一違約的連鎖反應不斷擴大時，即使再龐大的現金部位也難以支應。最終，負債大於資本，許多資產都變得一文不值。因此，金融機構面對追求高風險高報酬的抉擇時，應審慎考量這類高槓桿高負債的經營方式。

這本書還有以下幾點值得思考與討論：

第一，長期以來，金融業「大到不能倒」的現象，一直是貨幣銀行學的主題之一，也成為金融主管機關的一大挑戰。政府往往在紓困措施之後說「僅此一次」，但是下次遇到「拯救大銀行vs.放任經濟崩潰」的抉擇時，又會怎麼做？此次金融危機當中，美國財長鮑爾森就面臨了三月時紓困貝爾斯登，九月初紓困房利美與房地美，九月十五日讓雷曼兄弟破產，九月十六日立刻決定紓困AIG給予八百五十億美元貸款，之後又撮合美林併入美國銀行，努力營救高盛和摩根士丹利……。前後不一的決策，再加上政治力的牽制，往往讓情況更加複雜。紓困會造成銀行的「道德風險」問題，身為主管機關如何拿捏，有時並無絕對的標準。聯準會主席柏南克在雷曼申請破產後的一次會議上說過：「貓耳洞裏沒有無神論者，金融危機中沒有道學先生。」道盡了理論與實務的兩難。

第二，就世界局勢看，雷曼兄弟事件爆發成為金融危機，造成全球市場與經濟環境的動盪，這使得美國式資本主義，在全球進行金融殖民主義的進程遭到嚴重挫敗。由於美國連帶歐洲的經濟陷入衰退，相對地中國經濟強勢成長成為全球復甦的火車頭，使得經濟勢力從先進國家往新興國家挪移之趨勢，越發明顯，也開啟了未來的世界新局。而金融風暴影響所及，WTO的金融服務業全球化的推動，也面臨推遲。

第三，原本金融機構賴以生存的關鍵，不是滿坑滿谷的錢，而是存款人的信賴，以及金融機構彼此之間的信任。從書中可以看到，在金融危機的最高峰，信心盡失的存款人、對沖基金、及各銀行為了避免成為「最後一個」，爭先恐後的撤資的慘況，有識者應有所警惕。不光是金融業，各行各業也是，顧客的信心與信賴，應特別予以重視關心。

這本書可以從許多角度來看：從金融監管的角度，從反省金融資本主義心態的角度，從了解商業運作的角度（有些是負面示範），甚至可從書中讀到人心與人性，相信會對讀者有所幫助。

（本文作者為台灣金融研訓院院長）

作者的話

這本書是與直接參與到金融危機各事件的逾兩百位受訪者進行超過五百個小時的訪問，所得到的成果。受訪者包括華爾街的高層行政人員、董事會成員、管理層、現任或前任公務員、外國政府官員、銀行家、律師、會計師、以及一些顧問。不少受訪者提供了「白紙黑字」的文件資料，包括筆記、電郵、錄音、內部報告、文件草稿、講稿、行事曆、來電顯示、收費單據、開支報告……構成了書中細節的基礎。

他們有的更絞盡腦汁甚至花上數小時回憶談話中的一字一句，或者會議上的任何細節——不少會議只有特權人士知悉，甚至是機密。

有鑑於這些事件的爭議性——撰寫此書時，有幾件涉及刑事的調查仍在進行當中，更不用說數不清的民事訴訟案件——不少受訪者都以不具名、無法被追索身分的形式提供資料。再考慮到每個場景都有不同人士參與重建、確認當時的實際情況，因此，每一個角色說出的每一句話，其資源來源可能是來自其他方面，例如在場的其他與會者、透過擴音器參與電話會議的人士、或者由當場聽到當事人覆述情況的第三者，甚至當時的草稿、筆記資料——總的來說，並不一定由講者本人提供。

關於這次金融危機，坊間已有不少文字紀錄，而這本書是依據我的財經記者同事們的珍貴資料，這部分我會容後一一詳細列明。

但是，我希望在此提供的，是第一次把細節、以及無時無刻地追蹤這個歷史上最扣人心弦的災難，將之清楚地帶到世人眼前。提供資料的每一位人士，他們深信自己親眼看著經濟如何跌入深淵。

義大利偉大的科學家伽利略曾說：「所有被發現的真理都很容易被理解，重點是去發現它。」我希望我至少發現了一點點，也因此，可以讓過去幾年複雜的財經事件更容易被人理解。

譯者的話

動筆翻譯《大到不能倒》是源於一股試它一試的衝動。這一念頭帶來的結果，是持續一百天的「筆戰」——每天早上四時半起床，爭取在上班前翻譯它三個小時；下班回家趕緊完成家務，晚上九時開始，再奮鬥四個小時……日復一日，按編輯大人的囑咐每天苦戰五頁。我把所有的空閒活動置之度外，為的，只是希望能和我最好的朋友盡早分享和討論書中內容。

作者安德魯·羅斯·索爾金（Andrew Ross Sorkin）擁有深邃的洞察力，這部厚墩墩的大作文風坦誠直率。不少人有先入為主的成見，以為索爾金這位出色的傳媒工作者，以其筆桿慣有的辛辣鋒利，此作八成是一心羅列華爾街和華盛頓官商勾結的罪證；反而，作者是把二〇〇八年金融海嘯的箇中關鍵人物，內心深處不足為外人道的恐懼、無援，深刻地勾畫並展現在讀者的眼前，力圖做出一個公平、公正的紀錄。

儘管作者索爾金在美國主流媒體打滾多年，但翻開《大到不能倒》，讀者看到的卻是徹底違反好萊塢公式的實況：傳媒並非秉持正義，堅持發掘「真相」；也沒有挺身而出為他人犧牲的英雄，反而是，主人翁個個都以受害者自居，滿腔的怨恨不知應向誰發洩；同樣，所謂拯救世界經濟的英雄，其實不外是幾個急就章的臭皮匠湊得一個諸葛亮……

華爾街是世界上把資本主義發揮得最淋漓盡致的地方，就是一股求利的動力，竟可把來自不同種族、不同文化、不同信念、不同宗教……的各式人物牢牢地團結在一起。完成交易是銀行家天生的本能，為了完成交易，再不可能發生的妥協都變為可能——原來，利之當頭，真正的世界大同可展現在世人面前……原來，利益的熙來攘往力量之大，絕對凌駕在種族、宗教和政治立場……的芥蒂之上。

不過，令譯者最為感動的是，儘管金融界被一場海嘯弄得人仰馬翻，但在索爾金的筆下，人人仍盡力堅守崗位：不論是基層員工或國際級風雲人物，每人都是各為其主（這主可能是自己），在可能是一生最大的徬徨焦慮中仍克盡己任，在這場驚天動地的金融海嘯中咬緊牙關捍衛個人、美國、全球不同政權和經濟體系內各階層的利益。

另一觸動譯者之處，是作者對人的尊重。在這個世界上，人們總習慣前仆後繼地記錄「偉人」的一舉一動，其他的大多數人物就統統被埋入所謂無名英雄紀念碑，其實是偉人的背後，有不少同事、下屬……各式人等一直鞠躬盡瘁地供「偉人」如牛馬驅策——在索爾金這本暢銷全球的金融故事書中，作者記錄的除了鮑爾森、蓋特納、柏南克外，還包括幾個月來一同苦撐的聯儲、財政部的隊伍，以及業界的一眾人物，就是這一點一滴的故事讓人動容——It makes it real and it makes it so much more human.

重要人物與機構

金融機構

- **美國國際集團 American International Group（AIG）**

  史迪文・本辛格（Steven J. Bensinger），財務長和資深副總裁

  約瑟夫・卡薩諾（Joseph J. Cassano），倫敦AIG金融產品公司主管、前任營運長

  大衛・赫爾佐格（David Herzog），會計長

  布萊恩・史萊柏（Brian T. Schreiber），策略部資深副總裁

  馬丁・蘇禮文（Martin J. Sullivan），前任總裁兼執行長

  羅伯特・（鮑伯・）維爾倫斯坦德（Robert "Bob" Willumstad），執行長、前任董事長

- **美國銀行 Bank of America**

  科爾（Gregory L. Curl），企業計畫總監

  肯尼斯・路易士（Kenneth D. Lewis），董事長兼總裁、執行長

  布萊恩・莫伊尼漢（Brian T. Moynihan），全球企業及投資銀行部總裁

  普萊斯（Joe L. Price），財務長

- **巴克萊集團 Barclays**

  小阿奇博爾德・考克斯（Archibald Cox Jr.），巴克萊美國董事長

  傑里・德爾密斯耶（Jerry del Missier），巴克萊資本聯合總裁

  羅伯・（鮑勃・）戴蒙德（Robert E. "Bob" Diamond Jr.），巴克萊資本執行長，巴克萊集團總裁

  邁克爾・克萊恩（Michael Klein），外部顧問

  約翰・瓦萊（John S. Varley），巴克萊集團執行長，巴克萊資本董事長

- **波克夏·哈薩威 Berkshire Hathaway**

  巴菲特（Warren E. Buffett），董事長兼執行長

  阿吉特·賈殷（Ajit Jain），再保險部門

- **貝萊德 BlackRock**

  拉里·芬克（Larry Fink），執行長

- **黑石集團 Blackstone Group**

  彼得·彼得森（Peter G. Peterson），共同創辦人

  史蒂芬·史瓦茲曼（Stephen A. Schwarzman），董事長兼執行長、共同創辦人

  杜紹基（John Studzinski），資深常務董事

- **中國投資公司 China Investment Corporation**

  高西慶（Gao Xiqing），總裁

- **花旗集團 Citigroup**

  內德·凱利（Edward “Ned” Kelly），全球機構性客戶部門主管

  偉甘·潘迪特（Vikram S. Pandit），執行長

  史蒂夫·沃爾克（Stephen R. Volk），副董事長

- **艾維克夥伴 Evercore Partners**

  羅吉·阿爾特曼（Roger C. Altman），董事長兼創辦人

- **房利美 Fannie Mae**

  丹尼爾·馬德（Daniel H. Mudd），總裁兼執行長

- **房地美 Freddie Mac**

  理查·塞隆（Richard F. Syron），執行長

- **高盛 Goldman Sachs**

  勞爾德·貝蘭克梵（Lloyd C. Blankfein），董事長兼執行長
  蓋瑞·柯恩（Gary D. Cohn），聯合總裁兼聯合營運長
  克里斯多夫·柯爾（Christopher A. Cole），投資銀行部門主席
  約翰·羅傑斯（John F. W. Rogers），幕僚長
  施瓦茲（Harvey M. Schwartz），全球證券銷售主管
  大衛·所羅門（David Solomon），投資銀行業務聯合主管
  特洛特（Byron Trott），投資銀行部門副主席
  大衛·維尼亞（David A. Viniar），財務長
  溫克里德（Jon Winkelried），聯合總裁兼聯合營運長

- **綠光資本 Greenlight Capital**

  大衛·艾因霍恩（David M. Einhorn），董事長兼共同創辦人

- **弗勞爾斯公司 J.C. Flowers & Company**

  克里斯多夫·弗勞爾斯（J. Ghristopher Flowers），董事長兼創辦人

- **摩根大通 JP Morgan Chase**

  史蒂夫·布萊克（Steven D. Black），投資銀行部聯合主管
  道格拉斯·伯恩斯坦（Douglas J. Braunstein），投資銀行執行部主管
  卡瓦納（Michael J. Cavanagh），財務長
  卡特勒（Stephen M. Cutler），法律總監
  傑米·戴蒙（Jamie Dimon），董事長兼執行長
  費爾德曼（Mark Feldman），常務董事
  約翰·霍根（John Hogan），投資銀行部風險管理長
  小詹姆斯·李（James B. Lee Jr.），副董事長
  蒂姆·梅恩（Timothy Main），投資銀行執行部金融企業部主管
  溫特斯（William T. Winters），投資銀行部聯合主管

朱布若（Barry L. Zubrow），風險管理長

- **韓國產業銀行 Korea Development Bank**

閔裕聖（Min Euoo Sung），執行長

- **瑞德集團 Lazard Freres**

蓋瑞・帕爾（Gary Parr），副董事長

- **雷曼兄弟 Lehman Brothers**

柏克非（Steven L. Berkenfeld），常務董事、法律總監
傑西・博泰（Jesse Bhattal），亞太區總裁
艾琳・卡蘭（Erin M. Callan），財務長
趙建鎬（Kunho Cho），副董事長
凱莉・柯恩（Kerrie Cohen），發言人
傑拉德・多尼尼（Gerald A. Donini），證券部全球主管
史考特・傅瑞德漢（Scott J. Freidheim），行政主管
理查・（迪克・）福爾德（Richard S. "Dick" Fuld Jr.），執行長
麥克・格爾本德（Michael Gelband），資本部全球主管
安德魯・高爾斯（Andrew Gowers），公共關係主管
約瑟夫・格里高利（Joseph M. Gregory），總裁兼營運長
亞歷克斯・柯克（Alex Kirk），主要投資部全球主管
羅維特（Ian T. Lowitt），財務長兼聯合行政主管
賀伯特・（巴特・）邁克達德（Herbert H. "Bart" McDade），總裁兼營運長
休・（史基普・）麥基（Hugh E. "Skip" McGee），投資銀行部全球主管
湯姆・羅素（Thomas A. Russo），副董事長兼法務長
馬克・夏佛（Mark Shafir），全球收購合併聯合主管
托魯西（Paolo Tonucci），全球資金部主管
喬治・沃克四世（George H. Walker IV），投資管理部主管

傑佛瑞・魏斯（Jeffrey Weiss），全球金融機構集團主管
布萊德利・惠特曼（Bradley Whitman），全球收購合併聯合主管
拉里・韋斯內克（Larry Wieseneck），全球金融部聯合主管

- **Merrill Lynch 美林**

約翰・芬尼根（John Finnegan），董事
格里高利・弗萊明（Gregory J. Fleming），總裁兼營運長
彼得・凱利（Peter Kelly），法律顧問
彼得・克勞斯（Peter S. Kraus），執行副總裁
湯瑪斯・蒙塔格（Thomas K. Montag），全球銷售與交易部門主管兼執行副總裁
斯坦利・奧尼爾（E. Stanley O'Neal），前任董事長與執行長
約翰・賽恩（John A. Thain），董事長兼執行長

- **三菱日聯金融集團 Mitsubishi UFJ Financial Group**

畔柳信雄（Nobuo Kuroyanagi），總裁兼執行長

- **摩根士丹利 Morgan Stanley**

查曼（Walid A. Chammah），聯合總裁
迪雷格（Kenneth M. deRegt），風險管理長
高曼（James P. Gorman），聯合總裁
科爾姆・克萊赫（Colm Kelleher），財務長、執行副總裁、策略規畫聯合主管
金德勒（Robert A. Kindler），副董事長
康雷德（Jonathan Kindred），日本證券業務總裁
加里・林奇（Gary G. Lynch），法律總監
約翰・麥克（John J. Mack），董事長兼執行長
奈德斯（Thomas R. Nides），首席行政官

波拉特（Ruth Porat），金融機構業務主管
斯考利（Robert W. Scully），董事長辦公室人員
西姆坷維茨（Daniel A. Simkowitz），全球資本市場副主席
保羅．陶博曼（Paul J. Taubman），投資銀行部主管

- **佩雷拉溫伯格夥伴 Perella Weinberg Partners**
  蓋瑞．巴蘭奇克（Gary Barancik），合夥人
  約瑟夫．佩雷拉（Joseph R. Perella），董事長兼執行長
  彼得．溫伯格（Peter A. Weinberg），合夥人

- **美聯銀行 Wachovia**
  卡羅爾（David M. Carroll），業務發展部主管
  珍．謝爾本（Jane Sherburne），法律總監
  羅伯特．斯蒂爾（Robert K. Steel），總裁兼執行長

- **富國銀行 Wells Fargo**
  理查．柯瓦希維奇（Richard Kovacevich），董事長兼總裁、執行長

律師

- **佳利律師事務所 Cleary Gottlieb Steen & Hamilton**
  艾倫．貝勒（Alan Beller），合夥人

- **柯史莫法律事務所 Cravath, Swaine & Moore**
  羅伯特．喬夫（Robert D. Joffe），合夥人
  法伊莎．賽義德（Faiza J. Saeed），合夥人

- **達維律師事務所 Davis, Polk and Wardwell**

  休伯納（Marshall S. Huebner），合夥人

- **盛信律師事務所 Simpson Thacher & Bartlett**

  理查・比蒂（Richard I. Beattie），董事長

  杰米・甘寶（James G. Gamble），合夥人

- **蘇利文・克倫威爾律師事務所 Sullivan & Cromwell**

  傑・克萊頓（Jay Clayton），合夥人

  科恩（H. Rodgin Cohen），董事長

  邁克・懷斯曼（Michael M. Wiseman），合夥人

- **利普頓律師事務所 Wachtell, Lipton, Rosen & Katz**

  赫利希（Edward D. Herlihy），合夥人

- **威嘉律師事務所 Weil, Gotshal & Manges**

  洛里・法弗（Lori R. Fife），合夥人

  哈威・米勒（Harvey R. Miller），合夥人

  羅伯茨（Thomas A. Roberts），公司合夥人

紐約市

邁克爾・彭博（Michael Bloomberg），市長

紐約州保險廳

迪納羅（Eric R. Dinallo），總監

英國

- **金融服務監管局 Financial Services Authority（FSA）**

  麥卡錫（Callum McCarthy），主席

  赫克托・桑特（Hector Sants），副主席

- **政府 Government**

  布朗（James Gordon Brown），首相

  達林（Alistair M. Darling），財政大臣

美國政府

- **國會 Congress**

  希拉蕊・柯林頓（Hillary Clinton），紐約州民主黨參議員

  克里斯多夫・陶德（Christopher J. Dodd），康乃迪克州民主黨參議員，參院銀行委員會主席

  巴尼・弗蘭克（Barnett "Barney" Frank），麻州民主黨眾議員，眾院金融服務委員會主席

  米奇・麥康奈爾（Mitch McConnell），肯塔基州共和黨參議員

  裴洛西（Nancy Pelosi），加州民主黨眾議員，眾議院議長

- **財政部 Department of the Treasury**

  密雪兒・大衛斯（Michele A. Davis），財政部發言人，公共事務助理部長，政策規畫總監

  凱文・福勞默（Kevin I. Fromer），立法事務助理部長

  霍伊特（Robert F. Hoyt），法律顧問

  丹・傑斯特（Dan Jester），財政部顧問

尼爾・凱西卡瑞（Neel Kashkari），國際事務助理部長

戴維・納森（David G. Nason），金融機構助理部長

傑里邁・諾頓（Jeremiah O. Norton），金融機構政策事務副助理部長

亨利・（漢克・）鮑爾森（Henry M. “Hank” Paulson Jr.），財政部長

安東尼・瑞恩（Anthony W. Ryan），金融市場助理部長

馬修・斯科金（Matthew Scogin），國內金融副部長的高級顧問

史蒂夫・沙弗蘭（Steven Shafran），財政部顧問

羅伯特・（鮑勃・）斯蒂爾（Robert K. "Bob" Steel），國內金融副部長

飛利浦・史瓦格（Phillip Swagel），經濟政策助理部長

吉米・威爾金森（James R. “Jim” Wilkinson），幕僚長

肯・威爾遜（Kendrick R. Wilson III），財政部顧問

- **聯邦存款保險公司 Federal Deposit Insurance Corporation（FDIC）**

席拉・貝爾（Sheila C. Bair），董事長

- **聯準會 Federal Reserve**

阿爾瓦勒（Scott G. Alvarez），法律顧問

班・柏南克（Ben S. Bernanke），主席

唐納德・寇恩（Donald Kohn），副主席

凱文・沃什（Kevin M. Warsh），理事

- **紐約聯邦準備銀行 Federal Reserve Bank of New York**

湯姆・白士德（Thomas C. Baxter Jr.），法律總監

切基（Terrence J. Checki），執行副總裁

卡明（Christine M. Cumming），第一副總裁

多德里（William C. Dudley），市場部執行副總裁

提摩西・蓋特納（Timothy F. Geithner），總裁

凱爾文・米歇爾（Calvin A. Mitchell III），公共關係執行副總裁

魯列奇（William L. Rutledge），資深副總裁

- **證券管理委員會 Securities and Exchange Commission**

克里斯多夫·考克斯（Charles Christopher Cox），主席

邁克爾·馬基亞羅利（Michael A. Macchiaroli），交易與市場部助理主管

艾瑞克·希里（Erik R. Sirri），交易及市場部主管

- **白宮 White House**

約書亞·博爾頓（Joshua B. Bolten），白宮幕僚長

喬治·布希（George W. Bush），總統

前言

二〇〇八年九月十三日星期六上午七時，美國第三大銀行——摩根大通（JP Morgan Chase）的執行長戴蒙（Jamie Dimon）正在他位於紐約公園大道家中的廚房裏為自己倒一杯咖啡，他多希望這是靈藥一杯，可以減輕他的頭痛。今早他宿醉未醒，因為昨天晚上喝多了悶酒，然而他頭痛卻另有原因：他知道得太多了。

昨天傍晚，紐約聯邦準備銀行把所有本是死敵的華爾街巨擘全部召來，出席緊急會議，要他們動腦筋研究出拯救美國第四大投資銀行雷曼兄弟（Lehman Brothers）的方案，要不然大家都得共同承擔緊隨雷曼倒閉而來的市場崩塌風險。

如此恐怖的景況令急忙趕回家的戴蒙感到有點頭昏眼花。他太太茱蒂（Judy）在家中首度設宴款待女兒男朋友的雙親，但他卻遲到了近兩個小時。

「老實說，我從來不會像這樣子遲到的。」戴蒙尷尬地解釋，希望能博取一點諒解。他不想透露太多，但還是忍不住說：「你們知道，我並沒有誇大事情的嚴重性。」他為自己調了一杯馬丁尼，繼續說：「明天看報紙就知道了。」

正如戴蒙所料，星期六的報章全部以顯著的篇幅報導這戲劇性的消息。戴蒙斜靠在廚台邊，「雷曼與時間競賽，危機正在擴散！」──《華爾街日報》的頭條標題刺入他的眼簾。

戴蒙知道雷曼可能捱不過這週末。曾考慮對雷曼放貸的摩根大通上週在審核其帳目後，得出的結論是雷曼的數字真是令人不敢恭維──摩根大通不僅無法對雷曼放貸，為防止雷曼倒閉，戴蒙還決定要雷曼增加抵押品。戴蒙知道在未來二十四小時之內，雷曼要不獲得拯救，要不就會倒閉。

除雷曼以外，戴蒙知道華爾街另一著名大銀行美林（Merrill Lynch）也同在水深火熱之中，他叮囑同事同樣要確保摩根大通持有美林足夠的抵押擔保。雖然公眾還未留意，但戴蒙也警覺到公司的另一客戶──全球保險業巨人美國國際集團（AIG）也處境險峻，他們正拼命籌措新的資金企圖自救。戴蒙估計AIG只剩下一週的時間找出解決方案，籌款若不成功，AIG也同樣會倒。

戴蒙在金融危機的發展過程中，他所處的位置比起政府以至其他主角的更為獨特，這是因為他掌握的資料是最即時跟完整的，「交易源流」（deal flow）讓他可以先於別人洞識出在這彷彿安全的金融體系內孱弱的環節。

戴蒙開始為最壞的情形作準備。早上七時三十分，他走進家中的書房，跟公司二十多名管理層進行電話會議。

戴蒙一開始先警告大家：「你們即將經歷美國立國以來最難以想像的一星期，我們要為此作最壞打算，我們要捍衛公司，這關乎我們的生死存亡。」

每個人都屏氣凝神聆聽著戴蒙的每一句話，但是他們都搞不懂戴蒙到底要說什麼。大家跟華爾街的主流意見一樣──這包括擔任雷曼執行長多年的福爾德（Richard S. Fuld Jr.），他們都認定政府必定會介入救市，防止雷曼的倒閉。

為了戳破這幻覺，戴蒙斬釘截鐵地說：「這是不切實際的妄想！我認為華府沒有可能、也不應該去救投資銀行。你們要知道，我是說真的，這是生死攸關的時刻。」

他接著投下一個更大的炸彈。這方案他已反覆思量了整個早上，這是他的終極末世境況預告，他繼續一字一字慢慢吐出：「這是即將發生的事情，我們現在要立即準備雷曼申請破產。」他停一停：「繼而是美林。」他又停，又再說：「接著是美國國際集團（AIG）。」他再停一停，再接著說：「然後是摩根士丹利（Morgan Stanley）。」在經過最後一次較長的停頓後，他開口說：「高盛（Goldman Sachs）也可能申請破產。」

電話裏所有人都倒抽一口涼氣。

就如戴蒙的黑色預警，接下來的幾天，整個金融體系瀕臨癱瘓，迫使政府做出現代歷史上毫無先例的拯救行動。華爾街在不出十八個月內，由慶賀盈利創新高的天堂跌落到滅亡的地獄；幾兆美元的財富化為烏有，金融業的版圖重整。這場災難必定推翻資本主義一些最珍貴的原則。那些金融鬼才所杜撰的所謂低風險高盈利的新時代，那些認為美國式金融工程才是全球金科玉律的想法，也正式宣告結束。

在這爆破的過程，華爾街大部分人從未遇過這景況的市場——看不見的手也無法駕馭的恐懼與混亂，他們被迫在謠言四起、政策朝令夕改的環境中，依著無根據的數據，做出職業生涯中、甚至一生中最為關鍵的決定。有些人作出有智慧的選擇，有些人得到幸運女神的眷顧，有的人卻遺憾終生，也有許多情況是需要時間的沉澱，才能蓋棺論定的。

二〇〇七年是美國經濟泡沫的頂峰，金融服務業膨脹成為財富製造機，佔全國企業總盈利的四〇%。金融產品——包括那些複雜得連公司總裁和董事們都無法理解的新證券品種，已晉身為推動國家經濟發展的更龐大力量；其中抵押貸款業務更是一個重要元素——這些貸款成了華爾街創意的原料，投資銀行家將之華麗粉飾包裝後，轉銷全球。

這些新產品的盈利，為早在一九八〇年代就以債務產品為主要盈利來源的華爾街，開拓出新的印鈔機。二〇〇七年，金融業所支付的薪金及紅利總數高達令人咋舌的五百三十億美元；高盛作為五大投資銀行之首，便佔了其中二百億美元，粗略計算即每位員工達六十六萬一千美元，其執行長貝蘭克梵（Lloyd Blankfein）個人便獨得六千八百萬美元。

這些金融鉅子自覺創造的不僅是盈利，而是可以成功出口全球的金融新模式。花旗集團的總設計師桑迪·威爾（Sandy Weill）在二〇〇七年夏天時曾說：「全球正按照美國的模式轉向自由企業和資本市場，如果這過程沒有美國金融業參與，這會是很令人遺憾的事。」

當這些投資銀行一邊忙著宣揚他們的金融價值觀，和營造令人眼花撩亂的帳目；一邊則不斷透過加大債務來增加他們的賭本，這些華爾街公司的財務槓桿比率高達三十二比一。當一切順利時，這策略確實如魚得水，也證明這種複雜金融模式的效益，和推動投資銀行的盈利屢創新高。然而失敗的時候，後果是災難性的。

華爾街之所以能走出科技泡沫破滅和九一一殘局，搖身一變成為巨無霸，主要是因為廉價的資金充斥市場。亞洲的儲蓄率高，加上聯邦準備理事會前主席葛林斯班（Alan Greenspan）在面對二〇〇一年經濟衰退時推行持續的低利率政策以刺激經濟，令市場資金氾濫。

最佳的例證莫過於次級房貸（subprime mortgage）市場。在房地產泡沫高峰期，任何人幾乎只要懂得簽名，銀行都會貸款給他。購屋者只要宣稱年收入達十萬美元，無需任何證明文件，都可以獲准五十萬美元的貸款；一個月後還可以增貸。房價暴漲，促使人人參與投機炒賣，房地產成為買車買快艇的快錢來源，為熾熱的房地產市場加油添火。

當時，華爾街深信各式各樣新穎的金融產品——「資產證券化」——將貸款不斷斬件及拆細，已經把風險減低甚至剔除了。銀行把承作的獨立貸款個案合併並重新組合，包裝成新產品推出市場銷售，並在這過程中收取豐厚的費用。無論大家對銀行家打造房地產市場泡沫的手法如何不以為然，不可否認的是，這些機構最後是「自作自受」——都大量吸納了其他銀行的次貸產品。

正是金融機構之間高度的環環相扣，每家銀行都擁有這些嶄新的投資產品不同的環節，他們沒有意識到大家都綁在一起，一家金融機構的倒閉，骨牌效應便隨之而來。

其實在商界和學術界，不乏如希臘神話中的女預言家卡珊德拉（Cassandras）的有識之士。早在一九九四年，便有人預言這類金融工程最終會慘淡收場；而經濟學家羅比尼（Nouriel Roubini）教授和席勒（Robert Shiller）教授更因他們的末世警告而備受尊崇。然而，市場對於這些聲音充耳不聞。

美國政府審計處處長（comptroller general）保沙（Charles A. Bowsher）在對眾院委員會做金融衍生工具（derivatives）報告時曾說：「任何一家投資銀行突然倒閉、或交易的資金被抽離，將會引起市場資金的流動性問題，而且牽連甚廣——包括聯邦政府擔保的銀行以及整個金融體系也會面對風險。……政府有需要介入時，最終也是納稅人支付或擔保的拯救方案。」

二〇〇七年，裂痕開始出現，但當時有不少人聲稱次貸帶來的風險只限於幾家貸款機構。聯邦準備理事會主席柏南克（Benjamin S. Bernanke）出席同年三月國會聯合經濟委員會作證時說：「次貸對整體經濟和金融市場的衝擊看來是可以控制的。」

二〇〇七年八月，高達二兆美元的次貸市場崩潰，引發全球危機。貝爾斯登旗下兩個次貸基金相繼倒閉，投資者的損失高達十六億美元。法國最大上市銀行法國巴黎銀行（BNP Paribas）宣布旗下次貸相關債券未能準確定價，故暫時凍結客戶提款。其實那等於是說，在任何合理的價格下也找不到買家。

華爾街是聰明反被聰明誤，他們設計出複雜的結構性投資工具，在跌市中根本沒人懂得如何計算產品的價值。（在本書寫作期間，專家們仍在努力計算這些資產的價值。）缺乏價格，市場就陷入全面癱瘓；資金滯留，整個華爾街就無法運作。

五大投資銀行中最弱和槓桿比率最高的貝爾斯登（Bear Stearns）率先倒下，但所有人都知道沒有一家投資銀行能抵禦投資者的大恐慌，人人自危，沒有人知道下一家倒閉的會是誰。

這時候整個市場都瀰漫著不確定的情緒，應驗了戴蒙在電話會議時提出的末世景象。每一個金融機構的高層、每一個負責監管財金市場的政府官員，他們都正在經歷著一生僅見的風暴。在二〇〇八年秋季之前，他們經歷的全都是能控制、有限度的金融危機；金融機構和投資者吞下虧損，又再照常運作，那些能夠維持並再下注市場會很快好轉的機構，往往成為風暴的大贏家。然而，這次的信貸危機卻截然不同，華爾街和華府只能「摸著石頭過河」。

這個泡沫，一如所有的泡沫，與蘇格蘭作家查爾斯．麥凱（Charles Mackay）在其一八四一年的經典著作《異常流行幻象與群眾瘋狂》（*Extraordinary Popular Delusions and the Madness of Crowds*）

所描述的境況如出一轍：銀行不但未能孕育低風險的投資新環境，反而製造出一個危害整個金融體系的風險。

但本書並非以理論為核心，而是真實人物的所思所為——展示他們在紐約、華府以及海外不同地區；在辦公室、在家裏、甚至腦海中的一幕一幕。這本書圍繞著從二〇〇八年三月十七日開始的最關鍵的幾個月，即從摩根大通同意收購貝爾斯登，直到美國政府官員最終決定採行美國有史以來最大的金融市場干預行動為止。

過去十年，我在《紐約時報》工作，專責報導華爾街的消息，我有幸能見證美國經濟宏圖大展；不過，我從來沒遇過如此深層和戲劇化的商業模式徹底改變，以及悠久的金融機構竟走上令人難以相信的自我毀滅之路。

這異於尋常的時刻留給我們一個巨大的疑惑，一個謎團。我們要解開這謎團，讓我們可以從錯誤中學習。本書的目的就是將一塊一塊的拼圖拼起來。

《大到不能倒》本質上是一部失敗的紀錄——這失敗令全球屈膝，並顯露資本主義的核心問題。這本書近距離描繪那些敬業但仍不時感到迷惘的人，他們無奈的掙扎——有的捨己為人，更多人則只求自救——期望能減低災難對這世界、對自己帶來的衝擊。有一點令人感到欣慰的是，書中所有人物最終都能拋開自己身處的困境，齊心力挽狂瀾；雖然有時候，他們作出決定時無法超脫華爾街和華府習以為常的權力鬥爭。

最後，這齣戲是一個人性的故事，是那些誤以為自己太大所以不能倒的人的挫敗故事。

第一章 雷曼股價暴跌

康乃迪克州格蘭陵的清晨寒氣逼人。

二〇〇八年三月十七日星期一早上五時，街上仍是一片漆黑。在十二畝院子豪宅的草坪前，一輛黑色賓士已在恭候，車頭燈的冷光穿照靜寂的黑夜，映亮著停泊在旁的一排賓士轎車。司機聽到腳步聲從石子路上響起，福爾德（Richard S. Fuld Jr.）已快速鑽進車後座。

賓士車右轉入北街，循著又窄又彎的米利公園大道（Merritt Parkway）前進，向曼哈頓駛去。福爾德望出窗外，薄霧中映入眼簾的是一棟棟豪宅，這些華麗濶氣的房子每一棟均價值連城，它們的主人全是華爾街的要員、或大名鼎鼎的明星對沖基金經理人，他們多半是在第二次黃金盛世（second Gilded Age）以上千萬美元購入這些豪宅。金光閃閃的盛世令大家遮蔽如盲，誰都沒有料到眼前的一切即將崩潰——至少福爾德自己沒感到半點端倪。

福爾德在混亂的思緒中驀然看見浮在車窗上自己憔悴的臉——疲累的雙眼下挺著一雙黑沉倦極的眼窩，像是見證他的飛機在午夜前終於在威斯特徹斯特郡機場（Westchester County Airport）著陸，見證過去七十二小時地獄式的長途跋涉旅程中他只睡了四個小時。福爾德，華爾街第四大投資銀行的執行長和他的妻子凱西（Kathy），這時候原本應在印度，和當地的達官貴人、百萬富翁享用著大盤大盤的Thali，堆得小山般高的印度薄餅（Naan）和品嘗著名的棕櫚酒。早在數個月前他們已計畫此行；然而，福爾德昨晚深夜得趕回紐約，他那只小睡了四小時的身體正受著時差的折磨，紊亂了的生理時鐘告訴他現在是下午二時。

兩天前，他的私人飛機灣流（Gulfstream）停泊在印度新德里空軍機場內，妻子凱西喚醒了正在內艙打瞌睡的福爾德，告訴他美國財政部長鮑爾森（Henry Paulson）來電。遠在七千八百哩外華府辦公室的鮑爾森跟福爾德說：「你最好馬上回來！」鮑爾森告訴福爾德大型投資銀行貝爾斯登（Bear Stearns）將在週一宣布破產或被收購，雷曼也必然會感受到這股震盪。福爾德想盡快趕回紐約，他問鮑爾森能否幫忙取得俄羅斯領空的飛行通行證，好讓他能縮短五小時的飛行時間。鮑爾森咯咯地笑回答：「那即使是我也辦不到！」

二十六小時後，經過在伊斯坦布爾和奧斯陸兩次停站加油，福爾德終於回到格蘭陵的家。

福爾德腦海中不斷重構這週末發生的一連串事件——貝爾斯登，華爾街五大投資銀行中最小又最糟糕的一家，已同意以他媽的每股二美元出售予摩根大通的戴蒙。為促使戴蒙吞下這交易，聯邦準備理事會亦已同意承擔由貝爾斯登不良資產引發的無追索權債務貸款，金額最高達三百億美元。當福爾德第一次聽到他身處紐約的同事報告二美元這數字時，他還以為飛機的衛星電話失靈，其他數字被干擾而聽不見。

突然間，街頭巷尾紛紛流傳銀行即將發生如一九二九年般的擠兌。福爾德週四前往印度時，市場已傳出謠言說驚慌的投資者已拒絕和貝爾斯登進行交易，但福爾德實在無法想像它的倒閉會如此迅速。金融業依賴投資者的信任而存活——投資銀行的隔夜融資全仰賴大家相信交易對手能在明天照常營業——貝爾斯登的倒下將引起市場嚴重質疑雷曼本身的經營模式；而那些押注於股價往下跌而從中獲利的拋空者，更會像拉倒古羅馬城牆的西哥德族人那樣一擁而上，他們虎視眈眈著每一弱點伺機大舉撲殺。在飛機上，福爾德曾一度興起收購貝爾斯登的念頭，然而他可以嗎？他有能力嗎？不可能，目前的情況實在遠遠超乎現實。

從福爾德的角度看，摩根大通和貝爾斯登的交易不但拯救了整個金融行業，更給了他自己一條活路。他覺得華府當紅娘撮合雙方這舉動十分高明；若非如此，支持市場動輒以上百億美元運作的信用和信心將會碎裂，市場根本無法承受這沉重的打擊。他認為聯準會主席柏南克（Ben Bernanke）首次對投資銀行開放貼現窗口，容許投行可以像商業銀行一樣享用政府提供的低利率頭寸，也是甚為明智的決定。這樣，投行才有掙扎求存的空間。

福爾德深知雷曼作為剩下的四大投行中最弱的一環，將無疑地首當其衝。雷曼的股價週五已下跌了一四・六％，當天貝爾斯登的股價每股還是三十美元。*這一切真的在發生嗎？*早前他在印度時還在讚嘆華爾街的普世能力，華爾街在全球進行金融殖民，然而，這一切是否即將消失？

汽車緩緩駛往城中，福爾德如數念珠般不斷玩弄著黑莓機的滑鼠，雖然美國股市還有四個半小時才開市，但他已經知道今天將會是糟透的一天。日本的日經平均指數已跌掉三・七％；在歐洲，謠言盛傳荷蘭重量級銀行ＩＮＧ將會停止和數家包括雷曼在內的券商進行交易，這代表這些不幸的公司全不能以自己公司的名義為自家或為旗下顧客進行交易——換言之，華爾街的基本運作模式將被終止。

福爾德嘆道：是的！*這將會是真正的狗屎秀。*

早上五時三十分，福爾德的汽車已快要駛到曼哈頓市中心。福爾德致電他的長期戰友、雷曼的總裁格里高利（Joseph Gregory）。家住長島的格里高利早已放棄使用汽車上班，福爾德來電時他正準備登上他的私人直升機，他一般在西城的機場降落，再轉乘汽車到雷曼位於時代廣場的辦公室。由踏出家門到踏入雷曼辦公室，需時不到二十分鐘。

福爾德問格里高利：「你也看見了這堆屎嗎？」他指的是亞洲市場的腥風血雨。

當福爾德從印度趕回紐約時，格里高利在週末錯過了兒子的長柄曲棍球賽，他一直留在辦公室裏策劃戰鬥大計。證管會和聯準會已派員到雷曼監察和檢查雷曼的頭寸。

格里高利感受到福爾德並非無因的憂心，然而，他們也曾經歷過不同的危機並得以存活，格里高利告訴自己，他們每次都可以。

去年夏天，房地產開始下跌，過度放債的銀行開始緊縮新建房屋貸款，當時福爾德曾高傲地宣告：「我們的帳目上有沒有一些難以甩掉的東西？有，當然有！這會不會置我們於死地？不可能！」雷曼當時像是堅不可摧。過去三年，雷曼的盈利能力幾乎可與華爾街另一賺錢機器高盛相比。

福爾德的車子差不多到達五十街的雷曼總部大樓時，街道上冷清清的，清潔工人正在為下午即將舉行的聖帕特里克日（St. Patrick Day）遊行擺放圍欄。汽車從後門駛進這所外牆由玻璃和鋼鐵築成的龐然巨物，這大樓標誌的是福爾德個人的成就。正如格里高利常說：「福爾德就是雷曼。」福爾德率領雷曼經歷九一一災難及其後的高低起伏——當時雷曼被迫搬離世貿災區，福爾德臨時租用喜來登酒店的房間辦公，後來才從摩根士丹利手上買入現在的總部大樓。福爾德覺得這個全棟以ＬＥＤ電視作為外牆的建築物有點粗俗，然而當年紐約的房地產漲勢銳不可當，福爾德最關心的是這項投資報酬驚人。

踏進他位於三十一樓的辦公室，這別名「三一俱樂部」的地方還未有其他人出現，福爾德的習慣動作，是先把外套掛在私人浴室旁的衣櫃，然後馬上登入彭博網站和扭開美國商業新聞有線電視台（CNBC）。現在是上午六時，他的兩名助理約一小時後才會上班。

他查看期貨價位，檢視投資者在開市前如何預測股價的走勢下注——數字嚇人：雷曼股價下跌二一％。福爾德的自然反應是馬上算一算自己個人的資產價值——還未開市他已帳面損失了八千九百五十萬美元。

CNBC的主持人格南（Joe Kernen）正在訪問Burnham資產管理的安東・許茲（Anton Schutz）評論貝爾斯登的交易，以及該交易對雷曼有什麼影響。

格南說：「我們會形容雷曼將是今天的重災區，你預期交易時段內會發生什麼事？」

許茲回答：「我預期投資銀行股都會疲軟，因為市場非常憂慮投行的資產負債表潛藏著入帳不準確的項目；同時，摩根大通為何能以如此低價收購貝爾斯登？為何聯準會要承擔三百億美元的不良資產？我認為有太多令人費解的問題，而我們實在需要很多的答案。」

福爾德板著臉盯著螢幕，當討論的話題不再圍繞雷曼時，他才略微鬆一口氣。但是，節目主持人很快又再回到雷曼的話題上，格南問：「如果你是雷曼成千上萬的員工之一，看著今天的股價表現，你會如何？」許茲回答：「我會如坐針氈。」

如坐針氈！這樣的形容根本不著邊際！

上午七時四十分，鮑爾森來電。道瓊通訊社報導東南亞的最大銀行星展銀行（DBS Group Holdings）發出內部備忘錄，指示旗下交易員要迴避和貝爾斯登或雷曼進行新的交易。鮑爾森擔心當雷曼失去交易夥伴時，便是雷曼終結的開始。

福爾德再向鮑爾森重申公司將會在週二早上公布穩健的業績：「我們不會出事的。業績數字會平息這些謠言。」

鮑爾森回答：「你要即時和我通報情況。」

一小時後，城內每一個交易所的交易大廳已充滿熱鬧的喧嘩聲。福爾德一直緊盯著眼前的彭博報價機，雷曼股價一開市下跌三五％。雖然信貸評級機構穆迪重申維持雷曼的長期債務評級為Ａ１，但也同時下調對雷曼的評級展望從正面下調至穩定。

在印度回程中，福爾德與格里高利、以及公司的法務長湯姆．羅素（Tom Russo）曾辯論是否應提前在今天開市前預告公司業績，而不是按原定計畫明天才宣布。福爾德認為既然業績數字理想，沒有理由要等到明天。福爾德對業績充滿信心的程度，驅使他出發到亞洲前已向員工發出內部通訊，預告這令人振奮的消息。然而，羅素說服福爾德不要提前公布業績，以免外界認為他們過份焦慮，這反而會弄巧成拙。

隨著雷曼的股價繼續下跌，福爾德不禁重新考慮很多決定。過去多年他一直未雨綢繆地想像雷曼會陷入今天的境況，甚至更糟的是連自己也受牽連。理性上，他完全明白利用廉價信貸額從事槓桿投資創利的風險，然而，就像華爾街所有人一樣，他不能錯過任何投資機會。對未來作出大膽樂觀的下注，這回報實在太誘人。他最愛對同事這樣形容：「用廉價的柏油鋪路，風雲驟變時帶來的坑洞只會更深更醜陋。」現在眼前的坑洞不單如此，還比想像中更大更深。不過，在他的心底，他仍想雷曼這次總是能過關的——除此之外，他不能接受別的念頭。

——

格里高利坐在福爾德的桌前，兩人心照不宣。CNBC螢幕底部打出小標題「下一個是誰？」時，他們屏息靠近，收看一個又一個的財經評論者不可思議地像在為雷曼致悼辭。

不到一個小時，雷曼的股價已暴跌四八％。「見他媽的大頭鬼！」福爾德苦嚎著：「是那些空頭！是那些人搞的鬼！」

羅素取消了和家人到巴西度假的計畫。六十五歲的他樣子有點像教授，與格里高利一樣，羅素是福爾德在公司內少數可以信任的人。這個早上羅素告訴福爾德股票市場上最新的流言，這令福爾德更火大：「一群拋空大鱷已有組織有計畫地打垮了貝爾斯登，他們第一步是關閉證券戶頭撤出資金，繼而在信用違約交換（Credit Default Swap, CDS）合約下重注，並且大筆拋空股票。」據羅素的消息，那幫人在毀掉貝爾斯登後的星期天，在曼哈頓的四季酒店開了一個早餐派對，派對上他們以一瓶三五〇美元的Cristal香檳調製的mimosa雞尾酒來慶功。這消息是真是假？天曉得。

他們三個高層共商反擊計畫：首先，在高級行政人員早會上討論如何改變業界對雷曼的看法——現在好像每一次討論貝爾斯登都會扯上雷曼，紐約Meridian Equity Partners的期權策略師麥克爾・麥卡錫（Michael McCarty）接受彭博電視台訪問時說：「雷曼可能在復活節假期開始之前就會步上貝爾斯登的後塵。」在業界備受尊敬的美林首席投資策略師理查德・伯恩斯坦（Richard Bernstein）早上對客戶發出警告：「貝爾斯登的倒塌應被視為眾投行的先行者。」他巧妙地沒有提及雷曼，但他說：「公眾對信貸市場泡沫的憂慮只是剛剛開始。」

上午約過了一半，福爾德已收到來自四面八方的電話：有客戶的，有交易夥伴的，有競爭對手的總裁——他們都想知道發生了什麼事。其中有些要求保障，有些則想要提供保障。

摩根士丹利的執行長、福爾德的老朋友約翰．麥克（John Mack）問候道：「你還好吧？那邊發生了什麼事？」

「我沒事，但是謠言滿天飛，有兩家銀行甚至已經不理睬我們。」福爾德指的是華爾街上最新的謠言——德意志銀行和滙豐控股已停止和雷曼交易。「但我們有足夠的流動資金，沒有問題！」福爾德說。

麥克安慰福爾德說：「我會囑咐我們的交易員整天和你們繼續交易，你有什麼需要就打電話給我。」掛掉電話後，福爾德開始跟公司的各個副手要員通電話，倫敦的負責人傑瑞米．艾賽克斯（Jeremy Isaacs）聽完福爾德的話之後對他的下屬說：「我想我們今天下午不會破產，但我沒有百分之百的把握，很多奇怪的事情正在發生。」

儘管福爾德近年來對槓桿買賣很著迷，但他真正相信的是流動資金的重要性，他一直都是。要捱過風暴，你需要的是大量的現金——這是他愛掛在嘴邊的話。他喜歡說他在拉斯維加斯的賭桌上，目睹一名豪客每輸一注後，必定雙倍加碼下注希望轉運，結果，這個賭客輸掉四百五十萬美元。福爾德在餐巾紙背後記下這教訓：「沒有人會有用不完的錢。」

你永遠不會有用不完的錢。

這個教訓在一九九八年長期資本管理公司（Long-Term Capital Management）這家對沖基金破產時，福爾德就學到了。當時，市場上都認為雷曼和長期資本管理公司過從甚密，雷曼必然會被波及；但雷曼最終得以過關，這全賴雷曼有多於所需的現金作緩衝，以及福爾德狠狠的還擊。長期資本管理公司一役還有一課：你一定要殲滅謠言──如果你讓謠言滋長，謠言便會自我實現，弄假成真。他曾怒氣沖沖地對《華盛頓郵報》說：「每一則謠言最後都被證明是錯的；如果證管會找出這些謠言的始作俑者，我想先跟他來個十五分鐘的單挑。」

今早，福爾德的回電名單上包括《華爾街日報》的記者蘇珊・克雷格（Susanne Craig）。她多年來一直負責追蹤雷曼的消息，她性格頑強，但福爾德欣賞克雷格，會不時以不具名的方式跟她透露一些「背景資料」。不過，這個早上克雷格試圖說服福爾德接受正式、具名的訪問，她提出的建議是介紹雷曼各項前瞻計畫以中止謠言。福爾德一向不太喜歡在媒體上看到自己的名字，但他有點懊悔自己在處理長期資本管理公司的表現，他認為如果一開始他更主動應對傳媒就好了。所以，這一次他希望能採取主動，福爾德跟她說：「我希望這次能把它做好。」

中午時分，福爾德和他的副手已準備好戰鬥計畫：他們答應讓《華爾街日報》、《金融時報》和《霸榮》（*Barron's*）做專訪，同時，他們會特別對克雷格提供更詳細豐富的內容，讓她獨得雷曼的內部故事，希望吸引她的編輯將這訪問放在報紙頭版。由下午三時起，訪問一個接一個，每個的主題都清楚不過：謠言全是捏造的，雷曼擁有充足的流動資金，一如重量級投資銀行高盛和摩根士丹利。如果雷曼真的有需要應付任何償付，資金也沒問題。

克雷格進行訪問時，福爾德邀請了格里高利、羅素，和新任的財務長艾琳·卡蘭（Erin Callan）以電話會議形式加入討論。福爾德說明：「我們知道我們需要大量資金，我們也知道我們要處理鬧得沸沸揚揚的謠言。」他更特別強調聯準會貼現窗口的開放將可令雷曼的馬步更穩：「有些人在賭聯準會無力穩定市場，在我看來他們下錯注了。」

「我們擁有足夠的資金，雖然這時刻我們並沒有需要動用這些資金。擁有足夠的資金對市場來說，本身已是一個強有力的訊息。」格里高利的補充迴避了眼前兩難的局面：雖然聯準會開放貼現窗口提供廉價資金給處境如雷曼的投資銀行，但若投資銀行果真使用這些資金，就等於告訴市場投行確實疲弱，所以要借助外來資金。雖然，聯準會的本意主要是為增強投資者的信心，而非幫助投資銀行。（諷刺的是，雷曼的羅素其實正是這方法的原創者之一。兩個月前在瑞士達沃斯的世界經濟論壇年會上，羅素在演講中提出這建議，當時紐約聯邦準備銀行的總裁蓋特納〔Timothy F. Geithner〕也是座上客。）

訪問結束後，格里高利和卡蘭各自回到辦公室進行電話車輪戰，逐一致電可能會調走資金、或打算減少透過雷曼進行交易的對沖基金，力圖留住這些重要客戶。

一輪功夫略見成效：在最後交易時段，雷曼股價回升，從近五〇％的跌幅這個盤中最低價開始收復失土，最終跌幅縮小到一九％，收盤價三一·七五美元——這價格仍然是四年半以來的低點，過去牛市帶來的進帳一天內便跌光了。不過，雷曼的眾高層感到今天戰況還可以，而明天他們便會公布業績，他們希望這份業績能令股價保住今天的勢頭。卡蘭在公布業績後會舉行投資者電話會議，屆時她會詳述公司的狀況，所以她在收市後馬上走到格里高利的辦公室作演說排練。

疲憊不堪的福爾德下班回家，他希望今晚能睡個好覺。此時此刻，他多麼盼望太太對這座以二千一百萬美元購入、坐落於城中公園大道、擁有十六個房間的公寓進行的翻新工程已完全峻工。他無奈地放下黑莓機，靠在車後座上享受這幾分鐘遠離塵囂的安寧。

——

誰會料到福爾德能在華爾街攀升到這樣的高峰？

一九六四年，當時剛考入科羅拉多大學的福爾德成績普通，迷失得連選擇主修哪一科也拿不定主意。為尋找答案，他參加大學後備軍官訓練計畫。在一次晨操時，長官要求大家在大學的廣場列隊作例行檢查。「福爾德！」長官喝道：「你沒有擦亮你的靴！」福爾德剛想開口答辯：「我有擦，長官！」一話還沒出口，長官已大力踩在福爾德的左靴上，狠狠地弄髒他的左靴，並命令他回宿舍重新擦靴。福爾德毫無怨言地服從命令；完成後福爾德回到長官面前，這次長官再弄髒他的右靴，再次命令他重擦。

福爾德再回來的時候，長官已轉移目標欺負另一個矮個子的學生，他用他的靴重重地踢這年輕人的踝骨，令他痛苦倒地，然後再用膝蓋撞他的臉頰，並打碎他的眼鏡。

雖然福爾德和這名學生並不認識，但他受夠了。福爾德大喝：「喂，你這狗屁東西，你幹嘛不挑一個跟你個子差不多的欺負？」長官走到福爾德前面怒目而視：「你在跟我說話嗎？」「是的！」福爾德毫不猶豫地回敬。一瞬間兩人大打出手，被拉開時都血流滿面。當時十八歲的福爾德很快被紀律處分兼開除學籍。主任對福爾德說：「這不是學員恰當的行為。」福爾德委屈地抗議：「我明白，但主任，你能聽聽我的解釋嗎？」「不。」這是主任的答覆，並說：「這件事唯一的重點就是你毆打了你的長官，你不能再留在這裏。」對福爾德來說，這只是人生中一連串失望事件的其中之一，但他也從當中慢慢成長。

福爾德出身世家，在紐約威斯特徹斯特郡一個叫哈理森（Harrison）的富裕郊區長大，他的家族擁有成衣製造廠United Merchants & Manufacturers，這家公司年收入逾十億美元，公司的前身是福爾德的外公雅各布・舒維普（Jacob Schwab）和友人於一九一二年共同創立的科恩霍爾馬克思公司（Cohn-Hall-Marx Company）。

因為福爾德的父親不希望兒子插手家族生意，一九六六年，福爾德的外公雅各布・舒維普便拜託和他有長期交易關係的雷曼兄弟公司，要求雷曼在丹佛的分公司為孫兒提供一份兼職暑期工。雷曼丹佛的辦公室小得可憐，只有三名員工，福爾德負責雜務——大部分時間都花在抄寫文件（要知道當時的年代影印機還未問世）和當跑腿。雖然如此，福爾德覺得該工作提供很多學習機會，令他著迷。在交易大廳的交易員們大聲呼叫，氣氛之濃烈是福爾德從未感受過的。*我屬於這裏*，福爾德心裏感覺到他終於找到自己。

吸引福爾德的，不是因為這些交易員花的是別人用上一生儲蓄的金錢這份刺激，按福爾德形容，這是一種更深層的心靈感動：「我是偶然闖進投資銀行這行業，但一經啟發，我不僅能明白它，更能抓到每一個要害。」

福爾德不太喜歡公司裏的一個人：路易斯・格魯克思曼（Lewis L. Glucksman）。這位來自總部、衣冠不整、粗俗的人不時會到訪丹佛分公司，他對同事言詞粗魯，作威作福。雖然福爾德很想得到在金融界發展的機會，但他發誓不會效力於這種暴君。一九六九年二月，他終於大學畢業，並成功獲得到雷曼紐約總行當見習生的機會，上班地點是華爾街的中心：威廉街一號，一座仿義大利文藝復興風格的建築物。這時的福爾德和父母同住，和其他上班族一樣每天通勤上班。

福爾德工作的部門是商業票據交易部。商業票據是一種讓企業募集短期日常資金的工具，對福爾德來說這是理想的工作崗位，美中不足之處，是他的頂頭上司正是他討厭的、在紐約和丹佛同樣霸道的格魯克思曼。不過，對此福爾德已不太在乎，他認為雷曼的工作只是短暫的：他在科羅拉多大學主修國際貿易，而他決心取得MBA的學位。在見習期間，他走到格魯克思曼面前，要求格魯克思曼為他寫推薦信，格魯克思曼的反應很大：「你他媽的要這幹嘛？別人去念MBA是為了找工作，我現在已提供職位給你。」福爾德堅持原訂計畫，他回答：「我們合不來，你對我大吼大叫的。」「留在這裏吧，你不用再替我工作了。」格魯克思曼這麼說。

福爾德最後同意留在雷曼，並轉到紐約大學念晚間MBA課程。他被分派的工作仍不是重要的任務，其中一項是為公司操作當時最先進的科技——攝錄機（video camera）。有一天，福爾德負責拍攝格魯克思曼接受訪問，格魯克思曼突然問：「是誰站在攝錄機的後面？」當福爾德伸出頭來時，格魯克思曼驚訝地問道：「你他媽的搞什麼？明天回到公司，第一件事就是到我的辦公室來找我。」第二天，格魯克思曼對福爾德說：「你不應該做這些無關痛癢的工作，你為何不到我這裏來幫我？」福爾德笑問：「那我能獲得加薪嗎？」

兩人自此成為好友，福爾德在雷曼的坦途亦從此展開。當時他的年薪只有六千美元，約是他三十年後擔任執行長的薪酬的萬分之一。那年年底，福爾德已有能力搬離父母家，搬到東六十五街一個月租二百五十美元的公寓，而且每天駕著他鮮橙色的龐帝克（Pontiac GTO）跑車代步，有時他也接送其他同事，其中包括後來成為美國財政部副部長的阿特曼（Roger C. Altman）。

格魯克思曼在福爾德身上看到自己年輕時當交易員的樣子。二〇〇六年逝世的他曾這樣形容福爾德：「他是一個不會讓情緒妨礙決定的人。做買賣他是天生好手。」

每天早上走進交易大廳，福爾德就可以感到自己的心興奮地跳動。他愛那裏的喧嘩熱鬧、汗流浹背，他也愛那全憑機智、信任自己直覺生存的地方。福爾德加入雷曼也正是時候，雷曼當時正經歷重大變革，一切對他都非常有利。

自一八五〇年成立以來，雷曼一直是很多商業巨擘採用的銀行。創辦雷曼的傳奇人物伊曼紐爾·雷曼（Emanuel Lehman）和他的兄弟亨利（Henry）、邁爾（Mayer），從德國南部移民到阿拉巴馬州後開始從事棉花交易，棉花是當時重要的商品。二十年後，他們在曼哈頓成立商店，後來並協助成立紐約棉花交易所。在紐約，雷曼兄弟很快便由一家經紀行蛻變為投資銀行，向當時剛成立的席爾斯百貨（Sears）、伍爾沃斯（Woolworth）、梅西百貨（Macy's）和美國無線電（RCA）等提供財務融資。（這些公司大概相當於現在的蘋果、谷歌、微軟、英特爾等。）

福爾德加入雷曼的第一年，剛剛遇上雷曼創辦人伊曼紐爾·雷曼的孫兒羅伯特·雷曼（Robert Lehman）去世。雷曼的第三代經歷了一九二九年股市大崩盤和美國經濟大蕭條，但仍能在逆境中把雷曼發展成金融界龍頭。這個宛如貴族、在耶魯大學接受教育的羅伯特·雷曼，統領雷曼公司最光榮的年代，在「美國世紀」的早期時代為眾多舉足輕重的美國企業提供銀行服務。

至六〇年代，雷曼的顧問業務已僅次於高盛。但羅伯特・雷曼和他的夥伴不滿意企業客戶有融資需要時每每首選高盛，羅伯特・雷曼因而決定開展商業票據交易的服務，從另一華爾街大銀行挖來格魯克思曼當舵手。

福爾德加入雷曼時，格魯克思曼主管的交易業務已開始成為雷曼的主要盈利來源。交易大廳嘈雜又混亂，到處是滿溢的菸灰缸，或隨處擺放的喝剩咖啡，紙張堆積如山地疊在股票機上，有些則壓在電話下。為了製造如拉斯維加斯賭場的氣氛，格魯克思曼乾脆把窗戶也弄黑，讓交易員專注在當年華爾街的基本設施Quotron and Telerate機器上。和拉斯維加斯賭場一樣，香菸升起的煙幕浮在空中，人人情緒高漲，電話會被亂拋，廢紙箱會被踢倒。這裏和文縐縐的銀行家世界相比絕對是天壤之別，但卻漸漸成為雷曼的世界。

身高只有五呎十吋的福爾德個子不算高，但有一種咄咄逼人的感覺。格魯克思曼認為在他苦心營造的那個只有殺或被殺的環境中，福爾德的氣焰絕對是種優勢。福爾德擁有方正的額頭、深沉黑實的冷眼和一頭黑髮，加上他是個健身鍛練狂並熱愛舉重，福爾德是你不會想招惹的人。他會盯著那些早年的綠色電腦螢幕，口中如機槍掃射一般喊出他的交易。

雷曼內部都知道福爾德是個極度執拗、效益至上、不聽任何廢話的人。有一天，他走到交易大廳總管艾倫・卡普蘭（Allan S. Kaplan，日後成為雷曼副主席）的面前，要求卡普蘭簽署交易單，這是總管的責任。臉孔圓圓、雪茄永不離手的卡普蘭正在講電話，刻意不理他。福爾德不停地在卡普蘭面前徘徊，皺額豎眉，不斷打手勢硬要卡普蘭注意他。卡普蘭手掩話筒，轉頭怒斥這年輕的交易員：

「你總認為自己是最重要的，沒有比你的交易更重要的事！我告訴你，只要我桌上還有文件，我就不會簽你他媽的交易單。」

「你確定嗎？」福爾德嘲諷地問。

「當然！」卡普蘭肯定地回答。

突然，福爾德往前手一揮，把卡普蘭桌上的文件全掃到地上，福爾德低聲但語氣堅定地問：「你現在準備好簽字了嗎？」從這時起，福爾德開始在公司內外聲名鵲起，外間給福爾德冠上「猩猩王」（Gorilla）的綽號，他對此毫不介意。後來福爾德成為雷曼執行長，他在辦公室內一直擺著一頭鬆毛大猩猩，直到九一一後雷曼被迫搬遷辦公室為止。

加入雷曼數年後，福爾德注意到抵押貸款部門來了一位新同事。這位積極主動向福爾德自我介紹的人就是格里高利。雖然兩人在外貌和性格上南轅北轍——但膚色較白個性較溫和的格里高利很尊重福爾德，並視福爾德為良師益友。兩個性格完全不同的人兩手一握，近四十年的合作情誼由是展開。

有一天，福爾德把格里高利拉到一旁，告誡格里高利要注重上班服裝，對福爾德而言，熨壓整齊的深色西裝、白襯衫和保守的領帶是唯一被接受的服裝。福爾德認為格魯克思曼可以衣履不整，不修邊幅，因為他已有業績有地位；但他們兩人都不是格魯克思曼。格里高利聽後，趕緊在週末把行頭升級，他對他的朋友說，他不想令福爾德失望。福爾德後來當上執行長，依然經常斥責那些服裝不夠體面的行政人員。

和福爾德一樣，格里高利並不是長春籐學府的畢業生。格里高利在一九六〇年於霍夫斯特拉大學

（Hofstra University）畢業後意外地加入雷曼。格里高利原本的志願是當中學歷史科老師，但他在雷曼當了一個暑假的送信員後，便立志要加入金融業。一九八〇年代，格里高利和三位雷曼新星每天從長島北岸的杭廷頓（Huntington）一起通勤上班，在路上討論當天可以嘗試哪些新的交易策略。在公司內，他們被稱為「杭廷頓黑手黨」：他們不僅行動有共識，下班後也經常一起打籃球。

福爾德和格里高利都在格魯克思曼這個交易高手麾下步步高升。明顯地，格魯克思曼比較偏袒福爾德，每天早上，福爾德和另一明日之星詹姆士·博肖特（James S. Boshart）都會坐在格魯克思曼旁邊，聽格魯克思曼娓娓道來《華爾街日報》當天的新聞評述和格魯克思曼自己的心得。他的名言警句被譽為「格魯克思曼學說」（Glucksmanisms），例如「做交易時永遠不要廢話」意思是：「你若不清楚最新的報價，你根本不應拿起電話筒。」

他們慢慢意識到格魯克思曼之所以穿著隨便，其實是對於那些長春籐銀行家無聲的抗議。格魯克思曼認為這些在公司裏享有特權的人特別虛偽，他很反感。

在華爾街，交易員與銀行家的對立近乎是一種階級鬥爭。主流的觀念是，投資銀行服務被奉為藝術，而交易員的工作則像是體育運動，需要技術但不一定要有智慧或具創意。雖然交易員進行交易可推動公司的收入增長，但銀行家的地位依然比交易員要高。

好勇鬥狠的格魯克思曼鼓勵他的交易員團隊要敵我分明：「去他媽的銀行家」是他們常掛在嘴邊的話。

有一次，格魯克思曼聽說雷曼洛杉磯分行一位在七〇年代很紅的銀行家彼得·盧斯克（Peter Lusk），花了三十六萬八千美元大肆裝修其辦公室，格魯克思曼馬上搭飛機去洛杉磯，下機後直奔盧斯克的辦公室。走進以整齊板木作牆壁、以豪華水晶燈作裝飾，還有內設酒吧的辦公室，這種揮霍令格魯克思曼噁心。當時盧斯克還沒來，格魯克思曼在大門貼上「你已經被解僱！」的通知，但旋即覺得這告示的力度還不夠，他回頭再加上備註：「你要還給雷曼你花在辦公室的每一分錢！」

格魯克思曼的故事還包括一九八三年發動華爾街史上著名的政變，結果是——匈牙利裔猶太移民第二代成功地把一個業內資深大老拉下台。彼得．彼得森（Peter G. Peterson）當過尼克森政府的商務部部長，格魯克思曼和彼得森最後攤牌時，格魯克思曼狠狠瞪著彼得森，跟他說他可選擇輕鬆離開、或焦頭爛額地離開，選擇前者的彼得森離開雷曼後創立黑石集團（Blackstone Group）。多年後，格魯克思曼隨著年紀漸長說話變得更得體，他不喜歡再提及這衝突，並說：「這有如要我談論我的前妻。」

格魯克思曼領導雷曼的時間很短暫，八個月後，雷曼的十七人董事會通過以三．六億美元將雷曼賣給美國運通銀行。福爾德形容一九八四年四月十日這一天，是他人生中最黑暗的一天。這交易是由死忠支持彼得森派的人士發動，可以說是反政變的政變，其後雙方糾纏足足十年，直至抗拒這交易的人士重掌公司。最後，雷曼和美國運通的散戶經紀部合併，新公司改名為薛爾森．雷曼（Shearson Lehman）。

「腦袋加上肌肉」——這本是董事會所打的合併如意算盤，遺憾的是這宗奉父母之命的聯姻一開始就不融洽，也許董事會沒有把反對這交易的雷曼高層幹掉，是這宗合併註定失敗的原因。

那時，福爾德已是雷曼董事會成員，他是反對這交易的三位董事之一，投反對票的時候福爾德說：「我愛這地方。」

其後十年，格魯克思曼、福爾德和格里高利，以及三人的核心團隊一直為爭取保持雷曼的獨立地位和運作付出心力。格里高利回憶說：「感覺好像被判了十年有期徒刑。」

為鼓勵團隊精神，格魯克思曼集合福爾德和一些頂尖的交易員到公司的會議廳，當時格魯克思曼手拿數十支二號鉛筆，沒有人明白為什麼。格魯克思曼發給每人一枝鉛筆，然後要大家把鉛筆折斷。在大家輕而易舉地折斷鉛筆後，格魯克思曼把剩下的一堆鉛筆交給福爾德，要他把它們折斷。就算福爾德被稱為猩猩王，他也無法做到。

完成示範後，格魯克思曼當起阿豺折箭故事中的阿豺，對眾人說：「單者易折，眾則難摧，大家要戮力一心我們才能成就大事。」

雷曼的管理層和交易員們對於合併後公司被貶為金融超級市場般的組織感到很惱怒——更糟糕的是，新的管理架構宛如拜占庭式（Byzantine）的複雜。一九九三年，福爾德和湯米森．希爾（J. Tomilson Hill）一同被委任為聯合總裁和聯合執行長，兩人同向薛爾森．雷曼的執行長報告；這架構上還有美國運通的執行長哈維．葛洛柏（Harvey Golub），薛爾森．雷曼的執行長又要向其報告。福爾德的門生克里斯多夫．佩迪特（T. Christopher Pettit）執掌投資銀行和交易部門，但問題是大家都弄不懂這制度中究竟誰是負責人，或究竟有沒有人負責。

困窘的美國運通終於在一九九四年把雷曼分拆上市，當時的雷曼不僅頭寸緊絀，業務更非常集中——差不多全仰賴債券交易。明星人物如日後的黑石執行長史蒂芬．史瓦茲曼（Stephen A. Schwarzman）紛紛跳槽，沒有人認為公司獨立後能夠長存，大家都相信雷曼的結果是成為其他大銀行的收購對象。

美國運通執行長葛洛柏欽點福爾德這個薛爾森・雷曼的頂尖交易員和聯合總裁擔任獨立公司的執行長。當時雷曼把薛爾森・雷曼部分業務出售後收入急跌三分之一，投資銀行的業務也以同樣幅度收縮。公司正陷入水深火熱之中，內鬥卻從未停止。一九九六年，佩迪特吵著要求晉升，福爾德馬上將他解雇（佩迪三個月後死於雪山車意外）。福爾德單打獨鬥地經營雷曼至二〇〇二年，才委任格里高利和布拉德利・傑克（Bradley Jack）兩人擔任聯合首席營運長（COO）。不過，也許因為能力較佳，更重要的可能是威脅性較低，格里高利得到福爾德的信任，他很快便把傑克踢出局。福爾德讚揚格里高利是他生意上最佳的解決問題者，並說得到格里高利的幫助，福爾德可以把分裂公司的內訌內耗停止。

與此同時，福爾德大力裁員節流，一九九六年底時，雷曼的員工人數減掉二〇%，降至約七千五百人。福爾德也學會更圓滑的管理方法，連他自己也沒想到原來他也懂得阿諛奉承，以甜言蜜語招攬人才和討好客戶。福爾德漸漸成為公司的代言人，格里高利主內，福爾德主外。福爾德搖身一變成為他以前最痛恨的「他媽的銀行家」，他唯一的目標，就是推升公司的股價。他不斷地向員工發認股權證，最終，雷曼三分之一的股權由公司員工持有。福爾德跟他的員工說：「我希望員工在公司的表現，會如同他是公司的老闆一樣。」

為鼓勵團隊精神，福爾德引進他在家教導兒子李奇（Richie）打曲棍球那一套：「進球得一分，幫助別人得兩分。如你的隊友受襲，你要不遺餘力地反擊。」在雷曼，每一名高級行政人員的薪金和分紅，都是按他們整個團隊的表現來分發。

如果你對福爾德忠心，他同樣會對你忠誠。幾乎每個雷曼人都聽過他與洛斯（Loews）執行長詹姆士·帝許（James Tisch）度假的故事。他們兩家人一起到猶他州的布萊斯峽谷國家公園旅行。差不多走到峽谷底時，帝許十歲的兒子班（Ben）哮喘病發作，但他的哮喘病呼吸器卻遺留在峽谷頂，班感到十分恐慌。這時，福爾德和帝許馬上主持大局，鼓勵班走回谷頂。為增加班的自信心，福爾德要班帶路。在回程的中途，他們遇到另一個登山者，他看了看班，打趣說：「我們的喘息聲是不是太大聲了？」福爾德沒有放慢腳步，但一邊走一邊回頭用令人難忘的兇猛聲音大吼：「你吃屎去死吧！你吃屎去死吧！」班受到福爾德為他出氣的鼓勵，剩下的旅程差不多是跑著完成。

也許福爾德作為領袖的最偉大時刻是在九一一事件。當整個世界都好像在他身邊崩塌時，他仍能不斷輸送出相互友愛的精神，把同儕、把公司連在一起。世貿中心倒下的第二天，福爾德出席紐約交易所的會議商討何時重新開市。當被問及雷曼能否開始交易時，福爾德忍著眼淚回答：「我們連誰還在世都不能肯定。」

最後，雷曼確認他們只損失了一名員工，但公司位於世貿第三座的全球總部已嚴重損壞無法使用。福爾德在城中喜來登酒店為其六千五百個員工設立臨時辦公室；數星期後他親自出馬從對頭摩根士丹利手中購入對方還未進駐的新總部大樓。一個月內，雷曼已在新辦公大樓重新運作，就好像沒有發生過任何事——唯一不同的，是遷址的過程中有一個陣亡者，福爾德的鬆毛猩猩在混亂中遺失了。福爾德沒有重新添置猩猩的代替品，就如格里高利後來說的，福爾德和雷曼都長大了，「猩猩時期」已經過去。

雖然福爾德在言談間常常倡議改變，然而，他並沒有對雷曼的企業文化作出太大的改革，他只是

微調。他建立的是格魯克思曼時期的輕量版：鼓吹偏執、好勇鬥狠，武鬥的觀念依然濃厚：「每一天都是一場戰鬥」，福爾德對管理人員咆哮：「你要殺死你的敵人。」這時，交易員與銀行家彼此已不再相互排斥，至少有一陣子，雷曼的內訌內耗有所減少。格魯克思曼在福爾德當上執行長一段時期後說：「我嘗試培訓投資銀行家，讓他們了解自己所賣的產品。我們是第一家投資銀行把銀行家放在交易大廳做交易的——而福爾德已比我當年走得更遠，做得更多。」

福爾德最終覺得雷曼還是太保守，太依賴債券交易及其他債務產品交易。他看見高盛利用自己銀行的資金投資而獲巨利，他認為雷曼也應插手這些範疇。為福爾德實現這願望的人就是格里高利。從性格來說，格里高利天生不是一個專注細節或善於管理風險的人，雷曼之所以插手越來越多大膽的投資領域，進軍商業房地產、抵押貸款和槓桿貸款（leveraged lending）等業務，格里高利是關鍵人物。在牛氣衝天的多頭市場，雷曼的盈利和股價都飆到屢創歷史新高；二〇〇七年，格里高利報酬是五百萬美元現金加上二千九百萬美元的股票（福爾德那年則拿到四千萬美元）。

格里高利也為福爾德扮黑臉——代福爾德傳達不堪入耳的信息。例如每當公司發生私人紀律的問題，格里高利總是擔任譴責者的角色，被警戒的人會咒罵格里高利「新屁眼」，在公司裏，他們稱格里高利是電影《星際大戰》的反派角色黑武士維德。福爾德不知道格里高利的高壓手段已成為同事們在飲水機旁交頭接耳的熱門話題。

二〇〇五年，格里高利做了一個可能是他一生中最苛刻的人事決定，令他惡名昭彰。他毫無來由地將他的門生——以前和他一同打天下、負責全球證券部門的羅伯特・夏佛（Robert Shafir）攆出局。格里高利不單褫奪夏佛原來的職位，更把夏佛踢出行政管理委員會。格里高利採取的行動幾乎是心理虐待，夏佛不僅被分派到閒崗位，格里高利更將夏佛的新辦公室設置在行政管理會會議室的對面，每分每秒提醒夏佛已無緣走進這代表權力的房間。格里高利像是要在夏佛的自尊心上灑鹽，不斷放大他被貶的難堪。

期間，夏佛的女兒發現患有呼吸系統病囊性纖維化，夏佛遂請假一段時期，並希望回來時格里高利能有一份工作給他。

幾個月後，格里高利覺得夏佛還不識趣仍未自動請辭，就再施展新招向夏佛施壓。格里高利召夏佛進他的辦公室，問他說：「對於調派到亞洲，你有什麼意見？」夏佛無言呆立，尷尬地沉默了一會後說：「去亞洲？你一定在開玩笑吧？你知道我孩子的情況，你知道我是不能去亞洲的。」夏佛離開雷曼後加盟瑞士信貸（Credit Suisse），在雷曼人眼中，夏佛是格里高利式暴政最不幸的受害者。

格里高利一些人事安排同樣讓人感到不明所以。二〇〇五年，他把雷曼負責固定收入債券部、本身也是債務專家的邁克達德（Bart McDade）調任為股票部主管，但邁克達德根本不熟悉股票業務。二〇〇七年，當房地產泡沫幾乎要破滅時，格里高利就不時被反覆質問為何他不斷把沒有商業房地產經驗的人放置在該業務內。格里高利這樣辯解：「同事需要廣泛的經驗。動力源自雷曼這機器，而非個人。」

在格里高利欽點的人物中，最具爭議性的就是卡蘭（Erin Callan）。一頭炫目金髮的卡蘭就像電視劇《慾望城市》女主角一樣愛穿高跟鞋。二〇〇七年九月，格里高利挑選當時四十一歲的卡蘭為雷曼新任財務長，所有雷曼人都感到震驚——卡蘭看來很能幹，然而她對公司的財務運作認識不多，更沒有任何會計背景。

另一名雷曼女高層蘿絲・史蒂芬森（Ros Stephenson）對卡蘭的高升感到很氣憤。史蒂芬森也許是繼福爾德以外，唯一能和KKR投資公司（Kohlberg Kravis Roberts）基金總舵手克拉維斯（Henry Kravis）直接通電話的人。她直接向福爾德投訴，但福爾德慣例站在格里高利的一邊。

卡蘭極其希望能向同事證明，她跟福爾德一樣是經驗豐富的街頭戰士。其實，她的金融業之路比福爾德更艱難。卡蘭的父親是紐約市警務人員，育有三個女兒。一九九〇年，卡蘭從紐約大學法學院畢業後，在華爾街一家大型律師事務所——盛信律師事務所（Simpson Thacher & Bartlett）稅務部門工作。雷曼兄弟是其主要客戶。

在盛信工作五年後，她向雷曼試探：「像我這樣的人在華爾街工作會很奇怪嗎？」不，怎麼會。獲雷曼聘用後，卡蘭幸運地得到大顯身手的機會——當時美國更改稅法，使得大量的股票被視作債券一般徵稅。憑藉她在稅務法律上的專業知識，卡蘭佔盡時機，為通用磨坊（General Mills）等大客戶提供複雜的產品建議。聰敏、機靈、專業、充滿自信的卡蘭才幾年便迅速冒出頭，負責公司全球金融解決方案和金融分析部門。二〇〇六年，卡蘭獲得公司進一步信任，派她負責處理華爾街投行最重要的客戶——對沖基金。

她在這崗位上做得有聲有色，她成功安排堡壘投資集團（Fortress Investment Group）成為美國首家上市的對沖及私募基金；其後她再下一城，成功安排另一基金奧氏資本管理集團（Och-Ziff Capital Management Group）上市；另外，在她的籌劃下，雷曼最重要的對沖基金客戶肯・格里芬（Ken Griffin）的城堡投資集團（Citadel Investment Group）成功發行價值五億美元的五年期債券——開創對沖基金發債先河。

卡蘭很快得到格里高利青睞。格里高利深信世界在變，雷曼和金融業已不再可能只是白種男人的小圈子，提拔年輕、聰明的人，尤其是女性，不僅對雷曼有好處，也可令他臉上貼金——更何況，卡蘭在電視上有看頭，這也為卡蘭加分。

三月十七日晚上，卡蘭在她時代華納中心的公寓裏輾轉反側，明天將是她事業上最重要的一天，她有機會憑藉自己的雙手撲滅威脅吞沒雷曼的火焰，讓公司內批評她的人對她刮目相看。

幾個小時後，卡蘭就要代表雷曼面對市場、面對世界，她會主持重要的電話會議詳細介紹公司的季度業績，來自全國各地的金融分析師都會屏息靜聽，如果她露出絲毫弱點，雷曼肯定會被撕毀。交代雷曼業績後將是問答時間，以目前情況，她肯定會遇到不少考驗她機智的難題，而她當場提供的答案將會決定雷曼是生是死。

卡蘭整夜沒睡，她乾脆下床，到門外拾起當天的《華爾街日報》。報紙的頭版頭條「雷曼身陷風暴中心」只能對紓緩她的神經起反作用，文章特別點名她是雷曼的反駁謠言打手之一。卡蘭喜歡與新聞界打交道。

腎上腺素在她疲勞的身體內急升，令她感到亢奮，纖細的身軀感到血脈沸騰。手拿著咖啡，身穿由名牌老店波道夫（Bergdorf）專業形象顧問為她挑選的優雅黑色套裝，她急步下樓。為了準備在下午收市後接受ＣＮＢＣ節目《收市鐘瑪麗亞．巴蒂羅姆》（*Closing Bell with Maria Bartiromo*）的訪問，卡蘭特別用吹風機把頭髮整理妥貼才出門。

她在時代華納中心的簷篷下等待司機。她希望目前的居所只是中途站，她可以更上一層樓進駐心儀的夢幻房子。以她的新職位和預期收入，她希望能盡快完成購買房子的交易，升級至中央公園西、紐約市最令人羨慕的地段之一：中央公園西十五號。這棟石灰岩建築物是由羅伯特・斯坦恩（Robert A. M. Stern）所設計，她看中的是位於三十一樓、面積達二千四百平方呎的單位。這豪宅的鄰居非富則貴，包括高盛的貝蘭克梵（Lloyd Blankfein）、花旗集團傳奇人物桑迪・威爾（Sandy Weill）、對沖基金大師丹尼爾・洛布（Daniel Loeb），還有搖滾巨星史汀（Sting）。她準備貸款五百萬美元購買這戶價值六百四十八萬美元的公寓。當她坐進公司車的後座時，她不期然地想到今天早晨將是一個舉足輕重的關鍵時刻——連她心儀的夢幻家居都一併押上。

福爾德回到辦公室，坐下稍定定神，便扭開電視收看CNBC和全國廣播公司（NBC）兩台聯播的財政部長鮑爾森的直播訪問。他按下遙控器，調大音量。晨間節目的主持人馬特・勞爾（Matt Lauer）說：「開門見山，我想請你談談總統先生在週一會議後跟你談話的用字，總統先生說：『財長鮑爾森跟我報告了最新情況，很明顯地，我們身處充滿挑戰的時刻。』」鏡頭前，一臉睡眠不足的鮑爾森站在白宮傳媒中心，費勁地聆聽透過耳機傳來的問題。勞爾繼續說：「我想將總統的話跟葛林斯班（Alan Greenspan）最近發表的一篇文章比較。」螢幕上出現葛林斯班的一張照片和他的文章摘要：「日後我們回顧美國當前發生的金融危機時，很可能會將之判定為第二次世界大戰以來最大的難關。」

「『我們身處充滿挑戰的時刻』這說法是否太保守了？」勞爾以他一貫堅定但文質彬彬的風格發問。鮑爾森稍稍支吾了一會，然後回神過來回答：「馬特，我們的資本市場出現動盪，這動盪自八月已開始；我們正積極面對，正在研究解決方案。我對我們的市場很有信心，它具有反彈能力，亦有變通能力，但這需要一些時間，而我們正專心處理此事。」鮑爾森顯然希望這番話可以安撫市場。

福爾德越聽越不耐煩，他只等著勞爾提問拯救貝爾斯登代表什麼訊息。勞爾最後終於說：「聯準會週末採取了一些非常手段來應付貝爾斯登的情況，有很多人質疑：『聯準會是否只著眼於華爾街的問題，而漠視全國普羅老百姓所受的痛苦？』」

福爾德很火大，他認為勞爾的問題是大眾媒體慣常的傾向——老是把複雜的金融議題包裝成階級鬥爭，試圖把華爾街、把鮑爾森這位高盛的前執行長，和電視機前的觀眾對立起來。

鮑爾森頓了一頓，像是細心尋找合適的字眼，然後說：「我應該這樣說，對貝爾斯登的股東來說，他們面對的是一個痛苦的方案，我不認為他們覺得自己被拯救了。」鮑爾森此言明顯想發出一個訊息：布希政府的工作並不是推行拯救——一錘定音。

勞爾引述《華爾街日報》的頭版新聞，繼續逼問：「政府是否開了在傳統工具失效時將會扶助失敗金融機構的先例？」換言之，他們的意思是，財長先生這是不是違反了一貫做法？日後，有困難的金融機構是否可以向政府尋求幫助？

這是特別尖銳的問題。數天前的晚上，鮑爾森才和華爾街的巨頭們進行了電話會議，當時他還對「道德風險」責難了一番。「道德風險」這個經濟術語大致是說，如果我們掩護隨著高風險投資帶來的失敗後果，隨之而來的可能是這些高風險的投資者更有膽量去尋求更高風險的投資。

「正如我所說，我不認為貝爾斯登的股東們覺得他們被拯救了。」鮑爾森重複說：「我們的焦點很清楚，我們只著重對美國整體人民最有利的事，以及如何減低金融市場混亂所帶來的衝擊。」

卡蘭打開她辦公桌上的彭博終端機，等待高盛公布季度業績，市場會以此估量整個行業以及市場的同期表現。如果高盛的業績理想，這將會是雷曼的一劑強心針。未幾，螢幕打出高盛業績，卡蘭感到很高興，數字十分紮實：盈利達十五億美元；雖然低於去年同期的三十二億美元，但這年頭誰不是這樣？高盛的盈利還輕而易舉地超出市場預期。到目前為止，一切還好。

早上時候，雷曼已發出新聞稿簡述第一季度業績，卡蘭認為這些數字可增強市場信心。雷曼的盈利達四億八千九百萬美元，每股盈利〇．八一美元，較上一季度低了〇．五七美元，但仍高於市場預期。

開始時，新聞通訊社發出的消息很正面，投資公司 Holland & Company 的麥克爾．霍蘭德（Michael Holland）告訴路透社說：「雷曼公布的數字，某個程度把那些末日先知給擊倒了。」美國銀行證券公司（Banc of America Securities）的分析員麥克爾．赫克特（Michael Hecht）認為雷曼的季度業績總體來說十分紮實。

早上十時，即開市後半小時，卡蘭走進三十一樓會議室，雖然雷曼的業績有助淡化市場的憂慮，但她的表現還是很關鍵，可以肯定，每一個參與電話會議的人都會問同樣的問題：「雷曼和貝爾斯登有什麼分別？」「你們的流動資金有多穩固？」「雷曼如何為其房產組合估價？」「投資者能否相信雷曼的資產估價方式？」「雷曼進行估價時有無刻意採取一個『讓市場對公司重建信心』的估價方式？」

卡蘭需要一一回答上述的問題，她已多番排練，並已熟記對白。週末時，她還特別對證管會派出的代表進行事先預演；而這幫平時難纏的人似乎也滿意她的表現。卡蘭對於一切數字、以及如何運用解釋這些數字都胸有成竹。

結果，市場認同雷曼的業績，帶動雷曼的股價急升，與此同時雷曼的信貸差價也收窄了，投資者現在相信雷曼倒閉的風險已逐步降低，現在只需卡蘭開口說話即可。她嚥了一口水，連續四天不停說話令她的聲音有點沙啞。

雷曼的投資者關係董事艾德・格利普（Ed Grieb）問她：「妳準備好了嗎？」卡蘭點頭，以鎮定和平穩的聲線對著電話擴音器開始說：「毫無疑問過去幾天市場經歷前所未見的波動，這不單影響到我們這行業，更是波及整個市場。」數十名金融分析員留心聽著她的說明，接下來三十分鐘，她逐一匯報雷曼各項業務的表現，小心翼翼地講解業務的具體情況，以華爾街的術語來說就是：「塗上色彩。」她特別花上不少篇幅，重點說明雷曼對減少槓桿投資、增強資本所下的功夫，卡蘭耐心地把多得令人透不過氣的細節一一講解。

這是很棒的一次演說，參與電話會議的分析員似乎對卡蘭的坦率、以及她對業務的具體掌握、對市場的關注點拿捏得宜，都留下良好印象。但她的任務還未完成——接下來是提問時間。

第一個發問的是Oppenheimer的分析員梅雷迪斯・惠特妮（Meredith Whitney）。她以毫不留情地批評銀行而聞名，並因在上一秋季準確預測了花旗集團將被迫削減股息，因而聲名大噪。卡蘭以及房間裏每一名雷曼高層都屏氣凝神等待惠特妮的盤問。「艾琳，你做得很好！」惠特妮出人意外地說，並續道：「我很讚賞妳的披露，我相信每個人都同意。」

卡蘭偷偷鬆了一口氣，她知道獲得惠特妮的認可，可說已獲得全部人的認可，大體來說可以算過了關。在會議進行期間，雷曼的股價繼續急升，整個市場也都接受了卡蘭的推銷，不斷買入雷曼。最終，雷曼以四六．四九美元作收，升幅十四．七美元或四六．四%，這是雷曼自一九九四年上市以來最大的單日升幅。高盛的分析員也將雷曼的評級提高，由中性上調至買入。

當會議結束後，雷曼上下都興高采烈。格里高利衝上前給卡蘭來了一個熊抱。當卡蘭走過債券交易大廳時，抵押債務證券部門主管彼德．霍尼克（Peter Hornick）伸出他手掌，和卡蘭擊掌互相鼓勵。

在這短暫的榮耀中，雷曼好像已經安然脫險。

然而，在雷曼的城堡外，懷疑論者已在宣揚他們的質疑。歐洲太平洋資本有限公司（Euro Pacific Capital）總裁兼首席全球策略師彼德．希夫（Peter Schiff）對《華盛頓郵報》說：「我還是不能相信雷曼的任何數字，因為我不認為目前的會計制度能合理反映他們帳目上的負債水平。公眾遲早會發現他們這些所謂的利潤其實是堆砌出來的。」

在城的另一邊，一名甚有遠見的年輕基金經理人艾因霍恩（David Einhorn）也得出同一結論：雷曼並不穩固，根本是一觸即塌的紙房子。他在前一天晚上特別從洛杉磯搭夜班飛機趕回辦公室，為的就是參加雷曼舉行的電話會議。他正是福爾德口中所責難的那類「空頭」，他有巨大的影響力，單憑一句話就能牽動市場。他認為雷曼的弱勢比卡蘭所說的更甚，他亦早已押重注看淡雷曼，同時，他已準備好要跟全世界分享他的看法。

第二章 財政部長鮑爾森

在華盛頓西北面一個樹影悠悠的花園住宅內，緊張不安的鮑爾森在家中客廳來回踱步，他的手機貼在他耳邊其慣常的位置。今天是復活節（Easter Sunday），也是貝爾斯登被收購後的第一個星期天。鮑爾森的太太溫蒂（Wendy）整個週末都對丈夫頗有微詞，他的手機不分晝夜總是響個不停，一個又一個說不完的電話。她哄鮑爾森出外散步：「一個小時也不行？」鮑爾森終於答應她到離家不遠、在市中心的岩溪公園（Rock Creek）騎單車逛逛。這是過去一個多星期來，鮑爾森頭一次嘗試從埋頭苦幹中釋放出來。

但是，他的電話又響了。而且當他聽完來電者道明來意後，這位美國財政部部長對著電話大叫起來：「我真的很想破口大罵！」

電話是傑米．戴蒙（Jamie Dimon）打來的。戴蒙在位於公園大道（Park Avenue）摩根大通總部八樓的辦公室跟財長報告他極不願聽到的消息：摩根大通決定調高收購貝爾斯登的作價，由每股二美元提高到十美元。

其實，這消息對鮑爾森來說並非完全意料之外，整整一個星期，鮑爾森幾乎每天都跟戴蒙通電話，好幾次甚至打斷了戴蒙每早的跑步鍛鍊。在每天的交談中，鮑爾森已知道摩根大通有可能提高價格。自摩根大通宣布收購貝爾斯登後，貝爾斯登的股東對於收購價之低感到十分不滿，鮑爾森和戴蒙都非常擔心貝爾斯登的股東會對收購投反對票，導致貝爾斯登又一次的崩塌。

鮑爾森原希望戴蒙對收購價只增加一點——最多提高到八美元，而絕非二位數。鮑爾森對戴蒙的決定感到很懊惱，他壓低沙啞的聲音說：「這價錢遠高於我們所談過的。」一週前，當戴蒙表示他準備以每股四美元收購貝爾斯登時，鮑爾森曾私下指示戴蒙要把價錢盡量壓低：「我覺得可以象徵式地，例如一美元或二美元之類的。」事實上，如果貝爾斯登沒有得到政府承諾擔保其二百九十億美元的債務，公司早就破產了，鮑爾森不想背上「為拯救華爾街的老朋友而甘願當冤大頭」的惡名，他跟戴蒙說：「我看不出有什麼理由他們可以得到這個數目。」

事情發展至今，除戴蒙外，沒有其他人知道，原來美國財政部部長是貝爾斯登低價出售的幕後統籌者，鮑爾森希望這個祕密一直保持下去。就像大多數信奉保守經濟主義的人，鮑爾森仍尊崇新古典經濟學派「看不見的手」的原則，任何政府的干預都應該是萬不得已的最後一招。

鮑爾森本身亦曾擔任執行長，他太明白戴蒙的立場；然而，他同樣看重的是如何平復市場。在過去的一週，市場已充滿紛亂。貝爾斯登的股東和員工知道二美元收購價之後幾乎全體發難，威脅玉石俱焚——不僅拉倒交易，而且拉倒整個市場。另一邊，戴蒙發現這個急就章的合併協議原來包含極大的漏洞：貝爾斯登的股東可以否決交易，但摩根大通在未來一年仍然有責任要擔保貝爾斯登進行的交易。

戴蒙引述貝爾斯登老牌經紀人埃德．莫德沃（Ed Moldaver）的話回答鮑爾森：「這不是奉旨成婚，這根本是強姦！」這句話，是莫德沃當著上百個貝爾斯登員工的面，對於戴蒙提出如此的收購建議的尖銳嘲諷。

鮑爾森也向戴蒙坦言，說華府內也有極大的反對聲音，因華府大多數人都認為華爾街充斥的是貪婪的高薪肥貓一族，提出方案拯救他們，就如同提出加稅一樣不受歡迎。鮑爾森說他也受到龐大的壓力：「我簡直是四面受敵。」

令事情難上加難的，是今年正值總統選舉年。宣布貝爾斯登方案翌日，已略微領先的民主黨侯選人希拉蕊．柯林頓（Hillary Clinton）搶先發難批評，牽強地把布希政府拯救貝爾斯登的方案和伊拉克戰爭連在一起。眾議院金融服務委員會主席巴尼．弗蘭克（Barney Frank）更將矛頭直指鮑爾森的老闆——布希總統，他抱怨說：「共和黨多年來倡導自由市場、取消金融市場的管制，讓不受監管的金融工具如雨後春筍般冒出，最終這些產品日漸坐大，整個經濟體系就成為這些金融工具的人質，現在，不管我們願不願意，我們都需要付贖金了。」

民主黨攻擊貝爾斯登的拯救方案，但就算共和黨本身亦有厭惡方案的理由。保守派相信的是市場能自我調整，任何的政府干預只會把事情越弄越糟。保守派的人引用古希臘醫學家希波克拉底（Hippocrates）在《流行病》（*Epidemics*）一書的名句：「首先，不要做各種害人的劣行。」他們認為實踐資本主義其中的一個代價是毀壞——但這毀壞是創造性的，流一點點血在所難免。其他較為溫和的共和黨人，則忙於應付選民們的投訴轟炸，選民質疑一個摧毀他們退休金四〇一（K）計畫的機構，為何仍能得到納稅人金錢上的資助。

人人都在說「拯救」，但鮑爾森對拯救一詞極度厭惡。對他而言，他在拯救的不是一家企業，而是整個美國的經濟。這誠然是一個破斧沉舟的方案，但他絕非灑錢救市，他不明白為何華府沒有一人能看到其中的區別。

鮑爾森心裏明白，無論他對現狀的判斷是如何的正確，這事總有秋後算帳的一天。雖然布希總統在公開場合總是表揚他和這拯救方案，但私底下布希卻是怒火中燒。布希明白這拯救是必須的，但這拯救附帶的政治後果也是無可避免的，他曾明知故問鮑爾森：「我們會被這碎屍萬段，是吧？」

鮑爾森很了解總統的立場。在公布貝爾斯登交易前的那個星期三，鮑爾森花了整個下午在總統辦公室，不斷跟布希商議總統在週五於紐約經濟會（Economic Club）的演講詞。鮑爾森堅持刪掉講稿中「不救市」的承諾，布希反問：「為什麼？我們不會救市的啊！」鮑爾森道出壞消息：「雖然這話很不中聽，但是，你也許必須救市。」

鮑爾森太明瞭首都華盛頓的運作方式。早在二〇〇六年春季，他已兩度拒絕出任財政部長的邀請。他太熟悉華盛頓了。

鮑爾森大學畢業後首份工作任職於國防部，後來加入尼克森內閣。他理解財長這工作的風險何在，他說：「我不能和這些人共事，你看看人們如何說斯諾和奧尼爾，就知道我同樣會臭名遠播地離開。」前任財長約翰．斯諾（John Snow）和保羅．奧尼爾（Paul O'Neill）同樣是以業內菁英之姿進入政府，但卻落得英名受損地離開。

他煩惱了好幾個月才做出加入政府這決定。對他來說，擔任高盛執行長是全世界最棒的工作，他可以時常周遊列國——特別是中國，他幾乎是美國資本主義的非官方親善大使，可以說，他和中國領導人的關係，華府的任何人，包括國務卿萊斯（Condoleezza Rice）都比不上。

布希新的幕僚長約書亞．博爾頓（Joshua Bolten）極力推薦鮑爾森加入內閣，他告訴總統鮑爾森與北京的關係是極珍貴的資產，一定可幫助美國政府應付迅速崛起的中國政經影響力。博爾頓對鮑爾森的工作能力有深刻了解，因為博爾頓亦曾是高盛人，曾與鮑爾森共事。九〇年代，博爾頓是高盛倫敦辦公室的遊說專家；同時，博爾頓亦曾擔任高盛前總裁喬恩．寇辛（Jon Corzine）的辦公室主任。

但是博爾頓遊說鮑爾森和其家人卻難有進展，原因之一是鮑爾森的太太溫蒂對總統並無好感，儘管她的丈夫在二〇〇四年布希尋求連任時因捐助了超過十萬美元而獲肯定為布希支持者。鮑爾森的媽媽對兒子這個新工作嚇得眼淚直流。鮑爾森在美國職業籃球協會（NBA）當行政人員的兒子，以及在《基督教科學箴言報》（*Christian Science Monitor*）當記者的女兒，都異口同聲反對。

對此職位有所保留的另一重要角色是鮑爾森的良師，高盛前董事長約翰．懷海德（John Whitehead）。懷海德曾在雷根政府的國務院工作，很多高盛人都將他視為父親長輩。「這是一個已經失靈的政府！」懷海德堅持說：「你要成就任何事都會難如登天。」

鮑爾森四月時接受《華爾街日報》訪問，他仍矢口否認他是財長人選的傳言。「我熱愛我的工作，我覺得我已獲得整個商業世界中最好的工作，我計畫在這崗位上待一段頗長的時間。」

但博爾頓沒有停止說服。四月底時，鮑爾森獲邀與總統會面。當時，高盛的幕僚長約翰．羅傑斯（John F.W. Rogers）力勸鮑爾森對會面要三思，曾在雷根及老布希內閣服務的羅傑斯解釋說，若鮑爾森不準備接受財長一職，就不應赴總統之約。羅傑斯說：「總統不是與你討論你工作細節的人，他可是總統！」鮑爾森無法反駁羅傑斯，最終只能尷尬地推掉總統之約。

數月後，中國國家主席胡錦濤訪問美國，鮑爾森和太太終於有機會到白宮一遊，參加白宮舉行的歡迎午宴。宴會後，鮑爾森夫婦在首都散步，路過財政部大樓時，溫蒂跟丈夫說：「我希望你不是因為我的緣故而推掉這份工作；如果這真是你想要的，我會支持。」鮑爾森回答：「不，這不是我拒絕的原因。」

雖然鮑爾森表現出無意擔任財長一職，但有不少人認為這並不是鮑爾森的最終決定，起碼羅傑斯便認為他的老闆心裏其實是蠢蠢欲動。在五月第一個週日的下午，羅傑斯獨自在家中發愁，不知道自己對鮑爾森的進言是不是錯了。羅傑斯終於按捺不住致電博爾頓，開門見山說：「我知道漢克曾跟你說不，但如果總統仍想用他，你們應該再問他一次。」

當鮑爾森再次收到博爾頓的電話時，鮑爾森心裏響起了一個聲音，他問他自己：究竟他不斷拒絕博爾頓的邀請是不是因為害怕失敗？在高盛，他以主動、熱中解決問題聞名，現在的他是否變成迴避問題的人？

鮑爾森是虔誠的基督教科學會教徒，和其他信徒一樣，他十分尊敬學會的創始人瑪麗·貝克·埃迪（Mary Baker Eddy）以及她的學說。她在一八七九年呼籲教徒重新著眼於早期教會的靈修治病能力，在波士頓創立了基督教科學教會，她說：「恐懼是疾病的泉源，必須驅走恐懼以重得上帝的平衡。」

當共和黨的元老、財政部前部長詹姆士·貝克（James Baker）承接著博爾頓的攻勢致電鮑爾森時，鮑爾森內心已開始動搖。為加強鮑爾森的信心，貝克跟鮑爾森說他已告訴總統鮑爾森是出任財長的最佳人選。鮑爾森受寵若驚，承諾會重新考慮財長職務。

在同一星期裏，這件事還有另一段小插曲。鮑爾森的老友、高盛董事、自他在芝加哥高盛任職基層時已是他客戶的莎莉集團（Sara Lee）執行長約翰．布萊恩（John Bryan）勸他：「漢克，人生沒有預演；當你八十歲時，你不會想跟你的孫兒說你曾被邀請出任財長，你應該跟他們說你曾經是美國財長。」

五月二十一日，鮑爾森終於答應出任財長；然而，任命卻不能馬上公布，要等待白宮完成鮑爾森的背景調查。於是，鮑爾森在未能透露行將請辭的情況下，尷尬地參加高盛合夥人一年一度在芝加哥舉行的會議；更諷刺的是，當時主講嘉賓正是參議員歐巴馬（Barack Obama）。儘管鮑爾森守口如瓶，但傳媒和他的同事紛紛猜測他的去向，鮑爾森唯有整個週末足不出戶躲在酒店房間裏。

華爾街有兩種不同的銀行家：一種是靠著機智魅力遊走的推銷員，另一種則是如鬥牛犬一般以頑強持久力見長。白宮很快就發覺鮑爾森是後者。鮑爾森三十二年高盛生涯的心得，讓他知道如何爭取最佳的交易條件。在鮑爾森正式接受任命前，他先把幾個細節弄清楚。他要求保證——書面的保證，確認財政部長的地位與國防部長、或國務卿鼎足而立。他知道華府的遊戲規則，接近總統是很重要的，他不甘心淪為被邊緣化的技術官僚，被布希隨傳隨到，卻連總統能不能回電都沒有把握；他還成功令白宮首肯，由他哈佛商學院的同學艾倫．賀伯（Allan Hubbard）所領導的國家經濟委員會（National Economic Council）的部分會議，將會在財政部大樓舉行，而且副總統錢尼（Dick Cheney）必須親自出席。

為防堵關於他偏袒前僱主的閒言閒語，他主動劃地為牢簽署一份長達六頁的「道德守則」（ethics）規章，內容是禁止他在任期間參與任何有關高盛的事務。美國政府原本要求僱員在加入政府的第一年不得參與其前僱主的事務，鮑爾森這份聲明已遠超過政府的基本要求。在他的協議信中清楚列明：「基於審慎監管的原則，在我出任財政部長期間，我將不會參與任何涉及高盛或其代表的各項事務。」

「我相信這些步驟足以確保我在執行財政部長職務時，能充分迴避任何予人有利益衝突之嫌的感覺。」其實高盛在華爾街根本可以說是無所不在，鮑爾森這個承諾大大限制了他的權力，而且日後鮑爾森更不得不迫切地設法繞過這個承諾。

鮑爾森還要接受一個附帶條件：他持有大量高盛的股票——約三百二十三萬股、市值約四．八五億美元，同時，他透過高盛基金所持有的利潤豐厚的中國工商銀行股票，統統必須賣掉。新的稅務規則容許新入職的公務員可在無須繳交罰款的情況下出售他們的資產，這對鮑爾森來說極有利，在稅項上鮑爾森節省了超過一億美元，這可能是他人生中最賺錢的交易之一。雖然，在金融危機發生之前，他只能眼睜睜看著高盛的股價由他的出售價一四二美元，一直攀升至二〇〇七年十月時的高點二三五．九二美元。

亨利．鮑爾森在二〇〇六年五月三十日正式獲提名出任美國財政部長。七天後《華盛頓郵報》刊登他的人物特寫報導，第一段就說：「布希內閣在任期只剩二年半的時候提名鮑爾森擔任財政部長，在這餘下的短短任期，相信這位新官很難在各項經濟問題上有所作為。」對鮑爾森來說，這報導把他即時的懊悔說得再貼切不過，但同時也燒旺了他心裏戰勝挑戰的烈火。

以華爾街的尺度衡量，鮑爾森可說是個令人難以理解的外來者。他無意和其他巨頭一樣享受卡內

基式的超級富豪生活。這個在美國中西部芝加哥旁一個農場長大的童子軍是個直話直說的人。他和太太溫蒂對曼哈頓的社交生活通常避之唯恐不及，兩人盡量在晚上九時前就寢，最愛的活動是到中央公園賞鳥。他們的居所是個一千二百平方呎、只有兩個房間的樸實小公寓，每天早晨，溫蒂會到附近的保護自然協會（Nature Conservancy）擔任賞鳥團的導遊。鮑爾森手上戴的是一只塑膠的跑步計時錶，他的消費欲望常常被溫蒂打消——溫蒂當海軍的爸爸終身以節儉為原則。有一次，鮑爾森在名牌老店波道夫．古德曼（Bergdorf Goodman）買了一件羊絨大衣，打算替換已穿了十年的舊衣，溫蒂看到這件新衣服就問：「你為什麼要購買新衣？」第二天，鮑爾森就把新衣退回名店。

儘管鮑爾森曾積極為布希總統募款，但他完全不像個保守黨的死硬派，他是支持環保的中堅份子，唯一的汽車是豐田的油電雙用車Prius。二〇〇六年，他的一個決定令一些高盛股東怒髮衝冠——他把高盛在南美火地群島（Tierra del Fuego）擁有的六十八萬英畝土地捐贈給由他任主席、他兒子當顧問的野生動物保護協會（Wildlife Conservation Society）。當然，那時候大家的注意力只集中在捐地這舉動，誰也沒有留意高盛之所以擁有這片南美洲生態重地，正是因高盛沒收了房產投資組合的抵押。

鮑爾森是有能力超越別人期待的人。身高六呎一吋、重一百九十五磅的他是長春籐達特茅斯大學（Dartmouth）足球隊的主將。因他在球場上驍勇善戰，所以贏得「鐵鎚」（The Hammer）的別號。雖然他在球場上很拼，但他在社團的冰箱內永遠只有橘子水和薑汁啤酒，不像其他一些愛玩的隊友。（鮑爾森和太太溫蒂是在她就讀衛斯理女子大學〔Wellesley College〕時認識的，溫蒂和希拉蕊〔後來的希拉蕊．柯林頓〕當時既是同學也是競爭者：溫蒂是一九六九年的班主席，希拉蕊則是同學會的主席。）主修英國文學的鮑爾森在一九六八年以一等優異成績畢業。

一九七〇年，剛從哈佛商學院畢業初次到華盛頓的鮑爾森，連一套西裝也沒有，只有一封達特茅斯大學一位教授寫的推薦信。鮑爾森在助理國防部長辦公室找到一份助理的職務，他在這崗位展現鋒芒，展示出日後他在高盛的高效推銷能力。不出兩年時間，扶搖直上的他已晉升到白宮當內政委員會（Domestic Policy Council）副總監，擔任日後因水門案被判妨礙司法公正和作偽證的總統顧問約翰．亞列舒曼（John Ehrlichman）的副手；鮑爾森負責財政部和商務部之間的聯繫工作。鮑爾森在高盛的前合夥人、他的好友肯尼斯．布洛迪（Kenneth D. Brody）如此回憶：「從鮑爾森可以由五角大廈的小角色被擢升到白宮，你就可以知道他一定是個很能幹的人；但是在水門事件發生時，他的名字卻從未被人提及。」

一九七三年，溫蒂初次懷孕，急於多掙點錢的鮑爾森決定離開尼克森政府轉到金融界尋找機會——但是他們絕不考慮到紐約居住。他獲得幾家投資銀行芝加哥分行的面試機會，其中所羅門兄弟（Salomon Brothers）和高盛最吸引他。他最後被高盛當時的合夥人羅伯特．魯賓（Robert Rubin，他後來也當上美國財政部部長）、高盛的傳奇人物格斯．列維（Gus Levy），以及懷海德成功說服，他即使留在芝加哥也將事業有成，不必到紐約去。於是，鮑爾森以年薪三萬美元獲聘。

一九七四年一月，鮑爾森舉家重返他成長的小鎮、位於芝加哥西北部只有約四千居民的巴林頓山（Barrington Hills）居住。鮑爾森從他從事珠寶批發的父親手上買了五英畝的農地；在沿著他父母家的一條蜿蜒道路一直向上走約半英哩，在一株株橡木大樹旁，他用木材和玻璃建成了他自己樸實的家。

在高盛，鮑爾森這個新進的投資銀行家背負了超乎想像之多的任務。一名資深合夥人曾指著髮線開始後退的鮑爾森說：「你知道嗎漢克，我們一般不會聘用你這樣年輕的小伙子擔任這工作，但是你知道嗎？你的樣子長得很老成。」鮑爾森迅速在中西部重要的客戶如席爾斯（Sears）和卡特彼勒（Caterpillar）之中做出成績來，引得高盛紐約總部也特別留意這顆明日之星。

一九八二年，他躋身合夥人行列，成為一小部分能分得較多獎金的菁英份子。當他成了投資銀行的聯合主管和芝加哥管理委員會的成員時，他不得不花大量時間在電話上，他長得沒完沒了的電話留言更是遠近馳名。

一九九四年九月高盛陷入風暴之中。當時全球利率出乎意料突然走高，嚴重拖累高盛上半年盈利急跌六〇％。高盛當時的執行長史蒂芬．弗里德曼（Stephen Friedman）突然宣布退休。一波未平，三十六名高盛合夥人接著也帶著他們的資金和關係相繼離開。為了止血，高盛董事會找來固定入息部門負責人、文質彬彬的寇辛（Jon Corzine）臨危受命。董事們認為鮑爾森和寇辛兩人是天作之合，雖然在職位上鮑爾森只坐第二把交椅，但董事會特別指出他負責的投資銀行部門一直是高盛重要的一環。董事會一廂情願地認為寇辛與鮑爾森會是一對強強組合，就一如前人弗里德曼和魯賓；或再之前的懷海德和溫伯格（John Weinberg）的搭檔。

這計畫只有一個問題：兩人根本互不相讓。

在弗里德曼位於比克曼（Beekman Place）的家中，鮑爾森明確表示無意屈就於寇辛之下，甚至無意遷往紐約。說服力驚人的寇辛建議與鮑爾森兩人單獨到外面走走，寇辛信誓旦旦地跟鮑爾森說：「漢克，沒有任何事情比得上能跟你緊密合作更令我高興了，我們將會密切合作，我們將會是真正的合作夥伴。」不到一個小時，他們便達成協議。

遷往紐約那年，鮑爾森一切快刀斬亂麻。他和太太走馬看花找公寓，剩下最後兩個選擇時，鮑爾森是眼睛看遍每個房間，耳朵卻是緊貼著手機，他只靠打手勢向太太指示他屬意那棟房子，然後便直奔機場趕飛機。

身為公司的總裁和營運長，鮑爾森和寇辛在一九九四年整個秋天馬不停蹄地到全球不同角落會見客戶及員工，以解決高盛的問題。鮑爾森的任務是節流二五％這苦差事。最終，他們的努力沒有白費，一九九五年高盛步出谷底，九六和九七年的利潤更是強勁增長。

經歷這次風波，寇辛及高盛人相信，公司應該要在資本市場公開募集資金，這才能抵禦未來的風險；他們的方案，就是高盛要公開招股上市集資。

當寇辛在一九九六年首次把上市建議提到合夥人會議上討論時，當時公司陣腳未穩，遇到強大的反對聲音，同事們很擔心上市會徹底破壞高盛的文化，也違背了高盛的合夥人制度。直到一九九八年六月，獲委任為聯合執行長的鮑爾森對上市一事大力支持，寇辛終於獲得勝利，高盛宣布將在一九九八年九月上市。然而好事多磨，那年夏天俄羅斯爆發盧布崩潰危機，其後長期資本管理基金（Long-Term Capital Management）亦瀕臨倒閉，這些事件拖累高盛承受了好幾億美元的交易損失之外，更要按紐約聯邦準備銀行的要求，與其他金融機構共同承擔長期資本管理基金的紓困基金（高盛負責三億美元）。左支右絀，高盛在最後一刻決定暫時擱置上市。

只有與鮑爾森極親近的一小撮人知道他心底的祕密——他正在考慮辭職，因為他厭倦寇辛，厭倦紐約，厭倦公司裏的內部鬥爭。但是在一九九八年十二月，高盛又出現戲劇性的變化：一直大力支持寇辛的洛伊・佐克伯（Roy Zuckerberg）退休，退出高盛的行政委員會，於是這個權力核心便只剩下五名成員：寇辛、鮑爾森、約翰・賽恩（John Thain）、約翰・桑頓（John Thornton），以及羅伯特・赫斯特（Robert Hurst）。

與此同時，高盛董事會對寇辛亦越見不滿，尤其因為寇辛竟然背著董事會和梅隆銀行（Mellon Bank）進行合併談判。

一連串祕密會議在高盛各部門悄悄展開，接著，一場類似古羅馬或俄國改朝換代的政變發生了。鮑爾森不單被說服留下來領導公司，他和另外三名委員會成員更決定逼宮——強行要求寇辛請辭。寇辛的下場是落著英雄淚離開。

鮑爾森當上執行長後，他委任賽恩和桑頓兩人為聯合總裁、聯合營運長、以及他的繼承人。一九九九年五月，高盛的上市計畫捲土重來，集資額三六・六億美元。

二〇〇六年春天，鮑爾森事業已達頂峰，在上半年，他的現金分紅高達一千八百七十萬美元；但早在二〇〇五年，他已是華爾街薪酬最高的執行長，總收入達三千八百三十萬美元。在公司內他毫無挑戰者，他親自挑選的繼承人勞爾德・貝蘭克梵（Lloyd Blankfein）耐心地守候在旁。高盛不僅是客戶進行大型收購合併時的首選顧問，也同時是商品和債券產品的最大交易商；對沖基金支付高盛豐厚的報酬以換取優質的服務；而且高盛旗下的私募基金亦發展成一股新勢力。高盛成為華爾街的標準，成為其他投資銀行爭相仿效的賺錢機器。

在高盛長達三十二年的鮑爾森很難適應政府的運作方式，例如鮑爾森單單花在打電話的時間就大

大增加，原因十分簡單：財政部的電話留言系統不能應付鮑爾森在高盛時慣常給同事轟炸式的長篇大論的留言。他又被勸告轉為使用電郵，但他壓根兒不喜歡這溝通方式，他折衷的方法是要求助手把發給他的所有電郵列印出來。他對於政府安排的近身保鑣同樣不以為然，雖然他知道有不少大型企業的執行長都會聘請保鑣，但他總認為這是一種擺架子的表現。

不少財政部的同事不知道如何理解、配合這位新老闆的古怪習慣而向副財長羅伯特．斯蒂爾（Robert Steel）求助。本身亦是高盛出身的斯蒂爾往往會跟同事反覆強調三點：「第一，漢克非常的聰明，是真正的聰明，他有過目不忘的本領。第二，你一生中見過的最孜孜不倦的人一定是他，他勤奮得令人難以置信，而他也同樣要求你賣命。第三，這人的社交智商是零，零！完全沒有！對他的言行你不用介意或見怪，他並非針對你，而是他自己毫無感覺，他可以上洗手間時將洗手間門只掩上一半，因為他忘記要將整個門關上。」

上任初期，鮑爾森常請同事到他位於華府西北角的家中。（生命往往就是充滿莫名的巧合，這座價值四百三十萬美元的房子曾一度屬於寇辛。）豪宅的大廳裏掛滿由溫蒂所拍的雀鳥照片，大窗俯瞰樹林，令人就像置身在樹屋之中。鮑爾森會在這裏詳盡地跟同事講述他的想法——就算在大熱天時。溫蒂看不過丈夫怠慢客人，每每會走進大廳問大家需要什麼飲料，但溫蒂的細心不會換來鮑爾森的醒悟，鮑爾森總會心不在焉地代他的同事搶答：「不要，他們什麼也不喝。」然後他又會繼續發表他的高論。溫蒂不得要領，只好搬來一大瓶冰水和杯子，然而，大家在鮑爾森面前都不敢喝水。

鮑爾森接手的是一個支離破碎的部門。他的前任斯諾是鐵路公司CSX的前總裁，是個早已被邊

緣化的官員，部門裏的人感到被忽略和不受重視，士氣異常低落。鮑爾森有信心可化腐朽為神奇，但令他詫異的是，他實際可以調動的財政部僱員人數比他預期的少得多。他原本以為以政府的官僚以及大而無當，他必定會面對許許多多工作態度散漫的人。雖然現在他旗下部門的人數約十一萬二千人，但他們在金融方面的經驗都非常淺薄，鮑爾森知道他需要徵召一些習慣苦幹的華爾街老將。

鮑爾森雖然認為要他在業務上疏離高盛是不切實際的，但他還是小心翼翼。因為舉凡每一次有高盛人員出任華盛頓的一官半職，如魯賓當上柯林頓總統的財長、或是被轟出局的寇辛參選新澤西州的參議員，高盛陰謀論又會四起。鮑爾森上任前，已在花旗銀行任職的魯賓也叮囑他在處理高盛事務時要特別謹慎。

在他出任財長的前幾週，雖然經濟的風暴已在蘊釀，但沒有人預測到一場猛烈的風暴已經成形。開始時，鮑爾森致力改善部門的士氣，他到一些數年來也未曾有任何內閣成員關注的部門去探訪，以及下令重修大樓地下的健身室。鮑爾森是個健身狂，除此之外，他與太太溫蒂經常騎著單車在首都溜躂——只要溫蒂能令他放下電話，他倆就會外出小休。

鮑爾森很早便對布希報告他對於市場的憂慮。二〇〇六年八月十七日，他在大衛營第一次對總統和他的經濟團隊匯報時，他已對風暴作出預警：「現在乾柴多得隨處亂放，你不會知道什麼會令它們起火燃燒；金融風暴有它的週期，每隔六年、八年、十年便會出現，我們現在已有不少環節都出現超額（excess）的情況。」

鮑爾森很清楚地指出政府必須掌握次貸（subprime mortgage）這個亂局，因為問題已開始在貝爾斯登和其他染指這業務的機構浮現，他需要有「收拾殘局的權力」。傳統的銀行有聯邦存款保險公司

（Federal Deposit Insurance Corporation; FDIC）處理，而且聯準會早已有預設方案可以接管銀行，並在保障存戶的情況下才能拍賣銀行資產。然而，聯邦存款保險公司的權力並不及於如高盛、摩根士丹利、美林、貝爾斯登，和雷曼等投資銀行。鮑爾森在會議中清楚表明，除非他被賦予同樣權力應付這些機構，否則市場將有可能出現大混亂。

二〇〇八年三月二十七日，早上八時三十分，在貝爾斯登交易重新釐定後的第三天，鮑爾森和他的智囊團：副財長斯蒂爾、鮑爾森的幕僚長吉米．威爾金森（Jim Wilkinson）、財政部金融機構助理部長戴維．納森（David Nason）、財政部發言人密雪兒．大衛斯（Michele Davis）、負責經濟政策的助理部長飛利浦．史瓦格（Phillip Swagel）、負責國際事務的助理部長尼爾．凱西卡瑞（Neel Kashkari）等人，大夥兒聚集在鮑爾森位於財政部大樓三樓、對著白宮玫瑰園的辦公室內開會。鮑爾森房間的天花板很高，牆上掛滿他太太溫蒂拍攝的雀鳥及爬蟲類動物照片。鮑爾森剛從健身俱樂部回來，他挑了角落的椅子坐下，其他人有些坐在藍色絲絨沙發上，有些則靠在那張擺放了四台彭博報價機的桃花心木桌子旁。

每天早上八時半，鮑爾森必定會和他的核心團隊開會，風雨無阻——除了每隔一個星期五例外，因為那天是和聯準會主席班．柏南克（Ben Bernanke）舉行早餐例會的日子。如果可以，鮑爾森還希望能夠更早一點開會，但他也明白自己對這群年薪只有約十四萬九千美元，和私人機構報酬相差甚遠的政府公務員已經要求太多。鮑爾森逐一聆聽各人對貝爾斯登的後續分析，輪到三十八歲、負責金融機構的助理部長納森發言時，他停了下來。納森在二〇〇五年加入財政部負責對政策作出建議，他是個共和黨員、徹頭徹尾的自由市場支持者。過去幾個月，他在早會上一再地警告類似貝爾斯登的事件將有可能在另一家甚至多家投資銀行發生。

納森和其他財政部官員已看出華爾街上投行的運作模式——高度依賴互相提供隔夜拆款——就像是一觸即發的火藥庫。貝爾斯登案讓他們認清一個行業賴以生存的若只是其他投資者的信心，稍有個風吹草動，投行瓦解可以是如何快速。但儘管目前情況是如此險峻，納森仍堅定不移地反對推出任何拯救行動，其實，他壓根兒不接受政府拯救這個觀念。

他向核心小組強調財政部應專注兩方面：爭取獲得主導投行有秩序破產的權力；更迫切的，是要求投行增加資金壯大資本。在之前的六個月，美國和歐洲的銀行——包括花旗集團、美林和摩根士丹利——透過向主權基金出售股權，一共籌集新資金達八百億美元。這些主權基金包括中國、新加坡以及阿拉伯國家。然而，這集資的力度與深度仍然不足，各銀行得要再向資金更雄厚的投資者伸手。

在貝爾斯登事件好像已告一段落之際，鮑爾森將他的注意力轉向應付另一潛在炸彈：雷曼兄弟。投資者可能被卡蘭的表現所惑，但鮑爾森則是眾人皆醉我獨醒，他冷靜地跟他的核心團隊成員說：「他們可能也已資不抵債。」

鮑爾森不僅擔心雷曼對旗下資產估值過分樂觀，他更擔憂雷曼即將無法募集新資本——連一毛錢也籌不到。鮑爾森懷疑福爾德因害怕自己超過二百萬股的雷曼股份被攤薄，而愚蠢地抗拒籌集資本。

鮑爾森像是戴著有色眼鏡看雷曼，這很大程度是源自他在高盛時期對雷曼的理解——雷曼的水平或人才都是次一等的貨色。雖然鮑爾森在高盛的時候曾形容雷曼像是一幫流氓社團，但他對雷曼忠心耿耿的隊伍、以及那激烈進取但勤奮的公司文化有一定的尊重，令他想起以往高盛的合夥人制度。

在鮑爾森眼裏，福爾德愛冒風險，罔顧一切地冒險——這是令鮑爾森對他尤其擔心的原因。鮑爾森曾在員工會議上如此說：「福爾德像貓，有九條命。」鮑爾森之所以對福爾德有此成見，源自一九九五年的墨西哥金融風暴，當時雷曼竟然不作任何避險而下豪賭墨西哥披索而導致損失慘重。當時的財政部長魯賓草率地決定對雷曼施行拯救，但是，魯賓的行動被外界指責他其實是為了救高盛才對墨西哥披索危機提供國際援助。

不論公平與否，鮑爾森把福爾德和他眼中的華爾街不被尊重的肯・蘭格恩（Ken Langone）、戴維・科曼斯基（David Komansky）等人歸為一黨，這些習慣在曼哈頓的義大利餐廳San Pietro齊聚一堂享受權力午餐的朋友，他們全都與以揮霍無度出名的紐約證交所前董事長理查・格拉索（Richard Grasso）稱兄道弟。鮑爾森當年與福爾德曾一起擔任紐約證交所人事與薪酬委員會的成員，而蘭格恩則是該委員會的主席；他們一起批准了格拉索一・九億美元的薪資。不過，當格拉索的巨額薪酬引起外界非議時，鮑爾森要求格拉索離職，他認為格拉索不僅貪婪，而且狡詐。

艾略特・史匹哲（Eliot Spitzer）——事事愛插手的紐約州總檢察長很快加入戰團，他起訴了格拉索和蘭格恩。在這場對壘中，鮑爾森對格拉索和他的黨羽感到十分厭惡，這些人為達目的不擇手段，幾乎到要把鮑爾森丟到公車底下碾死的程度。

不過，今天鮑爾森貴為財長，他的職責包括面面俱到，和華爾街各執行長保持良好關係對他百利而無一害，這些巨擘是鮑爾森放在市場裏的耳目。若鮑爾森需要知道市場行情，他只需直接向他們打聽，而不用透過那些隔岸觀火但職責是蒐集情報的財政部人員。

二〇〇六年夏天，在鮑爾森上任一個多月後，他和福爾德聯絡。當時福爾德正在愛達荷州著名的度假勝地太陽谷（Sun Valley）高爾夫球場和朋友打球。電話響起時，福爾德剛要發球，高球場的第七洞，標準桿五桿的左狗腿洞（dogleg left）。其實高爾夫球場一般不容許在球場內使用手機，但誰也沒有半句抱怨。

福爾德接聽電話，鮑爾森開門見山就說：「我知道這電話好像有點不尋常，過去多年你我鬥得你死我活，但我希望以後能和你保持聯絡，談談市場，交易，競爭，以及你所關注的事。」能被鮑爾森視為對手，受寵若驚的福爾德不禁笑著感謝鮑爾森抬舉。自此以後，鮑爾森經常聯絡福爾德，而且鮑爾森日漸倚重福爾德的市場情報，與此同時，鮑爾森也和福爾德分享他對市場的看法，這些福爾德視之為官方資訊。以前曾把福爾德妖魔化的鮑爾森，發現福爾德事事親力親為，有魄力；儘管鮑爾森不至於完全信任他，但他發現和福爾德是可以合作的。

不過，當市場氣候變成烏雲密布時，鮑爾森和福爾德的電話交談開始變得彆扭。

鮑爾森在結束早晨的會議前，向大家逐一分派任務，他特別叮囑凱西卡瑞和史瓦格要盡快完成已製作多時的檔案，這份檔案的目的，就是研究當市場開始崩潰時，政府應否進行拯救。

與會者開始離開時，財長把斯蒂爾拉到一旁，告訴他自己準備向福爾德施壓的計畫。一小時後，他的助理克莉絲朵．維斯特（Christal West）在電話中找到福爾德。鮑爾森故作輕鬆地跟他說：「迪克，你好嗎？」整個早上都在接電話的福爾德答：「還撐著。」

自從發生貝爾斯登事件後，兩人曾作過數次無關痛癢的通話；但是，今早的交談卻截然不同，兩人談論的話題，是市場波動和雷曼的股價。事實上所有投資銀行股皆下挫，但唯獨雷曼被拋售得特別厲害，年內跌幅已達四〇％。令人擔心的是，那些看淡雷曼的炒家嗅到血腥，更變本加厲地拋售雷曼的股票，雷曼的賣盤比重已高達總發行股本的九％。

福爾德試圖說服鮑爾森下令證券管理委員會主席克里斯多夫．考克斯（Christopher Cox）禁止空頭炒家拋售其股票。鮑爾森不是不同情福爾德的處境，但他更希望聽到的，是雷曼打算增加資本。希望遊說福爾德增資的鮑爾森說：「這是雷曼實力的最佳證明。」其實雷曼的一些主要投資者也曾跟福爾德說，在此情況下提出增資方案是明智之舉，尤其目前外界輿論對雷曼的評價還算正面。

出乎鮑爾森意料，福爾德不但表示同意鮑爾森的說法，他更直言說雷曼也正有此打算，因為公司的一些債券投資人也曾向他施壓，要他趁著業績尚佳的時候增加資本。

「我們考慮和巴菲特聯絡。」福爾德的回答其實有弦外之音，因為他知道這位來自奧馬哈（Omaha）、公開表示厭惡投行的傳奇投資大師和鮑爾森是老朋友，巴菲特多年來一直是高盛芝加哥分行的客戶。

能獲得巴菲特入股，就如同拿到一紙優良公司認證書，雷曼就會大大贏得市場的認同。

「你應該試試看。」鮑爾森鬆了一口氣，很高興福爾德終於朝著正確的方向努力。

福爾德提出請求：「你能跟他提提看嗎？」

鮑爾森猶豫了，他擔心身為財長不應擔當這種經紀式的紅娘牽線工作，何況巴菲特是高盛的客戶，情況就更加複雜。鮑爾森最後如此回答：「讓我考慮一下再回答你。」

三月二十八日，在波克夏．哈薩威（Berkshire Hathaway）於奧馬哈的總部，巴菲特坐在辦公桌前等候福爾德的來電。一天前，雷曼的投資銀行家麥基（Hugh "Skip" McGee）聯絡上由波克夏公司

持有的中美能源控股公司（MidAmerican Energy Holdings）的董事長戴維・索科爾（David L. Sokol）代為穿針引線。（巴菲特差不多每天都會接到無數類似的電話，他早習以為常。）

巴菲特和福爾德不太熟，只有數面之緣。上一次見面已是二〇〇七年的事，在華府財政部舉行的晚宴上，他坐在福爾德和聯準會前主席保羅・伏克爾（Paul Volcker）之間。巴菲特身穿廉價西裝，戴著深色玳瑁眼鏡，滿場飛地和賓客聊天。在上甜品時，巴菲特一不小心把整杯紅酒倒翻在福爾德的褲頭敏感的位置。這位全球第二富豪滿臉通紅，其他客人包括奇異電器執行長傑夫瑞・伊梅特（Jeffrey Immelt）、摩根大通的戴蒙和前財長魯賓都禮貌地報以微笑。一臉尷尬的福爾德雖然試圖借笑解窘，但濕透的褲頭令他擠不出笑容。這事件後，兩人未再碰面。

擔任巴菲特多年助理的黛比・沃茲尼克（Debbie Wasniak）替福爾德接通電話，電話中響起：「華倫，我是迪克，你好嗎？我的財務長卡蘭也參與這電話討論。」巴菲特放下他愛喝的櫻桃健怡可口可樂，用他一貫友善的語調跟他們打招呼：「你們好！」

福爾德開始他的推銷：「你大概也知道我們正在募集資金。我們的股票備受蹂躪，跌得非常低。所以，這是個很好的投資機會，市場不太明白我們的事情。」福爾德說雷曼希望集資三十億到五十億美元。經過幾回來來往往，巴菲特跟福爾德明言，如果雷曼願意發行年利率九％的優先股，以及容許他以每股四十美元兌換雷曼的股份，他才會考慮投資雷曼。

股神的建議是非常辛辣的——九％是一個非常高的利率，如果巴菲特投資四十億美元，雷曼每年要付給他的利息高達三・六億美元——但這就是租賃巴菲特品牌的費用。話雖如此，巴菲特還慎重重申，他需要作出例行審計後才會確認這項投資。在電話掛斷前巴菲特對福爾德說：「讓我再算一下數字，我會再跟你回話。」

在奧馬哈，巴菲特捫心自問，猶豫是否應該再碰投行。一九九一年，他曾拯救瀕臨破產邊緣的所羅門兄弟，但他很快便發覺自己對華爾街的文化不以為然。他知道這次幫助雷曼的話，交易將會備受全球注目，不單投資的錢可能會付諸流水，連他的名譽也可能會泡湯。

雖然巴菲特自己也常利用避險工具和衍生工具（derivatives）做交易，他卻不齒交易員的作風，認為他們拿的雖然是高薪，卻不是太有智慧，也沒有創造太多價值。

巴菲特對當年所羅門兄弟竟然派發高達九億美元的分紅仍記憶猶新，他更被事件的始作俑者——公司董事長約翰．古特弗羅恩德（John Gutfreund）——竟索取高達三千五百萬美元的離職金嚇得大為震驚。巴菲特曾說過：「他們拿了錢就跑。明顯地，整家公司只是為了員工自肥而已，投資銀行部根本賺不到錢，但卻自視為貴族，並且恨透了賺錢能力強、拳頭也大的交易員。」

晚上，巴菲特留在辦公室準備挑燈夜讀雷曼二〇〇七年的年度報告，他才打開年報，鮑爾森的電話已到。時間巧合得就好像電影橋段一般。

鮑爾森自知今天他是走在官員和經紀人兩種身分的鋼索上，他先以社交辭令作開場白，但很快就進入正題討論雷曼。「你若能入股，你的聲譽已足以令市場恢復信心。」鮑爾森謹慎地說，不想弄巧成拙。與此同時，鮑爾森表明他不會保證雷曼的帳目。其實過去多年，巴菲特聽過身在高盛的鮑爾森無數次狠批雷曼或其他同業的過激手段及過激入帳方式。

巴菲特做為鮑爾森多年的老朋友，他熟知鮑爾森的個性——鮑爾森是個不達目的勢不罷休的人，如果他確實要爭取達成一件事，他一定會宣之於口。不過，這次雷曼事件鮑爾森的語氣明顯有所保留，巴菲特聽得出鮑爾森並非志在必得。巴菲特答應和鮑爾森保持聯絡，然後互道晚安。然後，巴菲特開始仔細研究雷曼年報。巴菲特習慣把有疑問的頁碼記在封面上，不到一小時，他發覺密密麻麻的頁碼差不多已填滿整個封面，依照他的經驗，這是一個警訊；同時，按照他一貫的簡單法則，不管對方能否為他的疑問提供答案，他不會對疑問重重的公司做出投資。巴菲特認為這個晚上可以到此為止，他決定不會投資雷曼。

星期六早上，福爾德再次來電，原來就算巴菲特不提出他眾多疑問，福爾德亦難以滿足巴菲特提出的投資條件。按福爾德一方的理解，巴菲特要求派息率高達九%，以及行使價較目前股價高四成的認股權證；但是，巴菲特當然認為他已清楚表明認股權證的行使價是四十美元，只是比目前股價高出幾塊錢。大家各說各話，就像上演鬧劇經典Abbott和Costello「誰在一壘」的一幕。明顯地，雙方溝通出現誤會，巴菲特也樂得順水推舟，借這誤會結束入股的討論。

在紐約辦公室內，滿肚怒火的福爾德告訴卡蘭他認為巴菲特的建議昂貴得簡直離譜，他們應另覓投資者。

到星期一早上，福爾德成功為雷曼籌集了四十億美元。雷曼向幾名本身是雷曼投資者的大型投資基金發行年利率七．二五%、兌換價為較現價溢價三二%的可轉換優先股工具。相較於巴菲特的建議，這交易條件無疑對雷曼更有利，然而，對市場來說沒有絲毫感染力。

福爾德致電巴菲特告訴他雷曼成功集資，雖然巴菲特暗自懷疑福爾德會以自己的名字招搖，但仍然禮貌地祝賀他。他雖然沒有向福爾德提及週末報導的一則令人關注的新聞，但內心卻很好奇福爾德在這關鍵時刻會如何應對這則新聞：「雷曼被日本的丸紅株式會社（Marubeni）銀行的兩名職員，以假文件和假冒簽名方式詐騙了三．五五億美元」。

這事件令巴菲特回想起當年在所羅門兄弟的一役——當年約翰．古特弗羅恩德和所羅門兄弟的律師們知情不報，隱瞞公司正陷入一宗日後幾乎把公司拖垮的龐大操縱國庫券拍賣的醜聞。

你就是不能信任這種人。

第三章　為何拯救貝爾斯登？

二〇〇八年四月二日，星期三的黃昏，搭乘美國航空客機的蓋特納（Timothy Geithner）剛從紐約抵達華盛頓的雷根國家機場。神色緊張的他急步走下手扶梯，然後一個箭步走進機場大廳。他四處張望，但平常在保安閘外恭候他的司機現在卻不見蹤影。

「操他媽的！他人在哪裏？」蓋特納對著和他同行的副手凱爾文．米歇爾（Calvin Mitchell）咆哮。年輕的紐約聯邦準備銀行總裁蓋特納平時是個冷靜、看不出焦慮的人，但此時此刻他再也按捺不住情緒。不到三星期前，他在千鈞一髮之際一手促成貝爾斯登的交易，這個方案成功解救了瀕臨破產的貝爾斯登。明天早上他將要出席參議院銀行委員會會議，向委員會成員、向全世界解釋他的拯救行動——每一個環節都要無懈可擊。

米歇爾一邊心急地打電話一邊低聲跟他說：「司機的電話沒人接聽。」聯準會通常會為蓋特納安排加強保安設施的車輛，蓋特納也逐漸習慣這種被全世界最大的銀行時刻包圍的生活。對於本身守時、吹毛求疵、刻板的蓋特納來說，要適應這細緻步署到每分每秒都在掌握之中的生活並不困難——正因為考慮到出席聽證會有可能碰到像司機遲到這類事，他特別提早一天抵達華府。

在飛機上，他把準備了一週、反覆修改的講稿仔細地讀了一遍又一遍，他明白要一語道破眾人不愛聽的事實，肯定不受歡迎；但是，他必須力排眾議清楚闡明一個訊息：貝爾斯登絕不是如一些人所說的個別事件，貝爾斯登的槓桿比率太高，每天都仰賴銀行之間互相放款才得以存活，以及和數不清的金融機構因著千絲萬縷的交易而環環緊扣——貝爾斯登的病癥反映的是整個國家金融生態正面對一個更為龐大的問題。

「最重大的風險是整個體系受到牽連——如果這股旋風的勢頭沒有被及時制止，而且不減反增，這將導致問題不斷擴散——可能會有越來越多破產個案出現，受破壞的將不僅是金融體系，最終將是整個美國的經濟。這不光是紙上談兵，只在理論層面探討而已；眼前的危機肯定不是市場能自我解決的。」飛機降落前，蓋特納還在不斷地修改講稿。

在三月十五日的那個週末，其實是蓋特納而非傳媒報導的柏南克，一人力挽狂瀾阻止了貝爾斯登倒閉；是蓋特納策劃出政府二百九十億美元無追索權債務貸款方案，並以此遊說老大不情願的摩根大通的戴蒙接管貝爾斯登這爛攤子。這個政府擔保方案保障了數以千計的貝爾斯登債權人及該公司的交易對手，更重要的是避免了一場全球性金融大崩塌——這是蓋特納準備對參議院報告的。

銀行委員會成員的看法卻不盡相同，在聽證會上，他們對蓋特納的態度是懷疑和責難，他們認為貝爾斯登事件代表著一個重大而且不受歡迎的政策轉向。在這之前，蓋特納早已是眾矢之的，更何況政府現在竟然作出如此大規模的市場干預行動，蓋特納遇到的將會是最難聽的話語，這當然在意料之內。話雖如此，當蓋特納真正面對政客們的冷嘲熱諷、不斷將「道德風險」掛在嘴邊，還是情何以堪。

遺憾的是，批評者不僅是那些無知和不熟行情的人，就算是蓋特納的朋友、同事，例如聯準會前主席保羅．伏克爾（Paul Volcker）也加入大合唱，很諷刺地把這次拯救貝爾斯登的行動和七〇年代聯邦政府拒絕拯救深陷經濟困境的紐約市而惡名遠播的事件相比。（當年《紐約日報》的頭條「福特到紐約：去死吧！」已成為流傳後世的經典名句。）至於比較熟悉內情的人士，他們的分析大致是這樣：聯準會從未對商業機構提供如此巨額的貸款，這次為什麼有介入的必要？歸根究柢，這次事件的受害者並非無辜的藍領階級，而是薪資高、分紅多但仍鋌而走險的銀行家。蓋特納、甚至是美國全體人民，是否被他們看成大傻瓜？

蓋特納也有支持者，他們大多數是感同身受的人——也就是曾受過金融風暴禍害的人。聯準會理事、達拉斯聯邦準備銀行總裁理查德．費舍爾（Richard Fisher）發給蓋特納的電郵引用拉丁文寫著：「Illegitimi non carborundum——不要被那些狗娘養的人拉下來。」

儘管蓋特納心裏也希望向世人宣告，但是，他知道他不能在參議院會議上公開承認這場風暴其實也在自己意料之外。過去多年，他以及他掌管的紐約聯邦準備銀行曾多次警告信用衍生產品近年來爆炸性成長會引發的問題——這些五花八門的風險對沖保險商品最終反而是令金融機構承受更多而不是更少的風險，因為，每家金融機構現在環環相扣，違約事件一旦發生，每家金融機構都受潛在的骨牌效應拖累，令整個行業更不堪一擊。他常常強調，華爾街的好景不會永無止境，採取預防措施是必要而且是迫切的，但是，他的苦口婆心有誰聽？有誰共鳴？事實上，除金融業之外，一般人對於紐約聯邦準備銀行總裁的話總是置若罔聞，公眾只會追捧葛林斯班、葛林斯班、葛林斯班，或其後繼者柏南克、柏南克、柏南克。

現在，連自己的司機也無影無蹤，站在機場的蓋特納感到很沮喪。「要不要搭出租車？」米歐爾輕聲問道。於是，蓋特納，這個繼柏南克之後全國影響力最大的中央銀行家，只好邁步走向出租車站，加入長達二十人的排隊隊伍。他轉頭，有些不好意思地問米歇爾：「你身上有現金嗎？」

———

如果幾個月前蓋特納選擇另一條不同的路，他今天可能是花旗集團的執行長而非其監管者。二〇〇七年十一月六日，當信貸危機開始浮現時，花旗集團的總設計師兼最大個人股東之一的桑迪．威爾（Sanford "Sandy" Weill）和蓋特納約好在下午三時半通電話。在這之前兩天，花旗集團公布了破紀錄的巨額虧損，花旗集團執行長查爾斯．普林斯三世（Charles O. Prince III）被迫引咎辭職。桑迪．威爾是個事事熱心的典型人物，他曾是千里馬戴蒙的伯樂，一手扶植他成長；這次，他想邀請蓋特納加盟：「由你出掌花旗集團，你認為怎麼樣？」

在紐約聯邦準備銀行任職已四年的蓋特納聽到這句話雖然心動，但他對瓜田李下的利益衝突特別敏感，他幾乎是反射式地回答：「我不是合適的人選。」但是，在接著的整整一星期，他反覆斟酌這機會——工作性質、優渥的報酬，以及隨之而來的重責。他和太太卡洛（Carole）討論這工作，就算他與他的愛犬 Adobe 散步時，這個邀約也縈繞他腦海。

他們家住在紐約的近郊 Larchmont，這富裕的小區離紐約市約一小時車程。年薪三十九萬八千二百美元的蓋特納生活還算舒適，比起其他中央銀行監管者更已是綽綽有餘，但是，卻比不上他的鄰居。他生活並不奢華，最揮霍的習慣只是在 Gjoko Spa & Salon 花八十美元理一個髮。不過，他想到長女伊莉斯（Elise）很快就要進大學，兒子班傑明（Benjamin）也已念高中二年級——有多一點錢會輕鬆得多。

財政部前任部長、現任的花旗首席董事魯賓（Robert Rubin）是他的良師益友，蓋特納想徵詢他的意見。電話中，魯賓禮貌地表明他支持的人選是潘迪特（Vikram Pandit），他鼓勵蓋特納留在目前的工作崗位。對蓋特納而言，能成為有資格負此重任的候選人，已足以證明他在金融業的分量和贏得的信任。

在聯準會工作的蓋特納常有被華爾街輕視的感覺，一部分是因為金融界不認為他是可信賴的中央銀行領導者——在聯準會過去九十五年歷史中，曾擔任過紐約聯邦準備銀行總裁的只有八人，他們全都是來自華爾街，不是銀行家就是律師，或者是經濟學家。

然而，曾在財政部工作的蓋特納卻是個技術官僚，師承兩位前財長桑默斯（Lawrence Summers）和魯賓。四十六歲的他生得一張娃娃臉，加上滿口髒話和愛好踩滑雪板，這些都或多或少削弱了他的權威。不過，華盛頓一些官員、記者，甚至一些銀行家都很認同他，認為他敏銳、能自嘲、有幽默感，是個實事求是的政策制定者。雖然他有時在會議上有些心不在焉，但卻能對眾人提出的論點提出流暢有序、一針見血的深入分析並做出結論。

有些人卻認為他裝腔作勢。在紐約聯邦準備銀行每個月為華爾街巨擘舉行的午餐例會上，他總是懶洋洋地靠著椅背搖著二郎腿，不聲不響地喝他的健怡可樂。他想模仿他的偶像葛林斯班那種深不可測的模稜兩可，但在華爾街這群人的眼中，他欠缺那種深沉的氣度。

「他只是個十二歲的小孩！」這是黑石集團聯合創辦人、雷曼的前執行長彼得森（Peter Peterson）在二○○三年一月和蓋特納首次會面後得到的印象。彼得森當時負責遴選紐約聯邦準備銀行總裁威

廉・麥唐納（William McDonough）的接任人，麥唐納在此服務了十年即將退休。這位來自芝加哥第一國家銀行的銀行家最為人熟知的一役，是在一九九八年九月成功召集了十四位金融機構總裁，逼他們一同籌組了三六・五億美元的巨額拯救基金注資並接管長期資本管理公司，扭轉乾坤，讓長期資本管理公司逃過倒閉的厄運。

彼得森的尋人遊戲遇到阻礙，他的理想人選統統婉拒他的邀請，他唯有退而求其次，開始聯絡名單上排名較後、他並不熟悉的蓋特納。在面試時，彼得森對於個子矮小、相貌年輕、說話低聲且吞吞吐吐的蓋特納很有保留。蓋特納的推薦人桑默斯試圖安撫彼得森，他跟彼得森說，他遠比你想像中頑強：「他是我所有同事中唯一一個膽敢走進我的辦公室，當著我面指責我廢話連篇的人。」

蓋特納之所以養成有話直說的個性，是因為他的童年要不斷適應新朋友、新環境。蓋特納的父親彼得・蓋特納（Peter Geithner）是一位國際發展專家，曾擔任美國政府國際發展事務官員，後又任職於福特基金會。蓋特納從小跟隨經常駐守外地的父親周遊列國，中學前，他已在羅德西亞（今日的辛巴威）、印度和泰國等不同國家和地區生活。不停變化的生活環境，令蓋特納培養出率直的性格。

他的家族為政府服務的歷史悠久。蓋特納的外公查爾斯・摩爾（Charles Moore）是艾森豪總統的顧問和演講撰稿人，舅舅喬納森・摩爾（Jonathan Moore）也曾在國務院工作。

秉持他的父親、外公和舅舅的傳統，蓋特納考進達特茅斯大學（Dartmouth College），主修政府和亞洲研究。在八〇年代初期，因校內極右報刊《達特茅斯評論》的出現，校園裏頓時成為文化衝突的戰場。《達特茅斯評論》報刊旗下有保守派中堅作家迪索薩（Dinesh D'Souza）和英格拉哈姆（Laura Ingraham），當時兩人發表多篇煽動性的文章，包括刊登同性戀協會會員名單，並以所謂「黑人英語」書寫挖苦種族優惠措施的文章。達特茅斯大學內的自由派學生義憤填膺，揚言發動大規模示威抗議。在這次衝突當中，蓋特納擔任調停的角色，他說服示威者另行籌辦刊物來抒發不滿。

畢業後，蓋特納前往霍普金斯大學（Johns Hopkins）攻讀國際研究，一九八五年獲碩士學位。同年，他與大學同學卡洛在父親的夏居鱈魚角（Cape Cod）結婚，由他的父親擔任伴郎。

得到霍普金斯大學院長的推薦，蓋特納在季辛吉（Henry Kissinger）的顧問公司覓得一職，負責為他蒐集資料。蓋特納的表現贏得這位前國務卿的賞識；而蓋特納亦很快學習到如何和權貴圈子打交道。他既能保持高效率的工作，又不至於淪為哈巴狗；他在和這些達官貴人應對時，知道如何以認同他們身分地位的方式來溝通。

在季辛吉的支持下，蓋特納進入財政部並被派駐東京，在當地大使館擔任金融副參贊，並且成為官邸的網球霸主。網球外交是他的強項，他擅長在球場上和日本政府的同級官員、或各大報駐東京記者、或其他外交人員一邊打網球，一邊進行非正式的會議。

在日本工作期間，蓋特納親眼目睹日本經濟的興衰——由極度高通膨發展到經濟泡沫破裂繼而嚴重通縮；亦是在這段期間，蓋特納獲得財政部副部長桑默斯的青睞，提拔他扶搖直上。在一九九七年亞洲金融風暴和一九九八年俄羅斯盧布危機時，蓋特納其實是《時代週刊》所形容的「救世委員會」（The Committee to Save the World）的幕後功臣，他為開發中國家籌組了逾一千億美元的拯救方案。當拯救方案成為政府正式提出的議會課題時，蓋特納順理成章被邀請加入桑默斯的辦公室。

從這角度來看，蓋特納是有點幸運，他機緣巧合地成為全球關鍵地區的專家；而且他在大學時期已有機會雕琢他的外交技巧，這令他常常成為桑默斯與魯賓之間的調解劑——桑默斯傾向支持激進的干預，而魯賓對此則較謹慎。

一九九七年南韓經濟瀕臨崩潰邊緣，蓋特納在感恩節致電桑默斯的家中，冷靜地列舉了一連串理由解釋為何美國不能袖手旁觀，為何美國必須介入協助穩定當地的局勢。他的建議在柯林頓政府引起激辯，最後，美國同意支援南韓——在國際貨幣基金（International Monetary Fund）和其他國際機構提供的三百五十億美元之上再加數十億美元的援助——這金額與蓋特納最初的建議相當接近。翌年，蓋特納獲擢升為財政部國際事務副部長。

他和桑默斯繼續交好。他常跟桑默斯開玩笑，最愛捉弄他。每當桑默斯外出演講，喜歡惡作劇的蓋特納就會刻意將通訊社對桑默斯演講的報導胡亂塗改，並且特意曲解桑默斯的演講詞，待桑默斯回到辦公室，蓋特納就會煞有介事、一本正經地朗誦這些「新聞」。桑默斯聽到這些「新聞」往往怒氣沖天、大叫大嚷，要報社收回報導做出更正——這時蓋特納才會告訴桑默斯這只是個玩笑。多年的相處，兩人可說情同手足，例如他們會相約財政部大夥兒一同飛往佛羅里達州，參加著名網球教練尼克·波利泰利（Nick Bollettieri）的網球訓練。波利泰利的高徒包括阿格西（Andre Agassi）和德國名將貝克（Boris Becker）這兩位曾是世界排名第一的好手。擁有六塊結實腹肌的蓋特納，他的球技和他制定政策時同樣勇猛。一位前美國財政部的參事官薩克斯（Lee Sachs）如此形容蓋特納的球技：「他的球風穩健、堅定，而且他的底線抽球實在厲害。」

柯林頓卸任後，蓋特納加盟國際貨幣基金，繼而受召出掌紐約聯邦準備銀行總裁一職。儘管蓋特納曾任職於民主黨政府，但為他穿針引線的卻是與共和黨淵源深厚的彼得森。

在全美國的中央銀行行長裏面，紐約聯邦準備銀行總裁的地位是一人之下，責任重大。紐約聯邦準備銀行不僅是絕大部分國債的管理人，也是政府在金融首都的耳目。美國聯邦準備體系的十二個地區分部中，只有紐約聯邦準備銀行的總裁是手執聯邦利率決策權的公開市場委員會的當然成員。因為紐約的生活指數較高，紐約聯邦準備銀行總裁的年薪是聯準會主席的兩倍。

雖然蓋特納有些怪習慣，他也總算逐漸適應紐約的工作，並且建立起聲望——一個既有主見又能培育出共識的人。與此同時，他也孜孜不倦地惡補自己對金融衍生市場認知的不足，漸漸的，他開始覺得：各式各樣巧立名目以轉移、減低風險掛帥的金融工具，其實反而會擴散風險，因為它將不相干的人都拉到同一條船上，結果原本獨立的、個別的問題最終可能引發災難性的集體後果。然而，他的老上司葛林斯班並不認同。

在二〇〇六年的一次演講中，他說：「表面上看來，這些產品好像可以幫助市場，讓市場可以更輕易吸收來自多角度的衝擊；但是，風險其實根本沒有被消滅掉，市場間歇性的恐慌和瘋狂也同樣沒有緩和，金融中介機構倒閉的可能性也沒有減少。當這些失衡發生時，亦不能保護金融體系不被牽連損害。」蓋特納明白華爾街的大牛市最終必然會冷卻，而從日本的經驗來看，後果將會很難看。蓋特納當然沒辦法準確預測這亂局會在何時、如何發生，他亦無法透過任何研究，或做任何預備的工作，令他可以應付二〇〇八年三月開始的災難。

馬修．斯科金（Matthew Scogin）站在斯蒂爾位於財政部總部角落的辦公室門外探頭問：「你可以再來一次謀殺式彩排嗎？」斯蒂爾嘆一口氣，心裏縱使不願意，也明白這是必須做的事，所以他跟他的高級顧問說：「來吧！」

鮑爾森本來應該和蓋特納、柏南克、美國證券管理委員會主席考克斯一同出席四月三日的銀行委員會，並在會上作證；而貝爾斯登總裁阿蘭．施瓦茲（Alan Schwartz）和摩根大通的戴蒙則是在他們後面作證。不過，由於鮑爾森當天仍在中國進行國事訪問，而銀行委員會又無意改期，所以鮑爾森派出副手斯蒂爾代表出席會議。

和蓋特納一樣，金融界以外沒有多少人知道斯蒂爾是何許人；而斯蒂爾則認為在銀行委員會上作證將是一個增加知名度的機會。他的同事以華盛頓的方式為他做準備，一輪又一輪的「謀殺式彩排」——角色扮演，同事們模仿每一個參與會議的議員盤問斯蒂爾，確保斯蒂爾對各方面的問題都有所準備，以及在壓力下仍能對答自如。

斯蒂爾有身經百戰的演講經驗，也曾在議會的委員會上作證，但從未像這次這樣牽連重大。除了貝爾斯登的問題之外，他肯定另外兩個機構——就是政府資助的、專門購買抵押貸款的房利美（Fannie Mae）與房地美（Freddie Mac）也一定會成為議員們窮追猛打的議題。這些政府資助企業（Government Sponsored Enterprises，簡稱GSE）如今被指責為通貨膨脹和房地產市場泡沫的罪魁禍首；但其實在過去數十年，GSE一直都是政治和意識形態的熱門爭議話題，爭議在此時此刻更如火上加油。

貝爾斯登的崩塌，讓政客們把事件串連起來：在信貸緊縮的打擊中率先陣亡的，是貝爾斯登旗下兩支大量投資於次級房貸證券的對沖基金；這時候令市場對房地產信心全失的，亦正是這類型的抵押貸款——房地美與房利美正好雄踞這類貸款市場，兩者的市場佔有率共達四〇%。問題是，這些抵押貸款大部分的價值都已急轉直下，這就拖累了銀行所有類別的借貸。鮑爾森曾如此形容房地美與房利美：「他們的證券產品如流水般游走在所有金融機構之中。」

斯蒂爾英俊又機智，他的應對能力明顯比鮑爾森要強，鮑爾森連在例行的內部會議說話也會有點結巴。斯蒂爾與鮑爾森相識於一九七六年，當時斯蒂爾在杜克大學（Duke University）畢業後加入高盛芝加哥分行，認識了在該行工作的鮑爾森。和鮑爾森一樣，斯蒂爾來自中等家庭，爸爸起初是修理音樂點唱機的工人，後來則當了壽險推銷員；媽媽在杜克大學的心理實驗室當兼職工。在高盛，斯蒂爾是具有野心並且正在崛起的明日之星，一九八六年，他移居倫敦為高盛創立股票資本市場部，為高盛打拼歐洲的江山。

但是四年前，斯蒂爾決定退休——高盛上市後，斯蒂爾持有的高盛股票已令他身價暴漲（這些股票目前市值逾一億美元）——雖然他在公司已擔任過一些高階職位，但是，他從未到達高盛接班候選人的位置。他一直希望能夠在公職圈子工作一段時間後，可以凱旋回歸私人企業，一如高盛其他的前輩一樣。斯蒂爾透過擔任哈佛大學甘迺迪政府學院的高級學者一職，成功向外界展示他對於擔任公職的誠意；二〇〇六年十月十日，他接受鮑爾森邀請加入財政部，擔任主管國內金融的財政部副部長。

這一刻，斯蒂爾和斯科金走進會議室進行最後一輪的謀殺式彩排，斯蒂爾內心明白這是他必須參與的遊戲。助理部長納森、幕僚長威爾金森、公共事務助理部長兼政策規畫總監大衛斯，以及一小隊人員已在會議桌的另一邊就座。

大家心裏有數，會上最棘手同時也是無可迴避的問題是——在貝爾斯登合併過程中，最初每股二美元這個價格的決定，政府是扮演什麼角色？

他們對於其他證人如摩根大通的戴蒙或貝爾斯登的施瓦茲的證詞會是如何，當然毫無頭緒。

斯蒂爾知道鮑爾森想藉由壓低合併價格向公眾傳遞有力的信息：股東們不會從政府拯救行動中獲利。不過，身為財政部的員工，為了鮑爾森、為了財政部的每一人，大家從來沒有白紙黑字確認財政部的立場。大家更不想談論的是：在三月十六日星期天的下午，鮑爾森曾致電戴蒙說：「我認為這交易應以非常低的價格完成。」

斯蒂爾必須在聽證會上對類似的議題避重就輕地回應；同時，大衛斯和其他參加彩排的同事不斷跟他重申一個重點：一定不可以被價格的辯論纏住——不要爭論合適的作價應該是二美元或十美元，反而，要傳遞的關鍵訊息是鮑爾森對整體局勢的關注——因事件牽涉到納稅人的錢，股東不應得到補償。更重要的是，財政部同事認為斯蒂爾必須堅持財政部並沒有代表貝爾斯登拉攏或洽談交易；如有必要，應把矛頭轉移至聯準會——政府架構內唯一可以合法介入類似交易的部門。

開始彩排前，納森向斯蒂爾報告一項關鍵性的發展。他轉述他與銀行委員會成員、共和黨首席參議員理查德・謝爾比（Richard Shelby）的同事之交談。納森警告說：「謝爾比將會非常難纏。」

其實，他們還沒體會事情的嚴重性。謝爾比議員對鮑爾森的表現非常不滿，不僅因為拯救貝爾斯登一事，還包括最近鮑爾森剛提出的另一計畫——在布希總統的刺激經濟方案中，調高房地美與房利美購買抵押貸款額度的上限。謝爾比連著幾天不回覆鮑爾森的來電，最後鮑爾森怒不可遏地對謝爾比辦公室的人發飆：「他究竟知不知道我是財政部長？」

令他們擔心的還有另一位參議員吉姆・邦寧（Jim Bunning）。來自肯塔基州的共和黨議員邦寧深信「市場最清楚狀況」。在彩排會議上當邦寧的照片舉在斯蒂爾面前時，斯蒂爾打趣道：「我們所做的一切？對，全是狗屎。我們全是社會主義者。謝謝你，參議員。」

財政部的同事把握每分每秒，謀殺式彩排一直進行，直到斯蒂爾出發到聽證會前的最後一刻。到了這關口，大家的目標已轉為保護斯蒂爾、以及保護財政部不會受任何意外干擾。同事們小心翼翼地細閱早報，仔細地尋找有沒有關於貝爾斯登的新資料，或是議員可能引用的專欄作家之苛刻意見。幸運地，媒體今天風平浪靜。

斯蒂爾和他的助手登上財政部的汽車，大家擠在一起，出發前往離財政部大樓不遠的國會山（Capitol Hill）。德森參議院辦公大樓的會議大廳早已人頭鑽動，錄影人員忙著架設機器、攝影師則在測燈光。斯蒂爾坐下，他留意到在下午才需出庭的貝爾斯登代表施瓦茲亦已抵達，大家互道招呼。考克斯和蓋特納分別坐在斯蒂爾的兩旁，而柏南克則坐在考克斯的另一邊——這一排男人，他們承擔的責任比起全世界任何一個人都多，這個責任叫做解決全球金融危機。

銀行委員會主席、康乃迪克州民主黨參議員陶德（Christopher Dodd）率先放炮：「這個拯救方案是為了防止整個金融體系崩潰的合理措施？還是只是如一些人形容，由納稅人支付三百億美元來拯救華爾街公司的同時，老百姓卻要為了支付貸款而苦苦掙扎？」

委員會成員旋即加入這砲轟的行列。委員們尖銳地批評監管機構監督不力；更重要的是，他們質疑政府撥款支持將被合併的貝爾斯登，此舉是否向市場樹立一個危險的先例，變相鼓勵其他金融機構做出風險更大的投機炒作，因為有納稅人承擔虧損風險的安全網令他們高枕無憂。

柏南克急忙解釋政府的立場：「我們關注的只會是如何保護美國金融體系以及美國整體的經濟。我相信如果國民明白我們努力保護的是我們國家的經濟、而非華爾街上任何一人，他們就能體會我們為何會採取這些行動。」

接下來的問題是斯蒂爾準備已久的：「每股二美元的作價是不是財長的決定？」

斯蒂爾回答：「議員先生，一如你所形容，財政部部長和其他財政部同事在事件爆發後的九十六小時一直積極參與其中，」斯蒂爾繼續說：「當時大家反覆進行討論；而且，這類拯救方案可以包含不同形式的組合，當中包含各式各樣的條件乃至工具的選擇。我認為財政部的角度有兩個層次：第一，如柏南克主席所建議的，由一家穩健的機構來合併，對市場整體來說是具有建設性的；第二，由於有聯邦政府的資金、公帑牽涉其中，考慮到這一點，財政部長鮑爾森就基於這個角度參與討論。」「觀點是這樣的——考慮到政府的介入，所以交易的定價不應過高，但也不應接近底線——這就是財政部的考慮角度；但是，說到有關細節和交易的實際談判——交易是由紐約聯邦準備銀行和買賣雙方進行的。」

在這之後的大部分時間，聯準會、財政部和證券管理委員會均能應付銀行委員會成員的盤問。他們捍衛拯救貝爾斯登方案的論點是：這是一個一生僅此一次的、在極度絕望中所採取的行動，這絕不是要走向一個新的政策方向。在目前非常特殊的境況下，這是面對一家非常大型銀行倒閉的合理反應，因為這家大型銀行倒閉將會影響整個金融體系的運作。

蓋特納告訴委員會，目前的情況與一九〇七年、或三〇年代經濟大蕭條時期不無相似之處，華爾街的恐慌與國家的經濟健全絕對是一脈相連：「缺乏強而有力的政策反應，後果將是美國家庭的收入下降；勞工家庭要面對更高的房貸利息支出；教育費、每天的生活費用將上升；退休金存款的價值將下降；以及，失業率將飇升。」

斯蒂爾解釋，他們已為整個國家，甚至可能是全世界的整體利益，做出應該做的事。斯蒂爾信心十足地對議員說，因為他們的努力，堤防上的小洞已經補起來了。

——

戴蒙想要找一個比喻。

他和他的心腹——摩根大通發言人約瑟夫．伊萬格里斯蒂（Joseph Evangelisti）坐在向紐約州民主黨參議員查爾斯．舒默（Charles Schumer）借來的辦公室裏，一邊觀看C-Span眾議院電視台直播今早的聽證會，一邊商量如何回應貝爾斯登的超低收購價，好使他們不會被公眾感覺是乘人之危，掠奪納稅人的血汗錢。伊萬格里斯蒂跟戴蒙說：「我們不要使用深奧的財經術語。我們一定要簡單有力地說明我們要承擔的風險是很大的。」戴蒙沒有像斯蒂爾一樣反覆進行謀殺式彩排，相反的，他只是在這臨時辦公室做最後的準備。

戴蒙靈機一動：「買一棟房子和買一棟正在燃燒的房子是不一樣的。」這句話應可達到目的——直接、簡短、容易明瞭。戴蒙想表達的訊息很簡單——保護納稅人的錢是聯準會和財政部的責任，他們理應被監督；但是這不是他的責任，他只需對股東負責。若是說有什麼事情需要擔心的話，他是有點擔心貝爾斯登帶來的麻煩會遠多於其帶來的價值。

在公開場合戴蒙表現得很謙卑，但私底下他心知肚明這交易是他個人的一大勝利——最低限度，財經傳媒一致認同收購貝爾斯登一役對摩根大通猶如打了一支全壘打般大獲全勝——一直以來，傳媒愛把他形容為頂級守財奴，為了節省開支連辦公室訂閱的報紙也要取消，並不是一個對金融業有真知灼見的人。如今，摩根大通如躍龍門般躋身銀行排行榜之首，戴蒙被捧得與解救一九〇七年大恐慌的金融業大老約翰・摩根（John Pierpont Morgan）相提並論，宛如其人再生。《紐約時報》說：「戴蒙突然聲名大噪，現在他差不多可說是全球最有影響力的銀行家。」《華爾街日報》則認為戴蒙是華爾街的最後守護者。《霸榮》周刊選擇簡潔的喝彩標題：「戴蒙萬歲」。

來自四面八方的吹捧令戴蒙有點沖昏了頭，其他銀行執行長很怕被國會傳召——例如貝爾斯登的施瓦茲便找上華盛頓大名鼎鼎的法律顧問貝內特（Robert S. Bennett）花上幾天時間檢討證詞，但戴蒙卻認為自己在國會的處女秀是光宗耀祖的象徵。在聽證會的前一晚，他特別提醒他的父母不要錯過電視的轉播。

傑米・戴蒙的成功不是意外。他是銀行世家第三代，他的祖父從家鄉希臘的士麥納城（Smyrna）移民紐約後，把累贅的姓氏帕帕德梅特（Papademetriou）改為戴蒙，並找到一份股票經紀人的工作，這在當年並不算是很棒的差事。傑米的父親希奧多（Theodore）也是經紀人，和母親西蜜斯（Themis）是青梅竹馬的玩伴。父親在工作上表現傑出，舉家很快便由皇后區遷往公園大道（Park Avenue），傑米和他的兄弟彼得、泰德便在這環境中成長。

傑米九歲那年，爸爸問他們兄弟三人未來的志願，大哥彼得說希望當醫生，傑米的孿生兄弟泰德沒有答案，而充滿自信的傑米則毫不遲疑地說：「我要當有錢人。」

從曼哈頓上東城的布朗寧學校（Browning School）畢業後，傑米考上塔夫斯大學（Tufts University）攻讀心理學和經濟學，之後在哈佛商學院，他的傲慢與智慧令他漸為人知。在第一年秋季學期開課還不到幾週，一名教授在營運管理課堂上介紹一個小紅莓合作社的供應鏈管理個案，戴蒙突然中途打斷教授說：「你說的不對！」教授錯愕地抬起頭，戴蒙已走到黑板前，把他的更正方案寫在黑板上。最後教授只有難堪地承認戴蒙是對的。

有一年，當戴蒙在高盛完成暑期工作之後，他向身材高壯、口含雪茄、知名的投資銀行家桑迪·威爾請教未來的職業選擇。傑米和威爾兩家人自七〇年代已開始來往，當時威爾任職的證券行史東證券公司（Hayden, Stone & Company）收購了希爾森證券（Shearson Hammill），而戴蒙的父親則是希爾森證券的首席經紀人。在塔夫斯大學念書時，戴蒙以此收購為題寫了一篇論文，戴蒙的母親把論文拿給威爾看，威爾讀後非常欣賞文章的分析，問戴蒙能否在公司內傳閱文章。戴蒙馬上乘勢打蛇隨棍上：「當然可以，但我能否得到一份暑期工？」威爾欣然答應。

哈佛商學院畢業後，高盛、摩根士丹利及雷曼兄弟等大型投資銀行均有意邀請戴蒙加入。威爾邀請戴蒙到他上東城的家中遊說戴蒙加盟美國運通（American Express）擔任他的個人助理。那時威爾以大約十億美元把希爾森證券出售予美國運通後成為美國運通的高層。威爾告訴二十五歲的戴蒙說：「我出的工資沒那麼多，但你會學到很多很多；而且我們將會有許多樂趣。」戴蒙對此很動心。

不過，威爾和戴蒙在美國運通的日子很快便結束。

雖然威爾曾誇口猶太人將接管美國運通，但他沒有想到公司內的白人盎格魯撒克遜新教徒的階級制度如此根深柢固，他察覺到同事和董事會越來越把他拒於門外，他們還設置障礙，不容許威爾獨立運作主導交易。一九八五年，威爾辭去美國運通總裁一職。當時美國運通執行長詹姆·羅賓森（James Robinson）很欣賞戴蒙的才華並極力挽留他。那時戴蒙剛當了爸爸，踏入人生追求安全感的階段，但是他還是決定與威爾共進退，就算威爾還沒有找到合適的新發展，只租了一個小小的辦公室。隨後幾個月，兩人只窩在小辦公室裏，每分每秒都好像特別漫長，每天午飯後威爾就會醉醺醺地睡在沙發上。眼看威爾好像無法打開新局面，戴蒙不禁懷疑自己是否選擇錯誤，眼前懶洋洋的威爾、自己生命中的良師是否已經技窮了？

之後，在威爾試圖收購美國銀行失敗後，事態突然有了轉機。兩名巴爾的摩商業信用銀行（Commercial Credit）的行政人員上門遊說他們去跟該銀行的大股東收購這專門從事次貸的銀行。威爾和戴蒙分別投入六百萬美元、四二．五萬美元完成這交易，並將之分拆上市，由威爾擔任負責人，戴蒙則負責日常營運，尤其是大幅削減成本。

商業信用銀行力行精簡之後脫胎換骨，成為新金融王國的基石——上百次的收購為兩人重返華爾街之路揭開序幕。一九八八年，威爾和戴蒙斥資十六．五億美元收購美邦銀行（Smith Barney）的母公司普美利加（Primerica）；一九九三年，兩人再下一城，以十二億美元從美國運通手上成功購入希爾森證券公司。

戴蒙與威爾的聲譽同步上揚。他們有如手足，威爾是策略專家和交易主腦，而比他年輕二十歲的戴蒙則是算帳和營運高手。他們已從師徒關係轉化為更像愛鬧彆扭的老夫老妻。在曼哈頓中區普美利加公司的辦公室裏常常傳出主席和財務長的爭吵聲；在開會時，每當威爾說了愚蠢話時，戴蒙便會直瞪眼而威爾則會馬上破口大罵：「你他媽的臭小子！」不甘示弱的戴蒙會反唇相譏：「我不是，你才是臭老頭！」

一九九六年，當他們以四十億美元收購旅行家集團（Travelers）後，威爾想要安排他的女兒、三十七歲的比布里奧威茨（Jessica Bibliowicz）出掌合併後的資產管理部門。他默默向戴蒙施壓，要他提升現職美邦銀行互惠基金部門主管的女兒。自小便和比布里奧威茨認識的戴蒙，對這項任命很有疑慮，認為她並不是頂尖的管理人才。一位高級主管曾把戴蒙拉到一旁並警告他：「你不提升她就走著瞧吧！」戴蒙卻執意反對這安排，他向威爾和其他人解釋比布里奧威茨能力還不足以勝任這個重要職位，而且公司梯隊中有更富經驗、更好的人才。

翌年比布里奧威茨宣布她要離開公司，她沒把這決定歸咎於戴蒙，並對她爸爸解釋離開對她發展的好處，她說：「我們現在可以恢復父女關係而不是上司下屬了。」但是，威爾仍然怒不可遏並且懷恨在心，自此，他和戴蒙的關係不斷惡化以至不能修復。

隨著公司不斷擴展，兩人之間的爭吵也越見頻繁。一九九七年，旅行家集團收購所羅門兄弟（Salomon Brothers）並更名為所羅門美邦（Salomon Smith Barney），威爾任命英國人德里克・莫恩（Deryck Maughan）與戴蒙共同出任聯合執行長。莫恩曾努力帶領所羅門兄弟度過國庫券（Treasury bond）醜聞危機，這分享權力的安排也算合情合理；不過戴蒙對這新的權力架構卻感到極度不快。

然而，戴蒙沒想到他即將面對更大的羞辱。

旅行家集團與花旗合併的這樁八百三十億美元的交易，是美國金融業管理規範改變後的歷史性交易——一九三三年通過的格拉斯—史帝格法案（Glass-Steagall Act，也稱作《一九三三年銀行法》）一直嚴格劃分商業銀行和投資銀行的業務範圍，然而，這法案被共和黨的德州參議員格拉姆（Phil Gramm）和愛荷華州眾議員李奇（Jim Leach）提案廢除了。

戴蒙日以繼夜拼命工作完成旅行家集團與花旗合併的交易，但在落實新董事會人選時，他發現自己被拒於門外。雖然他身為公司的總裁，但在他之下卻只有一人，只有財務官海帝・米勒（Heidi

Miller）要直接向他匯報。

戴蒙受不了這令人難堪的局面，在公司公布第三季季度業績的幾天後，衝突終於爆發。在俄羅斯盧布崩潰和長期資本管理基金瀕臨倒閉的雙重打擊下，花旗的業績令人失望。而在公布業績後的週末，公司在西維吉尼亞州的度假勝地Greenbrier舉行行政人員大會。為期四天的會議以黑領帶舞會作為閉幕。

午夜時，大家開始互換舞伴，戴蒙在美邦的親密戰友布萊克（Steve Black）禮貌地邀請莫恩的太太共舞，他這舉動原本正是傳遞善意的信息，以圖緩和公司內的派系鬥爭；但是莫恩卻不領情，他並沒有按規矩接著與布萊克的太太共舞，反而令她尷尬地一人獨站在舞池中。怒火中燒的布萊克衝上前和莫恩理論，高聲喝道：「你對我已經非常漠視侮辱了！但你不可以侮辱我的太太！」布萊克差一點就揮拳相向了，他恐嚇莫恩：「我立刻就可以撂倒你。」戴蒙介入，他拉著要離開舞池的莫恩問：「我只問一句話。你是有意的還是無心的？」莫恩默不作聲，轉身離開。大怒的戴蒙揪住莫恩，一把把他扭過來，連莫恩外套的鈕扣也扯掉了，戴蒙警告他：「我跟你說話時你不可以轉身走開！」

威爾得悉此事後，認為戴蒙的行為很不恰當。一星期後，他與公司的聯合執行長約翰．里德（John Reed）召戴蒙到公司的總部，要求他自動辭職。

現在回看這段往事，對戴蒙來說也許是最壞的事也是最好的事。和威爾當年一樣，戴蒙耐心找尋最適合自己的新工作，他推掉很多邀請——據報導還包括網路零售商亞馬遜（Amazon）。除了銀行業，戴蒙對其他行業認識不多，他慢慢尋找金融業的機會，最後，他接受了位於芝加哥的二線公司第一銀行（Bank One）的最高領導人職位。他認為這大雜燴銀行是他理想的起步點，一開始他便積極開源節流，改善公司的資產負債表；到了二〇〇四年，公司的成果已足以跟摩根大通進行合併，而戴蒙也順理成章地成為摩根大通的執行長威廉．哈里森（William Harrison）的接班人。

摩根大通曾經一度是華爾街上最頂尖的公司，但近年已被同業超越，跌到中等水平。戴蒙為新公司注入他的班底——節流專家與合併高手，他們大刀闊斧，銀行管理層的薪酬全被削減、健身房被關閉、洗手間的電話線被截斷、每天為裝飾擺放的鮮花再也不見蹤影。行政人員每次看見戴蒙從胸口口袋拿出手寫的便條就會不寒而慄，他們知道戴蒙「今天要事」清單上分兩欄，一欄是今天要處理的事，另一欄是誰欠他未完成的事。

二〇〇八年，業界對摩根大通已經刮目相看，摩根大通獲得的讚譽是——所有花旗集團做不到的，摩根大通都能做到。摩根大通和花旗不同，戴蒙成功利用規模的優勢，剷除重複與浪費，積極推行跨部門產品銷售。有別於他的同行，戴蒙與生俱來的偏執，驅使他幾乎要弄明白銀行每一層面的細節以及將風險減至最低；每一個業務都要榨出盈利來。最重要的是，當信用危機開始蔓延開來時，戴蒙更突顯他遠比競爭對手謹慎——摩根大通的槓桿比率非常低，也不愛在資產負債表之外耍花招。所以，當其他銀行受到次貸風暴吹襲飽受蹂躪時，摩根大通仍能保持強勢與穩定。在貝爾斯登出事前一個月，戴蒙在一個投資者會議上已揚言：「我們的資產負債水平強如堡壘，而且我們擁有很多能經得起壓力的流動資產。」他再補充說：「這令我們的未來更穩固更有利。我不知道市場上是否有什麼機會，但經驗告訴我，這樣的環境就是創造很多機會的環境，儘管這些機會未必馬上出現。」

原來，機會來得比他想像更快。

———

三月十三日星期四，戴蒙正和他太太及三個女兒，在東四十八街一家希臘餐廳Avra慶祝他的五十二歲生日。下午六時，晚餐還未開始，戴蒙那支只供家庭成員和公司緊急事件之用的手機響起，他厭煩地接聽。

代表貝爾斯登的投資銀行瑞德集團（Lazard Freres）的蓋瑞．帕爾（Gary Parr）氣急敗壞地說：「傑米，我們正面對一個很嚴重的問題，你能否和施瓦茲談談？」甚為驚訝的戴蒙走出餐廳，站在路旁接聽。戴蒙知道過去數週市場早已傳出貝爾斯登不穩的謠言，從這個突如其來的電話，他知道事態遠比他想像的嚴重。

幾分鐘後電話再次響起，貝爾斯登執行長施瓦茲跟他說公司現金已經枯竭以及需要幫忙。戴蒙十分震驚，盡量保持冷靜地問：「多少？」對方的答案是：「可能高達三百億美元。」

戴蒙不禁對著夜空倒抽一口涼氣——這數目太大了！太龐大了！儘管如此，戴蒙仍向施瓦茲表示在可能的範圍裏願意提供幫忙。他掛斷電話後，立刻致電蓋特納。摩根大通沒辦法在如此短促的時間內調動這麼龐大的數目，但他願意成為解決這問題的一份子。

翌日，三月十四日星期五，聯準會通過透過摩根大通向貝爾斯登提供貸款，這方案可讓貝爾斯登度過即時流動現金的難關，以及為貝爾斯登帶來二十八天的緩衝期，讓貝爾斯登可自行尋找長期的解決方案。不過，聯準會或財政部都不希望貝爾斯登要花上將近一個月來解決問題。在週末期間，他們力促戴蒙進行收購；摩根大通亦派了多達三百人的隊伍進駐貝爾斯登，這個考察小組將他們蒐集的資料呈交戴蒙和他的管理團隊參考。

到了星期天，戴蒙細閱資料後已得出結論，他告訴蓋特納摩根大通要退出，貝爾斯登資產負債表的問題之深根本無法測量。然而，蓋特納卻堅持不接受戴蒙的撤退，硬要他列出讓交易可以進行的條件。最後，他們達成協議，由政府提供不可撤回的三百億美元貸款，作為貝爾斯登那些令人懷疑其資產價值的抵押品之保證，政府以此利誘摩根大通接受頭一階段十億美元的虧損。

———

這些最後談判的細節自然是銀行委員會成員最感興趣的地方——摩根大通有沒有借勢逼迫政府搾取利益，硬要納稅人埋單？衣冠楚楚、西裝襯衫熨貼得一絲不苟的戴蒙，有如皇室成員般以不卑不亢的態度形容事件的經過。他平靜地說：「貝爾斯登的交易根本不存在談判時的裝腔作勢，貝爾斯登的情況是鐵一般的事實。」在戴蒙的陳詞中，事情的真相再清楚不過——他和蓋特納是在世界危機中肩負起拯救重任的正派角色。他對委員會說：「有一點我可以自信地說，如果現在，坐在各位眼前的政府官員以及各個私人機構沒有攜手進行如此石破天驚的方案來避免貝爾斯登倒閉，我們現在每個人要面對的將是更困難的挑戰。」

聽證會結束，沒有得出任何結論，沒有留下任何經典的對白，也沒有任何壯志豪情的場面。不過，這個聽證會為美國公眾介紹了未來六個月粉墨登場的劃時代人物，這些人日後將成為美國公眾耳熟能詳的人物。同時，公眾亦得以窺見在金融世界之巔那個極小圈子的高層原來也有動搖的時刻。參議員們一時間也無法判斷貝爾斯登的交易是否有其必要，亦無法判斷問題是否已經解決，還是只是把一個更大的問題推遲發生。

在會議進行中，邦寧議員這自由市場的擁護者提出的批評最為激烈，也可說是最具前瞻性，他說：「我對貝爾斯登的失敗感到很不安，我也不欣賞聯準會介入拯救……這根本是社會主義，至少我所學的如此告訴我。接下來會發生什麼事？」他語帶不安地說：「如果下一個是美林、或者雷曼、或者其他機構，將會怎麼樣？」

第四章 聯準會主席柏南克

二〇〇八年四月十一日星期五，黃昏瀰漫的鬱悶比起黃梅天更甚。財政部大樓南門，十英呎高的亞歷山大．漢密爾頓（Alexander Hamilton，美國開國元勳之一，首任美國財長）銅像居高臨下，俯視著急步走上樓梯的福爾德。他趕來出席鮑爾森的私人晚宴，這個晚宴是特別為七大工業國（G7）高峰會閉幕、暨國際貨幣基金及世界銀行每年春季會議開幕而設立的。晚宴的嘉賓名單囊括對全球經濟政策最具影響力的政要及智囊，包括華爾街十位執行長和幾個主導世界金融的財長及中央銀行行長，例如包括歐洲央行行長克洛德．特里謝（Jean-Claude Trichet）。

和前一陣子的惆悵相比，福爾德現在感到相當樂觀。雷曼兩週前公布的四十億美元集資計畫對公司的股價起了穩定作用——起碼在目前來說。高盛的執行長勞爾德．貝蘭克梵（Lloyd Blankfein）在公司週年大會發表的聲明，令整個市場大受鼓舞且生氣蓬勃，他說信用危機最壞的時刻可能已經過去：「我們更接近終點而非起點。」

但是，這並不代表籠罩金融界的陰霾已經消散。這天早上，福爾德才在曼哈頓的紐約聯邦準備銀行對蓋特納力陳監管機構必須對那些空頭炒家做出行動——他們並未鳴金收兵，反而正在重整旗鼓。美國證管會交易及市場部主管艾瑞克．希里（Erik Sirri）反覆促請福爾德提供非法活動的證據，他說：「你只要給我一點東西、一個人名、或者其他什麼都可以。」在福爾德的眼中，希里是個缺乏實務經驗、只懂紙上談兵的自由市場支持者，福爾德告訴這位哈佛商學院前教授自己並沒有任何實質證據，他只是知道事情就是如此。

在晚會上，工作人員正帶領福爾德穿過財政部氣派的大廳，走在黑白相間的大理石上，福爾德揮去紊亂的思緒，準備好好享受今晚。晚宴在財政部的現金廳（Cash Room）舉行，這房間在一八六九年啟用，直到一九七〇年代中期，這房間一直是公眾把國庫票據及債券兌換回現金的地方，並以此命名；內戰時期，政府為加強市民對當時新發行美鈔之信心而特別設立這房間，誰會想到大約一個半世紀之後，這份信心又再次動搖。

整個星期，福爾德都十分期待在晚宴時可以跟鮑爾森交談。在過去幾週他們有通過幾次電話，但目前的局勢事關重大，福爾德認為有必要面對面談談，這樣他才可以清楚衡量華盛頓對雷曼的真正態度；同時，也能給福爾德一個機會向政府官員解釋他們付出的努力。

金融界的巨擘魚貫進入「現金廳」。在人群中，福爾德看到他的老朋友摩根士丹利執行長約翰·麥克（John Mack）站在房間一角。麥克是極少數明白福爾德處境的人，在華爾街眾多巨頭當中，福爾德和麥克算是交情頗深，兩人偶爾會攜眷共進晚餐。

福爾德跟房間裏其他不太相熟的人握手寒暄，他絲毫沒有意識到這些人日後會成為他生命中十分重要的角色，其中一個美國人是英國大型金融機構的投資銀行部門主管、巴克萊資本（Barclays Capital）的執行長鮑勃·戴蒙德（Bob Diamond）。福爾德和戴蒙德只有數面之緣，是泛泛之交，福

爾德過去與對方碰面，目的也只是為自己的慈善機構籌款而已。戴蒙德對福爾德態度禮貌但是冷淡，也許是對福爾德昔日的怠慢仍耿耿於懷——福爾德曾隨意邀約戴蒙德喝咖啡，結果福爾德根本沒搞清楚原來戴蒙德是長駐倫敦，而不在紐約。

福爾德也走上前和英國財政大臣阿里斯代爾・達林（Alistair Darling）、以及英國央行行長默文・金（Mervyn King）打招呼。金融界的上流階層本來就是一個小圈子，只是此時此刻每一個與會者都沒有想到這圈子原來確實小得厲害。

福爾德不斷在人群中尋找鮑爾森，希望有機會能在晚宴前跟他單獨談談。倒是鮑爾森先看到福爾德，主動走上前跟他握手說：「你們挺努力的，增加資本是正確的事。」鮑爾森看來明顯清瘦了，身上穿的西裝像是大了一碼。福爾德回答說：「謝謝，我們盡力而為。」鮑爾森也提到雷曼的法務長湯姆・羅素（Tom Russo）和全球策略部的里克・瑞德（Rick Rieder）並表示謝意，因他們兩人向鮑爾森的下屬斯蒂爾及參議員賈德・格雷格（Judd Gregg）提出「具前瞻性」的建議，倡議政府成立一個獨立基金機制把「好銀行」和有毒資產（toxic assets）隔離——此舉可增強華爾街的流通性，穩定金融體系。不過，羅素的想法遇到阻礙，因為這建議有如繼貝爾斯登後再進行另一次拯救行動，而華府尚未能接受這概念。

「我要擔憂的事太多。」鮑爾森告訴福爾德，並指出國際貨幣基金最新的報告認為在未來兩年間，抵押貸款及房地產相關的減值（write-downs）金額可能高達九、四五〇億美元。同時，鮑爾森對於投行仍然利用高槓桿比率——債務相對於股本——來推高公司的盈利感到特別焦慮，鮑爾森說，這只會為整個金融體系帶來更大的風險。事實上各家投資銀行的槓桿比率確實處於令人不安的水準，雷曼：30.7比1，美林只是略好一些，仍達26.9比1。鮑爾森知道美林亦同樣面對壞資產泛濫的問題，美林的新任執行長約翰．賽恩（John Thain）（他在鮑爾森主政高盛時期是高盛第二把交椅）和雷曼一樣，正頭痛於如何處理自己的資產負債表。

福爾德目前對槓桿比率和美林這些話題沒有太大興趣，他最關注的是那些困擾他的空頭炒家，他再次請求鮑爾森做出行動，逼使這些空頭收斂，好讓雷曼和其他投資銀行可以有整頓他們資產負債表的空間；要不然，如果這些空頭繼續毫不留情地狠狠追擊，形勢只會每況愈下。

鮑爾森自己也曾是金融機構的執行長，他十分了解福爾德的無奈，拋空炒家只顧自己的利益，對金融體系帶來的衝擊漠不關心。然而，鮑爾森也害怕那只是福爾德的障眼法，藉此遮蓋雷曼本身的千瘡百孔。鮑爾森回答：「我很能體會你的心情。如果拋空炒家裏面有壞分子，我們一定把他揪出來，趕出業界。」鮑爾森繼續說：「但你也要知道，就算你的集資活動再成功，這只是一個開始，問題仍未告一段落。」他語重心長地提醒福爾德，有意收購雷曼的潛在買家寥寥可數：「迪克，現在哪有人會認為自己必須擁有一家投行？你要開始認真考慮你手頭上的選擇。」鮑爾森赤裸裸地明示福爾德要考慮把整家公司賣掉。其實鮑爾森並不是第一次和他討論這話題，福爾德默然不語，但內心卻不是滋味。

嘉賓就座。一個接一個的演講，把岌岌可危的經濟現況展露無遺。信用危機不光是美國的難關，它已殃及全球。義大利的央行行長、高盛前合夥人德拉吉（Mario Draghi）直率地表明他對於全球貨幣市場基金的憂慮；歐洲央行行長克洛德．特里謝對聽眾解說各國必須共同制定資本比率的要求——即每家金融機構為發放貸款而需持有的現金準備比率；以及更重要的，是槓桿比率及流動資金的標準水準，他認為這兩個指標是對於一家金融機構承受擠兌能力的可靠指標。

晚宴結束。晚上九時五十二分，福爾德上了他的車，就利用黑莓機發電郵給羅素。他這麼寫道：

和鮑爾森的晚宴剛結束，歸納幾點如下：

1.我們在財政部眼中是重要的品牌

2.對我們的增資行動感到非常滿意

3.對你和瑞德提出的建議很感謝

4.他們想去除對沖基金裏的壞分子，並加強管制。

5.他們希望七大工業國（G7）一致接受按市價調整資產價格的基準、資本要求的基準、以及財務槓桿和流動資金比率的基準

6.鮑爾森對美林持憂慮態度

參加宴會，總體而言，值得

迪克

四月十五日，宴會後的週二，尼爾·凱西卡瑞和飛利浦·史瓦格匆匆走過財政部大樓的保安室，鮑爾森和斯蒂爾正在財政部長的專車、黑色的越野多功能車Suburban內等候他們。他們要在十分鐘內，即下午三點前趕往位於霧底洞（Foggy Bottom，譯注：鄰近波多馬克河〔Potomac River〕的「霧底洞」是華府西北區內的一個經常霧氣瀰漫的地段，由於國務院位於此區，霧底洞和國務院變成了專有同義語）的聯準會

——他們已經快遲到了。

凱西卡瑞和史瓦格兩人總予人有錯配一組的印象。黑髮、臉色青白、戴眼鏡、來自學界的史瓦格比起膚色深、禿頭、來自投資銀行界的凱西卡瑞更像呆頭呆腦的政府官員。雖然史瓦格比三十四歲的凱西卡瑞年長八歲，但經常健身的史瓦格樣貌卻更年輕。

鮑爾森邀請他這兩位年輕顧問參加與柏南克舉行的會議，好使他們能在會上介紹他們共同草擬、針對國家日益不穩的金融體系而制定的意義深遠的機密計畫書。按鮑爾森的要求，他們詳細列出一旦出現金融體系徹底崩潰的情況時，財政部應採取什麼應對方案——每一步驟及措施，以及財政部應尋求哪些新增權力以推行上述方案，好使美國三〇年代大蕭條不會重演。

他們的建議書以火災警報器上的字眼命名：「敲碎玻璃——銀行資本重整計畫」（Break the Glass: Bank Recapitalization Plan），比喻這建議書只適用於事態危急的情況。然而，局勢一天天的發展，卻令這份建議書越來越與現實貼近，而非只是演習性質。

在車內，天生處變不驚的凱西卡瑞保持鎮定。他從事過一陣子衛星工程師之後加入舊金山高盛當投資銀行家，沒有人需要告訴他他有多能幹，他熱愛與客戶會面以及挑戰自己的銷售能力；和鮑爾森一樣，凱西卡瑞有強烈的進取心，是一個愛把事情辦妥的人。雖然沒有多少人會對他的聰敏及能力存疑，但是他先斬後奏的手法也不時引起別人不滿。

凱西卡瑞一直有意進入政府機關服務。儘管他和鮑爾森只有一面之緣，但在鮑爾森當上財政部長的消息公布後，凱西卡瑞也向鮑爾森留言祝賀，沒想到第二天就收到鮑爾森的回電：「謝謝你。我希望你能加入財政部。」

凱西卡瑞馬上訂機票前往華盛頓，途中他小心地排演屆時要如何向鮑爾森自我推銷。鮑爾森在老行政大樓和凱西卡瑞會面，這是鮑爾森被參議院確認委任之前的臨時辦公處。正當凱西卡瑞打算開始分享他的想法時，他留意到鮑爾森有點心不在焉，而且臉上有些不耐煩。凱西卡瑞停下來，鮑爾森開口就說：「我想要組成一個從政策角度研究各種問題的小組——任何問題，並且真正願意為獲得結果而採取任何必要行動的——你意下如何？」

錯愕的凱西卡瑞這才明白鮑爾森已邀請他加入他的班子、以及要擔當的角色。兩人為協議握手時，鮑爾森才想起有一個重點要跟凱西卡瑞確認：「你可是共和黨的？」幸而凱西卡瑞正是共和黨人。鮑爾森送他到門外，並馬上安排凱西卡瑞到幾棟樓外的白宮人事部，很快凱西卡瑞便正式加入鮑爾森的團隊。而在今天，凱西卡瑞更要對全球經濟最具影響力的人做出他職業生涯中最大的推薦。

自柏南克於二〇〇六年二月十日出任聯準會主席以來，「珠玉在前」（Hard Act to Follow）四個字一直是大眾對他揮之不去的印象。這是很難避免的，因為被《華盛頓郵報》資深調查記者鮑勃．伍德沃德（Bob Woodward）讚譽為「大師」（Maestro）的葛林斯班在財政政策的地位，就一如巴菲特（Warren Buffett）在投資界的地位。葛林斯班在任期間，美國經歷了有史以來最長的繁華盛世，這壯觀的大牛市由雷根政府開始一直持續超過二十個寒暑。很多時候，經濟外行人其實無法理解葛林斯班的一言一行，他意義含糊的公開演說不只常常成為一時佳話，更為他做為一代智者的形象增添一層神祕感。

相比之下，柏南克的個人色彩便顯得淡而無味。他一生中大部分時間都在學術界擔任教授，當獲委任接替年近八十的葛林斯班時，柏南克的研究專題——經濟大蕭條及一九二〇、三〇年代聯準會所犯的錯誤——似乎只是學院派的題目，總體經濟學的聖杯；對於公眾來說，這個課題對擔當如此重要的政府職務其實缺乏實用性，甚至可以說不相干。大家認為昔日那些巨型經濟危機已成為往事，歷史不會重演。

然而，二〇〇七年夏天時，美國的第二次黃金盛世卻戛然而止，葛林斯班的神話不再；他對市場擁有自我矯正能力的信念現在被評為致命的短視，他那意義含糊的話語現在被看成是混淆誤導的空論。

柏南克雖然和葛林斯班同樣信奉自由市場，但做為大蕭條的專家，柏南克是由不同的料子縫裁出來的。

柏南克對危機的分析，基本上是繼承經濟學家米爾頓·傅利曼（Milton Friedman）和經濟史家安娜·施瓦茨（Anna Schwartz）的觀點，他們兩人在一九六三年的巨著《美國貨幣史：一八六七至一九六〇年》（*A Monetary History of the United States, 1867–1960*）中認為引發經濟大蕭條的始作俑者其實是聯準會，因為當時它沒有適時向市場注入平價資金以刺激經濟；而其後的努力也太遲太弱了。在胡佛（Herbert Hoover）總統主政下，聯準會更反其道而行——緊縮貨幣供給，把經濟勒得奄奄一息。

觀察家們相信柏南克擁有執著的信念，所以，他們也相信柏南克面對政治壓力也能捍衛聯準會的獨立性，堅守他認為正確的決定。眼前的信貸危機是柏南克首次面對的真正考驗，究竟他對八十年前那些經濟政策步署失誤的理解，可以如何幫助他應付今天的危機？他面對的不再是歷史，而是當下正在發生的事。——

一九五三年出生的班・柏南克在南卡羅萊那州的狄倫（Dillon）鎮成長，一個空氣中透著菸草倉庫味道的地方。他十一歲時曾到華盛頓參加一九六五年全國拼字比賽，在第二回合因為未能正確拼出「edelweiss」（小白花）而被淘汰出局。自那天起他不禁幻想，如果電影《真善美》（裏頭就有那首家喻戶曉的「小白花」）曾在狄倫這個小鎮上映的話，他人生的際遇又會如何？

柏南克一家是嚴守誡律的猶太人，生活在從隔離時代（segregation era）興起的保守福音派基督徒小鎮。他的祖父強納斯・柏南克（Jonas Bernanke）是來自奧地利的移民，四〇年代初搬到狄倫鎮，在當地開設藥房。柏南克的父親一直幫忙祖父經營藥房，柏南克的母親則是教師。年輕時，柏南克在九十五號公路旁的餐廳一星期當六天的服務生。

柏南克念高中時，因為學校沒教微積分，他乾脆自學微積分。翌年，他在大學入學考試SAT（全美學科評鑑考試）取得幾乎滿分的一五九〇分，獲得國家優異獎學金（National Merit Scholarship）入讀哈佛大學。他又以最高榮譽的成績獲得哈佛大學經濟學學士學位。接著，他獲得麻省理工學院錄取入讀名聲顯赫的經濟學博士課程，他的博士論文研究景氣循環，他把這論文獻給他的父母和妻子安娜・傅利德曼（Anna Friedmann）。安娜就讀衛斯理女子大學（Wellesley College），在一九七八年安娜畢業後的那個週末，兩人馬上步入禮堂。

這對新婚夫婦移居加州，柏南克在史丹佛商學院教書，太太則在同校修讀西班牙文碩士課程。六年後，才三十一歲的柏南克獲得普林斯頓大學經濟學院頒授終身教職，他的計量經濟學研究廣受推崇

（計量經濟學是利用統計方法和電腦模型對經濟問題做定量分析研究），柏南克成為炙手可熱的明日之星。

柏南克在知識分子界的聲譽日隆，也展露出政治手腕。他擔任普林斯頓經濟學系系主任，在這職位上他證明自己具有調解紛爭及處理自我膨脹之人的能力。柏南克也創辦了多個新課程，成功招攬不少年輕有為的經濟學者，如理念和他剛好相反的保羅．克魯曼（Paul Krugman）。六年後，柏南克獲邀承繼葛林斯班的衣缽。

柏南克一直很享受在聯準會工作的日子，直到二〇〇七年八月上旬。柏南克和妻子原準備在八月假期先駕車至北卡州的夏洛特市（Charlotte），然後再到南卡州的麥爾托海灘（Myrtle Beach），和家人和朋友相聚。出發前，他還有一項工作要處理——聯準會的政策權力核心、掌管利率決策權的公開市場委員會（Open Market Committee）要在八月七日舉行會議。當天，柏南克和他的同僚近來首度承認經濟增長存在「下跌的風險」；然而，委員會最後決定第九次維持聯邦基準利率不變，維持在五．二五％；而不選擇降息以刺激經濟。會議後，委員會發表的聲明說：「委員會政策所關心的重點依然是通膨未能依預期緩和的風險。」

但這不是華爾街渴望聽到的，市場上不少投資者紛紛擔心經濟疲軟而期望聯準會降息。四天前，金融評論家吉姆．克拉默（Jim Cramer）在CNBC下午時段節目中大發雷霆，聲稱聯準會只顧睡懶覺而不採取積極的行動。「他們是神經病，他們什麼也不知道！」他咆哮道。

聯準會的政策制定者沒有公開承認的是，他們其實已留意到信貸市場因房地產泡沫開始破裂而逐漸露出疲態。鼓勵民眾消費的低成本借貸資金原本是經濟起飛的燃料——消費者靠借貸支付、支持他們購買第二棟房子、買新汽車、翻新住家、度假去。這情況也同時點燃一場前所未見的瘋狂交易局面——私募基金利用槓桿借貸進行的收購合併交易規模越來越大，結果是交易的風險越來越高。就算基本上保守的機構投資者，如學校基金或退休基金等，也因追逐高報酬的壓力而轉向投資於對沖基金或私募基金。聯準會力排眾議不肯降息，其實是不願為已經熱烘烘的市場火上加油。

然而，兩天之後，整個世界已經變天。

八月九日早上，法國巴黎銀行（BNP Paribas）宣布凍結三個總資產值約二十億美元的貨幣市場基金，停止贖回——這是金融世界已出現異常嚴重問題的首個病癥。問題是什麼？某類資產的市場，特別是以美國房地產作抵押的資產，這些市場已經枯竭；於是，這些產品的價值亦無法被確定。銀行這樣解釋：「美國一些證券化產品已不具流動性，因此，不論這些產品本身的品質或是其擁有的信貸評級如何，現在要對這些資產做公平的評價也變成不可能。」

交易員們現在視抵押貸款類的資產如放射性物料——任何價值也不宜購入，這是一個令人不寒而慄的訊號。歐洲央行反應非常快速，馬上向歐元貨幣市場注入九百五十億歐元，約等於一千三百億美元——金額比九一一襲擊事件後的注資活動更大。

與此同時，美國最大的抵押貸款業者——美國國家金融服務公司（Countrywide Financial）發出警告：市場出現了「前所未有的混亂」並已威脅到公司的財務狀況。

銀行間相互放款的利率應聲飆漲，遠超過央行所定的官方利率。在柏南克眼中，目前的局勢非常明顯：恐慌。銀行和投資者因害怕被有毒資產感染，大家都只屯積現金而拒絕做任何種類的放貸。

因為市場不能確定哪些銀行持有最多的次貸資產，杯弓蛇影，銀行全都被市場先判有罪——直到銀行自行提供足夠的證據平反。三〇年代初期的種種跡象——全球金融市場的信心高速磨損，資金缺乏之流動性等場面一一重現。《經濟學人》第三任總編輯沃爾特．白居特（Walter Bagehot）十九世紀的經典名句說得好：「若一個銀行家需要拿出證據證明自己是值得信賴的，不管他的理由多麼好，事實上他的信用已蕩然無存。」

柏南克通知妻子旅行告吹後，便馬上召集他的顧問返回辦公室開緊急會議，身在外地的人也要透過電話參與。聯準會的同事利用電話開始工作，他們致電不同機構，以了解市場的動態以及誰需要幫助。至於柏南克，他每天早上七時就到達辦公室。

兩天後，第二波震盪襲來。聯準會已每天疲於奔命跟上市場戲劇性的變化。翌日，柏南克主持的政策小組舉行電話會議討論降低貼現利率（在正常情況下，這個利率只具象徵意義，反映銀行直接向央行拆借資金的成本）。最後，聯準會發表聲明，宣布擴大接受銀行提供的抵押品名單，容許銀行以更多的抵押品拆借現金，以幫助市場正常運作。雖然聯準會的力道不及歐洲央行，但也總算是提醒銀行家們聯準會的貼現窗口是開放的。不到一星期，面對市況持續大幅波動，柏南克逆轉他先前的決定，改為調降貼現率〇．五％至五．七五％，以及向市場發出訊息，暗示聯準會刺激經濟最有力的工具——聯邦基金基準利率——也有可能即將下調。儘管當局做出這些安撫市場的言行，但市場依然緊張不安。

這時候，柏南克也清楚自己輕忽了局勢的嚴峻程度。直到六月五日時，他還曾在演講中聲稱：「以此時此刻而言，次貸的問題不大可能泛濫擴散到令經濟或金融體系出現嚴重的影響。」他原本以為，房地產市場的問題應該只會造成貸給信用不佳者的次級房貸增加而已；而雖然次貸市場的總值已飆升至二兆美元，但依然只佔總額達一四〇兆美元的美國抵押貸款市場的一部分而已。

他的分析卻沒有把其他關鍵因素考慮進來，例如房地產市場和金融市場已被各種誘人的衍生工具緊緊扣連起來，唇亡齒寒，兩者關係變得更複雜。透過把住宅貸款的應收帳款和價值滙集、切細、重組包裝成一個又一個的組合，新的投資產品——擔保債權憑證（collateralized debt obligations; CDO）已應運而生。

摩根大通和雷曼這類公司的營運方式與傳統的商業運作已大不相同，銀行已不會只簡單地放款，並將這筆貸款記錄在自己的帳目表上；現在放貸只是個開始，是證券化鏈的起點，透過上百甚至上千個機構的參與，風險被轉移、分散在很多不同的參與者身上。雖然表面上看來證券化有助於把一家機構承擔的風險降低及分散開來，然而實質的效果卻是不論好壞，眾多的機構與投資者現在已環環相扣。一個在挪威的省級退休基金的投資組合內可能已持有美國加州的次貸產品，但基金本身毫不知情。更糟糕的是，很多金融機構以這些證券化產品作抵押品大量借貸，利用財務槓桿效應擴大報酬；但當這些產品的價值減退時，隨之而來的痛苦也大增。

全球各地的監管機構都難以把拼圖重組起來。葛林斯班後來也承認，連他自己也無法弄清楚到底發生了什麼事。他在退任聯準會主席兩年之後說：「我有深厚的數學根底，但很多擔保債權憑證的複雜程度也令我摸不著頭腦。我壓根兒不明白他們在做什麼、也算不出他們透過這重重疊疊的買買賣賣獲得的實際報酬，又或者他們怎樣分辨擔保債權憑證的種類。我想，我的團隊裏包含數以百計的博士為我服務，但若連我也無法理解這些產品，那世上其他的人又如何弄清楚這當中的虛實？這實在令我費解。」其實葛林斯班可不孤單，就算銷售這類產品的公司的執行長也好不了多少，他們對於這些產品同樣毫無頭緒。

———

聯準會主席辦公室的大門打開，柏南克熱烈歡迎來自財政部的小組。和史瓦格一樣，柏南克仍保留著學者那種謹慎的風格，但以經濟學家而言，他已相對能和別人交談。柏南克引領大家進入他的辦公室圍著咖啡桌就座。在他的辦公桌上，除了可以預期的彭博終端機外，還擺了幾頂華盛頓國民隊（Washington Nationals）的棒球帽。

大家寒暄數分鐘後，史瓦格從檔案夾中取出長達十頁的「敲碎玻璃——銀行資本重整計畫」，小心翼翼地遞給柏南克。凱西卡瑞望向他的同事，以眼神確認大家的認同後開始發言：「我想在座各位都知道我們面對的政治後果，以及在法律層面我們所面對的限制。我們怎樣才能獲取授權以防止金融崩潰？」柏南克點頭表示同意。

凱西卡瑞繼續說：「我們知道，在過去數月，我們財政部連同聯準會的同事進行了一系列方案的探討，我想我們已對一個框架大致達成了基本共識，當市場發展到在重創邊緣時，我們可在危急時迅速回應，向國會提交這建議書，跟國會說：『這就是我們的計畫。』」

凱西卡瑞看看正在仔細閱讀文件的柏南克，他決定馬上聚焦在計畫的關鍵，他說：「財政部將透過拍賣的機制從金融機構手上購入五千億美元資產；而如何決定各種證券化產品的作價，將是我們主要的挑戰。財政部將會以新發行的債券代替現金支付交易金額。這樣的資產交換（asset-swap）可讓聯準會免除需要進行的與市場隔離安排。財政部會聘用商業機構來管理這些資產組合，盡力為納稅人提高資產組合的價值，並在適當時間（可能長達十年之久）退市——逐步把資產組合推出市場出售套現。」

柏南克謹慎地選擇他的用字，然後開口詢問這五千億美元的數字是如何得到的。「這是基於一兆美元的有毒資產作粗略的估算。」凱西卡瑞繼續解釋：「我們應該不需要把所有的有毒資產全部吸納才算是有所行動，我們相信大概一半也能達到目的，但是，也許金額會達到六千億美元。」柏南克繼續翻閱文件，凱西卡瑞和史瓦格稍稍停頓下來細味這一刻，他們正在向神殿的最高主持人——聯準會主席匯報可能是人類有史以來最大型的銀行體系拯救行動。如此大規模的政府干預，起碼在過去五十年來各界連想都沒想過；與八〇年代著名的儲貸機構危機（savings and loan crisis）的拯救行動相比，更是大得多。

如果「敲碎玻璃——銀行資本重整計畫」獲得國會通過——這難關他們姑且後續再作討論——計畫書內已詳列財政部該如何委派紐約聯邦準備銀行進行華爾街有毒資產的拍賣。首先，財政部會連同聯準會共同邀請合格的商業機構競標擔任政府購入的資產之管理人職務；選定管理公司後，紐約聯邦準備銀行會一連十週每週一次舉行拍賣會，希望透過這十次拍賣會可以購入五千億美元的抵押貸款相關資產；同時，希望透過拍賣，政府能夠爭取到最好的收購價格。最後，這些購入的資產會分為十份交由十個不同的商業機構管理，即每個機構管理的資產值為五百億美元，年期最長可達十年。

凱西卡瑞知道計畫非常複雜，但他認為值得冒險，因為，按事態的發展，軟著陸的可能性是微乎其微；破斧沉舟的行動是必要的。「法案會賦予財政部暫時性的權力，好讓財政部可以獲得所需的資金、以及可以購買證券；同時，我們也需要提高發債額的上限，因為現在的上限只容許發債四千億美元。」「由於我們會高度仰賴商業機構做為我們這方案的資本來源，所以政府的經常性開支不會大幅提高，例如，財政部也不需要大肆招聘新人。」他停一停繼續解釋：「但我們特別要關注的是觀感——在這計畫中，只有公眾的金融機構是合格機構，不包括外資銀行或對沖基金。」

隨後，凱西卡瑞總結他和同事們對方案提出的支持及反對意見。第一點，也是最重要的一點，支持方假設如果政府採取行動後，銀行會恢復貸款——理想地說，不再是抱著以往那種不負責任的態度、導致目前危機的態度放貸。反對方的理由是：就算計畫某種程度生效，但隨之而來的是製造了「道德風險」的問題，換言之，那些一開始就胡亂下賭注造成今日局面的始作俑者，最後竟無須承受應當承受的財務痛苦。

這兩位財政部官員接著介紹他們的另外四個方案：

政府向銀行提供保險服務，以保護這些銀行的有毒資產價值不會繼續下跌；

政府對銀行發放免責貸款，就像摩根大通收購貝爾斯登時的安排；

由聯邦住宅局（Federal Housing Authority）對個別債務人提供再融資；

財政部直接投資銀行。

柏南克一邊聽一邊摸自己的鬍子，中間報以一個表示明白的微笑。會議結束時各方並未達成任何決議，除了一點——把計畫擱在架上備用，直到有需要時才拿出來拯救世界。令凱西卡瑞感到欣慰的是，聯準會主席對於方案的接受度遠高於自己的上司鮑爾森，當時凱西卡瑞曾提出干預金融市場的構想以測試鮑爾森的反應。

鮑爾森核心團隊的所有成員都知道三月份那個傍晚發生的事。當時凱西卡瑞突然衝進財長的辦公室，心情異常高興的鮑爾森正在和他的幕僚長威爾金森說話。

「漢克，我得和你談談拯救方案，」凱西卡瑞打斷他們說。

「你說什麼？給我出去！」惱火的鮑爾森說。

凱西卡瑞繼續說：「聽我說，我們不斷討論如何爭取政治層面的支持，好使我們取得執行拯救行動的權力，不是嗎？這樣的話，我們必須讓我們的爭取行動記錄在案，要不然，下一任新總統將向公眾宣布：『這是我們應該採取的行動，但是，當時的主管機關不願意、或者根本沒有能力推行這些方案……諸如此類的……』你知道這是什麼意思嗎？這等於下一任總統把人質光榮地帶回家園。歐巴馬！歐巴馬將把人質光榮地帶回家園！」

當鮑爾森聽到凱西卡瑞把歐巴馬和一九七〇年代末的雷根總統解救伊朗人質僵局來相比，鮑爾森禁不住爆笑起來，他手指著凱西卡瑞說：「哈哈！歐巴馬將把人質帶回家園！是嗎？你他媽的滾出去吧！」

當巴克萊資本（Barclays Capital）的執行長戴蒙德（Bob Diamond）案頭的電話響起時，倫敦四月黃昏的天空正開始迎向黑夜。巴克萊資本的總部坐落於倫敦東部的新興金融區Square Mile的金絲雀碼頭（Canary Wharf）區內。

戴蒙德這時正在辦公室裏練習高爾夫球的推桿，房間地毯上特別挖出來的「高爾夫球洞」旁散落著十來顆白色小球。辦公室的牆上掛滿波士頓紅襪隊（Boston Red Sox）的紀念品，目的不單是為了刺激無數從紐約來的訪客——而是因為來自新英格蘭（New England）的戴蒙德本身也是紅襪隊的忠實球迷。

平常他會討厭那幾分鐘的偷閒時間被打擾，但這次他卻高高興興地接聽電話。來電者斯蒂爾是他的朋友，他們剛在華盛頓財政部大樓的晚宴中有過短暫的碰頭。

他們兩人在二〇〇五年同時加入巴克萊銀行的董事會並開始熟絡起來。雖然，他們倆來自不同的地方和業務領域——斯蒂爾來自北卡州的德罕（Durham），高盛的證券部；戴蒙德則來自麻州的春田（Springfield），曾在摩根士丹利和瑞士信貸（Credit Suisse）擔任債券交易行政人員；但是，他們也能從對方身上找到共通點——兩人均來自中等家庭，以及需要半工半讀才能完成大學學業。

他倆近年的職業生涯幾乎一模一樣：斯蒂爾和戴蒙德這兩個美國人同時在英女皇的領土倫敦這裏幹得有聲有色。對斯蒂爾而言，他的成就在於成功為高盛開拓歐洲證券業務版圖，這是他的前任上司鮑爾森不會忘記的功績。至於戴蒙德，他的戰績是將一家只有三千人的小型投資銀行成功蛻變為擁有一萬五千名員工、躋身倫敦最頂尖的金融集團之列，巴克萊資本為母公司巴克萊銀行貢獻的利潤約佔銀行總利潤的四分之一。

斯蒂爾後來辭去巴克萊的董事職位追隨鮑爾森加入財政部，但斯蒂爾與戴蒙德的友誼並沒有受到影響，兩人互相敬重，而且知道不論遇到任何問題，如果致電對方求助，對方都一定會隨時待命接聽電話。

斯蒂爾和戴蒙德打過招呼後馬上語氣生硬地說：「聽著，我在這裏的工作範圍包括進行腦力激盪，並且試圖模擬不同的可能發生的情況、以及其應對計畫。在這前提下，我有一個問題要問你。」

戴蒙德對於斯蒂爾那種冷淡的口氣感到愕然，他問道：「鮑勃，這是關於正式公務的嗎？」

「不是的，不是的，我並不代表任何人。」斯蒂爾保證，並說：「市場現在稍微穩定下來了，我只是想嘗試弄明白，如果事情變壞時，或者說如果事態發展到某一情況時，以下的事情是否會發生。」

「好！說吧。」

斯蒂爾深深吸了一口氣後問：「你們會不會在某一價位對收購雷曼產生興趣？如果會的話，你們又會需要我們做些什麼？」

戴蒙德一時語塞。他明白財政部明顯是在未雨綢繆，試圖找出如果雷曼演變至貝爾斯登的殘局時的應對策略；再加上他對斯蒂爾的深厚認識，他知道斯蒂爾是個不廢話的務實之人，不會隨隨便便放出氣球試探風聲。

「我得認真地想一下，因為，我並沒有答案。」戴蒙德謹慎地回答。

斯蒂爾說：「好的。但請你務必認真地想想這事。」

「沒有不可能！（Never say never.）」戴蒙德回答，然後兩人都笑了，因為這是戴蒙德回答記者追問有關收購時的標準答案；不過，這是第一次這句話的接收者換成了斯蒂爾。

斯蒂爾很清楚知道巴克萊資本有意在美國擴大發展，戴蒙德這份野心很明顯，簡直有如他在倫敦薩維爾街（Saville Row）量身打造的西裝衣袖上的刺繡。儘管他成功在倫敦從零開始建立起一家赫赫有名的投資銀行，贏得英國人的口碑，但是，他亦渴望成為華爾街呼風喚雨的大人物。他在一九九二年毅然離開摩根士丹利轉投瑞士信貸一事充分反映了他對這目標的追求。當時，他帶走摩根士丹利差不多整個附條件交易（Repo Trading）部門的員工，惹得約翰．麥克勃然大怒。四年後，戴蒙德再轉投巴克萊左特威銀行（Barclays de Zoete Wedd; BZW），而BZW正是巴克萊資本的基礎。

如果戴蒙德，當然，連同戴蒙德的老闆及倫敦的董事會，都一致希望巴克萊資本在一夜之間成為紐約華爾街的巨人，那雷曼自然是順理成章的合併對象。但是，他也明白雖然這是千載難逢的機會，不過只要福爾德還掌理雷曼一天，這收購將會是很昂貴的買賣。

華爾街仍蒙在鼓裏的是巴克萊資本這時候正在研究另一項收購：戴蒙德和瑞士銀行（UBS）正就收購瑞銀的投資銀行部進行洽商，他剛計畫好在週末飛往蘇黎世繼續會談。他向斯蒂爾透露這個消息，但他也提醒斯蒂爾這洽商只屬非常初步階段，而戴蒙德絕對不想有任何風聲走漏，因為一如任何交易，與瑞士銀行進行的這項交易也有可能無疾而終。

當然，雷曼的等級是不同的。不過，要向董事會推薦這筆大規模的收購也絕不是容易的事，幾個月前在荷蘭銀行（ABN AMRO）的巨額收購戰中敗陣已令董事會感到意興闌珊。但是，雷曼身為美國第四大投資銀行，如果可以在極大優惠折扣下成功收購雷曼，他實在應該認真考慮這件事，不是嗎？

「是的，」戴蒙德回答斯蒂爾：「這的確是值得思考的事。」

第五章　放空雷曼！

在螢幕前主持CNBC節目時常大吵大鬧的股市專家吉姆．克拉默（Jim Cramer），私底下其實是個說話出奇溫柔的人。他禮貌地告訴位於第五十街和第七大道交界口、雷曼總部大樓門外的警衛員，他已跟福爾德約好早餐會議。他被引領走過旋轉門，經過雷曼的特別「僱員」——炸彈搜索犬——拉布拉多犬Bella的身邊，到達接待台前，再進行一系列現已習以為常的安檢程序。

儘管他一如往常地不修邊幅，但到達三十二樓時，卻受到一如到此商討億萬元交易的貴客大戶般厚待。財務長艾琳．卡蘭（Erin Callan），和克拉默在新澤西州頂峰鎮（Summit）的鄰居、雷曼全球證券主管傑拉德．多尼尼（Gerald Donini）都已在場恭候。

福爾德亦親自上陣督導這場針對拋空炒家的聖戰，他特別親自邀請克拉默舉行這會議，因為他已察覺在這場爭鬥中，他需要廣結盟友聯手對付拋空炒家。但直到目前，沒有人願意加入這場鬥爭：證管會的考克斯不願意；蓋特納不願意；而鮑爾森，雖然他們近期在財政部曾交換意見，但他也不願意。也許擁有廣大的電視觀眾羣、以及和對沖基金關係密切的克拉默可以幫上一把，可以改變市場的辯論焦點，可以靠一張嘴使雷曼股價轉跌為升。

福爾德認識克拉默超過十年。當長期資本管理公司在一九九八年崩潰時，市場盛傳雷曼高度染指長期資本管理公司，極可能受牽連而成為下一個倒下的巨人。當時，福爾德得到在CNBC還是新臉孔的克拉默之公開支持，他在節目上宣稱雷曼要做的只是回購股份，讓股價止跌回升，那些拋空炒家就會敗退。第二天早上，和克拉默素未謀面的福爾德專程致電對方的辦公室，跟克拉默說：「我已下單，以三十一美元買入一百萬股雷曼股份。」雷曼的股價果然很快便穩定下來。

如果華爾街打算公演莎士比亞的悲劇，那克拉默可能是最佳丑角。他說話流暢並帶點天真，每次在螢幕前出現的短短時間都會連珠炮發。他講話速度之快，彷佛他的頭顱會在他與人交流想法時因太用力而爆炸；但在克拉默嘉年華式的喧嘩背後，華爾街的人都知道他絕不是傻瓜。他曾管理對沖基金和創辦TheStreet.com，一個占得先機、具影響力的投資網站。克拉默十分熟悉市場的運作。

雖然福爾德和克拉默兩人性格南轅北轍，但他們互相尊重對方是不多廢話的街頭戰士。克拉默是傳媒明星，是紮實的哈佛人，曾在高盛工作，是被視為華爾街剋星、紐約州總檢察長艾略特．史匹哲（Eliot Spitzer）的好友之一。福爾德方面，他比較看不起長春藤畢業生，喜歡自我標榜為反高盛份子，同時，他從來也不是好的溝通者。不過，福爾德欣賞克拉默一直是個誠實的經紀人，就算他明知自己的意見可能會不受歡迎，但仍會據實以告。

眾人向雷曼的服務生點好菜後，福爾德跟正在細心聆聽的克拉默逐一講解要點。福爾德說，雷曼正努力降低集團的槓桿比率以恢復投資者的信心。雖然他們在第一季度成功集資四十億美元，但福爾德深信有一個由拋空炒家組成的陰謀集團正設法讓雷曼的股價無法正確反映其價值。以現在的股價來看，雷曼的價值被低估了。

克拉默起勁地點頭，說：「我也認為你們正面對拋空的問題——他們從四面八方向你們施壓。」

福爾德得到聽眾的共鳴，覺得很高興。福爾德很清楚他面對的拋空困局一定能觸動克拉默自己特別關注的議題——報升規則（uptick rule）——證管會在一九三八年訂立的規則，禁止投資者拋空股價正在下跌的股票（如果一個投資者要拋空一支股票，該股票的股價必須正在上升，反映市場上有積極的買盤。理論上，這規定能防止股票價格持續受到賣盤沉重打擊而出現如跳樓般的大跌）；然而，二〇〇七年，證管會廢除了這規則。對克拉默這些評論家而言，他們認為監管機構這決定是受到自由市場理想主義者的影響，他們想盡辦法要把市場上一切的安全設施解除——就算連最輕微的也容不下。

自那時起，克拉默便一直苦口婆心發出警告，說廢除這關卡只會讓對沖基金可無拘無束地對優質公司進行突擊，壓低他們的股價。不過，在眼前的危機發生之前，市場上根本沒有多少人願意聽他的建言，因為他們的對沖基金客戶喜歡規定被廢除，所以華爾街亦樂於順從——現在，華爾街成為這些對沖基金的攻擊對象，他們才急急忙忙地找尋避難所。

「在這報升規則的聖戰，你會是我很好的盟友。」克拉默說。

福爾德默默注視眼前這個手舞足蹈的電視明星，腦海裏卻飛快地計算將雷曼押注在這場聖戰的利與弊。克拉默說廢除規定讓雷曼在今天變成受害者這說法大概是正確的，但福爾德同時知道，雷曼的套利部門也有不少採用拋空策略的對沖基金客戶，更重要的是，這些對沖基金為雷曼帶來巨額收入。福爾德當然不願意與他們對立，同時，他也體會到這議題將會引發激辯。但是，縱使報升規則的保護性很強，福爾德也深知投資者可利用五花八門的期權和衍生工具繞過法規。

傑拉德．多尼尼對於報升規則是雷曼主要問題這說法存疑，他代表福爾德問道：「你到底想達成什麼，吉姆？」

「拋空炒家正在破壞偉大的公司，」克拉默回答說：「他們毀掉了貝爾斯登，現在又企圖殲滅雷曼。」也許是想玩弄福爾德的自尊心，他說：「我想制止這情況。」

多尼尼回答：「如果這是你的目的，而你相信拋空炒家是問題核心，那我不認為報升規則是解決辦法。」多尼尼向克拉默解釋，他認為真正的問題在於市場上的「無券放空」（naked shorting）。一般而言，當投資者進行放空時，他們要先向經紀人借取股票，然後賣掉，以圖在股票的低價位重新買入股票，歸還之，並賺取當中的差價為利潤。不過，無券放空時，投資者並不借取股票，因此可能操縱市場——但這是非法行為。

克拉默對多尼尼的答覆很感困惑也措手不及。他被請來參加會議，他也願意幫忙，但他的建議卻被拒絕。他嘗試把話題拉回雷曼的問題，並建議：「那你不如給我一些彈藥讓我能從正面報導？」

卡蘭感到房間裏的張力在升溫，首度開口說：「我們剛收購了Peloton難以置信的優秀資產組合，它馬上帶來正增長。」她愉快地分享她認為的一則好消息，但克拉默毫不掩飾地皺起眉頭；他對Peloton知道很多。Peloton總部位於倫敦，這支對沖基金的創辦人榮・貝勒（Ron Beller）是高盛前行政人員，他的太太是英國首相布朗（Gordon Brown）的政策顧問。這基金曾一度是世界上表現最傑出的對沖基金，但現在已是疲態盡現，幾乎在割價急售資產。

「這真是！」克拉默盡可能圓滑地回應：「我對於這交易被稱為好消息感到驚訝，事實上他們的槓桿比率高達30:1，我聽到的是當中包含極多劣質資產。」

「不，」福爾德興奮地解釋：「我們是以極低的代價收購的。」

克拉默一點也沒有被說服：「有一點我弄不明白。高盛的情況是，他們正在大刀闊斧地降低槓桿比率；而你們所說的則是：『我們準備去降低槓桿比率』，但實際上你們正在提高你們的槓桿比率。」

福爾德不喜歡克拉默對該交易的反應，他回道：「我們在做的是，購入我們認為非常重要的資產組合，以及賣掉那些價值較低的。」

卡蘭補充說，雷曼也正積極迅速地降低資產負債表的槓桿比率，她說：「我們十分相信，部分在帳目上的資產其價值是被低估的。」接下來的十分鐘，她對克拉默詳細解釋公司在加州和佛羅里達州的住宅資產，兩地是房市重創地區，但卡蘭預期兩地房市很快便會出現反彈。

福爾德已經得出結論——和克拉默結盟只會自找麻煩，他馬上轉換話題，改為從克拉默口裏探聽消息：「你有在外面聽到什麼嗎？到底是誰在對付我們？」

福爾德說他很確定全美國兩個最有權勢的金融界人物，康乃迪克州SAC投資顧問公司（SAC Capital Advisors）的史蒂芬・柯恩（Steven A. Cohen）和芝加哥城堡投資集團（Citadel Investment Group）的肯・格里芬（Kenneth C. Griffin）是這次拋空突擊和謠言滿天飛的始作俑者，只是福爾德缺乏證據，無法公開他們的名字。

「他們是騙子！」這是福爾德對拋空炒家堅定不移的看法：「我認為你即使跟觀眾說他們是騙子，你也會沒事。」克拉默雖然體恤福爾德的處境，但他清楚表明，除非有更多的資料，不然他不打算挺身而出支持雷曼。

克拉默建議：「我可以說的是市場對這些謠言可能抱持懷疑態度。」並補充：「你為什麼不去找政府求助？如你認為目前事態的發展是那樣嚴峻，並且認為有人正在不合法地突襲而且有人在亂說話，你為什麼不向證管會舉報？」

越來越不耐煩的福爾德只反覆問克拉默：「你為什麼不直接說他們是誰？究竟誰向你打毒針抹黑我們？」

克拉默激動得滿臉通紅：「聽著！沒有任何人！是我自己做的研究，讓我認為你們只是把很多廢物減值，而不是把它們出售，所以你們真的需要大量現金。」

福爾德很不喜歡被挑戰。「我完全否認。我們一直非常透明。我們不需要現金，因為我們有非常大量的現金。我們的資產負債表從未像現在這麼好。」他一口咬定。

但克拉默依然對此存疑，他問：「如果真的如此，為什麼你們不想辦法把這些現金轉化用以提高股價，例如回購部分你們已發行的債券？」

福爾德嗤笑一下後把會議結束。他對克拉默說：「我是紐約聯邦準備銀行的董事會成員，為什麼我要騙你？它們會監管一切的。」

五月中旬，大衛．艾因霍恩（David Einhorn）正在撰寫他的演講稿。管理超過六十億美元資產的對沖基金經理人艾因霍恩，將在艾洛．索恩（Ira W. Sohn）投資研究會議上發言。這個會議每年舉辦，一千多個付出了高達三、二五〇美元買門票的聽眾，會專程來聆聽知名投資者對股票的分析。與會者在做善事之餘，同時可以吸收一些思考透徹的投資心得——門票所得收益將捐助癌症慈善組織明天兒童基金（Tomorrow's Children Fund）。

三十九歲的艾因霍恩外表比實際年齡小起碼十歲，他坐在位於中央車站（Grand Central Terminal）

旁的辦公室內，正在琢磨他的講稿。他的公司綠光資本（Greenlight Capital）只有七名分析員、再加幾名支援人員，辦公室的氣氛恬靜得有如溫泉旅館，沒有人對著電話大叫買賣指令，同事之間也沒有人擊掌互賀。

綠光資本以耐心、有智慧的投資策略見長。艾因霍恩曾說：「我們先從為什麼一支股票的價值會被市場錯算，做為問題的起點，當我們整理出一個理論後，我們會對股票進行分析，以決定它的現在股價是高於或低於其本身價值。投資一支股票前，我們要了解為什麼投資機會會出現，同時，我們要相信我們的分析比起交易對手優秀得多。」有別於其他基金，綠光資本從不透過借貸、或財務槓桿方法增加其賭注。

艾因霍恩的分析員整天在會議室內閱讀上市公司向證管會申報的資料。他們的會議室全以奇奇怪怪的名稱命名，例如其中有一間是以會計專業名詞「非經常性」（nonrecurring）為名——即那些與正常業務營運無關，以後也不會再出現的特殊項目；很多公司利用這項目試圖瞞天過海美化公司帳目。

在艾因霍恩眼中，這是一個警訊，他以這項目做為指標，尋找放空的機會。近期的分析令他們得出一家公司的名字：雷曼兄弟。艾因霍恩想，這可能是演講的最佳題目。雷曼穩定與否是華爾街現在最熱門的話題，但早在去年夏天，艾因霍恩已不動聲色地開始留意這家公司。

二〇〇七年八月九日星期四，即是貝爾斯登倒閉前約七個月。還有幾個小時才天亮，家住紐約Rye地區的艾因霍恩已起床，正在閱讀報告和回覆電郵。他感覺今天的頭條新聞有點奇怪，整個夏天，次貸市場泡沫破裂拖累整個信貸市場都出現迴響，貝爾斯登旗下的兩支大量染指次貸資產的對沖基金亦已倒閉；現在，連法國的主要銀行法國巴黎銀行（BNP Paribas）也宣布停止投資者在旗下三個貨幣基金抽離資金。

和柏南克一樣，他取消週末的活動，好讓他有更多時間研究正在發生的事。他跟他的團隊說：「這些人都是法國的工人，他們在貨幣市場的帳戶根本無收入可言，他們要求的只是可隨時取回資金，你怎麼可以凍結這些帳戶？」

艾因霍恩把他的七名分析員召回來分派特別任務，他宣布：「我們要做的不是一般分析時會做的事。」這次他們不是對任何一家公司或一個概念進行鉅細靡遺的分析，這個週六和週日，他們將進行失敗調查（**crash investigation**）——找出哪些金融機構含有次貸資產。他知道問題是從次貸開始，但是，他關心和重視的是結局將會如何。

任何銀行若持有價值正在下跌的房地產投資項目——或這些資產已經過證券化的包裝以至有一些銀行根本不知道原來自己持有房地產相關資產——都存在危險。艾因霍恩選用了「信貸籃子」（**The Credit Basket**）做為這次任務的代號。

到了星期天晚上，他的隊伍已經列出二十五家可以放空的公司名單，當中包括雷曼。其實在一週之前，艾因霍恩已放空雷曼小量股份，因為他直覺感到雷曼的股價達六四．八美元已經太高了。

接著幾週，綠光資本把幾家原本榜上有名的公司剔除於「信貸籃子」名單之外，將這些公司的拋空盤平倉，讓綠光的火力可以集中在剩下的名單——雷曼就是其中之一。

這些銀行在九月份陸續公布季度業績，艾因霍恩參與了雷曼在九月十八日舉行的第三季度業績報告電話會議，他特別關切會議中的一些內容，例如其中一點是，雷曼的財務長克里斯．歐米拉（Chris O'Meara）對前景過分樂觀，一如華爾街的其他人。

克里斯．歐米拉向分析員們說：「現在言之過早，我們也不對季度前景作預測，但如我所說，我認為信貸市場調整最壞的時期已過去。」

更重要的一點是，艾因霍恩認為雷曼利用曖昧的會計手段——當他們發行的債券價格下跌時，他們反而將之列為收益，他們的藉口是較低的債券價格讓他們有機會以更低的作價回購債券，並賺取當中的差價。雖然這是華爾街慣常使用的伎倆，但雷曼卻似乎更狡猾、特別不老實，而且異常迴避揭露這方面的資料，更不願意把這方面的收益清楚交代。

「這是瘋狂的會計！我不明白他們為什麼如此入帳！」艾因霍恩對同事說：「這等於說你公司破產前的那一天，亦是公司盈利達歷史新高的一天，因為你說所有債務都一文不值，所以把它稱為收益。而且它們竟然以此計算分紅，這簡直令我發瘋。」

六個月後，艾因霍恩在期待中再次參與雷曼在二〇〇八年三月十八日舉行的業績發布電話會議。他對於會上新任的財務長卡蘭同樣做出充滿信心的預測，感到很詫異。艾因霍恩對於雷曼特別提拔卡蘭，讓她擔當雷曼財務守護者的重任也感到狐疑。卡蘭當上財務長一職才短短六個月，她之前沒有任何在財務部門工作經驗，只是一個稅務律師，她如何能理解這些複雜的分析？她憑什麼可以肯定公司對資產的估值正確？

其實自二〇〇七年十一月艾因霍恩首次與卡蘭直接交談後，他已懷疑要不就是卡蘭太過狂妄，要不就是雷曼把數字誇大了。當時他獲得特別安排，和雷曼舉行電話會議好讓他能更掌握雷曼的情況；像所有大客戶的待遇一樣，雷曼派出要員伺候。遺憾的是，電話會議的內容令他冷汗直流。

艾因霍恩在電話中反反覆覆針對的問題只有一個：雷曼對於若干不具流動性的資產——例如房地

產項目的入帳方法，公司每隔多久會重估這些資產的價格。

按市價調整是個很簡單的概念，但如果要每天執行，卻非常吃力。過去，銀行極少甚至根本懶得對無意出售的不具流動性投資如房地產或抵押貸款做估價調查。銀行一般慣例是以其買入價入帳，而不以其某一天的價值估價。如果這些資產有一天賣掉了，而出售價又比買入價高，銀行就錄得盈利；反之則為虧損。

不過，在二〇〇七年時，新的會計條例FAS 157生效，改變了這簡單直接的方程式。現在，銀行擁有的任何不具流動性資產，例如銀行的總部大樓，銀行對於這些資產的帳目處理都要和股票看齊。換言之，當這類資產的市值總體上揚，銀行就要按新市值入帳，以交易員的用語就是把資產「升值」（write up）。下跌時，就把資產「減值」（write down）。當然，從來沒有人願意把資產價值調低；而且雖然理論上這是有意義的操作，但是，公司錄得的所謂盈利或虧損其實是未實現的——公司一日不出售相關資產，這些盈虧都只是紙上談兵。無論如何，按市價入帳帶來一個實際的影響——需要做大量減值的公司，其公司的整體價值亦相應降低。

艾因霍恩想知道的，就是雷曼每隔多久按市價重估其資產——是以日？週？或以季度計算？對艾因霍恩而言，這是特別關鍵的問題，因為當幾乎所有類別資產的價格都在不停下跌時，他希望了解雷曼對於在資產負債表上反映這跌幅的警惕程度。歐米拉在電話會議中表示他們每天計算，但在同一個電話會議中，雷曼的會計主管卻回答以季度計算。卡蘭一直參與電話會議，她應該聽到公司兩位高層的答案互相矛盾，但是，她卻毫無反應，亦沒有作出更正。艾因霍恩沒有點破這分歧，只是將雷曼再扣一分。

到四月底，艾因霍恩開始把他看到的雷曼問題公開，在投資者會議上，他說：「從資產負債表看，以及從生意組合的角度看，雷曼和貝爾斯登並沒有具體的分別。」

市場上沒有太多人留意到他的評論，但雷曼對於他的評論十分不滿，並再次派出卡蘭跟他進行電話會議，希望卡蘭可以扭轉艾因霍恩對公司的看法。兩人通話近一小時，卡蘭表現友善，他卻覺得她含糊牽強。

現在，他正在準備二〇〇八年五月這重要的演講稿，其實，正正是與卡蘭的會談，讓艾因霍恩決定以雷曼做為他演講的重點。然而，他仍決定給卡蘭最後一個機會，他跟卡蘭發電郵，告訴她在艾洛·索恩投資研究會議上，他將引用兩人之間的談話內容。

卡蘭馬上回覆電郵反擊：「我只能說這是你的圈套，現在你可以把我的話斷章取義以迎合你的理論。」

艾因霍恩對於公司惡言相向早習以為常——金融業內渴望被愛戴的人根本不應加入放空者的行列。艾因霍恩也強硬回覆：「妳認為我對妳不誠實這想法，我完全反對。再者，妳也沒有理由認為我們的對話是保密的。」然後，艾因霍恩把講稿完成。

五月二十一日，艾因霍恩站在時代華納中心玫瑰堂（Frederick P. Rose Hall）的演講台旁邊等候著。基於他在業內的地位和發言內容，加上聽眾群投資力量之龐大，大會特別安排他在四時零五分，即股市收盤後才發言。艾因霍恩可以輕易為市場帶來震盪，特別是對雷曼的股票。

在一堆投資會議中，這會議真正是舉足輕重。對沖基金業界以隱蔽馳名，但今天業界主要人物都蒞臨出席，會議廳裏擠滿業界泰斗，卡爾．伊卡恩（Carl Icahn）、比爾．米勒（Bill Miller）和比爾．阿克曼（Bill Ackman）。粗估一下，當天出席會議者合計管理的資產約達五千億美元。

在演講台旁，艾因霍恩聆聽排在他之前的成功的價值投資者理查德．澤納（Richard S. Pzena）作總結。澤納已超時，但仍滔滔不絕跟與會者分享他的投資良策：「購入花旗。」他建議的買入價，是花旗當天的收盤價二一．○六美元，這是個不容易被接受的價格！他說：「這是典型的價值。現在公司的壓力很重，但事過境遷後，上漲的空間很大！」如當日現場有投資者對他言聽計從，那肯定已損失慘重。

觀眾們一邊等候今天的主角登場，一邊對澤納報以禮貌的掌聲。

艾因霍恩認為今天的發言除了針對雷曼外，他亦希望藉此機會推銷他的新書《一路騙到底》（*Fooling Some of the People All of the Time*）。這書源自他在二○○二年出席這個投資會議時所作的發言，當時的言論甚至讓他遭到聯準會的調查。當時，他質疑以華盛頓為基地、專門投資中型企業的私募基金聯合資本（Allied Capital）的帳目處理手法。在他發表批評的當天，聯合資本的股價大跌一一%，而當時年僅三十三歲的艾因霍恩立刻成為投資英雄——而被他押反注的人當然認為他惡貫滿盈。

那次其實是他的首次公開發言，艾因霍恩原本希望他的指控能促使證管會調查聯合資本的帳目；出乎意外的，證管會調查的對象反而是他，調查他是否以言論企圖操控股價。聯合資本也不甘示弱，奮力還擊。聯合資本雇用私家偵探以惹人爭議的手段、甚至可能是觸法的手段獲得艾因霍恩電話談話內容。私家偵探的做法是假冒他人身分跟艾因霍恩接觸，並藉此獲得艾因霍恩私人機密的資訊。

艾因霍恩和聯合資本的鬥爭持續了六年之久。今天，艾因霍恩秉持一如既往的耐性，利用他的霸王擂台挑戰更龐大的對手。

———

艾因霍恩終於把講稿放在演講台上。環顧四周，他看到光是在前幾排，就有起碼十多個黑莓機在閃亮——投資者透過黑莓機記錄艾因霍恩演講的重點，第一時間將這些訊息以電郵傳送到辦公室。雖然今天的股市已經收市，但在這一行，有價值的就是有價值；投資者總是能找到賺錢的方法。

帶著中西部單調的口音，艾因霍恩以聯合資本的整個故事做為開場白，並將聯合資本連結到眼前的雷曼。他告訴觀眾：「六年前，我提出聯合資本其中一個問題核心是他們不正規地處理公平價值會計方法（**fair-value accounting**），不願意在上次經濟衰退時將價值下跌了的資產減值。現在，這個問題在信貸危機中重現，而且規模更大。」

他指的是雷曼在上個季度並沒有把虧損如實入帳及揭露，而這個季度的虧損一定會擴大。拋出這個煽動性的題目後，艾因霍恩開始說故事：「最近，我們請了一家金融機構的執行長到訪我們的辦公室。他的公司持有一些抵押貸款債券，是以成本價入帳。這位執行長老調重彈：這些債券評級依然是AAA，他們不相信這些抵押貸款債券會帶來永久的損失，也不相信這些債券會缺乏流通市場因而無法對其估價。

「我的反應是，扯謊！扯謊！褲子現火光！（**Liar! Liar! Pants on fire!**，譯注：澳洲樂團Mental As Anything一九九五年的專輯名稱）然後指出這些債券是有流通市場的，只是其價值可能只剩面值的六至七成；至於永久損失的說法——只有時間才能證明有沒有永久的損失。令我驚訝的是，他竟同意我的說法，並且坦白地說若他承認這些說法，他的會計師會馬上要他為抵押貸款債券作減值。」

說了這些引言，艾因霍恩終於讓雷曼兄弟登場。艾因霍恩明確地表示，他認為有證據顯示雷曼膨脹了他們的房地產資產價值，公司因害怕股價急挫而不願意確認其真正的損失程度。

他重述自己參與卡蘭在貝爾斯登出事後主持的第一個業績發布會——那個讓卡蘭聲名大噪的發布會——之後注意到的事情。

在當天的電話會議中，他發現：「雷曼的財務長卡蘭說『非常好』十四次，『具挑戰性』六次，『強勁』二十四次，『艱難』一次。」

「卡蘭說『不可思議』（incredible）八次，我卻想用這個字來形容那次的會議。」

在語彙上作了一輪文章後，艾因霍恩重述自己為何決定致電卡蘭。身後的大型投放螢幕列出相關的數據，雷曼在第一季度持有的嚴重有毒資產組合價值高達六十五億美元，但雷曼只作了二億美元的減值——尤其是其擔保債權憑證（CDO）組合當中，已有十六億美元的債券其信貸評級已跌至低於投資級別。

「卡蘭表示理解我的觀點但要稍後才能答覆。」

艾因霍恩繼續說：「在後續的電郵中，卡蘭小姐拒絕提供解釋，只指出按照現在價格的走勢，雷曼『預計第二季度會有進一步的虧損』。若是這樣，為什麼在第一季度不作更大的減值？」

艾因霍恩進一步說明，他同時對雷曼處理第三級類別（level 3）資產的會計手法深感不安。所謂第三級類別資產是指那些沒有市場，其價值只按公司內部估值模型定價的資產。雷曼在業績電話會議上提供的資料，與數星期後向證管會申報的季度業績檔案，兩者數字差額高達十一億美元。

「我問雷曼，我直截了當的問：你們有沒有在發布新聞稿和向證管會申報10-Q文件期間，把第三級類別資產增值超過十億美元？『絕對沒有！』是他們的答案；然而，他們卻無法提供其他解釋。」

艾因霍恩清清嗓子，以一個警告結束其演講：「我希望考克斯先生、柏南克先生和鮑爾森先生能關注雷曼為金融體系帶來的風險，督導雷曼增加資本，以及在帳目上明確列明其損失——希望上述的行動是在動用聯邦納稅人的錢進行紓困之前已發生。」

「在過去幾週，雷曼不斷控訴拋空炒家。學術研究和經驗告訴我們，當一家公司的管理層採取這項行動時，往往是一個徵兆——他們企圖混淆投資者的視線，將投資者的關注事項從嚴重問題上轉移開。」

———

艾因霍恩步下講台的幾分鐘內，他的演講內容已在金融圈子廣泛傳播。第二天開市，雷曼股價飽受挫折，下跌近五％。

艾因霍恩離場後，從百老匯大道（Broadway）趕往順利西（Shun Lee West）中餐廳，參加發行商為他出版新書所舉行的派對。在坐車途中，他翻看會場刊物時不禁發出會心微笑，雷曼是當天會議的贊助商，出了二萬五千美元，換來的是讓艾因霍恩公開地把公司的聲譽拆毀。

第六章　雷曼的內部爭議

「是誰多嘴？」暴跳如雷的福爾德破口大罵，他簡直想一躍跳到會議桌對面找個人來扼死他。雷曼行政委員會的成員——公司最高管理層——分坐在會議桌兩旁，六月四日星期三早上，大家鴉雀無聲，芒刺在背難堪地坐著。

福爾德手裏拿著《華爾街日報》，指著C1版說：「這是我職業生涯裏遇到的最大的背叛。」他一早起來看到報紙頭條幾乎嗆到：「雷曼正在尋找海外資金」，副標提供細節：「面對股價下跌，這華爾街投行擴大搜索募資範圍，可能的目標是韓國。」

短短幾十字，把他整個月費盡心思力圖使公司脫離險境的祕密計畫徹底暴露在世人面前。現在天機洩露，一切心血可能付諸東流。

在過去幾個月，福爾德跟撰寫這文章的記者蘇珊·克雷格（Susanne Craig）做過無數次的訪問，有具名的也有不具名的。他很清楚知道自己從來沒有對她透露過計畫半點端倪。克雷格的文章精簡但切中要害，她知道雷曼和南韓的國營政策銀行——韓國產業銀行（Korea Development Bank, KDB）正在商談大型的國際交易，這交易是雷曼首爾的高層趙建鎬（Kunho Cho）穿針引線的。她能掌握這麼多關鍵細節，消息來源一定是這張會議桌上的人——肯定是有人洩密。

這是自從艾因霍恩五月發表演講打擊雷曼之後——雷曼的股價已累積下挫二二．六%——另一次公關災難。福爾德十分明白銀行家經常有意無意走漏客戶的資料放風聲，然而，這次卻是關乎雷曼的生死存亡。雷曼是他的一切，是他一輩子的努力——這次背叛對他來說猶如刀割，傷害至深。

就在一天前，謠言盛傳迫切需要現金的雷曼已動用聯準會貼現窗口的資金。這根本不是事實，但雷曼的股價卻應聲下挫一五%。

過去兩週，福爾德差不多每天都被迫回應來自四面八方的謠言。雪球效應下，艾因霍恩的言論漸漸變成可信的自我應驗預言，令市場懷疑雷曼，使他百口莫辯。福爾德想，這正中艾因霍恩的下懷。

福爾德的聯合行政主管史考特．傅瑞德漢（Scott Freidheim）差不多跟城裏過半數的公關公司聯絡過，急著找出應對和反擊艾因霍恩以至這群拋空炒家的方案。「這人的可信度怎可能足以追擊我們？」傅瑞德漢問兩位危機處理專家喬爾．法蘭克（Joele Frank）和史堤夫．弗蘭克爾（Steve Frankel）；又跟公關人員史堤芬．李平（Steven Lipin）說：「我們不可能對每一個傳言都以牙還牙以眼還眼。」與此同時，雷曼已立定清楚的方針，並制定以後和傳媒對話的官方答案——大家不能再馬虎了事；不能再有任何差錯。

福爾德認為就算那篇報導是一則合法的獨家新聞，克雷格仍是越線了。盛怒的他認為，克雷格和艾因霍恩一樣有意摧毀雷曼。那文章讓雷曼看起來像是高中生搞幫派、是謠言的集散地，枉費他一直視她為記者群中少數的可信任之人。才在這星期，她還要求旁聽雷曼的管理層會議，儘管他覺得這要求實在荒唐至極，但他回絕時還是保持禮貌：「我希望能幫上妳的忙，但這是我不能容許的。」

當天下午克雷格致電福爾德追蹤他對報導的反應，他毫不客氣地破口大罵：「妳一直假裝是個負責任的記者，但妳其實跟其他人沒兩樣。妳的座席已被取消。」罵完後，福爾德狠狠摔下電話，並立刻公布新規矩，雷曼上下人等，包括公關部，全部不准與《華爾街日報》作任何形式的溝通。

雷曼公共關係主管安德魯．高爾斯（Andrew Gowers）收到這嚴苛的指令後非常不滿，他向傅瑞德漢投訴：「我真的不明白，在目前如此水深火熱的境地，我們把全國最大的財經媒體拒於門外！這如何能幫助我們和外界溝通？」傅瑞德漢聳聳肩，不置可否地回答：「我哪知道，這是迪克和媒體之間的事。」

傅瑞德漢相信自己知道誰是洩密者。四十二歲的傅瑞德漢是福爾德核心班底中最年輕的，這金吉達（Chiquita）公司前執行長之子，是福爾德心中理想的指令執行者：擁有殺手的本能、有把事情完成的毅力，也是忠心耿耿的追隨者。身為公司的聯合行政主管，傅瑞德漢不像銀行家，反而更像一名高薪聘請的策略家。福爾德的離心派卻把傅瑞德漢視為守護大王的哈巴狗，為了保護福爾德，這隻什麼也不懂的看門狗會把一切難堪的事擋開。傅瑞德漢和喬．格里高利（Joe Gregory）像是同一個模子出來的：他不但在格林威治擁有豪宅，座駕更是不停的換。他最新的玩具是一度屬於他朋友、對沖基金鉅子埃迪．蘭伯特（Eddie Lampert）的「行動辦公室」，一輛內建網路的黑色 GMC Denali。他的司機每天開這車子載他到曼哈頓上班。他曾一邊大聲播放電影《不可能的任務》（*Mission: Impossible*）的主題曲，一邊興奮地跟同事炫耀這玩具：「這是不是酷斃啦！」

福爾德在會議上大罵《華爾街日報》後，傅瑞德漢決心要為他的老闆揪出洩密者。其實早在報導刊登的前一晚，當他和雷曼發言人凱莉．柯恩（Kerrie Cohen）都無法從克雷格口中得知翌日的報導方向時，他已感覺事有蹊蹺。

第二天一早，艾琳．卡蘭罕見地「路過」他的辦公室，話裏套話地談到這報導說：「你猜股價會不會因而上漲？」傅瑞德漢認為這是不打自招，清楚證明她就是洩密者。

就像公司上下越來越多行政人員的共同結論，傅瑞德漢也認為卡蘭不能勝任工作，也厭倦她那副洋洋自滿的樣子。她面對傳媒時表現猶如上真人秀，她在三月份的業績發布會可能是立了一功，但傅瑞德漢依然對格里高利起用她的決定存疑，形容這簡直是「配合多元化雇用政策」。同時，傅瑞德漢事後簡直不能相信她膽敢在沒有和任何人商量之下，在艾因霍恩發表演說之前跟他詳談——傅瑞德漢事後花了一整個星期救火。四月份時，克雷格在《華爾街日報》一則報導中推崇卡蘭是「雷曼之中唯一心直口快的人」，好像雷曼其他同事都是不能信任的混混一樣。卡蘭根本不知輕重界線，她把一架私人飛機模型放在辦公桌上，對記者透露自己私人服裝顧問的細節，完全沒想過同事們可能會起反感。最糟糕的是，康泰納仕媒體集團（Conde Nast）的《組合》（*Portfolio*）雜誌刊登一張她踏出房車的照片，並宣稱她是華爾街上最有權力的女人；而她竟然將這報導放進相框掛在辦公室牆壁上，最後由格里高利下令將報導取下。

傅瑞德漢進入戰鬥狀態，他下令保安部門翻查公司的電話紀錄。不消片刻，他認為已證據確鑿：卡蘭在報導刊登的前一天確實和克雷格通過電話。這當然不能確定卡蘭有對記者透露韓國之行，然而，這已是足夠的理由讓他能夠跟福爾德討論她。

傅瑞德漢到達福爾德辦公室時格里高利也在場，他馬上向二人匯報他的發現，並說會親自與卡蘭對質，傅瑞德漢總結說：「我們不排除將她開除。」

格里高利是卡蘭的恩師，他對這指控深感驚訝，他認為任何人都不應對卡蘭提及此事，也不會有人因洩密而被開除，他堅定地說：「她要應付的事情太多。」福爾德點頭同意。此時此刻，他不能失去他的財務長——就算她真的令人費解地洩露了風聲。

福爾德心裏明白，韓國這一役將有如美式足球賽中希望反敗為勝的「聖母馬利亞奇蹟式長傳」（Hail Mary pass）。其實雷曼在首爾的營運無關痛癢，從未有一筆交易吸引過福爾德的目光。對於這次交易，幾乎所有得知此事的同事都對交易對手抱持懷疑，並不斷向福爾德發出警告。

整個交易成功與否，關鍵在兩個人身上：趙建鎬，八面玲瓏，禮貌周全的銀行家，但所有人都認為他沒有完成任何交易的能力；閔裕聖（Min Euoo Sung），前雷曼駐南韓的銀行家，離開後一登龍門成為韓國產業銀行（Korea Development Bank）的執行長。數年前，當時還在友利金融集團（Woori Financial Group）的閔曾引介雷曼共同參與收購一項八十四億美元的問題資產組合。雖然福爾德本人一直對閔有好感，但一些曾和他在雷曼共事的同事對於閔的新職卻大感意外；有些韓國產業銀行的員工更因認為閔資歷不足而試圖阻撓聘任他，但並未成功。

胸懷大志的閔卻絲毫沒有動搖。他與新同事們共進晚餐時，高歌一曲〈吉力馬札羅山花豹〉（Leopard in Mt. Kilimanjaro），以示他決心成為金融世界中一股重要力量的決心。雷曼的困境是他達此宏願的第一個好機會，還未正式上任的閔已迫不及待聯絡他的朋友趙建鎬洽談交易。趙建鎬匯報駐東京的雷曼亞太區總裁、好好先生傑西・博泰（Jesse Bhattal），博泰加入洽商交易，這想法漸漸成形，蓄勢待發。

別無選擇的福爾德只得靜待事態發展。再過幾天，六月九日，雷曼將要宣布自從自美國運通分拆以來的首次季度虧損——令人咋舌的二十八億美元巨額損失。單單在過去三天，雷曼的股價已累積下跌了一八%。福爾德必須尋找新資本，此時此刻，任何途徑他都願意嘗試。他曾力邀他的老朋友、美國國際集團（AIG）前主席漢克．格林伯格（Hank Greenberg）入股，也試著聯絡奇異電器（General Electric），只是，他對他們能否拔刀相助都沒有把握。

當然，福爾德有理由相信雷曼有機會和韓國人達成某種建設性的協議。在雷曼的小組出發前往亞洲之前的週一，福爾德的策略長大衛．戈德法布（David Goldfarb）為他的老闆帶來一劑強心針。戈德法布向福爾德和格里高利發電郵：「韓國的情況看來是有希望的，他們真的正在研究重組，以及開放金融業務，並且好像希望透過重要的交易打響品牌，收購的對象有可能是我們。雖然我還是更喜歡漢克或奇異的方案，但若他們告吹，我們也可以這個做為策略基礎。」

「以趙建鎬和閔的關係而言，這交易似乎真的可望成真。如果我們集得五十億美元，我建議將其中二十億用於向市場回購大量股票（大大重挫艾因霍恩！！）我們要做的事很多，跟博泰和趙建鎬反覆討論，聽來韓國人對此是認真的，並且正在積極尋找收購項目。時機對他們有利，可藉此搶回亞洲其他經濟高速發展國家的風頭。有點意思，但我們都知道，很多時候一輪討論之後到達的是死胡同。」

六月一日，雷曼一個特派小組在新澤西州泰特伯勒（Teterboro）商務客機機場登上雷曼的私人飛機，出發前往韓國。特派小組中最高層的是雷曼法務長湯姆．羅素，其實他處理交易的經驗不多，但做為福爾德的親信，他的角色其實是擔當福爾德的耳目。負責這次交易談判的是雷曼全球收購合併部主管馬克・夏佛（Mark Shafir，他是被格里高利不光彩地強行逼退的羅伯特・夏佛之兄弟）。同行的還有收購合併的專家布萊德利・惠特曼（Bradley Whitman），他大部分的工作都在電訊業——把原本分散的電訊產業重組合併成為幾家大集團。另外，雷曼的全球金融部主管拉里・韋斯內克（Larry Wieseneck）、以及蘇利文・克倫威爾律師事務所（Sullivan & Cromwell）的律師傑・克萊頓（Jay Clayton）也是這次小組的成員。他們抵達後將和趙建鎬和博泰會合。

飛機在阿拉斯加州的安克拉治（Anchorage）停站加油，經過十九小時的飛行，疲倦的小組成員登上汽車前往首爾郊外的酒店。首爾新羅大酒店（Shilla）的大廳有點怪模怪樣，好像太空船一般，幸而它仍設有一個酒吧。

首爾第一輪會議的出席者只有韓國產業銀行、以及正在考慮加入投資的韓亞金融集團（Hana Financial）的較低層代表。夏佛和惠特曼馬上直覺情況不妙，兩家韓國公司都沒有派出法律顧問，也沒有聘用美國顧問，這格局反映交易不太可能會發生。至於閔裕聖，他還未正式上任韓國產業銀行執行長一職，所以他根本不能參加會議。

「真是鬼扯！」第一輪會談結束後韋斯內克大聲抗議，這樣的會除了自我介紹外沒有任何實質進展；在會議進行中，雷曼的團隊也搞不清誰是商談對象。有一次，羅素以為自己終於和一個對手展開略有建設性的交談時，他才發現這人是外聘會計師。「依靠趙建鎬就像在美國職棒世界大賽中，第九局，兩出局！」夏佛在第一天晚上於酒吧對同事訴苦：「而你派上陣的卻是一整年沒一支安打的打者。」

雷曼原本想以每股四十美元為談判的起點；然而，雷曼在談判第一天的收盤價是三十美元。即使是這些渴望達成交易的韓國人，也不會願意付出三三%溢價。這交易似乎已越來越不可能達成。

會議進行當中韓國方面並沒有提供任何餐點，當雷曼小組回到酒店時已是飢腸轆轆。然而，酒店內的膳食卻令人不敢恭維，他們能夠接受的菜式只有一道——鮪魚，這成為他們整個韓國之行唯一的食物選擇。

然而，不及格的住宿環境，或是韓國人古怪的作風，也沒有讓羅素的熱情冷卻。他跟同事說：「他們會進行交易的，他們會投入一百億美元。他們會提供其資產負債表支援貸款。」趙建鎬和博泰都支持羅素的看法。夏佛心裏卻想：「他們不會的，他們根本不會做任何交易。」

晚上，小組成員坐在酒店房間的床邊，一起圍著電話機向人在紐約的福爾德匯報。會議主持人羅素熱情地說：「迪克，我的感覺蠻好的，我認為和他們合作成功的機會有七成。」福爾德聽到之後很高興，他哪會想到這份高興是如此的短暫。

六月五日，小組空手而回，他們連一份基本的投資意向書也拿不到。韓國人明顯被雷曼每況愈下的股價嚇到了，或壓根兒沒有實力進行如此龐大的交易。

連羅素也失去信心，他跟福爾德說：「我們不應該跟這些出爾反爾的人交易！」

聽到這消息後，沮喪的福爾德對著在走廊盡頭的行政委員會成員柏克非（Steven Berkenfeld）大叫：「說韓國人不能相信的人是你嗎？」柏克非回答：「我想我並不是用這些字眼！」福爾德說：「是你說的；而且，你是對的。」

然而，韓國的交易一直陰魂不散。幾天後，閔親自致電福爾德，堅稱他有誠意進行交易。福爾德想，可以實現這渺茫的交易的唯一方法，就是韓國人要真真正正聘用收購顧問。福爾德找來約瑟夫·

佩雷拉（Joseph Perella），這個收購合併的高手剛成立自己的公司佩雷拉溫伯格夥伴（Perella Weinberg Partners）。在電話中福爾德說：「我有工作給你，你會接到閔裕聖的電話，你認識他嗎？他以前曾替我工作。」福爾德明確指出他要求的交易條件：「我們現在的股價是二十五美元，我們的帳面值是三十二美元。我們要求溢價，因此我們要求的作價是三十五至四十美元。」

佩雷拉把這項目分派給同事蓋瑞．巴蘭奇克（Gary Barancik），其實他認為這交易勝算不大。韓國產業銀行是個依當地制度特許成立的國營機構，進行高風險的國際交易不在他們經營範圍之內。佩雷拉對巴蘭奇克說：「這猶如長島的能源公司企圖在俄羅斯進行收購。」

話雖如此，兩人答應福爾德會盡力去做。

掌管雷曼的投資銀行業務、四十八歲的史基普．麥基（Skip McGee）是德州人，每週他都利用雷曼租用的NetJets私人飛機從休士頓飛到紐約上班。星期天的傍晚七時半私人飛機起飛，約午夜時分抵達紐約，然後麥基轉乘汽車回到他在上西城區租住的公寓。週四晚上，他改搭大陸航空（Continental）的頭等艙返回休士頓。

麥基是典型、老派、熱情洋溢、野心勃勃的銀行家。以最高等榮譽從普林斯頓法律系畢業後，他在雷曼工作已差不多二十年；他先是為他家鄉的那些坐擁油田的農民地主服務，繼而逐步晉升掌管整個投資銀行部，並加入福爾德的行政委員會。

麥基和他的團隊對雷曼的管理方法早已心存芥蒂。他的部門專責為企業客戶提供合併及銷售股份的服務，二〇〇七年更創下歷史性的三十九億美元營收。然而，大部分人的分紅——雷曼的股票——

卻因市場憂慮雷曼在房地產市場投資失利而慘遭蹂躪；更嚴重的是，市場不斷湧現的謠言、新聞界不斷對雷曼財務狀況提出的質疑等，已開始影響到旗下部門獲取新客戶的能力。從客戶的立場，他們也確實有擔心的理由；而且情況之壞，已經使得有些客戶提出要在委任書中清楚列明：就算雷曼被出售或者破產，雷曼也要保證原本的僱員會繼續為他們提供服務。

麥基在一個月前已向福爾德表達他的擔心，並要求公司把募資一事交由他處理，他認為目前掌管募資事務的小組——即三十一樓的高層，他們並非交易專業人員或交易高手。他跟福爾德說：「你旗下的投資部門每天幹這工作賴以維生，你這不是神經病嗎？你若對自己的投資部門沒有信心，我應該辭職。」福爾德同意他的說法，因此麥基旗下要員夏佛和惠特曼也加入了韓國特派小組。

這交談之後不久，公司的情況急轉直下。大家心裏都明白，下一季度龐大虧損的業績一公布，公司將更加陷於困境。雷曼上下民怨沸騰，而且他們的不滿不再僅僅針對卡蘭，一群銀行家得出的結論是，她不過是深層問題的表徵而已。

他們現在相信，雷曼諸多的問題——高風險的房地產投資，行政人員不斷被調派擔任力有未逮的職務——全都來自於福爾德的親信、雷曼的總裁格里高利。麥基和格里高利一直處不來，不太能接受對方的固執。最近幾個月，格里高利開始研究如何排擠麥基，他計畫把麥基發放休士頓，負責開發當地的商品交易業務，這份工作的前景不佳，麥基興趣甚低。

六月八日，在優先公布業績之前的那個星期天，三十一樓所有人正埋頭雕琢數字。穿著高爾夫球衫、卡其褲的麥基溜進福爾德的辦公室，向他匯報投資銀行的營運與預測。麥基完成業績總結，離開前他對福爾德說：「過了這事之後，我們需要好好談一談。」

福爾德問：「關於什麼？」

麥基脫口而出：「關於高層的人事變動。」

「什麼？」福爾德把心思從眼前的數字移開。

「也好，我們乾脆現在說清楚。」麥基站起來把門關上，因為格里高利的辦公室就在附近。

他再坐下來，跟福爾德直接說出他的心裏話：「你需要把喬拿掉。」

福爾德被嚇得說不出話來，隔了一會福爾德才懂得回應：「喬．格里高利是不能談的。」他提高聲調繼續說：「他和我共事二十五年，是我的夥伴。這對他不公平，若是這樣，我將無法面對自己。」

「不管公平與否，你需要處理喬。」麥基回答。「他這個營運長做得並不好。他不稱職，公司的事也管不好。他做了太多令人驚恐的人事任命，也沒有為你守好後方的風險。」

福爾德的回答是，麥基做為行政委員會成員，他跟所有人一樣要對關鍵決定負責：「整個委員會就是風險管理委員會。」

麥基體會到自己的進諫不被接納，他小心翼翼地說：「你是很棒的領導者，但在日後歷史記錄的是，你唯一的死穴，將是你對無能的馬屁精存有盲點。」福爾德一心想著格里高利，壓根兒沒聽到麥基的後面幾句話。福爾德結束討論說：「我不會這麼做。」

麥基離開福爾德的辦公室，他確定格里高利的仕途比自己更穩固。

———

麥基走後，驚愕的福爾德獨坐在辦公室，他不能想像公司沒有格里高利。但是，現在發生的一切一切，完全沒有半點道理——環顧他一手重建起來的公司，內憂外患，每個部分都開始崩潰。

紐柏格伯曼（Neuberger Berman）是雷曼在二〇〇三年收購的資產管理公司，現在這公司的行政人員已公然造反，試圖和總部的麻煩劃清界線。雷曼在收購紐柏格伯曼後，雙方也曾有過美好的時光，那時紐柏格伯曼是不會帶來任何麻煩的盈利貢獻者；但當雷曼股價開始一瀉千里時，紐柏格伯曼的員工開始恐慌了——他們替有錢人管理財產從而獲得穩定收入，現在這個方程式卻出現危機，因為他們的分紅正是雷曼股票，現在他們大部分人的收入都風雨飄搖。

六月三日，也就是一星期前，在紐柏格伯曼負責管理一百五十億美元的小型企業基金的茱迪思・威爾（Judith Vale）發電郵給除了福爾德以外的雷曼行政委員會成員，要求雷曼的高層人員放棄分紅，以及準備分拆紐柏格伯曼。她在電郵裏說：「紐柏格伯曼士氣低落的程度已達危險水準，因雷曼的股票是我們薪酬的很重要一部分，現在我們對自己應得的報酬已失去控制能力。我們大多數人都認為，雷曼絕大部分的問題是結構性而非循環性的；反觀位於第三大道六〇五號、傳統的紐柏格伯曼則大致完好無損。不過，要注意的是，我們是一個以人為本的行業，公司可以繼續健全地營運，全賴具生產力的員工以及支援人員繼續留在公司貢獻。不要因為其他部門的錯誤而要紐柏格伯曼員工犧牲分紅。」

雷曼的投資管理部主管、布希總統的表親喬治・沃克四世（George H. Walker IV），馬上為威爾苛刻的批評致歉。「對不起，各位，」他回覆所有收到威爾電郵的人：「她提出的薪酬問題……只是紐柏格伯曼極少數人關注的問題，並不值得行政委員會在此時費神回應。我很尷尬並為此道歉。」這些電郵轉寄給福爾德後，福爾德回覆：「不用擔心——有些人就是只關心自己的口袋。」公司裏還有忠誠可信的人嗎？

雖然格里高利的職位還是營運長，但在不少雷曼人眼裏，他早已是脫離現實的人。很少人會像他那樣喜歡炫耀財富——乘坐直升機上班只是開始，他和太太妮姬（Niki）花了約一千九百萬美元在長島的布里奇漢普頓（Bridgehampton）購入一棟裝潢完善的豪宅後，還聘請設計師翻天覆地重新裝修。他開賓利（Bentley）大房車，但他最愛鼓勵太太搭私人飛機前往洛杉磯購物。他窮極奢侈的生活方式估計每年花費超過一千五百萬美元，然而，他的資產大部分都綁在雷曼股票上。為了獲得現金，二〇〇八年一月他把七五．一萬股的雷曼股票抵押在保證金帳戶內，按當時的市價計，這批股票讓他可以借入約四千萬美元。

雷曼人不是對格里高利揮金如土的習慣有意見，他有大筆財富，而且愛揮霍的又豈止他一人；比較引人側目的是他的責任範圍。就算在最高峰時，格里高利也未曾撮合或成就過任何一筆大交易。他的職務只是盲目地當福爾德唯命是從的心腹，這就是他全部的工作。

格里高利愛當公司的哲理大王，他徹底贊成職場多元化，也是美國勵志作家葛拉威爾（Malcolm Gladwell）暢銷書《決斷兩秒間》（*Blink*）所提倡的理論的支持者。他不單是買了許多本送人，更聘請作者給雷曼的員工上課，向同事們宣傳要相信自己的直覺，而且當面臨困難決定時更應相信直覺。在這紮根於原始數據的行業，格里高利反其道而行。

他也很推崇根據榮格（Jung）的心理分析原則而創立的邁爾斯—布里格斯（Myers-Briggs）性格分類指標。這個模型將人的性格分為十六種（這模型的典型問法是：你喜歡專注於外在世界，還是你的內在世界？）格里高利以這個模型的結果幫助他做人事聘任的決定。他的信念是個人專業技能已被誇大，如果你很聰明、又有天分，你在任何職位都可揮灑自如，因為天分和腦力勝過任何經驗。格里高利好像特別陶醉於把人搬來移去，視別人的職位有如棋局。

迄今，他最大的實驗是委任卡蘭出任財務長。儘管沒有真憑實據，但由於他和卡蘭根本形影不離，這就讓雷曼人深信兩人之間有火花。卡蘭晉升為財務長的那段時間，她和她的丈夫麥可・湯普生（Michael Thompson）分手，他是雷曼的前副總裁，已離開雷曼。

格里高利愛充當年輕行政人員如卡蘭等的導師（mentor），他也完全掌握他在福爾德團隊所扮演的角色：如果有難以啟齒的話要說，格里高利馬上會認定這是他份內之事。其實在這方面，格里高利和福爾德是截然不同的。外表硬朗的福爾德其實很容易心軟，可以很情緒化，面對難以決定的事，特別是跟人事有關的，他常要掙扎一番。相反的，格里高利社交生活比較活躍，是個敢於支持屬下、會為公司設定崇高目標的領導者。他對慈善事業慷慨解囊，尤其是與乳癌有關的，因他太太也曾經歷乳癌煎熬而最後戰勝了。他為了雷曼與傳統黑人學院、亞特蘭大的史普曼學院（Spelman College）合作的導師計畫，花上了一整年的時間，在華爾街上這是很罕見的努力。

不過，在判斷雷曼員工是否忠誠這問題上，格里高利也可以變得無情無義，並做出憤怒和急躁的決定。二〇〇六年夏天，福爾德在他愛達荷州太陽谷（Sun Valley）的度假屋作東宴請雷曼的高層行政人員，其中包括負責全球信貸產品業務的亞歷克斯・柯克（Alex Kirk），他要在聚會中作簡報。格里高利早已認為柯克是個不忠誠的鬧事者；然而柯克卻因病缺席。當柯克感到身體好一點後，他決定透過視訊會議作簡報，沒想到格里高利看見柯克在視訊中精神奕奕而大動肝火。格里高利堅信柯克根本沒有不舒服，不親自出席聚會被他詮釋為對福爾德的個人侮辱，格里高利大罵：「我要開除他！」

公司內柯克的支持者向雷曼證券部主管邁克達德（Bart McDade）求助，最後邁克達德介入安撫格里高利，才使柯克免受無妄之災。

在福爾德和格里高利主宰雷曼期間，收穫最多的應是馬克．沃許（Mark Walsh）。這原籍愛爾蘭、在紐約揚克斯（Yonkers）成長的雷曼房地產業務主管是個不擅社交的工作狂。在九〇年代初期，沃許從聯邦政府旗下為拯救儲貸危機而成立的資產重整公司（Resolution Trust Corporation）手中購入商辦貸款資產，將之再包裝證券化而成名。律師出身的沃許對風險像是有免疫功能，這令福爾德和格里高利驚嘆不已。他們特別給予沃許自作主張的自由，使得沃許能比同業快一步，更容易贏得生意。沃許曾在四個星期內完成房地產開發商Aby Rosen以三．七五億美元收購西格拉姆大廈（Seagram Building）的交易。交易完成後，沃許禁不住對朋友大吹大擂他的輝煌戰果。

每一次的成功總會令人滋生更大的渴望，這亦釀成雷曼和房地產投機公司SunCal的巨型合作計畫。SunCal的主要業務是在洛杉磯邊緣地區買地，取得開發住宅許可後再高價轉賣給建商。雷曼在這個看來像有「免死金牌」的交易上投入了二十億美元。

沃許的無上權力，幾乎可以無限量地動用雷曼資產負債表上一切的資源，他把雷曼轉型成為全方位不避險的美國房地產投資信託基金REIT（real estate investment trust），而投資銀行的業務已變成副業。這策略一直運作良好——直到出事的前一刻。

在市場高峰期，沃許完成了他最後一筆大交易：和美國銀行（Bank of America）攜手收購安切—史密斯（Archstone-Smith）。交易涉及一百七十一億美元債券與四十六億美元過渡性融資。安切—史密斯的資產主要是高檔公寓大樓以及豪宅，資產是優質的，但價錢也是天價。這估值是一廂情願地假設租金市場會持續大幅上揚。然而，這項目幾乎一完成已馬上令人起疑，特別是當時信貸市場開始緊縮。福爾德在有機會退出時卻堅決要完成交易，他認為公司應該堅守已做出的承諾。格里高利馬上到處串聯各部門，對雷曼的同事說：「這是暫時性的，我們一定能撐過去。」

格里高利和福爾德早期都是固定入息（fixed-income）產品的交易員，他們根本沒有跟上八〇年代金融界的劇烈轉變。他們都是從商業票據起家，這產品可能是公司裏最冷清、風險最低的一環。不過，今天的固定入息產品交易和當年已截然不同：銀行製造出越來越複雜、和原本掛鈎的資產越離越遠的產品；在這情況下，風險必然增加，兩人不但沒有弄懂實質的情況，不可思議的是他們根本沒有興趣知道進一步資料。公司聘用了在業界備受敬重的馬德林．安東西奇（Madelyn Antoncic）擔任風險管理長（chief risk officer）——她曾在高盛工作、擁有經濟學博士學位。可惜的是，她根本苦無貢獻。每當行政委員會討論風險問題時，她總會被要求離席；二〇〇七年底，行政委員會乾脆踢她出局。

在負責每天交易的行政人員面前，格里高利最喜歡賣弄自己對市場的見識，做秀的程度已成為笑柄。交易員們最後只會視他為反指標；舉例來說，當格里高利宣稱油價將持續上揚，交易員就放空石油。近年來，越來越多雷曼人認為格里高利已構成潛在威脅，覺得他對公司發生的事毫無掌握。公司下押的賭注越來越大已如脫韁野馬，但管理層既不明白也不關心；任何批評公司方向的人馬上被打為叛徒並逐出門外。

和格里高利相識二十年，兩年多前晉升為雷曼固定入息部主管的麥克．格爾本德（Michael Gelband）是試圖敲響警鐘的其中一人。在二〇〇六年底，他和福爾德討論自己的年度分紅時，格爾本德說好景不常，市場可能很快會出現巨大調整，而公司未必有足夠能力抵禦即將來臨的波動和困難。格爾本德警告：「我們要做出很多的改變。」福爾德只以滿臉不高興作回應，並沒有說什麼。

固定入息部門的同事花了很多時間指出美國的經濟必然出軌。二〇〇七年二月，雷曼不良債權部首席交易員麥卡錫（Larry McCarthy）跟自己小組作模擬困境布局的簡報時說：「骨牌效應將會出現，而下一張倒下的骨牌將會是商業銀行，他們會迅速變得恐懼並開始瘋狂地減低負債，這將會使得消費者借貸收縮，繼而擠壓信貸利差。現在的情況——沒有人認為有任何風險存在——將不可能持續。」

麥卡錫的結論是：「很多人認為全球化能夠讓自然的景氣循環不復存在；他們是錯的。全球化沒有帶來任何改變，是雷曼現在的資產負債表拖累我們身陷險境——因為我們的風險太高，我們十分脆弱。我們沒有彈藥抵禦市場重大的轉向。」

差不多在這期間，格里高利邀請格爾本德共進午餐「談談」。兩人意見一向不合，格爾本德懷疑午宴是別有用心。他們在三十二樓的行政人員餐廳會面，閒談一會後詞鋒便轉為銳利。

「你要知道，」格里高利語氣堅定地說：「我們處事一定要變通。你要積極一點。」

「積極？」格爾本德問。

「對於風險，你太保守了，這令我們失去很多交易。」

格爾本德的想法卻是事實上雷曼已經強行通過很多不合理的交易，雷曼堆積太多槓桿技術，承受太多的風險，並且染指了太多雷曼並不擅長的業務。有些時候，公司已好像沒有導航策略，雷曼為什麼要花將近一億美元收購澳洲的格蘭傑證券（Grange Securities）？前陣子公司討論過要加入商品交易市場，但有什麼好理由需要收購Eagle Energy，一家由查爾斯．沃森（Charles Watson）創立的天然氣和電力的商品交易公司？除了沃森是雷曼的長期客戶也是史基普．麥基的老朋友之外？

同時，公司又好像特別樂於承作收購合併交易的融資；向私募基金作出的借貸額越來越大。其中有些資產能被證券化賣掉，但更多的資產屯積起來。

但是，格里高利對於上述事項都無動於衷；他關心的，只是雷曼失之交臂的交易，例如轟動一時、價值五十四億美元的斯圖維桑特鎮（Stuyvesant Town）和彼得庫波村（Peter Cooper Village）巨額收購，那是在曼哈頓東岸超過一萬一千二百個住宅單位的大型項目。雷曼和時代華納中心（Time Warner Center）的開發商羅斯（Stephen Ross）旗下相關公司合組財團爭奪該項目，但敗給提許曼．斯佩耶（Tishman Speyer），和拉里．芬克（Larry Fink）的貝萊德房地產顧問（BlackRock Realty Advisors）。對雷曼猶如在傷口上撒鹽的是，雷曼一直認為提許曼．斯佩耶跟公司的關係良好，二〇〇五年時雷曼還曾協助他以十七億美元收購大都會人壽大樓（MetLife Building）。架構上，房地產部門的上級單位是固定入息部，格里高利認為格爾本德要為失去這筆交易負起責任，他說：「我們需要作出一些變動。」暗示格爾本德要裁掉手下幾名員工。

翌日，格爾本德搭電梯衝到樓上找格里高利，他走進會議室打斷會議，跟正在開會的格里高利說：「喬，你說你要作出一些變動？那很好，要改變的就是我。」

「你在說什麼？」格里高利問。

「我！我受夠了！我要離開這家公司。」這是格爾本德的答案。

「我本人感到非常失望。」這是福爾德對於雷曼在六月九日早上六時三十分公布的第二季度業績的個人感受——淨虧損高達二十八億美元，或每股虧損五．一二美元。第二季業績電話會議安排在早上十時舉行，但腥風血雨的殺戮早已在CNBC頻道展開。

「迪克．福爾德就是雷曼；雷曼就是迪克．福爾德。」Sanders Morris Harris Group的喬治．波爾（George Ball）這麼說：「這個管理團隊是把他們的公司標誌貼在心上的……這一定是傷心透了的事。」

福爾德和格里高利在福爾德的辦公室裏一起觀看電視報導，這時綠光資本的艾因霍恩出現在螢幕上。CNBC的主持人問他說：「今天早上，你是否跟我們說過『我早就告訴過你！』」

「的確，我以前提出的許多觀點在今天的新聞已一一呈現在大家眼前。」艾因霍恩希望自己的語調聽起來謙虛一點。他說他關心雷曼需要為SunCal和安切—史密斯等案進行的減值程度，而且質疑減值為何不及早進行，並對市場發出盈利警告。他語氣堅定地說：「現在該是時候放棄人身攻擊，並且認真地分析雷曼的業務究竟發生了什麼事。」

同日下午，CNBC固執的記者查爾斯．加斯帕里諾（Charlie Gasparino）開始對雷曼的發言人柯恩嚴詞逼供，要她確認他聽到的消息——格里高利和卡蘭即將被辭退。柯恩以不具名回應這只是毫無根據的謠言，但加斯帕里諾並不罷休，敦促她跟她的上司傅瑞德漢查證。加斯帕里諾說：「我得到

的消息是喬和艾琳將要離開，」他強調：「除非妳能作出正式的官方回應，不然我準備以此作報導。」

加斯帕里諾威脅要把可以撼動股價的敏感資訊公開——這是記者逼使他的消息來源提供進一步資訊的常用手法——一般都能讓不願意合作的行政人員就範。

傅瑞德漢不認為人事變動在即，但在向外界正式否認前，他急步走進福爾德的辦公室告訴他：「我需要用到我的名字。」他這麼說是讓福爾德知道這已關乎他的個人聲譽。他繼續說：「就算你只是曾經想過這念頭，你也要讓我知道。」

「沒有。」福爾德回答：「沒有這樣的考慮。」

「那麼，我也得和喬談談。」傅瑞德漢說：「因為我需要知道他也沒有考慮這事。除非我能夠肯定這事一定不會發生，我才會用我的名字。」

「絕對沒有！」這是格里高利向傅瑞德漢提供的答案，他補充：「你可以告訴加斯帕里諾你已經問過我，而我給你的答案是『不！』」

比起要遏止公司內一觸即發的壓力，要把加斯帕里諾的嘴巴封住並不困難。

不安、焦慮、憤怒的情緒已在銀行家和交易員之間延燒。當天午後，麥基把雷曼倫敦投資銀行部前主管安潔莉（**Benoît D'Angelin**）寄給他的電郵轉寄給福爾德；安潔莉過去長時間一同與麥基擔任當地的投資銀行部主管，但她已離職另立門戶經營對沖基金業務。麥基顯然是想給福爾德一些明確的建議。

很多、很多銀行家在最近這幾天致電給我。市場的氣氛變得極度惡劣……第一次，我真真正正感到憂慮，過去六、七年我們所投入的辛勞可能在一瞬間便會化為烏有。依我之見，有兩件事必須馬上進行：

1. 有些高級管理人員要收斂其妄自尊大，並且誠實地向內部承認犯了嚴重過失。他們不能繼續說：「我們很好我們沒事，只是市場誤解我們而已。」
2. 要立刻實現高層變動。大家不能理解為什麼沒有人為這亂局付出代價，就這樣「照常營業」。

福爾德凝重地讀完這訊息後回覆麥基，答應麥基他會和高級投資銀行家共進午餐，給他們機會與時間讓他們訴說不滿。

福爾德不知道的是一場宮廷篡位已在醞釀中。一週前，十五名交易員聚集在東六十二街，麥迪遜大道轉角的私人會所Links Club。飯局的目的是討論如何逼宮，如何向福爾德施壓逼使他把格里高利開除。如福爾德抗拒，他們決定集體辭職。

金融服務部主管魏斯（Jeff Weiss）和多尼尼（Gerald Donini）都不在場，但他們透過電話加入關鍵時刻的討論。魏斯力勸眾人不要搞對立：「迪克的反應一定不會好，」他說：「逼他入死胡同是沒有用的。我們慢慢來，事情已朝正確方向發展；就等個幾天，讓事情發展吧。」

翌日早上行政委員會會議福爾德疲態畢露，像個無力多戰一局的拳手；然而，攻擊並沒有遠離他，他知道他要嘗試新的方法——要讓公司團結，他必須要妥協求和。

「我們之間存在很多不穩定，」他承認道：「我們不再同心；我們犯了一些錯誤。」接著，他建議每個人輪流回答這問題：「我們如何恢復信心？」

所有人都在場——格里高利、羅素、麥基、邁克達德、柏克非，還有少數人透過電話參與會議；只有正在和投資者聯繫的卡蘭沒有在場。福爾德有意讓麥基首先發言。麥基跟委員會說：「士氣從未如此低落，我們得公開承認我們犯了一些錯。我們的公關技倆一直強調我們並沒有犯錯；但我們應能處理得更好。」麥基稍作停頓後再靜靜地補充：「我們需要作出高層變動。」

「你這是什麼意思？」福爾德厲聲反問。

「我們需要追究責任——這是市場要求的，也是我們要求的。」雖然麥基沒有直接點出格里高利的名字，但在場每個人都知道。其實，一個月前的另一會議上，格里高利曾自願請辭，帶點斯多葛學派哲人那種為眾人受苦的意味說：「如果有需要挨子彈，我甘願成為箭靶。」當時大家都認為，這不外是因為他明知此事不可能會發生，所以才誇下海口，所以大家都沒有理會。

福爾德順著桌子繼續問下去。每個成員依序提出各種意見，然而，沒有人支持麥基要求改變的呼籲。

一直看著麥基的羅素選擇強調團隊精神的重要，這份情操馬上獲得格里高利的呼應，他強調：「我們要停止所有馬後砲，我們大家同在一條船上。過去多年，我們共同作出很多決定——是共同的決定。有些決定比其他的好，但我們一起一定能夠度過的。」

在別人發表意見時，麥基用藏在桌子下的黑莓機向同事魏斯發出一個短訊：「我完了。」回到自己辦公室後，麥基致電在休士頓的妻子蘇茜（Susie），直截了當地說：「可能在週末前我就必須離開這裏。」

當天下午，三十一樓搖身一變成為謠言工廠，一個個小圈子組成、又分解成不同的小圈子，都是在討論下一輪將會發生什麼事。儘管卡蘭沒出席會議，她肯定已聽到風聲。她認定自己而不是格里高利才是被針對的目標，她在想，如果她願意放棄財務長這職位，或許還能在公司保有一官半職。她給福爾德發了一封沒有標題、只有兩行的電郵：「只是想表明，我是非常願意承擔管理層的責任。考慮到我與公司的表現、及公司的公眾形象都緊密相連，也許我的職務由別人來替代會有幫助。」

福爾德沒有回覆。

六月十一日，星期三，福爾德在三十二樓條木裝潢的私人餐廳和幾位投資銀行家屬下進行午餐會，這時雷曼的股價已再下挫二一％。福爾德很明白今天是麥基的秀，而他則是被測試的對象。

正如他預料，這是五對一的局面：麥基、蘿絲・史蒂芬森（Ros Stephenson）、馬克・夏佛、魏斯和保羅・派克。大家都緊抓住這機會，說服老闆雷曼需要做出管理層的變更。房地產投資正在害死公司。優秀的人被辭退，而沒有經驗的新手如艾琳・卡蘭，卻被提拔擔當超出其能力的重任。格里高利已變得心不在焉而且對風險一無所知；如果我們只有一個問題，那個問題就是他。

「答案是，有人需要付出代價。」夏佛說。

「喬跟我一起三十年了，」福爾德反駁：「他的工作一直很出色，為公司貢獻良多。你們要求我因為一個令人失望的季度業績就把他甩掉？」

「這不僅是一季的問題，」麥基回答：「問題遠比這複雜得多。」

福爾德沉默下來，低頭看著他沒有碰過的食物，說：「你們是不是在告訴我，你們希望我也……」

「不，不！」大家異口同聲地大叫起來，他們絕對不希望福爾德辭職，他離開的話等於敲起公司的喪鐘；然而，也不能這樣一直下去，福爾德必須擺脫包圍他的保皇派小圈子，重新參與公司的營運。

福爾德願意接受這批評，說：「我明白，我一直收到類似的意見。我會做的，我會做正確的事。」直到這刻，他也不肯承諾辭退格里高利。

「這個午宴結束後你們會說什麼？」他問大家。

「這人還未弄明白。」魏斯坦白地說。

「我是明白的。」福爾德黯然回答。

大家站起來走到電梯前，沒有人確實知道福爾德的打算。他似乎無意辭退格里高利，這似乎不太可能，他沒有作出任何表示，也沒有任何姿態顯示他已準備好走出這一步。不過，麥基和其他人依然因為得到福爾德的接見，以及能夠說出心裏話而感到欣慰。

整個午飯時間，格里高利如坐針氈地坐在樓下的辦公室。他知道傳得沸騰的謠言，也看得出反對他的情緒不斷急升。福爾德也說了很多關於公司士氣的問題，讓他知道自己備受攻擊。他對公司裏謠言工廠對他的冷嘲熱諷也並非視而不見。其實，如果有一件事是格里高利特別關注的——就是他所謂

的「公司文化」——他也看得出這文化正在凋零。

他知道自己的權力早在幾個月前已開始腐壞。福爾德日漸倚重的人變成是公司證券部主管邁克達德，他在公司裏是最受歡迎的人之一——誠懇、有紀律、聰明——也許聰明得過分。事實上，隨著貝爾斯登的幾乎崩塌，福爾德已變相委任了邁克達德當他的風險主管。

邁克達德一直成功地掌理固定入息部門，直到二〇〇五年他被踢到盈利較低的證券部——在很多人眼中這是格里高利經典地排除異己的人事安排；也有其他人覺得這是喬又一次憑感覺作決定，認為邁克達德這類人才應該放在更有需要的位置上。

斯文有禮的邁克達德雖然沒有在委員會上明說，但私底下他曾和格里高利談過自己在雷曼的角色，他曾很直接地勸格里高利：「要為公司做正確的事。」他沒有麥基那麼強硬，但他也曾對福爾德清楚說明格里高利的威信已蕩然無存，對全公司的所有僱員這都再明顯不過。

——

福爾德剛回到辦公室不到幾分鐘，格里高利已來到他面前。格里高利以不肯定的語氣說：「我想我應該退下來。」

「這裏是怎麼啦？」福爾德揮著手要他離開，說：「回你的辦公室。我握有五一%的投票權，這不會發生。」

五分鐘後，福爾德去找格里高利談話，這時格里高利正和羅素商量自己剛向福爾德提出的建議。格里高利深信市場希望公司有所行動，他堅持說：「他們需要人頭。」格里高利對福爾德說：「要被斬首示眾的不可以是你，由我來吧。」

「這不是你的決定。」福爾德回答：「這是一場疾病，每家公司都會發生。這不是你的錯。」

一直不發一語的羅素此時加入討論：「迪克，我想喬是對的。在這情況下，這對公司是最好的。」

福爾德滿腔無奈地接受眾人認為無可避免的事，這一刻他強忍著淚，喃喃自語地說：「我不喜歡這樣，我不喜歡這樣，我不喜歡這樣。」

格里高利走進卡蘭的辦公室把消息告訴她。為了對公司盡忠，他要離開；而做為她的導師，他有一個最後請求：他要求她一起退下，理由是他的離去只和內部士氣有關，而她的品牌才是華爾街關心的。格里高利說：「我們應該一起離開。」

雖然卡蘭曾跟福爾德發電郵，但驚聞惡耗，卡蘭仍是驚惶失措，難以接受事實。數分鐘後，她主動去見福爾德，她聲音顫抖著說：「我在投資者之間已失去信用，我想我需要退下。」

福爾德再次悲從中來，淚光盈盈；但是他身經百戰，他可以繼續撐下去的。獨坐在辦公室裏，他開始把一段段新的景象拼合起來。他致電魏斯，簡單地說：「我在聽。」

「喔，好吧。」莫名其妙的魏斯不能理解福爾德是什麼意思。

福爾德只重複：「我在聽。」像是在告訴魏斯，他已按魏斯提出的方向邁進。

魏斯終於明白，並提出這樣一個問題：「我不用跟你說我怎樣看邁克達德吧？」言下之意是他支持由邁克達德頂替格里高利。

「不用。」福爾德回應：「你不用說。」

當晚，麥基的電話響起，這時他正和他的大學同學在五十街Maloney & Porcelli餐廳敘舊。電話是福爾德打來的，麥基馬上走出餐廳門外，在綠色簷篷下聽福爾德在電話中說：「是這樣的。我只想讓你知道我已聽到你的話，而我已從你手上接到球。」

「什麼？」麥基問。

福爾德沒有回答。

麥基再說：「我可能是德州來的蠢蛋，但你可以具體一點嗎？」

「我已聽到你的話，」福爾德重複：「我已接到球。」然後，他叮囑麥基明早八時整參加行政委員會的特別會議。這時麥基才恍然大悟。

星期四大清早，還不到上午六時，加斯帕里諾的聲音已在凱莉．柯恩的電話留言信箱響起。「凱莉，妳最好馬上給我回電話，因為這問題……你們明確否認我收到的消息，但現在看來消息是真的。所以妳最好馬上給我回電！現在的意思就是現在！馬上！別人最好不要搶先報導這獨家——妳以後會面對極大的誠信問題，雷曼也是！所以，妳馬上給我回電話。」二十分鐘後，他再繼續：「我不是跟妳開玩笑，妳最好在消息公布前給我回電話。」

其實柯恩在早上五時半已被召回辦公室，她正和傅瑞德漢草擬格里高利請辭和卡蘭決定退下的新聞稿。新聞稿內沒有詳細說明卡蘭已跟福爾德談好，她將留在公司擔當新的職務；新聞稿也沒有清楚說明福爾德容許格里高利以顧問身分留在雷曼，更沒有說明格里高利會繼續拿雷曼的薪水，好讓格里高利能夠繼續支取退休金和延期支付計畫補償（deferred compensation）。

格里高利的事業已劃上句點，但他的老朋友卻沒有將他置於死地。在新聞稿中，福爾德如此形容格里高利：「在過往三十年，喬是我的夥伴，更是我們公司今天成就的背後動力。這是我們兩人要做的最困難的決定之一。」

傅瑞德漢也為福爾德準備內部通告。在通告中福爾德說：「我們公司的誠信正被侵蝕，當前的市場環境迫使我們採取一些措施，以恢復各部門的信心。」出奇地，今天早上報紙並沒有刊載任何有關雷曼的新消息。

福爾德到達辦公室時，傅瑞德漢把草稿交給他審閱。接著，行政會議開始舉行。

福爾德非常難過：「這是我這輩子最難執行的決定。」他接著形容格里高利既是朋友也是夥伴，最後他說：「喬是為了大家。」

格里高利接著說：「我常常說，若有人要挨子彈，那人應該是我。我們不能把這裏的一切付諸東流。」

福爾德又心酸起來，格里高利緊緊抓著他的手輕輕說：「沒事的。」福爾德轉向卡蘭問：「妳有什麼話要說嗎？」

「沒有，沒有。」她擦著眼淚回答。

福爾德宣布他計畫委任邁克達德為格里高利的繼任者，他說：「他是我們最好的營運者。」但是，這不是慶祝邁克達德升職的時候。

會議結束，福爾德給格里高利來一個最後、最深摯的擁抱，然後默然地看著他慢慢離開會議室。

第七章 美林搖搖欲墜

六月十一日下午，四十五歲、樣子很年輕讓人毫無戒心的美林總裁弗萊明（Greg Fleming），正在公司總部和客戶會面。他的祕書悄悄遞給他一張寫著「緊急」的字條。美國規模最大的上市資產管理公司貝萊德集團（BlackRock）執行長拉里・芬克（Larry Fink），正在等待與弗萊明通話。

弗萊明想不出有什麼緊急的事足以打斷他的會議，但考慮到市場目前如此動盪，他同意接電話。今早最新的謠傳是貝萊德可能有意收購雷曼；拉里今天稍早在CNBC的言論像是有意無意對這些猜測推波助瀾。他說：「雷曼的狀況有別於貝爾斯登；雷曼架構穩健，可以抵禦流動性的危機。」

芬克和弗萊明兩人關係一直很密切。九一一襲擊發生後，五十五歲的芬克出借辦公室給弗萊明安置他那被迫搬離總部的員工。二〇〇六年，由弗萊明穿針引線，美林將旗下管理五千三百九十億美元資產的資產管理業務與貝萊德合併，換得貝萊德約五〇％的股權。經此一役，兩家公司成為夥伴。

這交易使一直只在債券市場馳名的貝萊德，搖身一變成為管理超過一兆美元資產的兆元俱樂部成員；也讓在八〇年代就參與創立抵押擔保證券（mortgage-backed security, MBS）市場的芬克，成為華爾街上極具影響力的一方霸主。

弗萊明拿起電話，連招呼都沒打完，怒氣沖沖的芬克已在電話中咆哮：「他媽的發生了什麼事？

你只需告訴我他媽的發生什麼事！他怎可這樣？他怎可這樣對我？」

「拉里，拉里！」弗萊明試圖讓拉里．芬克冷靜下來：「你到底在說什麼？」

「賽恩！」芬克大叫起來，他指的是美林執行長約翰．賽恩（John Thain）。他繼續叫嚷：「CNBC說他要把貝萊德的股權出售。他奶奶的在想什麼？」

「拉里，我從來沒聽過這事。」弗萊明回答時真感到有點困惑。「他什麼時候說的？」

「在他的演講裏！今天他向全世界公布要出售貝萊德股權。操他媽的哪個笨蛋會這樣做？」芬克憤憤嚷著，怒氣絲毫不減。

「我不知道約翰要演講，但……」

「我們有禁售協議（lockup agreement）！你知道；約翰知道。他應該徵求我同意；但他根本沒找過我——沒有！他沒有任何他媽的權利出售貝萊德！」

弗萊明希望對方冷靜下來，他說：「拉里，我知道我們有禁售協議。你可否深呼吸，冷靜地聽我說一下。」

芬克卻繼續說：「你想想，哪有賣家未出售資產前先向全世界公布出售意願的？你想想這是多麼愚蠢。」

弗萊明在通話結束前承諾：「據我所知，美林上下沒有任何人希望改變和你們的關係。貝萊德是我們重要的戰略資產。讓我先找約翰，搞清楚這是怎麼回事，然後我們三人再說明白。」

弗萊明知道賽恩在前一天唯一出席的演說場合是《華爾街日報》主辦的會議；但是演講辭中他根本沒有提及任何有關貝萊德的重要內容。事實上，他對賽恩在演說中對市場概況所做的客觀分析感到十分折服：「大家都在收縮資產負債表。確實，這個體系當中槓桿實在太多，信貸額實在太多，這個情況也維持得太久了。」如資深政客一般，賽恩說：「我們對報章的消息感到非常擔憂。」

弗萊明致電賽恩辦公室，得悉賽恩外出不在。弗萊明知道美林的資產負債表每況愈下——背負著大量甩不掉的次級貸款，而且有可能需要進一步募資；但弗萊明沒想到賽恩真的會想要把貝萊德賣掉，很多人認為貝萊德是美林最紮實的資產，宣布出售貝萊德只會讓美林壓力大增。

和雷曼一樣，美林也在信心危機中掙扎。過去幾個月，賽恩不斷告訴投資者，公司對資產的估值、入帳方法一向保守，因此沒有需要募集額外資本。然而，投資者對此抱有戒心，今年以來美林股價已被推低三二％。

賽恩是鮑爾森在高盛時期的第二號人物。幾個月前，美林公布有史以來最大的虧損，董事會攆走前執行長斯坦．奧尼爾（Stan O'Neal）之後，邀請賽恩加盟以重整旗鼓。當時，芬克一直以為自己是上述職位的頭號候選人，直到看到《紐約郵報》的網站，他才知道賽恩已勝出。他的面試原本安排在公布賽恩勝出那個星期之後幾天，這也許是芬克對賽恩感到惱火的原因。

為人刻板的賽恩被人稱為「機械人」（I-Robot），他的盛名源自其成功扭轉頹勢的紐約證券交易所（New York Stock Exchange），因而贏得美林董事會的青睞。賽恩在高盛期間扶搖直上，離開高盛後接任紐約證交所執行長這個燙手山芋，當時紐約證交所因前執行長理查．格拉索（Richard Grasso）的薪酬醜聞鬧得滿城風雨。諷刺的是，芬克當時擔任紐約證交所遴選委員會主席，賽恩可說由他一手提拔。

執掌紐約證交所時，賽恩（他的年薪已因理查．格拉索事件而被削減至一千六百萬美元）開展了一系列大刀濶斧激進的改革，將全球最龐大的交易所改頭換面，突破他們過時、俱樂部式的慣性奢華。他把豪華的餐廳會所關閉，把交易所的理髮師裁掉，徹底把交易所轉型為一個以盈利為中心的上市公司。他和根深柢固、勢力龐大的場內交易員和專家團體打了一場硬仗，不顧他們的反對，堅持推動紐約證交所進入電子交易時代。

賽恩在伊利諾州密西根湖西邊的小鎮安提阿（Antioch）長大。他一直被認為是解決問題的天才。就讀麻省理工學院時，他也在寶鹼（Procter & Gamble）當實習生，那時他就指出其負責的象牙品牌香皂生產線一個簡單而重要的問題：工人每次遇到技術問題就會暫停整條生產線，待技術問題解決後，生產線及工人才重新投入工作。當時仍是大學生的賽恩遊說工人們，他們其實無須把生產線停下來，只需把出問題的肥皂和盒子先放在一旁，這樣，他們按生產力計算的分紅就不會因此減少。賽恩成功贏取他們的支持，尤其當大家看到他自己也下場動手排盒子。

公眾看到的賽恩是冷酷技術官僚的一面，這對他不盡公平，但賽恩卻真有一大弱點。工程背景的他給人的感覺是個聽不進意見的線性思考者，他的中學同學史提夫．巴斯克斯（Steve Vazquez）這樣形容他：「和他交談時，他解釋事情的細節會深入到讓人聽得一頭霧水。」

一九九九年他在高盛的時候，他曾對一屋子的銀行家和律師說：「你們偶爾對我言聽計從一下會很難堪嗎？」他認為自己的話很風趣，別人卻不以為然。

弗萊明最後發覺，觸怒芬克的事件其實是賽恩麻木無感的又一例子。賽恩在德意志銀行舉行的電話會議中，被主持會議的分析師麥克．麥約（Michael Mayo）問道：「你曾經說過對貝萊德和彭博的情況很放心。現在還是一樣嗎？在什麼情況下你會認為持有這些投資已沒有意義？」

賽恩很理性地把這問題視為假設性問題，他回答在當前環境下，美林和其他投資銀行一樣，有需要審視其資產以確認其變現的可能性。他說：「去年底，我們曾研究不同的集資方案，包括出售股票、各種可轉換的產品，也包括出售我們資產負債表上甚具價值的彭博和貝萊德。如果我們需要募集更多資金，我們將繼續評估各種選擇，以及從資本效率角度來考慮什麼方案對我們最有利可行。」

賽恩可能認為自己的答案合情合理，但觀眾們聽到他不斷重複：「我們在未來的資本將會很充裕」，這句話聽在投資者耳裏，就認為這是賽恩清楚的暗示。破壞已經造成，不出七十二小時，美林已被形容為「繼雷曼之後最弱勢的證券行。」

賽恩畢生夢寐以求的職位就是高盛執行長一職。不幸的是，他終於有機會一償心願的那天卻是二〇〇一年九月十一日。襲擊發生當日，當時高盛的執行長鮑爾森（Hank Paulson）正在飛往香港途中；在高盛位於布勞德街（Broad Street）八十五號的總部內，論資排輩，聯合總裁賽恩便臨危受命；因為另一聯合總裁約翰·桑頓（John Thornton）正在華盛頓出席布魯金斯研究所（Brookings Institute）舉行的會議。

賽恩一直視出掌高盛統帥為人生的目標。一九九八年聖誕假期期間，他參與，或者說是煽動高盛的宮廷政變攆走喬恩·寇辛（Jon Corzine），並擁護鮑爾森取而代之。

在羅伯特·赫斯特（Robert Hurst）位於第五街的公寓內，賽恩和桑頓承諾支持鮑爾森。這兩個約翰得到相同訊息：鮑爾森登基，兩人會被冊立為「太子」；鮑爾森承諾他擔任執行長的安排只屬於過渡性，兩年後他會告老還鄉返回芝加哥，這時，兩個約翰就會繼承大業。正當寇辛還在科羅拉多州特魯萊德（Telluride）愉快地滑雪時，他們三人已悄悄結盟。

賽恩是寇辛的朋友，也是他的副手，對賽恩來說這經過一番內心交戰，但賽恩真心相信鮑爾森是更出色的領導者，況且這安排可讓自己前途光明。正因為賽恩是行政委員會裏寇辛最親密的戰友，向寇辛發布壞消息的責任就落在賽恩身上。賽恩迫不得已看著寇辛強忍著淚，情何以堪。在一九九九年一月十一日早上，每一位高盛的合夥人都收到由鮑爾森及寇辛聯名發出的簡短電郵：「喬恩決定卸任執行長職務。」

然而，兩年匆匆過去，鮑爾森卻沒有流露半點離任跡象，他認為自己還有很多任務要繼續努力；同時，他也未能確定這些接班人能否勝任。賽恩像其他高盛的資深合夥人一樣，公司上市讓他們一夜致富，高盛的股票為賽恩帶來了上億美元的財產。到了此時，賽恩已知道他的上司根本毫無退意，他榮升高盛執行長這夢想仍只是一個夢。賽恩過去與鮑爾森和睦相處，但現在兩人之間開始出現張力。賽恩認為鮑爾森沒有信守承諾而深感憤慨；鮑爾森方面，儘管他敬重賽恩是個天生的金融家，但對他的判斷力能否勝任執行長卻存有懷疑。

鮑爾森不喜歡賽恩熱中於炫耀財富——認為這並非高盛人所應為。儘管賽恩在各方面也還算低調，例如他絕不會出現在報章的社交版；但是，他卻在Rye購入佔地達十英畝的豪宅、並且擁有五輛寶馬名車。同時，鮑爾森對賽恩的放假習慣感到很厭煩；雖然賽恩平日也是個勤奮的工作者，但他堅持聖誕節放假兩週到韋爾（Vail）度假；然後復活節又放假一週，再加上暑假又放假兩週。對一輩子是工作狂的鮑爾森來說，這是很難接受的事。

二〇〇三年時，賽恩和桑頓已會意鮑爾森根本無意離任。桑頓對不獲晉升深感失望，決定掛冠而去。他離開不久相約賽恩共進晚餐，勸他早思退路：「你不能相信鮑爾森過去的承諾；我若是你，我一定會離開高盛。」

幾個月後，鮑爾森委任曾任商品部交易員的貝蘭克梵（Lloyd Blankfein）頂替桑頓的位置，即與賽恩同為聯合總裁。貝蘭克梵在公司脫穎而出，其權力基礎不僅是因為政治，更多的是他帶領的部門為高盛貢獻的盈利達總盈利的八成。這次委任，絕對是賽恩需要尋覓出路的徵兆。

當賽恩衝進鮑爾森辦公室通知他自己將離開高盛加盟紐約證交所，出任該所的執行長時，鮑爾森無言以對。賽恩其後在這崗位表現出色，贏得口碑。

四年後，二〇〇七年秋天信貸危機不斷惡化，幾家大型銀行紛紛出現巨額虧損，因而辭退其執行長。不少大型銀行都視賽恩為理想的接任人。（事實上，除美林之外，賽恩曾和蓋特納同為花旗集團執行長的最後幾位人選。）

賽恩一方面獨自左思右想，另一方面也和太太卡門（Carmen）討論應否接受美林的邀請。據他自己所做的深入調查，美林的資產負債表上約有九百億美元的貸款以及衍生產品屬於不紮實類別，不過，整體而言賽恩滿意美林的帳目，他認為情況在可控制的範圍。不過，更重要的其實是，他認為這是他實踐昔日夢想的機會——他在高盛無緣登上第一把交椅，現在他有機會「再續前弦」，擔任一家重要的投資銀行的執行長。他相信憑藉他的人脈關係和聲譽，他可藉著美林的平台超越高盛。他估計整個發展計畫需時五年——他告訴美林的董事會，他需要兩年的時間修整資產負債表，然後再以三年的時間將公司提升到另一層次。

他最後答應出任這職務，獲得一千五百萬美元的簽約金，以及年薪七十五萬美元。董事會同時承諾，若賽恩能帶領美林的股價升逾一百美元，他可額外獲得價值七千二百萬美元的認股權。美林的股價在賽恩答應加盟當天乘勢上漲一．六%，到每股五七．八六美元，這個水平和獲取分紅目標仍有一段距離。

他上任第一要務，是趁問題還未發生前先加強美林的資本基礎。這是從麥可．密爾肯（Michael Milken）的德崇證券（Drexel Burnham Lambert）在一九九〇年申請破產所得到的教訓。「德崇證券垮台其實是流動資金出現問題，」他曾在美林星期三的風險管理例會上解說這家公司的死因是他們手上沒有足夠現金，他說：「流動資金是最重要的事。」在十二月和一月的時候，美林先後向主權基金淡馬錫控股公司（Temasek Holdings of Singapore）、科威特投資局（Kuwait Investment Authority）以及其他投資者共募集一百二十八億美元。

與此同時，他也展開拆除奧尼爾王國的行動。他剛上任時，就注意到美林總部大樓的保安人員總會把一台電梯淨空，讓他獨自使用。賽恩走向另一部電梯，剛踏進去，原本在電梯內的同事紛紛作鳥獸散，深感錯愕的賽恩不禁問：「發生什麼事了？你們為什麼要出去？」

「我們不能跟你搭同一部電梯。」這是員工的回答。

「神經病！馬上回來！」賽恩囑咐保安人員，總部內所有的電梯是為所有的人服務的。

節流方面他更是大刀闊斧，包括出售美林其中一架灣流400（G-4）飛機及一架直升機。每一個節流的項目都很可觀：單單是美林每天所插的鮮花，原本每年要支出二十萬美元，賽恩就任後，鮮花全用絲花替代。

另一方面，同期間賽恩卻願意在聘請新員工上面花大錢，尤其是聘用真正的人才。四月底，賽恩得到美林董事會的支持，起用了他在高盛的老朋友湯瑪斯・蒙塔格（Thomas K. Montag）擔任銷售與交易部門的主管。為吸引他加盟，儘管蒙塔格要在八月才能正式上任，美林仍同意付給他三千九百四十萬美元的簽約金。五月時，賽恩再以二千五百萬美元的黃金降落傘退職補償招募另一高盛猛將克勞斯（Peter Kraus）進入美林。

還有賽恩的辦公室。

過去奧尼爾把辦公室隔鄰的會議室改裝為設備齊全的擁有健身單車、舉重器材的健身房。賽恩及他太太都認為奧尼爾那些白膠板傢俱和美林其他的裝潢不搭，兩人決定大肆裝修。

賽恩聘用知名室內設計師麥可・史密斯（Michael S. Smith）操刀（國際大導演史蒂芬・史匹柏、知名演員達斯汀・霍夫曼都是他的客戶）。史密斯負責把賽恩辦公室、一旁的會議室，以及接待處翻新，涉及木工、電工等工程。其實賽恩根本沒有注意設計上的細節，他唯一關心的是：史密斯確實有把他在紐約證交所的心愛辦公桌搬過來。翻新完成後，史密斯開給美林的發票，服務費八十萬美元，地毯花費八萬七千美元，牆櫃價格六萬八千美元，矮櫃也要三萬五千多美元。會計部門負責開支票的同事對這麼驚人的揮霍很訝異，他們將這些發票全部影印存檔，留作日後對付賽恩的證據。

儘管賽恩費盡心思希望提升士氣，但他的努力卻適得其反。在交易大廳，「39.4」這個詞（諷刺蒙塔格的巨額加盟金）甚為流行，甚至被當成粗話來用。同事們雖然稱讚賽恩能把握時機成功募集資金，但大家對他的管理手法實在不敢恭維——他要不就是管得太多，要不就是過於置身事外。

他聘請梅・李（May Lee）出任幕僚長時，竟然忘了知會公司核心高層。梅・李第一天上班，坐在會議室準備參加行政委員會會議；這時，證券經紀業務的主管羅勃・麥凱恩（Robert McCann）一腳踏進會議室，在毫無準備下看見一張陌生臉孔，他詫異地看著賽恩。

「啊！我應該早點跟你說。」賽恩若無其事的回應，「這是我新的幕僚長。」

賽恩在媒體上每每以美林救星的姿態出現，也令其他行政委員會成員暗自不爽。他聘請了小布希政府的國務院前發言人杜懷樂（Margaret D. Tutwiler）出任美林企業傳訊部主管；有些人猜測他是在為自己鋪路——如果共和黨的總統候選人麥肯（John McCain）當選總統，他便有機會晉升財長一職。

六月十一日，當芬克為出售貝萊德一事大發雷霆時，事態已變得明朗化——美林在去年十二月從淡馬錫和科威特投資局募得的資金，仍不夠帶領美林走出困局；同時，以現在的情況來看，當時交易的條件其實非常昂貴。條款中明訂，這兩名股東享有抗稀釋權利，如果美林以低於他們的入股價格發行新股，美林必須向這兩名股東作出補償；然而，這時美林的股價已大幅滑落，如果美林以現股價水平要募集新資本十億美元，公司實際上必須募集差不多三倍的金額，以補償那兩名股東。賽恩知道第二季度的業績看來會比上一季度更差，但他還不知道情況有多壞。

華爾街也開始察覺到美林的問題，更讓人覺得賽恩未能好好領導美林。正如分析師麥約在電話會議上告訴賽恩的：「你好像是『一邊走一邊募資』——業績出現虧損，你就募集更多的資本。也許你不同意，但這是業界的印象。你什麼時候才能說我們早已為各種可能做好準備了？」

「我不同意你的說法。」賽恩回答道：「去年底，我們成功募集了一百二十八億美元的新資本，而同期我們的虧損只是八十六億美元，我們的集資額比虧損高出五〇％。第一季度也一樣，我們期內的集資額是二十七億美元，但虧損只有二十億美元；我們的集資額較虧損為多。」

但這並不足夠。

賽恩獲得美林董事會委任後的幾週，他為自己設定了一個特別困難的任務。賽恩致電他的前任奧尼爾，邀對方見面（奧尼爾剛為自己爭取到離職金一億六千一百五十萬美元）。為避開傳媒，兩人決定在奧尼爾的律師事務所見面。

寒暄過後，奧尼爾以平起平坐的姿態望向賽恩，不慌不忙地問：「你有什麼要跟我說？」賽恩知道，如果世上能有一人可以解釋美林為何會犯錯，為何會背負二百七十二億美元的次貸以及其他高風險資產——換句話說為何整條華爾街都會出錯——這人就是奧尼爾。

賽恩小心謹慎地說：「你知道，我是新上場的人，而你則當了執行長五年之久，我想了解你的看法，對於這裏發生的一切，還有誰如何如何，之類的。這對我和美林都會是很大的幫助。」

奧尼爾撥弄著果盤中的水果，沉默半晌之後，抬頭看著賽恩說：「對不起，我想我不是回答這問題的合適人選。」

奧尼爾和其他美林高層的出身完全不同，不單因為他是個非洲裔美國人，之前領導公司的都是愛爾蘭天主教徒。從任何角度看，奧尼爾都是一個不可思議的成功故事。

奧尼爾的祖父一生下來就是黑奴，奧尼爾的童年是在阿拉巴馬州東部一個農莊長大，他住的地方是一間沒有自來水裝置的木屋。

奧尼爾十二歲時，全家人搬到亞特蘭大一處公共房屋，而奧尼爾很快便在鄰近的通用汽車（General Motors）組裝工廠找到工作。通用汽車帶領奧尼爾走上脫貧之路。高中畢業後，奧尼爾報讀通用汽車學院（如今叫做凱特林大學〔Kettering University〕），那是個工程學院，可提供半工半讀獎學金。方法是在密西根弗林特（Flint）生產線工作六個星期，換取六個星期的課堂學習。

他後來獲得通用汽車的支持前往哈佛商學院進修，一九七八年畢業。在通用汽車紐約的財務部門工作了一段時間後，一九八六年，他被一位通用汽車財務部的前高層挖角，加入美林的垃圾債券部（junk bond）。奧尼爾憑著自己的努力，以及具有勢力的良師益友照應，在公司內扶搖直上，最後升上垃圾債券部主管，帶領這部門榮登華爾街排行榜榜首。一九九七年，他被委任為機構投資者部門的聯合主管；翌年，他被提升至財務長一職。二〇〇二年登上執行長的寶座。

美林是一九一四年由查理斯．美里爾（Charles Merrill）所創辦，他的朋友都暱稱這個來自佛羅里達州、身材健壯的小伙子「好景查理」（Good Time Charlie），他的願景是「把華爾街帶到大街上」（Bring Wall Street to Main Street）。

美林在全國一百多個城市設立證券分行，透過電報機連接總部。他推動股票市場平民化和透明化，例如透過由早餐麥片商Wheaties贊助的行銷活動贈送股票。美林的猛牛商標深入民心，比起共同基金巨人富達（Fidelity）或任何銀行更能打動二次大戰後冒出的投資一族。從一九八三年到一九九九年，直接或間接——透過共同基金或退休金計畫——擁有股票的美國人激增了一倍，差不多半數的國民都是股票投資人。在一九七一年，美林推出的廣告口號是「美林看好美國」，而同樣地，美國看好美林。

然而，踏入新世紀，到了二〇〇〇年，這頭雷霆萬鈞的猛牛卻已成為遲鈍的笨牛——過於肥大和自滿。九〇年代開始，公司透過收併合購加速其全球擴張步伐，員工人數激增至七萬二千人（和美林最接近的競爭對手摩根士丹利，只有六萬二千七百人）。

這時候，美林的強項——傳統的零售經紀業務，受到剛崛起的網上經紀商E*Trade和Ameritrade所蠶食；美林的投資銀行業務依靠薄利多銷，以量為主而非盈利為主，前一年的網路股爆破，暴露了美林高成本低利潤率的弱點。

美林瘦身的重任落在奧尼爾肩上。雖然同事們懇請他要循序漸進，特別是經歷九一一災難公司有三名同事罹難，但奧尼爾仍然一意孤行，不顧開源節流對公司文化和士氣所帶來的衝擊。一年內，美林裁員二五%，砍掉逾一萬五千名員工。

奧尼爾當時曾這麼說：「我認為這是很了不起的公司——但偉大並非天生的，公司很多的文化我不想改變……但我不喜歡企業裏的母性主義（maternalism）或家長式作風（paternalism），例如像『美林媽媽』（Mother Merrill）這樣的稱號。」

奧尼爾的青雲路上，伴隨的是美林管理層驚人的離職率：二〇〇二年，他還未正式上任，美林行政委員會十九名成員已有差不多一半離場。眾所周知，奧尼爾會趕走他有理由不信任的每一個人，他告訴同僚：「不擇手段，不盡然是不好的。」

如果有同事膽敢反抗奧尼爾，他還擊的手段是出了名的——美林的高級法律顧問彼得・凱利（Peter Kelly）對一項投資提出質疑，奧尼爾即召來警衛把他趕出辦公室。美林的一些員工以恐怖分子塔利班（Taliban）來形容公司的核心管理層，而奧尼爾則被稱為穆拉・奧瑪爾（Mullah Omar）。

除了狠狠推行一系列削減成本的措施外，奧尼爾重振美林雄風的計畫是推動公司走向報酬更高但風險也更高的發展策略。奧尼爾仿效高盛的模式，積極利用公司自身的資本下注，而非只代客買賣。

他熱切地追蹤高盛每季度的業績，並以此逼迫同事。奧尼爾和高盛的貝蘭克梵住在同一棟大廈，每天碰到這個鄰居都提醒奧尼爾他追逐的目標。貝蘭克梵和太太譏稱奧尼爾為「影子斯坦」，因為每次在大廳相遇，奧尼爾必定不停步繼續前行，甚至打圈子，應該是想要避免交談。

奧尼爾強制推行改革的頭幾年成績傲人。二〇〇六年，美林從投資——包括公司自己的資金及客戶的資產——獲得收益達七十五億美元，遠高於二〇〇二年的二十六億美元。幾乎在一夜之間，美林已成功躋身為蓬勃發展的私募證券行業的重要參與者。

奧尼爾也提高公司的槓桿比率，尤其是抵押貸款證券化業務方面。他目睹雷曼等公司在抵押貸款相關產品中如魚得水，他希望美林也在這市場分一杯羹。二〇〇三年，他成功挖角抵押貸款證券化業務的新星，瑞士信貸（Credit Suisse）三十四歲的里西亞迪（Christopher Ricciardi）加盟；同時，美林也積極發展擔保債權憑證（CDO），這產品通常建基於抵押擔保證券（MBS）。過去美林在這新興市場只是陪榜，但在兩年內，美林已發展成華爾街最大的ＣＤＯ發行商。

和別的銀行一樣，包裝和銷售ＣＤＯ為美林帶來豐厚的費用收入；但這還不夠，美林想要成為一條龍服務的生產商：承作抵押貸款，將貸款包裝成證券，再重組切細成為ＣＤＯ。美林收購了超過三十家抵押貸款服務機構和商用房地產公司。在二〇〇六年十二月，美林以十三億美元收購國內最大的次貸機構第一佛蘭克林（First Franklin）。

正當美林積極進軍抵押貸款相關業務，房地產市場已出現遲滯跡象。二〇〇五年底，當房價開始見頂，美國國際集團（American International Group, AIG）——最大的ＣＤＯ產品保險商之一，宣布不再接受任何次貸證券產品的保險（保險公司主要利用「信用違約交換」〔credit default swaps, CDS〕

來承保CDO）。在此同時，一手把美林建構成CDO業務巨人的里西亞迪於二〇〇六年二月離開美林，出掌小型投資銀行科恩兄弟（Cohen Brothers）。

里西亞迪離開之後，美林委派行政人員道．金姆（Dow Kim）接手。為了團結這部門剩下的人，金姆承諾：「美林將不惜一切維持最大CDO發行商的地位。」金姆促成的一個他稱之為Costa Bella的項目，涉及五千億美元CDO，但美林賺到的費用只有五百萬美元。

當年參與招募里西亞迪的美林行政人員傑佛瑞．克朗索（Jeffrey Kronthal），開始越來越擔心風暴即將來臨，不單是超大項目如Costa Bella的風險問題，他更擔心波及整個CDO市場。他開始呼籲要謹慎行事，要提高警覺。他堅持美林帳目中涉及次貸的CDO資產不應超過三十億美元；但克朗索的戒心使他成為奧尼爾立志當華爾街抵押貸款一哥的障礙——這明顯是難以維持的局面。

二〇〇六年七月，最具有風險管理能力的克朗索被掃地出門，他的職位由三十九歲、美林倫敦分行的奧斯曼．塞莫西（Osman Semerci）頂替。塞莫西是衍生產品的銷售員，不是交易員，他對美國的抵押貸款市場毫無經驗。

儘管管理層不斷變動，美林依然大力推行抵押貸款證券化業務以及CDO業務。二〇〇六年底，次貸市場的崩塌已出現先兆——房價開始下跌，違約激增；雖然美林應該可以從AIG停止承保CDO解讀出危險信號，但美林依然故我，繼續發行CDO，總額差不多高達四百四十億美元，是前一年的三倍之多。

或許有部分美林高層曾經擔心這情況，但誰也沒有表示，因為高層人員的巨額獎賞計畫是有力誘因——雖然不是所有CDO產品都成功售出，但美林還是按照七億美元的CDO銷售收入來計算分紅，大家可分得豐厚的獎金。（會計準則容許銀行在某些情況下可以把證券化產品視作銷售額入帳。）二〇〇六年，金姆的分紅是三千七百萬美元；塞莫西超過二千萬美元；奧尼爾四千六百萬美元。

到了二〇〇七年，美林更是全速前進，單單在頭七個月，已包銷價值超過三百億美元的CDO。奧尼爾認為賭注的回報非常理想，但他忘了一個關鍵——他對於無法避免的市況急轉直下根本毫無準備，他一直對風險管理漠不關心，醒覺亦太晚。美林設有一個市場風險部門，及一個信用風險部門，但兩部門都不向奧尼爾直接匯報，而是向財務長愛德華茲（Jeffrey N. Edwards），以及奧尼爾的愛將、埃克森（Exxon）前行政人員、美林行政主管阿瑪斯·法卡哈尼（Ahmass Fakahany）匯報。

不久，裂痕已漸漸顯現。主管抵押貸款業務的金姆五月宣布自立門戶成立對沖基金。面對同事們開始質疑公司的策略能否持續，塞莫西和達爾·拉坦奇奧（Dale Lattanzio）還全力護航。在七月二十一日的董事會會議上，他們宣稱美林的CDO曝險已幾乎全部對沖，就算出現最壞情況，公司的虧損亦只有七千七百萬美元。奧尼爾聽到後馬上站起來表揚他們。

但是，不是每個人都認同他倆樂觀的判斷。

「他們他媽的在騙誰？」會後敢言的法律顧問彼得·凱利問愛德華茲。「那班董事們怎可能不嚇得屁滾尿流？」

市況繼續惡化，越來越顯露出美林的賺錢方程式明顯脫離現實。七月董事會後兩週，弗萊明和法卡哈尼聯名發信給美林的董事，知會他們公司的資產每況愈下。

這時的奧尼爾已變得很疏離和心不在焉，只沉迷於高爾夫，每週打十三場，經常在工作日單獨一人在南安普敦（Southampton）的名牌會所辛尼克山（Shinnecock Hills）高爾夫俱樂部打球。

八、九月間，美林的CDO資產組合價值繼續狂瀉。十月上旬，公司預計將出現季度虧損約五十億美元；兩星期後，這數字已膨脹至七十九億美元。滿心焦慮又無計可施的奧尼爾不得不試探美聯銀行（Wachovia）有無合併的意向。十月二十一日星期天，奧尼爾和美林董事會成員共進晚餐商討鞏固公司資產負債表時，首次透露他已和美聯銀行開始商量。

他如先知一般向董事會成員形容市場的動盪：「如果目前的情況持續很長一段時間，我們和其他那些依賴短期隔夜拆款和回購設施頭寸的公司，全都會出現問題。」然而，董事會的焦點並非他提出的最後一點，他們對奧尼爾未經任何批准而進行合併談判很火大。奧尼爾抗辯說：「我的職責不是要提供選擇方案嗎？」兩天後，董事會在奧尼爾不知情下舉行了會議，在會上同意擠他出局。幾乎沒有人同情他，他的一位前同事告訴《紐約客》雜誌：「就算只是擦窗，我也不會僱用奧尼爾。他對美林的所作所為百分之百是罪惡的。」

六月底的一個早上，紐約市市長邁克爾・彭博（Michael Bloomberg）離開他位於七十九街的紅磚公寓，跳進正在等他的黑色雪佛蘭Suburban，他將赴中城區出席早餐約會。如常戴著美國國旗胸針的彭博把保鏢留在外面，一個人走進位於五十街、在停車場對面的一家小餐廳「紐約Luncheonette」。他向正在等候他的賽恩打招呼。這是彭博最喜愛的餐廳之一；前一陣子他也曾邀請有機會成為總統候選人的歐巴馬來此共聚。

雖然彭博與賽恩並不熟，但彭博和美林卻有長期融洽的合作關係，以他個人名字命名的財經資訊公司開業至今，一直得到美林的大力支持。

曾經是美國債券市場翹楚所羅門兄弟（Salomon Brothers Inc.）合夥人的彭博，曾經負責該公司的資訊系統。他在一九八一年創立他的終端機事業，美林當時協助他進行融資，並且是第一個向他購置終端機服務的客戶，讓美林的交易員能夠獲得即時的交易資訊。

一九八五年，美林以三千萬美元購入彭博通訊社（Bloomberg LP）三成股權；後來美林將一成股權出售，持股量減至二成。

當彭博當上紐約市市長時，他把持有的彭博通訊社六八％股權轉交信託公司管理，自己也不再干涉公司的運作。話雖如此，但在特別關鍵的事項上——像是賽恩現在要跟他談的——也有例外。急需資本的賽恩面對芬克一番大吵大鬧後，也開始認為美林應該保留貝萊德的股權，所以，他希望彭博能回購美林手上的二成彭博通訊社股份。如果市長拒絕回購股權，究竟美林有沒有權利在公開市場出售這項投資，其實大家莫衷一是——美林的入股合約寫於一九八六年，內容頗為含糊。

兩人坐在角落位置，一邊啜飲咖啡，一邊親切地交談。他們都曾擔任債券交易員，並且熱愛滑雪，言談甚歡。

賽恩轉入正題，他不想表現出惶恐，以不置可否的口氣說：「我們很可能在夏天便開始處理這事。」不出半小時，他們達成協議。

這是賽恩期望的救生圈，和市長告別後，他馬上趕回公司告訴弗萊明全力展開這項工作。

第八章　AIG深陷危機

戴蒙（Jamie Dimon）早上十時的會議有點超過時間。他跟助理凱西（Kathy）說：「告訴鮑伯我馬上就到。」羅伯特．鮑伯．維爾倫斯坦德（Robert "Bob" Willumstad）和戴蒙曾同是桑迪．威爾（Sandy Weill）打造其金融王國的重臣；在不同時期，兩人都曾被視為有機會問鼎花旗集團繼承人寶座，不過，他們最終都失望了。在戴蒙被迫離開花旗之後的整整十年，兩人一直很友好。

六月上旬，在前身是美國聯合碳化物公司（Union Carbide Corporation）辦公大樓的摩根大通（JP Morgan Chase）總部的八樓等候室中，白髮、高個子、典型曼哈頓銀行家模樣的維爾倫斯坦德正耐心等著。房間的玻璃櫃中擺放了深具歷史意義的兩根英製決鬥木槍複製品：那是一八〇四年時，美國副總統阿倫．伯爾（Aaron Burr）——摩根大通的前身曼哈頓銀行創辦人——與他商業和政治上的敵人、美國第一任財長亞歷山大．漢密爾頓（Alexander Hamilton）決鬥並殺死他時所使用的武器。

和戴蒙一樣，維爾倫斯坦德也是被老謀深算的威爾排擠出花旗。二〇〇五年七月他離開花旗後，成立了專門投資拉丁美洲與俄羅斯的消費者金融行業私募股權基金拜森全球夥伴（Brysam Global Partners）；他的合夥人梅格娜（Marge Magner）也是花旗集團流放分子。基於戴蒙的關係，摩根大通是維爾倫斯坦德基金最大的投資者，而維爾倫斯坦德的辦公室就在摩根大通總部的對面，中間隔著公園大道（Park Avenue）。

在維爾倫斯坦德和梅格娜的領航下，拜森是一家賺錢企業。不過，其實維爾倫斯坦德另有一個更重要的身分：他是保險業巨頭美國國際集團（AIG）董事會的主席，這也是他今天造訪戴蒙的原因。

戴蒙終於走進自己的辦公室，這時，談吐一向溫和的維爾倫斯坦德說：「我正在考慮一件事，我需要你的意見。」

他透露ＡＩＧ董事會詢問他是否有興趣出任執行長一職，現任的馬丁．蘇禮文（Martin Sullivan）很可能在這星期內就會被解僱；身為董事長，維爾倫斯坦德將履行其職責，親自到ＡＩＧ總部預警蘇禮文他的職位已即將不保。

「我喜歡我現在的工作。」維爾倫斯坦德誠懇地說：「沒有人在我上面時時刻刻盯著我。」

「除了我以外！」維爾倫斯坦德的最大財務支持者戴蒙打趣著回答。

維爾倫斯坦德解釋過去幾個月他一直反覆思量是否接受這職位，自從信貸危機開始席捲ＡＩＧ，他得到越來越明顯的訊息：他將有機會掌理這家公司。這令他的內心苦苦掙扎：雖然他一直渴望當執行長，但他今年已六十二歲，終於有閒可以追求人生的其他興趣如賽車等等。

工人階級出身的維爾倫斯坦德是來自挪威的第三代移民，他在布魯克林灣嶺（Bay Ridge）成長，後移居長島。八〇年代中期，他成為漢華銀行（Chemical Bank）行政階層中冒起的一員，為了幫忙他的前老闆李普（Robert Lipp），他飛往巴爾的摩與威爾和他的助手戴蒙會面，了解兩人掌理的次貸機構商業信用銀行（Commercial Credit）的概況。

維爾倫斯坦德發現威爾和戴蒙這組合的幹勁與企業精神，與漢華銀行、或者其他紐約的銀行那種古板官僚有天壤之別。後來兩人邀請維爾倫斯坦德加盟，他欣然答應。

第一天上班，維爾倫斯坦德立刻感到有點後悔——他在佛羅里達州棕櫚灘的一個城市博卡拉頓（Boca Raton）與商業信用銀行七十五位分行經理開會，他的印象是：他從未見過這麼多穿著合成纖維休閒服的中年男人。慢慢的，維爾倫斯坦德從驚訝中適應過來，他也從喝酒和打高爾夫球中適應過來，開始在這公司如魚得水。

一九九八年，他參與領導威震金融界的一系列閃電收購：普美利加（Primerica）、希爾森證券（Shearson）、旅行家集團（Travelers），以及最後也是最大的金融合併——花旗集團。曾經有一段時期，這個三人組在人才濟濟的金融業鼎足而立、傲視同儕；四年後，戴蒙與威爾鬧翻被逐出公司，維爾倫斯坦德接任戴蒙的總裁一職。與戴蒙一樣，這也是維爾倫斯坦德在花旗所能攀到的最高職位。

維爾倫斯坦德和戴蒙討論了半小時，研究擔任AIG執行長的利弊。做為AIG的董事長，維爾倫斯坦德比任何人都清楚這公司的問題之大之深，而解決這些問題將是難以想像的挑戰。每次思考AIG的種種情況，他都得出相同的結論，他堅定地說：「我應以過渡性質接受這差事。」

戴蒙搖頭反對說：「廢話，你要不就接受，要不就別幹。」

「我知道。」維爾倫斯坦德無奈地承認：「我是知道的。」

「你把事情混淆了。」戴蒙堅持說：「首先，過渡性的執行長是複雜和辛苦的事，過渡需要負擔的工作根本和常任沒有兩樣。如果我是董事會，我一定不會容許過渡性的執行長；若我是你，我更不會這麼做，這就像把自己閹割掉一樣。」

「薩布也認為要不孤注一擲，要不就別幹。」他指的是AIG的前董事長弗蘭克・薩布（Frank G.

Zarb）。他繼續說：「薩布也不希望公司在三年內更換三個執行長，而且肯定還會有第四個。」

戴蒙靠前揮舞著雙拳強調：「你要知道，就算一切順利，最低限度你也需要花上兩年時間才可扭轉殘局，問題是，你究竟想不想做？如果你要背上這包袱，千萬不要忘記這個包袱是十分沉重的。」

維爾倫斯坦德點頭同意。但他還擔心一件事：「我不喜歡公眾覺得是我把馬丁扔掉，好讓自己上任。」不過，戴蒙斷言這不會是關鍵問題。

AIG的董事會一直希望維爾倫斯坦德能接受這職位；他的太太卡洛（Carol）也支持——她一直認為他應可拿到的花旗執行長一職是被人搶走的。現在，連戴蒙也投下贊成的一票。

翌日，維爾倫斯坦德搭一輛黑色房車前往AIG在松街（Pine Street）七十號的辦公大樓。在蘇禮文的辦公室他開門見山道出來意：「馬丁，是這樣的，董事會將在星期天開會，討論的議題包括你的去留問題。」

蘇禮文輕輕嘆道：「董事會並不理解現在的市場是多麼艱難，我接任時，還得先清理我們和監管機構的一團爛帳。我可以引領公司走出這困局的。」

「是的，馬丁。」維爾倫斯坦德認同地說：「但你回顧這幾個月發生的一切，董事們認為有人得為此負責……看來，董事會有三種可能結果：第一，我回來通知你他們對你百分之百支持；第二，可能他們認為你該離開；第三，董事會說『你要在規定時間內完成下列事項，不然你就得離開。』」

蘇禮文低頭看著地面，問道：「你認為最可能的結果是什麼？」

維爾倫斯坦德聳聳肩，回答：「要求改變的情緒很強烈，但誰知道？把十二個人關在一個房間，誰知道會發生什麼事？什麼事都有可能發生。」

六月十五日星期天，ＡＩＧ董事會在外聘的盛信律師事務所（Simpson Thacher & Bartlett）的董事長辦公室，即理查．比蒂（Richard Beattie）的辦公室開會。議程包括蘇禮文的去留，蘇禮文選擇缺席。董事會經過簡短的討論後決議解僱蘇禮文，並改聘維爾倫斯坦德替代他。

維爾倫斯坦德此刻被託付的公司，是美國商業史上最獨特的一則成功故事。

一九一九年，ＡＩＧ在中國上海萌芽，當時這家保險代理公司只有一個小小的辦公室，名字叫做美亞保險（American Asiatic Underwriters）。經過五十年之後，公司的業務已遍布亞洲、歐洲、中東和美洲，但是公司的市值仍只是「區區」的三億美元，擁有的保單價值亦只約十億美元，以這規模來說，這個私人公司仍算不上是保險業中的一股勢力。

到了二〇〇八年，ＡＩＧ已迅速發展，「區區」的形容詞已不再適用；在這幾十年間，公司已發展成全球最大的跨國保險及金融服務機構，市值高達八百億美元（雖然公司股價在二〇〇八年初時急跌），公司帳目顯示其持有的資產價值高達一兆美元。令人歎為觀止的是，如此迅速的擴張基本上全憑一個人的足智多謀和幹勁十足所造就，他就是格林伯格（Maurice R. Greenberg），他的朋友稱他為「漢克」，這是把他比喻為美職棒底特律老虎隊（Detroit Tigers）的重砲手漢克．格林伯格（Hank Greenberg）。在公司內，大家都簡稱他為「ＭＲＧ」。

格林伯格如同狄更斯（Charles Dickens）筆下的主角，有個一貧如洗的童年。漢克七歲時，他那當出租車司機和在下東城區擁有糖果店的父親雅各．格林伯格（Jacob Greenberg）在大蕭條中過世。

他的母親改嫁一個奶農後移居紐約上州，漢克每天天還沒亮就得起床幫忙擠牛奶。十七歲時，他虛報年齡從軍；兩年後，一九四四年六月六日，他是「D-Day」反攻諾曼第戰役其中一名登陸奧馬哈海灘（Omaha），並成功解放慕尼黑達豪（Dachau）集中營的美國士兵。回國後他攻讀法律，然後又再入伍參加韓戰，並獲美軍頒授英勇作戰者青銅星章。

從韓國回到紐約，格林伯格的鐵嘴鋼牙贏得大陸保險公司（Continental Casualty）一份週薪七十五美元的承保見習員工作，很快他便晉升至公司副總裁，掌管意外和健康保險部門。一九六〇年，ＡＩＧ前身的創辦人施德（Cornelius Vander Starr）延攬格林伯格加入他的公司。

曾在加州布雷格堡（Fort Bragg）當汽水機技工的施德，是二十世紀初典型的充滿野心的美國人，一如那些闖出名堂的探勘石油者、發明家、企業家。在房地產業小試牛刀後，施德轉為加入保險業，二十七歲時他更遠赴上海銷售保單。當時上海保險市場全部由英國公司獨霸，但英國的保險公司只招攬西方公司及這些公司的駐華外國人。施德看準時機，向中國人銷售保險產品。

一九四八年中華人民共和國成立後，施德被迫撤出中國的保險業，移師亞洲其他地區發展。施德的朋友包括盟軍監管日本時期的統帥麥克阿瑟將軍（Douglas MacArthur），在他的幫助下，施德獲得美國士兵的保單合約長達數年。在日本對外商開放其保險市場前，ＡＩＧ日本擁有公司最大的海外財產災害保險業務。

一九六八年，七十六歲的施德身體開始虛弱，氧氣罐和藥丸不離身的他委任格林伯格為總裁，高登．提迪（Gordon B. Tweedy）為董事長，並授意他們轉攻美國市場。

一被委任，格林伯格立即擺開陣勢他才是最高領導人。兩人被委任不久後的一次會議中，提迪和格林伯格起了爭執，提迪一邊站起來一邊大聲強調自己的看法，這時格林伯格跟他說：「高登，坐下，閉上你的尊嘴。我現在是負責人。」

同年十二月施德過世，他的銅像至今仍擺放在ＡＩＧ裝飾藝術（art deco）的總部（譯注：art deco，新古典主義過渡到現代主義之間的一種藝術風格，誕生於巴黎，當時的語意為「最豪華」）。

翌年，ＡＩＧ上市，格林伯格坐上執行長的寶座。（提迪不久即離開公司。）

在格林伯格的領導下，ＡＩＧ透過擴張和收購合併使得利潤快速增長，業務遍布全球一百三十個國家，公司多元化地發展包括飛機租賃及人壽保險服務。格林伯格本人也成為帝王式的執行長，股民對他擁護愛戴，員工對他戰戰兢兢，公司以外的人視他如難解的謎團。

格林伯格個子矮小，卻不斷地鞭策自己。他每天中午只吃魚和蒸素菜，常常打網球或用踏步機健身。除了對他的太太科琳娜（Corinne）及他的瑪爾濟斯犬「雪球」，他對任何人都毫無感情。

在ＡＩＧ，他的急性子還有堅持要知道公司（他認為是屬於他的公司）內一切大小事，早已遠近馳名。傳聞他曾僱用中情局的前密探，公司內不同角落他都布署了保安人員。

對外界來說，ＡＩＧ最戲劇性的一幕是格林伯格企圖把公司變成世襲式的皇朝，但事與願違兼弄巧成拙，反而使得這個保險王國四分五裂。

格林伯格一直有意培養讀布朗大學和喬治城大學法律系畢業的兒子傑佛瑞・格林伯格（Jeffrey Greenberg）繼承事業。然而在一九九五年，傑佛瑞和父親發生了一連串的衝突，最後傑佛瑞離開他工作了十七年的ＡＩＧ。他離開的兩星期前，他的弟弟埃文・格林伯格（Evan Greenberg）獲晉升為副總裁，這已是他在十六個月內第三次的升職，他被樹立為傑佛瑞的勁敵。哥哥離開後，以前是嬉皮、從無興趣接掌父親王國的埃文明顯成為「儲君」。不過，埃文很快便和不肯下放權力的老爸交惡，步他哥哥的後塵離開了ＡＩＧ。傑佛瑞後來成為全球最大的保險經紀商威達信集團（Marsh & McLennan）的執行長，而埃文則成為全球頗具規模的再保險公司Ace Ltd的執行長。

格林伯格後來終於倒下，但卻是由於他與政府監管機構的衝突，而非和家庭成員起紛爭。剛愎自用、好鬥的格林伯格，選了不合適的時間與聯準會對壘。

安隆（Enron）的倒閉和一連串的企業醜聞佔據了本世紀初的報章頭版，使得監管機構和檢察官們更大刀濶斧地對付那些不合作的公司。二〇〇三年，ＡＩＧ與證管會達成訴訟和解，ＡＩＧ同意支付一千萬美元和解費，事件起因是證管會指控ＡＩＧ協助一家印第安納州的無線網路營運商隱瞞其一千一百九十萬美元的虧損。這筆和解費相當地高，證管會解釋這是因為ＡＩＧ曾意圖扣起重要檔案，這份檔案的資料與公司早前向監管機構提供的證詞自相矛盾。

翌年，ＡＩＧ和證管會在另一輪拉鋸戰中再度敗陣，這次公司涉及刑事及民事起訴，ＡＩＧ同意支付一億二千六百萬美元和解罰款，換取監管機構不追究ＡＩＧ涉嫌容許PNC金融服務集團將七億六千二百萬美元的壞帳從帳目中移除；和解協議還包括ＡＩＧ旗下的一個部門需要接受暫緩起訴協議（Deferred Prosecution Agreement）——公司必須嚴格執行和解協議的規定，司法部會在十三個月後才宣布放棄刑事起訴。（由於安達信會計師事務所因被起訴而導致崩潰的經驗，政府的態度已轉為傾向使用較溫和、緩刑式的暫緩起訴協議——過去這方法通常只應用在毒品相關的案件。）

這個被判緩刑十三個月的部門就是ＡＩＧ的金融產品公司（AIG Financial Products Corp.），簡稱ＦＰ。ＦＰ的金融把戲日後成為爆炸的觸發點，幾乎摧毀ＡＩＧ整個金融王國。

在一九八七年成立的ＦＰ，是格林伯格和霍華德．邵信（Howard Sosin）共同構思出來的產物。邵信是貝爾實驗室（Bell Labs）的金融研究學者，他被形容為「衍生工具的奇愛博士」。（譯注：《奇愛博士》〔*Dr. Strangelove*〕又名《我如何學會停止恐懼愛上炸彈》，是大師級導演史丹利．庫伯力克〔Stanley Kubrick〕一九六六年的電影，透過哲學思考探討人類未來，充滿黑色幽默。片中「奇愛博士」是美國總統的幕僚，他提出怪誕的方法解決世界末日炸彈的毀滅難題。）衍生工具能賺取巨額盈利，簡而言之，它可以建基於從實質資產例如房貸，到天氣預測都行。就像《奇愛博士》電影的結局，炸彈最後爆破；而衍生工具也可以、並且已經帶來爆炸。巴菲特形容衍生工具是「具大規模殺傷力的武器」。

邵信曾在「垃圾債券大王」密爾肯（Michael Milken）旗下受監管機構懲罰的德崇證券（Drexel Burnham Lambert）當交易員，不過他在公司破產前已離職。總部位於比佛利山的德崇證券曾是一代梟雄，但在一九九〇年受一宗劃時代醜聞案件拖累而走上破產的結局。早在一九八七年，邵信為了尋覓資金更雄厚、更具實力和擁有更高信用評級的合作夥伴，他帶了十三名德崇證券員工加盟ＡＩＧ，當中包括當時三十二歲的約瑟夫．卡薩諾（Joseph Cassano）。

他們在曼哈頓第三大道一間沒有窗戶的臨時辦公室開始工作。邵信的隊伍規模小但效率高，就像對沖基金一樣。開業初期有點手忙腳亂，租來的辦公室家具都是錯配的，大家只好坐在兒童椅上或趴在小小的兒童桌上工作。不過，這不影響公司的盈利能力——他們沒多久即達到可媲美德崇證券的盈利。和對沖基金運作的方式一樣，交易員可以保留三八％的利潤，而母公司則獲得六二％。

ＡＩＧ擁有標準普爾ＡＡＡ評級是ＦＰ業務成功的關鍵——握有這張王牌讓公司的融資成本遠低

於其他公司，可用更低的代價承擔更多的風險。格林伯格清楚知道AAA信用評級是公司價值連城的資產，他一直小心翼翼保護它。他曾警告說：「你們FP的人如果對我的AAA信用評級帶來絲毫的損害，我一定會拿大叉子追打你們。」

但邵信不滿公司對於FP的拋空業務所設下的規則，感覺受到約束失去靈活性與自主性，他和格林伯格起了巨大的衝突後，於一九九四年連同其他創辦人一起離開公司。

（格林伯格在邵信離開前已防患未然，成立了「影子小組」研究FP這個賺錢機器——邵信的營運模式。格林伯格委託了資誠會計師事務所〔PricewaterhouseCoopers〕設立電腦系統監察、追蹤邵信的交易，以便日後可根據這些交易結果重建交易方程式。）在格林伯格極力挽留下，卡薩諾同意留下來，並獲晉升出任營運長。

卡薩諾在布魯克林區長大，他是警官之子，以擅長行政管理而非具金融慧眼馳名，不像邵信帶走的那些天才定量分析師、或簡稱「量子」（quants），這些人都有博士學位，能創造複雜的交易程式，令部門鶴立雞群。

一九九七年底，亞洲的感冒最終變成傳染病橫掃全球，泰銖崩潰引發金融連鎖反應。卡薩諾開始尋找安全的投資天堂。在這過程中他碰到摩根銀行（JP Morgan）的銷售員，他們正在推銷新的信貸衍生產品，名為「廣泛指數安全信託」（Broad Index Secured Trust Offering）——這複雜的名字巧妙地被縮寫成BISTRO（原意為巴黎的小酒館或咖啡店）。當時全球的銀行乃至世界經濟都受到亞洲金融危機衝擊，摩根銀行正在想辦法降低其壞帳風險。

通過BISTRO，銀行將帳目上一籃子幾百家的企業貸款捆綁在一起，計算這些貸款的違約風險，然後把這些資產轉移到特別成立的「特殊目的載體」（special-purpose vehicle），再把這個特殊目的載體切割細分出售。這天衣無縫的策略也許是不祥的魔咒。這些像是「證券」的投資產品被稱作保險：摩根銀行可以減低其貸款項目被列入壞帳的風險；而承擔這些風險的投資者則獲得「保費」回報。

卡薩諾最終並沒有投資摩根銀行這些BISTRO產品，但對於箇中奧妙深感興趣，並命令他的「量子」隊伍對這些產品進行解剖分析。「量子」隊伍引用企業債券多年來的歷史數據，撰寫並測試電腦程式模型，結論是這新產品——信用違約交換（Credit Default Swaps, CDS）簡直萬無一失，除非大蕭條再臨，否則出現發債體集體違約的可能性是微乎其微。因而，在沒有出現如大蕭條這種災難的情況下，CDS合約的持有人將可每年收取幾百萬美元的保費，這簡直就像是不勞而穫的盈利。

二〇〇一年成為該部門主管的卡薩諾，積極地推動AIG展開承保CDS合約業務。二〇〇五年初，AIG已崛起成為這領域的龍頭大哥，這項業務的突飛猛進令卡薩諾自己也不禁懷疑。他和康乃迪克州威爾頓市（Wilton）辦公室的同事進行電話會議時，忍不住向銷售部的高層亞倫．佛洛斯特（Alan Frost）提問：「我們怎會做到這麼多的交易？」佛洛斯特這樣解釋：「經紀人知道我們不但能完成交易，而且能夠快速完成，所以我們是必然的首選對象。」

儘管泡沫不斷在膨脹，但卡薩諾和AIG高層並未顯露任何憂慮。二〇〇七年八月，信貸市場開始緊縮，卡薩諾仍對投資者誇口：「不是我想貧嘴，但我們實在難以想像有任何情況會讓我們在這類交易上出現一塊錢的虧損。」他的上司蘇禮文贊同並補充：「所以我晚上睡得比別人更香甜。」

如果你對於高度複雜的金融工程感到興趣，那麼擔保債權憑證（Collateralized Debt Obligations,

CDO）的金字塔式架構確實是很美麗的。銀行家依照債券的評級和收益率把債券結集並創製為CDO；AIG和其他被這產品吸引的機構，錯就錯在誤以為那些評級較高的CDO穩如泰山，根本不為這些產品可能招致的損失提撥準備。

CDO帶來的盈利使他們飄飄然，AIG的高層全都執意相信他們的公司是無懈可擊的；他們更以為公司在二〇〇五年已聰明地停止承保任何次貸相關的CDO，所以子彈已經擦身而過，因為這決定讓他們絕緣於其後兩年間發行的、毒性最高的CDO。不過，公司上下會如此充滿信心，最大的原因是由於AIG本身的獨特性。AIG不是投資銀行，不受金融市場短期頭寸的擺布；AIG的債務水準甚低，而且手頭現金高達四百億美元，其資產值超過一兆美元，簡單來說，AIG大到不會倒。

二〇〇七年十二月，蘇禮文在曼哈頓的大都會會所（Metropolitan Club）對投資者誇口說：AIG是全球五大公司之一。蘇禮文強調公司「並不依賴資產抵押證券或證券化產品市場的走勢，最重要的是，我們有能力一直持有被減值的投資，直至這些投資的價格反彈。這是很重要的。」

儘管他也承認公司承保了大量前景堪憂的金融產品，那些被稱為超高級（super-seniors）的信貸衍生產品，「但因為我們對承保這類業務非常謹慎，而且承保的條文已考慮到多方面虧損的機率，所以，我們相信這些產品帶來經濟損失的機率是近乎零。」

然而，這時候別人對AIG的看法和公司的自我看法已越來越背道而馳。那些向AIG購入超高級信貸衍生產品的客戶可能依然支付保費，但這些資產的價值卻在不斷下跌。市場對CDO已完全失去信心；信用評級機構也把價值數百億美元的CDO的評級下調，就算原來屬AAA評級的亦難逃被降級的命運。

二〇〇七年，AIG最大客戶之一的高盛，要求AIG依照CDS合約的條款增提抵押保證準備金（collateral）數十億美元。十一月，AIG披露了公司面對抵押保證準備金的爭議。在十二月的會議中，瑞士信貸資深的保險分析師查理．蓋茨（Charles Gates）一針見血地提問：「你們說『我們和交易對手對於某類超高級CDS及其相關抵押品的估值出現明顯分歧』是什麼意思？」

常常愛表現自己來自布魯克林區的卡薩諾以布魯克林的語調說：「查理，你好嗎？意思是，市場有點兒弄錯了。說真的，就是這意思。市場是——我沒有輕視的意思——事實上正如大家所注意的——查理提到的那部分是處理有關我們和交易對手就抵押保證準備金的爭議。這正是我和詹姆士．布里奇沃特（James Bridgwater，在FP負責建構資產值模型的人）常常談論的有關這市場的模糊以及無力認清價值。」

卡薩諾越來越被與高盛的爭議所困擾。與此同時，另一交易對手美林也加入要求增加抵押保證準備金的行列，只是美林沒有高盛那麼強硬。卡薩諾對於自己能成功擊退交易對手感到沾沾自喜。二〇〇七年十二月五日，他曾說：「我們不時會收到增加抵押保證準備金的要求，我們的回應是：『但是我們不同意你的數字。』這樣，他們就會知難而退。」

在那年秋季的董事會上，卡薩諾被問到高盛的抵押保證準備金時，他火大地反駁：「人人都認為高盛是他奶奶的特別聰明，你們不應該假定高盛說的價值就是你們應該相信、就是正確的價值。我弟弟在高盛工作，他就是一個笨蛋！」

維爾倫斯坦德還未被委任為執行長前，FP的問題已困擾著他。自格林伯格在二〇〇五年因另一

宗嚴重的會計醜聞而被迫下臺後，FP的問題已陷入爆破邊緣。紐約州總檢察長艾略特・史匹哲（Eliot Spitzer）在調查AIG與巴菲特所擁有的通用再保險（General Re）的交易後，威脅會對格林伯格作出刑事起訴。史匹哲懷疑這交易可讓AIG誇大公司的現金準備五億美元。

二〇〇八年一月下旬，在拜森全球夥伴公司的辦公室裏，維爾倫斯坦德正在閱讀AIG向董事會成員提交的每月匯報，他留意到駭人的一點：FP部門所承保的次貸總值超過五千億美元，對手主要是歐洲的銀行。這業務原是FP極其聰明的金融工程手段：因為要符合監管機構的要求，銀行的債務相對其資本不能超過某一比例；而AIG產品誘人之處——至少在短時間之內——是讓銀行可在沒有新資金的情況下提高槓桿比率，因為銀行已購買了保險。

維爾倫斯坦德按過計算機之後只感到膽戰心驚：目前市場上抵押貸款的違約率急速上升，不用多久，AIG一定會被迫支付天文數字的賠償金額。他馬上聯絡AIG的外部稽核師（auditor）資誠會計師事務所（PricewaterhouseCoopers），下令他們明天到他的辦公室舉行祕密會議，看看這個問題單位究竟發生了什麼事。關於這會議，沒有人費神通知當時還是執行長的蘇禮文。

二月初，稽核師指示AIG必須按市場的跌幅對每一項CDS合約重新估值。幾天後，AIG尷尬地披露剛發現公司的會計方法有「嚴重缺陷」——如此重大的問題卻選用了這麼委婉的用詞。與此同時，顏面無光的AIG宣布須對十一月和十二月的預估虧損作出修正，預估虧損金額由十億美元急遽惡化至五十億美元。

正在科羅拉多州的Vail度假滑雪的維爾倫斯坦德致電蘇禮文，向他發出解僱卡薩諾的命令。

維爾倫斯坦德說：「你必須對他有所行動。」

驚訝的蘇禮文回應：「就算公司要重整盈利，這也不值得擔心，這只是帳面、紙上的虧損。」他繼續冷靜地說：「你要知道，我們不會損失任何錢。」

聽到這回應，現在變成維爾倫斯坦德感到不可思議，他說：「這不是核心問題，我們馬上要宣布數十億美元的虧損，嚴重缺陷！你的稽核師指出卡薩諾並未盡到應有的公開及坦誠的義務。」

蘇禮文承認卡薩諾確實具爭議性，但是否真的需要解僱他？

維爾倫斯坦德提醒他：「兩位非常知名的執行長已先後被解僱，而他們犯的錯甚至更輕。」他指的是花旗集團的執行長查爾斯・普林斯（Charles Prince）和美林的奧尼爾（Stanley O'Neal），兩人同樣因忽略了公司將作出大額減值而在二〇〇七年秋天被撵走。「你對外不能毫無行動，對內亦要發出正確的訊息。」蘇禮文最終讓步，但他依然為卡薩諾求情：「我們應該保留他擔任顧問。」

「為什麼？」維爾倫斯坦德對這建議感到困惑與不安。

蘇禮文堅持FP是極其複雜的業務，撵走卡薩諾後，他並沒有足夠的資源管理FP，他需要幫助，起碼在卡薩諾離職初期。

維爾倫斯坦德開始激動地反駁：「你退一步想想，花一分鐘想一想，從外界的角度以至從公司內部的角度想想——這人管理公司並不合格，現在你卻說你需要留他在身邊幫忙？」

蘇禮文換個角度繼續遊說，他請維爾倫斯坦德從競爭的角度考慮，說如果卡薩諾還是AIG的受薪員工，他就不能跳槽其他公司——先把他工作上的錯誤放在一旁，這樣來說他對公司還是有價值的，蘇禮文說：「如果以顧問形式留住他，他就受禁止競爭協議約束，他無法跳槽其他公司，也不會挖走我們的人。」

維爾倫斯坦德是個實事求是的人，這論點終於令他回心轉意，他知道要踢走一個顧問是易如反掌。他同意道：「好吧，如果你一定要他繼續當顧問，你必須好好找個方法，你不能再讓他積極參與業務。這簡直是神經病。」

然而，一紙月薪一百萬美元留住卡薩諾的顧問合約，仍未能解除蘇禮文和其他人對FP員工出走的擔憂。在卡薩諾被投閒置散，以及FP公布五十億美元巨額虧損的雙重打擊下，謠言四起，不斷有傳聞說FP內最具賺錢能力的員工很快便會掛冠求去。接替卡薩諾的威廉．杜利（William Dooley）最終找到蘇禮文提出請求道：「我們需要推出一個挽留人才計畫，不然我們會失去整個團隊。」

蘇禮文體會到問題的嚴重性。AIG的員工原可獲分配公司利潤的一個百分比，但現在公司錄得巨額虧損——他對薪酬委員會力陳：「放眼未來，他們獲得任何利潤分配的機會是零。這不僅是一個壞季度，他們根本沒辦法在下一季度甚至在下一年度追回虧損水準。」他告訴董事會，做為FP的僱員，離開FP到別的地方捲土重來一定比留下來更划算。（諷刺的是，比起華爾街其他投資銀行的交易員，FP的報酬計算方法其實更能把僱員的利益與股東的利益放在同一陣線上，因為FP員工的分紅是按公司整體盈利計算，而非只看他們個人的交易帳目。）

三月上旬，AIG董事會要求蘇禮文把人才挽留計畫書一改再改，最後，董事會批准在二〇〇九年特別發放一．六五億美元，以及在二〇一〇年特別發放二．三五億美元。當時，只有AIG公司內部的同事關心這方案，外界對這決定根本不屑一顧；但誰也想不到這決定日後會演變為政治噩夢，並且一直惡化——被譴責、人身攻擊、死亡恐嚇，並且迫使國會山莊做出急忙和瘋狂的討伐，誓言要取消這特別分紅。

五月時，ＡＩＧ公布第一季度慘淡的業績，因需為信貸衍生工具減值九十一億美元而錄得公司史上最巨額的七十八億美元虧損。標準普爾隨即把其信用評級調低一級至AA-。四天後，五月十二日，《華爾街日報》報導ＡＩＧ盈利最豐厚的部門——從事飛機租賃業務的國際租賃金融公司（International Lease Finance Corporation）正積極爭取剝離母公司架構，可能方案包括出售或分拆上市。

這時，剛過八十三歲生日的格林伯格促請ＡＩＧ延期舉行一年一度的股東大會，原因是這季度的惡劣業績，以及公司正在集資七十五億美元的計畫。他在一封被公開的信中這樣寫：「我和其他數百萬名投資者一樣，眼巴巴看著這偉大的公司衰落感到非常擔心，這公司正深陷危機。」

私底下其他ＡＩＧ大股東也開始要求變革。二〇〇八年五月十四日，股東大會舉行前兩天，維爾倫斯坦德的拜森辦公室收到埃利・布羅德（Eli Broad）的一份傳真，他是格林伯格親密的商業夥伴，也是ＡＩＧ的前董事。一九九八年，ＡＩＧ曾以一百八十億美元作價、全股票支付形式收購他旗下的巨型人壽保險公司新美國（SunAmerica）。

布羅德和兩位重量級的基金經理人——美盛資本管理公司（Legg Mason Capital Management）執行長米勒（Bill Miller），以及大衛斯精選顧問公司（Davis Selected Advisers）的創辦人大衛斯（Shelby Davis）——一起連署，他們三人共持有ＡＩＧ四%的股權，他們要求開會商討「改善管理層的方法以及如何令外界對公司恢復信心。」

第二天傍晚，維爾倫斯坦德和ＡＩＧ另一名董事莫里斯．奧菲特（Morris Offit）到達布羅德位於第五大道的雪麗—荷蘭旅館（Sherry-Netherland Hotel）內的公寓和這三位投資者見面。在場的還有大衛斯的兒子克里斯．大衛斯（Chris Davis），他在爸爸的公司負責管理投資組合。

布羅德寬敞的大廳能俯瞰中央公園這城市綠洲以及周遭的高樓大廈景色。而布羅德一開始便列出對蘇禮文和公司業績的不滿之處。

布羅德才開始抱怨，維爾倫斯坦德就打斷他：「在你繼續發言之前，請聽我說。我有一點要說清楚，我們正在集資，所以我不能特別對你透露其他人不知悉的訊息。我們很願意聆聽和盡量回答問題。」從此整個晚上，與會的每一方都感覺彆扭和尷尬，因為維爾倫斯坦德和莫里斯．奧菲特除了說董事會理解他們的擔憂外，其餘的都無可奉告，只承認：「你告訴我們的全是我們已知道的事。」

雖然蘇禮文面臨股東大會強迫他離職的壓力，但在股東大會的當天早上，他看來心情大好。他在ＡＩＧ大樓八樓的會議廳到處和股東們打招呼握手，又與一名投資者大談上週日曼聯（Manchester United）以二比〇擊敗韋根競技（Wigan Athletic），使曼聯能在最後一刻從切爾西（Chelsea）手中奪得本季聯賽冠軍。曼聯的勝利算是蘇禮文和ＡＩＧ的「傲人成就」：公司花了一億美元贊助費，使得曼聯球員在四個季度穿著印有ＡＩＧ商標的球衣出賽。除此之外，蘇禮文根本無法提供其他可讓股東息怒的消息。翌日，《華爾街日報》的頭條簡單直接地說：「ＡＩＧ表示理解，沒有其他。」

雖然維爾倫斯坦德和莫里斯．奧菲特不斷重申公司正不遺餘力地加強現金流量，但募集新資本的計畫又引起新衝突。摩根大通和花旗正帶頭逼迫ＡＩＧ進一步減值和對此作出披露。同時，高盛和其他承保者也就其購買的ＣＤＳ要求ＡＩＧ額外提供一百億美元的抵押保證準備金。

摩根大通的銀行家知道華爾街上的傳言是什麼，也知道其他人不認同AIG本身的估值。在這些銀行家眼中，AIG的金融主管是業餘的，沒有一個能令人有深刻印象——執行長蘇禮文不能，財務長史迪文．本辛格（Steven J. Bensinger）也不能

其實大家也互相看對方不順眼，AIG的管理層對摩根大通團隊的高傲也感到很沮喪。這時，AIG正向摩根大通和花旗委託其有史以來最大一項募資活動這重任，兩家銀行可獲得的費用也相當可觀：分別收取超過八千萬美元的酬勞。然而，銀行家們不留情面、理直氣壯地對AIG指指點點，只適得其反地令AIG更頑固抗拒。

摩根大通堅持AIG要作出更多的披露。在一個討論募資活動的週日下午電話會議中，蘇禮文親自主持，他的聲調已沒有平日那般談笑自若，他說：「我們馬上要作決定，你若不是跟我們在同一條船上，我們就只好選擇在沒有你們的情況下繼續前行。」

摩根大通的銀行家們掛斷電話後商討眼前的方案。身在南卡羅萊那州參與電話會議的史蒂夫．布萊克（Steve Black）被委派給蘇禮文回話，他說：「既然你要我們馬上作決定，那我們就馬上作決定。我們的答案是：我們不再參與你的募資計畫；而如果別人問我們為何退出，我們只好如實解釋因為我們對你們部分資產的潛在虧損有不同意見。」

面對這樣的威脅，AIG別無選擇，只能屈服；眼下募資是最關鍵的任務，他們無法承受與包銷銀行不和這個情況被公開的破壞力。更讓AIG管理層大為惱火的是，摩根大通表示不願意在公開的估值檔案上署名，紀錄上只寫著「另一家全國性金融服務公司」。

在盛信律師事務所（Simpson Thacher & Bartlett）的大型會議桌上，ＡＩＧ的董事們剛投票通過委任維爾倫斯坦德為新任執行長。

維爾倫斯坦德對董事們發言，強調第一要務是和格林伯格和解。格林伯格掌控ＡＩＧ一二%的股權，是最大單一股東。過去他和ＡＩＧ發生的幾場紛爭對公司來說一方面付出昂貴的代價，另一方面也令公司的管理層分心。他補充道：「他和這家公司是永遠連在一起的。」

散會後，維爾倫斯坦德返回他上東城的公寓，戰戰兢兢地撥電話給格林伯格。戰戰兢兢——因為他知道對方從來不讓事情好辦。等了好一會，格林伯格終於拿起聽筒。

「是漢克嗎？你好，我是維爾倫斯坦德，我想跟你說，董事會剛開會，我們已決定辭退蘇禮文。」

「甩得好。」格林伯格自言自語地說。

「我們明天將發通告，我將出任執行長。」

經過一陣令維爾倫斯坦德感到痛苦的沉默，格林伯格終於用輕得聽不見的聲音回答：「恭喜你，謝謝你專程來電通知我。」

「漢克，我知道公司和你之間有很多問題，但我願意重新開始，我們看看有沒有辦法解決。」

「我很願意聆聽；公司的問題，我也想幫忙。」格林伯格回答。兩人同意在週內共進晚餐。

掛線後，維爾倫斯坦德更加相信與格林伯格和解是必須走的一步；這甚至會對公司的股價有所幫助。不過，格林伯格是死硬的銅屁股、耐磨的談判專家，任何交易都需要時間與耐心。

問題是，維爾倫斯坦德並不確定他有多少時間。

第九章　高盛的未來

二〇〇八年六月二十七日星期五，勞爾德・貝蘭克梵（Lloyd Blankfein）經過九小時的長途飛行，抵達俄羅斯聖彼得堡；雖然感到疲累，他依然到酒店外面的廣場散散步。他是和高盛的總裁兼營運長蓋瑞・柯恩（Gary D. Cohn）偕同兩位夫人，一起搭乘公司的灣流飛機到俄羅斯。在旅程中，喜歡歷史的貝蘭克梵已把波士頓大學歷史與國際關係學家大衛・弗羅姆金教授（David Fromkin）的《結束所有和平的和平》（*A Peace to End All Peace: The Fall of the Ottoman Empire and the Creation of the Modern Middle East*）讀完了。

高盛董事會的其他成員幾個小時之後才會到達，這令貝蘭克梵可偷得少許私人時間，他決定在這個暖和的下午到處溜達觀光。位於廣場另一角、雄偉的聖以薩大教堂（St. Isaac's Cathedral）和他遙遙相對，在一片密雲的天色下，高聳的金頂環依然金光四射。今晚，高盛的董事會成員及他們的夫人將參加特別安排的私人導覽團，參觀涅瓦河（Neva River）畔的國立艾爾米塔什博物館（State Hermitage Museum）；這座博物館前身為沙皇皇宮，分布在六座建築物之內。

在董事會舉行前夕，貝蘭克梵享受半點偷來的閒情是可以理解的——金融世界目前一團亂，全球陷入水深火熱之中，唯獨高盛再次在危機中突顯公司的卓爾不群，再次證明高盛比起其他公司更能經得起這場風暴的打擊。

舉行董事會的地點——沒有別的地方比俄羅斯更理想——如果中國可被視為世界工廠，那俄羅斯絕對是商品王國。而此時此刻商品正在統領天下：原油價格已幾乎達每桶一百四十美元，而俄羅斯的鑽油台每天鑽出幾百萬桶黑金——一想到這裏，就可令人暫時忘卻美國的問題。

高盛的董事會習慣每年挑選世界不同的地點舉行為期四天的會議。兩年前從鮑爾森手中接掌大權後，貝蘭克梵堅持會議需要在急速崛起的新興經濟大國舉行，即在金磚四國——巴西、俄羅斯、印度及中國其中一地舉行。他認為這特別適當，因為「金磚四國」這一概念，正是由高盛的經濟學家吉姆·奧尼爾（Jim O'Neill）提出，他的研究報告看好這四國的發展，相信世界的財富和權力將逐漸向這四國轉移。貝蘭克梵認為在這四國開會是高盛身體力行的表現。

聖彼得堡是行程的第一站，在此董事們將聽取公司最近期的財務狀況匯報，以及就公司的策略進行討論；隨後大家會移師莫斯科逗留兩天。高盛的幕僚長羅傑斯（John F. W. Rogers）用盡了方法，終於成功安排俄羅斯鐵腕總理普京（Vladimir Putin）接見高盛董事會，普京的反資本主義立場清楚表明他絕不會受美國擺布。

貝蘭克梵緩步返回阿斯托里亞酒店（Hotel Astoria），經過宏偉的尼古拉大帝（Nicholas I）青銅騎士像，他的腦海被恐怖所佔據，他擔心：油價如果下滑到譬如說每桶七十美元，那會如何？那時會怎樣？高盛又會怎樣？雖然貝蘭克梵本身十分成功，但他自己也承認，並常常形容自己是個「偏執狂」。

身處俄羅斯也令他不禁憶起另一份焦慮——一九九八年克里姆林宮突然宣布延期償還國債，這個訊息震驚全球市場，股市大跌，措手不及的高盛亦受到重創。就像是傳染病一樣，不久，長期資本管理公司（Long-Term Capital Management）便被擊倒。骨牌效應令華爾街的投資銀行紛紛錄得巨額交易虧損繼而拖累整體業績，高盛的重創讓集團被迫延後其上市計畫。

今天市場的亂局越演越烈，但高盛卻能免於像雷曼、美林、花旗、甚至摩根士丹利那樣承受巨大的衝擊。他的隊伍很機靈，但貝蘭克梵也很明白他的成功背後其實是受到幸運之神的眷顧，他說：「我真心認為我們比別人技高一籌，但只是贏一點點而已。」

高盛也持有若干有毒資產，槓桿比率也相當高；和同業一樣，高盛也受到信貸緊縮而面臨資金短缺壓力。但高盛過人之處，是他們機警地繞過那些百分之百建基在次貸的證券——那些毒素最高的資產。

高盛兩名抵押貸款的交易員邁克．斯文森（Michael Swenson）和喬許．伯恩波姆（Josh Birnbaum），連同財務長大衛．維尼亞（David Viniar）是促成高盛大舉拋空次貸相關證券的關鍵人物，他們看空資產抵押證券綜合指數（ABX Index, Asset-backed securities index，是次級房貸市場的「溫度計」——包含一籃子與次貸相關的衍生產品）。若沒有走這一步，高盛和貝蘭克梵現在的境況會有天壤之別。

回酒店的途中，觸目可見的是馬路上擠滿了賓士車，貝蘭克梵知道這不外是這個國家各種窮極奢侈手段中最顯而易見的一幕。俄羅斯的寡頭經濟霸主將他們在能源、石油和天然氣，還有鐵、鎳和鈀等價值商品所賣得的大把大把鈔票，揮霍在超級遊艇、畢卡索名畫、英超球隊上。十年前，俄羅斯還是一個無力償還債務的國家；今天，已高速成長至一．三兆美元的經濟體。

其實高盛和俄羅斯糾纏不休的歷史遠早於俄羅斯宣布無力償還國債一役。一九四〇年代時，羅斯福（Franklin Delano Roosevelt）總統便曾力邀高盛的傳奇領導人西德尼·溫伯格（Sidney Weinberg）出任駐前蘇聯美國大使。溫伯格婉拒總統邀約時說：「我不會說俄語，我在當地可以跟誰說話？」

前蘇聯解體後，高盛是率先嘗試打進這市場的西方銀行；三年後，柏林圍牆倒下時，葉爾欽（Boris Yeltsin）的新政府聘請高盛擔任其銀行業顧問。

然而，這個市場之無利可圖最終讓高盛於一九九四年宣布退出。不過，高盛後來又重回當地，並在一九九八年協助俄羅斯政府發售一二·五億美元的債券；但是，在兩個月之後，俄債問題便爆發，這批債券化為烏有，高盛又再次撤出俄羅斯。所以，高盛這一趟的重返俄國已是第三次，而貝蘭克梵決心要馬到成功。

翌日早上八時，高盛的董事會議在阿斯托里亞酒店的會議室舉行。阿斯托里亞酒店是以創辦人阿斯特四世（John Jacob Astor IV）為名，於一九一二年開業，傳聞當時希特勒對攻下聖彼得堡充滿信心，並早已屬意在這酒店舉行聖彼得堡投降慶祝酒會，酒會的請柬更早已準備就緒。

穿著藍色外套、卡其褲的貝蘭克梵對董事會發表有關公司表現的概述報告。第一部分會議無風無浪，第二部分才是關鍵。主持人蒂莫西·奧尼爾（Timothy J. O'Neill）對外界來說名不見經傳，但其實他是資深「高盛人」，是高盛的高級策略師，公司內舉足輕重的管理層。過去曾經擔任這要務的包括高盛的超級巨星克勞斯（Peter Kraus）和埃里克·明迪奇（Eric Mindich），這足以證明蒂莫西·奧尼爾的地位；貝蘭克梵十分重視奧尼爾提出的意見。

董事們在三星期前已收到簡報書，他們深深明白這環節的重要性——奧尼爾會說明高盛的求生計畫。奧尼爾就像是公司的防火監察員，他的職責是在火警發生前，把所有的緊急逃生標記做好。雖然目前公司還未出現起火點。

高盛面對的問題是：有別於傳統的商業銀行擁有存款業務，高盛並不收受存款，理論上來說這讓高盛更穩定。不過，高盛和所有的券商經紀（**broker-dealer**）公司一樣，大家全都某種程度上依賴短期回購（**short-term repo**）市場；而回購協議允許公司以金融證券為抵押品拆借頭寸。儘管高盛一般的債務協議為期較長，不像雷曼那樣高度依賴隔夜錢，但是，面對變幻無常的市場現況，高盛依然備受牽連。

這營運方式其實是一把雙刃劍，它可以讓公司動用自己的資本作賭注，並發揮高度槓桿能力——舉例說，這行業的慣常做法是一美元的自家資本配以三十美元借來的資金，讓賭注可大大提高。相比之下，像摩根大通這樣受聯準會監管的銀行控股公司（**bank holding company**），監管機構對其設定的限制，尤其就拆入資金作賭注方面就嚴謹得多。但這雙刃劍的壞處是，當市場信心動搖的時候，這類性質的資金瞬間即逝，馬上就會蒸發掉。

奧尼爾陳述他的觀點時，坐在一旁的貝蘭克梵不斷點頭表示同意。奧尼爾說，貝爾斯登的事件並不是個別事件，在危機未發生前，這種獨立的券商經紀營運模式已被視為一條恐龍。貝蘭克梵親眼目睹所羅門美邦公司（**Salomon Smith Barney**）被花旗收歸旗下，甚至摩根士丹利和添惠公司（**Dean Witter**）合併。現在，貝爾斯登也成為歷史了，看來雷曼也快要殊途同歸，貝蘭克梵絕對有擔心的理由。

貝蘭克梵在高盛的個人經歷也讓他相信世事確實可以變幻無常。十年前，他是一個蓄鬍、又矮又肥、穿短筒襪子出席公司高爾夫球聚會的人；十年後，他搖身一變成為華爾街上最靈光、賺最多錢的公司的最高領導人。

貝蘭克梵的仕途其實是典型的高盛故事。和公司的創辦人西德尼・溫伯格一樣，貝蘭克梵的父母是工人階級的猶太人，他的爸爸在郵局當辦事員，而媽媽則是接待員。貝蘭克梵在東紐約的布朗克斯區（Bronx）出生，這地方是布魯克林最貧窮的社區之一。貝蘭克梵在公共屋村林登屋（Linden Houses）成長，在這些公共屋內，你可聽到鄰居的一言一語，和嗅到他們在準備什麼樣的晚餐。

年輕時的貝蘭克梵曾在紐約洋基隊打棒球賽時賣汽水賺取外快。一九七一年，他在湯瑪斯傑佛遜高中（Thomas Jefferson High School）以班上最優異成績畢業。得到獎學金和學生貸款的資助，十六歲的他進入哈佛大學，是家族中第一個能讀大學的人。他恆心堅毅的一面也可從其他地方獲得佐證——為了追求一個來自密蘇里州坎薩斯城（Kansas City）的衛斯理女子大學的女生，他刻意到總部在坎薩斯城的Hallmark公司當暑期工希望近水樓台；不過，這段關係卻沒有開花結果。

大學畢業後，他繼續在哈佛法學院修讀法律，一九七八年畢業後加入Donovan, Leisure, Newton & Irvine律師事務所。隨後幾年，他的日子幾乎是在飛機上度過的，經常往來紐約與洛杉磯市。週末難得有空檔時，他和同事會開車到拉斯維加斯玩廿一點。有一次，他們給老闆留下這樣的便條：「如果你在週一看不到我們，你就知道我們已經中了大獎。」

這時候，貝蘭克梵的事業已上軌道，而這軌道將能穩定地帶他晉升為合夥人；不過，在一九八一年，他卻覺得人生難道只是這樣——他認為自己不應僅是一個企業稅務律師，因此，他分別前往高盛、摩根士丹利和添惠公司求職——但他的申請全被拒絕。然而，機緣巧合，數月後他卻有機會踏進高盛之門。

當時，一家獵人頭公司跟他接洽，邀請他加入一家知名度不高的商品交易公司J. Aron & Company，它正在招募法律系畢業生，條件是不但能解決複雜問題，還要把公司的解決方案清楚地解釋給客戶聽。當貝蘭克梵告訴在Phillips, Nizer, Benjamin, Krim & Ballon當企業律師的未婚妻蘿拉（Laura）他要去當金幣和金條的銷售員時，蘿拉當場哭出來。

不出數月，一九八一年十月底，高盛收購了J. Aron，貝蘭克梵最終成了高盛的一員。

七〇年代油價動盪、通膨開始急升時，高盛已決心開拓商品交易市場，J. Aron能為高盛提供有力的黃金和金屬交易業務，以及國際據點，特別是其在倫敦的營運已甚具規模。然而，兩家公司的文化卻截然不同，高盛有紀律和克制，J. Aron則野性和喧鬧。當高盛把J. Aron的交易運作搬到布勞德街八十五號的辦公大樓時，高盛那些天天穿戴體面的行政人員被J. Aron的同事嚇得目瞪口呆。J. Aron的同事全都衣衫不整——領帶鬆掉，袖子摺高，他們的交易員習慣叫喊價格和滿嘴粗話，憤怒時，他們會捶桌子，也會把電話機扔掉。這並不是高盛式的言行舉止；而雖然高盛對自己的文化和等級計算方法頗為自豪，但看在J. Aron同事的眼裏，實在是裝模作樣多此一舉。

收編入高盛後，貝蘭克梵想知道他的職銜是什麼時，他得到的答案是：「你喜歡的話，你想稱自己為女伯爵也行！」

高盛委派馬克．溫科爾曼（Mark Winkelman）負責馴服這幫不羈之眾。荷蘭裔的溫科爾曼是最早當上高盛合夥人的外國人之一。他有敏銳過人的分析能力，是華爾街第一批確認科技對交易重要性的明眼人，他知道電腦的體積越來越小，效能卻越來越強。溫科爾曼第一次留意到貝蘭克梵時，貝蘭克梵正從另一交易員手中奪下電話，以阻止對方向招致他損失的客戶破口大罵。

次年，在高盛一輪全方位的裁員浪潮中，溫科爾曼保住了門生貝蘭克梵的職位。貝蘭克梵在其他方面也福星高照，高盛決定大舉進攻債市、商品市場和貨幣交易市場，並準備承受更多風險。過去公司一直是商業票據方面的先驅，也是市政府財務顧問的不二之選；但是在固定收入業務方面，高盛卻比不上所羅門兄弟（Salomon Brothers）或其他公司。溫科爾曼和喬恩．寇辛徹底整頓固定收入部門，並從所羅門兄弟招兵買馬。溫科爾曼對貝蘭克梵的靈巧外交手腕和聰明才智留下深刻印象，他派貝蘭克梵管理一個由六名貨幣交易員組成的小組，後來，貝蘭克梵獲晉升為該部門的主管。

當時，負責固定收入部門的羅伯特．魯賓（Robert Rubin）和史蒂芬．弗里德曼（Stephen Friedman）都反對這任命。魯賓告訴溫科爾曼：「在公司的所有部門，我們從未見過有銷售人員能成功管理交易員的例子。他肯定你的分析正確嗎？」

溫科爾曼這樣回答：「你的經驗之談我由衷感激，但我仍然認為他是可以勝任的，勞爾德有衝勁、聰明，還有發掘新事物的心，我有一定的信心。」

這位年輕的律師很快以行動證明他在交易領域一樣精通，他成功建構一筆交易，讓穆斯林客戶可一邊遵循可蘭經禁止支付利息的教條一邊集資，這筆交易很複雜，涉及與標準普爾五百指數對沖，而集資額達一億美元，是當時高盛最大筆的交易。

貝蘭克梵也是個書迷，放假時總是隨身帶著一堆歷史書。不愛炫耀和自我吹噓的貝蘭克梵是高盛文化的理想體現者。在高盛，從沒有人會說「我做成這筆交易」，他們只會說：「我們做成這筆交易。」

一九九四年，溫科爾曼被寇辛和鮑爾森迎頭趕上而且超前，沒能當上高盛的高層，他感到十分沮喪；而在一九八八年已晉升為合夥人的貝蘭克梵，更是替代溫科爾曼的四位候選人之一。溫科爾曼最後離開公司。

一九九八年時，貝蘭克梵已當上固定收入、貨幣和商品部門的聯合主管，統領公司其中一門盈利最高的業務；但貝蘭克梵並不被視為是執行長的接班人。最後，他的智慧還是贏得鮑爾森的信任，貝蘭克梵被提升為聯合總裁，這也導致賽恩（**John Thain**）離開高盛。

為了迎接新職位，貝蘭克梵也主動作出「三掉」——把鬍子剃掉，把五十磅減掉，把抽菸習慣戒掉。二〇〇六年五月，鮑爾森宣布出任財長時，也同時宣布他挑選了貝蘭克梵為接班人。

貝蘭克梵知道，高盛一直覺得有必要和其他公司合併。一九九九年，在鮑爾森領導高盛期間，在高盛上市後不久，鮑爾森曾親自主導和摩根大通進行祕密的合併會談，直至有一天，鮑爾森回家後突然靈機一動，他日後回憶時說：「從法律的角度看，確實是我們收購摩根大通；然而，對方卻是比高盛大得多，這次的收購其實變相是摩根大通把高盛吸收掉。我知道，我們最終一定可以學得他們會做的所有事情。」

在柯林頓總統的第一個任期，國會正準備撤銷將投資銀行業務和商業銀行業務嚴格隔離的格拉斯—史帝格法案（Glass-Steagall Act），又稱為《一九三三年銀行法》。當時，高盛的說客成功遊說草擬新條例的委員會在《金融服務現代化法案》（*Financial Services Modernization Act*，後來在一九九九年成為《格拉姆－李奇－比利雷法案》〔*Gramm-Leach-Bliley Act*〕）中加入一個小小的修改，讓高盛可在有需要的時候轉型為銀行控股公司。這小小的修改就是：容許一家銀行可同時擁有發電廠，而該銀行若轉型為銀行控股公司，亦可繼續擁有發電廠。無需多問，高盛是唯一擁有發電廠的銀行。

貝蘭克梵正在腦海中回顧這段歷史時，奧尼爾以一連串問題結束這次的簡報：「我們需要轉型為商業銀行嗎？我們轉型為商業銀行的意義是什麼？我們怎樣利用存款？我們怎樣建立存款的基礎？」

為了鼓勵討論，貝蘭克梵馬上接口提醒董事會說：「存款的金額只可用於某些特定的業務。」高盛的總裁兼營運長蓋瑞．柯恩試圖作出更詳盡的解釋，他指出高盛並不允許把所有存款都轉作投資用途，他說「要在市場上購買一些抵押貸款，或從事信用卡業務，甚至擔當抵押貸款的放款者」。然而，這些全都是高盛毫無經驗的業務，進軍這些領域意味高盛要作出徹頭徹尾的改變。

在會議廳二十呎高的吊燈下，董事會和行政人員們對各個方案展開激烈的討論——發展網路銀行、壯大公司的私人財富管理業務……。一小時後，奧尼爾提出一個新的方案——購買一家保險公司。

表面上，經營保險業務好像比轉型為商業銀行為高盛帶來更劇烈的變化；但貝蘭克梵則認為兩個行業的相似處比差異處來得更多。他解釋保險公司利用客戶的保費作投資，和銀行利用存款的原理大同小異，就以巴菲特（**Warren Buffett**）為例，他積極參與保險業絕對有其原因，他利用旗下保險公司的可動用資金作其他投資。相同地，保險業界所說的「精算風險」（actuarial risk），亦與高盛本身的風險管理原則雷同。

高盛不能隨意購買任何一家保險公司，高盛只能選擇大型的保險公司，讓高盛本身已相當沉重的資產負債表不會受到太大影響。在奧尼爾名單上第一個是美國國際集團（AIG），從某個角度看，AIG是世界上第一大保險公司，近期股價被市場摧殘，也許在這時機高盛揮軍直入還頗具經濟效益。其實收購AIG不是一個嶄新的想法，多年前在高盛總部裏，這合併方案被低聲討論過很多回。

高盛前兩任領導者——約翰·懷海德（John Whitehead）和約翰·溫伯格（John S. Weinberg），他們都曾經向好友漢克·格林伯格（Hank Greenberg）建議過也許有一天他們應該進行交易。

幾乎每個人都對AIG有自己的看法。麥肯錫（McKinsey & Company）榮譽高級合夥人顧磊傑（Rajat Kumar Gupta），以及莎莉集團（Sara Lee）前執行長、鮑爾森的好友約翰·布萊恩（John H. Bryan），對於交易都深感興趣。

醫療科技大廠美敦利（Medtronic）前任領導者比爾·喬治（Bill George）則表現得有點猶豫；而蓋瑞·柯恩更老實地說這想法令他很緊張。會上眾人都以美國最大的汽車和家庭財產保險公司全美保險（Allstate）的執行長愛德華·李迪（Edward Liddy）的意見馬首是瞻：他是會上唯一一個對保險業務有實戰經驗者。約五年前，李迪甚至曾經想把公司賣給AIG，但被格林伯格一口拒絕，說：「我認為你應該保留它。」

在過去幾次的董事會中，每當提及保險這議題，李迪的表現並不積極，並且警告說：「這是一個完全不同的遊戲。」他的觀點並沒有改變，不管AIG的市值已跌到如何便宜，他堅持說：「不值得和AIG糾纏在一起。」

早上的討論結束，大家對收購ＡＩＧ的建議莫衷一是，午飯後，ＡＩＧ卻因為別的原因再次被帶到會議桌上討論。ＡＩＧ一向與高盛以及其他華爾街金融機構進行交易，和別的公司一樣，ＡＩＧ需要提供證券作抵押。現在的問題是：ＡＩＧ堅稱他們的證券價值遠超過高盛的估算，雖然高盛的稽核師正在研究此事，但問題是高盛的稽核師資誠會計師事務所同樣為ＡＩＧ服務。

透過視訊會議，資誠的代表向高盛董事會報告與ＡＩＧ就估值出現分歧一事的最新發展——究竟ＡＩＧ的組合是否是「以市值入帳」。貝蘭克梵告訴董事會，高盛認為ＡＩＧ更像是「以幻想入帳」。

奇怪的是，在莫斯科這間房間內，沒有人把這重大的關鍵串連起來討論；沒有人提出這抵押品的價值分歧，正是高盛考慮合併的潛在致命死穴——ＡＩＧ已深陷泥沼了，所以硬要高估抵押品價值以換取時間空間。反而，當日整個下午，會議的重點是責備資誠，高盛的聯合總裁溫克里德（Jon Winkelried）尖銳地質問：「你們內部如何解決？你們同時作為兩家公司的代表，而這兩家公司就同一批抵押品的估值出現意見分歧，你們怎麼處理？」

這其實已是資誠會計師事務所第二度被高盛董事會批評。二〇〇七年十一月時，高盛就曾經與ＡＩＧ就抵押品價值出現分歧而有爭議，當時，涉及的金額已高達十五億美元。大為緊張的高盛開始購入信用違約交換（Credit Default Swaps）以作對沖，以防ＡＩＧ萬一倒閉帶來重大損失。正因當時根本沒有人相信ＡＩＧ可能會倒閉，高盛支付的保費相當便宜：高盛以一億五千萬美元保費便買到二十五億美元債務的保險。

在聖彼得堡的這一天，高盛董事會在休閒中結束。晚上十時，這北方的城市仍然光亮如白晝，高盛十三名董事和夫人在這座「漂浮的城市」乘坐貢朵拉（gondolas）在迷人的水道迂迴地穿橋過河。

星期天，董事會成員飛往莫斯科紅場（Red Square）旁邊的麗池酒店（Ritz-Carlton）舉行第二輪會議。晚飯時大會邀請戈巴契夫（Mikhail Gorbachev）擔任主講嘉賓。儘管近日德米特里．梅德韋傑夫（Dmitry Medvedev）已當選總統，但俄羅斯的權力其實仍掌控在普京手裏，很多外資擔心俄羅斯對外開放以及演進到自由市場的承諾會淡卻，尤其目睹該國能源行業的明爭暗鬥。戈巴契夫這個開創改革致使共產政權結束的過氣領袖，給高盛董事們的印象是他對於克里姆林宮過分恭維。戈巴契夫說：「俄羅斯正在實現她作為一個民主國家的潛力，對新思維和外資都表現開放。」

有些高盛董事開玩笑說：「如果我們住的前一家酒店沒有竊聽裝置，今天這一家一定有。」

一個奇怪的巧合是，這天下午另一位美國金融界關鍵人物也抵達莫斯科。財長鮑爾森為期五天的歐洲訪問之旅這一站剛好來到莫斯科，然後他會到訪柏林、法蘭克福和最後一站倫敦。

這個月鮑爾森驛馬星動，頻頻上路——出訪波斯灣國家；在日本大阪參加八大工業國財長會議；現在則到訪歐洲和俄羅斯。他希望倫敦是這旅程的亮點，屆時，他將在位於聖詹姆士廣場（St James's Square）的國際事務研究機構漆咸樓（Chatham House）發表他認為非常重要的演說。由他的參謀、助理財政部長戴維．納森（David Nason）撰寫的講稿，首先就會提出應對金融監管條例做出修正。他對於如雷曼等公司仍然非常擔心，他知道他必須呼籲發掘新的工具以處理這些問題公司；他希望能在問題爆發前，形勢仍未險峻前，可以防患未然。

在飛機上他已把稿子反覆審閱多次，也作了幾處最後的修改，他知道抵達莫斯科後他將不會有時間審稿。他計畫提出：「為了應對市場認為有些機構因為太大所以不能倒的感覺，我們必須改善現有可供使用的手段，從而促使這些大型而複雜的金融機構『有秩序地』破產。……如聯準會前主席葛林斯班常說，真正的問題不在於有些機構大到不能倒，或者有些機構因為牽連太廣所以不能倒，而是這些機構太大，或者牽連太廣而破產得太快。今天我們可以利用的手段非常有限。」

要向公眾宣布政府其實缺乏手段應付大型機構倒閉，是很冒險的一步——在目前的情況更可能會進一步削弱市場的信心——但鮑爾森清楚知道這是必須說的話，而且，這局面也必須解決。

週六晚，鮑爾森在駐莫斯科美國大使官邸Spaso House的橢圓餐廳（Oval Dining Room）與俄羅斯財政部長阿列克謝·庫德林（Alexei Kudrin）共進晚宴。週日他的行程安排緊湊，包括出席數個會議，接受電台訪問，以及和梅德韋傑夫及普京作私人會面。早前鮑爾森對記者表示，他希望和俄羅斯討論富裕的中東各國旗下的巨型主權基金應該有一套「最佳實務」（best practices）。

但在星期六這天結束之前，他在晚飯後還要出席一個會議。幾天前，當鮑爾森聽說高盛的董事會將同時間在莫斯科舉行，他馬上吩咐威爾金森（Jim Wilkinson）安排與他們會面——不是正式會議，只是敘敘舊，純屬社交性質。

威爾金森心想：**敘他媽的什麼舊！**他和財政部人員在華盛頓和華爾街為了澄清那些高盛陰謀論早已疲於奔命——和高盛董事會作私人性質會面？在莫斯科？

過去兩年，自鮑爾森出任財長以來，他從未與任何公司的董事進行私人性質的會面；只除了在六月時，他曾在貝萊德集團（Blackrock）在阿布達比的酋長皇宮飯店（Emirates Palace Hotel）舉行的董事會雞尾酒會作短暫停留。

威爾金森擔心這會面會帶來負面影響，他致電財政部法律顧問霍伊特（Bob Hoyt）請示。霍伊特不覺得這會議的「視覺」會帶來困擾，他裁定只要這確實是社交活動，就沒有牴觸道德指引。

儘管如此，威爾金森和高盛的負責人羅傑斯安排細節時特別叮嚀他：「這活動我們必須保密。」他們商議，高盛的董事們在和戈巴契夫晚宴後會到鮑爾森酒店房間會面；而鮑爾森的官方行程表並不會包含這「社交活動」。

當晚，高盛一行人乘坐巴士到不遠的特維斯卡婭街（Tverskaya Street）莫斯科萬豪酒店（Moscow Marriott Grand Hotel），安全上的安排加上莫斯科市區豪華的景象，讓高盛的董事們感覺有如置身於間諜小說的場景。他們穿過光亮的大廳和大型的噴泉，被引領到財長的房間。

「請進，請快進來！」樂透的鮑爾森一邊說一邊向大家問好、握手，並且和一些董事緊緊擁抱。接著的一個小時，鮑爾森盡情與舊友暢談自己在財政部的故事和對經濟的預測。董事們問鮑爾森會不會再有銀行崩塌，例如雷曼；鮑爾森依他的演講內容提早給他們一個簡報，他提到政府需要權力以安排那些問題金融機構「有秩序地」破產。他說：「話雖如此，我個人觀點是，前面日子雖然非常困難，但以史為鑑，我相信到年底時會雨過天晴。」

這句話令貝蘭克梵百思不解，第二天吃早餐時，他一臉困惑地跟另一名董事說：「我不明白他為何這樣說。情況只會更糟糕。」

第十章　房地美與房利美的危機

六月下旬的一個下午，福爾德踏進位於五十三街和第六大道交界的希爾頓酒店（Hilton Hotel）。他已經遲到，這讓他對於今天的會議更感到緊張。邁克達德（Bart McDade）獲委任為雷曼的新總裁才幾天，他就對福爾德提出一個令人愕然的要求：他希望重新聘請被格里高利（Joe Gregory）一手解僱的兩名高級交易員格爾本德（Michael Gelband）和柯克（Alex Kirk）。過去格里高利一直譏笑這兩人為「反對份子」，他們對於公司不斷增加的風險一直不遺餘力地提出反對聲音。

「我們需要他們。」邁克達德把重新聘用兩人的決定告訴福爾德時這麼說：「他們清楚知道我們的現狀。」邁克達德指的是雷曼仍希望將有毒資產組合脫手；何況，邁克達德說兩人皆得到交易大廳人員的支持，這對於重建員工的信心尤為關鍵。

其實邁克達德通知福爾德的形式是知會而不是商量，他並沒有給福爾德選擇的機會。福爾德眼見自己才剛剛把管理日常運作的大權交給邁克達德，儘管他對於自己作出的判斷被這麼公開地質疑感到有點困窘，他也只好接受安排。他同意這決定，不過提出一個要求：「在我和他們會談前，你不能聘請他們。」

福爾德和格爾本德已有一年多沒見面。他們倆一坐下，昏暗的房間馬上充滿張力。福爾德先開口說：「我們把話先說清楚。你將會回來，我操你媽的要聽到你親口答應。」福爾德認為他們之間仍有舊事尚未解決。

身高六呎、理平頭的格爾本德對福爾德兇巴巴的口氣不以為然，他才沒耐心聽他裝腔作勢。對他來說，在目前一片混亂中回巢，根本是在幫迪克．福爾德大忙。諷刺地，在答應重返雷曼之前，美國國際集團（AIG）曾向他招手，希望他能頂替卡薩諾（Joe Cassano）的職位。

「你這是什麼意思，迪克？」格爾本德問。

「我們最後一次談話，不對，不是最後，應說是當你還在公司的時候，我們曾討論你的分紅，那時我感覺你很不滿，這令我很生氣，因為〇六年時你領了那麼多。」

福爾德邊說邊為自己倒了一杯水。

格爾本德認為這個本意是要和解的會議，這樣的開場白很奇怪。〇六年時，格爾本德的收入超過二千五百萬美元，在他的記憶中，他並沒有在任何討論中大叫大嚷，格爾本德說：「這倒奇怪了，因為我對分紅並無不滿，其實，我非常滿意。」

福爾德回答：「格里高利不是這樣說的。」

從此刻開始，兩人終於放下芥蒂，一起回味往昔的好時光，和一起展望雷曼的前景。

放在眼前十分清楚的是，雷曼急需盡快減持手上的資產組合，並盡力爭取理想作價。格爾本德表示他必須先點算並且列出雷曼的資產清單，然後計算這些資產的價值。福爾德也向他透露雷曼準備再次集資的打算。

會議結束前，格爾本德要福爾德明白一點：「我是為了邁克達德所以回來的，這是唯一的理由。」

福爾德十分清楚格爾本德和邁克達德私交甚篤。他們在密西根商學院是同窗，多年前，邁克達德就為格爾本德爭取雷曼面試的機會。

「我知道，邁克達德將負責日常營運。」福爾德裝得輕描淡寫繼續說：「但我希望我也是其中一個原因。」格爾本德莫名其妙地看著他答道：「不，不是的，這全是為了邁克達德。」

七月四日國慶假期的那個週末，鮑爾森和夫人溫蒂（Wendy）在小聖西蒙島（Little St. Simons Island）這座面積約四萬零五百公頃的原始小島的海灘上漫步，他們幸運地看見紅海龜在沙灘上產卵這難得一見的景象；這對熱愛大自然的夫婦停下腳步，觀賞這特別的一刻。

鮑爾森在一輪旋風式的出訪和工作後，和太太一起飛到位於喬治亞州外海、Savannah以南六十英哩的這個小島度假。這個充滿奇珍異鳥和爬蟲類棲息的生態保護區，是鮑爾森想要冷靜頭腦時就會去的地方。鮑爾森鍾愛這片土地的程度，促使他自二〇〇三年起共花費三、二六五萬美元購入了幾萬英畝土地。

歐洲之行非常成功。他在倫敦有關需要建立安全網以預防投資銀行倒閉引發金融體系震盪一說，引起坊間很大的關注。在唐寧街十號，英國首相布朗（Gordon Brown）為他的「高瞻遠矚和防患未然」向他道賀。

然而，在岸邊踱步的鮑爾森發覺自己並不能放鬆下來。他對經濟的近況繼續憂心，正如他在出訪路上發表的聲明：「美國經濟面對三重逆風：能源價格高漲、資本市場動盪、和房地產價格修正。」

除了擔心金融體系，鮑爾森眼下的顧慮是雷曼兄弟。他在當日稍早已在島上的小屋裏和福爾德通過電話，很明顯的是，雷曼幾乎不可能找到買家，大部分中東和亞洲主權基金已因十二月時入股其他美國的銀行而被搞得焦頭爛額，不可能在這時候再入股雷曼。鮑爾森擔心福爾德很快便會窮途末路。

儘管鮑爾森滿腦子都是擔憂，但他只能默默放在心頭；他從來不和太太討論工作上的事。同時，鮑爾森的弟弟李察．鮑爾森（Richard Paulson）是雷曼芝加哥分行的固定收入產品銷售員，所以雷曼這話題在鮑爾森家中必須特別迴避。他知道若雷曼倒閉，他弟弟的職位也凶多吉少。

鮑爾森同時也要處理副手斯蒂爾（Robert Steel）離職的可能，斯蒂爾已進入美聯銀行（Wachovia）執行長候選人最後數強。美聯銀行總部位於北卡羅萊那州的夏洛特（Charlotte），是美國第四大銀行，公司宣布因房地產相關項目錄得七．〇八億美元的虧損後，美聯銀行把原來的執行長解職了。

鮑爾森和斯蒂爾在市況相對平靜的六月時曾討論這件事，當時鮑爾森還鼓勵斯蒂爾保握這機會。不過，時移世易，現在看來若斯蒂爾真的另有高就，鮑爾森將難以找到替代他的合適人選。對鮑爾森來說，斯蒂爾若在此時離開，時機真是再壞不過了：斯蒂爾的職務範圍包括監管房利美（Fannie Mae）與房地美（Freddie Mac）——這是兩家由美國政府資助的企業（GSE, Government-Sponsored Enterprise），它們曾是房地產大牛市的火車頭，但現在都一蹶不振。

鮑爾森在星期一下午乘坐私人飛機回到華盛頓杜勒斯機場（Dulles）時，他內心的恐懼全都一一成真。股市大跌，但鮑爾森難以確定原因。星期一，房地美股價一度滑落超過三〇%，其後稍微拉回，最終跌幅一七．九%。房利美也下跌一六．二%，這是自一九九二年以來的新低。其他金融股也重挫，雷曼跌了八%多。正當他還在消化這一連串的負面消息之時，斯蒂爾又告訴他已覓得新工作，消息將在星期二公布。

當天晚上，鮑爾森在客廳裏翻閱一疊財政部助手發給他的傳真，其中一份文件是引發恐慌的源頭：雷曼分析師哈丁（Bruce Harting）表示，新的會計準則可能會讓房利美和房地美出現巨大的資金缺口，兩者一共需向外集資七百五十億美元新資本。這研究報告重燃市場對這兩家抵押貸款巨無霸的擔憂，亦提醒了投資者如果房地產市場不景氣加劇時，他們的防禦能力是如何薄弱。如果連獲得政府資助、由納稅人擔保的企業也讓市場失去信心，這將會威脅美國整體的經濟。

鮑爾森察覺到市場對於兩房的不安正在滋生。星期二早上美國商業新聞有線電視台（CNBC）的重點節目《財經論談》（*Squawk Box*）特別請來監管兩房的聯邦住屋企業辦公室（Office of Federal Housing Enterprise Oversight）主席詹姆士・駱克哈特三世（James Lockhart III）當嘉賓。他企圖穩定市場說：「兩家公司都有足夠資本，無疑他們正在面對困難，但他們的管理團隊應能承受考驗。」

「狗屁不通！」這就是鮑爾森跟他的同事作出的回應。

過去幾個月，鮑爾森和他的團隊一直討論如果危機發生時，應如何拆除兩房的威脅——他認為兩房的情況，比起雷曼或任何其他投行對美國經濟穩定帶來的影響來得更深遠。不過，他也知道這必定是政治拉鋸戰的爭議點：增加國民的自有房屋數量是柯林頓和布希政府的共同目標，這兩家公司在太平盛世時把自有房屋幾乎變成是美國的國民權利。聯邦政府向住房抵押貸款行業（包括兩房）傾斜，以降低市場的借貸標準。批評者堅持兩房在次貸的爛攤子中已深陷泥沼；而在約一年前，鮑爾森就戲稱關於兩房的爭議「好像是一場聖戰」。

雖然兩房的股價在星期二出現反彈並收復部分失土，但股價仍低於二十美元，而且市場上其他的指標也顯示市場非常緊張——房利美與房地美發行的債券之信用違約交換（Credit Default Swap, CDS）——即這些債券的保險——目前的交易水準是比其原有的ＡＡＡ信用評級低了五級（ＡＡＡ是最高的評級，而這評級反映的其實是其政府背景，多於公司自身的營運狀況）。

鮑爾森和他的團隊正在準備文件應付兩天後出席國會聽證會討論兩房的會議，這時，斯蒂爾探頭進會議室說：「漢克，我走啦。」

鮑爾森抬頭回應道：「好，明天見。」

「不，不，」斯蒂爾說：「我是說，到此為止了，我要離開了。」

這時鮑爾森才意識到斯蒂爾是來和大家道別。鮑爾森站起來送斯蒂爾，兩人走到大廳，鮑爾森還打趣說：「你離開得真是時候。」

房利美（Fannie Mae）的前身是由美國國會成立的「美國聯邦抵押協會」（Federal National Mortgage Association），自從它於一九三八年成立，就一直具有政治爭議。這組織是三〇年代美國經濟大蕭條時期的羅斯福（Franklin Delano Roosevelt）總統實施新政（New Deal）的產物，成立目的是為了支援住房抵押貸款市場的發展，由該組織向其他銀行購入相關貸款，以減低銀行放貸的風險，從而鼓勵銀行放鬆銀根，並確保抵押貸款市場有足夠的流動資金。不過，在共和黨人的眼中，房利美只是政敵的肥缺。一九六八年，由於當時聯邦政府的財政預算受到雙重壓力——越戰開銷以及總統詹森（Lyndon Johnson）提出的社會福利計畫「偉大社會」（Great Society），為了開源，詹森決定將房利美民營化。與此同時，為了安撫批評者，以及終止房利美的壟斷地位，引入競爭，一九七〇年國會通過

《聯邦住宅貸款抵押公司法》，特許設立另一家私人持股公司，即房地美（Freddie Mac），全名為「美國聯邦住宅貸款抵押公司」（Federal Home Loan Mortgage Corporation）。

房利美與房地美兩者玩的政治遊戲比起他們的競爭對手來得更激烈，兩家公司每年花幾百萬美元組織說客兵團遊說國會。兩家公司都為華府權勢人士大開旋轉門（revolving door）——不論共和黨或民主黨同樣歡迎。美國眾議院前議長紐特．金瑞契（Newt Gingrich）和美國基督教聯盟（Christian Coalition）行政董事瑞德（Ralph Reed）等人，就曾擔任房利美或房地美的顧問；歐巴馬的白宮幕僚長拉姆．伊曼紐爾（Rahm Emanuel）也曾擔任房地美的董事。

九〇年代時，房利美執行長甚至誇口說他們堪稱是房地產市場的「聯準會」。在兩房的高峰期，這兩家自己沒有放貸的抵押貸款巨無霸共持有或擔保的房屋貸款組合，佔總值一一〇兆美元的美國抵押貸款市場的五五％。從八〇年代開始，兩房更成為抵押貸款證券化業務的主要管道。華爾街樂得將各種債務證券化，從汽車貸款到信用卡應收帳款，並從中賺取手續費，而房利美與房地美的抵押貸款組合更是最大最甜美的蜜糖罐。

但從一九九九年開始，基於柯林頓政府的施壓，房利美與房地美進軍次級抵押貸款（subprime mortgage）市場。媒體報導這項政策的目的是為了支持更多美國人購屋安居；然而，為低收入、不符貸款資格的人士提供貸款，其實是風險極高的生意，政策宣布的當天《紐約時報》如此報導：

「房利美一舉進入新的貸款領域，即使只是試行，仍然意味著將承擔更大的風險。在經濟景氣時這做法也許沒有大礙，但這些由美國政府資助的企業面對經濟轉弱時則可能會陷入危機，迫使政府做出類似八〇年代儲貸（savings and loan）危機的拯救。」

兩房在政商兩界的成功，難免孕育出一套趾高氣揚的文化。房利美總裁丹尼爾・馬德（Daniel Mudd）在二〇〇四年寫給老闆的一張便條上這麼寫著：「我們從來只有打勝仗，也殺無赦，也幾乎沒有任何政治阻力。」正是這種過分的自信，最終引領兩房走上衍生產品和利用激進會計手段的不歸路。這兩家公司後來都被監管機構發現它們不當地編製損益表操控業績，兩家公司都需要重新編製其業績報表；而兩家公司的執行長都被踢出局。

早在二〇〇四年，房利美與房地美已出現帳目醜聞，其後公司便一直忙於重新作帳和應付媒體。至二〇〇八年三月，在拯救貝爾斯登才幾天之後，布希政府降低對兩房的儲備資本比率要求，幫助他們消化虧損，以換取兩房承諾增加購入抵押貸款支撐美國經濟。

但到了二〇〇八年七月十日星期三，空方出動狂拋兩房，一切開始崩塌。那天下午，美國聖路易（St. Louis）聯邦準備銀行前主席威廉・玻爾（William Poole）一針見血地說：「國會應承認這些公司已資不抵債，容許他們繼續生存就等於拿納稅人的錢維持一個特權城堡。」

福爾德在辦公室裏靠著椅背，對雷曼聯合行政主管史考特・傅瑞德漢（Scott J. Freidheim）大吼：「真是操他媽的令人難以置信！」

星期四甫開市，雷曼的股價已急跌一二%，跌到八年來新低點，原因是市場謠傳全球最大的債券基金太平洋投資管理公司（Pacific Investment Management Company, Pimco）已停止和雷曼交易。還有另一則被傳得沸騰的流言是史蒂芬・柯恩（Steven Cohen）旗下的SAC投資顧問公司（SAC Capital Advisors）也同樣拒絕和雷曼交易。

「我知道這是假的，你知道這是假的！」福爾德對傅瑞德漢說：「你必須要打電話給他們，要求他們發聲明澄清。」

這是很磨人的一週。雷曼旗下分析師發表的報告讓房利美與房地美被投資者窮追猛打，而雷曼自己也不好過，因為投資者也同樣質疑雷曼。福爾德難以理解的是，雷曼已吞下上一季度低迷的業績，並已成功募得新的資本，目前雷曼的資產負債表，簡直是處於好幾年以來最健康的水準，這也反映了雷曼降低槓桿比率的決定，減少借入資金作投資之用。

在福爾德眼中，是那些拋空者不斷耍花樣壓低雷曼的股價，屢屢散布雷曼健康出問題的假消息。很多人告訴福爾德，這些衝著雷曼而來的「耳語誹謗運動」全源自高盛，這讓福爾德氣得要命，他的兒子李奇（Richie），正是高盛電信業銀行家。

他認為是時候親自致電貝蘭克梵。

福爾德劈頭就說：「你不會喜歡聽到我現在要說的話。」福爾德說他聽到很多「聲音」，盛傳高盛正在散布錯誤資訊。他用近乎脅迫的語氣，像要逼迫貝蘭克梵承認似的，他說：「我不知道是不是你指使的。」

貝蘭克梵對福爾德無理取鬧大動肝火，只草草回答說他對謠言一無所知，便狠狠地掛上電話。

類似的對話後來已演變成幾乎天天上演。幾天後，福爾德又聽到謠言，說瑞士信貸（Credit Suisse）正在散播雷曼的謠言，福爾德又馬上致電瑞信的投資銀行部執行長柯磊洛（Paul Calello），他說：「我覺得我像在玩打土鼠遊戲機一樣。」

壞消息如潰堤般不斷洶湧而來，這不單影響雷曼的股價，更嚴重的是拖累福爾德為雷曼進行募資的計畫。雷曼的投資銀行全球主管麥基（Skip McGee）的團隊起碼和一打以上的投資者接觸——加拿大皇家銀行（Royal Bank of Canada）、匯豐銀行（HSBC）、奇異電器（General Electric）等等——但都空手而回。唯一表示有興趣投資雷曼的，依然是韓國產業銀行（KDB）的閔裕聖（Min Euoo Sung）；雖然雷曼三十一樓的高層中有不少人對此交易有所保留，但福爾德已下令繼續和韓國人談判，他甚至曾考慮親自飛到亞洲促成這筆交易。

突然間福爾德靈光一閃：怎麼沒想到他的老朋友約翰．麥克（John Mack），僅次於高盛、全國第二大投行摩根士丹利？他們第二季度的業績非常慘澹，盈利比上一年同期下跌五七%，然而以他們的現金，還有現在的股價，他們仍有能力完成交易。

福爾德和麥克差不多在華爾街同期發跡。麥克在一九六八年加入美邦公司（Smith Barney）的實習課程，並在一九七二年加入當時只有三百五十名員工的摩根士丹利。和福爾德一樣，麥克也是出身於債券銷售和交易部門，並且很快做出成績。這高效率的銷售員同時擁有和藹可親和懾人威嚴兩種特質。麥克會在交易大廳走來走去，尋找賺大錢的機會。如果他發現了機會，他會高叫：「水中有血，快來殺人！」當他發現有交易員在早上八點仍然在讀《華爾街日報》，他便會發出警告說：「我再看到這情況就會把你開除。」但和福爾德一樣，其實他對他的團隊十分忠心，在他仍只是一個小交易員時，他曾試著以身體阻擋高層人員踏進交易大廳。

福爾德致電麥克，電話由摩根士丹利紐約總部轉到巴黎，麥克正在和客戶一起參觀摩根士丹利位於蒙索大道（rue de Monceau）的一間由舊酒店改裝成的華麗辦公室。

兩人寒暄一番，數落市場，交換傳聞，並討論房利美與房地美帶來的壓力，之後福爾德轉入正題：「我們能否一起做些事？」

麥克早已猜到福爾德來電的意圖，雖然他知道自己不會對這建議有任何興趣，但他依然願意聽聽福爾德的提議；至少，摩根士丹利可能會對雷曼某些資產感興趣，不過麥克無意收購整家公司。麥克告訴福爾德星期五他便會回到紐約，他建議大家在週六會面。

急於見面的福爾德說：「我們到你辦公室去。」

麥克回答說：「不，不，這樣不好。如果有人看到你走進我們的辦公大樓，那怎麼辦？到我家來，大家集合在我家開會吧。」

表情痛苦的鮑爾森走進國會辦公室雷本大樓（Rayburn Building）二一二八室就座。今天眾議院金融服務委員會舉行聽證會，討論的議題雖然是「金融市場監管改革」，但實際上是要討論房利美與房地美。鮑爾森希望在國會先做一些前期功夫，讓國會通過授權財政部在必要時可關閉這些政府資助企業——雖然鮑爾森目前仍不覺得有此需要。這星期初，鮑爾森已拜訪過聽證會主席、民主黨議員巴尼・弗蘭克（Barney Frank），弗蘭克已承諾支持他，並鼓勵他「開口索取你想要的」。

如今，當鮑爾森和柏南克（Ben Bernanke）一同出席會議，他力陳：「我們需要獲得更廣泛的應急權限，以幫助我們應付不包含在聯邦存款保險計畫的複雜金融機構之問題，包括讓這些機構有秩序地破產。」他解釋說：「這是我們需要的，是我們必須開拓的方向。」

來自堪薩斯州東北部的民主黨議員鄧尼斯・莫爾（Dennis Moore）問：「你是否仍然相信這些政府資助企業將讓整個經濟體系出現系統性風險？」鮑爾森回答：「以現時狀況看來，我不認為任何有關金融機構或系統風險的揣測有助於事態發展。我只能著眼於當下。」

但是，到了當天收盤，鮑爾森口中的「當下」已血流成河——房利美與房地美的市值一共蒸發了超過三十五億美元；市場越來越關注兩房的債務，以及兩房所擔保的抵押擔保證券（mortgage-backed securities, MBS）。同時，市場也在測試華盛頓的決心——政府能忍受多大的混亂？多大的混亂才能逼使政府介入，干預市場？

雖然鮑爾森不認為他在可見的將來有需要運用聽證會中討論的權力，但是，整體經濟情況已響起警訊。他致電白宮幕僚長約書亞．博爾頓（Josh Bolten），向他表示政府需要向國會施壓以使他獲得需要的權力；博爾頓的反應也令他鼓舞。

與此同時，鮑爾森也希望聽取葛林斯班（Alan Greenspan）的意見，最終，鮑爾森拿到葛林斯班的住所電話號碼，並和他的六名職員一起圍在電話旁，聚精會神地等待聯準會前主席沙啞的聲音。

葛林斯班滔滔不絕地引述大量房屋市場數據，證明目前的情況是百年一見的危機，他同意政府可能需要採取一些不尋常的措施來穩定市場。他過去一直是房利美與房地美的批評者，不過，這位聯準會前主席明白現在兩房需要的是支援。他對於目前的房屋市場危機倒是有一建議，他從供需狀況來思考：目前的問題癥結是供給過剩，所以唯一真正解決問題的方法，是政府購入所有空置單位，並將之焚毀掉。

掛線後，鮑爾森笑著對他的同事說：「這主意不壞。只是，我們不會購入過剩的房屋供給然後摧毀它們。」

面紅耳赤的鮑爾森，發覺自己毫無胃口地和柏南克在他辦公室旁的會議室裏共進早餐，鮑爾森說：「這是個很大的問題。」

《紐約時報》今早的頭條新聞是政府高層正「考慮如果兩房問題再惡化，政府會接管其中一家或兩家公司」。有人把房利美與房地美的消息洩露了。

鮑爾森沒有碰眼前那碗已經涼了的燕麥，他只大口大口喝著健怡可樂。他弄不明白，怎會有政府官員愚蠢得將他們的考慮方案披露，不管放風聲的人是誰，這樣肯定只會更削弱市場的信心，這讓鮑爾森氣得要命。

這個上午特別漫長，從鮑爾森疲倦的雙眼已可證明這一點。七時十分，他在白宮西翼橢圓形辦公室（Oval Office）向總統作簡報；七時四十分，他和蓋特納（Tim Geithner）舉行電話會議；八時正，他和貝萊德集團（BlackRock）的芬克（Larry Fink）交流對兩房的看法；五分鐘之後，他還要擠出時間和福爾德通電話。

開市不久，財政部的幕僚長威爾金森（Jim Wilkinson）和助理部長尼爾．凱西卡瑞（Neel Kashkari）雙雙衝進鮑爾森的房間，打斷鮑爾森和柏南克的早餐會議，因為房利美與房地美的股價狂瀉，猶如石頭掉在海裏一直下沉，跌幅已達二二%。他們建議鮑爾森應發表聲明以穩定市場。一如他的憂慮，《紐約時報》的報導引起恐慌，因為公眾不能掌握政府介入兩房這舉動究竟包含什麼意義；投資人都記得鮑爾森力促貝爾斯登以每股二美元賣掉，他們內心充滿疑問：這個案子是不是日後其他問題的先例？

鮑爾森同意自己要克服焦慮與脾氣。十時三十分，財政部以鮑爾森的名義發出一則聲明：「今天我們的首要目標是支持房利美與房地美依他們的現況繼續執行重要的任務。」鮑爾森特別寫下「按他們的現況」，是想向市場發出他目前無意將兩房國有化的訊息；雖然，他知道他最終會尋求獲得這樣的權力。

仍然對消息走漏感到惱火的鮑爾森前往白宮，布希總統此時正準備出發到位於獨立大道（Independence Avenue）的能源部聽取原油及能源市場的匯報。鮑爾森向總統請示：「總統先生，我能否與你同走一程？」在途中，鮑爾森把兩房的處境向布希總統報告。布希多年來一直批評政府資助企業，他支持鮑爾森的計畫。當車隊抵達目的地時，鮑爾森建議總統下午面對傳媒時必須慎言，以免再次驚嚇市場。鮑爾森告訴他：「請強調我們穩定兩房的決心。」

房地美當日最高跌幅達五一%，一度到達三．八九美元的低點；而房利美的跌幅也一度高達四九%。收盤時跌幅縮小，房利美以二二%跌幅結束；而房地美則只失去三．一%。與此同時，鮑爾森開始接觸國會領袖，探討如何能使財政部得到注資兩房的授權。

收盤時，鮑爾森收到聯邦存款保險公司主席貝爾（Sheila Bair）的電話，貝爾跟他分享一個令人驚訝、再次反映抵押貸款市場水深火熱的消息：聯邦存款保險公司即將接管總部在加州的一家抵押貸款銀行——印地邁銀行（IndyMac Bancorp），這是今年以來第五宗聯邦存款保險公司旗下銀行破產事件，也是自儲貸危機以來最大的一宗銀行破產案。

鮑爾森知道紙包不住火，他知道兩房很快也會失控。下午四時十五分，鮑爾森把他的智囊團叫進辦公室，要他們在週末完成穩定這兩家政府資助企業的計畫大綱——他的計畫十分簡單：他要求獲得授權注資房利美與房地美，雖然他希望永遠不需要動用這些錢。他指示：「我要在週日晚上亞洲開市之前宣布這計畫。」

星期六早上，福爾德的坐車來到約翰．麥克位於紐約郊區Rye的都鐸風格豪宅。儘管天氣極佳，他卻非常緊張——他不斷擔心：如果這事走漏風聲，只有上帝才能幫助我了。他可以猜想到報章的頭條將會如何。

已經在大門口等候的麥克熱情地歡迎他：「迪克，早！」麥克的太太克麗斯蒂（Christy）也走上前和他打招呼。

摩根士丹利的管理層已在飯廳內恭候福爾德，他們包括聯合總裁查曼（Walid Chammah）和高曼（James Gorman）、投資銀行部主管陶博曼（Paul Taubman）、和主管企業信貸和主要投資業務的米奇．派屈克（Mitch Petrick）。福爾德心想：他們一定是早已在此研究策略。

穿著高球服的邁克達德接著抵達，麥基卻遲到。在一間小房間，克麗斯蒂把外賣食物放到桌上並說：「嗨，都為你們準備好了。」大家坐下，但是都局促不安不發一語；沒有人知道該怎樣開始。

福爾德看看麥克，像是對他暗示：「這是你的家，應該由你開始。」麥克沉著地回望他，就像對他說：「會議是你要求召開的，理應由你開始。」

「好的，由我開始吧。」福爾德終於無奈地說：「我也不肯定大家為何現在在這裏，但我們盡量試一試。」

「也許我們什麼都不用做。」察覺到大家的不安，麥克不耐煩地回應。

福爾德急急回道：「不，不，我們應該談談。」

福爾德繼續說，雷曼準備把它的掌上明珠——紐柏格伯曼公司（Neuberger & Berman）出售，他也建議摩根士丹利可購回雷曼位於第七大道的總部，過去這地方是摩根士丹利的總部，他們的前執行長裴熙亮（Philip Purcell）在九一一之後將之售予雷曼。世事如棋，確實是諷刺。

不太肯定福爾德在建議什麼的麥克說：「你知道，我們有很多方法可以一起做點事。」他想把話題轉到討論雷曼的內部數字，因為就算這會議一無所獲，最低限度摩根士丹利可從中一窺雷曼的內在實況。摩根士丹利的團隊開始他們一輪問題攻勢：**你們如何為資產訂價？你們能否在自己的訂價範圍出售資產？公司流失了多少生意？**邁克達德努力作答，答得比他的老闆還要多。

因為司機迷路而姍姍來遲的麥基在會議中段才抵達，福爾德狠狠瞪他一眼。

這時，福爾德的手機響起，他躡手躡腳地走進廚房接聽，這就令摩根士丹利的團隊深感困惑，誤會福爾德同時和其他人進行談判。

其實，打給他的是在財政部辦公室的鮑爾森，他通知福爾德他準備就兩房事宜提出草案。福爾德知悉鮑爾森正尋求方案穩定政府資助企業時鬆一口氣，這措施也對他有幫助。

福爾德返回會議時，突然脫口而出：「你們不要在雷曼漫天謠言之際，趁火打劫向我們挖角。」摩根士丹利的管理層馬上反擊，在黎巴嫩出生、長時間主管倫敦業務的查曼反駁：「你自己想想，你用我們的人建立你的歐洲團隊，你也沒有感到不好意思。」

會議結束時，雙方不僅沒有達成任何共識，連繼續下一輪討論大家也興趣索然。

雷曼的人離開後麥克大罵：「他媽的這算是什麼？他是不是建議和我們合併？」

高曼也說：「他簡直是癡人說夢。」陶博曼卻擔心雷曼是在借摩根士丹利的名字自抬身價，他警告說：「我們在玩火，如果我是雷曼的人，我會對傳媒放消息的。」

———

雖然遇到挫折，但福爾德並不感到氣餒。他駕車離開麥克的家，沿著亨利哈德遜公園大道（Henry Hudson Parkway）返回曼哈頓總部。他和蓋特納約好在下午通電話。他的外聘法律顧問、蘇利文．克倫威爾律師事務所（Sullivan & Cromwell）的主席科恩（Rodgin Cohen）近日提出穩定公司的新方法：雷曼自願轉型為銀行控股公司。科恩的解釋是：「這樣可以讓雷曼同花旗、摩根大通一樣，無限量享用貼現窗口。」若是這樣，投資者對雷曼前景的憂慮應會減低，不過，這也意味雷曼日後需要受紐約聯邦準備銀行的監管，所以，雷曼要先獲得對方的同意才能走這一步。

六十四歲、來自西維吉尼亞州舉止溫文的科恩，是華爾街最不起眼卻最具影響力的人。語氣溫和、身材瘦小的他，幾乎能得到全國每家銀行的執行長以及每一位監管官員的信任——過去三十年來，幾乎所有大型的銀行交易案他都有參與。蓋特納本人也常常依賴他來理解聯準會的權限。過去幾個月，科恩幾乎每天都和福爾德通話，試圖協助他制定解決方案。他太了解銀行的失敗個案，不希望雷曼成為其中一份子。一九八四年的夏天，科恩在芝加哥一家沒有窗戶的辦公室不知度過了多少個炎炎夏日，試圖為拯救伊利諾大陸國民銀行（Continental Illinois National Bank & Trust）而努力。那年，康乃迪克州議員麥肯尼（Stewart B. McKinney）聲稱「我們有一種『新』的銀行，它叫做『大到不會倒』的銀行。這是不可思議的銀行。」結果，四十五億美元的政府拯救計畫主要就是出自科恩的手筆。貝爾斯登被摩根大通收購時，科恩是貝爾斯登董事會的顧問，當時也是由他一手安排接洽蓋特納。

科恩在費城一家酒店房間裏來回踱步，他即將參加侄兒晚上舉行的婚宴，但現在他則加入雷曼和紐約聯準銀行所進行的電話會議。

「我們在認真考慮轉型為銀行控股公司。」福爾德直截了當地說：「這會改善我們的處境。」他說雷曼可以利用在猶他州擁有的小型工業銀行收受存款，以符合相關的法規。

蓋特納和他的法律總監白士德（Tom Baxter）擔心福爾德太過急躁，向他問道：「你慎重考慮過此舉所代表的含義了嗎？」

為參加這個會議，白士德特別縮短原本到瑪莎葡萄園島（Martha's Vineyard）的行程。他向福爾德逐一講解轉型的條件和要求，這些要求將會改變雷曼積極的文化、減低其承受的風險，將雷曼轉變成如傳統銀行一般穩重的機構。

姑且不論眼前的技術性問題，蓋特納說：「我有點擔心你此舉會被視為走投無路、逼不得已的一著。」蓋特納其實更擔心市場怎麼解讀這訊息。

掛上電話後，福爾德如洩了氣的氣球。他想盡辦法試盡一切可能方案，但都無功而返。他和邁達德甚至開始計畫把雷曼縮小為一家搭配對沖基金的精品投資銀行，遠離公眾投資者的目光。但是，要達此目標，他需要的仍是有新的資金支持。

晚上，福爾德再和科恩聯絡，對方正在醫院裏照顧婚宴中突感不適的親戚。福爾德告訴科恩，現在是時候考慮別的交易方案：「你能否和美國銀行接頭？」

出售雷曼是福爾德痛恨的詛咒——二〇〇七年時，他曾意氣風發地說：「在我有生之年，這公司永遠不會出售。若我死後有人把它賣了，我也會從墳墓裏跳出來阻止他。」福爾德內心渴望的是進行一場驚天動地的大型收購；曾有短暫的一陣子，他幾乎已收購全球最著名的精品投資銀行瑞德集團（Lazard）——甚至他連新公司的名字都已決定——雷曼瑞德；這宗併購將是他事業生涯的加冕時刻，讓雷曼從一家小小的債券交易商搖身一變成為享譽國際的名牌大行。福爾德在二〇〇一年九月十日在世貿大廈的辦公室和瑞德集團的盧米斯（William R. Loomis）和葛洛伯（Steven Golub）會談。會議後，大家準備繼續談判；然後，九一一發生了。

後來執掌瑞德的布魯斯．沃瑟斯坦（Bruce Wasserstein）試圖恢復談判，但福爾德被對方開出的六十至七十億美元的天價激怒了，雙方的談判很快便終止。

福爾德嘲弄地跟沃瑟斯坦說：「很明顯，我們對價值的看法不同。我絕對沒辦法付出這樣的價錢。」在福爾德眼裏，沃瑟斯坦果真人如其名——他的外號就是「抬價高手」。

仍在醫院急診室外等候的科恩，用電話聯絡總部在北卡羅萊那州夏洛特的美國銀行交易高手、六十歲的銀行家科爾（Greg Curl）。科爾以前是一名海軍情報人員，至今仍愛開著他的敞篷小貨車，他在華爾街一直是一個謎。美國銀行每一宗大型交易都少不了他的策劃；但即使在銀行內部，大家都認為這個獨來獨往的人很難看透。

科恩與科爾打交道許多年，依然看不準他。科恩小心翼翼地跟對方解釋，他是代表雷曼作這次通話，並說：「你有沒有興趣談談這交易？在我們所考慮的機構中，我們認為你們和我們最為匹配。」科恩更承諾，如果科爾有興趣，他可以安排福爾德與之直接對話。科爾心裏明白，現在是週六晚上，科恩仍然選擇在這時候打這電話，表示雷曼必然處於極度的困境。雖然科爾對於交易也抱有極大興趣，但他以不置可否的方式回答：「這……讓我先請示老闆，然後馬上給你回話。」

科爾口中的老闆，是來自密西西比州鄉下小鎮沃納特格羅夫（Walnut Grove）、一頭銀髮的美國銀行執行長肯尼斯·路易士（Kenneth Lewis）。路易士工作勤奮，以雷厲風行見稱，他的願望是以自己的遊戲方式打敗華爾街。（在他小時候，曾被兩名小孩圍攻，他的媽媽看到這情況，從屋內走出來說：「你們可以打他，但只可以一對一地打。」）

半小時後，科爾回電表示願意聽聽他們的計畫，科恩馬上安排包括福爾德的三方電話會議。福爾德與科爾素未謀面，兩人互相奉迎一番之後福爾德便開始推銷他的建議：「我們可以成為你們的投資銀行部門。」他提出美國銀行入股雷曼，持有少量股權，並把兩家公司的投資銀行業務合併。他邀請科爾跟他親自見個面繼續商談。

科爾對這建議深感興趣，他同意在星期天飛到紐約面談。福爾德雖然覺得路易士沒有直接參加會談並不合乎常理，但也有足夠理由支持科爾單獨赴會，因為一旦這洽商的消息被洩露，路易士仍可堂而皇之否認曾和福爾德洽談。科爾最後鄭重地重申他們的顧慮：「我希望這事絕對要保密。」

星期天上午，財政部助理部長納森（David Nason）和凱文·福勞默（Kevin Fromer）仍然在納森的辦公室埋頭苦幹，不斷檢討準備向國會提交的有關申請授權在緊急情況下注資房利美與房地美的文件。辦公室裏四處散落著三明治外賣紙袋，大部分的同事從星期六早上開始只能回家小睡片刻，便又要返回這戰場繼續作戰，因為這份文件必須在晚上七時之前準備妥當。

突然，手中拿著數頁草稿的鮑爾森一臉怒容衝進辦公室大吼：「他媽的這是什麼東西？什麼緊急情況下臨時安排？臨時？」他幾乎是用喊的：「我們要求的不是臨時性質的授權！」

草稿內註明授權屬於臨時性質，期限只有十八個月。一直負責和國會溝通的福勞默走上前，試圖解釋他作出這建議的原因：「是這樣的，你不能要求國會授予永久的——」

很少表達自己的憤怒的鮑爾森已決定豁出去了，他一邊在房間裏團團轉一邊怒吼：「第一，這應該由我作決定，而不是你；第二，這樣子事情只做了一半，我不會為我的接班人留下一個殘局。我們要解決這個爛攤子，而不是將這堆狗屎往後推。」

這時，納森的手機響起，打斷了鮑爾森的激情獨白。來電顯示對方是蓋特納，他差不多每小時都來電，和他們聯絡最新情況。

納森和福勞默繼續安撫鮑爾森，不斷跟他解釋申請臨時性質的授權，比起要求永久授權在政治世界更容易被接受。福勞默說：「這其實沒有具體分別。」他解釋因為財政部可在臨時授權期間內作出一些永久性的決定。

鮑爾森此刻才見識到政治伎倆的價值，他的立場馬上軟化，叮嚀他們繼續努力完成文件，然後轉頭步出辦公室。

週日下午，穿著便服的科爾乘坐美國銀行旗下五架私人飛機的其中之一到達紐約，前往位於西格拉姆大廈的蘇利文·克倫威爾律師事務所（Sullivan & Cromwell），坐在冷冷清清的接待處等候福爾德和科恩到來。

他不太確定今天的會議能否有結果。他的「老闆」有雄霸商業銀行世界的意願，但對投資銀行賺快錢的方式卻有所抗拒。才一個月前，他才揚言說：「我們不會花我們的零錢去收購投資銀行。」一年前，他們屬第二流的投資銀行業務在第三季度錄得純利大跌九三%，情況令人震驚。當時，路易士的評語是：「我對投資銀行業務已再無胃口。」

科爾很快就被引領到會議室，並且仔細聽取福爾德介紹計畫的細節。福爾德希望把雷曼不超過三三%的股權出售給美國銀行，並且將美國銀行的投資銀行部門收編在雷曼旗下。

科爾不發一語，臉上也沒有流露絲毫情緒；但其實他認為福爾德的建議太荒謬。與其說福爾德是在求助，不如說福爾德正在提出反收購建議，這完全不是科爾期待的——福爾德的言下之意，是要美國銀行付錢給福爾德讓他們來管理自家的投資銀行業務。

福爾德甚至直言，此時此刻任何的投資也可在一夕之間把雷曼的股價推高，這就可為美國銀行創造更多的價值。福爾德說收購雷曼一部分股權比起收購整家公司更有好處，他的理論是這才能成功留住人才，因為：「如果看不到財務上有增長的潛力，那你就很難留住人才。」他又舉出過去其他全面收購的案例，指出收購完成後這些人才往往套現離開。

科爾一直點頭以示理解，最後他說，他的老闆路易士除非能確定假以時日能獲得雷曼的控制權，他才會有興趣考慮進行交易。

科恩代表福爾德回答，他建議可考慮以兩年至三年為期，觀察投資的成效如何。

這建議才符合科爾的胃口，他表示自己對此交易感興趣，然而，他和他的老闆路易士對於應否收購投資銀行，還是應繼續併購商業銀行常常鬧意見分歧。科爾透露心聲：「我不喜歡零售銀行業務，因為它容易被人訴訟，而且常被檢察官和證管會盯著。」他繼續說：「我傾向和你們交易，但坦白說，路易士可能會比較傾向收購美林或者摩根士丹利。」

福爾德很困惑，科爾在暗示什麼？他問道：「你覺得我們有達成什麼共識嗎？」

科爾回答：「我不知道，我需要和老闆談談，這當然是由他作主。」

下午時分，穿著牛仔褲、未刮臉的鮑爾森在大樓裏到處走，不斷追問同事關於兩房建議的問題，最後，他的幕僚長威爾金森不得不把他拉到一旁說：「你必須停止騷擾我們，我們才能好好工作。」

為了把心靜下來，鮑爾森決定騎自行車到華盛頓冷清的街道上轉轉。儘管他的腳不斷在踩踏板，但他的腦袋卻完全是這計畫、以及這計畫對他個人成就的意義。他，一名共和黨員，一個在金融市場打滾的人，即將要求政府動用納稅人的錢投入在幾乎是一手促成這次房地產市場興衰的兩家機構中。另一方面，過去數十年來與兩房的種種政治鬥爭，他終於有機會來一次徹底的解決——將這兩家機構解決掉。不過，最終他是否真的有需要動用他要求的權力？還是單單得到授權便足以穩定市場？他也盼望答案是後者。

鮑爾森回到辦公室時，他的發言人密雪兒．大衛斯（Michele Davis）正在研究他應該在哪裏宣布這建議。她說：「我們不能讓記者和攝影師走進這大樓，我們可以安排你站在外面的階梯上。」納森走到窗邊，邊看邊說天氣預報已發出雷雨警報。她說：「那我真不知道該怎麼辦了。」她唯有設法找一個帳篷搭在戶外。接著，她又指著鮑爾森的牛仔褲說：「你要回家換衣服呀，你不能這樣子走出去。」

下午六時，穿著藍色西服，整整齊齊的鮑爾森走進那個急急忙忙從四樓拆下搬到戶外的帳篷，對著匆忙召集的記者群宣讀聲明。

「房利美（Fannie Mae）和房地美（Freddie Mac）在我們的住房融資體系中扮演核心角色，兩房必須繼續以現有的股份制公司形式存在。他們對房地屋市場的支持，是讓我們能夠走出目前的市場調整十分重要的因素。」

「他們的債券廣泛地被世界各地的投資人持有，兩房持續穩健的發展，是市場對我們的金融體系、我們的金融市場繼續保持信心以及維繫其穩定性的重要因素，因此，我們必須採取行動應付目前的處境，我們要強化兩房的監管架構。」

「為確保這兩個企業有充裕的資金繼續履行他們的使命，我們的計畫包括讓財政部享有臨時授權，在必要時可購入上述兩家機構的股權。」

鮑爾森的話才剛說完，遠處的天空便打起雷來，不久傾盆大雨便從天而降。

星期二早上，鮑爾森剛在柏南克和考克斯的右手邊坐下，就感到今天的聽證會瀰漫著敵意。他在財政部階梯上作出的宣布不僅無法加強市場信心，反而更令市場憂慮這所謂「新權力」的真正意義，情況似乎更糟糕了。

星期一時，房地美下跌八·三%至七·一一美元，房利美則下跌五%至九·七三美元。鮑爾森知道他必須立即對國會和市場發動公關攻勢。

他向參議院銀行委員會（Senate Banking Committee）解釋說：「我們的建議並非因房利美與房地美突然急遽惡化而觸發……與此同時，近期情勢的發展令決策者和政府資助企業相信必須果斷地採取適當措施以回應市場的關注，保證這些企業能獲得足夠的流動資金，以及在有必要時注入臨時資本，以提升市場的信心。」

然而鮑爾森被議員們提出的一連串問題不斷炮轟。為爭取議員們支持，他特別強調要求授權只是「臨時性」的措施。「這是直覺反應的問題，」他說：「如果你的口袋裏只有一支玩具水槍，你可能會拿出來壯膽；但如果別人知道你口袋裏藏的是根火箭炮，你可能就不用拿出來了。」然而，部分議員並不接受這理由。

肯塔基州共和黨參議員吉姆．邦寧（Jim Bunning）說：「我昨天早晨拿起報紙時，我還以為自己身在法國；不過我錯了，原來是社會主義在美國。財政部部長現在要求我們簽下一張沒有寫上金額的支票，好讓他可隨自己的心意購入兩房的債務或股份；與此相比，聯準會購入貝爾斯登資產那一役，就變得只是業餘社會主義了……再反觀聯準會和財政部對貝爾斯登的所作所為，又加上我們今天在此討論的主題，我不禁懷疑誰是下一個被政府介入的私營機構；更重要的是，這情況究竟什麼時候才會停止？」

鮑爾森聽到這些言論顯然甚是沮喪，他掙扎著組織起自己的反駁論點，說：「我們的想法是，政府不會明確提出擔保的上限，但應用這擔保的機率其實很低，而納稅人的錢也會用得最少。」

「鮑爾森財長，你認為我們能完全相信你所說的話嗎？」邦寧得理不饒人地問。

「我說的每一句話，我自己都相信；而根據我在市場多年的經驗……」鮑爾森剛開始回答，邦寧已把他打斷，他問：「到你真的需要動用資金時，由誰來支付？」

「很明顯是政府，但我是說……」

「那麼政府是誰？」邦寧氣憤地追問。

「納稅人。」鮑爾森承認。

「鮑爾森財長，我知道你的建議是誠懇的。」邦寧繼續：「但明年一月你就要卸任，而我們，最低限度我們大多數人則還會在這張桌子旁，為我們今天的所作所為，對納稅人負責。」

社會主義者。紓困先生。鮑爾森深信自己打的是一場正義之戰，是為了拯救經濟體系生死存亡的一戰，他沒想到自己的努力奉獻，卻幾乎被說成人民公敵，甚至是美國信念、美國生活方式的公敵。他不能理解為何沒有人能夠看出情況已變得十分糟糕。當日下午，另一方人士也加入反對他的行列：對沖基金不滿他說服美國證管會主席考克斯採取行動，嚴厲打擊針對房利美、房地美以及十七家包括雷曼的金融股的不當放空。

如今斯蒂爾又已離去，鮑爾森感覺自己是隻手空拳獨自面對他任內最大的挑戰。雖然他認為自己的團隊很傑出也很看重他們，但是他懷疑他們是否有足夠的戰鬥力應付這一場來勢洶洶的激烈戰爭。

那天下午，他留言給已退休、四十三歲的高盛前副財務長傑斯特（Dan Jester）。傑斯特現居於德州奧斯丁（Austin），他的主要工作是管理自己的資產。在高盛時期，鮑爾森非常倚重這個一頭長髮、外號「人肉計算機」的傑斯特。他希望說服傑斯特復出，幫助他處理兩房的事。

一天前的晚上，鮑爾森甚為焦慮，他也致電另一位老朋友——肯．威爾遜（Ken Wilson）。十年前鮑爾森曾說服威爾遜離開瑞德集團（Lazard）轉投高盛旗下。作為高盛的金融機構部門的主管，威爾遜對其他銀行來說是高盛最高層的顧問，他也贏得業界的尊重，地位顯赫。那時鮑爾森很看重威爾遜的意見，甚至將威爾遜的辦公室搬到自己辦公室的旁邊。

「肯，我這裏真的需要幫助，我需要有經驗的人。」鮑爾森找到威爾遜便馬上吐苦水：「斯蒂爾走了，我希望你能考慮加入我的隊伍。」鮑爾森建議威爾遜擔任典型的「年薪一美元特別顧問」，即在這政府最後六個月執政期內，象徵式地收取一美元年薪。他建議威爾遜向高盛要求留職停薪。

六十一歲的威爾遜早已有退休的念頭，他答應考慮。

鮑爾森繼續誠懇地重複：「你來真的會很有幫助。我有很多具體問題，也困難重重。」

面對雷曼股價的急瀉，以及來自四面八方關於他們前景黯淡的謠言，福爾德安排在七月舉行董事會，以向董事們交代他正在努力的兩個方向。

雷曼的董事大多是福爾德的老朋友或者是公司的客戶，他們要不就是財金界的老兵，要不就是對財金世界一無所知的外行人。他們包括七十五歲的著名戲劇家Roger S. Berlind；曾任海軍中將和美國紅十字會長、六十一歲的瑪莎·詹森·埃文斯（Marsha Johnson Evans）；兩年前，名單上還包括八十五歲的演員、老牌名媛迪娜·梅瑞爾（Dina Merrill）。在董事會中較有財經背景的包括：八十一歲的華爾街資深老將亨利·考夫曼（Henry Kaufman），他曾是所羅門兄弟（Salomon Brothers）的首席經濟學家；IBM公司前執行長約翰·埃克斯（John Akers）；和沃達豐集團（Vodafone Group Plc）前執行長、六十歲的根特爵士（Sir Christopher Gent）。十位董事中，有四位年紀已超過七十四歲。

這次會議，福爾德邀請了瑞德集團（Lazard）的投資銀行顧問蓋瑞·帕爾（Gary Parr）出席作簡報。帕爾向福爾德建議，如果雷曼的董事會需要獨立人士的意見，他可提供幫助。

身型高瘦、蓄鬍的帕爾是專注於金融服務行業的知名投資銀行家，他參與多宗集資活動，例如二〇〇七年底摩根士丹利和花旗等的集資交易。福爾德或許不信任帕爾的老闆沃瑟斯坦（Bruce Wasserstein），但他卻敬重帕爾。

其中一名董事問及市場前景有多壞，天生是演說家的帕爾以他一貫在董事會上常用的那種充滿疑慮的語調回答：「外面的世界很艱難，經歷兩個前客戶即貝爾斯登和債券保險商MBIA的教訓，我們已上了寶貴的一堂課。」為使雷曼的董事們明白他們正面對的險境，帕爾告訴董事們：「流動資金的變動速度之快，遠高於你能想像。」帕爾提醒他們，不要以為貝爾斯登的情況可一不可再。他繼續說：「評級機構是危險的，每當你以為可以依靠評級機構的評級，情況就會變得更差……我也要跟你們說，此時此刻的境況，讓集資活動變得十分困難，因為資產的價值是投資者不能理解的——」

「夠了，帕爾。」福爾德突然不耐煩地打斷帕爾說話。

房間裏突然變得尷尬起來。有些董事覺得福爾德不滿帕爾說得太負面；另一些則認為福爾德要求帕爾暫停是有道理的，因為他不斷厚顏地吹噓自己的服務。十分鐘內，尷尬的帕爾便藉故溜之大吉。

一小時後，帕爾已回到洛克菲勒中心（Rockefeller Center）的辦公室。這時，他的祕書通知他福爾德來電。

「你見鬼了嗎，帕爾！」福爾德對拿起聽筒的帕爾大叫：「你為什麼要如此恐嚇我的董事，而且那樣自吹自擂宣傳自己？我應該馬上開除你！」

福爾德像要等著帕爾道歉，但他不發一語。他對雷曼至今仍未簽訂聘用書感到十分不滿，帕爾乘機反駁說：「迪克，這有點困難，因為你還沒有聘用我們。」然後，他冷靜下來，再補充道：「對不起，我並不是想故意和你唱反調的。」

「你永遠不要再這樣做。」福爾德回答後掛上電話。

翌日，或許因為福爾德已開始擔心自己真的已走上末路，他終於明白責難帕爾是一項錯誤。壓力讓福爾德失去了分寸，他的原意只是中斷帕爾繼續作自我宣傳，而不是不認同他說雷曼已危懸一線。然而，覆水難收，傷害已經造成。福爾德再次致電帕爾，希望修補關係，並邀請他再次會面。

福爾德帶著歉意地問：「你從上次的電話中恢復過來了嗎？」

七月十七日星期四早上六時四十五分，威爾遜的手機響起時，他正在威斯特徹斯特郡機場（**Westchester County Airport**）排隊入閘，準備前往蒙大拿州（**Montana**）享受他的釣魚假期。

「肯尼，我們真的需要你。」電話另一頭響起的是布希總統的聲音，總統繼續說：「現在是你為國家出力的時候。」其實威爾遜與總統早在哈佛商學院時代已認識，但威爾遜知道這電話的主意肯定不是來自總統，而是典型的鮑爾森作風——鮑爾森肯定是真的急得像熱鍋上的螞蟻了。如果鮑爾森希望得到什麼的話，他必定咬著不放不斷爭取，不惜動用各種最高權威，不達目的不罷休。這個週末，威爾遜和高盛的同僚商議過後，他回覆鮑爾森：「我答應你。」

七月二十一日傍晚，鮑爾森出席紐約聯邦準備銀行為他舉行的晚宴，蓋特納刻意讓他和華爾街的巨頭們碰面——包括戴蒙（**Jamie Dimon**）、貝蘭克梵、和約翰．麥克。這其實已經是鮑爾森在同一天第二度與華爾街重量級人士會面。中午時，他出席了他在高盛時期的門生、現為對沖基金**Eton Park**

Capital管理層的埃里克・明迪奇（Eric Mindich）為他所設的午宴，他藉機重申兩房議案的重要性。鮑爾森現在對於整體情況稍微寬慰一點，威爾遜和傑斯特均同意加入財政部，而議案得到通過的機會也較為樂觀。他混在以前的同事中間交談，並向美林的賽恩（John Thain）道賀。賽恩在數天前成功以四十五億美元把美林擁有的彭博（Bloomberg）股份售出。

令鮑爾森擔心的仍是雷曼，為此，今晚他和蓋特納在晚宴後特別安排一個私人會議，讓福爾德和路易士在紐約聯準銀行一個會議室碰面。過去兩週福爾德不斷致電鮑爾森，希望他幫忙打電話聯繫美國銀行。

鮑爾森對福爾德說：「我認為這太明顯了，你唯一的方法是直接找他。我不能找路易士指示他收購雷曼。」

晚宴接近尾聲時，鮑爾森上前找路易士，熱情可親地對他說：「業績很不錯。」鮑爾森伸手一握路易士的手，透過眼神暗示對方自己知悉馬上要進行會議。儘管之前一天美國銀行公布第二季度的純利下跌四一％，但仍遠勝於華爾街分析師的預期。緊隨其後公布業績的花旗、摩根大通和富國銀行（Well Fargo）的表現皆優於市場預期，為市場帶來暫時支撐。

鮑爾森轉身離開，其他人也開始散去。這時，蓋特納靠近路易士，在他耳邊低語：「我相信你和迪克有個約會。」

「是的。」路易士回答。

蓋特納指引路易士到一個邊廳，讓兩人密會。蓋特納明顯也把同樣的訊息告訴福爾德，因為路易士留意到福爾德在房間的另一頭看向這裏，像是男女初次約會一般緊張。福爾德邁步往一個方向走，這時路易士特意走相反方向——在華爾街一半的眼睛注視下，他們最不需要的是會面的消息露餡。

兩人終於輾轉地找到房間地點。路易士到達時，福爾德正和一名聯準會職員吵得面紅耳赤。這是路易士第二次和福爾德見面，但路易士對福爾德那作威作福的口氣深感驚訝。

接著的二十分鐘，福爾德重複他在一星期前對科爾作出的交易建議。福爾德要求的售價是每股二十五美元；而雷曼當天的收盤價為一八．三二美元。路易士其實只願意付非常低的價錢，他認為福爾德出的價不僅太高，也看不出有任何策略上的理由。但他仍悶不吭聲。

兩天後，路易士回電給福爾德，以最外交辭令的口吻說：「我想這對我們雙方並不合適。」路易士選擇這句話是不想關上日後再談判的大門。

下午十二時三十五分，福爾德很憤怒地致電鮑爾森，向他轉達這個壞消息。現在，韓國人是剩下來的唯一機會，他力促鮑爾森代他出面致電韓國人。鮑爾森對這要求十分抗拒，想到他已在巴菲特和美國銀行方面出過力，他告訴福爾德說：「我不會拿起電話找韓國人，你要嚇唬別人，你可以打電話給他們，告訴他，是我說他們應該收購雷曼的。」鮑爾森解釋他的介入只會讓人對雷曼的前景更加懷疑，並說：「迪克，若他們有問題來問我，我會盡我努力作具建設性的建議。」

這只是冗長一日當中的另一則壞消息。當晚邁克達德把一位交易員發出的電郵轉寄給福爾德，是關於那些負面謠言來源的猜測。「明顯地，高盛是對沖基金的幕後黑手，不斷推動跌市，受害者包括雷曼和其他公司。我覺得這訊息值得轉寄給大家。」

福爾德回答：「我們應該感到驚訝嗎？記著這件事——我是一定會的。」

第十一章 接管兩房

七月二十九日星期二早上九時十五分，走在曼哈頓金融區珍珠街（Pearl Street）上的羅伯特·維爾倫斯坦德汗流浹背。炎夏悶熱，但令他心焦如焚的卻是他正要前往紐約聯邦準備銀行和總裁蓋特納開會。

自從他在約一個月前接受了美國國際集團（AIG）執行長這任命後，他日以繼夜每週七天努力工作，嘗試掌握公司一個又一個的問題及其關鍵。除了七月四日國慶假期那個週末他曾到Vail探望女兒外，基本上他每天都守在公司。他接任時宣布，要「對AIG的策略和營運進行透徹的檢討」，並且「在六十至九十天內完成，然後，在勞動日（九月第一個星期一）之後舉行投資者會議，向外界、向投資者作詳細解釋。」

當維爾倫斯坦德開始對公司進行調查及研究時，公司策略部主管布萊恩·史萊柏（Brian T. Schreiber）馬上將他拉到一旁，跟他分享驚人的發現：「這可能是流動性的問題，而不是資本的問題。」換言之，雖然這龐大的全球性保險集團坐擁幾千億美元的證券和抵押品，但是在信貸危機的威脅下，他們也必須苦苦掙扎盡快以最高的價錢將之出售，以套現支付他們要承擔的財務責任。更嚴重的是，如果任何一家信貸評級機構如穆迪或標準普爾降低其債務評級的話，根據債務合約的條款，

ＡＩＧ必須增加其抵押保證金，ＡＩＧ的困局將更雪上加霜。

「你昨晚簡直把我嚇得尿滾尿流。」維爾倫斯坦德第二天告訴史萊柏。他花了整個晚上思量公司的流動資金情況，他更知道在公司宣布第二季度錄得五十三億美元虧損時，這問題會更被激化。

在這悶熱的七月天，維爾倫斯坦德正要去和一個多月前才認識的蓋特納會面，討論如果市場情況不利於ＡＩＧ時，ＡＩＧ是否能獲得協助。雖然紐約聯邦準備銀行的監管範圍並不包括ＡＩＧ或任何保險公司，但維爾倫斯坦德的想法是，ＡＩＧ旗下包括證券借貸業務以及其他金融產品業務，蓋特納可能會對他的問題有興趣；同時，他更希望蓋特納能理解ＡＩＧ其實與華爾街環環相扣，因為公司為許多投資銀行承保了價值高達幾千億美元的保險，讓這些投資銀行的業務得到對沖。無論喜歡與否，ＡＩＧ若是不健康，整個華爾街的健康狀況就會有問題。

維爾倫斯坦德和蓋特納大力握手後立即說：「沒有理由需要惶恐，也沒有理由相信壞事即將來臨，不過，我們的證券借貸業務……」他解釋ＡＩＧ借出如國庫券等高品質證券以換取現金，在正常的情況下，這應該是萬無一失的生意，但是，由於公司把這些借回來的資金投資在次貸產品，而這些產品目前的價格已急跌，現在無人可以確認這些資產的價值，這使得ＡＩＧ也無法將這些產品出售止血。維爾倫斯坦德坦白地說，如果公司的交易對手在同一時間要求ＡＩＧ還錢，他要面對的問題將會非常嚴重。

「你為投資銀行打開了聯邦準備貼現窗口的大門，如果ＡＩＧ出現危機時，我們可否向聯準會尋求流動資金的支援？我們是有實力的公司，我們持有百億、千億美元以上的證券，這些都是可以在市場上出售的抵押品。」

「這，我們從未有此先例。」蓋特納斷然地回答，意思是聯準會從沒有向任何保險公司提供貸款，而維爾倫斯坦德的理由也並未打動他。

維爾倫斯坦德回答：「這點我能理解，但你過去也從未為投資銀行打開門，很明顯這是有商量餘地的。」經歷了貝爾斯登死裏逃生的事件後，聯準會決定延伸貼現窗口措施，開放給高盛、摩根士丹利、美林和雷曼等投資銀行。

「是的。」蓋特納承認；但他補充此舉需要聯邦準備理事委員會全體成員一致通過，蓋特納直接地說：「只有在我認為這行動會對整體信貸市場有利，我才會做此推薦。」

他用一個月前警告福爾德考慮轉型為銀行控股公司的同一番話，警告維爾倫斯坦德：「我的看法是，此舉只會把你刻意要迴避的問題加劇，當這個安排公布時，只會引起你的交易對手的極度關注，讓我們面對的問題更嚴重。」

維爾倫斯坦德知道他一點也沒法打動蓋特納，這時蓋特納已經站起來，表示他要趕赴下一個會議，他以簡短的一句話結束這次會面：「繼續跟我回報事態發展。」

七月二十九日，雷曼的灣流商務客機在阿拉斯加安克拉治機場上空盤旋，準備降落加油。飛機載著從香港回來的福爾德，他和雷曼一個特別小組在香港與韓國產業銀行的閔裕聖會面。

福爾德心情好得不像平常的他，因為他覺得又朝著成交邁進了一步。他和韓國產業銀行的洽商頗具建設性，雙方同意繼續談判；他知道離成功還有鑾遠的一記「推桿」，但韓國產業銀行已是他最好的希望，閔裕聖表示他有興趣成為雷曼的大股東。他明白閔裕聖對雷曼的房地產組合仍十分擔心——

那些有毒資產成為一大絆腳石——但閔裕聖似乎也十分希望推動韓國產業銀行在國際舞臺上大展身手；雖然他們在香港君悅大酒店的會議並未談及交易作價，但福爾德相信這交易已如甕中之鱉。

福爾德對這次會議的傳媒保密功夫亦感到沾沾自喜。為擔心消息走漏，福爾德特別囑咐與他同行的同事——邁克達德、麥基、惠特曼（Brad Whitman）、博泰（Jesse Bhattal）和趙建鎬（Kunho Cho）——不可接聽來電；除此之外，麥基更裝模作樣地給早已專程前往南韓商討此交易的馬克·夏佛發簡訊，說自己已和客戶一同飛到中國，刻意誤導留在紐約的同事。福爾德又刻意把會議地點安排在香港，而不是南韓，因為就算有人跟蹤雷曼私人飛機的旅程，這個目的地也可擾亂視線。

回程中，私人客機的大銀幕播映英國警匪片《玩命追緝：貝克街大劫案》（*The Bank Job*）。其實福爾德早已看過此片，所以他建議放另一部動作片；但最終由越來越掌握公司控制權的邁克達德定奪。

當飛機慢慢駛往加油站時，福爾德原先的好心情突然煙消雲散：維修人員發現飛機出現漏油現象。機師們馬上安排維修，而雷曼的小組不得不坐在飛機上吃午餐。然而經過一小時的等待，飛機能否修好還不知道。

邁克達德一邊聯絡祕書安排轉乘商務航班，一邊逗福爾德說：「你上一次乘坐商務航班是何年何月？」福爾德面無表情，一點也不覺得這話風趣。

二〇〇八年八月六日，摩根士丹利一群銀行家抵達財政部大樓，他們被護送到鮑爾森辦公室旁的會議廳。所有人都知道這是個不尋常的會議。一星期前，鮑爾森致電摩根士丹利的約翰·麥克（John

Mack），聘請摩根士丹利出任政府顧問，協助政府處理房利美和房地美的問題。鮑爾森心目中的顧問首選其實是高盛，但是，他對於公眾形象始終有所顧忌，加上高盛已擔任房利美的顧問，所以他才選擇摩根士丹利。其實他也曾一度考慮過美林，但最終他認為摩根士丹利應是最理想的選擇。

起初約翰・麥克對接受這任務很有保留，因為接下這顧問為財政部效力的代價，是在其後六個月都不能與任何抵押貸款巨無霸有任何商業往來，這等於錯過上千萬美元的收費。他跟他的團隊說：「我們如何對股東解釋為何放棄這些收入？我會被質問為何做此決定。」

然後，經過一番內心掙扎後，麥克終於決定，為政府服務是愛國的行為；他最終接受任務，象徵性地收取九萬五千美元費用，這還不夠支付摩根士丹利祕書們的加班費。

一個星期前，布希總統正式簽署了參議院通過的法案，賦予財政部合法的臨時權力支持困境中的房利美與房地美。目前鮑爾森面對的問題是：該如何運用這權力？

他知道自己製造了一個奇怪的兩難局面：投資者已假定政府即將介入，這令房利美和房地美更難自行集資，因為投資者會擔心政府介入會讓他們的投資化為烏有——政府任何的注資想法都會變成自我實現的預言。那天早上，紐約的投資銀行西木資本公司（Westwood Capital LLC）總經理阿爾伯特（Dan Alpert）跟路透社說：「兩房需要的額外股本金是如此之多，兩房的股東股權要不被嚴重攤薄，要不就是兩房將被國有化。沒有龐大的股本基礎，兩房根本難以存活下去。」

在財政部的會議室內，美國財政部金融市場助理部長安東尼・瑞恩（Anthony Ryan）向摩根士丹利小組簡介該部門對於政府資助企業工作的最新進展。摩根士丹利的小組包括五十八歲的聯合總裁斯考利（Robert Scully），他曾參與三十年前政府拯救克萊斯勒的個案；金融機構部門主管、五十歲的波拉特（Ruth Porat）；全球資本市場副主席、四十三歲的西姆坷維茨（Dan Simkowitz）。

瑞恩介紹了約十分鐘，有些心不在焉的鮑爾森走進會議室，他半帶恐嚇半帶鼓勵地說：「我們做什麼都會被人密切注視，我會把你們折磨得見骨，但有一點我是充滿信心的——這將會是你們職業生涯中最有意義的任務。」

斯考利追問鮑爾森這任務的要求是什麼，他問：「請你坦白告訴我們你真正想做什麼。我們是否只需要把球往後傳即可。」

鮑爾森搖著頭回答說：「不是，我是真的想把事情解決，而不是留下一個懸而未決的問題。」他堅持這個任務絕不是製作官僚形式的檔案作存檔之用。「我，我們有三個目的：穩定市場，維持抵押貸款市場的運作，以及保障納稅人。」

斯考利依然非常懷疑，他堅信這任務的背後一定有些政治盤算。今早房地美宣布錄得八億二千一百萬美元的虧損，坐視不理已不在考慮方案之列。

他試探地問：「有沒有什麼政策是不能碰的？又或你已有一些方向和既定的方針要我們去研究？」

「沒有，你有的是一張白紙；我願意考慮一切的方案。」鮑爾森回答。

這時，隔壁房間突然傳來小孩的尖叫聲打斷討論，原來鮑爾森的孫女今天來探訪他，她正在他的辦公室旁的小會議室等候著。鮑爾森馬上要和家人乘坐飛機出發前往北京參加奧運盛會，不過，這其實是一個工作假期——他早已和中國的官員安排了一連串的會議，他的家人全都知道，整個行程他將是手機不離手。他為了即將出發而需要縮短會議向大家道歉，說：「我幾天後便會回來，我希望進展良多。」

在八月的第一個星期，閔裕聖從首爾飛抵曼哈頓，和雷曼繼續舉行會議。雖然距離達成協議簽約仍有相當大距離，但交易的大綱已慢慢譜出。

星期一，對於能否達成這交易仍存疑的邁克達德和同事們一起走到蘇利文・克倫威爾律師事務所位於中城區的辦公室展開正式會談。夏佛和麥基在公園大道上邊走邊說：「他們永遠沒有膽量做這事。」雷曼的趙建鎬和博泰與閔裕聖較為親近，他們兩人也從亞洲飛來紐約幫忙促成交易。麥基懇請福爾德留在辦公室不要參加會議，麥基說：「你要冷靜一點。你是執行長，你要扮演不在場人這角色。」這是華爾街慣常使用的技倆，當雙方的談判已達尾聲而任何一方希望再爭取更進一步，他們就會說要請示執行長的同意。

其實，邁克達德也越來越擔心福爾德的脆弱狀況對談判難有幫助；他也開始擔心福爾德懷疑他圖謀雷曼的大權。很多時候，當福爾德看見邁克達德和門生格爾本德和柯克說話時，福爾德的臉上就會浮現一副「你不要以為我不知道你們正在密謀踢走我」的表情。邁克達德以壞風水為由，拒絕搬進格里高利以前那間在福爾德旁邊的辦公室，更令福爾德疑心加重。邁克達德選了一個遠離福爾德的辦公室，令福爾德難以監控他。

事實上，雷曼確實是漸漸落入邁克達德的掌控之中。邁克達德正在準備一個代號為「大戰計畫」（**Gameplan**）的文件，仔細檢閱公司的財務狀況以及日後的作戰大計，計畫書中包括評估約六個可能性方案，這些方案大部分的方向都是把雷曼一分為二：保留「好」銀行，在帳目上剝離有毒資產，將有毒資產列入「壞」銀行並將之分拆。這計畫能讓雷曼重新上路，不受價值每況愈下的資產拖累。邁克達德也催促福爾德把旗下的資產管理公司紐伯格伯曼，以及雷曼的投資管理資產出售，目前已有幾家私募股票基金在進行競標。

儘管有關雷曼的謠言依然肆無忌憚地滿場飛，但是公司從內部洩露的消息已大為減少。邁克達德被委任為總裁的數星期後，麥基送給他一件T恤，上面印著：「一名知情人士」——這是金融媒體形容匿名消息來源的常用語。麥基要邁克達德將T恤轉贈給史考特・傅瑞德漢（Scott Freidheim），藉以諷刺由他負責的媒體關係。

今天早上在蘇利文・克倫威爾事務所會議的第一個議題是，讓韓國人有機會檢閱雷曼的商業房地產組合；雷曼商業房地產策略的規畫師沃許（Mark Walsh）向小組進行簡報。不過，閔裕聖馬上發現沃許根本沒有作充分準備，閔把趙建鎬拉到一旁，以韓語說：「我需要對這個有更多的理解，我對估值感到非常不安。」

不出一會兒，閔裕聖已明示他對雷曼的商業房地產資產沒有興趣；接下來的一個小時，會談似乎快要破裂。不過到了下午，雙方又開始研究新的架構：閔裕聖表示有興趣成為雷曼的大股東，但條件是雷曼要把商業和住房的資產分拆到另一公司，讓韓國產業銀行免受房地產業務的衝擊。商談進展良好——福爾德每隔二十分鐘便打給邁克達德和麥基詢問最新情況。

第二天早上十一時，閔裕聖說已獲得韓國監管機構批准提出收購的初步建議，他願意以雷曼的一・二五倍帳面值——即雷曼資產負債表的淨資產值的一・二五倍作收購；但交易仍有待雙方同意雷曼的真正帳面值，以及雷曼必須將房地產業務剝離才算有效，這反映韓國產業銀行對雷曼的估值介於每股二十至二十五美元，這價格比起雷曼昨天的收盤價一五．五七美元已有溢價。

閔裕聖是否真如雷曼一些成員所猜測的只是在裝腔作勢，還未可知，不過邁克達德、麥基和其他雷曼談判成員都傾向接受這建議；但是，邁克達德表示他需要回總部和福爾德商議。雙方同意在晚上七時續會，希望可以達成原則性協議。

數小時後會議重開，福爾德卻突然出現。雷曼一方的目標是向閔裕聖施壓，希望他在簽訂正式協議之前先簽訂交易意向書，他們認為即使協議最終版本需要數星期才能完成，但簽訂意向書已可減輕雷曼股票的壓力。福爾德與邁克達德、麥基和趙建鎬並排而坐，毫不掩飾地掛著一臉的不高興。閔裕聖和他的顧問佩雷拉溫伯格夥伴公司的蓋瑞．巴蘭奇克（Gary Barancik）則坐在他們的對面。

邁克達德開口說：「我們理解你們的想法，我們明白你們的行動計畫。」他指的是閔裕聖要求在雷曼分拆房地產資產後收購雷曼的控股權建議，「我們不如……」

這時福爾德突然打斷邁克達德，並對閔裕聖說：「我認為你犯了一個很大的錯誤。你將會錯過一個很有價值的投資機會，這些房地產資產有很高的潛在價值。」福爾德意圖向閔裕聖施壓，讓對方起碼購買一部分房地產資產。同時，福爾德直言閔裕聖提出以一．二五倍帳面值收購的作價太低，他反建議以一．五倍為談判基礎。

邁克達德和麥基簡直不敢相信眼前的一切，他們花了整整兩天打造出分拆房地產業務的交易方案，現在福爾德卻把他們的心血一手推倒重新開始；更糟糕的是，這時閔裕聖面露恐懼，他把顧問巴蘭奇克拉到一旁壓低聲音說：「我對這情況感到不安。」巴蘭奇克代表韓國產業銀行回應，他們只會在一．二五倍的基礎上談判，巴蘭奇克越說越不滿，他開始語帶怒氣地質疑雷曼的入帳方法：「我不認為你們已把所有減值入帳。」並且重申韓國產業銀行對雷曼房地產組合沒有興趣的原因。

福爾德毫不客氣地反問：「好！那你覺得我們的房地產組合應以什麼作價入帳？」

不待巴蘭奇克開口，希望將會議帶到更有建設性方向的邁克達德搶先發言：「我們已擬定條款，不如大家看看這份條款？」

巴蘭奇克感覺眼前的張力可能會使談判觸礁，他建議：「我們不如暫停休息一下。」他們站在走廊時，福爾德錯讀閔裕聖的心情，繼續向對方大力推銷房地產資產。站在閔裕聖身後的麥基看出勢頭不對，不斷跟福爾德比手勢，用手在脖頸上作出割頸的動作，示意福爾德停止逼迫這名韓國人。

閔裕聖最後終於成功甩開福爾德，他拉著巴蘭奇克到另一房間細心閱讀條款書，文件上羅列原則性的大綱，算不上正式協議。閔裕聖細看條款書，對於文件上列出的每一要點皆點頭同意，直到最後一項——雷曼要求韓國產業銀行提供信貸額支援雷曼。對閔裕聖來說，這個條文即時亮起一面警示紅旗：雷曼是不是在要求沒有底線的信貸措施，借用韓國產業銀行的資產負債表來作支撐？

彷彿受了傷的閔裕聖一把抓住他曾在雷曼一起共事的朋友趙建鎬，要求和他單獨談談。就算閔裕聖一言不發，趙建鎬都察覺情勢不妙。

閔裕聖以韓語說：「這是非常嚴重的誠信問題，我們一直基於信任談判，大家也正朝各自的目標邁進；但現在突然間卻有一個新畫面呈現在眼前。」明顯不滿的閔裕聖繼續說：「這完全不是帳面價一．二五倍或一．五倍的問題，也不是二十億美元或四十億美元信貸額的問題——而是你們如何開會的方式，我對雷曼高層主導整件事的方法感到不安。這樣子我不能再繼續談下去。」

一直遊說閔裕聖親臨紐約參加此會議的趙建鎬非常失望。閔裕聖返回會議室時，以遺憾的眼光望向福爾德，以及坐在會議桌上的一群銀行家，他說：「我感謝大家，但我不認為我們能找到一個可行的架構。」他已邊說邊站起來離開，臨走他拋下一句：「巴蘭奇克可以繼續和你們談。」

福爾德滿臉痛苦地急問道：「你是說，就這樣完了？」他心急地高聲說：「你這就要回韓國了？」

八月一個晴朗的早上，財政部特別顧問史蒂夫・沙弗蘭（Steve Shafran）正在享受他的假期，鮑爾森來電時，他正在愛達荷州太陽谷一個加油站。鮑爾森問道：「給我雷曼的最新情況。」沙弗蘭知道這個電話不會太短，他先把他那輛十五年的Land Rover引擎關掉。

早前，鮑爾森委任沙弗蘭一個特別任務：擔任證管會和聯準會之間的聯絡員，啟動應急措施制定雷曼一旦破產的對應計畫。其實這任務原先的職責是研究銀行體系內的系統性風險，以及確保政府各部門、各機構之間保持溝通；但沒有多久，這個任務已變成只著眼在雷曼身上。

鑑於任務的性質屬於高度機密，他不能讓任何人——特別是雷曼的人——知悉政府有此準備，不論雷曼出事的機率多麼低，也絕不能洩露。因為只要市場上稍有風聲，雷曼的股價必然應聲急挫。

幾乎天天和福爾德聯絡的鮑爾森相信雷曼集資的努力將會困難重重，鮑爾森要作最壞的準備。

鮑爾森對於福爾德提出的各式各樣方案已感厭煩，他指派顧問威爾遜（Ken Wilson）代表自己與福爾德接洽。「我將告訴迪克，要他以後和你聯繫。」鮑爾森告訴威爾遜：「這簡直是浪費時間，他有真正重要的話要說時我才和他談。」

對沙弗蘭而言，和別的政府部門合作是嶄新的嘗試。一年多前，他結婚二十四年的妻子珍妮（Janet）因搭飛機意外喪生，他和孩子們從太陽谷移居華盛頓，希望展開新生活。沙弗蘭在高盛工作了十五年，曾擔任鮑爾森在香港的聯絡人，協助鮑爾森部署進軍中國。

相比起其他財政部官員，雷曼的項目對沙弗蘭來說也有點尷尬，因為他和福爾德算得上是朋友。他們在太陽谷認識，沙弗蘭是Ketchum區的市議員，而福爾德則在當地擁有九十七英畝土地（價值約二千七百萬美元）。福爾德的豪宅就建在大木河（Big Wood River）對面的私人道路上，小屋則在佩蒂特湖（Pettit Lake）岸邊，與沙弗蘭為鄰。他們兩人會在山谷會所（Valley Club）一起打高爾夫球，大家偶爾也有社交往來。沙弗蘭喜歡福爾德，敬仰他的烈性子。

這時候，坐在加油站停車場汽車裏的沙弗蘭向鮑爾森匯報進展。他說他和聯準會與證管會進行過幾次電話會議，雖然大家一直認為真正的系統風險是無法估量的，但最低限度，現在大家開始認真關注眼前的挑戰。沙弗蘭說：「我感到安心，他們現在已開始工作。」他繼續解釋，聯準會與證管會現在已列出雷曼的四大風險：他們回購的帳目，或回購合約的組合；衍生產品帳目；經紀帳目；以及流動性不佳的資產如房地產和私募股票的投資。

鮑爾森知道自己能為雷曼做的事不多——財政部本身並沒有監管雷曼的權力，只能由其他部門處理雷曼可能發生的倒閉。這想法令他更焦慮不安。

初夏的時候，財政部負責金融機構的助理部長納森（David Nason）和證管會開完會後向鮑爾森匯報說，對方並未掌握形勢。那時會議室裏擺放著一疊疊雷曼的衍生產品分類表，納森問證管會的交易與市場部門助理主管邁克爾·馬基亞羅利（Michael Macchiaroli），如果雷曼一旦倒閉，他們將如何應對。馬基亞羅利回答道：「他們持有很多買賣盤，我不肯定我們會如何處理，但我想我們會試圖釐清這些買賣盤，而證券投資人保護公司（Securities Investor Protection Corporation, SIPC）也會加入。」證券投資人保護公司是半官方機構，並沒有執法權力；它是由合格的證券商出資成立的一家非營利機構，在證券商成員出現財務危機或破產導致無法償付客戶時，這機構就會介入補償客戶。這組織的功能有點像規模較小的聯邦存款保險公司（FDIC）。

納森的回應是：「這根本不是答案，屆時市場會亂成一團。」

馬基亞羅利解釋：「問題是雷曼一半以上的交易帳目經由倫敦分行進行；而且他們的交易對手也不在美國本土，我們並沒有司法權處理。」災難一旦發生時，證管會唯一能做的，只是維護雷曼美國的仲介經紀部門；雷曼控股公司以及旗下所有的國際分部都只能申請破產。

這實在不是中聽的答案。納森提出在沒有選擇的情況下，他們也許只能向國會申請擔保雷曼所有的交易；但他很快就打消這想法。「要擔保控股公司的所有責任，我們得向國會要求批准動用納稅人的錢來擔保雷曼在美國境外的債務……」他向房裏所有人宣布：「有誰會傻到作出這要求？」

放眼遠眺，傑克遜湖（Jackson Lake）旅館前大草原的遠處是高聳入雲的大提頓（Tetons）風雪峰，雪峰依然氣象萬千，但柏南克已不覺得如以前一般震撼。八月二十二日，當他在山徑中漫步時，回想起十年前他在這大提頓國家公園內舉行的堪薩斯聯邦準備銀行夏日會議上初露鋒芒；然而，他知道在接下來的三天，他獲得的將是無盡的批評：質疑他過去一年的作為、質疑政府在兩房事件中扮演的角色。一九九九年夏天，當網路股瘋狂飆漲時，柏南克和紐約大學的經濟學家馬克．葛特勒

（Mark Gertler）在懷俄明州的傑克遜洞（Jackson Hole）發表一篇學術報告，他們認為當時這類的泡沫不值得中央銀行作任何特別的關注，並指出一九二〇年代聯準會應付泡沫爆破的步驟，在經濟疲軟時引發出更多問題。柏南克和葛特勒認為中央銀行應約束自己，堅守其基本責任：致力穩定通膨。對於聯準會來說，資產價格上升並不值得關注，除非資產價格上升引發通膨問題，這才需要關注。「泡沫一旦爆破，就很容易演變為恐慌。」兩人的論點成為會議上討論的熱點，亦引起葛林斯班極大的興趣。

一年前，柏南克在傑克遜洞也有難忘的經歷。夏天時信貸危機升溫，柏南克和他的核心顧問團——蓋特納、沃什（Kevin Warsh）、聯準會副主席唐納德．寇恩（Donald Kohn）、紐約聯準銀行市場部主管多德里（Bill Dudley）和貨幣事務部主管布萊恩．麥迪根（Brian Madigan）全擠在傑克遜湖旅館內，研究聯準會應如何應對這次信貸危機。

這個小組粗略地勾勒出日後被稱為「柏南克教條」（Bernanke Doctrine）的雙管齊下方案。第一部分是運用聯準會軍火庫內著名的武器：降息。第二，為了處理市場的信心危機，為政者希望能給予市場支持，但不希望引發道德風險。在二〇〇七年會議的演說中，柏南克說：「聯準會既沒有責任也不適合保護放貸人與投資人，他們必須自行承擔他們的金融投資決定。」然而他馬上接著說：「但金融市場的發展對市場之外的整體經濟也會有廣泛的影響，所以聯準會作出任何決定時，也必須顧及這些效應。」柏南克這句話，加強了大家自從一九九八年，聯準會主導急就章地拯救長期資本管理公司（Long-Term Capital Management）的行動後，對中央銀行政策的觀感：如果後果嚴重得足以衝擊整個金融體系，聯準會有廣義的責任介入事件；正是這觀點，促使柏南克做出保護貝爾斯登的行動。

但是今年的會議上，「柏南克教條」備受批評。疲憊的柏南克倚靠在旅館會議室的長桌旁，聆聽一個又一個發言者起身批評聯準會的金融危機處理方法不單只是臨時性和缺乏成效，更在鼓勵道德風險。

發言者之中，只有曾任聯準會副主席、也是柏南克以前在普林斯頓的同事布蘭德（Alan Blinder）捍衛聯準會，他說了以下的故事：

有一天，一個荷蘭小男孩在回家的路上發現保護當地的堤壩有個小裂縫，他用手指堵住這個裂縫。但是此時，他記起他在學校裏聽到的道德風險課，小孩說：「建造這堤壩的公司工程做得太差了，這樣的公司不值得我拯救，拯救只會鼓勵更多的豆腐渣工程。還有，住在這附近的居民也夠蠢的，他們根本不應居住在洪水可能泛濫的地方。」於是，小男孩繼續趕路回家。但在他還未回到家門，堤壩已經崩潰，把附近的地方、居民——包括這荷蘭小男孩都淹沒了。

也許，你也聽過這故事的聯準會版本，一個比較仁慈、比較溫和的版本。在這個故事中，主角荷蘭小孩很擔心、很害怕洪水會泛濫，他只能用他的小手指堵住漏洞，希望支撐到救援抵達。這決定是痛苦的，也沒有成功的保證，而其實這個小男孩也寧可去做別的事，但他還是選擇了這條路；住在堤壩後面的所有人，就免受別人的錯誤所帶來的傷害，全部得救。

前一天，柏南克在大會致詞時曾懇切地呼籲，不單要抱持「以手指堵住漏洞」的心態，還要超越這心態，促請國會為非銀行業界設立具法律效力的解決方案，柏南克說：「一個強而有力的架構將有助於減低系統性風險。」

這同時也可紓緩道德風險和回應「因為太大所以不能讓它倒」的想法，因為這可以降低市場預期政府會為了維持系統穩定性而介入市場。

針對非銀行業界設立具法律效力的解決方案，除了可降低不明朗因素外，同時也可減低道德風險，因政府可以有序地處理失敗的企業，處理股票持有人，以及和債權人協商削減債權，處理手法就和商業銀行倒閉大同小異。

柏南克在會上沒有特別提到房利美和房地美，但傑克遜洞的與會者大多已能預見兩房的命運——星期五，穆迪把兩家公司的優先股評級降到非投資級別——即垃圾級別。市場上越來越多人預期財政部將不得不注資兩房。

傑克遜洞一直是大富大貴人士的聚居聖地。施羅德集團（Schroder）及所羅門兄弟公司的前銀行家、後來當上世界銀行總裁的詹姆斯．沃爾芬森（James Wolfensohn）就是傑克遜洞的明星級居民。在二〇〇八年舉行會議期間，他在家中設宴招待賓客，客人名單除柏南克外，還包括財政部前部長桑默斯（Larry Summers）和財政部前副部長羅吉．阿爾特曼（Roger Altman），以及歐巴馬的經濟顧問奧斯登．古爾斯比（Austan Goolsbee），當時歐巴馬還未正式被民主黨提名為總統候選人。

當晚的主人沃爾芬森拿出兩條問題招呼客人：信貸危機在歷史書中將會是一個章回的故事，或只是一個註腳？他到每張桌子逐一詢問賓客的意見，當時每一位賓客都認為只是註腳。

接著，沃爾芬森再問：「會不會出現另一次經濟大蕭條？或是像日本一樣，跌入失落的十年？」宴會賓客的共識是美國的經濟會像日本一樣出現持續、漫長的不景氣的可能性更大。柏南克則出其不意地作出強烈的反對，他認為兩種情況都不會發生，他以肯定的口吻說：「我們已經從大蕭條和日本的經驗獲益良多，我們不會重蹈覆轍。」

八月最後一週，鮑爾森在財政部會議室對他的小組和顧問團宣布房利美和房地美的命運：「他們不能存活。若我們要恢復抵押貸款市場，我們就必定要處理它們。」

鮑爾森從北京返回華盛頓後，他花了一整天聽取摩根士丹利和其他人士的匯報，加上他看著兩房的股價仍然不斷下滑，他認為已沒有選擇餘地，必須作出行動。在鮑爾森眼裏，除非他能夠解決房利美和房地美的問題，否則美國整體經濟也會被波及。

摩根士丹利花了三個星期為公司內部稱之為「基礎計畫」（Project Foundation）的項目不斷努力。近四十名員工被委派參與這項目，他們日以繼夜工作，連週末也要上班。一名助理吉米・佩吉（Jimmy Page）抱怨說：「監獄也比這裏好一點，至少你一天可以有三餐，而且監獄容許你的妻子來作人道探訪。」

摩根士丹利把這兩家巨無霸的每一放貸項目逐一分析，把一組又一組的數據送往公司位於印度的分析中心，在那裏，一千三百名摩根士丹利的員工把每筆貸款逐一檢閱——這幾乎已是全美國一半的抵押貸款案件。

摩根士丹利的銀行家也進行了電話調查，以便更能掌握投資者的期望。西姆坷維茨（Danial Simkowitz）對財政部小組簡介調查的結果：「市場重視兩個鮑爾森的想法：約翰・鮑爾森和漢克・鮑爾森。對於約翰・鮑爾森，他們希望知道他想什麼，這已足夠；至於漢克・鮑爾森，他們則想知道他會怎樣行動。」（約翰．鮑爾森是過去兩年最成功的對沖基金投資者，他快人一步地拋空次貸產品，為他的投資者賺進一百五十億美元，而他個人則獨得三十七億美元。）

摩根士丹利的銀行家估計，兩房若要達到基本的資本要求，需獲得總共五百億美元的現金注資，金額約為兩房總資產值的二．五％；反觀一般銀行的最低要求則為四％。在房地產市場持續惡化的情況下，很明顯地，這些政府資助企業的資本緩衝能力之薄弱，已岌岌可危。

更糟的是，鮑爾森已開始看到跡象顯示，中國和俄羅斯很快便會停止買入兩房發行的債券，而且兩國甚至可能會開始拋售這些債券。戴蒙也為此特別來電，鼓勵他作出決定性的行動。

鮑爾森在財政部主持圓桌會議，討論如果引用「第十一章」（Chapter 11）破產保護以「重組」房利美和房地美的業務是否合理；還是接管——即政府以擔任信託人的方式控制公司，並容許公司股票繼續交易——才是較理想的選擇。

威爾遜有點擔心在缺乏專業的指引下進行鮑爾森所說的類似「敵意收購」（hostile takeover）方案，他說：「漢克，沒有頂級的法律事務所，我們其實是他媽的沒辦法執行任何方案。」

鮑爾森同意他的觀點，問：「那你有什麼建議？」

威爾遜回答：「讓我去找利普頓法律事務所（Wachtell, Lipton）的赫利希（Edward Herlihy），看看他能不能接手這案件。引用《破產法》第十一章是個笑話，兩房依然是對股東和債權人負責的私營機構。這會變得很難看的。」

威爾遜極力推薦赫利希是有原因的：赫利希多次參與美國企業史上一些最大型的收購戰；年初時，摩根大通收購貝爾斯登一役，赫利希就擔任摩根大通的顧問。他的事務所的名字——Wachtell,

Lipton, Rosen & Katz——幾乎是企業戰爭的同義詞；他們其中一位創辦者合夥人馬丁・利普頓（Martin Lipton）的名作，就是反收購防禦策略「毒丸計畫」（poison pill），又稱「反收購股權攤薄防禦措施」。如果財政部計畫進行歷史性的政府主導「敵意收購」——那麼赫利希必定是他們需要的法律顧問。

他們在八月二十三日開始擬定戰鬥計畫。赫利希和他的團隊分乘達美航空（Delta Air Lines）和全美航空（US Airways）不同班次的班機抵達華盛頓，以避人耳目。鮑爾森偕同剛加入財政部一個多月、來自德州身材高瘦的丹・傑斯特（Dan Jester）向他們介紹計畫大綱。最理想的安排是一如其他大型的收購合併項目，在週末的三天內完成工作以免走漏消息影響股市；他們準備在下一個週末，即勞動日假期的那個週末接收房利美和房地美。

律師團與財政部的官員花了數小時辯論不同的策略、相關的法令和兩房的公司結構。傑斯特和金融機構政策事務副助理部長傑里邁・諾頓（Jeremiah Norton）草擬出注資房利美和房地美的方法，一個實際可行的方案接管兩房：購入兩房的優先股和認股權證。

不過，鮑爾森很快便發現想在勞動日假期接管兩房這目標根本不切實際。一名律師發現，監管兩房的聯邦住房金融局（Federal Housing Finance Agency）局長駱克哈特（James B. Lockhart）在夏天時曾致函兩房，確認兩房有足夠的資本金。當鮑爾森聽到這消息後回應：「你是在跟我開玩笑嗎？」如果政府的不同部門任意推翻官方的立場，那麼財政部可能要面對國會內的兩房支持者、甚至兩房本身提出反對的阻力，財政部現在面對的挑戰是兩房宣稱自己有足夠的資本，以及監管者的確認。

鮑爾森埋怨道：「那些是看不到的，那些東西我都稱之為狗屎資本。」

「我們得重建紀錄。」這是傑斯特對聯邦住房金融局信件的回應。「是的，是的。」赫利希附和他的觀點。「我們需要一些新的信件，較壞的信件——至少是比較準確的信件。」

於是，聯準會被要求提供審核員，他們要在兩週之內重新檢查兩房的帳目，不顧死活地記錄房利美和房地美的資本不足。

財政部小組輪流對行動提出疑問，有一點不斷被提及的是：「如果兩房的董事會拒絕方案怎麼辦？」

鮑爾森說：「你可能不相信我，但我很清楚董事會，他們會屈服的。我們跟他們談過之後，他們會屈服的。」

八月二十六日星期二早上，鮑爾森徒步抵達白宮後被引領到西翼地庫，在面積達五千平方英呎的緊急情況室（Situation Room）坐下。九時三十分，布希總統在大螢光幕上出現，他在德州克勞福（Crawford）的農場和鮑爾森進行機密視訊會議。寒暄過後，鮑爾森把他彷彿是財政侵略兩房的計畫請示總統，布希總統囑咐他可以展開前期準備功夫。

勞動日假期越來越近，財政部小組和顧問團隊開始策劃接管方案的細節，他們清楚知道計畫要有如軍事行動般祕密和迅速，不容許兩房透過國會內的支持者發難。他們準備講稿，事先記錄、準備每一句會對公司和董事會說的話，他們事事作準備，確保不會出現妥協和延誤的情況。財政部官員私底下說，會給房利美和房地美兩條出路：「第一條路，你們合作；第二條路，我們還是會硬來。」

八月二十八日，星期四早上，ＡＩＧ的維爾倫斯坦德和其策略部主管布萊恩・史萊柏到達摩根大通位於公園大道二七〇號總部，保安人員引領兩人進入專用電梯直達行政樓層，他們和戴蒙有約。走過玻璃門以及木製裝潢的接待處，他們走進這剛重新裝修的四十八樓辦公室。兩人坐著等候，維爾倫斯坦德知道他的同事雖然悶不吭聲但其實已滿肚子火——整個八月，史萊柏一直努力爭取延長信用額度和尋找募集新資金，以避免市場惡化時公司可能面對的現金短缺，他的努力包括邀請多家銀行參與「烘烤大賽」（bakeoff）競標，但他並不覺得摩根大通的方案吸引人，更未忘記春天時該行為ＡＩＧ集資時那咄咄逼人的態度。他希望的是聘用花旗或德意志銀行，但維爾倫斯坦德堅持屬意摩根大通。維爾倫斯坦德心裏盤算著，如果事態繼續惡化，他寧願和戴蒙是盟友；儘管在這一點上，他和他的同事想法並不一致。

兩人被帶到戴蒙偌大的辦公室——除辦公桌外，還包括會客室和會議室。在會議室內，戴蒙和投資銀行部主管史蒂夫・布萊克（Steve Black）、安・克魯能伯格（Ann Kronenberg）、蒂姆・梅恩（Tim Main）已在木桌旁就位，木桌的後方有一塊白板。

大家寒暄幾句，戴蒙禮貌地答謝他們來訪。然後，摩根大通的金融企業部主管梅恩開始介紹他們的標書，向ＡＩＧ進行推銷。梅恩指出摩根大通在最近的承銷榜上排行第一，並且曾協助CIT集團兩次發行新股，共籌集得十億美元。

維爾倫斯坦德會後對史萊柏說：「這可不是值得誇耀的案例，二〇〇八年八月時CIT的股價低於十美元，但一年前的股價可是這金額的四倍。」總體而言，梅恩的推銷不外是華爾街的行話，房間內每個人都已聽過數十遍甚至上百遍：我們是幫助你的最佳夥伴，我們有最鼎盛的人才，我們有最豐富的資源；我們比其他人更明白你的需要。

然而，梅恩選擇的結語卻是毫不掩飾地頂撞ＡＩＧ，以及提醒他們彼此之間曾發生的不愉快經歷。他強調，儘管摩根大通能夠提供的服務非常之多，然而，客戶本身也必須認清自己的問題和缺陷。此話一出，會議室每一個人，包括戴蒙全都大吃一驚。

「請忘記這位不體面先生。」戴蒙即時打斷梅恩的發言，然而，已經造成傷害。ＡＩＧ兩位高層已是滿臉不高興，維爾倫斯坦德感覺梅恩的表現令人惱怒，而史萊柏則認為是侮辱。幾分鐘後，他們終於恢復過來，把梅恩的失言放在一邊，繼續和戴蒙直接交談，而被漠視的梅恩則尷尬地靠在椅背上。

「傑米，我擔心一點，就是我們被降低評級的可能性已經增加。」維爾倫斯坦德說：「評級機構本來答應我他們會等到九月底，但是高盛的報告出來之後他們開始變得緊張。」他指的是高盛分析師報告中提到有關ＡＩＧ的問題，這報告影響之大，足以使財政部的威爾遜和安東尼．瑞恩致電維爾倫斯坦德詢問ＡＩＧ的情況。

戴蒙建議：「也許你們真的應該考慮接受降低評級，這又不是世界末日。」

「不，不是降級那麼簡單。」維爾倫斯坦德堅持。正如ＡＩＧ早前向證管會提交的文件中警告，降級的成本將會是非常昂貴，因為只要標準普爾或穆迪其中一家把ＡＩＧ的評級下降一級，ＡＩＧ便必須額外支付一〇五億美元的抵押保證金；如果這兩家評級機構同時降低評級，金額更會立刻暴增至一三三億美元。在信用違約交換（CDS）銷售合約的條文中明訂，ＡＩＧ必須維持某一特定信用評級——不然得增加抵押保證金——以保證他們有能力支付合約潛在的賠償。ＡＩＧ現在是AA-評級，但面對支付額快速增加，公司估計額外的抵押保證金的需求可能高達一八〇億美元。不言而喻，如果ＡＩＧ無力提供這抵押保證金，就只有破產一途。

對戴蒙來說，這只是短期流動性的問題，他說：「你持有那麼多抵押品，你的資產負債表有上兆美元的資產，你有大量的證券，當然，情況有可能繼續向壞方向發展，但現在來說，這只是暫時的煩惱。」

「是的，」維爾倫斯坦德同意：「但事情並不是這麼簡單。大部分的抵押品都存放在被監管的保險公司。」

年中時，ＡＩＧ的資產值較債務多出七百八十億美元，但是，這些資產大部分都由旗下被州政府監管的七十一家子機構所持有，控股母公司不能輕易變賣這些抵押品。保險業並沒有任何聯邦機構管制或監督，只受制於各州的保險業監管部門、局長或督導員，這些人具備極大的權力管制和約束保險公司出售資產。各州的監管者的責任就是保護保單持有人。說穿了，ＡＩＧ根本不可能在短時間內把這些資產變賣套現。

這時，戴蒙和其他所有人終於明白問題之深之廣。

會議結束時，戴蒙把正要步出房間的維爾倫斯坦德拉到一旁，說：「聽著，你的時間不多，即使你不聘用我們，也得盡快找別人，你要控制這事。」

翌日，維爾倫斯坦德追蹤進展，他直接對戴蒙說：「我們雙方必須緊密配合才能做事情，恕我直言，我知道你們對梅恩充滿信心，但事實上，你也看到我所看到的。」

戴蒙清楚維爾倫斯坦德要說什麼，打斷他說：「布萊克會負責這案子。」

維爾倫斯坦德回答：「很好。」

——

「你最好準備收拾行李立刻過來。」威爾遜告訴前美林和美國教師退休基金會（TIAA-CREF）的前行政人員赫伯·埃里森（Herb Allison）。星期四晚上，威爾遜找到人正在處女島（Virgin Island）沙灘的埃里森，馬上和他分享祕密：政府計畫在九月六日的週末接管兩房。

這個電話並不是普通的社交聯繫，威爾遜致電埃里森的原因，是要聘請他出任房利美的執行長——既然政府要接管兩房，政府自然要安插自己的管理層。

埃里森回答說：「我希望能為公眾服務，我很願意接受這工作，對這工作也很有興趣。我希望能幫忙，但你要告訴我我該怎樣做。我沒有帶特別的衣服，這裏只有短褲和拖鞋。」威爾遜答應當他抵達華盛頓時會為他準備衣服。

自從房地美的執行長理查·塞隆（Richard Syron）到訪之後，鮑爾森就決定提前實行接管計畫。鮑爾森瞧不起塞隆，塞隆說他在高盛總部待了幾天不斷向投資者推銷房地美，但卻徒勞無功，沒有人願意作出重要的投資。鮑爾森比較喜歡房利美的執行長丹尼爾·馬德（Daniel Mudd），但對方同樣沒有帶來驚喜。

於是，九月四日星期四的晚上，財政部吹起作戰的號角。按照計畫，房利美和房地美的執行長將在星期五下午被召到聯邦住房金融局，和鮑爾森與柏南克開會。馬德的會議時間是三時，塞隆則是四時。他們都被通知要帶同主要的董事前來，但對於會議的其他內容則一無所知。鮑爾森盤算，就算消息走漏，屆時股市已經收盤，他還有四十八小時落實他的計畫。

那天下午，熱帶風暴漢娜（Hanna）逼近，烏雲籠罩首都。在樓上的會議室，柏南克和鮑爾森分別坐在局長駱克哈特的兩旁。兩個會議的開場白都是一樣的，駱克哈特分別對房利美和房地美的行政人員和他們的律師說，他們公司面對的潛在虧損程度之大，已讓他們難以繼續正常營運和執行使命。他照稿直說：聯邦住房金融局將先發制人，「不會容許公司潰爛」。

他繼續解釋，兩房將被接管，雖然公司依然維持私人企業的本質和上市的地位，然而，公司的控制權將轉至聯邦住房金融局，現在的管理層將被撤換，而且不會有巨額的黃金降落傘。

鮑爾森說：「我希望這是公平、公開和誠實的，我們希望你們配合，我們希望你們同意。」他再補充：「我們有立場在非自願的情況下執行計畫，有必要時我們會這麼做。」塞隆很快便投降，把壞消息通知董事會。

房利美的馬德卻比較頑強。他和律師退回到蘇利文．克倫威爾律師事務所在華盛頓的辦公室，律師們大為光火，平時文質彬彬的科恩（Rodgin Cohen）直接打電話到財政部找肯．威爾遜咆哮：「肯，發生什麼事？真是狗屎！」

當房利美的人開始聯絡上國會議員們爭取支持時，他們才發現鮑爾森和財政部早已跟議員們進行祕密遊說，向議員們解釋接管的好處。對民主黨，他們說此舉是保持抵押貸款系統運作必要的一步；對共和黨，他們的主調則轉為兩房已對整個系統埋下偌大風險。

翌日，房利美的律師召集董事會全部成員齊集華盛頓聯邦住房金融局舉行會議，財政部已明確表示只容許房利美的董事會成員出席會議，即房利美不能帶同其投資銀行顧問高盛赴會。

星期六下午，律師團隊——貝絲．威爾金森（Beth Wilkinson）、科恩、和代表房利美董事會的羅伯特．喬夫（Robert Joffe），陪同房利美全體十三名董事擠在聯邦住房金融局小小的會議室內。昨天，財政部也是在這房間裏列出接管房利美的條件：財政部會分別購入兩房新發行的十億美元高級優先股，這將使得財政部分別持有兩家公司七九．九%的普通股股權；若有需要，政府會向兩家公司最多注資二千億美元。上述條件已定，沒有任何談判商量的餘地。

會議很快便結束，房利美的董事們退席商議。貝絲．威爾金森知道她要取消和丈夫——NBC新聞台的大衛．格里高利（David Gregory）慶祝生日的晚餐。星期六深夜，房利美的董事會終於投票同意方案。當晚十時三十分，鮑爾森被民主黨總統候選人歐巴馬的電話吵醒。歐巴馬當天早上在印第安納州進行拉票活動時對兩房作出的評語是：「我們的行動一定不能著眼於說客和利益團體關注的獎金、超時工資，而是行動能否強化我們的經濟，以及幫助正在苦苦掙扎的房屋貸款人。」歐巴馬和鮑爾森交談超過一小時。

當接管消息在星期天公布後，財政部的人員全都鬆了一口氣。過去幾星期他們日以繼夜的工作，完成他們深信對穩定整體金融體系可起長久作用的行動——現在，市場應可穩定下來，因為主要的不明確因素已去除。這應該算是一支全壘打。

但對鮑爾森來說，他依然有個揮之不去的憂慮：雷曼。

自從威爾遜開始為鮑爾森工作，他終於有一個閒暇的下午。他離開財政部漫步回到公寓，再前往喬治城一間酒吧邊吃晚飯邊看足球。返家後他發現電話留言記錄了福爾德多次的來電。他回電話，福爾德說他對兩房的新聞感到十分振奮，希望此舉能穩定市場；但是他對自己沒有任何交易的選擇感到很徬徨：韓國已無太大希望，美國銀行更是行不通。

福爾德說雷曼計畫進行好／壞銀行策略，希望把公司有毒的房產分拆到另一公司。黑石集團的創辦人史瓦茲曼（Steve Schwarzman）坦白地對福爾德說：「迪克，這就像癌症毒瘤，你一定要把壞的東西剷除。你要恢復以前的雷曼。」

威爾遜擔心分拆計畫可能仍不足夠，他告訴福爾德：「你一定要為公司做正確的事。」威爾遜盡力保持禮貌地建議福爾德需要把公司賣掉。

「你這是什麼意思？」福爾德問。

「如果你公司的股價繼續下滑，可能有人會出來提出一個毫無吸引力的價錢，但你可能仍然要接受以保持公司的完整性。」

「你是什麼意思？低價？」

「可能是很低的個位數。」

「他媽的不可能！」福爾德光火地回答：「貝爾斯登賣到每股十美元，我他媽的不可能以低於這價錢把公司賣掉！」

第十二章　即將倒下的巨人

九月八日星期一晚上，消息開始不逕而走；到了凌晨二時，全球的新聞媒體都已報導韓國產業銀行不再尋求收購雷曼。路透社的標題是：「雷曼拯救方案備受關注——韓國救生索已漂遠」。韓國的金融服務委員會（Financial Services Commission）主席全光宇（Jun Kwang-woo）當晚於首爾舉行記者簡報會，會上幾乎是宣布和雷曼歷時整個夏天的談判已胎死腹中：「鑒於國內外市場的情況，韓國產業銀行對收購雷曼一事應更加謹慎。」

星期二早上，福爾德獨自在辦公室瞪著眼前的電腦螢幕，火冒三丈。對福爾德來說，談判早已結束，儘管韓國產業銀行曾提出以每股六．四〇美元收購雷曼，但福爾德認為他們根本毫無誠意。但是，對於一直只聞交易樓梯響的公眾來說，這則退出收購的新聞帶來的卻是震驚。從當天開市的一刻開始，雷曼的股票已急速下跌。

這則新聞出現的時間，剛好碰到雷曼舉行一年一度的盛事——銀行大會，會議就在與雷曼總部相隔兩條街的中城區希爾頓飯店舉行，這使得要出席會議的福爾德特別感到尷尬。會議的第二天，美國商業新聞有線電視台（CNBC）的採訪車停在酒店門前追蹤新聞；而當天早上的節目，美聯銀行（Wachovia Corporation）的執行長斯蒂爾，以及貝萊德集團的芬克（Larry Fink）將擔任講者。昨天的講者是巴克萊資本（Barclays Capital）的執行長戴蒙德（Bob Diamond）。

股市開盤後，邁克達德走進福爾德的辦公室，他還未開口，福爾德已指著螢幕破口大罵：「又來了。」福爾德說：「事實又再度被流言擊倒。」邁克達德禮貌地隨著福爾德的意思望向螢幕。

CNBC的標題警告：「雷曼已時間不多。」該台的權威財經記者大衛．法柏指出：「他們在星期五公布業績之前需要做很多事情。」他像預言家卜卦般補充：「他們能否在星期五公布一個市場已有預期的虧損數字，並且之後還繼續說正在檢討策略？也許他們可以，也許他們只能如此，但可以肯定的是，有非常多的問題仍未解答。」

邁克達德其實也正是為法柏提出的疑問來找福爾德商量。邁克達德認為他們應比原先預定公布業績的星期四更早一點公布——也許在明天便公布。他告訴福爾德：「我們得把情況穩定下來。」

福爾德點頭同意：「我們行動要快，免得金融海嘯把我們沖走。」

其實邁克達德請示福爾德只是像日本歌舞伎一般來一個形式上的禮貌，他早已囑咐雷曼財務長羅維特（Ian Lowitt）把數據準備好；他甚至已計畫同時宣布「好／壞銀行分拆」計畫。

邁克達德雖然已不再需要福爾德的意見——他和他的手下實際上已削掉福爾德的權力——但邁克達德仍需要福爾德主持業績電話會議時的配合。不論喜歡與否，福爾德仍然是雷曼面向公眾的臉孔，他的表現也是穩定市場一大關鍵。

不過，眼前雷曼複雜的情況令邁克達德擔心福爾德的心理狀態能承受多少壓力。邁克達德在找福爾德之前對格爾本德說：「我不曉得他能否擔當此重任，他承受著很多壓力。」從公關的角度看，他們別無選擇，邁克達德也知道福爾德希望主持業績會議，福爾德不會同意其他的安排。

星期二早上，財政部大樓內，無精打采的鮑爾森從自己的辦公室踱到走廊對面的會議室，跟著他的還有他的顧問團隊：安東尼・瑞恩（Anthony Ryan）、傑里邁・諾頓（Jeremiah Norton）、吉米・威爾金森（Jim Wilkinson）、商業事務副助理部長梅森（Jeb Mason）、首席法律顧問霍伊特（Robert Hoyt）。數個星期前，他們已安排好在今天上午十時和摩根大通高層委員會——包括戴蒙——舉行會議，這是摩根大通一系列與政府建立關係的會議之一；而這個策略是由前共和黨紐約州議員瑞克・拉西奧（Rick Lazio）獻計的，戴蒙聘用他擔任集團的全球政府關係及公共政策副總裁。摩根大通內部笑稱這類華盛頓關係行為是「天地線」（OC/DC）。戴蒙知道整個金融體系正在搖晃，要求聯邦監管機構加強監管力道的呼聲即將四起，未雨綢繆的戴蒙希望能夠在形勢出現變化前和各方牛鬼蛇神打好關係。

「謝謝你們來訪。」鮑爾森帶點羞怯地說出開場白，他的心思仍放在四十八小時前宣布接管兩房後所引起的市場反應。他認為自己已作出眼前局面所能作的一切正確決定，但投資者卻似乎並不認同。他不僅無法帶來他自己期待的穩定，而且市場似乎又已在崩塌邊緣。

也許最磨人最難受的是國會的反應，鮑爾森沒有特別怪罪參議員兼銀行委員會主席陶德（Christopher Dodd），雖然他在週日公布接管消息後特別親自對陶德作簡報，並以為已得到陶德的默許支持，但是，宣布接管消息隔天，陶德卻公然揶揄他的臨時權力請求完全是政治手段——儘管鮑爾森曾重申他不準備動用這權力。

陶德在星期一的記者電話會議中挖苦地說：「他只希望得到火箭炮，但他是不會出動它的。」

「我們當然會接受他所說的，這將是必要的。」陶德說：「你騙我第一次，是你的錯，騙我第二次，就是我的錯了。」陶德接著把在華盛頓已傳得沸騰的流言變成公開質問：「這行動能否得到期待的結果，還是其實還有其他行動正在醞釀中？」

整個夏天和鮑爾森過招，甚至抨擊他是社會主義者的肯塔基州共和黨籍參議員邦寧（**Jim Bunning**）更尖銳：「鮑爾森財長所知道的，比他在出席銀行委員會時所知道的還多。他知道房利美和房地美都已陷入無法扭轉命運的殘局，儘管他對國會和美國人民說的是一套，但他一直知道自己必定會動用這權力。」

雖然鮑爾森知道這摩根大通安排的會議對戴蒙來說很重要，但他也只能騰出一小時跟他們會面。「我一直鼓勵華爾街和國會山莊打開溝通的管道。」鮑爾森告訴來訪的銀行家們，並說他自己在高盛的日子並未體會到「和華盛頓建立正確關係的重要性」。他更說：「在這裏要達成一丁點的事都是非常不容易的。」他的聽眾知道他的弦外之音是指國有化兩房一役，大家都會心微笑。

鮑爾森問戴蒙對此舉的看法，曾鼓勵鮑爾森接收兩房的戴蒙，既正面但又使用外交辭令回答：「這是應該做的事。我們都能看到這個問題經過一個週末可以演變成這麼巨大。」他補充，幾乎可以肯定兩房的某些債券在下週一必定無法續期。戴蒙技巧地避談股市似乎沒有穩定下來。

「如果你們相信這是對的話，請和別人分享你們的看法。」鮑爾森在他們離開前說：「我需要幫忙與支援，這裏根本沒有人想聽我的分析。」

———

聽過財政部部長開口作出請求後，摩根大通的高層分成不同小組向多個國會議員進行禮貌式但必要的拜訪。摩根大通的零售業務主管斯葛夫（Charlie Scharf）和新上任的財務長卡瓦納（Mike Cavanagh）拜會聯邦存款保險公司（FDIC）女董事長席拉・貝爾（Sheila Bair）；投資銀行部聯合主管史蒂夫・布萊克（Steve Black）拜會聯邦住房金融局（Federal Housing Finance Agency）局長駱克哈特（James B. Lockhart）；同日稍後，一些成員又被安排和眾議院金融服務委員會主席弗蘭克（Barney Frank）會面。

不過，這次出巡拜訪的重頭戲是戴蒙和聯準會主席柏南克的會議。戴蒙帶同摩根大通風險管理長朱布若（Barry Zubrow）一同前往。新加盟摩根大通的朱布若很快便已成為集團管理層的重要一員，這位在高盛服務逾二十五年的銀行家，與高盛前執行長、現任新澤西州州長寇辛（Jon Corzine）十分友好。如果在摩根大通內有人能夠一如戴蒙般了解市場風險，這人一定是朱布若。

戴蒙和朱布若走進聯準會位於憲法大道愛扣斯大廈（Eccles Building）的總部，在通過安全檢查前，朱布若偷看一眼他的黑莓機後嚇了一跳：雷曼的股價急跌三八％，低見每股八・五〇美元。

在曼哈頓金融區，ＡＩＧ執行長維爾倫斯坦德坐在紐約聯準銀行十三樓等候蓋特納的接見。市場如此動盪，維爾倫斯坦德想再一次促請蓋特納考慮向ＡＩＧ開放貼現窗口。縱使蓋特納在上個月曾經婉拒他，這次維爾倫斯坦德已做了充分的準備，他已準備好一份詳盡的建議書，當中清楚列明他計畫如何把ＡＩＧ轉型為與高盛、摩根士丹利、或與雷曼一樣的初級市場交易商。蓋特納的助理抱歉地解釋：「他還需要幾分鐘，他還在講電話。」

維爾倫斯坦德回答：「沒關係，我有時間。」

五分鐘、十分鐘過去了。維爾倫斯坦德看看手錶，努力壓制自己內心的不滿。會議原訂在早上十一時十五分開始。十五分鐘過去了，蓋特納的同事一臉尷尬地告訴他：「我不想對你隱瞞，他正在和福爾德通電話，雷曼一事已急得火燒眉毛。」他的表情暗示維爾倫斯坦德可能還要多等一會。

終於，約半小時後，蓋特納終於出現歡迎維爾倫斯坦德。蓋特納明顯像受驚過度，他眼神閃爍，不斷地向辦公室四周張望，手上又不斷擺弄指頭上的鉛筆。他剛從瑞士巴賽爾市（Basel）參加國際銀行會議歸來。

大家稍稍寒暄幾句後，維爾倫斯坦德說明他的來意：他希望改變——不，他更正，他很需要得到——AIG在金融界的角色需要修正。他希望AIG能獲得監管機構的祝福轉型為初級市場交易商（primary dealer，譯注：即經中央銀行批准、在初級市場上從事政府債券交易的經紀，可直接向政府買進國債的交易商），這樣，AIG就可享用自貝爾斯登出售後政府頒布的緊急應變措施，可享受只對政府和其他初級市場交易商提供的極低利貸款。

蓋特納面無表情地問維爾倫斯坦德，為什麼AIG的金融產品公司（FP, Financial Products Corp.）可享受聯邦貼現窗口的待遇，他說維爾倫斯坦德應該清楚這項措施只是為極有需要的金融機構而設，而現在這些金融機構的數目比起風平浪靜的日子已大幅增加了。

維爾倫斯坦德再次陳述他的理由，這次，他準備了長篇大論的數據支持其論點：AIG和其他初級市場交易商對金融體系同等重要——而AIG坐擁八百九十億美元資產，其規模比某些交易商更大——因此應該獲發同等執照。他告訴蓋特納，AIG的FP擁有價值一千八百八十億美元的政府債券，更重要的是，AIG向華爾街主要投資銀行出售了大量不受監管的保險產品——為了防範信用風險的信用違約交換（Credit Default Swaps）合約。

「自從我加入這個部門以來，我們從未發出新的初級市場交易商執照，我甚至不清楚有什麼程序，我得和同事先了解一下。」蓋特納這樣回答。在維爾倫斯坦德準備起身離去之際，蓋特納問：「這究竟是不是很關鍵緊急的事？」一整個早上他一直在想這問題。

幸運地，維爾倫斯坦德對這題目早有準備。ＡＩＧ的法律顧問及其他顧問，包括蘇利文．克倫威爾律師事務所的科恩和前任費城聯準銀行總裁桑托默瑞（Anthony M. Santomero）早已跟他預演過這會議，他們告誡維爾倫斯坦德要「步步為營」地回答——如果他承認ＡＩＧ真的存在現金危機，蓋特納必定會拒絕批准他們的初級市場交易商申請，這就會阻礙他們得到低息應急貸款的機會。

維爾倫斯坦德謹慎地回答：「這樣說吧，這會對ＡＩＧ有所幫助。」維爾倫斯坦德留下兩份文件給蓋特納，一份詳盡列出ＡＩＧ的ＦＰ的所有特質，和公司申請初級市場交易商執照的資格與理由；另一份維爾倫斯坦德認為有足夠的爆炸力，一定能引起蓋特納關注的一份報告——內容詳細列出ＡＩＧ全球所有交易對象的曝險狀況，當中包括「涉及衍生風險金額估值超過二．七兆美元的一萬兩千張獨立合約」，內文中段以粗體大字顯著標明（維爾倫斯坦德希望這一行字能把蓋特納嚇一跳）：「其中有一兆美元的曝險分布在十二家主要的金融機構。」就算沒有唸過哈佛商學院的人也能理解箇中意義：ＡＩＧ沉沒的漩渦，將同時把整個金融體系拖垮。然而，滿腦子仍是雷曼的蓋特納只粗略看了看文件，然後就將它束之高閣。

在財政部，鮑爾森的特別助理傑斯特剛回到辦公室，助手告訴他一個令他意外的消息：高盛財務

長大衛・維尼亞（David Viniar）在電話上。

傑斯特曾在高盛工作，這就讓這個電話變得不尋常，因為他和高盛的任何交談也會引起尷尬。傑斯特和鮑爾森不同，他到華盛頓工作不必把他原持有的高盛股票賣掉；也不像鮑爾森，他加入財政部前不需要通過國會的調查；作為特別助理，傑斯特的聘任也不需得到官方的確認。儘管維尼亞是他在高盛時交情很深的同事和朋友，他肯定這通電話是跟公事有關，市場目前如此混亂，不是社交閒談的時候。

猶豫了一會，傑斯特拿起電話。招呼過後，維尼亞單刀直入：「我們在雷曼一事能幫得上忙嗎？」雖然維尼亞用詞謹慎，但他抓的時機卻有點奇怪：傑斯特剛剛才從蓋特納處得知雷曼將提前在週三作預警公布三十九億美元的淨虧損；這消息是福爾德私下向政府透露的，不出一小時，高盛竟已聞風殺到。

擔心越規的傑斯特謹慎地避開要點，但從對方的談話中傑斯特知道維尼亞提出協助一說是嚴肅的。維尼亞說高盛有興趣收購雷曼一些有毒的資產，而且是最毒的部分；當然，高盛只會以低價購入。維尼亞致電傑斯特的目的是想知道財政部可否幫忙安排高盛入場。

掛線後，傑斯特馬上向財政部的法律顧問霍伊特匯報電話內容。高盛與政府存在千絲萬縷的關係這陰謀論早已傳得沸沸揚揚，這電話若被洩露必然甚具殺傷力——他需要保護自己。

該是時候告訴鮑爾森了。

在雷曼大樓內，亞歷克斯・柯克（Alex Kirk）沿著走廊直奔邁克達德的辦公室，他氣喘如牛地

說：「有些怪事正在發生，我剛和堡壘投資（Fortress Partners）的畢加（Pete Briger）通完電話。」畢加是巨型對沖和私募基金堡壘投資的總裁，他以前曾是高盛的合夥人，緊貼市場的謠言脈動。

柯克說畢加在電話中提了個不祥的建議：「我了解你忠於雷曼和邁克達德，在其他情況下我是永遠不會這樣冒昧跟你聯絡的，只是，如果你們在這週末碰巧被其他金融機構收購的話，而你不確定是否該跟著過去，我很希望你能和我談談。」

聽後甚感驚訝的柯克心思不停地轉，他勉強回答：「我真的受寵若驚，我希望這不會真的發生，我其實也沒有想過你會欣賞我。」

畢加回答：「我那天和埃登斯（Wesley R. Edens）談到你。」埃登斯是堡壘投資的執行長。「我說──先聲明我沒有不喜歡你，只是我對埃登斯說──『我寧願和最最最聰明的狗娘養的人合作，而不是光和我喜歡的人合作。』」

柯克對邁克達德覆述這對話時也不禁笑著再重複這話幾遍。不過，重點不是柯克覺得畢加的稱讚很不尋常，而是時機──時機不可能是巧合，柯克深信消息已經走漏。

「他幹嘛在這時候找我？」柯克在空中揮舞著雙手問邁克達德。雷曼目前沒有與任何團體商談合併，至少，現在沒有。

邁克達德只看著柯克不發一語，而柯克已自問自答：「我保證他們知道一些我們不知道的事。」

———

戴蒙和朱布若坐在前廳等候聯準會主席柏南克和他的同事。會議安排在早上十一時十五分至四十五分──這意味著他們必須在半小時內，將他們準備要說的話對這個「掌握神殿祕密的主持人」說完。（譯注：威廉．格雷德〔William Greider〕在他的著名暢銷書《神殿的祕密》〔*The Secrets of the Temple*〕中，把美國聯準會形容得很神祕，幾乎帶有一絲宗教色彩：「理事們負責決定經濟生活中的所有大事，甚至包括誰能獲得成功，誰將遭遇失敗，不過他們本身仍然很神祕。」）

廣闊的前廳（Anteroom）俯瞰憲法大道，就位在敲定國家財政政策的「大廳」（Board Room）、和柏南克的辦公室附近。戴蒙環目四顧牆上懸掛的歷屆聯準會主席的肖像，包括一九三四年至一九四八年的第一任主席馬瑞納．伊寇斯（Marriner Eccles）；不過，戴蒙留意到葛林斯班的肖像並未掛上（因為當時葛林斯班的肖像還未完成），他打趣道：以今天的經濟景況看，「也許這樣很合適。」

柏南克終於出現並就座。他也收到雷曼的提前通報，知道雷曼可能提早在明天發出預警公布將錄得巨額虧損的消息，不過，柏南克不準備向摩根大通高層透露這消息。

戴蒙告訴柏南克，他們剛在財政部見過鮑爾森，談到他因策劃接管兩房而面對極大的負面反應。「負面的報導令他苦惱。」柏南克承認，鮑爾森昨天才對他大吐苦水。

戴蒙接著開始說出他準備的對白，偶爾他會偷瞥自己在車上準備好的筆記，他說：「市場整體來說缺乏信心，我們從客戶、顧客和主要經紀商都看到這情況。」他指出，雖然這動盪某種程度上，臨時地和扭曲地，竟然壯大了摩根大通的業務——因客戶認為他們是值得信任、紮實的銀行——但是，業界整體表現不好，最終摩根大通也難以獨善其身。

這觀點對柏南克來說當然毫不新鮮，但他一直聆聽著並報以其教授式的禮貌性點頭。戴蒙繼續跟主席、以及因遲到剛剛才加入會議的另一理事凱文．沃什（Kevin Warsh）說：他特別擔心雷曼的狀況。戴蒙讚揚國有化兩房的決定，但他也指出此舉並未穩定市場，他說市場「對政府今後扮演的角色有點混淆」。他希望從大家的神情反應找出答案。聯準會會有其他的拯救行動嗎？

柏南克當然不會露出端倪，會議結束時，他只簡單地說：「我們正在研究不同的方法，我們正努力希望可以先一步解決問題。」

在雷曼，三十一樓瀰漫的緊張氣氛越來越濃。福爾德讓他的同事覺得他好像連呼吸也有困難。整個週末，他掙扎著是否要再次聯絡美國銀行，財政部的顧問威爾遜（Ken Wilson）在那天早上更打了至少三次電話給福爾德催促他拿起電話。「你必須打這電話。」威爾遜指示他。威爾遜對美國銀行認識很深，他在高盛時服務美國銀行超過十年。「這是很匹配的策略組合。」威爾遜跟福爾德大力推銷。但威爾遜沒有對福爾德說明的是，他早已和美國銀行的科爾（Greg Curl）聯絡好；而在稍早時，威爾遜跟福爾德明言唯一可以讓這交易發生的方法，是福爾德必須要打消議價的念頭；威爾遜間接警告福爾德，雷曼已沒有多少討價還價的力量和時間。

福爾德來電時，有背痛的科恩（Rodgin Cohen）正在自己的蘇利文・克倫威爾律師事務所總部大樓的辦公室內，站著面對電腦；福爾德指示他聯絡美國銀行的科爾。科恩一邊聽福爾德說話，一邊起草這次商談的要點——這次事關太重大，他不能作隨機應變的簡報。

「明白了！我和他聯絡後馬上回電給你。」

科恩把草稿再熟讀一遍後找科爾。他以親切的語氣帶出的開場白是：「看來，世界又變化了許多，也許我們應該再重新談談。」

「這……好吧。」科爾一字一字慢慢吐出，想藉此表明雖然他同意聆聽科恩代表其客戶的來意，但他對此是有保留的。

「我們只關心兩點：保留雷曼的品牌和保護雷曼的員工。」科恩如此說。

稍作停頓和核對稿子後，科恩繼續說：「你會留意到價錢已不是交易的首要條件，話雖如此，有些價錢我們還是不能接受的。」

科爾慎重地回答：「我們也許會有興趣，讓我和老闆匯報後再跟你聯絡。」

「科爾，我們希望盡快有消息。」科恩坦白說。

科爾回答：「我明白。」

戴蒙和朱布若跳出車外，走進位於賓夕法尼亞大道六〇一號、位處白宮東北邊樓高六層的摩根大通華盛頓總部。這是所有負責政府關係人員辦公的地點，可以常常看到穿戴名牌Gucci的說客出出入入。

戴蒙和朱布若回來時，其他摩根大通行政委員會成員已完成早上的會議，大家正在二樓的會議室內午餐。在傳遞三明治和汽水時，卡瓦納覆述與聯邦存款保險公司董事長席拉．貝爾的對話，布萊克也把聯邦住房金融局長駱克哈特說的趣聞跟大家分享，逗樂大家。

閒談間大家無可避免地把話題轉到雷曼如江河潰堤的股價，戴蒙跟大家分享和柏南克的討論：「我覺得他是明白的。」戴蒙說，但當他的團隊問到聯準會會不會拯救雷曼時，戴蒙毫不猶豫地回答：「這不會發生。」

布萊克一直看淡雷曼，他曾在二〇〇七年一月一個公司內部高層會議中預言：「福爾德最終會賣掉公司——但是是在沒有選擇的情況下，而不是在他應該的時候。」布萊克提醒眾人他之前的預言，宣告說：「我早就告訴你們他肯定會玩完的！」

大家想到這結局將帶來的天崩地裂以及深遠的影響，表情都嚴肅起來：如果雷曼倒閉，而政府選擇不介入，摩根大通自身的損失也很巨大。朱布若向大家報告，摩根大通投資銀行部風險管理長約翰·霍根（John Hogan）上星期曾要求雷曼增加五十億美元的抵押保證金，並在週末時一再追蹤，但至今仍沒有收到分文。朱布若自己也曾拜訪雷曼財務長羅維特，知會對方摩根大通對雷曼的擔心。

布萊克建議他們應立刻致電福爾德，要求對方馬上支付保證金；大家也決定，與此同樣重要的是他們需要擴大與雷曼的保證金協議，萬一雷曼其他業務倒閉時，摩根大通可要求更多的保證金。眾人同意這是最佳方案，布萊克和朱布若慢慢站起來離開會議室。他們臉上的表情告訴大家：講這電話將不輕鬆。

布萊克按下福爾德的號碼，接通後馬上按擴音鈕和解釋摩根大通的難處，他說：「你知道，我們和你涉及的交易風險每天約達六十億至一百億美元，但你沒有提供足夠的保證金。」他也提醒對方摩根大通在上週已提出五十億美元的要求。

「我們明白這對你們來說是很艱難，我們能否花點時間討論如何可以解決我們之間的問題，與此同時又不會為你們創造更多難題。」布萊克心想他們已夠仁慈大方，他本可以直接說：「如果你不按要求付款，我們明天便會要你關門大吉，這是我們的權利。」

開始時，福爾德像很明白布萊克那盡在不言中的威嚇，他無奈地回答：「讓我召集我的人，一起看看如何解決。」福爾德接著把羅維特接進電話會議，平靜地向他解釋眼前的情況。這四人一起討論雷曼提供保證金的不同方案，也許雷曼可以把集團所有的現金悉數轉至摩根大通的戶頭存放，這樣就不會影響雷曼的資本計算？

福爾德把握機會把話題轉為向布萊克打聽消息，打聽摩根大通是否願意向雷曼提供現金支援，例如以可轉換優先股的貸款形式進行。戴蒙不是多次對福爾德說，有需要時給他打電話嗎？

福爾德告訴布萊克：「我們正為明天的業績預報作準備，如果你們認為戴蒙真有意思考慮可轉換貸款買入我們一部分，我們也可以等一天。」

對摩根大通的銀行家而言，這簡直是癡人說夢，就像問回收人（指負責將未按時付款的賒購物收回的人）有沒有零錢一樣。

布萊克望一眼朱布若，像是在說福爾德已經瘋了，接著小心地回答：「我沒有想法，一時間也沒有能力想出任何可行的辦法，但如果你是正在告訴我，你們已考慮……你已十分困難，那讓我們討論後再回覆你，看看我們能否做些什麼。」

布萊克和同事們冷靜地討論了五分鐘後給福爾德回電：「迪克，沒有人會做任何事……我們不能做任何事，老實說，除了保護自己的利益外，看來沒有人會做任何事。」布萊克解釋：「我很抱歉要說這話，但我的建議是，跟聯準會聯絡，看他們能否試試像長期資本管理公司的紓困模式，把所有人集合在一起。」

福爾德在電話的另一端沉默，最後冷冰冰地說：「這對我們的股東來說會很糟糕。」布萊克差一點笑出來，他回答：「沒有人會關心你他媽的股東。」

福爾德盡力克制自己不要把挫折感發洩出來，並再試圖留住布萊克，他宣稱：「我剛和潘迪特（Vikram Pandit）談過，花旗的人馬上要過來和我們的資本市場團隊和管理團隊會面，討論看看有哪些資本市場解決方案我們可以和業績預告同時宣布。」

花旗？福爾德是不是在開玩笑？「好的。」布萊克不置可否地說：「那我們也可以派些人過去。」布萊克即時找到投資銀行執行部主管道格拉斯．伯恩斯坦（Douglas Braunstein），把情況跟他解釋後說：「我希望你和霍根馬上去一趟，我真的不知道他們想要什麼。」他還打趣說：「花旗有想法一說差不多和這想法絕對行不通同義，但不妨看看他們正在談什麼還有正在發生什麼事。」

———

鮑爾森雙眼緊緊盯著彭博終端機，專心看著雷曼的價位。下午二時〇五分，雷曼的股價已下跌三六％至九美元——一九九八年以來的新低。

福爾德剛打電話過來，說他已和美國銀行重新開始接觸。鮑爾森很高興福爾德終於重視此事，但他心底其實很害怕一切為時已晚。

鮑爾森把電視設定在CNBC頻道，一票主持人跟嘉賓的推測很有啟發性：「股價下跌是因為有些人深信雷曼正走向破產。」這是萊登伯格證券公司（Ladenburg Thalmann）資深分析師迪克．巴夫（Dick Bove）的解釋，他還說：「我認為這看法是市場上出現大量拋空活動的原因。」

CNBC頻道《街頭霸王》（*Street Signs*）節目主持人愛琳．伯內特（Erin Burnett）反駁說：「如果有人仍然信任以及繼續和雷曼交易，那不是很重要的證明嗎？」

奇怪的是巴夫對雷曼的建議其實是「買入」，目標價二十美元。巴夫回答：「你要明白，關鍵是沒有人希望雷曼倒閉，這對他的競爭者沒有好處——高盛、摩根士丹利、花旗、摩根大通——因為雷曼倒下時，壓力會馬上轉移至美林，再下一波又不知會轉到誰身上？你也要知道，雷曼倒下對美國政府更沒有好處。」巴夫再次強調：「你要相信，雖然我不能確定地告訴你這是真的，但雷曼和紐約聯準銀行、和柏南克，也許和鮑爾森一直有溝通，因為他們都不希望這家公司倒閉。」

這多真實。鮑爾森拿起電話致電蓋特納，商討有沒有其他可行的方法。

紐約交易所的收市鐘聲響起時，雷曼的股票已遭到殘酷的打擊，收盤價七．七九美元，跌幅四五%。邁克達德的祕書幾乎應付不了如雪崩般湧來的電話；邁克達德自己則要幫助新任財務長羅維特為明天的業績報告準備數字，他們正式決定必須提前預報一些或全部的業績，或者任何消息——因為投資者需要的是聽到他們說話。

邁克達德並委派了拉里．韋斯內克（Larry Wieseneck）和惠特曼（Brad Whitman）去跟摩根大通和花旗舉行會議，地點是在中城區的盛信律師事務所（Simpson Thacher）。他們會要求其中一家或兩家銀行延長雷曼的信用額度，以及考慮協助雷曼募集資金；最後，也許也是最難的一個任務，是邁克達德希望搞清楚如何將好／壞銀行的策略加以定位，讓投資者接受——這是十分困難的提案，因為沒有人可以或想要為公司所充斥的大量有毒資產定價。

還不光是這些，邁克達德剛剛和福爾德的交談更令他大感困惑。福爾德說，鮑爾森直接找他建議雷曼把帳目交給高盛過目。按福爾德的形容，高盛實質上像是擔任了財政部的顧問；鮑爾森同時要求要清清楚楚仔仔細細地檢閱雷曼的機密數字，這任務交由高盛處理。

邁克達德算不上是高盛陰謀論的信徒，但當他聽到福爾德的轉述時，他也感到不安。數分鐘後，他已和高盛的資本市場主管施瓦茲（Harvey M. Schwartz）在通電話，對方說：「我打電話來是為了執行漢克的指令。」

經過一陣越說越模糊的交談後，邁克達德找到柯克，囑咐他馬上致電高盛的施瓦茲安排會議，和要求對方簽訂保密協議書。邁克達德說：「這要求是直接由鮑爾森發出的。」

下午四時三十分，鮑爾森要他的助理維斯特（Christal West）打電話找美國銀行執行長肯尼斯·路易士（Kenneth Lewis）。威爾遜剛向鮑爾森報告和福爾德最近一次的通話內容——今天的第七次通話——同樣是關於美國銀行。現在，威爾遜告訴鮑爾森，他需要做的是直接和路易士說明情況。鮑爾森和路易士並不熟，唯一真正交談的一次，是數年前在北卡羅萊那州夏洛特的一個午宴上，當時鮑爾森還在高盛，威爾遜帶著鮑爾森拜見路易士，向這名愛收購的客戶展示高盛如何忠誠。

「我已接通路易士。」維斯特終於呼叫鮑爾森可拿起聽筒。「肯尼斯，」鮑爾森以沉重的口氣開始說：「我是為了雷曼而找你的。」稍作停頓後，他繼續說：「我希望你再考慮一下這事。」

沉默了一陣子後，路易士終於同意再作考慮，但補充道：「我不清楚這有多少策略意義。」他先聲明交易的作價必須合適他才會考慮：「如果有理想的金融交易，我可考慮進行。」

路易士告訴鮑爾森，對於這交易他最大的憂慮是福爾德，路易士擔心他的要價不切實際，他跟鮑爾森形容在七月時的會議情況有多壞。鮑爾森安撫他說：「決策權已不在迪克手上。」鮑爾森這強有力的聲明，只有一種解釋：**你可以直接和我談**。

晚上七時三十分，盛信律師事務所三十樓的會議室擠滿了摩根大通和花旗的行政人員，他們只能不耐煩地等待。摩根大通的霍根在同事伯恩斯坦的耳邊悄悄說：「這兩個小時將是浪費時間。」伯恩斯坦但笑不語。

韋斯內克跟花旗的全球金融機構收購合併部聯合主管謝德林（Gary Shedlin）打招呼。謝德林是他十分要好的朋友，兩人經常結伴到新澤西州 Crestmont 高爾夫球會打球。韋斯內克細心留意每一個與會者，最後他發覺自己根本搞不清楚誰是誰，他只得傳遞一張白紙要求大家簽到——他如果要跟這幫人分享機密，他希望準確地知道對方是誰。

韋斯內克特別擔心的是摩根大通派來的人，他們大部分都是來自風險管理部門，而不是他期待可以提供應急可行方案的投資銀行交易部。他和同事惠特曼在角落商量策略時說：「他們全是管風險的。」**這本是如何拯救雷曼的會議，韋斯內克心想，而不是摩根大通用來評斷雷曼若倒閉時自己所承受之風險的盡職審查**（due diligence）。

韋斯內克先向全場致歉，解釋會議延誤的主因是等候雷曼投資銀行部主管麥基。把他整個團隊帶了過來的伯恩斯坦抱怨說：「我有很多人在這裏，不能整晚等他。」

會議室內緊張的氣氛不斷上升，惠特曼終於接到麥基的電郵說他可能來不及出席，囑咐惠特曼開始會議。

韋斯內克召集大家，向大家介紹雷曼準備將房地產資產以壞銀行形式分拆的計畫。儘管每一個人都認同這是個好計畫，但他們的共識是這計畫生效需要時間，似乎為時已晚；況且，這新單位也必須依靠雷曼至少注入少量資金支持，才不至於馬上垮台。

接下來是大家自由發問的時間，但韋斯內克馬上被那些假裝是投資銀行家但其實是摩根大通風險分析師的與會者惹火了，他們提出大量的問題，但與協助雷曼募集資金都扯不上關係，霍根追問：「你們的帳面值有多大？你入帳的模型是基於什麼假設？聽起來你需要注入一些資本，這計畫才會行得通。」雷曼的代表並沒有任何答案，只建議他們和雷曼的財務長聯絡。

韋斯內克清楚看出這些問題事實上全是衝著雷曼的流動性而來：交易對手是否仍繼續和雷曼交易，以及雷曼的現金狀況。雖然這些問題對於任何謹慎的投資者來說都是合理的關注，但在目前的情況下，韋斯內克和惠特曼懷疑摩根大通根本只在乎保護自己。相反地，謝德林的問題全旨在探究能夠幫助雷曼的可行性架構，但他孤掌難鳴，他的聲音被桌上其他銀行家數不清的問題淹沒。

來自兩家金融機構的銀行家都同意的一點是，雷曼在未能確定要填的「洞」有多大之前——即未能確定需要多少注資額度之前——不應對外宣布分拆計畫。霍根警告說：「你還不知道需要多少錢就對外公布計畫，只會增加市場的不確定性，你會被壓死的。」

謝德林更直接：「我們認為你們把分拆計畫曝光是非常危險的，市場基本的結論將會是你們的資金缺口是無底深淵。對外公布一個讓人以為你們有巨大資金需求的故事，但卻沒有相應的集資方案，只會讓你們在市場上更孤立無援。」

會議結束時，韋斯內克和惠特曼清楚獲得的訊息是：第一，不要再考慮宣布分拆計畫，如果真的堅持要走這步，在提及募集資本這點上必須非常小心謹慎，也一定不可被人鎖定在一個明確數目上；第二點讓他倆對目前的困局有發人深省的啟示：**你們是孤立無援的**——兩家銀行都沒有主動提供新的信用額度。

伯恩斯坦和霍根一走出大樓後即時和戴蒙與布萊克聯繫。霍根在過萊辛頓大道（Lexington Avenue）時對著手機大嚷：「故事是這樣的，我認為他們已經玩完了。」他們接著把雷曼預備在明天宣布的內容向戴蒙和布萊克報告。「我們必須回去整理，以及為所有不可預見的風險作準備。」霍根堅持道：「我可不想這事成為吻後的留痕。」

科爾從北卡羅萊那州夏洛特的美國銀行總部致電還在財政部辦公室裏忙著打電話的威爾遜。威爾遜一直在期待一件事——對方即將啟程到紐約開始對雷曼的交易進行盡職審查。

然而，科爾找威爾遜卻另有所圖，科爾說：「我們在里奇蒙（Richmond）聯邦準備銀行那裏碰到問題。」自從美國銀行七月時完成收購美國國家金融服務公司（Countrywide Financial）後，負責監管美國銀行的聯準會理事、里奇蒙聯準銀行總裁萊克（Jeffrey Lacker）就一直對美國銀行的財務健康深感擔心，不斷施壓要他們募集新的資金。作為維吉尼亞州、馬里蘭州、北卡羅萊那州、南卡羅萊那州、哥倫比亞特區以及西維吉尼亞州部分區域的監管機構，里奇蒙聯準銀行對監控銀行的儲備金水準有相當的權力。

科爾對威爾遜抱怨說：「他們在為難我們。」威爾遜是第一次聽到這事。科爾說，一月的時候，當時美國銀行考慮與美國國家金融服務公司合併時——為避免後者爆破，政府在幕後大力鼓勵這交易——當時聯準會也悄悄地承諾，如果美國銀行進行這交易，當局會放鬆對美國銀行的儲備金水準要求。至少，路易士是這麼理解的。

現在，在與美國國家金融服務公司完成合併後的兩個月，萊克又施壓要求美國銀行削減其派發的股息。美國銀行一直期望可以私下解決此事，所以沒有讓消息曝光。現在，美國銀行花了整個下午與里奇蒙聯準銀行在電話裏周旋，想弄清楚萊克的立場，但只是白費工夫。科爾對威爾遜說：「我們需要你的幫助，不然，我們不能更進一步。」

威爾遜太聽得懂這弦外之音了：美國銀行在玩博奕，利用雷曼的情況作為談判籌碼；美國銀行只會在政府投桃報李的情況下才會幫助雷曼，路易士透過科爾來玩硬手段。

威爾遜答應去了解狀況。隨後立刻向鮑爾森報告說：「你不會相信……」

晚上十時，十分沮喪的邁克達德仍在雷曼三十一樓會議室主持大局。他雖然不明白原因，但他剛得到消息是美國銀行明早不會來紐約。他大叫：「我們正在和時間賽跑。」

數小時前，邁克達德逼迫福爾德在業績發布會之前必須回家小睡片刻，因為福爾德明天必須以最佳狀態出現。福爾德離開後，他再覆閱不同版本的新聞稿。他們應該說什麼？他們可以說什麼？他們該怎樣說才好？

邁克達德剛輔導完財務長羅維特關於明天的簡報，這時，韋斯內克和惠特曼已從摩根大通及花旗的會議回來。在進入會議室前，他們對多尼尼（Gerald Donini）、強生（Matt Johnson）以及另外幾個同事詳述整個會議的過程，他們總結說：「真令人難以相信，簡直就像摩根大通的風險會議！」

他們返回會議室會合邁克達德，韋斯內克和多尼尼對大家詳細介紹分拆計畫後，韋斯內克把摩根大通和花旗的意見跟大家分享，多尼尼警告說：「我們對於是否有意集資這一點的發言要十分謹慎。」

會議在凌晨一時三十分才結束。在第七大道辦公室大樓門前，一列車隊恭候著，準備載他們回家。他們只能小睡片刻和洗澡，大夥兒要在五個小時後回來，迎接他們自己也懷疑將是決定自己未來命運的一天。

第十三章　誰來救雷曼？

二〇〇八年九月十日星期三，上午六時三十分，睡眠不足的邁克達德和柯克已抵達福爾德的辦公室，為三小時後舉行的業績發布會作最後準備。福爾德辦公室內四處擺放著今天的早報，新聞的報導十分負面。

《紐約時報》的頭條新聞第一段是這樣：「在布希政府接管全國最大的兩家房地產貸款公司不到幾天，另一家巨型金融機構雷曼的不穩又令華爾街充滿恐慌——只是這次，政府可能不會出手拯救。」報導的後段引述Fox-Pitt Kelton分析師大衛．特龍（David Trone）的話：「有些人擔心財政部已為納稅人帶來太多重擔，再也無力背負雷曼這個沉重的擔子。」這憂慮一語中的，清楚指出雷曼目前面臨的處境。

《華爾街日報》把貝爾斯登在最後階段奏起的輓歌和今天的雷曼作了比較，指出同與異——其中一點不同的是，雷曼可以向聯準會借款。

但是擔心雷曼前景的人已不單單是股票投資者。今早，福爾德和邁克達德從交易大廳呈交的報告發現，越來越多對沖基金把資金抽離雷曼，情況之嚴重，最明顯的標記是雷曼的單一最大股東、持股量達一三．七％的倫敦GLG夥伴公司，也減少與雷曼的交易。

當三人再次覆核業績發布會的稿件時，柯克的手機響起，高盛的施瓦茲（Schwartz）來電協商正在準備的保密協議。施瓦茲說：在討論之前，有一個重點要通知柯克，「為避免誤解，我要跟你說明高盛並非代表客戶，我們本身是主體。」

柯克呆了一呆，思考施瓦茲的話，然後，柯克盡量以毫不驚訝的口氣問：「真的嗎？」高盛是買家？

「是的。」施瓦茲平靜地回答。

「知道了。讓我回電話給你。」談話結束後，緊張的柯克幾乎是對著福爾德和邁克達德大叫：「各位，他們沒有代表客戶！」

看稿件看得有點頭昏眼花的福爾德抬起頭不解地問：「你是什麼意思？」

「他們是為自己做的，為高盛。這是他告訴我的。」

其後數分鐘，三人瘋狂地思考應對的行動與策略。邁克達德對於要向競爭者分享資訊很有保留，這擔憂十分合理：他們需要透露多少？與此同時，他相信這想法源自鮑爾森，他又覺得很難跟他對立。

柯克比他更擔心：「我們為什麼要讓高盛進來？難道你沒有看過《天才殞落》（*When Genius Failed*）這本書？」柯克指的是羅傑．洛溫斯坦（Roger Lowenstein）極其暢銷的書、講述長期資本管理公司危機的財經書，其中一章描述高盛以拔刀相助為名，藉此窺伺長期資本管理公司的帳目為實，將其所有的買賣盤檔案下載——高盛強力否認這指控。

柯克警告說：「他們會強姦我們的。」

邁克達德回頭準備即將開始的業績發布會，並表明立場：「既然鮑爾森囑咐我們讓他們進來，我們就讓他們進來。」

在雷曼大樓四樓，雷曼的交易員聚集在一起，對即將在一小時後在業績發布會上公開的分拆「壞銀行」計畫先作了解；邁克達德委派了亨佛雷（Tom Humphrey）和弗爾德（Eric Felder）對交易員們說明。

知道分拆計畫的詳情後，交易員們出奇的沉默，最後，由新興市場全球主管格米（Mohammed Grimeh）打破沉靜，他滿臉不爽地站起來問：「就是這樣？就操你媽的是這樣？三十一樓那幫他媽的白痴這兩個月在搞什麼？這算什麼？如果我們就靠這個，我們死定了！」

在亨佛雷和弗爾德講述分拆計畫的同時，格米已看透計畫的問題——他和摩根大通、以及花旗昨天晚上的意見一樣，他更害怕市場也會有同樣的結論。

「我們做的只是把右口袋的一塊錢放進左口袋內；這計畫救不了沉重的負債，我們將會破產。」他發言時，不滿的聲音和憤怒在人群中響起。

在達拉斯城中心的麗池（Ritz-Carlton）酒店內，美林總裁兼營運長弗萊明（Greg Fleming）在健身中心跑步機上，一邊跑步一邊收看CNBC頻道。他昨天整天在休士頓會客，今天他將和美林的同事進行市議會式的內部討論大會，然後飛返紐約。他開始快跑時，CNBC報導雷曼剛在業績發布會開始前公布了數據；記者詳細報導雷曼在新聞稿中提出將有非比尋常的分拆計畫。弗萊明回到房間，

馬上囑咐同事把雷曼業績報告傳送給他，他留意到隱藏在文字尾段的重點：「雷曼繼續積極研究所有最能增加股東價值的策略選擇」——這等於說雷曼對任何建議都持開放態度。他知道雷曼一直低調地把自己的資產拆件兜售，而這份聲明等於把這行動公開。至少，對有心人來說，這句話代表整家雷曼已掛上出售的牌子。

自從弗萊明成為一個專精於金融服務的合併銀行家開始，他就知道如果雷曼有天被放上拍賣臺上，美國銀行將是最有可能的買家；但是，如果美國銀行吸收雷曼，對美林的含意卻是巨大而深遠的——他一直相信美國銀行是收購美林的當然買家；就在一個月前的美林董事會上，美國銀行就被列為少數與美林匹配的合併對象之一。

弗萊明試著猜測誰在代表美國銀行進行這交易，他立刻想到自己多年的好友，銀行界收購合併的法律專家、利普頓律師事務所的赫利希（Edward Herlihy）。在過去十年間，幾乎每一宗美國銀行的交易，赫利希都有參與。弗萊明接通赫利希手機，說：「這裏越來越滿目瘡痍，我們在夏洛特的朋友怎樣了？」赫利希聽出弗萊明這說法的意向，他即時擋駕說：「這，我們別談這個。」

弗萊明懇求：「你告訴我吧。如果你們在考慮雷曼，你一定要告訴我。我們在一些情形下可能也有興趣，你我都知道這將是更好的交易。」

明顯不安的赫利希回答：「我們以前走過這條路。除非我們獲得邀請，否則我們不會行動。你若是認真的，現在應是行動的好時機。」

單單這幾句話，弗萊明已確定美國銀行正在尋求收購雷曼。

弗萊明在早上開會前還需要打一個電話，但現在不是和約翰．賽恩（John Thain）聯絡的時候

——他懷疑賽恩在這時候不會有興趣。以往，每當弗萊明嘗試討論出售銀行的備考方案，賽恩總是置之不理。反之，弗萊明致電的是美林的交易法律顧問彼得．凱利（Peter Kelly），並轉述他和赫利希的對話。兩人在商討各種縱橫交錯的布局後，彼得．凱利說：「你一定要確保美國銀行的大門為我們開著。」並給弗萊明指引：「你必須說服約翰。」

「難度很高。」弗萊明回答。他倆都明白基本上弗萊明和賽恩是處於對立關係。

「我明白。」凱利說：「但這不就是你領高薪的原因嗎？」掛線前，凱利補充最後一點：「這也許得越過賽恩，若你未能說服他——我明白這是越級行為，但這與股東的利益有關——你需要和董事會聯絡。」

———

比起一般的例行業績會議，雷曼三十一樓會議室比平常顯得更擁擠。其實雷曼最近幾次的會議已變成批判大會，聲討嚴重的程度使得雷曼需要加派律師壓陣。這時候，技術人員正在忙碌地準備，確保電話會議和網路廣播能順利進行。為滿足需求，雷曼臨時增加了幾百條電話線。今天早上發放的新聞稿，雷曼已表示預測第三季度的虧損將達集團有史以來最嚴重的三十九億美元。

一如往常，福爾德自信地進場；但在場的人都知道，福爾德從來不喜歡參加這種會議，多年以前，他已交由雷曼的財務長代為主持。福爾德在首席位置坐下，以他的標記——令人馴服的眼神向房間裏望了一圈，然後，才將視線收回至眼前的稿件。他心裏很清楚今天的賭注有多巨大。

數分鐘前，他瞥了瞥彭博終端機，看看美國市場的指數期貨是否因期待他——福爾德——能安撫市場對雷曼的恐懼而先行抽高；然而，不僅亞洲市場在半夜時下跌，歐洲跌得更多。今天他說的話將影響深遠；全球市場會出現數以百萬計的盈虧，端賴市場對他一席話的接受程度。

雷曼投資者關係主管白德（Shaun Butler）問他的老闆：「你準備好了嗎？」福爾德低聲答道：「可以。」

電話會議開始時，他慢慢低下頭，刻意加強語氣地照稿直說：「鑒於這兩天的情況，今天早上，我們預先發表我們的季度業績；我們同時也宣布幾項對公司重新定位具有重要和深遠意義的財務和營運上的改變，包括積極降低我們在商業和住宅房產市場的風險。這會讓我們大幅度地去除我們資產負債表上的風險，讓我們可重新強調我們只專注在客戶方面的業務。這也紓緩未來潛在的減值壓力，容許公司恢復獲利能力，強化我們賺取合適、而且不因風險而需作調整的股本報酬率的能力。」

綜合綱要言下之意是：雷曼不會出事的，我們感激你們的關心，但我們已控制情況。

「我們公司有戰勝逆境的歷史。」福爾德繼續說：「我們有在艱難時期重整以及抓緊全球機遇的深遠歷史……我們已和過去兩個季度告別，踏入新的軌道。」

福爾德發言完畢後，他交由雷曼財務長羅維特接力發言。羅維特以他濃厚的南非口音，勾勒雷曼稱之為「重要策略行動」的大綱：雷曼打算出售旗下賺錢的項目——紐柏格伯曼公司（Neuberger Berman）五成五的股權；同時，集團也會把大部分持有的商業房地產項目——即市場稱為「壞資產」的項目分拆。

要把三百億美元的雷曼商業房地產項目——包括擁有三百六十戶高檔公寓的安切－史密斯（Archstone-Smith）投資，以及房地產開發商SunCal——剝離雷曼並不是一件小事；而有一點將立刻出現變化的，是雷曼對房地產估值的方法。

羅維特解釋說：「我們會設立一個投資組合，將待出售的房地產項目放入其中，當中包括各式各樣不同資本結構的房地產項目，這組合項目的入帳方法，會依成本與市價孰低法，因為我們會為資產減值，而直到出售項目獲得真正的利潤時，我們才會將盈利入帳。另外，一個名為『全球REI』（REI Global）的組合則會包含我們打算一直持有的房地產資產，在這組合內的項目不會被迫以低於其應有價格的情況下出售，所以也不受按市價入帳的壓力。」（『全球REI』〔全球不動產投資？〕這個新單位的名字其實很諷刺。）

表面上，分拆的建議似乎是優美簡潔的解決方案，把有問題的資產從雷曼的資產負債表上剝離，正如福爾德所述，去蕪存菁後雷曼將會成為更強壯的公司；但是，雷曼管理層未說明的是，一如摩根大通和花旗昨晚提出的擔心：新公司必須獲得資金，但目前雷曼自己也必須保留資金以求自保，又何來額外資金扶植這新公司？

不到半英哩外，在火車總站旁的綠光資本辦公室內，艾因霍恩（David Einhorn）和他的分析團隊齊聚聆聽透過電話廣播器傳來的雷曼業績會議。他對所聽到的簡直不敢相信。他們至今還想迴避把這些垃圾——這些有毒的東西——減值。他們希望達到什麼目的？對艾因霍恩而言，再清楚不過的是這些資產的價值已遠低於雷曼所宣稱的。

艾因霍恩對他的分析團隊說：「他們發出的新聞稿已承認他們沒有作減值。」他斟酌著雷曼聲明的其中一行：「『全球REI』可以在無須面對『以市價入帳』的波動與壓力下獨立管理其資產。」雷曼認定透過分拆剝離方案，他們可以按「持有至到期日」的會計方法入帳。

「換言之，」艾因霍恩繼續惱火地大罵：「他們還是隨心所欲地作帳。」

在紐約下城區，沙弗蘭（Steven Shafran）和紐約聯準銀行的人員也在收聽雷曼業績發布會，他們其中一些人也同樣認為所聽到的是匪夷所思。沙弗蘭是財政部的特別顧問，前天晚上按鮑爾森的指示飛抵紐約，在雷曼情況不斷惡化時，協助財政部、聯準會和美國證管會之間的溝通。他和聯準會大部分的成員昨天晚上已獲得雷曼先行通告計畫的內容，但知道和親耳聽到即時廣播的感受卻截然不同。沙弗蘭是高盛前投資銀行家，他憤怒地搖著頭說：「這是行不通的。」

業績會議繼續時，沙弗蘭對身旁的同事作這樣的評論：「真正令人驚訝的是，這些人全是投資銀行家，大企業付錢給他們，在企業面對艱難狀況時要他們提供度過難關的建議。你聽說過『能醫不自醫』這句老話嗎？現在情況完全是這樣。」

在問答時間的中段，德意志銀行著名的分析師麥克．麥約（Michael Mayo）一針見血地點明資本化的問題：「按照計算，你們需要為這單位提供七十億美元的資本，你們即使能出售資產管理項目獲得三十億美元，剩下四十億美元，你們如何填補？」

羅維特回答前記起昨晚摩根大通和花旗銀行家們清晰的警告：「不要被人鎖死在某個數目上。你會被壓死的。」羅維特現在正被問到自己不願作答的問題。

他遲疑一會然後才回答：「我們不認為需要額外募集這個數目來填補這七十億美元的額外資金。」

羅維特盡量以讓人感覺他對公司的資本深具信心的語調繼續說：「因為到這季度結束時，雷曼核心的槓桿化股本將會大幅減低。」

換句話說，這計畫的本質上根本是會計的花招：分拆剝離有毒資產後，雷曼會更精簡，槓桿比率會下降，因而集團需要的資本亦會相應降低。

麥約的反應是他對雷曼的計畫有所懷疑，但他遵從華爾街約定俗成的禮節沒有再追根究柢——這不是攤牌、比高下的地方。

這一刻，福爾德像似勝利在望：早上開市時，雷曼股價勁升一七・四％。這升勢也許可以給他一點喘息的空間。

大西洋的對岸，在巴克萊資本位於倫敦金絲雀碼頭被稱為「別墅」（Bungalow）的總部的會議室內，一群巴克萊資本高級管理層也在收聽雷曼的業績報告。他們以化名登記加入會議，仔細地筆錄會議要點。自從幾個月前，巴克萊資本的執行長戴蒙德接到當時還是財政部副部長斯蒂爾（Bob Steel）的電話後，戴蒙德一直在琢磨收購雷曼的想法。六月時，戴蒙德在巴克萊資本董事會上討論美國發展計畫時，已討論過這提議。巴克萊資本董事會最終決定，除非如董事長瓦萊（John Varley）形容的能以「超低殘賤價」進行收購，否則他們不會收購雷曼。戴蒙德亦已把董事會的決定轉告斯蒂爾。

現在，好像這交易的時機已成熟。就在一天前，戴蒙德才對瓦萊說：「我覺得奇怪的是，雷曼情況已岌岌可危，而財政部明明知道我們願意在『超低殘賤價』進場，現在的情況已差不多，但財政部卻沒有和我們聯絡。」

星期二，正當戴蒙德在賓州大學傑出的華頓商學院為銀行作招募人才宣傳時，他的手機突然震動起來。來電顯示是瓦萊在找他，他馬上突兀地中斷演說，離開講台接聽電話。瓦萊說：「如果我們要和董事會的人見面，我們應該在明天進行。」

戴蒙德馬上乘坐徹夜航班從費城飛回倫敦，重新爭取董事會支持收購雷曼。他需要贏得瓦萊和董事會的支持——而且必須要快。

瓦萊是保守英國人的典範，他的妻子是巴克萊集團創辦人貴格會家族成員之一。（譯注：貴格會〔Quaker〕是十七世紀英國的基督教新派組織——又稱公誼會或教友派〔Religious Society of Friends〕，貴格會創辦人為喬治．福克斯，因貴格會一名早期領袖號稱「聽到上帝的話而發抖」而取名「貴格」〔顫抖者〕。）瓦萊天天穿吊帶褲，說話溫文儒雅，他自己列出的愛好是打乒乓球和釣魚。瓦萊對風險的容忍度比戴蒙德低很多；但不管自己思想的傾向或對戴蒙德那種交易胃口感到如何不安，瓦萊一直給戴蒙德很多的自由空間。

兩人之間的關係一直很複雜，早在二〇〇三年，他們爭奪集團最高領導人的職位，儘管瓦萊成功了，但戴蒙德獲得的年薪卻是高出瓦萊六倍之多。（二〇〇七年戴蒙德共獲得四千二百萬美元薪金，而瓦萊則只有八百四十萬美元。）這幾年來，戴蒙德因為不願公布其薪金，一直迴避進入巴克萊資本的董事會。他知道英國的八卦小報攻擊他是「肥貓」。雖然沒有董事職銜，但戴蒙德卻是貨真價實的執行長。二〇〇六年，投資銀行德利佳華（Dresdner Kleinwort）的一位分析師報告就曾以「戴蒙德三，瓦萊〇」為題。

雷曼業績會議結束後，巴克萊資本的行政人員發現大家意見一致：他們有意進行收購，但瓦萊重申——他們只會以很低的價格進行。

戴蒙德回到辦公室後立即致電已加入美聯銀行（Wachovia Corporation）的斯蒂爾問他：「你記得

我們關於雷曼的對話嗎？」

「當然。」斯蒂爾回答。

「那好，我們現在有興趣。」

公布業績後，雷曼的股價暫時穩定下來，但不出幾小時，福爾德又要面對另一個新問題：穆迪宣布將檢討雷曼的信貸評級，並警告：「如果雷曼不盡快和強而有力的金融夥伴達成策略性的交易」，穆迪將會調降雷曼的評級。

福爾德決定找摩根士丹利執行長約翰．麥克，他需要有其他出路。有別於和路易士（Ken Lewis）或貝蘭克梵（Lloyd Blankfein）的關係，福爾德信任約翰．麥克。

福爾德告訴他：「聽我說，我真的需要有點動作，我們能一起做點事嗎？」約翰．麥克一直對福爾德有好感，他從福爾德的聲音聽得出他面對的壓力有多大，約翰．麥克為福爾德擔心。但儘管如此，他沒有興趣和雷曼交易，他也懷疑福爾德這次來電是自欺、不接受現實的妄想。

「迪克，我希望能幫上忙，但這行不通。我們以前不是討論過嗎？」麥克提醒福爾德在夏天時大夥兒已在他的家中舉行會議，麥克說：「我們之間太多重疊。」

掛上電話後，約翰．麥克繼續斟酌和雷曼進行交易的可能，他發覺他的興趣被激發起來。他之前本能反應不可行，是基於雷曼每股股價達四十美元；但以雷曼現在的價格，他認為這交易從金融角度來看有一定的吸引力。

他回電話給福爾德：「我想過了，我同意你的意見。我們應該談談。」

福爾德對他重新考慮這事表示感激。約翰．麥克沉默一會後以堅定的語氣說：「迪克，我是直言坦率的人。我對你有好感，但有一點要搞清楚的是，這不是平等的合併，只有一人能當頭。我一定話先說在前面。」

一陣令人難堪的沉默後，彷彿甦醒的福爾德終於作出反應：「我並不這樣想。」他再遲疑了一會，然後才補充：「讓我想一想，我給你回電話好嗎？」

二十分鐘後，福爾德再次找上約翰．麥克，這幾天發生的一切明顯令他連聲音也顯得疲憊起來：「你說的對，我希望做正確的決定。我們看看可以怎麼做吧。」

福爾德繼而建議兩家公司的高層可在福爾德跟約翰．麥克雙雙缺席的情況下進行會議，由兩家公司的管理層自行決定合併這想法是好是壞。會議安排在當天晚上，在摩根士丹利聯合總裁查曼（Walid Chammah）的家舉行。

手指敲打著桌面的戴蒙德，正在等候美國財政部助理部長安東尼．瑞恩（Anthony Ryan）接聽電話。在斯蒂爾的建議下，他主動跟財政部聯絡。

「東尼，」戴蒙德開始說：「你還記得斯蒂爾和我的談話嗎？」

瑞恩一時間很混亂，他假裝明白戴蒙德在說什麼，問道：「哪一次？」

「關於雷曼啊。」

「啊，是的，是的。」

「我給你打電話是因為我認為漢克值得和我談談，如果不成，也無所謂，但我感覺我們應該談談談。」

瑞恩回覆說，他會請鮑爾森盡快和他聯絡。

一小時後，戴蒙德的祕書告訴他蓋特納來電。

「我能做什麼幫助這事推進？」蓋特納問。

戴蒙德向他解釋，他們有意以「超低殘賤價」收購雷曼。

「那你為什麼不直接找福爾德？」蓋特納問。

「你不明白。」戴蒙德說：「我不想當主動發起人。」他接著告訴蓋特納他們收購荷蘭銀行（ABN AMRO）受挫的不愉快經驗——收購不僅不成功，還讓巴克萊資本非常尷尬。「我們不希望顯得很魯莽輕率，這樣不好。」

蓋特納默不作聲地聽著，他感覺英國人那種無謂的謹慎實屬多餘，尤其戴蒙德其實是個美國人。戴蒙德堅持：「我們需要讓人感覺我們是被你們邀請、引領我們參與的。是你們問我，在哪個價格範圍會感興趣；是你們問我，如果有興趣『我們需要什麼』。這並不等於我得給福爾德打電話，這完全是不同的。」

蓋特納對戴蒙德的彆扭感到十分厭煩，他再次問：「你為什麼不打給福爾德？有何不可？」

戴蒙德說：「我不會打電話問人我能以『超低殘賤價』收購你嗎？這收購只會在你們願意安排交易的情況下才會成功。如果你們無意這樣做，無所謂，我們也不介意，我們沒問題。」

其實，不管巴克萊資本是否不想給人「趁火打劫」的印象，事實上這正是他們的目的。

——

星期三下午，柏南克在聖路易聯邦準備銀行開會，但他發現自己有點難以集中精神。華爾街雖然混亂，但他仍然堅持定期到訪聯準銀行的各地區辦事處，今天他到訪的是位於聖路易城中，北百老匯大街的聖路易聯準銀行。

雷曼的危機從未離開他的心頭。他今天為此已先後兩次和蓋特納及鮑爾森通電話，分別在上午八時三十分和下午一時；大家亦已約定在下午六時再聯絡。

在最後一次的電話交談中，蓋特納和鮑爾森告訴柏南克最新的頭痛問題：美國銀行要求放鬆他們的資本比率。鮑爾森解釋：「他們很生氣，因為他們在收購美國國家金融服務公司（Countrywide Financial）時，他們認為自己表現得是個聽話的大男孩。」

蓋特納的意見是，不管怎樣，他們需要把美國銀行先弄到紐約啟動盡職審查，他擔心的是時間不多——他們正在與時間賽跑。

鮑爾森請柏南克親自找路易士打圓場，鮑爾森重申：「我們要給他們滑翔跑道。」

在聖路易聯準銀行的臨時辦公室內，柏南克撥打路易士的電話號碼。柏南克對於自己扮演交易家這新角色十分不自然，但他依然力勸路易士：「你真的應該去看看雷曼，我們會在放鬆資本的事宜上，或你其他方面的需要和你一起努力解決。」

路易士感謝柏南克的來電，並說會派人到紐約開始和雷曼討論。柏南克認為他已把問題解決，他將他的心思重新集中在到訪聖路易聯準銀行的原因：和接替前總裁玻爾（William Poole）的布拉德（James Bullard）會面。前總裁玻爾是各地區聯準銀行總裁中比較直言不諱的人。在政府接管兩房時，他正在華盛頓以政府拯救為題進行演講，鑒於市場對於政府會否拯救雷曼的揣測不絕於耳，玻爾的言論引起廣泛的關注。

他在演講時說：「除非我看走眼，不然除兩房外，聯準會和財政部對於誰能獲得聯準會的資源會一直緘默。」他提醒聽眾：「聯準會在一九七五年對紐約市說不，在一九七九年對克萊斯勒也說不。只是，有貝爾斯登的先例，日後要再說不也不是那麼容易。」

「我預期的是，我們只能在聯準會拒絕一家龐大而又甚具影響力的大銀行求助之時，才會知悉聯準會的貸款底線。」

———

路易士成功迫使聯準會就範。他和柏南克掛線後，馬上致電蓋特納。他對蓋特納說，儘管和柏南克的通話令人鼓舞，然而在信用情況未正式解決前，他不會派人到紐約。

蓋特納禮貌但堅定地回覆：「我們正在努力幫忙這事。」

路易士無意接受口頭承諾，他抱怨說：「我們在這問題上兜圈子太久了，如果你們要我們參與雷曼行動，我們需要書面的文件。」

蓋特納對這最後通牒不以為然，回答道：「你已聽到主席說他會如何處理。如果你對聯準會主席的話也不信任，那這是更大的問題。」

察覺到蓋特納不會讓步後，路易士知難而退，同意派人員在星期四早上展開盡職審查。

———

漫長而令人疲累的星期三差不多結束，但福爾德仍未停下來，他順著他的通訊錄致電差不多每一個華爾街和華盛頓的重要角色——同時，他也緊盯著市場有沒有新的恐慌出現。

新聞報導的消息越來越不利：雖然雷曼的股價在大部分的交易時段都表現堅挺，但是，在收盤前一小時卻又重現跌勢，最後收盤為每股七．二五美元，下跌六．九%。雷曼的信用違約交換（Credit Default Swaps）已全面崩塌，急升一．三五%至六．一〇%，這代表購買預防雷曼破產的保險，以保障面值一千萬美元的雷曼債券計算，保費已達每年六十一萬美元——投資者基本上押注在情勢將會惡化而不是改善的一邊；期望分拆能為雷曼扭轉乾坤的美夢很快便幻滅。

福爾德的電話行動也是無功而返。今天稍早時和貝蘭克梵的通話便極不愉快，貝蘭克梵來電表示對雷曼終止和高盛談判很不高興。柯克和雷曼房地產業務主管沃許（Mark Walsh）連同高盛的施瓦茲及他的團隊在中城區一家律師事務所內商談超過兩小時，但柯克和沃許均對讓高盛審閱帳目感到極為不安，並把會議早早結束。

福爾德也和鮑爾森聯絡上，鮑爾森試圖說服他和巴克萊資本交易，但福爾德卻對此有所保留，他解釋：美國銀行的捕獵行動既已開始，他不願做任何事危及這交易。

「迪克，」鮑爾森耐心地提醒他：「路易士已多次拒絕你；現在別人亦表示有興趣，我們不能孤注一擲，我們得增加選擇機會。」

可是福爾德更有興趣的是重提一直佔據他心思的題目：聲討那些拋空者，他告訴鮑爾森這些人「將毀滅這公司」。福爾德花了十分鐘懇求鮑爾森致電美國證管會主席考克斯（Chris Cox），向對方施壓，要求禁止拋空交易，並宣布進行調查等等任何行動，可讓福爾德獲得一個休養生息的機會。

當天傍晚，福爾德和雷曼常務董事柏克非（Steven Berkenfeld）談話時，便覆述他最喜歡用以形容近來雷曼被突擊的一句話：「以拋傳訛！」（Short and distort!）

在倫敦，巴克萊資本的戴蒙德在位於倫敦皮卡地利街和聖詹姆斯街交界的私人會所「五十」酒吧內等候他的客人——雷曼歐洲前主管傑瑞米·艾賽克斯（Jeremy Isaacs）。戴蒙德知道，若想要得到關於雷曼準確的內幕意見、或數字、或文化，那就非要找艾賽克斯。就在四天前，艾賽克斯剛正式宣布從雷曼「退休」。

艾賽克斯看清楚邁克達德的權力正在上升後便萌生去意。事實上，艾賽克斯可能不應赴今晚的約會，他正和雷曼商談五百萬美元離職協議的細節，該協議大概在明天可獲得批准。離職協議條款明訂，他同意不會「參與任何不利（於雷曼）的活動」、「不會損害公司」以及要「對公司資訊保密」。

今晚，他為幫助雷曼繼續生存下去，他幾乎破壞協議的每一項細則。

曼哈頓上東城區只有三所住宅僱有門僮，查曼那棟公寓是其中之一。這在第五大道旁具有學院派風格的樓房只有九戶公寓。這裏和投資銀行家們鍾情聚居的中城區以及公園大道有一定的安全距離，是舉行雷曼和摩根士丹利合併祕密會議的理想地點。查曼的太太和孩子住在倫敦——因為查曼常駐倫敦，因此今晚他們可以佔用整棟公寓。

晚上九時，查曼以及摩根士丹利另一聯合總裁高曼（James Gorman），還有其他高層在廚房內無所事事地等候邁克達德及他的團隊出現。查曼指示同事：「我們最低限度要把指定動作做完，但也要說明這會議並不確認任何方向。」邁克達德、麥基、馬克·夏佛（Mark Shafir）、柯克，以及另外幾名雷曼人員終於抵達時，勞累的一天已印在他們耗竭和蒼白的臉上。

高曼和邁克達德早已互相認識，他們同是證券業與金融市場協會（SIFMA）的董事。才一星期前，他們倆才起口角，因摩根士丹利乘雷曼動盪之際，挖走雷曼的人才，包括雷曼最佳的私人財管顧問。大為光火的邁克達德致電高曼，跟他說：「你必須要停止。我們這裏的問題已經很大，你這是加上幾刀殺死我們。」最終，高曼叫停挖角行動，這兩位身經百戰的專業人士才把這過節放在一旁。

查曼開了一瓶一百八十美元、二〇〇一年的Tenuta dell'Ornellaia波爾多葡萄酒，希望氣氛緩和下來，讓會議可望推進。

所有人在客廳就座，邁克達德說今晚在這裏會面就像夢境重遊一樣；才幾個月前，幾乎這裏每一個人都曾探討同一個題目。他沒說出口的是——雷曼現在已窮途末路。邁克達德接著開始指出雷曼正在研究不同的集資方案：出售資產，或者把整家公司出售。他怕自己說得不夠清楚，再補充說如果摩根士丹利有興趣收購雷曼，他不會吹毛求疵地提出諸多要求，他說「社會問題」（social issues）——華爾街上誰當合併企業的領導者的問題——也不會成為這交易的絆腳石。邁克達德實質上已放棄福爾德，他說：「如果你們希望選拔我們任何一人，我們就參與；你不需要我們，我們就不會在場。這已不僅僅是關乎我們個人的事。」

夏佛也提出，這樣的交易「感覺是很牽強」，但可能兩家公司都能大幅削減成本，而這正是一切企業合併背後的基本邏輯。

儘管夏佛對交易有樂觀的說法，但查曼清楚如此大型的合併，結果將是血流成河，上百、甚至可能上千的員工將會被解雇。他更知道取得合併預期中的好處也是有難度和不能保證的。

會上各投資銀行家差不多用了一小時討論數字和雷曼擁有的各類資產，以衡量摩根士丹利收購這些資產的興趣。隨著文件的來來回回，以及討論越來越深入的同時，越來越明顯的是其實兩者之間並沒有太多共通點。查曼隨即指出，無論如何，以摩根士丹利董事會的議事速度看，就算今晚會議大家同意作出某種形式的收購，也不會對雷曼帶來具有意義或起死回生的效力。房間裏每個人都明白這些說法的弦外之音——查曼相信雷曼已病入膏肓，回天乏術。

不久，邁克達德帶著他的團隊離開，高曼嚴肅地看著摩根士丹利的成員，他的眼神猶如提醒他們，**這可能是我們**；但是高曼的嘴巴只說：「我們剛才看到的是已陷入深淵的人。」

天亮後不久，科爾（Greg Curl）走進紐約西格拉姆大廈（Seagram Building）的大廳。這座三十八層樓高的建築物是公園大道上的地標，也是現代建築大師密斯·凡德羅（Ludwig Mies van der Rohe）的經典作品。他進入大廳時看了看錶，等候他的顧問到來。

科爾是美國銀行收購雷曼交易的接頭人，星期三晚上，他和一百多名行政人員從夏洛特飛抵紐約，在蘇利文·克倫威爾律師事務所（Sullivan & Cromwell）的辦公室內開始盡職審查的工作。科爾邀請了專注於金融領域的私募股本投資機構弗勞爾斯（J.C. Flowers & Company）的創辦人克里斯多夫·弗勞爾斯（J. Christopher Flowers）襄助。科爾和弗勞爾斯這二人組是奇特的搭檔，低調的科爾是美國銀行資深老兵，但在華爾街並沒有千絲萬縷的網絡；相反地，快人快語、有點粗俗的弗勞爾斯是高盛前銀行家，他進行的大膽交易令他經常登上報紙頭條。

科爾考慮如何進行收購雷曼一事時，第一個念頭就是希望能有弗勞爾斯拔刀相助。弗勞爾斯可在三十秒內弄清楚一份資產負債表的來龍去脈，而且膽敢馬上作出有條理、有理由的判斷。他在九〇年代晚期離開高盛自立門戶，成立專門投資銀行業的私募股本基金；成績斐然的他，在日本新生銀行（Shinsei Bank，前身是日本長期信貸銀行）一役他個人獨得五億四千萬美元的收益。在美國富豪排名榜上，弗勞爾斯經常名列前茅。他在上東城區以五千三百萬美元購入的豪宅，打破了曼哈頓房市的成交價紀錄。

科爾信任的投資銀行家很少，而弗勞爾斯是少數的例外。科爾特別仰慕弗勞爾斯處理交易或人生那種不濫情、不廢話的態度。二〇〇七年，在信貸危機發生的前夕，他們合力競投學生貸款行銷協會（Sallie Mae）；但他們很快便察覺這是一宗錯誤的交易，在那一年剩下的時間，兩人共同努力解除協議。科爾沒有因學生貸款行銷協會的投資失誤而怪罪弗勞爾斯，因為儘管交易留有法律尾巴，但最後大家都能透過協議中一內建的逃生門金蟬脫殼。

弗勞爾斯除了能夠提供意見外，還有別的作用。科爾知道弗勞爾斯也可能強烈希望和美國銀行聯手投資雷曼；科爾的如意算盤是，弗勞爾斯也許會願意接收雷曼那些風險較大的資產。

二十四小時前，科爾在東京找到正在參與新生銀行董事會的弗勞爾斯，科爾跟他說：「你會想看看雷曼的，而我們希望你作為合作夥伴一起看，你能為此趕回紐約一趟嗎？」弗勞爾斯根本不需要聽太多的遊說，他已即時趕往機場搭了十四小時的飛機飛回曼哈頓。

抵達時，弗勞爾斯一臉倦容，他帶著也是前高盛人的雅各．戈德菲爾德（Jacob Goldfield）同來。（戈德菲爾德正是作者羅傑．洛溫斯坦在《天才殞落》〔*When Genius Failed*〕書中點名批評假藉幫助長期資本管理公司之名，暗中把資料下載的銀行家；這人也就是一天前雷曼的柯克緊張地對福爾德說為什麼擔心對高盛提供資訊的原因。）

戈德菲爾德對雷曼也有相當的認識——春季時，漢克．格林伯格（Hank Greenberg）和其他投資者合組財團購入雷曼普通股和優先股共六十億美元，當時戈德菲爾德曾協助格林伯格檢閱雷曼的帳目。

在飛往紐約的旅途上，弗勞爾斯已著手研究雷曼第二季度業績報告，他特別專注在一個項目，而且他知道這個項目必定會成為爭議點——房地產價值——它們可能價值到二百五十億至三百億美元嗎？

科爾、弗勞爾斯和戈德菲爾德在蘇利文．克倫威爾律師事務所提供的會議室開始工作，桌上放滿咖啡和糕點。這將會是漫長的一天。

經過二十四小時的抽絲剝繭，華爾街分析師紛紛看淡雷曼的分拆計畫，並爭先恐後地發表反對計畫和反對雷曼的報告。星期四早上，他們紛紛給客戶發電郵看淡雷曼，這對已經面對沉重賣壓的雷曼實是雪上加霜——雷曼昨天收市已下跌六．九%至七．二五美元，相信今天跌幅會更大。高盛分析師威廉．塔諾那（William Tanona）在電郵中指出：「管理層無法成功地徹底解決股價壓力的來源。」

麥約（Michael Mayo）是自二〇〇七年四月起一直建議買入雷曼的分析師，他的評斷更悲觀，他擔心評級機構認為雷曼的前景黯淡會引發餘波：「評級的改變是意料之外的負面，這可能引發緊急出售的情況。」換言之，瘋狂拋售可能會出現；他同時把買入建議撤掉。

美林的蓋．莫茲可夫斯基（Guy Moszkowski）對雷曼的被收購前景也不樂觀，他認為雷曼可能將被迫接受「低於市價」（take-under）。

那些相信雷曼基本上是穩健的分析師已開始看出目前的情況已變為「觀感壓倒基本因素」：雷曼股價的急挫燃起市場的恐懼，事態演變為自我實現的預言，強迫雷曼尋找買家，並且要快速地尋找買家。

當華爾街的分析師全都準備為福爾德的雷曼寫墓誌銘時，唯一出言相助的只有摩根士丹利的約翰．麥克——福爾德盼望能成為合併夥伴的人。《紐約時報》引述約翰．麥克談及福爾德：「他還是如常的有幹勁，但不容置疑的是任何人也會被情況弄得疲累，他也被弄得疲累。」

私底下，約翰．麥克才剛致電福爾德：他不認為摩根士丹利有良好的理由繼續合併的談判。

然而，柳暗花明，又現生機。

雖然巴克萊資本並沒有和福爾德直接聯繫，但蓋特納向福爾德明確表示巴克萊資本有意收購雷曼，他把戴蒙德倫敦的電話號碼給福爾德，再三強調：「他知道你會聯絡他。」

福爾德找到戴蒙德時說：「我知道我應該打電話給你。」

戴蒙德卻顯得手足無措，他認為自己已清楚向蓋特納表明不願和福爾德直接談交易。如果要進行交易，必須由美國政府擔任仲介人。

想要拉攏雙方的福爾德說：「我想我們應該談談。」

戴蒙德的回答卻是：「我看不出我們在這裏有什麼機會。」

福爾德搞不清楚究竟發生了什麼事。蓋特納囑咐他主動聯絡戴蒙德，而戴蒙德現在卻跟他說沒興趣？

福爾德不想強人所難，他掛線後再找蓋特納。

「我剛和戴蒙德講完電話。」福爾德帶著怒氣說：「戴蒙德說他沒有興趣。你不是說他們想和我們談嗎？」

「他是有興趣的。」蓋特納堅持：「你應該再給他打電話。」

五分鐘後，福爾德再次嘗試找戴蒙德。戴蒙德還是說：「我不是剛告訴你我們沒有興趣嗎？」

福爾德開始感覺自己像是在打啞謎，他再致電蓋特納說：「我搞不清楚這是什麼狀況。我已找了他兩次，每一次他都表示沒有意思和我談；你說他有興趣，他卻說自己沒有。」

蓋特納承諾會和戴蒙德接觸，並敦促福爾德再作最後一次嘗試。

這一次，戴蒙德突然轉向說願意談，他說：「我們今晚會飛過去，我們的人星期五便可開始工作。」

就是這一句話正式揭開序幕：巴克萊資本和美國銀行正在爭奪雷曼。

福爾德不知道的是，整個早上戴蒙德和他的團隊已和蓋特納及鮑爾森達成協議，巴克萊資本會盡快檢閱雷曼的帳目。在拯救雷曼的努力中，福爾德已淪為閒角，禮貌上過場而已。

戴蒙德當晚出發往紐約前，他希望獲得承諾此行將是值回票價。他和鮑爾森通話，特別提出巴克萊資本是否是雷曼的獨家買家。他從新聞中得知美國銀行對雷曼也有興趣，他的親身經歷告訴他美國銀行是勁敵——也可能是破壞者。

一年前，美國銀行如同程咬金突然殺出加入荷蘭銀行（ABN AMRO）的合併爭奪戰，使得原先的競投者巴克萊資本和一個由蘇格蘭皇家銀行（Royal Bank of Scotland）領頭的財團雙方的對立升級。美國銀行同意以二百一十億美元收購荷蘭銀行旗下的芝加哥拉薩爾銀行（LaSalle），此舉等於把荷蘭銀行交易中皇冠上的珍珠摘走，讓一直覬覦這資產的蘇格蘭皇家銀行難以提出高於巴克萊資本的收購價，因這出售的組合已缺少主要的成分。但是，最後巴克萊資本仍然在荷蘭銀行一役敗陣，而美國銀行卻取得拉薩爾銀行。競投失敗對戴蒙德和他的擴展大夢是一大打擊，他一直認為美國銀行付出了遠超所值的價錢。

戴蒙德告訴鮑爾森：「如果美國銀行也參與其中，不要讓我們尷尬，不要把我們捲進交易後又讓美國銀行淩駕我們。」

鮑爾森回應道：「你不可能擁有獨家的地位，但我可以告訴你，你的位置很好，我一定確保你不會尷尬。」

在電話結束前，戴蒙德再聲明另一點：他希望得到「戴蒙式」的交易——就是他可能要政府出手相助。

鮑爾森聲明政府不會有拯救行動，但補充說：「我們會想出幫助你的方法。」

當雷曼法務長羅素（Tom Russo）衝進福爾德辦公室時，福爾德馬上注意到他臉上陰鬱的表情，福爾德能有此發現已是非常難得，因為現在整個三十一樓人人臉色凝重。

「什麼事？」福爾德高聲嚷。

羅素回答：「我剛和紐約聯準銀行的法律總監白士德（Tom Baxter）通電話，他說蓋特納希望你辭去紐約聯準銀行的董事職務。」

羅素停一停讓福爾德消化消息後繼續說：「蓋特納意思是，鑒於我們現在的情況，已是太複雜和太多衝突。」

蓋特納的要求本不應令人驚訝，因為不管政府拯救的可能性有多渺茫，但只要政府有可能需要為雷曼尋找買家而出資相助，蓋特納最不希望給人的印象是幫助自己董事會的成員，只要有一丁點兒私相授受的感覺，結果也會是災難性的。

儘管如此，福爾德還是很在意，他苦澀地低頭望著桌面。這一刻像是想哭的他最後穩住自己的情緒輕聲說：「我不能相信會這樣子。」

福爾德和羅素一起擬定給紐約聯準銀行董事長史蒂芬・弗里德曼（Stephen Friedman）的辭職信。

尊敬的弗里德曼：

我充滿遺憾地向你請辭紐約聯邦準備銀行董事委員的職務。鑒於雷曼當下的業務情況，我無法再撥出時間為董事會事務盡心，故此，我認為即時生效的辭職是董事會的最佳利益。我一直對董事會及這機構有極大的尊崇，服務期間也樂在其中。

福爾德謹上

強忍難過的福爾德大聲嘆口氣後簽上名字，在「迪克」上面簽上自己名字的「D」。

松街七十號大樓的緊張氣氛正在增加，這天早上維爾倫斯坦德在自己的辦公室裏踱來踱去，他待會要和評級機構進行事關重大的會議，對方一直發出要降低他們評級的威嚇。他剛和蓋特納通電話，

追蹤關於把ＡＩＧ轉為證券商交易行的申請，以及再施加一些壓力。蓋特納抱歉地說：「我們現在忙於處理雷曼的事，但我們可以明天早上再談。」

現在才上午十時半，但市場已感覺到維爾倫斯坦德過去一週力圖掩飾的緊張，承保ＡＩＧ債務的費用上漲了一五％到六．一二％，再創歷史新高，這表示投資者以後五年每一年都需為ＡＩＧ一千萬美元的債券付出六十一萬二千美元的保費。雷曼明顯已十分狼狽，急需集資；投資者也押注ＡＩＧ也快要面對同樣的掙扎。ＡＩＧ可能要面對天文數字的賠償金額，因投資者為預防雷曼倒閉而增加購買的保險大大增加。

雪上加霜的是，剛被紐約檢察總長免除假帳起訴的格林伯格（Hank Greenberg），每有機會必大力攻擊維爾倫斯坦德，他逼問：「你們他媽的在等什麼？」他要知道強化公司的努力為何進行得這樣緩慢。

在千頭萬緒當中，維爾倫斯坦德還得推動和格林伯格的馬拉松官司達成和解——格林伯格當年被逼離開公司後立刻就告上法院。維爾倫斯坦德一直指望能憑藉格林伯格在亞洲的關係網絡募集資本，格林伯格以前就成功把ＡＩＧ在複雜、不夠透明的中國和日本市場發展成保險巨擘。他告訴格林伯格，他已委派盛信律師事務所（Simpson Thacher）的杰米．甘寶（Jamie Gamble）和格林伯格的代表律師鮑爾斯（David Boies）安排會面，協商格林伯格願意接受的和解方案。

也許最令維爾倫斯坦德擔憂的是他這星期初和戴蒙的談話內容。維爾倫斯坦德對戴蒙說：「我們好像並沒有很大進展。」他懇請戴蒙為他們募集資本或貸款給他們。戴蒙回答：「你知道，你的問題比我們預期的大得多。我們的模型顯示你們下週便會出現資金不足的情況。」

這一刻，維爾倫斯坦德終於接受摩根大通不願提供更多資金這個事實。AIG的財務主管真達（Robert Gender）早已提出警告，但維爾倫斯坦德並不相信，還提醒真達說：「摩根大通向來都比較嚴格，不像花旗，花旗會為你做任何事，只會唯唯諾諾的。」謹慎的真達尖銳地反駁：「老實說，我們應選用一些摩根大通硬塞給我們的規矩。」

戴蒙一直鼓勵維爾倫斯坦德要拿出計畫，不是十全十美的也可以。他告訴維爾倫斯坦德：「這不需要馬上實行，你需要做的是告訴市場你將會怎樣做，然後才去實行這計畫。如果你需要募集資本，那你就向市場坦白說你要募集資本。」

維爾倫斯坦德聽後心裏卻想：這給雷曼昨天帶來好處了嗎？

終於，他最懼怕的、和穆迪開會的時間來臨。摩根大通的布萊克也趕到下城區挺身支持，並協助AIG回答募資的問題。維爾倫斯坦德聲明其募資意圖是一回事，但加上摩根大通的總裁確認有意支持AIG募資，兩者效果有天壤之別。這個賭注是非常高的：如果評級機構把AIG的信貸評級調降一級，將使得AIG需額外提供保證金補倉金額達一〇五億美元；如果標準普爾也一樣下調評級——這可能性不低，因為如維爾倫斯坦德形容「盲人領瞎子」的盲目效應——補倉金額會進一步提升至一三三億美元。如果這情況發生，而AIG又未能成功募集額外資本，這等同是宣判死刑。

會議進行不到十五分鐘，穆迪的分析師已表態他們必定會把AIG的評級下調至少一級，也可能是兩級。按維爾倫斯坦德的計算，他們若在星期一宣布下調評級，公司只有三天的時間可以籌資，換言之AIG要在星期三，或最遲星期四，籌得天文數字。

摩根大通的布萊克擔心時間沒這麼多；按他的計算，星期二早上已是期限。會議後，他拉維爾倫斯坦德到一旁並警告他：「你們將被降級，必須準備對策。」

維爾倫斯坦德點頭說：「我們需要準備，我百分之百同意。」

布萊克離開大樓時對AIG的前景看法比他趕過來時更黯淡。他心想：這裏的人沒有一個反應夠快，他們的行動都比他們需要的速度要慢得多。

位於第五大道和五十九街一整段的通用汽車大樓內，傳奇性的破產律師、威嘉律師事務所（Weil Gotshal & Manges）的哈威・米勒（Harvey Miller）起身在自己辦公室內踱步。他圍著辦公室走動時，看見書架上德士古公司（Texaco）的小型卡車和東方航空的模型飛機，這是他最著名的兩宗案件的紀念品。

已七十五歲的米勒被公認為破產法的權威，他每小時收費大約一千美元。除德士古公司和東航外，他參與的破產案件還包括誇大收入的杉碧傢俱公司（Sunbeam）；八〇年代主導垃圾債券市場的德崇證券（Drexel Burnham Lambert）；和涉嫌財務詐欺的安隆（Enron）。米勒也是七〇年代紐約市財務危機時代表紐約市的律師之一。

米勒是一個能恒常保持冷靜，令人感到安穩的人。他剪裁合身的西裝、熱愛歌劇、以及可以脫口而出優雅的長篇大論也廣為人知。米勒在布魯克林區葛瑞福山德（Gravesend）社區長大，父親是木地板銷售員。米勒是家中頭一個念大學的人，進入布魯克林書院（Brooklyn College）就讀。短暫從軍後，他考進哥倫比亞大學法學院。

那時候，企業金融裏的破產這個領域主要由幾家猶太人的小律師事務所支配，而整個行業則由白人盎格魯—撒克遜新教徒（White Anglo-Saxon Protestant, WASP）的「菁英」社群主導。一九六三年，米勒加盟一家小型的破產律師事務所Seligson & Morris；六年後，他被威嘉律師事務所資深合夥人及企業管制大師米爾斯登（Ira Millstein）延攬，受命開拓破產及重組業務。

這天下午稍早時，威嘉的董事長丹豪斯（Stephen J. Dannhauser）來電，向他拋出一個令人驚愕的問題：事務所可否為雷曼做些前期準備——以防萬一？米勒回答了解；他也有追蹤金融消息。雷曼是事務所非常重要以及最大的客戶，每年支付超過四千萬美元的費用。他對這家公司十分了解。

丹豪斯是接到雷曼常務董事柏克非（Steven Berkenfeld）的電話通知，要他們先做準備，以防雷曼在未來七十二小時形勢沒有好轉。掛線前，柏克非再次強調必須把對話保密——和威嘉聯絡一事，柏克非連福爾德都沒有請示。

作為破產案件的法律顧問，米勒已習慣這類和客戶有如雙人舞般的默契，他曾如此形容：「破產有如和八百磅重的大猩猩共舞。他要跳多久，你就跳多久。」

數小時後，米勒又接到已四面楚歌的雷曼的另一來電；聽筒傳來那邊叫嚷的聲音：「我是雷曼的法務長湯姆．羅素，你是負責雷曼的嗎？」

不認識羅素的米勒有點驚訝：「是的，我就是。」

羅素並無興趣討論任何細節，他只想傳遞一個資訊：「你知道你不能和任何人討論這事，事態非常緊張，我們絕不能走漏消息。」

米勒剛想要表示他明白這事的緊迫性，話還沒出口，羅素已焦急地問：「你有多少人負責這事？」

米勒告訴他：「大概四人，這時候只是預先的準備功夫。」

羅素重申：「沒錯，只是準備而已，不要再加人手，我們需要絕對的保密。」

羅素就這樣結束談話，留下莫名其妙的米勒在忖度發生了什麼事。

福爾德知道雷曼的團隊已在蘇利文·克倫威爾律師事務所和美國銀行會面，他自作多情地想，既然兩家銀行即將進行交易，他理應給在夏洛特的路易士打聲招呼，這是領導人與領導人之間的對話。

福爾德找到路易士便開始他的獨白，他真切地說自己對合併以及日後一起共事是如何的興奮，把雷曼頂尖的投行品牌和美國銀行巨型的商業銀行網絡結合，兩銀行的資源一體化後，他相信可匹敵摩根大通以及花旗，讓美國銀行打造成真正的金融超級市場。

路易士耐心地聆聽，不知該如何反應。對他而言，他談判的對手根本不是福爾德，而是政府。福爾德有任何意見或說話，老實說，已經毫無意義。把電話放下前，充滿莫名信心、表錯情的福爾德說：「你我都知道這交易是勢在必行的，我很高興我們是夥伴。」

在紐約五十街、麥迪遜大道旁的貝萊德（Blackrock）集團總部內，正在舉行為期兩天的董事會議。美林是貝萊德的股東，在貝萊德董事會擁有兩個席次。收盤時，代表美林的董事賽恩和弗萊明馬上透過黑莓機查看收盤價，美林跌幅達一六·六%，收在一九·四三美元，是繼雷曼後跌幅最大的投行；雷曼則大跌四二%，以四·二二美元作收。市場大眾的感覺是，若雷曼可以深陷如此的憂患，美林極可能也會步其後塵。

在會議小休期間，弗萊明走出會議室打電話。一整天，他一直在想和赫利希（Herlihy）談過的有關與美國銀行進行交易的可能性。至今弗萊明還沒有和賽恩商量過，他在等合適的機會。

弗萊明只曾和交情不錯的美林董事約翰·芬尼根（John Finnegan）私下討論過這事。芬尼根和弗萊明一樣，是天生的緊張大師，芬尼根也擔心賽恩沒有興趣把公司出售，畢竟他出任執行長才十個月而已。

弗萊明也想要和另一好友科恩（Rodgin Cohen）聯絡。他知道科恩是代表雷曼的律師，弗萊明急切想知道美國銀行談判的進度，還有雷曼的情況有多嚴重——因為美林也有危機。

正在參與雷曼和美國銀行談判會議的科恩走出會議室接聽弗萊明的來電。弗萊明以輕鬆的語調打招呼，就像這只是閒話家常。禮貌問候過後，弗萊明若無其事地提到美林股價的下滑，然後說：「我們在考慮我們擁有的選擇。我不知道我們的跑道有多長。」

機警的科恩馬上聽出弗萊明的弦外之音，他知道美林沒有能力收購雷曼，同時，作為一個專精收購合併案件的律師，他知道弗萊明有意橫刀奪愛和美國銀行作交易，阻截雷曼的努力。

科恩回答：「我能說的不多。」

弗萊明再也不隱瞞，他坦白對科恩承認：「我們必須進行交易，我們的數字看起來已風險太大，如果雷曼倒下，我們會是下一個。」

除託辭失陪外，科恩也不知該如何回應；但至少，他會把交談保密。

布萊克從ＡＩＧ回到摩根大通的辦公室後，他向戴蒙這麼形容剛才的會議：「一場操他的噩

夢」。布萊克要蒂姆．梅恩聯絡AIG的策略部門主管布萊恩．史萊柏（Brian Schreiber），要對方提供AIG最近期的預測，並追蹤史萊柏是否已簽妥摩根大通的委任協議——委任摩根大通協助規畫AIG的重組計畫。

梅恩告訴布萊克對方還未簽署協議，他下午會繼續追蹤情況。他半開玩笑地說：「我們能否把每週的拷打例會訂在今天下午二時？」他和AIG的人一直處不來。

梅恩找到史萊柏時，劈頭就問：「我們的委任書怎樣了？」史萊柏認為委任書的條件太苛刻，摩根大通不僅要求一千萬美元的酬勞，並要求AIG承諾未來兩年任何大型項目都要交由摩根大通處理。

「那你們的回購承諾呢？到什麼地步了？」史萊柏氣憤地反駁。

梅恩早已因為聽到謠傳史萊柏也正在和黑石集團及德意志銀行商談而怒火中燒，史萊柏這一問讓他大發雷霆，吠叫道：「你他媽的在說笑話嗎？你想我們會貸款給你嗎？」這兩句只是熱身，他繼續怒罵：「你們在玩的過程是狗屎。你的公司已經沒救了。你和別的銀行合作又不告訴我們，你想把生意切成一份一份的。」

「你不要對我大小聲。」史萊柏冷冷地回應：「不要對我狗吠，我不會忍受你這種行為。我會和維爾倫斯坦德說。」

五分鐘後，氣憤難平的史萊柏對維爾倫斯坦德轉述一切，維爾倫斯坦德馬上找布萊克要求他解釋梅恩的行為。但布萊克不僅沒道歉，他也對維爾倫斯坦德咆哮起來：「你們那裏完全沒有緊急的感覺；你們根本沒有任何像樣的資訊可以幫助你們作出決定。」

布萊克繼續說：「每次我們要求資料，你們總是拖拖拉拉。我們三星期前已把委任協議交給你們，但史萊柏還是拖著沒有簽署。」

布萊克最後疲倦地說：「我們會按你們的要求做事……但如果情況是這樣的話，那你們不如……那我們不如自動退出好了，你可另請高明。情況已經爛透了，你的人根本不明白你們的處境。」

維爾倫斯坦德問：「如果你感到這麼不高興，為什麼不直接跟我說？」

星期四傍晚路易士的電話接進來時，鮑爾森已經猜到他要說些什麼。

「我們已經看過，覺得不能進行——不能在沒有政府資助下進行。」路易士不急不徐地說：「我們無法進行因為我們無法接受。」就如一些批評雷曼者所說，包括讓市場充斥賣壓、惶恐的雷曼股東到處都是，路易士也認為雷曼對資產估值過高，收購雷曼會讓美國銀行陷於龐大風險。

巴克萊資本的戴蒙德早已向鮑爾森伸手要錢，要求政府提供協助以成就雷曼交易，如今路易士有同樣要求也在鮑爾森意料之中。

但直至這一刻，鮑爾森依然不打算動用政府的一分一毫——在政治上，這是行不通的，特別是拯救兩房的轟動仍然餘波盪漾，新聞報導仍然沸沸揚揚。鮑爾森盤算著，既然這是談判，他也沒有必要過早露出底牌。不過，他知道他要哄著美國銀行，讓他們保持著獵捕的興趣，他提出：「好吧，如果你需要資產的幫助，告訴我們你需要什麼樣的幫忙，我們會想辦法。」

感到驚愕的路易士答道：「我以為你會說政府不會資助。」

「我會為此努力。」鮑爾森承諾：「我們會組織私營機構介入。」

鮑爾森和蓋特納一整天都在討論私營機構介入這想法——如果美國銀行或巴克萊資本不能獨立完成雷曼的交易，政府希望能組織銀行團一同補貼這交易。兩人都還未想好這計畫該如何實行——就算在好景氣時，要把各銀行巨頭組織起來也不是件容易的事。

路易士頓然不語，他對鮑爾森提出的建議一點也不欣賞：他不想參與半公半私合璧的拯救行動；他要求得到的是「戴蒙式」的交易，他深知行內的競爭者絕不會願意出資讓他可以低價收購雷曼。

雖然如此，路易士認為事關如此重大，他最終還是會得到政府某種形式的資助，所以，他表示會繼續以進行交易的心態檢視雷曼。

星期四下午，格林伯格的代表律師鮑爾斯（David Boies）到達盛信律師事務所辦公室，和AIG的代表律師——事務所董事長理查．比蒂（Richard Beattie）、合夥人杰米．甘寶（Jamie Gamble）會面。只有一小撮人知道會議的存在與目的：經過四年的公開角力，AIG準備與格林伯格和解，讓他可以重返公司。維爾倫斯坦德已囑咐比蒂和杰米．甘寶跟鮑爾斯談出一個一勞永逸的和解協議。

在市場一片混亂之際，維爾倫斯坦德也期待宣布格林伯格以名譽主席身分重回AIG，這宣布絕對會是震撼，維爾倫斯坦德希望借助和解新聞來爭取更多的時間，以及投資者的好感，很多投資者是格林伯格的忠實擁護者。維爾倫斯坦德也知道格林伯格必定會積極地為AIG募資，格林伯格和亞洲及中東的投資者都擁有深厚的關係，他會是公司很重要的資產。

雖然仍有很多細節有待解決，但具體的原則性協議已釐清：AIG同意把格林伯格認為應屬於他的價值一千五百萬美元的藝術品、文件以及房產轉給他，也同意為格林伯格支付源自其他股東的法律訴訟費用。格林伯格方面，他同意退回一直是爭議核心的一批ＡＩＧ股票，涉及股數二千五百萬股至五千萬股，由星光國際信託（Starr International）暫託。按當天ＡＩＧ股價計算，格林伯格的和解代價是八．六億美元，換取的是ＡＩＧ終止對他個人追討四十三億美元的訴訟，以及容許他返回自己心愛的公司。

和解協議基本內容確定後，身穿藍色休閒服和黑鞋子的鮑爾斯對眾人表示致謝，並建議安排維爾倫斯坦德和格林伯格在下週於同一地點親自出席，見證這段爭議的結束。鮑爾斯轉身離開時回頭說：「週末和我聯絡。」

雷曼的全球資金部主管托魯西（Paolo Tonucci）震驚地放下手機，臉色變得蒼白，他悄悄對邁克達德和科恩說：「我得馬上跟你們說，我們遇到真正的麻煩了。」

在蘇利文．克倫威爾律師事務所中城區的辦公室內事情進展順利，雷曼高層協助美國銀行作盡職審查，但現在托魯西報告：「摩根大通要求我們提供額外五十億美元的保證金！剛才是摩根大通的經紀交易業務主管珍．羅索（Jane Byers Russo）來電，她說我們必須明天前支付，還有，週末前她有可能要再拿另外一百億美元。」

「什麼？」明顯嚇了一跳的科恩驚叫：「這太難以置信了。我不明白。我能理解人人都處於惶恐狀態，但這太過分了。」

托魯西把消息告訴他的老闆、雷曼財務長羅維特以及房中其他人。麥基打破難耐的沉默大叫：「真是混帳！」

托魯西和羅維特一起找福爾德，在電話中把消息告訴他，並且安排他和戴蒙共同舉行電話會議。戴蒙的電話接入會議時，他毫不猶豫地對眾人說：「聽著，我們需要你們提供保證金。」他說雷曼的形勢每況愈下，這是正當合理的要求。福爾德冷靜地對戴蒙說他會囑咐公司的團隊處理這事。托魯西忍不住悄悄地跟同事說：「迪克是不是沒搞懂？這幾乎是我們無法籌到的金額。」戴蒙也同樣擔心福爾德對這問題太掉以輕心，他發火厲聲地問：「你有沒有記下來？」會議結束後，勃然大怒的邁克達德說：「戴蒙不能這樣，我們趕緊找聯準會。」

科恩是眾人中最有和聯準會交手經驗的，他對此卻有保留，說：「我幾乎能肯定戴蒙早已跟聯準會打過招呼，他是很難弄的人，絕不會未得聯準會明確同意而這樣做。」

接下來的十分鐘，房內大家都各自喧囂地作小組討論，大家的共同話題是：**他們要逼我們關門！**最後，他們決定最好的方案還是致電蓋特納。

科恩接通蓋特納後按下電話的擴音器，他趕緊把情況告訴他，蓋特納像早就料到他們會來電話一樣，表現得漠不關心。

麥基忐忑地看邁克達德一眼，像是說：「我們是他媽的死定了。」

蓋特納從容地說：「我不能叫銀行不保護自己。」

科恩禮貌地試圖遊說蓋特納，希望他了解摩根大通可能是趁火打劫，利用這機會打擊對手，他問：「他們需要這保護嗎？」

蓋特納回答：「我的位置並不適合對此作評論。」

下午六時，鮑爾森加入與蓋特納、柏南克和考克斯舉行戰略會議。他感到像貝爾斯登那個週末的危機狀態即將重現，但這次，他決心要來個不同的結局。他相信大家要開始著手準備他稱為「長期資本管理公司式的解決方案」——換句話說，他已決心鼓勵私營機構組織起來共同出資拯救雷曼。蓋特納和一些華爾街巨頭也支持這想法。當日稍早，美林的賽恩和花旗的潘迪特（Vikram Pandit）便分別致電蓋特納，提出同樣的解決方法。

鮑爾森對美國銀行和巴克萊資本都缺乏明確的「衝線」意志也感到很擔心。他察覺到美國銀行只是在做表面功夫，而巴克萊資本也沒有表現出一定要達成協議的決心，他對其他人說：「這些英國人老說但不做。」他在高盛時，巴克萊資本董事長瓦萊（John Varley）給他的印象就是搖擺不定，他說：「瓦萊是個軟弱的人。」

但也許最重要的是，鮑爾森強調，是政治上他們已負擔不起再次動用公帑像支持貝爾斯登那樣支持雷曼，他堅持：「我不能總是當紓困先生啊。」大家對於那段經驗仍記憶猶新，無須花功夫進行遊說，沒有人願意重蹈覆轍。

蓋特納對於公然採取如此嚴厲的立場還是有點保留，他解釋：「我們不想把所有人都嚇跑，我們需要爭取最多的競投者。」儘管如此，蓋特納很快便軟化，四人協議：除非有奇蹟出現，不然他們就按計畫在星期五下午致電華爾街各大銀行巨頭，要他們全部在紐約聯準銀行集合，強迫他們研究出私營機構拯救方案。

而現在，鮑爾森囑咐大家，訊息要清晰明確：沒有拯救。

史萊柏脫下厚重的眼鏡揉揉眼睛，眼前的ＡＩＧ每日營運數字告訴他，公司若不馬上開始變賣資產，現金缺口將會出現。他急忙列出也許能提供即時幫助的人或機構之名單，準備在需要時向他們求助。

他腦海出現第一個名字是弗勞爾斯（Chris Flowers），他掌管的基金能投放數十億美元於金融服務業資產。他以前是金融服務業銀行家，對保險業有深入了解，若他對投資感興趣，他可以快速地作出決定。他們以前也曾共事：弗勞爾斯過去曾計畫與ＡＩＧ聯手收購較小型的保險公司。

史萊柏致電蘇利文．克倫威爾律師事務所，找到正在對雷曼帳目進行盡職審查的弗勞爾斯。史萊柏直截了當地對他說：「我們面對很大的問題，我們即將沒有現金，而，你得明白我們只有一或兩次糾正這情況的機會。」

弗勞爾斯回答：「我正和美國銀行在弄雷曼的事。」

史萊柏堅持說：「你明天能盡量抽空到這裏走一趟嗎？」

他不置可否地說：「我看看吧。」其實他自己也不確定明天雷曼的事能否完成，但他補充說：「我看得出這是非常重要的。」

與蓋特納、柏南克結束電話會議後，鮑爾森把財政部發言人蜜雪兒．大衛斯（Michele Davis）召到辦公室對她說：「是這樣的，我跟路易士和戴蒙德談過，他倆當然說希望得到政府資金。另一方面，眾議院議長裴洛西（Nancy Pelosi）和其他人對我們又指指點點的。」他指的是裴洛西已明確表示反對再次進行任何拯救。

大衛斯拿著幾篇主要傳媒在網路發表的文章，顯示明天報章的新聞將聚焦在談論拯救的可能性。才幾分鐘前，道瓊通訊社在傍晚七時〇三分發布這報導：「飽受圍攻的雷曼似乎即將被出售，其中一個重點是聯準會這張保護網，會落實到什麼程度。」

大衛斯搖著頭說：「你明天不能有這樣子的頭條，或讓新聞這樣報導，所有人都會認為『漢克又帶著支票本子來了』，你不會希望這樣開始談判的。」

作為白宮前幕僚，大衛斯特別理解布希政府的立場，她知道從政治角度看，單單考慮拯救華爾街大銀行這想法也會惹來政治麻煩。

而且，儘管大衛斯和鮑爾森都沒有說出口，但拯救雷曼必然是一場公關噩夢——布希總統的弟弟、佛羅里達州前州長約翰・艾理斯・布希（John Ellis Bush）曾是雷曼私募股本業務的顧問；布希的表弟喬治・沃克四世（George Herbert Walker IV）是雷曼管理委員會成員；更糟糕的是，鮑爾森的弟弟也在雷曼工作……不用說，傳媒一定大做文章。

大衛斯促請鮑爾森：「我們應該打幾個電話。」她的意思是她會對傳媒放風聲：政府將不會拯救雷曼。鮑爾森落入兩難，他從來對媒體有戒心也討厭放風聲的手法，但他信任大衛斯的本能，然而，他又不願在這事上弄髒了手。最後，鮑爾森指示大衛斯：「做妳需要做的事；但是，妳知道，不要跟媒體說我是消息的來源。」

星期五，鮑爾森一起床便翻閱報紙，尋找大衛斯斡旋的蛛絲馬跡。他們希望發出清楚的訊息：讀我的唇：不會再有拯救。

華盛頓的情緒不難解讀：沒有任何意願再拯救華爾街。所有意見領袖的言論全是「道德風險」，就如這是新生病毒已開始擴散成為瘟疫危機一樣；他們的思維是，拯救雷曼等於讓人人自危的業界認為拯救是已經預設的方案。

而且，有什麼比起看著自己的決定——不會再出錢了，謝謝各位——登在全國主要報章的頭版來得讓人有滿足感？鮑爾森滿懷希望地先挑起《華爾街日報》，頭條文章令他大失所望，文章毫無力道，輕輕帶過事件，最接近他的立場就只有這段：「聯準會的官員暫時沒有打算建構類似貝爾斯登、或兩房的拯救計畫。」

《紐約時報》更差：「儘管財政部和聯準會努力安排有序地出售雷曼，不明朗的是，聯準會是否會在背後支撐交易，尤其布希政府才在幾天前剛接收兩房。」

鮑爾森心想，這不太能抓到他們訊息的要點。

他翻到《華爾街日報》社論，那裏的文章比較深入，有時候那些極右的超級知識菁英的意見，通常會讓保守派人士得到慰藉。這篇典型未署名的社論題目是「雷曼的命運」，立場更與鮑爾森的想法如出一轍：「貝爾斯登的情況可能引發系統風險這恐懼是合理的，當時聯準會貼現窗口並未對投行開放，所以有可能出現更大的流動性恐慌。雷曼的情況卻不太可能，貼現窗口目前已對美林、摩根士丹利、或其他投行開放，而聯邦監管機構亦已有幾個月的時間檢閱雷曼的資產，以及其不同的交易對象。如果聯邦政府繼貝爾斯登和兩房之後介入拯救雷曼，日後我們遇到危機情況時不會再有其他預期，反而，我們有的是不成文的新準則：聯邦政府包銷華爾街。這會變相鼓勵更多不顧後果的風險。」

鮑爾森讀完社論後心想：是的，是的，這全是事實；然而，這還不夠。他要想辦法讓所有銀行知道他不會灑錢，不會再有「戴蒙式交易」，他的方法一定要毫無誤解的餘地。

鮑爾森回到辦公室後，他直接走到大衛斯的辦公室拉長臉孔問：「我們該怎樣做？」大衛斯說：「我寧願今天我們說不希望動用我們的錢；而不是在星期天解釋為什麼我們被擠到死角。你要我找萊斯曼（Steve Liesman）嗎？」萊斯曼是CNBC記者，人稱「教授」（Professor）。大衛斯和他關係良好，以前也曾成功向他放風聲；鮑爾森認為萊斯曼有智慧而且同情他們的處境，萊斯曼一定可有效和準確地把訊息發出去。

鮑爾森會心微笑。沒錯，教授。他會知道怎樣做。

赫利希在辦公室裏準備美國銀行的標書，他的電視機一直處於靜音狀態，直至他留意到CNBC節目底部滾動出這標題：「突發新聞——消息人士說：政府不會投入資金解救雷曼」。他趕緊扭高音量收聽萊斯曼對另一權威財經記者大衛·法柏說些什麼。

萊斯曼解釋：「讓我先引述我剛從接近財長鮑爾森人士得到的一句話：『他說政府不會投入資金解決目前的情況。』」

赫利希把電視音量再調大。

萊斯曼繼續說：「他們說有兩個原因讓雷曼跟其他個案不同。首先，市場早知道這情況而且已有超過六個月的準備；其次是『初級交易商信貸機制』（PDCF）現已啟動，讓投行能使用聯準會的緊急融資窗口，讓市場可以有序的運作。」

這句話有多層含義，「教授」轉問同事：「大衛，你有什麼看法？」

法柏回應：「這是一場有趣的賭局。政府敢不敢直接說：『你自生自滅吧？』說這話的終極風險是：對債權人來說，對所有牽涉在信用違約交換（CDS）交易的人，而雷曼在這裏面也涉入甚廣。這個風險有多大？債權人能承受嗎？」

萊斯曼補充：「我相信聯準會是在等候機會說明『這裏有道德風險，如果過往六個月你沒有注意，你是自找損失』。」

赫利希難以置信他所聽到的，他急奔到對面的會議室，對聚集在那裏細閱文件的一大票投行家和美國銀行的管理層說：「你們有看到CNBC剛才的報導嗎？」喘不過氣來的赫利希問科爾。沒有看新聞的科爾對於被問到這問題有點不高興。

赫利希發現沒有人有反應，他堅持：「各位仁兄，我們現在問題大了。」

赫利希對大家重述萊斯曼訪問的內容後，科爾只是聳聳肩。赫利希為什麼拿CNBC的報導當一回事？對他來說，CNBC只是一座專業的謠言工廠。

赫利希重申：「這是來自財政部的，來自鮑爾森，他們正對我們發放訊息！」赫利希是傳媒老手，他知道遊戲規則：才一星期前，他目睹這部門如何透過他們心儀的記者巧妙地就兩房的事向公眾放風聲，這個受寵的記者就是萊斯曼。房間內的氣氛突然變酸，科爾也承認赫利希的話有道理，問道：「你認為他們有多認真？」

在出發前往貝萊德集團（BlackRock）第二天的董事會前，賽恩決定召集自己的董事會進行一次電話會議。市場如此變幻無常，謠言滿天飛，他希望能讓公眾清楚知道美林是非常紮實。今早已有新

聞引述Stewart Capital Advisors（互惠基金）投資總監Malcolm Polley的話：「我認為市場正在告訴大家：如果雷曼倒下，美林將是下一個受害者。」

賽恩先向董事們報告近日市場的波動，同時沒有跡象顯示紛亂會停止。期貨市場的訊息很明顯：一開盤美林的股價將下跌。一天前美林的股價已下跌一六%，事態只會繼續惡化。

話題很快就轉移到雷曼。賽恩告訴董事會他所知道的和近日報章的報導差不多，只是他的消息來源是直接來自蓋特納：美國銀行和巴克萊資本兩家都在競投雷曼。

保險公司Chubb的執行長約翰・芬尼根（John Finnegan）顯得憂心忡忡，他告訴賽恩：「雷曼即將沉沒，拋空者下一輪就會追殺我們。告訴我如何讓這故事有不同的結局。」

從來不喜歡被挑戰的賽恩對這評論很惱火。他說：「我們不是雷曼。」眼鏡後賽恩的眼睛閃著怒火。他重複強調：「**我們不是雷曼。**」

情緒平復下來後，賽恩鎮定地詳述美林的優勢，對董事會說：「我們的資產管理業務在任何情況下都具有價值，我們擁有貝萊德集團五成的股權，這同樣是在任何情況下都有價值的——所以，我們的股價不會掉到一文不值。」

福爾德感到很焦躁。上午九時三十分，雷曼一開盤便應聲下跌九%至三・八四美元，戴蒙德已超過十二小時沒有和他聯絡。

福爾德終於找著戴蒙德時馬上問：「我們在什麼階段？」

昨晚午夜才從倫敦趕抵紐約的戴蒙德回答：「我剛剛得到董事會確認我們可以進行這事，我們也開始審查你們的公開申報。」

在繼續推進前，戴蒙德決定要對福爾德醜話說在前頭，他生硬地說：「坦白說，你們的環境非常惡劣，我們只會對非常『低賤』的價錢有興趣。」

福爾德往後一靠，無奈地看一眼坐在對面的羅素。他明白。

戴蒙德說：「我們得談談，你應該要十分清楚我的想法，和我的計畫。」戴蒙德建議中午時在位於公園大道和五十二街、只招待會員的Racquet and Tennis Club的包廂內會面。

「不行的，這不成的。你不明白。我不能離開這裏。」福爾德堅持。「到處都是記者。為什麼你不來我們這裏？我們可以把你從後面偷偷帶進來。我派車去接你。」

上午十時十四分，路透社最新報導：「ＡＩＧ股價慘遭抵押貸款市場拖累下跌二〇％。」標準普爾的分析師塞福特（Catherine Seifert）剛發表的報告認為股價下跌的原因是市場「擔心ＡＩＧ能否拋掉與抵押貸款相關的問題資產，我們預料股價將持續波動，投資者等候公司發布消息。」

維爾倫斯坦德發現這類報導的警報聲已越來越響，他決定再找戴蒙；事實上他對摩根大通團隊的不滿也逐漸升級，他需要聽到對方的承諾。

他對戴蒙訴苦：「傑米，我們即將被降級，你需要幫我想出如何找到一百八十億美元的方法。我們原定的九月計畫已經泡湯。」維爾倫斯坦德指的是他本來打算在九月底準備宣布的檢討和新戰略大計。

他停下來讓大家沉澱一下，然後繼續：「你要知道，如果你們不能幫助我們，最好現在告訴我，我們在這週末一定要有所行動。我們聘請你們就是為了這個。」他聲調略微提高：「聽著，如果你們做不到，現在就得告訴我。」

戴蒙懊悔地回答：「我希望能夠做得到。你給我五分鐘，我馬上跟你回話。」

回電話時，戴蒙先代表公司致歉，說已經把布萊克抽離這個案子，改派他另一大將、投資銀行執行部主管伯恩斯坦（Douglas Braunstein）上陣。伯恩斯坦不是省油的燈，他由基層步步攀升，獲得信任參與公司一些最大筆的交易。他的事業從八〇年代的第一波士頓（First Boston）起步，之後轉戰大通（Chase），並協助公司收購J P摩根、收購Bank One（因而引入戴蒙）及最近貝爾斯登的交易。

「我們將派伯恩斯坦帶隊到你那裏，看看我們能為這週末的募資做什麼。」戴蒙並承諾會確保「火車在軌道上」。

戴蒙掛線後，另一電話接進給維爾倫斯坦德，蓋特納終於回電給他，問道：「我們狀況如何？」維爾倫斯坦德解釋：「我們正準備募資，也正和一些對資產有興趣的投資者在談，看看週末能否成事。我們晚一點會有更多資訊。」

「我們今早會派市場部的人過來幫忙。」蓋特納的語調告訴他這不是幫忙而是命令。

「跟我保持聯絡。」蓋特納掛上電話前說。

整個通話時間不到三十秒。

被雷曼問題困擾著的鮑爾森，沒有留意助理克莉絲朵．維斯特正試圖引起他的注意：英國財政大

臣達林（Alistair Darling）正在電話上。

鮑爾森和達林認識兩年多，雖然雙方都曾橫渡大西洋互訪，但兩人關係並不親密。鮑爾森認為達林像政治家而非生意人，在金融市場的經驗根本無法和自己匹敵。不過，鮑爾森尊敬達林的判斷力，以及敬佩他年前處理英國第五大抵押貸款銀行北岩銀行（Northern Rock）瀕臨倒閉時所表現的敏捷與果斷，達林授權英格蘭銀行（英國央行）對北岩銀行提供幾十億美元的貸款以擔保其存款，避免了一場銀行擠兌。這事件讓鮑爾森當頭棒喝。

剛在法國尼斯和歐洲各財長開了一整天會的達林寒暄一陣之後，尷尬地停了一停才道明來意，他嚴正地表示來電是因為巴克萊資本：「你應該知道我們對這交易有強烈的擔憂。」

為緩和情況，鮑爾森告訴他另一潛在買家美國銀行也參與此事。他也解釋雷曼對全球經濟體系的重要性，並且強調交易可讓巴克萊資本借助華爾街的力量變為國際巨擘。鮑爾森也表示自己正努力籌組業界銀行團，協助巴克萊資本或美國銀行進行交易。

但無論如何，達林還是本著英國人隱晦低調的方式繼續表達他們對交易的憂懼，他嚴肅地說：「巴克萊資本不應背負他們不能應付的風險。」

鮑爾森滿懷自信地駁回他的憂慮，並承諾會把週末的發展向他通報。

戴蒙德乘坐福爾德的賓士車抵達雷曼總部，馬上被引領從後門進入大樓，避開前門守候的攝影大軍。為了不讓雷曼的員工看見來訪者，公司保安匆匆帶他乘坐載貨電梯到達福爾德的辦公室。

福爾德已拿出咖啡招待客人。福爾德的焦慮憔悴以及戴蒙德的睡眠不足，令他們倆看起來十足像是來自地獄。戴蒙德明顯想趕快到盛信律師事務所（Simpson Thacher），和在那兒進行盡職審查的團隊會合，他想親自看看帳目。他仔細地對福爾德說明今天的計畫，以及討論兩家公司之間存在的綜效及重疊處。

戴蒙德話說到一半，福爾德突然打斷他，要一吐心底話。開口時一陣淒戚湧上心頭，福爾德說：「看著我的眼睛，我們大家心裏清楚不過，這裏容不下我們倆。」福爾德稍稍停頓，凝視著戴蒙德，再說：「為了讓公司成功，我是願意靠邊站的。」對福爾德而言，這是他最大的犧牲——放棄他最心愛的公司。

對戴蒙德來說，這一刻卻令他不解，他從未想過福爾德可以留下來；戴蒙德根本不要他。

「如果我可在交接時幫忙，在客戶方面，你知道，我會做的。」福爾德好意的說。

戴蒙德安慰福爾德：「我常聽說你是個好人，今天你親自證明囉。」

在羅斯福高速公路堵車爬行二十多分鐘後，弗勞爾斯終於在中午前抵達ＡＩＧ辦公室。維爾倫斯坦德、史萊柏、財務長史迪文．本辛格（Steven Bensinger）和一組人已在房間恭候。史萊柏馬上遞給他一頁如日曆般的文件，當中詳列公司資金外流淨額的概要：從星期五到下星期三的每一天，按穆迪不同的評級計算出各種可能的情況。如果仍有任何管理層對公司如何水深火熱不明白，史萊柏這份文件肯定能給他一記當頭棒喝。日曆內註明，到了下星期三，母公司的現金流將是負五十億美元，而接下來每一天將更惡化。

弗勞爾斯看著數字，眼睛也瞪大起來，說：「你們的問題可真大。」

「是的。但若募資成功，我們應可過關。」維爾倫斯坦德回答。

弗勞爾斯脫口而出：「你們考慮過破產法第十一章破產保護令嗎？」他像是說了政治上不能碰的第三軌（the third rail，這是華盛頓政界的說法，表示連提也不能提的事）。

宛如碰到痛處，明顯不高興的本辛格還嘴說：「你為什麼用這些字眼？」

弗勞爾斯再重申：「這……我可以保證，下星期三你若不能付給對方五十億美元，他們將會非常、非常不高興，你愛怎麼說都行，但下星期三不付錢，他們就不會高興。」

就在這時，戴蒙的電話剛被接進會議室的擴音器。

史萊柏對他解釋潛在的現金流的問題，以及他們的對策。「我已開始整合這個週末的運作。」史萊柏補充，下午開始便會聯絡所有可能的投資者，他也向公司不同部門了解情況並掌握各部門的手頭現金。

在史萊柏繼續說下去前，戴蒙打斷他說：「你是聰明人，但你進行的是操你的混帳程序。」他說史萊柏預估的最差狀況，和惡劣的實況相距甚遠。戴蒙嗤笑著堅持說：「你們根本不知道你們在做什麼。這太不專業，太可悲。」

更恐怖的是，戴蒙不認為他們的財務數字預測正確，從他的觀察，史萊柏只是在背誦零散的資訊，根本沒有整合和分析。

他說：「你們要掌握數字，真正的數字。你們需要坐下來算出真正的缺口有多大，而不是編造缺口。證券的借貸有多少？你們得從下而上每一份合約都清楚核對；這樣你們才可列出誰能幫助你們填補缺口。這不是遲繳信用卡帳單的事情。」

維爾倫斯坦德呆望著擴音器不發一言。他自從和桑迪·威爾（Sandy Weill）共事的日子已對戴蒙的衝動習以為常。維爾倫斯坦德心想：還是置之不理為上。他明白，聽著戴蒙發表高論最難受的地方是他所說的可能是真的。

AIG的團隊試圖將討論帶回較溫和的氣氛，這時，弗勞爾斯建議他們找巴菲特。他個人和巴菲特並不熟，上一次聯絡是因為弗勞爾斯在三月那宿命似的週末試圖遊說他收購貝爾斯登。在危急時刻——當急需有人開出一張大額支票時——巴菲特往往是第一個浮現的人選。

「華倫！」弗勞爾斯找到巴菲特時有如深交好友般熱情地打招呼。他提示巴菲特過去曾一起進行的交易後馬上道明來意。他告訴巴菲特，放在他眼前的一頁紙顯示AIG即將資金乾涸。他也告訴巴菲特，這報表之簡陋之準備差勁：「用來記錄我的雜貨單還差不多。」

巴菲特被這評語給逗笑起來。弗勞爾斯繼續說：「他們是群笨蛋！」他意味深長地停一下再說：「但這裏也有很多價值。」他解釋，AIG希望巴菲特能投資一百億美元；而他希望可和巴菲特一同作這投資。

然而，巴菲特可沒有興趣在這一團亂裏淌渾水，他笑著說：「你知道我已不像以前那麼有錢，我現金水準也有一點低。」他也不太有興趣夾雜在格林伯格和埃利·布羅德（Eli Broad）與AIG的法律訴訟之中。巴菲特告訴弗勞爾斯，唯一讓他覺得有點意思的是AIG的產險業務。

弗勞爾斯同意說：「聽著，這裏可能有真正的機會。讓我找維爾倫斯坦德後打電話給你。」

弗勞爾斯回到會議室跟大家說巴菲特應該不是合適人選，但仍敦促維爾倫斯坦德與他聯絡。

與巴菲特素未謀面的維爾倫斯坦德聯絡對方後馬上開始推薦，但沒多久巴菲特已叫停，說：「我已看完你們的年報，你們公司太複雜，我沒有信心進行交易。我們之間不會發生任何事，所以你也別浪費時間，你還有很多事要做。」

他留下的一線希望是：「如你想把一些我可能有興趣的資產賣給我……但我不知道。」

維爾倫斯坦德感謝他的時間和考慮，然後，沮喪地猛力把電話放下。

中午時分，雷曼內部謠傳四起說董事會即將辭退福爾德。當雷曼股價進一步下挫九．七％至三．七一美元，這可能性不僅在公司內公開討論，在傳媒上也開始沸騰起來。

這時候，在交易大廳的員工之憤怒越見明顯。雷曼的員工在華爾街的地位是獨一無二的，他們一共擁有公司四分之一的股權。在一片華爾街太短視的抱怨聲中，大部分雷曼僱員的認股權行使期長達五年之久，這等於他們大部分的資產都被捆綁在公司，無法賣股套現。以星期五計算，他們的資產價值已較一月三十一日時大跌九三％；一百億美元已被蒸發掉。（福爾德個人持有公司一．四％股權，約一千零九十萬股，損失金額達六億四千九百二十萬美元）。火上加油的是，既殘酷又諷刺，雷曼的全體僱員當天早上收到公司發出的備忘錄，提醒他們就算直接擁有不受限制的股票，他們都不能出售，這其實是臨近季度業績公布期的例行禁售期通告。

當雷曼的董事、大型化學公司賽拉尼斯（Celanese）前董事長麥寇柏（John Macomber）突然現身雷曼大樓並往三十一樓方向前進時，解僱福爾德的小道消息燒得更加旺盛。在福爾德位於角落的辦公室外原本有十多人徘徊，他們看見年屆八十的麥寇柏在走廊蹣跚前來時，大家都紛紛讓路給他。

「留下來。」麥寇柏命令他們。

憔悴的福爾德和麥寇柏握手。他不認為自己會被解僱，但他能感覺到房間內緊張的氣氛。

麥寇柏說：「我要和你說話。」這幾秒鐘，有些銀行家認為麥寇柏將會告訴福爾德他已無需再繼續服務，但出乎意外，麥寇柏卻說出振奮軍心的鼓勵：「我希望這房間內每一個人都知道，我明白你們工作出色，只是運氣不好。我們百分之百支持你們。」

福爾德的董事會，看來，仍是忠於福爾德的董事會。

科恩還在蘇利文．克倫威爾律師事務所辦公室內努力哄勸美國銀行收購雷曼，但他已感覺到不對；科爾的身體語言明顯有變，而美國銀行的團隊也鬆懈下來，像已決定放棄。

科恩是城中少數能直達蓋特納的律師，他撥電話到蓋特納辦公室報告他的懷疑：政府拒絕援助的強硬立場已把美國銀行嚇跑。科恩對蓋特納強調：「我想這交易沒有政府資助很難進行。他們可能是對我們虛張聲勢，也可能在嚇你。只是我們玩不起這遊戲。」

早前也對鮑爾森提出同樣擔憂而被勒令退下的蓋特納簡潔地回應：「你不能指望政府提供協助。」

下午二時二十分，正當雷曼的股價再下跌六％至三．五九美元時，疲憊不堪的鮑爾森跑下樓梯衝出財政部大樓趕往機場。

傑斯特、財政部幕僚長威爾金森，和鮑爾森的助理克莉絲朵．維斯特，一起跳進鮑爾森的座車Suburban。

美國證管會主席考克斯準備在機場和他們會合。

數小時前在電話中，他和蓋特納正式決定必須為雷曼想想辦法。如果他們真的要組合華爾街上每位執行長促使他們整理出一個私營機構拯救方案，現在就是時機。要不然，星期一的時候雷曼已無藥可救。

「我們只剩一個週末。」鮑爾森提醒大家。

他們把會議訂在下午六時，在紐約聯邦準備銀行。蓋特納辦公室在四點鐘收盤前不會開始打電話給任何一位執行長——他們最不能承受的就是開會的消息走漏。

鮑爾森平常選坐的是向政府提供折扣優惠的美國航空到紐約——他太太溫蒂老是怪罪他乘坐私人飛機——這次他動用自己的私人飛機租用帳號包機直飛紐約，他負擔不起延誤；手上的任務事關重大，而天氣又壞透了。他擔心飛機根本不能起飛。

他們高速開往機場時，鮑爾森低聲說：「上帝幫助我們。」

第十四章　執行長們的會議

身穿慣常的藍西裝白襯衫、繫藍領帶的高盛執行長勞爾德・貝蘭克梵（Lloyd Blankfein），在位於五十三街和第六大道的希爾頓飯店內百無聊賴地等候：他要在表揚全國義工的年度高峰會議上作主題發言。他的演講被安排在加州州長阿諾・史瓦辛格（Arnold Schwarzenegger）和希拉蕊・柯林頓（Hillary Clinton）之間——介紹高盛於發展中國家和新興市場在商業和管理範疇扶植女性的非營利項目「一萬個婦女」。

一直在另一頭的「綠色房間」講電話的希拉蕊突然走過來，禮貌地解釋因她要趕赴晚宴，希望貝蘭克梵能和她對調時段。貝蘭克梵是她的支持者，他不僅曾向她捐款四千六百美元，也在民主黨初選時公開支持她而不是歐巴馬。貝蘭克梵覺得自己沒有特別緊急的事，他很樂意和她對調。

兩分鐘後，貝蘭克梵的手機響起，他的祕書帶點緊張和興奮地說：「聯準會剛打來要召集所有銀行執行長在下午六時開會。財長鮑爾森、蓋特納、和證管會主席考克斯也會出席。」

貝蘭克梵心想**大事來了**。鮑爾森要召集全部「家族成員」（黑手黨集團的別稱）試圖解救雷曼。

貝蘭克梵看看手錶，現在已差不多下午五時，史瓦辛格還在侃侃而談，而他又剛和希拉蕊互調出場順序。他給高盛聯合總裁蓋瑞・柯恩（Gary Cohn）打電話想打探情況但又找不到——也許前往華盛頓出席能源和天然資源委員會的柯恩已登上飛機在回程路上。貝蘭克梵厚著臉皮走到希拉蕊面前，難為情地問：「剛才我告訴妳妳可先說，但現在我有一件緊急的事，剛剛聯準會打來電話。」

希拉蕊似乎沒聽懂，尷尬的貝蘭克梵繼續解釋：「若非大事不妙，他們不會找我的，他們以前從未像這樣。」希拉蕊掛上半個理解的微笑，把時段讓回給他。

傑米・戴蒙（Jamie Dimon）不敢相信自己怎會如此倒楣。他和太太原定晚上七時在家和女兒的男友及其家長吃飯，這是他們首次會面。他女兒已一整個星期懇求父親要表現得體給別人留下好印象。現在聯準會卻召集華爾街巨頭全體大會。

戴蒙打給太太茱蒂（Judy）告訴她：「蓋特納要我們全體趕到聯準會，我也不知道需要多久，但我會盡快趕回來。」她對這類電話早習以為常。

戴蒙掛線後馬上通知布萊克（Steve Black）這消息。布萊克剛確定翌日在紐約州威斯特徹斯特的Purchase高球會參加比賽，早上七時開始。

戴蒙告訴他：「我們得要到聯準會。」

布萊克說：「你真他媽的會耍我。」布萊克馬上通知球會取消參賽，他無奈地嘆氣道：「對不起，我剛剛是開玩笑的，請把我的名字刪去。」

路易士（Ken Lewis）從夏洛特總部來電話時，美國銀行的全球企業及投資銀行部總裁布萊恩・莫伊尼漢（Brian Moynihan）正在蘇利文・克倫威爾律師事務所檢閱雷曼資產估值的文件。

路易士告訴他：「我們接到蓋特納辦公室的電話，你得趕往聯準會一趟。他們要開會想辦法解決這局面。」

莫伊尼漢衝下樓梯搶出旋轉門外，匆忙中沒帶傘的他站在傾盆大雨中急召律師事務所的一輛汽車載他前往紐約聯準銀行。汽車剛駛離公園大道，他還來不及擦乾身體，手機再度響起。

蓋特納的助理說：「莫伊尼漢先生，我知道我們邀請了你們公司出席會議，但這裏有些誤會。」

莫伊尼漢說：「是的，我正在趕往聯準會途中。」

助理遲疑一會之後說：「考慮到貴行在合併談判中的角色，我們認為你們參加這會議是不妥的。」

才走了不到八條街的莫伊尼漢唯有回頭，以及通知路易士最新發展。

約翰．麥克（John Mack）和摩根士丹利的財務長克萊赫（Colm Kelleher）一同坐在麥克的奧迪車中，兩人十分鐘前接到麥克祕書通知聯準會要求他們盡快趕過去。

和約翰．麥克一同奪門而出時，克萊赫說：「肯定是雷曼。」

但車子堵在西邊高速路上，大雨稀哩嘩啦落在車頂，他們離目的地還有一段距離。約翰．麥克不斷看錶，邊看邊說：「他媽的我們動也不動，哪年哪月才到得了。」

克萊赫也是這樣想。

約翰．麥克以前當警員的司機留意到高速路旁的單車道——彭博市政府為鼓勵步行和騎單車而修的輔助道路。司機轉頭問：「老闆，右邊這單車道通往哪裏？」

約翰．麥克臉馬上亮起來：「它一直通往砲台公園那裏。」

「你媽的！」司機馬上把汽車硬開上單車道高速前進。

———

鮑爾森搭乘的空中法拉利——Cessna Citation X飛機下午四時四十分在新澤西州蒂特波羅（Teterboro）機場1-19跑道降落。機師冒著每小時五十英哩的疾風暴雨，把襟翼按下慢慢駛往候機坪。美國特勤局的人員早已停放兩輛黑色的七人座車在恭候。

但車子碰上曼哈頓的交通繁忙時段，堵在荷蘭隧道（Holland Tunnel）內，這時，鮑爾森和美國銀行的科爾（Greg Curl）、以及該行的顧問弗勞爾斯（Chris Flowers）舉行電話會議，兩人剛完成雷曼帳目的評估。

「我們需要政府的協助，才能成事。」科爾直言不諱對鮑爾森說，接著他提出一系列的交易建議，羅列他們要求的交易條件以及限制。

雖然鮑爾森不理解為何科爾會自覺處於上風，獅子大開口夸夸其談地主導交易條件，但他依然耐心地聆聽。正如鮑爾森自己常說：「你需要兩個女孩子下舞池才可以有拍賣式的競投。」此時此刻，他需要美國銀行參與——他只要一直把美國銀行纏住，直到巴克萊資本完成交易，他便功德圓滿。鮑爾森把手機交給傑斯特讓他筆錄要點。（夠諷刺的是，傑斯特在九〇年代於高盛金融服務部工作時，正是弗勞爾斯的手下。）

科爾告訴傑斯特，美國銀行只會在政府同意承受四百億美元的雷曼資產損失的情況下才會進行交易。他解釋：「我們核對過帳目，他們真是一團糟。」科爾指的是雷曼龐大的有毒資產。他繼續說，美國銀行願意和政府共同承受頭十億美元的損失，但其後的四百億美元則須獲得政府保證。投桃報李，科爾說美國銀行會因而向政府發行銀行的認股權證（一種衍生工具，給予持有人權利可向發行者以特定價格在特定期間買入股票），行使價為每股四十五美元（美國銀行當天的收盤價為每股三三．七四美元）。傑斯特把科爾提出的金額向鮑爾森嘀咕，兩人不禁搖頭，他們心裏有數，知道這條件只會讓交易永遠無法談成。

汽車繼續駛過曼哈頓的街道，鮑爾森和蓋特納在電話上商議策略。這時已過了會議原定的開始時間：下午六時。他們想先讓這些執行長們醞釀一陣子，讓他們知道事態嚴重。

座落在自由街三十三號的紐約聯準銀行大樓是一棟令人震撼、象徵著守護古老、傳統金融業的一座堡壘。一九二七年時，《建築》（*Architecture*）雜誌的評論家瑪格麗特．羅（Margaret Law）如此形容當時只有三年多屋齡的紐約聯準銀行大樓：「它的品質，在沒有找到更好的詞語之前，我只能以壯麗偉大形容它。」這座使用巨岩石為材料、參照義大利佛羅倫斯的斯特洛奇宮（Strozzi Palace）建造的大樓深入地底五十呎，四周由曼哈頓島堅硬岩石包圍的三層金庫，儲存著總價值超過六百億美元的黃金。真實的資產，有真實的價值。

如果雷曼命中註定難關可獲解決——如果華爾街可獲得拯救——這將會在自由街三十三號內決定。現代金融讓投資者可以在毫秒間把金錢匯到世界各地，而紐約聯準銀行則是有形資產的其中一個最後堡壘。

賽恩（John Thain）黑色的GMC Yukon汽車行將到達紐約聯準銀行時，他不禁回想起在一九九八年，在同一個地方，他曾以高盛代表的身分參加長期資本管理公司（Long-Term Capital Management）

的拯救會議——另一件同樣可能帶來巨大破壞性的災難。一連三天，他日以繼夜地尋找解決方案。如果當時他們沒有拯救長期資本管理公司，在一九九八年時，下一個接著倒下的肯定將是雷曼——當年和現在，雷曼同樣遭逢信心危機。

事態的諷刺真夠深厚。十年前那個星期六早上約七時三十分，賽恩在大樓的走廊碰到福爾德時閒聊一句：「一切好嗎？」

福爾德當時回答：「不太好，很多人在亂放謠言。」

「難以想像。」其實明知謠言已滿天飛的賽恩盡力保持禮貌地回答。

福爾德怒吼：「我知道誰是黑手的話，我必定一手插入他的喉嚨，把這人的心挖出來。」

今天，他們竟又重回舊地。

這「家族」會議一直到傍晚六時四十五分，當鮑爾森、蓋特納和考克斯終於出現時才開始。他們三人快速地如行軍般走過一樓的長廊，前往南邊角落那間能看見自由街和威廉斯街的會議室。所有執行長百無聊賴地等待著，他們有的以黑莓機發電郵，有的不停地喝冰水以圖減低漂浮在大樓內的濕氣。如果有與會者還不明白今日會議的目的，就算在鮑爾森未發言之前，只要看到福爾德缺席會議，便可意會。

鮑爾森開始說：「謝謝你們在這麼短時間的通知下出席會議。」他對大家表示雷曼已危在旦夕：「我們需要在週末前找出解決辦法。」為清楚指出這解決方法的限制，鮑爾森明確表示：「政府資金絕不會參與其中，你們要自己想出辦法。」他繼續說：「我們現在有兩名買家，我的判斷是他們將需要幫助。」鮑爾森雖然沒有指名道姓，但在場的人都知道：美國銀行和巴克萊資本——二十四小時前所有的傳媒已經報導。鮑爾森繼續向所有與會者說，兩名買家都已對他表態，除非政府或其他機構願意出資支援部分交易，這兩名買家都不會獨資收購雷曼。

「市場對於政府插手其中並沒有共識，國會也沒有意願這麼做。」鮑爾森一時有點結結巴巴地形容裴洛西（Nancy Pelosi）如何在紓困的問題上攻擊得他體無完膚，他說：「你們需要設計出私營市場的解決方案，你們對市場有責任。我明白要幫助競爭者完成交易肯定不是滋味，但這滋味總比雷曼倒閉了來得好受。」鮑爾森強調：「你們必定要這樣做。」

對很多人來說，幫助競爭者的想法不單「不是滋味」，簡直是「詛咒」。讓情勢更惡劣的是，現在求援的美國銀行或巴克萊資本都是「局外人」。美國銀行執行長路易士不會放過每一個對別人品頭論足的機會，很會貶低人；而巴克萊資本只是野心勃勃一心想攀附大雅之堂的二流角色。幫助他們除了為房內每個人帶來傷害之外，還帶來什麼？雷曼本身也沒有贏得很多人的同情。鮑爾森帶著一絲嘲諷地宣布：「迪克不具備作出決定的精神狀態。」鮑爾森繼續解釋福爾德今天不在場，因為他「拒絕接受實情」，並形容他「疏離」、「無法運作」。

蓋特納發言時，他的助理向大家分發雷曼的資產負債圖表。蓋特納嚴肅地說：「如果你們找不出方法，這就只會讓這裏所有的人面對更糟糕的情況。」問題很清楚：雷曼幾乎已無任何現金。在下星期一前沒有達成任何解決方案的話，投資者為了保有剩餘的少量金錢，可能會在開市不久即逼令公司結束，然後會拖累整個金融體系——雷曼的交易對手將無法進行結算，情況如山洪暴發並馬上會演變成災難。儘管目前的市場複雜多變，然而能維繫、鞏固市場整體運作的還是傳統的信任。一旦信任幻滅，一切馬上宣告瓦解。

貝蘭克梵和戴蒙兩人卻認為，雷曼破產所牽涉的內在風險被誇大了，最低限度，他們兩家公司已曾私下對鮑爾森說明早已降低曝險雷曼的風險。貝蘭克梵重申：「我們老早就看到這種可能性。」

蓋特納默默接受他們的意見不作回應，他只指示銀行家們分成三個小組。第一組負責評估雷曼的有毒資產——即雷曼已宣布有意以「分拆公司」（SpinCo）剝離的部分。房內的銀行家馬上改稱這公司為「屎糞公司」（ShitCo），為大家帶來一點輕鬆氣氛。

蓋特納繼續：第二組將負責研究一個架構，使得其他銀行可以投資雷曼。最後一組，就是他在早前內部會議中形容為「熄燈」的情況：如果雷曼被迫申請破產，他希望所有和雷曼交易的銀行預先做好損害控制，先繞過「雷曼」以減低他們和雷曼交易的淨額。

為確保沒有任何混淆，蓋特納再重申鮑爾森的「法令」：「沒有任何政治意願支持聯邦政府紓困。」他說此話時剛好地下鐵從大樓下駛過帶來震盪，並且發出的隆隆聲猶如附和他的要點說明。

衣著一向極其考究的考克斯也作了一簡短的聲明，告訴大家他們是「偉大的美國人」，要他們意識到「他們承擔的是愛國的任務」。

大部分銀行家聽到這煽情的話語都雙目反瞪，他們一向視考克斯為輕量級人物，並形容他是被「冰凍」的人。

話題很快便轉回理論與實務，各銀行家爭相表述自己的觀點。

當討論稍稍平靜下來時，花旗的潘迪特提出：「我猜我們也會談到ＡＩＧ？」

蓋特納狠狠地瞪他一眼，堅定地說：「讓我們專注在雷曼。」他嘗試控制會議避免討論失控。

潘迪特堅持：「你不能單獨處理雷曼，我們不能下個週末又重回這裏。」

傑米．戴蒙也加入戰團：「我們去過ＡＩＧ，我們的人還在那裏。」他解釋摩根大通是ＡＩＧ尋找解決方案的顧問。

「你知道，傑米，」潘迪特直率地回應：「我們也有一組人在那裏，我不認為事情如你所說的受到控制。」

潘迪特和戴蒙繼續爭辯，氣氛不斷升溫，這讓席上很多人回想起摩根大通收購貝爾斯登前夕，蓋特納與眾執行長所舉行的電話會議。當時潘迪特曾質問戴蒙，摩根大通收購貝爾斯登後如何處理花旗的風險，戴蒙當時對潘迪特大嚷：「你不要這麼混蛋。」

蓋特納堅持聯準會已把ＡＩＧ的情況控制住，他只想推進會議的討論。未引人注意的是，只有作為ＡＩＧ顧問的摩根大通和花旗才清楚知道這公司有多危險。

被大家公認將是第二家緊接著倒閉的投行的領導人賽恩一直不發一語。

鮑爾森囑咐大家明天上午九時各自帶領人員在此集合，而在說這話之前，鮑爾森作出的最後遊說聽來卻更像是威脅：「這是我們的資本市場，我們的國家。我們會記住任何不幫忙的人。」

投資銀行家們離開時全都面無表情、噤若寒蟬，眼前工作量之龐大、之重要讓他們目瞪口呆。

約翰．麥克踏出紐約聯準銀行大樓後，馬上拿出手機打電話回辦公室匯報：「兄弟們，今晚將是漫漫長夜。」他把情況告訴他的「戰友們」高曼、查曼和陶博曼，並囑咐他們準備雷曼的沉沒。

「我們這週末需要大量人手。」摩根士丹利銀行家有兩件關連任務：自我保護和協助聯準會。他們需要再檢視與雷曼的交易額度，查看衍生產品帳目之餘，也要查看旗下客戶曝險雷曼的程度；與此同時，投行部門需檢查雷曼的客戶名單，像禿鷲挑腐肉般揀選客戶。他們也要召集董事會舉行電話會議，匯報最新情況。除此之外，他們還要派另一團隊審閱雷曼的資產價值——他們終於有機會一窺雷曼的財務；就算什麼也得不到，這也將是有趣的一課。

約翰·麥克要司機到他最喜歡的義大利餐廳San Pietro買外賣給他的同事，讓他們面對無眠一夜之前先飽餐一頓——宛如回到從前當初級分析師的日子。

會議結束後，賽恩和與他一同開會的克勞斯（Peter Kraus）立刻致電美林的交易法律顧問彼得·凱利（Peter Kelly），叮嚀他星期六要到聯準會。賽恩趕往會合太太與兩位朋友的晚餐，他已遲到超過一小時。當他的Yukon汽車開上米利公園大道（Merritt Parkway）時，他也趕緊打給弗萊明（Greg Fleming）告訴他：「大家都在爭搶獵物，看來雷曼不會得到救援。」他語帶驚訝地轉述鮑爾森拒絕任何政府幫助，他知道弗萊明會怎樣反應。

弗萊明說：「我們需要先為自己著想。我們得想想有什麼選擇。約翰，真的聽我說，我們時間也不多。」不置可否的賽恩只說：「讓我們先睡一覺，明天再談。」

賽恩終於趕到格林威治著名的麗貝卡餐廳（Rebecca's Restaurant），卻巧遇摩根大通的布萊克（Steve Black）。在餐廳門外講手機的布萊克，其實正在和摩根大通的管理團隊進行電話會議已有半小時之久，湊巧的是他們的話題正是推測美林的情況。看見賽恩突然出現在面前，布萊克簡直嚇呆了——**下一輪便是他的公司！他怎會在這裏？**布萊克冷淡地和他打招呼，說：「英雄所見略同。」賽恩回答：「是呀。我和太太相約和另一對夫婦吃晚飯，我已遲到兩小時。」

布萊克笑著回答：「至少我知道要先打電話要求通融。」

賽恩進入餐廳時，布萊克重回電話會議說：「你們不會相信我剛碰到誰……」

———

在雷曼的總部，鐵青著臉極度震驚的福爾德剛和邁克達德講完電話。邁克達德剛才告訴他，聯準會召開會議討論雷曼，但他並未獲邀參加。聯準會通知科恩囑咐邁克達德星期六早上要帶一小組人前往聯準會——並特別警告不用福爾德出席，科恩說：「聯準會不需要他在那兒。」

為減低打擊，邁克達德支支吾吾地告訴福爾德會上肯定有很多費力的工作要應付，福爾德應留守大本營，以便和監管者、各執行長保持緊密聯繫。當然邁克達德沒有告訴福爾德的是，其實這些聯繫對象屆時將齊集聯準會親自出席會議。

福爾德還有另一個令他憤怒的原因：路易士整天未和他聯絡。現在已是晚上九時，負責盡職審查的美國銀行團隊數小時前已離開蘇利文．克倫威爾律師事務所。據福爾德收到的消息，團隊成員的肢體語言顯示他們不只是回去過夜，而是真正的完工。

福爾德對湯姆．羅素訴苦：「我真不能相信這狗娘養的不給我回電話。」福爾德已掛電話給他無數次，多次不敢留言怕給人太焦急的感覺。才二十四小時前，他本以為和路易士已透過電話「達成協議」；路易士他媽的哪裏去了？

他已受夠了。福爾德硬吞下自尊，撥打路易士夏洛特家的號碼。路易士的妻子堂娜（Donna）在廚房接聽。

「肯尼斯在嗎？」福爾德問。

「請問是誰？」

「福爾德。」

堂娜轉頭望向坐在客廳的丈夫，以嘴形告訴他*福爾德在線上*，路易士打手勢暗示他不想聽電話。

儘管堂娜稍感不安，但她替丈夫推搪電話的經驗還是豐富的，她充滿同情地對福爾德說：「你還是不用再打電話來了，肯尼斯不會接聽的。」

垂頭喪氣的福爾德回答：「我十分抱歉打擾了您。」

福爾德掛上電話後，雙手抱頭對著空氣大喊：「我現在是個討厭鬼嗎！」

雷曼的破產法律顧問哈威．米勒（Harvey Miller）走進威嘉律師事務所（Weil Gotshal）會議室，囑咐同事可以下班回家。現在已開始入夜，他們又沒有收到雷曼任何最新消息。他心想，反正這只不過是演習。*雷曼不會真的需要申請破產。*

米勒跳進出租車返回第五大道的住所。他剛打開家門，手機又響起，代表紐約聯準銀行的佳利律師事務所（Cleary Gottlieb Steen & Hamilton）的詹姆士．布羅姆利（James Bromley）來電，實事求是地問：「米勒，有任何申請破產的計畫嗎？」

米勒覺得這問題有點唐突，他斬釘截鐵地回答：「沒有這目的，也沒有這樣的預測，所以當然沒有展開緊密的籌備工作。你看我現在還在家中，我可以告訴你公司是深信交易可以完成的。」

布羅姆利堅持問：「你確定嗎？」

米勒覆述他的一名助理在當天稍早時向紐約聯準銀行簡報時，聯準會的人並不特別擔心。

搞不清楚如何解讀這消息，布羅姆利低聲說：「這樣，也許我們明天再見面談談這事。」說完便掛上電話。

感到莫名其妙的米勒走進客廳，對他太太露絲（Ruth）說：「我剛接到最莫名其妙的電話……」

———

還在ＡＩＧ辦公室的維爾倫斯坦德拼命尋找快速解決問題的方案。他和道格拉斯．伯恩斯坦決定再次、也是最後一次聯絡巴菲特，也許他們可以賣點資產給他——真的什麼都行——只要他有興趣放進他的組合便可以。巴菲特已離開辦公室，他的助理把電話轉接到他家裏。這房子是巴菲特在一九五八年以三萬一千五百美元購入，一直住到現在。

維爾倫斯坦德向他問好後，馬上解釋來電的目的：「你說也許對我們的一些資產會有興趣，你心裏有特別的想法嗎？」

沉默一會兒，巴菲特提出：「我們也許對你的汽車業務有興趣。」

維爾倫斯坦德建議：「你是否有興趣把我們整個產險業務拿過去？」這是ＡＩＧ最主要的業務，年收入達四百億美元。

巴菲特問：「那價值多少？」

維爾倫斯坦德回答：「我們說二百五十億美元時，你大概會說二百億美元。你需要什麼資料幫助你作決定？」

巴菲特回答說把所有的資料都送過來，維爾倫斯坦德馬上說：「可以，給我一小時，我會把資料整理好，我們電郵到哪裏？」

巴菲特大笑，告訴他自己沒有電郵。

維爾倫斯坦德問：「那我可以傳真給你嗎？」依然在笑的巴菲特說：「我這裏也沒有傳真。這樣，你把資料傳到我辦公室，我現在開車回去拿。」

一小時後，巴菲特又在線上，禮貌地回絕：「這交易太龐大；二百五十億美元是很大的數目。」

維爾倫斯坦德沒想過「交易太龐大」這句話會從巴菲特口中說出。

巴菲特解釋：「我需要動用所有的資金；我不能作任何可能危害波克夏・哈薩威公司3A評級的事。」

巴菲特也提到募集資本的可能，然而他承認「不希望自己的資產負債表上有這樣的債務。」

維爾倫斯坦德說：「那好吧，謝謝你。如果你對我這裏任何東西有興趣，請你告訴我。」

美林的弗萊明整晚輾轉反側，搞得他的太太梅莉莎（Melissa）堅持要他吐出煩惱的原因。她喃喃地說：「連星期五晚上你也不能好好睡。」仍然清醒的他轉身過來對太太說：「這不是一般的星期五晚上。下星期對這行業來說會成為重要的歷史。」

小睡一回後，弗萊明在清晨四時半已起床，他的心緊張地砰砰跳，他記起前天晚上和董事會裏最好的朋友芬尼根（John Finnegan）的對話。芬尼根明顯和弗萊明一樣，對公司累積的問題甚為擔心，他們的共識是遊說約翰・賽恩與路易士接觸洽談交易。

芬尼根催促他說：「你得要逼迫這事進展，總有方法的。」弗萊明和彼得・凱利也有差不多的對話，凱利也跟他說：「你只需約翰首肯和美國銀行展開接觸就行。我們必須開始行動，如明天的會議不順，我們只有三十六小時完成這交易。」

星期六清晨近六時半，弗萊明終於決定是時候打電話到賽恩家中找他。賽恩正在出門，五分鐘後他在汽車內回電話。

弗萊明果決地說：「我考慮這事已久，我們必須找路易士。」

賽恩有點詫異，他昨晚也徹夜思考這交易是否有利，但得出的結論卻恰恰相反，起碼在這階段是如此。

他對弗萊明說，美林也許應該在週末出售公司少部分股權以募集資本，提升市場信心；然而，現在並無必要立刻把整家公司賣掉。就像他常常在展開談判前作出的警告：「一經啟動，你的一切都在運轉。」談判很快會不受你控制。

「美國銀行是我們最好的夥伴，」弗萊明洩氣地說：「我們失去了他們怎麼辦？」

賽恩的汽車在羅斯福高速公路飛馳時他答應多作考慮；但現在，他需要專注在今天的會議。

早上八時前，戴蒙的淩志房車離開家門出發往聯準會駛去。戴蒙坐在後座利用他的黑莓機發電郵。他剛和公司的管理層開完電話會議，對他們投擲一枚大炸彈，要求他們為雷曼、美林、AIG、摩根士丹利、甚至高盛的破產作準備。他知道自己可能言過其實，但他認為摩根大通有作準備的需要。戴蒙很焦慮——更貼切的形容是充滿恐懼。他「知道得太多」，作為雷曼和美林的結算銀行——它們的交易皆透過摩根大通進行——他清楚看見兩行的業務正迅速地崩潰。作為AIG的顧問，他知道那邊亦是噩夢連連。他知道的可能比鮑爾森還多，他只能希望自己看錯了。

弗萊明在廚房踱來踱去，他決定再嘗試讓賽恩明白和美國銀行商談不僅是一個好計畫，可能也是解救美林的唯一辦法。如美國銀行收購了雷曼，美林要面對的追殺規模之龐大簡直是難以想像。這很容易推算：雷曼一旦被吞併，下一輪的擠提現金矛頭將指向規模緊隨雷曼的券商——這正是他們的公司。美林，這國家最具標誌性的投行已瀕臨倒塌。

賽恩在轉入紐約聯準銀行地下停車場前接聽弗萊明的電話。大樓門外早已守候著大批不停舉機拍攝的記者。

弗萊明堅持：「這是我們行動的時候，我們不一定要交易，但必須試探和研究是否可行。」在賽恩還沒來得及打斷他時，弗萊明再進一步：「我們需要利用週末行動，我們不應等到下週被壓迫的時候才行動。」

交易老手弗萊明最明白週末的價值。華爾街最大的交易往往在市場休市的星期六和星期天完成，這可讓雙方修飾細節時無須擔心消息外洩帶來股價波動，繼而讓交易觸礁。

賽恩依然認為他們必須忍耐，他告訴弗萊明：「如果雷曼撐不住而要申請破產保護，美國銀行不是還在那裏嗎？」他安慰弗萊明：「你的想法我聽得清清楚楚，我保持開放態度，如果我們需要打這電話，我們就會這麼做。」

這是弗萊明需要聽到的，他覺得終於有了進展。

上午八時正，紐約聯準銀行氣派的大廳擠滿了銀行家和律師，他們聚集在青年索福克勒斯

（Sophocles）的銅像附近，索福克勒斯伸出的手舉著古希臘的龜背牛角弦豎琴。這銅像標誌著薩拉米斯（Salamis）戰役的勝利，這是影響人類文明進程的戰役，挽救了希臘和西方文明免於被波斯統治者大流士一世征服。在這一天，銀行家們聚集在聯準會也同樣參與一場歷史性的戰役，這場戰役的成敗得失和薩拉米斯戰役不相上下：他們要從自己最糟糕的無節制、過度中拯救自己；在這過程中，他們也要挽救西方資本主義免受一場金融浩劫。

一小時後，全部人被帶領到走廊盡頭的會議室內，就是昨晚開會的地方。

早上他們已分好工作小組：花旗、美林、和摩根士丹利負責分析雷曼的資產負債表，還有研究他們的流動性問題；高盛、瑞士信貸（Credit Suisse）和德意志銀行被分派研究雷曼的房地產資產，以及計算他們真正的缺口。高盛因為這週稍早有機會進行小型的盡職調查而早得先機；花旗的潘迪特和謝德林（Gary Shedlin）擔心高盛將藉機便宜地購入資產，兩人緊盯著這組寸步不離。

蓋特納說：「你們知道政府不會參與此事，你們自己要找出辦法搞定這事。我會在兩小時後回來；你們最好已經想出方案解決它。」

提姆．蓋特納的語調令許多人感覺他耍領導的盛氣淩人和荒謬。潘迪特對約翰．麥克說：「真他媽的神經病。」他們像突然被揪出來參加臨時考試又沒獲發鉛筆的學生。貝蘭克梵提出問題：「提姆，我明白你想做什麼，但我如何能進入另一房間？」換句話說，貝蘭克梵想知道自己如何能當上由競爭對手資助的交易買方。貝蘭克梵並不是認真的，他根本沒有興趣收購雷曼，他只是要指出一點：

為什麼我們要幫助自己的競爭對手？

蓋特納閃避問題後便離開房間，一群投資銀行家也跟著走出去，他們又畏懼又氣餒。美林的賽恩、克勞斯和彼得．凱利聚在一個角落討論。凱利問：「你怎樣想？」賽恩說：「雷曼肯定過不了關。」凱利平靜地回答：「那我們也活不成。」克勞斯也說：「我們必須開始想想我們的選擇。」賽恩點頭同意。**也許弗萊明一直是對的**。賽恩打電話給弗萊明，把對話告訴他後說：「安排和路易士會面吧。」

在聯準大樓七樓等候的雷曼邁克達德和柯克此刻感覺自己彷彿郵遞新娘，只能忐忑不安地等候與搭救他們的銀行家會面。他們深刻理解這是終極「路演」（roadshow）。

他們帶齊資料文件，包括也許是最關鍵重要的兩份案子：一份介紹雷曼打算分拆的「全球REI」；另一份標題為「商業房地產業務檢視」——就是他們所持的最劣質的、沒有人懂得如何精準地估值卻一致裁定雷曼高估其價值的有毒資產。

在這時刻，雷曼好像還不肯面對現實：文件顯示他們對商業房地產價值只平均作一五％的減值；但大部分華爾街的投行家都認為他們的減值必須狠得多。

邁克達德對柯克說：「讓我們確認你我對於現時問題、財務處理手法口徑一致。」他們逐條檢查：資產負債表上分成債務、衍生工具、應收帳款、應付帳款、回購信用額和長期債務。

若他們不明白其中細節時，邁克達德馬上致電羅維特（Ian Lowitt），他是真人版金融百科全書。「他才是應該在這裏出現的人。」邁克達德試圖解釋一特別困難的段落時忍不住說。

他們準備就緒時，鮑爾森的得力助手、財政部長高級顧問沙弗蘭（Steve Shafran）致電兩人上前和可能拯救他們的人會面。一名保安人員陪同他們走進樓下的主餐室，不少銀行家已在那裏等候他們。華爾街最菁英的投行實質上有如參加由政府贊助的土耳其地攤購物團。

雷曼的人員坐在這龐大的房間的最遠角落，而所有人都停下來看著他們，又或呆視他們。他們坐定之後柯克跟邁克達德說：「你知道這感覺像什麼嗎？我們就像戴著傻瓜帽站在角落的孩子！」

邁克達德聽後大笑，這時剛好一幫他們並不認識的瑞士信貸銀行家走過來，其中一人說：「發生什麼事？」柯克瞪起眼，明示**請你們不要玩弄我們**，回答道：「你他媽的認為是什麼事？」在這事未變得更難看時，華爾街的頂尖人物突然出現：潘迪特、約翰．麥克、賽恩和克勞斯走到桌前開始做事。在夏天時，因研究和雷曼合併而曾在自己家裏和邁克達德會面的約翰．麥克體會地說：「我的天啊，我真替你們難過，這真太恐怖了。」默然坐著啜飲咖啡的賽恩不由得想：**接著可能是我**。

邁克達德拿出文件開始解說數字。當克勞斯質疑雷曼文件中提及的假設時，潘迪特叫停他：「夠啦，夠啦。」他不耐煩地揮著手，對雷曼的銀行家說：「給你們點功課，給我一個全面商業計畫告訴我你們會如何經營這東西，好讓我們考慮能否給你們財務支持。你們有兩個小時時間。」

五分鐘後，保安人員走到邁克達德和柯克面前，告訴他們：「我們要把你們帶到另一層樓工作。」聯準會本想給他們提供一間真正的會議室，但因沒有位置，只能把他們帶到聯準大樓的醫療中心，充作他們的臨時辦公室。這可能是切合的隱喻，雷曼兩人也馬上感覺到。柯克看著掛在牆上的電擊器，面無表情地說：「這是合適的，我們明顯是心臟病患者。」

美國銀行的科爾、財務長普萊斯（Joe Price）跟他們的代表律師赫利希（Ed Herlihy）一同前往聯準會，他們上午十時和鮑爾森及蓋特納有個會議。他們已決定不再探討和雷曼交易，而科爾已讓一

部分人員返回夏洛特。三人抵達前，赫利希的手機響起，來電顯示對方是弗萊明。一時之間，他遲疑是否該接聽。他們出發前已曾經討論如果弗萊明再來電應如何回應。弗勞爾斯給科爾的意見是：「我們不要為此再浪費他媽的一分鐘時間，除非賽恩本人親自致電路易士並親口說出『我希望做這交易』，不然這只是一堆廢話。」

有點不情願的赫利希終於接聽電話。

「我們會讓這事發生的，約翰說要安排這事。」格雷格．弗萊明興奮地說。

聽過這句話很多遍的赫利希已厭倦這老調，他說：「格雷格，我以前說過，現在再重複一次：我們要被邀請才會進行。我現在正和科爾在一起，我讓他跟你說，他會告訴你我們對這是認真的。」

科爾拿過電話後說：「聽著，我們是有興趣，但我要直接聽到賽恩說出來才行。」

「好的！好的！」弗萊明回答：「我會回你電話。」

儘管他們有興趣收購美林，但科爾、普萊斯和赫利希對弗萊明獨譜序曲存有戒心是合情合理的。因為這三人知別人所不知、一宗離奇而從未被揭露的事件——這真要感謝上天，不然，他們會淪為華爾街的笑柄。

其實早在一年前，路易士已和美林的斯坦利．奧尼爾（Stanley O'Neal）開始共舞，除了奧尼爾和美國銀行少數管理層知悉這密談外，兩家銀行的董事會都毫不知情。

二〇〇七年九月最後一個星期天，奧尼爾從他在紐約州威斯特徹斯特郡（Westchester County）度週末的家開車前往曼哈頓，到路易士位於新時代華納中心的公司公寓內會面。這會議由赫利希當仲介人穿針引線。奧尼爾單獨赴會，路易士則帶同科爾出席。

作為會面的先決條件，奧尼爾已表示他希望每股的售價為九十美元，這比美林當時略高於七十美元的股票市價存在顯著的溢價。路易士和科爾開門見山，交給奧尼爾一份報告，說明從數字和營運的觀點分析兩家公司合併後的展望。路易士介紹完畢後準備開始討論細節，這時奧尼爾突然從椅子上跳起來，說聲失陪後便走進洗手間。

約二十分鐘，路易士和科爾一路緊張地等候奧尼爾回來，他們一邊關心奧尼爾的健康狀況，一邊惱火他好像失蹤了似的。終於，奧尼爾若無其事地回來。路易士聳聳肩，繼續和他介紹簡報。路易士剛想開口，奧尼爾便馬上阻止他說：「是這樣的，如果我們真的要進行這交易，一定要有合理的溢價。」奧尼爾把每股售價提升至一百美元。他說：「我做了些進一步分析，也想得更清楚了。」他解釋為什麼這更高的價錢是合理的，他將美林的不同業務：資產管理、零售和投行的個別價值全數加起來得出美林的整體價值。

這價錢把路易士嚇住了。起初，他原想馬上終止這對話，但他還是忍住，讓自己繼續談判，他對奧尼爾建議說，如果要求更高的價錢：「你的節流也要更深。」

奧尼爾問：「依你原來的算式，你認為需要節省多少成本？」

路易士的簡略估算兩年要達到六十億美元。

這數目對以「節流成名」的奧尼爾來說也是非常龐大。而奧尼爾現在提出希望每股一百美元，節流的目標只會更大。

奧尼爾接著問：「那你看我是怎樣融合在新公司內？」

路易士坦白告訴他：「你會是其中一名管理層，但我還未真正想過具體架構。」

奧尼爾對這答案明顯不滿意，他說若真需要作出像路易士提出的削減成本目標，他本人則要成為合併後的公司總裁，這樣至少有人會照顧美林僱員的利益。

路易士聽後大動肝火：「你是說，你希望我出賣我自己的管理團隊護著你的利益完成交易？」

奧尼爾只能低著頭盯著自己的腳，不發一語，最後他終於說：「感謝你所花的時間，也謝謝你們花心思準備簡報。我一直相信，如果美林要找一個合作夥伴，理論上你們是最有力的搭檔。」轉身出門時，奧尼爾說：「我會考慮你說的一切。」不過，路易士再也沒有接到奧尼爾的回訊。

路易士不知道的是，第二天奧尼爾對美林一名董事阿爾貝托．克里波里（Alberto Cribiore）坦白交代自己曾和路易士會面。克里波里是董事會意願的優秀代言人，他不太接受合併的想法，很快把這建議擱到一旁。有濃烈意大利口音的克里波里說：「斯坦，路易士不過是個混蛋！」

AIG總部十六樓熙熙攘攘就像蜂窩一般，幾百名銀行家和律師在各樓層上上下下，衝進衝出AIG為出售資產按其類別設立的盡職審查房間。

在那些最頂級的「只看不買」顧客出現之前，剛和戴蒙開完電話會議的摩根大通伯恩斯坦把維爾倫斯坦德拉到一旁，向他透露：「你要準備多於我們之前所說的二百億至三百億美元的額度，因為雷曼可能會在這個週末爆破。」

伯恩斯坦警告說：「市場情況可能會轉壞，我們現在應考慮四百億美元左右。」

維爾倫斯坦德目瞪口呆，他面對的難關一下子增加一倍。

一分鐘後，所羅門兄弟公司前巨頭德里克．莫恩（Deryck Maughan）走出電梯。莫恩為私募股權集團KKR（Kohlberg Kravis Roberts）工作，ＫＫＲ也是這次ＡＩＧ賤價出售資產的其中一名競投者。莫恩和維爾倫斯坦德雖然相識多年但並沒有聯繫，兩人上次見面已是二〇〇四年，當時花旗集團前執行長普林斯（Charles Prince）在維爾倫斯坦德面前解僱莫恩；而在十多年前，把布萊克太太冷落在舞池裏的人也正是莫恩，戴蒙為這事與莫恩起衝突，最後威爾藉故擠走戴蒙。

想不到，在這金融體系危懸一線的週末，維爾倫斯坦德、戴蒙和布萊克竟需要莫恩的幫助。嘆著氣，咧嘴歡迎莫恩的維爾倫斯坦德心想：*生命盡是充滿諷刺*。

數分鐘前，美國最富有的私募股本基金大咖德州太平洋集團（Texas Pacific Group，簡稱TPG）的大衛．邦德曼（David Bonderman）和他的隊伍駕到。邦德曼以把公司轉虧為盈而馳名，成功扭轉頹勢的個案包括美國的大陸航空，近來他也開始留意金融業。二〇〇八年四月，他以一三．五億美元入股華盛頓互惠銀行（Washington Mutual），讓這深陷次貸危機的銀行得以喘息；然而不出半年，他的投資幾乎化為烏有。

維爾倫斯坦德越來越擔心這些競投者只是來吸乾ＡＩＧ。

特別縮短假期，專程從西班牙馬略卡海島（Majorca）直奔紐約參與盡職審查的德國安聯保險公司（Allianz）董事保羅．阿赫萊特納博士（Dr. Paul Achleitner），也許感覺到維爾倫斯坦德的不安，問道：「我們能私下談談嗎？」

維爾倫斯坦德回答：「當然可以。」

阿赫萊特納是受弗勞爾斯之邀以及出資包機把他從大西洋的另一邊載過來的。

維爾倫斯坦德和阿赫萊特納找到一個安靜的角落，阿赫萊特納說：「我希望你知道我不是和這幫禿鷹一道的。」他的手指向在盤旋爭食的私募基金。

「我代表德國安聯保險公司而來，如果我們和他們一起投資，我們也是獨立決定的。」

維爾倫斯坦德在返回那群禿鷹之前回答：「謝謝你，我領這情。」

維爾倫斯坦德和他的人員很快便發現難以辨認這越來越多的人，搞不清楚他們到底誰代表誰。當高盛的克里斯多夫・柯爾（Christopher A. Cole）和他的隊伍出現時，代表ＡＩＧ的黑石集團銀行家杜紹基（John Studzinski）馬上警覺起來。高盛？誰邀請他們的？

「你們代表誰？」杜紹基馬上追問柯爾。

一開始時柯爾不願多說：「我們有好幾名客戶在這裏。」

杜紹基瞪著他，要知道更多才罷休。他們對話時，高盛的直接投資部主管弗里德曼（Richard Friedman）剛走過來，他的現身也備受所有人的注意。高盛是否為自己而來？柯爾再補充：「我們在這裏是因為德國安聯保險、法國安盛集團（AXA，譯注：安盛集團為全球最大保險集團，亦是全球第三大資產管理集團）和高盛旗下的私募基金GS Capital Partners。」這是多麼的混亂和角色衝突。

對柯爾的答案懷疑和帶點偏執的杜紹基衝上十八樓找到高級保安人員內森・哈里森（Nathan T. Harrison）囑咐他：「聽著，我希望你像飛鷹一樣盯著這幫人。如你看見任何不尋常，任何事——例如有人在不應該去的樓層——你馬上來找我。」

分秒不差，包括科爾、普萊斯、赫利希的美國銀行小組準時十時半進入紐約聯準銀行赴鮑爾森及蓋特納的會議。弗勞爾斯從兩條街外的ＡＩＧ快步走來。他們在蓋特納辦公室外的會議室等候時，科

爾對小組透露福爾德整晚打電話到路易士家中。弗勞爾斯鄙視地說：「迪克……真是個混帳！」

鮑爾森、蓋特納和傑斯特進入房間時，房裏的氣氛即時冷下來，鮑爾森討厭弗勞爾斯，而這反感也是彼此彼此。他們幾乎是多年世仇，起源是鮑爾森在高盛計畫上市之初沒有挑選弗勞爾斯出任投行部主管，弗勞爾斯對同事說鮑爾森是白痴之後很快便離開公司；鮑爾森則是罵他在公司上市關鍵時刻辭職是「可恥」的。在上市前弗勞爾斯的「合夥人」資格被公司收回，但當招股取消時，他又想回歸。當年那場戲最終幾乎是在爭吵中結束。

為了打破僵局，蓋特納先發問：「最新情況怎樣？」科爾毫不猶豫地表明，除非政府能夠資助比他們一天前所說的金額更多，否則美國銀行已無興趣收購雷曼。他解釋他們發現雷曼需要政府擔保的問題資產高達七百億美元——高出一天前的四百億美元——數字也許還會增加。因此，他們準備放棄，除非鮑爾森願意有所「提升」。

科爾也提出他們擔心福爾德還要爭取溢價。弗勞爾斯說：「我們認為那是狗屁。」

鮑爾森說：「誰關心他們想什麼。不用擔心他們想什麼。此時此刻，福爾德想什麼也無關痛癢。」

開會期間，赫利希手機又響，是弗萊明的來電。赫利希之前已兩度拒絕接聽，這時，赫利希終於輕聲跟科爾說是弗萊明，然後再對大家說聲失陪後離開會議。

赫利希不耐煩地問：「怎麼啦？」

弗萊明大叫：「搞定啦。他可以下午二時三十分會面！」

赫利希問：「那你能叫賽恩致電路易士嗎？」

「現在還不能，」弗萊明說：「賽恩不能和他通話，因為他在和鮑爾森開會。」

赫利希翻白眼說：「這不可能，他不是。格雷格，我正在聯準會跟鮑爾森開會。我剛踏出房間，我也有看到他，他在走廊的另一端。」

赫利希擔心弗萊明根本沒得到賽恩的許可，他再次強調：「聽著，這行不通的。約翰必須要打這電話。如果我可以走出來接你的電話，他也一定可以走出來打電話給路易士。」

「我向你保證，他一定會赴會的。我不會冒著自己名譽的風險請路易士老遠飛來白走一趟。」弗萊明堅持說。

「他必須打這電話。」赫利希再一次強調。

赫利希返回會議室時，會議已差不多近尾聲，儘管政府依然拒絕介入，但鮑爾森還是努力地希望留住美國銀行不要讓對方完全退出。

所有人站起來要離開的時候，弗勞爾斯拉鮑爾森到一旁說：「我要和你說說AIG。」他稍停下來，確保四周不會有其他人聽到才繼續說：「我一直在他們那裏和他們工作，發現情況簡直遭透了。」他拿出AIG前一天準備的現金流報表，上面清楚顯示他們的現金將在下星期三枯竭。

「你看缺口這麼大。」弗勞爾斯指著報表上註明下週負五十億美元的數字，說：「AIG已完全失控。他們不行了！」弗勞爾斯建議他拉維爾倫斯坦德一起過來這裏把數字仔細說明。鮑爾森對這數字感到震驚，但他不願在弗勞爾斯面前顯露他的不安。

弗勞爾斯和美國銀行的隊伍在走廊會合時，他得意地說：「他們根本沒有掌握情況。」

鮑爾森、蓋特納和傑斯特三人集合在蓋特納的辦公室，傑斯特強調必須「哄住」美國銀行競投的興頭，把他們留著當競投者。就算美國銀行真退出，也一定要保密——特別不能讓巴克萊資本知道。鮑爾森的心思卻已轉移到ＡＩＧ那份文件上，他在腦海中計算數字，最後說：「他們情況比我想像中糟糕許多，他們洞很大。」

蓋特納找到維爾倫斯坦德，把對方接進電話擴音器後告訴他弗勞爾斯剛對他們說明ＡＩＧ的數字。

維爾倫斯坦德回應：「弗勞爾斯在研究收購一些資產和幫忙促成交易。」

這時候這些政府官員們全給弄糊塗了，只得相互對望：弗勞爾斯不是ＡＩＧ的顧問嗎？然後，傑斯特望著鮑爾森會心微笑，這是典型的弗勞爾斯——左右逢源從中取利。所有人現在都看出來，弗勞爾斯正試圖促成政府資助，好讓自己的公司可以參與這交易。

「老實說，這人老是故意製造事端。」鮑爾森感嘆道：「他並不想救國！」

他們重新繼續討論數字，維爾倫斯坦德解釋有很多競投隊伍正在他的辦公室，他希望這週末能出售足夠的資產，填補將會出現的資金缺口。蓋特納建議維爾倫斯坦德等一下過來檢閱帳目讓聯準會更了解計畫。維爾倫斯坦德說：「好的。」然後笑著補充：「我不會帶弗勞爾斯過來。」

聚集在樓下餐廳的執行長們被召集到會議室向鮑爾森和蓋特納報告進展，每個小組想出的獻策都沒多大意思。問題主要出在各方對雷曼資產的估值出入頗大，尤其是惡名昭彰的商業房地產：雷曼自己的估值是約四一〇億美元，由三二六億美元的貸款和八十四億美元的投資組成；但大家都知道真正

的價值比這數字低得多——但到底是低多少？

其中一份在房間內傳閱、名為「藍色減值」（Blue Writedowns）的試算表上，雷曼商業房產的貸款估值被削掉四分之一，不到二四〇億美元；但是，其他人則認為情況應該更差。另一份也在傳閱的手寫試算表上的數字為「一七〇億至二百億」美元——不到雷曼估值的一半。

住房貸款的情況也大同小異，雷曼自己估值為一七二億美元，而「藍色減值」內的估值卻為一四〇億美元；有些人則認為真正價值只有約一半的九十二億美元。

這時候，潘迪特突然提出另一個重要問題：他希望再次討論ＡＩＧ，還有：「美林又如何？」這一刻大家很尷尬，因賽恩就坐在大家的身邊。

「你們替我搞定雷曼這事，我保證把ＡＩＧ和美林搞定。」鮑爾森繼續說：「約翰在這房間裏而我們討論美林會讓我感到不自在。」

———

雷曼委任的破產法律顧問哈威．米勒，剛才和紐約聯準銀行的代表開會時十分難受。他無法回答任何問題，只能不斷重複：「我們沒有接觸任何資訊，所有雷曼的人不是正在配合美國銀行便是巴克萊資本。」他實在很尷尬。他們離開後，米勒對同事洛里．法弗（Lori Fife）訴苦：「真是廢話一堆。」

米勒以前也曾和難伺候的客戶交手——破產從來就不是容易對付的交易——但他從未被如此拒於門外。當他致電雷曼的法律總監柏克非（Steven Berkenfeld）抱怨時，柏克非試圖解釋資訊不流通的原因：「問題在於我們很多財務部的同事已到聯準會那裏匯報最新情況。」

「原來如此。」米勒冷淡地回答：「巴克萊資本那邊最新情況如何？」

「我們依然抱著希望，但沒有任何可以報告的新進展。」

「美國銀行方面呢？」

柏克非稍停一停才說：「他們已無聲無息。」

米勒聽得出這是不妙的跡象，多年來他已鍛鍊出一雙耳朵，能夠聽症斷診是否盡頭已近。他的律師隊伍一直假設這是預案準備，沒有人預期雷曼要立刻申請破產。看見雷曼頂上的烏雲越來越厚，米勒決定提前開始。他告訴法弗如果雷曼申請破產，整理文件需時至少兩週，他們不如現在就開始工作。

中午過後，米勒發電郵給數名同事，主旨是有如啟示錄預言浩劫般的一句話：「緊急。代號：晝夜平分點（Equinox）。緊急狀況急需幫忙。」

弗萊明來電時，賽恩正和克勞斯在商討策略。弗萊明興奮地告訴賽恩：「我已安排好，你和肯尼斯．路易士可以今天下午碰頭。」

賽恩明白會面是件好事，唯一複雜的是，他警告說：「鮑爾森不會高興的。」賽恩心想，他們的合併等於宣判雷曼死刑，因為他把雷曼唯一的救星劫走了。賽恩不知道美國銀行早已退出競投雷曼。

弗萊明的回應是：「鮑爾森要對納稅人負責，而我們必須對美林股東負責。鮑爾森有能力介入，我們要聽他的，但是，我們不需預設他必然如此。他可能會不高興，但除非他明確告訴我們不可以這樣做。既然我們認為這對美林股東有重大利益，我們就必須進行。」

依然遲疑的賽恩想確定他沒有把整個公司放上競投台上。

弗萊明緊接著說：「我已把會議安排在下午二時半。」隨後，他小心翼翼地補充：「但你需要先打電話給肯尼斯。」

賽恩覺得這要求莫名其妙，問：「為什麼？」

弗萊明諷刺地回答：「因為他愛聽你的聲音。」

「你這是什麼意思？」

「我不知道，你就跟他說紐約天氣不錯，很期望見到他。」

賽恩執拗地說：「我真不明白我為什麼要打這電話。」

「約翰，你就是要打電話給他。」

「你把我給惹火了。」賽恩語調難掩憤怒。

弗萊明第一次對他的老闆提高聲調，嚷著：「你知道嗎？可能下週末就輪到我們。請你給他打電話，你不打電話他就不會出發前來。」

「好吧。」賽恩終於同意。他們決定三十分鐘後在美林中城區的辦公室開會預備這會面。

賽恩和弗萊明掛線後不久，約翰．麥克走到賽恩面前，靜靜地對他說：「我們應該談談。」

他不需要多說——「談談」在行內就是「我們應談談進行交易」的意思。

「你說得對。」賽恩點頭並同意安排稍晚時舉行會議。今天變得越來越忙。

———

在紐約聯準大樓四樓，巴克萊資本的戴蒙德不耐煩地抖著腳。他覺得整個上午雷曼和政府只專注在美國銀行，他懷疑自己被利用，成為政府的掩護馬——獵人靠近獵物時用以掩護的馬——以哄誘美國銀行提高競投雷曼的條件。

然而，下午二時剛過，戴蒙德看見聯準會的人在巴克萊資本所在的會議廳門上貼上一張紙寫著「競投者」，他又覺得自己的努力已被嚴肅對待。而且，聯準會的廚房終於也拿出食物來，見微知著，這全是好兆頭。

不過，戴蒙德知道在可能與雷曼進行交易之前，他先要解決一大問題——這是他還未對鮑爾森或美國政府任何人透露的難題。他在倫敦的法律總監馬克．哈丁（Mark Harding）在內部電話會議中通知他，如果巴克萊資本想宣布收購雷曼的計畫，這交易需要股東投票通過，而投票手續需時三十至六十天；這等於說，巴克萊資本必須從簽署收購到股東通過這段期間，想辦法擔保雷曼的所有交易——要不然這收購會變成一文不值。沒有擔保，雷曼的交易夥伴會終止和雷曼的業務往來，雷曼的資源會迅速流失，雷曼對巴克萊資本帶來的作用和價值也會被毀掉。這全是基於信心：交易對手需要知道有人在背後支持雷曼，就像摩根大通站出來支援貝爾斯登，在完成收購交易前擔保貝爾斯登的所有交易。

問題是，法律上巴克萊資本在未得股東批准前不能擔保雷曼超過三十五億美元的交易；若要獲得股東批准提高擔保上限，這過程需要的時間和股東批准交易的時間差不多一樣長。

鮑爾森和蓋特納已告訴戴蒙德，美國政府不準備資助交易，但戴蒙德不能確定這是否只是談判的姿態。至於英國政府，再清楚不過：他們不會介入。

巴克萊資本需要一個夥伴——強大而富有的——戴蒙德知道他需要和巴克萊美國的董事長小阿奇

博爾德・考克斯（Archibald Cox Jr.，他是水門案檢察官的兒子）率領的智囊團商量，智囊團其他成員包括公司的營運長里奇・瑞西（Rich Ricci），和巴克萊資本聯合總裁傑里・德爾密斯耶（Jerry del Missier）。戴蒙德也聘用外部顧問——幹練的花旗前高層邁克爾・克萊恩（Michael Klein）。克萊恩數月前因不願被潘迪特的新管理團隊邊緣化而向花旗請辭，但他仍是被爭相聘請的熱門人物。花旗為阻撓他跳槽為競爭對手服務而同意向他支付因離職而損失的二千八百萬美元延期補償，以換取他一整年「留在海灘上」（on the beach）。

深信自己需要克萊恩在身邊的戴蒙德，在這週稍早即致電潘迪特，請對方暫且放寬他「留在海灘上」的限制，好讓戴蒙德在應急時可找克萊恩為巴克萊資本工作。

這個智囊團商量擔保交易問題時，克萊恩大聲問：「誰有可能擔當這角色？」

「一年前，有這類事情你會去找AIG，他們會為你全包裝好，是嗎？」德爾密斯耶問道。

此情不再。

克萊恩提出：「巴菲特如何？」

德爾密斯耶指出：「是的，但巴菲特只做對巴菲特來說是絕佳的交易。」

在花旗工作時，克萊恩曾和被譽為「奧馬哈先知」（Omaha Oracle）的巴菲特數度交手，故保有他的聯絡電話。他致電時發現巴菲特在加拿大阿爾伯塔省埃德蒙頓（Edmonton）的Fairmont酒店麥當勞內，他和第二任太太艾絲翠・孟克斯（Astrid Menks）正準備赴一盛會，他們事前並不知自己是當晚的特別嘉賓。

克萊恩把巴菲特接到電話擴音器上，讓他和戴蒙德及其他成員通話。德爾密斯耶對巴菲特解釋擔保的重要性，他告訴巴菲特：「如果雷曼和對手以美元交易日圓，對手向雷曼交付日圓前需要知道雷曼亦會交付美元。如果對方擔心雷曼的結算能力，整件事就會瓦解。」

巴菲特明白問題的關鍵，但他無法想像自己要擔保雷曼帳目長達兩個多月。不過，基於禮貌，他建議：「你們把情況寫下來傳真給我，我回去後，會很樂意細閱。」

巴菲特關掉手機駕車前赴盛會，他記起他也曾接過類似的電話，而當時也真的演變為一團糟。

一九九八年拯救長期資本管理公司前一星期，高盛的喬恩・寇辛（Jon Corzine）也曾致電問他是否有興趣一同收購這巨大、出問題的對沖基金。當時巴菲特剛準備跟比爾・蓋茲夫婦出發前往阿拉斯加州，因而要求寇辛把交易資料發送給他。結果他花了一整天的力氣，在Pack Creek一邊看灰熊一邊努力連接衛星電話卻徒勞無功。他試圖籌劃一個包括他自己、高盛和AIG的三方交易，但最終失敗，白費時間和精力。也許他不應再對這些華爾街小子太有禮貌。

在紐約聯準銀行樓下的執行長和他們的隨員，已開始在自助午餐桌旁邊徘徊。雖然他們被分派艱難的任務，但他們在現場真正能做的根本很有限，這不單是因為他們沒帶電腦，而是因為具有實質分析資產負債表專長的人要不已在樓上與雷曼的隊伍苦幹，要不就是留守在辦公室被表格重重包圍。

在某一角落有些行政人員為了打發時間，惡意模仿鮑爾森、蓋特納和考克斯。一名銀行家嘟嘟嚷嚷的：「呀呀呀呀……啊啊啊啊……啦啦啦啦……」學著鮑爾森的口吃。另一人高叫：「努力點！聰明點！」譏諷蓋特納那童子軍式的教訓。第三人扮演考克斯，銀行家們一致認為考克斯對複雜的財務交易所知無幾：「二加二？這——我可以用計算機嗎？」在另一個角落，摩根士丹利財務長克萊赫獨自在黑莓機上玩「打磚塊」（BrickBreaker）遊戲，不久，非正式的賽事開始，所有人全部加入遊戲行列。

午飯後，他們又全被召回主會議室，大家馬上發現賽恩的缺席。

除了雷曼前途這議題之外，能夠在此刻打進這些執行長心頭的另一題目，就是他們自己公司的命運。雷曼的破產對他們有什麼含義？美林會不會緊隨其後跟著倒下？摩根士丹利和高盛又如何？摩根大通或花旗呢？雖然大型商業銀行如摩根大通擁有龐大穩定的存款基礎，但他們部分業務的運作也如其他的券商一樣——靠著不斷為短期商業本票續期來支撐其營運，他們也同樣承受讓貝爾斯登倒下及現在雷曼面對的信心腐蝕。對他們來說，信心的逐漸減弱都是邪惡的抛空炒家狼狽為奸一手造成的。

有一刻，約翰．麥克質疑整個拯救的想法，並大聲吶喊他們是否也應該任由美林倒閉——儘管代替賽恩出席會議的克勞斯就坐他旁邊。這問題馬上讓大家鴉雀無聲。有些人想麥克難道是想把我們全都押上去——也許他想便宜地收購美林？他們不知道約翰．麥克數小時前已與賽恩安排好今天傍晚會面。

戴蒙目瞪口呆地看著約翰．麥克，刻薄地說：「如果我們這樣做，你猜富達投資（Fidelity）在多少個小時後便會打電話告訴你，他們已不願為你的票據續期？」

———

賽恩終於給路易士打電話，內容簡短切題——只討論會議安排上的細節。賽恩怕弄錯，又再次致電路易士確認自己應從哪個門進入時代華納中心。

出發到路易士的公寓前，賽恩和弗萊明在公司中城區的辦公室先行研究策略。他清楚對弗萊明表示這次會議純粹是探討性質——而且他只想出售一小部分股權，最多二〇％。

弗萊明警告：「他不會有興趣的，路易士會說他希望收購整家公司。」

賽恩到達目的地時，自己馬上推開車門，快步衝進大樓。以鋼鐵和玻璃混合的簷篷下掛著中央公園一號的門牌，賽恩單獨衝上南樓路易士的公寓。

路易士熱情地和賽恩打招呼，公寓窗外的風景令人讚嘆，但室內並沒有擺放任何藝術品或很多傢俱，明顯這是屬於公司的物業。

他們坐下後，賽恩馬上開始說：「考慮到近日發生的一切，我擔心雷曼破產對市場和美林的衝擊。」他停下數秒後單刀直入地說：「我希望看看你有否興趣購入我們九．九％股權，以及提供大量流動現金的機制。」

路易士也立刻直率地回答：「我對九．九％的股權沒有多大興趣，但我對收購整家公司有興趣。」

賽恩臉上帶著微笑，他沒想到路易士這麼直接：「我來並不是為出售整家公司。」

「但這是我的興趣。」路易士堅決地重複。

賽恩緊張地試圖建構一個妥協方案：「你能否同意同時探討兩個不同的出售方案，一個是九．九％，另一個是百分之百？」

「可以。」路易士同意，繼續說：「但請不要忘記我說過的，我對九．九％沒有真正的興趣，我實際上只有興趣進行全面收購。」

接下來的半小時，路易士和賽恩檢討業務的不同配搭，合併的策略理由，和怎樣整合盡職審查隊伍。路易士建議他們把兩個「格雷格」——格雷格．科爾和格雷格．弗萊明——帶同出席下午五時的第二輪會面。

「我那個時候不行。」賽恩說。

這真奇怪，路易士心想。賽恩現身並提出要進行交易，但他卻不能在二小時後再會面？難道他有更好的去處嗎？他是否和別人也正在商談？

賽恩轉身離開前，他提出最後一點：「我得把我們的對話告訴漢克。」他解釋：「我擔心如果漢克自行發現，他會認為是我把雷曼的交易搞砸的。」

「這……你知道，」路易士回答：「我們寧願跟美林交易。你可以告訴漢克我們正在商談，因為我們不會在沒有政府資助下進行雷曼的交易。」

最後，他們兩人分別向鮑爾森匯報這消息。鮑爾森很興奮，對他而言，巴克萊資本正在收購雷曼，現在美國銀行和美林在探討合併。事情終於慢慢露出曙光。

非常沮喪的福爾德對著羅素訴苦：「我又被接到語音信箱，沒有人接聽那該死的電話！」他需要找的人，一個也找不著——鮑爾森、蓋特納、考克斯、路易士甚至他自己公司的邁克達德都無法聯絡上，他們全都在紐約聯準銀行，但是沒有人接聽、或是給他回電話。

福爾德希望能知道最新情況。他在星期六整整一天留守在自己的辦公室，慣常地穿著一絲不苟的藍西裝和熨漿妥貼的白襯衫，但是，美國銀行和巴克萊資本都杳無音訊。

電話終於響起，是科恩從紐約聯準銀行打過來，他說：「我們遇到問題。我認為美林和美國銀行正在商談。」

福爾德吼道：「你是什麼意思？」

科恩解釋剛和蓋特納會面，他本想再次遊說關於政府資助的必要性，以避免整個金融體系崩潰。

科恩重複他對蓋特納說的話：「如果你不幫忙，美林星期一也會滅頂。」

蓋特納的反應是——「我們正為美林尋找解決方案」——他刻意含糊其辭，但在科恩和福爾德的耳中，這句話的含義是再清楚不過。這解釋了為何美國銀行沉寂下來，他們沒有忘記夏天時科爾曾表明路易士一直希望收購美林；這也說明這星期稍早美林的弗萊明為何致電科恩釣消息。

「我真的不敢相信。」靠在椅背緩緩往下沉的福爾德說。

在紐約聯準銀行，高盛的柯恩和維尼亞與他們以前的同事彼得．克勞斯打招呼，克勞斯才剛過去美林上班不到一星期。

「彼得，出去走走好嗎？」柯恩建議。

於是，三人一同步出自由街的大門。

走了一段路後，柯恩開始問：「發生什麼事？」他暗示知道美林承受著巨大壓力——比起房內任何人都來得重。

克勞斯說：「我們只是出現流動資金問題，摩根大通剛剛把我們即日保證金（intraday margin）提高到一百億美元。」他停一停後補充：「我們沒事，我們完全沒事。」

柯恩再問：「彼得，我們應該看看你們嗎？」

克勞斯低頭想了想才回答：「好的。」和高盛進行任何交易不單能強化美林搖搖欲墜的財務情況，更猶如獲得房內最聰明的人投以信心一票。

柯恩問：「你為什麼不早說，我們朋友一輩子。這一天半我們就坐在隔鄰。」

他們沿著街道步行，克勞斯說值得安排一個會議繼續探討，並透露美林為得到信用額度以度過這流動資金難關，願意出售大約低於一〇%的公司股權。這和賽恩向路易士提出的要求如出一轍。他們同意明早在高盛的辦公室會面。

指示非常仔細：不要前往紐約聯準銀行在自由街的正門；要使用梅登路（Maiden Lane）的工作人員出入口；向警衛出示你的駕照。你的名字已記錄在案；引領你的人會恭候你。

ＡＩＧ的維爾倫斯坦德和他的顧問小組，包括摩根大通的伯恩斯坦、盛信律師事務所的杰米・甘寶、蘇利文・克倫威爾律師事務所的邁克・懷斯曼（Michael Wiseman），從ＡＩＧ總部出發走到聯準會與鮑爾森和蓋特納會面。他們路經那群聚集在大門前的攝影師和記者，幸運地沒有被認出來。

蓋特納毫無開場白一開口便質問：「你們募資的情況如何？」

維爾倫斯坦德說他認為有些進展，數名競投者還在公司內，他們包括弗勞爾斯、ＫＫＲ和德國安聯保險公司。但維爾倫斯坦德說，更大的消息——更好的消息——是他已成功遊說紐約州保險廳的總監迪納羅（Eric R. Dinallo）容許ＡＩＧ旗下受監管的企業向母公司釋放約二百億美元的保證金，這可紓緩他的資金需求。不過，迪納羅的協議取決於ＡＩＧ能募集額外的二百億美元填補資金缺口。維爾倫斯坦德也暗示，協助巴菲特打理波克夏・哈薩威（Berkshire Hathaway）再保險業務的阿吉特・賈殷（Ajit Jain）可能提供另外五十億美元的貸款承諾。這樣，他剩下的資金缺口為一百五十億美元；不過，維爾倫斯坦德說公司正在變賣的資產價值超過二百五十億美元。

聽完這句話後，鮑爾森和蓋特納驀然起身離開會議。他們已聽到需要知道的話：事情有進展。

門僮打開鑄鐵和玻璃製造的大門，讓賽恩、克勞斯和蒙塔格（Tom Montag）進入摩根士丹利查曼的寓所大廳。這地方在本週已是第二度舉行祕密會議。賽恩害怕被人看見：這大樓的住客包括貝萊德集團的芬克（Larry Fink）。

摩根士丹利的約翰·麥克、查曼和高曼已在客廳等候他們。加入摩根士丹利之前高曼掌管美林的私人客戶業務五年多，他馬上發覺今天代表美林的小組成員沒有一人在美林工作超過十個月。高曼感嘆，他曾經出力打造的公司、他弟弟還在那裏工作的公司，將被一組對公司傳統毫無認識的人出售。

賽恩開門見山直說自己是來尋找交易的，他說：「目睹雷曼的經歷，我們清楚這是檢視我們選擇的適當時機。」克勞斯翻開他帶來的本子，開始解說公司的數字。查曼和高曼都認為，以只是上班短短幾天的人來說，克勞斯似乎對資料非常熟悉。（事實上，克勞斯在這星期的頭幾天，天天鑽研資產負債表到凌晨三時。）

但很快，克勞斯對公司不夠明瞭之處全都顯露無遺。當高曼問到有關美林零售業務的數據——摩根士丹利最感興趣的業務——賽恩、克勞斯和蒙塔格都答不上來。儘管如此，約翰·麥克說他還是有興趣並想探討下一步。他說：「我們星期一晚上會召開董事會，大概星期二我們便可啟動盡職審查。這很吸引人但也非常複雜。」

賽恩不安地看一眼克勞斯之後對約翰·麥克說：「這不行，不行的。你不明白。我們需要在亞洲開市前有所決定。」高曼有點困惑：「你指的『決定』是什麼意思？」

賽恩平靜地回答：「我們希望已能簽署協議。」

約翰．麥克對這要求感到詫異：「我們可以繼續商談，但我認為時間上辦不到。」

他們離開公寓後，賽恩對克勞斯說：「很明顯，他們沒有我們的急迫感。」

美林的弗萊明到達時，美國銀行的科爾早已在利普頓律師事務所（Wachtell, Lipton）等候著。一邊等弗萊明，科爾一邊不斷打電話，企圖扭轉他先前把一百多名美國銀行工作人員送返夏洛特的決定。他當時認為既然雷曼一事已胎死腹中，他便不需要把一大群人留在紐約。現在美林又成為可能，他又要調派他們乘坐下一班飛機返回紐約。他承認這情況有點可笑，他分派數人負責協調包機，因為美國航空當晚直飛紐約的三個航班已全部客滿。

科爾在點心車抓一把曲奇餅，並邀請弗萊明進入他在律師事務所內佔用的會議室。科爾一坐下馬上問弗萊明對於交易的想法。

弗萊明說：「我的想法是星期一早上宣布。」

被這時間表嚇一跳的科爾回答：「這太急了。」

弗萊明說：「你對這家公司已十分熟識。」弗萊明是少數知道美林奧尼爾和路易士曾洽談合併的人，雖然他並不清楚全部細節。

弗萊明繼續說：「我知道你們已做了很多研究，我會全面開放，你只需告訴我你還需要什麼。」

接著半小時，他們勾勒出讓美國銀行可在二十四小時內完成審閱美林帳目的程序。科爾把一年前和奧尼爾談判時準備的文件再拿出來，並說他會聘請弗勞爾斯為顧問，因對方在夏天時已曾研究收購一部分美林的有毒資產（這些資產最後賣給Lone Star National Bank），所以他已搶先起步。美國銀行也為此項目取了代號：「第一計畫」（Project Alpha）。

會議結束前，價錢的問題被提出來討論，弗萊明大膽宣布他希望得到起碼「三字頭」的價錢，這等於說他希望每股三十美元或以上，較美林星期五的收盤價一七・〇五美元溢價高達七六％。這是令人震驚的高價，尤其這公司正陷入有史以來最大的財務危機。然而，弗萊明覺得自己別無選擇：一個月前，美林才剛以每股二二・五〇美元向幾個大型機構投資者——包括新加坡主權基金淡馬錫控股公司（Temasek）——發行了價值八五・五億美元的可轉換股。他必須為對方要求合理的溢價。

對大部分銀行家來說，如此高的價錢可能會窒息整個交易，使談判劃上句點，但科爾理解弗萊明要求這價錢背後的原因。弗萊明辯說美林的股價只是暫時受挫，而他需要一個可「正常」反映公司情況的價格。他提醒科爾，才一年半前，美林的股價高達八十美元。

科爾對收購一直有一個強烈的信念：永遠不多付。但是，如果你相信這業務，你最好付出更多以確保你能擁有它，這總比流入競爭者手中好些。

「我明白。」科爾說，他沒有對弗萊明的建議價作出承諾，但也明示他並沒有斷然拒絕，只說：「我們有很多事要做。」

這星期六晚上天氣宜人，在東五十四街和麥迪遜大道的義大利餐廳San Pietro的庭院裏吃晚餐最合適不過。這星期有不少華爾街大咖在這裏午宴，例如佩雷拉溫伯格夥伴（Perella Weinberg）的創辦

人、銀行業務合併泰斗約瑟夫．佩雷拉（Joseph Perella）；餐廳常客包括貝萊德集團的芬克、紐約證交所前董事長兼執行長理查．格拉索（Richard Grasso）、露華濃（Revlon）化妝品董事長羅納．佩雷曼（Ronald Perelman）、美林前總裁兼執行長戴維．科曼斯基（David H. Komansky）；甚至前總統柯林頓和他的顧問好友喬登（Vernon Jordan）也是座上客。

今夜約翰．麥克和摩根士丹利的管理層在院子裏挑了一張安靜的桌子坐下，查曼終於找到忙裏偷閒抽口雪茄的好機會。這二十四小時特別累人。

傑拉爾多．布魯納（Gerardo Bruno）是來自義大利南部個性鮮明的人物，他和三個弟弟共同擁有這餐廳。布魯納帶領摩根士丹利的人到他們的桌子，麥克馬上把外套脫下掛放椅背。

過了不久，陶博曼、克萊赫和加里．林奇（Gary Lynch）也趕到。他們有太多事要商量。點了瓶義大利紅酒Barbaresco後，他們開始對這嚴酷的一天作「驗屍報告」，特別是剛才與美林的會面。約翰．麥克對沒有參加會議的人轉述他和賽恩的對話：「接著他問：『你可以在二十四小時完成嗎？』」

聽到這一句，一桌子人全都失聲大笑。克萊赫補充：「操你媽的不可能。」

嘻笑過後，約翰．麥克提出他們眼前的第一大疑問：目前危機的範圍之廣已圍繞整個行業，有做交易的需要嗎？

查曼第一個發言：「聽著，外面沒有太多我們想與之共舞的對象。如果有洽談的好時機，那可能正是現在。」

高曼加入解釋，從他們一小時前和賽恩的商談看來，美林很可能在未來二十四小時便會和美國銀行合併；這等於說美國銀行已不可能收購雷曼。高曼對賽恩、克勞斯和蒙塔格膽敢把他們加盟不久、毫無認識的公司賣掉，只能搖頭嘆息，他建議：「我們也可以找路易士。」

約翰．麥克一直認為美國銀行是摩根士丹利最自然的合作夥伴；其實在危機發生之前，他常常和朋友打趣說這是他的「引退策略」。在股價高揚時，他經常想的是，和美國銀行交易將會是證明他重振摩根士丹利雄風的勝利樂章。在策略上，兩者也十分匹配：美國銀行是很出色的商業及零售銀行，但他們的投資部門比較弱；摩根士丹利的配置布局恰恰相反：擁有超級的投行但缺乏穩定的存款。也許，合併最好的一點是，在美國銀行基地夏洛特附近出生的約翰．麥克可以和家人在那裏退休，當合併後新公司的董事。

但今天晚上，約翰．麥克明白這想法已幻滅，命運註定此路不通，他問：「如果美林收歸美國銀行所有，你們認為美聯銀行（Wachovia Corporation）如何？」這時，一盤一盤的 **Timballo di Baccala con Patate** 和 **Fave e Pomodoro** 已擺在桌上。

接著兩小時，他們探討跟大本營也在夏洛特的美聯銀行接觸的利與弊；還是摩根大通、或匯豐？克萊赫建議中國最大的主權基金中國投資公司，而陶博曼則提及日本的三菱。

不管他們挑選誰，約翰．麥克有一點是堅定不移的：「我們不應急於推進任何事。」他提醒大家：儘管外面的世界如何滿目瘡痍，但他們可是摩根士丹利，世界級的金融巨無霸。公司星期五的市值依然超過五百億美元——雖然比上一個月低很多，但仍十分可觀。再者，他們的銀行存款高達一千八百億美元。

防患未然，摩根士丹利的財務長克萊赫幾個月來一直很盡責地逐漸增加公司的流動資金。摩根士丹利絕對不可能被擠兌，他們在市場上有雄厚的信用額度；話雖如此，他也承認如果雷曼售予巴克萊資本，而美林被美國銀行買掉，那摩根士丹利肯定會坐上被煎熬的位置。

查曼呷一口酒後清醒地說：「下一輪可能是我們。」

———

晚上八時已過，飢腸轆轆的戴蒙走到摩根大通大樓四十九樓的行政人員餐廳。營運委員會整天不停地工作，計算公司曝險雷曼、美林、摩根士丹利、高盛、及AIG的連帶風險。餐廳的員工全被召回來加班提供服務。今天晚上吃的是墨西哥的tacos，雖然食物可能比不上聯準會的好吃，但依戴蒙的記憶這裏味道較佳。這是他首次在這新裝修的餐廳吃晚飯。

用膳中途，戴蒙站起來在落地窗前踱步，城市的景色盡入眼簾。從他的角度，他可以從不同方向觀賞曼哈頓。半小時前，太陽的光環剛落過帝國大廈，然後夜霧籠罩整個城市。

戴蒙琢磨著今天的一切，他知道外面如何惡劣。「他們要華爾街付出代價。」戴蒙對著飯後在此稍作休息的銀行家說，希望他們能理解鮑爾森面對的政治壓力。「他們認為我們是高薪的混蛋。沒有政客、沒有總統會簽署任何拯救法案。」然後，他歸納群眾憤怒之言，問：「為什麼要拯救那些工作唯一的目標就是斂財的人？」

「我們撞上了冰山。」戴蒙對著他的同事咆哮，彷彿他正站在鐵達尼號的甲板上。「船艙已進水，音樂還在演奏，只是救生艇不夠。」他歪著嘴苦笑，有人將要被淹死。最後他說：「既然如此，你們應當盡情享用香檳和魚子醬！」

說完後，他回到座位，把剩下的taco一口咬下。

在聯準會那邊，儘管阻力重重，但巴克萊資本看來正在紮實地推進。早些時候，戴蒙德的顧問克萊恩提出一個各方都能接受的交易架構。戴蒙德對雷曼的房地產資產並無興趣，他希望得到的是「好銀行」——即雷曼減去有問題房地產的資產。

克萊恩的計畫很簡單：巴克萊資本收購「好」雷曼，而在走廊對面的競爭者——即其他的銀行可出資協助「壞銀行」的債務。戴蒙德認為他很容易可以說服倫敦的董事會及英國監管機構接受這「乾淨」的交易，這兩方對於交易一直心存憂慮。總的來說，這收購成本為三十五億美元，金額也可用於支援「壞銀行」。

午夜過後，巴克萊資本的隊伍收拾東西打算離開。然而，當他們下樓路過另一會議室時，卻被抓了進去，他們要對仍然在那兒開會的其他競爭對手解釋其收購大計。這是有難度的動作：他們實質上要求本是勢不兩立的競爭對手補貼自己的收購。

儘管夜已深，但一群包括高盛、花旗、瑞士信貸和其他銀行的銀行家還滯留在聯準會。克萊恩用最技巧的方式解說巴克萊資本的計畫。大家立刻聽得出他的意思是由業界組成銀行團，出資約三百三十億美元資助「屎糞公司」（ShitCo），或是克萊恩所稱的「剩餘公司」（RemainderCo）。

對其他銀行來說，這不是關乎投資在雷曼或巴克萊資本的問題，而是他們希望能緩和雷曼倒閉對自己公司的衝擊。

按克萊恩的說法，銀行團將擁有一家像是堡壘投資（Fortress Investment）或黑石集團（Blackstone Group）那樣的投資管理公司，以持有雷曼房地產和私募股本的資產。

這想法並沒有多少感染力。花旗的謝德林和克萊恩曾是同事，他率先舉起紅旗，這也許和他們從花旗時代持續至今的衝突有關。

謝德林問：「你們進行這交易需要募集多少資本？」

「這有什麼重要？」克萊恩不明白這問題跟計畫有何關聯，他回應：「你為什麼要知道？」

「你在競投這公司，」謝德林厲聲回敬他，「所以我們需要知道你如何融資。」

巴克萊資本的考克斯對這盤問很火大，他冷冷地說：「我們不需要為這交易募集任何遞增資本。」

克萊恩這才知道這些銀行家不太明白交易的架構，他再一次解釋：巴克萊資本不會和銀行團一起投資雷曼的「壞銀行」，他們只是收購雷曼的「好銀行」。

他解說完畢後，大家面面相覷，他們真的被要求補貼同行競爭者。巴克萊資本不會沾手雷曼最壞的資產，他們卻要作出承擔。

謝德林冷靜下來後，銀行家們承認儘管他們對這提案並不滿意，但仍有共識這可能是所有壞選擇中最好的方法，他們開始打造條款書。令人難以置信，這群疲憊不堪的銀行家正向著達成協議逐步前進。

「我們有了大麻煩，我說真的，他媽的真的很大！」摩根大通的伯恩斯坦午夜時對他在ＡＩＧ的隊伍宣告。燈火通明的辦公室中，一大票銀行家正弓著背在筆電和試算表上計算，他們剛發現ＡＩＧ一個新的資金缺口——他們的證券借貸業務虧損金額比他們的紀錄高出二百億美元。

伯恩斯坦大叫：「我們要解決的不再是四百億美元，而是六百億美元！」

ＡＩＧ越來越是一團糟，他們的電腦系統是超乎尋常的落後，而進行盡職審查的人員直到此刻才發現證券借貸業務的虧損速度在近兩個星期急遽惡化。摩通大通挖深一點時，他們發現ＡＩＧ似乎有違規行為：他們以短期商業本票支撐其長期抵押貸款的發行，因此，每當相關資產——那些抵押貸款——的價值折損時，即上星期每天發生的情況——他們便須從口袋裏掏出更多本票。

摩根大通一名銀行家費爾德曼（Mark Feldman）衝出房間去找ＡＩＧ的史萊柏時自言自語：「真是不敢相信。」他找到史萊柏時對他說：「我們需要你簽署委任書。這太豈有此理了，我們已整個週末在這裏。」戴蒙和布萊克命令費爾德曼必須拿到已簽署的委任書，不然便馬上帶隊離開。布萊克提醒他，沒有正式的委任書中免責聲明的保護，摩根大通將面對訴訟的風險；也許更重要的是，他們要確保付出的時間和努力必須得到回報。布萊克說如果遇到任何抱怨，便將責任推給他。

儘管史萊柏已拿到維爾倫斯坦德的授權書，他卻對此大動肝火。他轄下的ＡＩＧ隊伍早已把摩根大通的年輕隊伍稱為「希特勒的青年軍」，費爾德曼怎麼能在這種時候逼迫他簽署這樣的文件？整家公司在懸崖邊緣了，而摩根大通卻只知道收取費用？

起初，史萊柏想建議公司的法律總監負責簽這文件，但費爾德曼完全不接受。史萊柏最後爆發大叫說：「我不能簽這東西！我的董事會不會簽署這委任書！這很過分，這非常無禮，這非常庸俗。我沒有簽署的理由！」費爾德曼早已曾當著史萊柏的面多次罵他是「操你媽的低能笨蛋」，這一刻他忍無可忍：「你在這一分鐘若不簽署這份委任書，我這秒鐘就會馬上把每一個他媽的摩根大通銀行家撤走，馬上離開！」

聽到這句話，史萊柏終於投降，滿腔憤怒地拿出筆來，把名字簽上。

星期日凌晨三時，在利普頓律師事務所的辦公室裏，美國銀行和美林超過二百名銀行家和律師們已是第二度吃外賣披薩，他們依然全速前進，爭取盡快完成盡職審查。

弗萊明已經二十四小時沒睡，為了避免駕車回 Rye，他在文化東方飯店訂了一個房間。他正收拾準備離開時，美林的交易律師彼得．凱利走進房間。

「我有好消息。」弗萊明興奮地跟他說明他已跟科爾討論價錢問題，他有理由相信美國銀行願意付出每股三十美元的好價錢進行收購。

凱利以為弗萊明和他開玩笑，說：「我不敢相信他們會出三十美元。格雷格，這交易不會發生。這一點也不合理。我們是屈膝求存。」

弗萊明堅持：「我告訴你，他們會的。」

「你被人玩弄你還不知道！」凱利忍不住罵他，在這深夜時分他努力讓他的好友清醒：「你要醒過來，弄清楚他們怎麼玩弄你，因為沒有任何可能他們會進行三十美元的交易！他們會帶你走到教堂的聖壇前，才重新以每股三美元再展開談判，不同意他們就會放棄你。」

弗萊明一再堅持：「不要懷疑我。這交易會進行的。」

第十五章 雷曼之死

翌日，九月十四日星期天上午八時，睡眠不足的華爾街執行長們蹣跚地重返紐約聯準銀行，只睡了四小時的高盛貝蘭克梵和他的幕僚長霍維茲（Russell Horwitz）一起走進大樓。

精神萎靡的霍維茲說：「我想我不能忍受這樣的日子再多一天。」貝蘭克梵聽後哈哈大笑：「你只是從一輛賓士車走出來到紐約聯準銀行——又不是從登陸艇Higgins Boat冲殺上奧馬哈海灘（Omaha Beach）！看事情的角度要準確。」（奧馬哈海灘是二次大戰諾曼地著名的反攻登陸地點。）貝蘭克梵指的明顯是高盛的元老、前執行長懷海德（John Whitehead）所寫的書《*A Life in Leadership: From D-Day to Ground Zero*》，貝蘭克梵曾指定此書為公司內部讀物。

一名聯準會工作人員對在場的執行長們宣布：鮑爾森、蓋特納和考克斯很快便會下樓。這時，戴蒙（Jamie Dimon）身穿緊身牛仔褲、黑色休閒鞋和一件展示他一身肌肉的貼身襯衫，悠閒地走進房間。摩根士丹利的克萊赫小聲對約翰．麥克說：「他這把年紀還保持得真不錯。」

鮑爾森和蓋特納出現時宣布他們有好消息——其實，房內所有人似乎都已知道——昨晚，巴克萊資本已整理出收購雷曼的建議並準備推進；現在唯一的障礙是如何促使其他銀行提供足夠的資金——約三百三十億美元——資助雷曼的「壞銀行」。

蓋特納指示執行長們完成所有交易細節後，便立刻離開房間。

與會者在傳閱一份名為「交易問題」的文件，當中列出銀行家們需要考慮的難題。交易完成後雷曼一分為二，這兩個單位是否各自擁有足夠的資金？雷曼的「壞銀行」部分從技術層面來說，是否可在「破產隔離」（bankruptcy remote）的框架下運作——換言之，「壞銀行」是否可從法律角度剝離好銀行並獨立封存，讓其債權人日後不能向健康的部分求償？（譯注：破產隔離也稱「破產豁免」、「遠離破產」，是指將基礎資產原始所有人的破產風險與證券化交易隔離。破產隔離按法律或企業章程中規定，該企業不得主動或被動地引用破產法。破產隔離是資產證券化的核心，因為實現資產證券化的核心環節是利用超額擔保等手段進行信用增級，提高資信級別以透過資本市場發行證券，將不良資產的風險和收益進行分割和重組；而進行信用增級，必然要求立法上對於破產隔離的支持。

破產隔離是資產證券化交易所特有的技術，也是其有別於其他融資方式很重要的一點。在股票、債券等融資方式中，由於基礎資產不是從企業的整體資產中「剝離」出來並真實出售給一家具有破產隔離功能的特殊目的載體（Special Purpose Vehicle, SPV），而是與企業的其他資產「混」在一起的；如果該企業經營效益不佳或破產，這些風險將直接影響到股票、債券這些憑證持有人的收益，甚至會血本無歸。換言之，憑證持有人的風險和收益是與該企業整體的運作風險連結的。

而資產證券化則不同，由於它已經將證券化的基礎資產真實出售給特殊目的載體，出售後資產就與發起人、ＳＰＶ及ＳＰＶ母公司的破產隔離，即這些公司的破產不影響該證券化的資產，證券化的資產不作為這些主體的破產財產用於償還破產主體的債務。這就像是在賣方與證券發行人和投資者之間構築一道「防火牆」一樣，只有確實地實行破產隔離，才能保證資產支持證券（asset-backed securities）的運作，也才能使資產支持證券有別於一般公司債券。）

這時候戴蒙決定自告奮勇，扮演一九〇七年大恐慌時期幫助拯救國家的約翰・摩根（John Pierpont Morgan）的角色。他表示：「好，我們讓這事簡單點，有多少人願意拿出十億美元——我不管以什麼形式——來拯救雷曼？」

這是每個人放在心中而不敢說的問題；也是十年前，在同一大樓內，當時美林的艾立遜（Herbert Allison）為拯救長期資本管理公司所提出的同樣問題。當時仍在花旗的戴蒙亦有參與會議；昔日與今日唯一的分別是，那時候艾立遜問的是有多少銀行願意拿出二億五千萬美元。以今日的角度看，就算計入通膨，十億美元也是很大的數目。

當時會議上，貝爾斯登董事長吉米・凱恩（Jimmy Cayne）拒絕共襄盛舉；美林的執行長戴維・科曼斯基（David Komansky）怒罵他：「你他媽的為什麼這樣？」

凱恩也回敬他：「我什麼時候跟你成了夥伴啦？」

今天房間內每個人都知道當年這兩位華爾街霸主的爭論。貝蘭克梵對大家說，雖然他不相信雷曼倒閉會牽連系統風險，但他考慮的是事件對銀行信譽和公眾感覺這更大的議題：「貝爾斯登過去十年做了很多好事，但人們記得的唯一一件事，就是他們在業界有需要時沒有挺身而出。」

對不少銀行家來說，盡在不言中的是當年福爾德在挽救長期資本管理公司時的表現：當輪到他表態是否拿出二億五千萬美元時，他推搪說因為雷曼承受莫大的壓力，加上市場充斥雷曼將結束的謠言，他只能提供一億美元。

現在，十多家銀行的代表再次齊聚一堂，戴蒙率先啟動這募資行動，說：「我加入。」一個接一個銀行家跟著表態支持——全部數字加起來，差不多已達到拯救雷曼所需的水平——至少他們這樣認為。

——

美林的克勞斯和彼得・凱利早上八時抵達高盛的總部，乘電梯直達三十樓，穿過玻璃門，走進幾乎空無一人的行政樓層。克勞斯在高盛工作超過二十二年，在這裏他不需要別人引路。

高盛的柯恩和維尼亞跟他們打招呼後，四人一起進入會議室。會議開始前，柯恩私下告訴維尼亞，假如高盛購入美林一部分股權，價錢也會非常低賤，他強調：「我提出的價格將是很低的個位數。」這和弗萊明希望從美國銀行獲取的每股三十美元有天壤之別。（柯恩當時未說出口的是，雖然星期五收盤時美林的市值約二六一億美元，但他認為美林整家公司只值數十億美元。）

克勞斯帶著他交給摩根士丹利的同一份報告，說明美林尋求出售九・九%公司股權和取得二百億美元的信用措施。

談判還未開始，習慣直截了當的柯恩對美林的人說：「我將會把你們的抵押貸款組合減值至合理的地步。」這等於說，他打算把美林的有毒資產減值至接近零。

克勞斯回答：「我知道你怎樣想，你可以放一個正數數字。」他希望柯恩和維尼亞至少給該組合一點點價值。正當克勞斯準備進一步解說美林的資產負債表時，唯一的非高盛族類——彼得・凱利制止他。凱利對於向高盛提供大量資訊始終心存憂慮，也許克勞斯對他的前同事有一定信任，但凱利卻很有戒心。對他來說，和高盛達成協議的機會不高，再加上柯恩的評語，交易就算能達成，美林也會在非常低的價錢下出售。

凱利說：「各位，不要介意，這並非衝著你們，我們先放慢腳步，如果你們想進行盡職審查，讓我們先跟約翰說，看看我們該怎樣做。」柯恩和維尼亞都接受這建議，反正他們要趕回紐約聯準銀行。他們同意待克勞斯和凱利整理資訊後再展開談判。

會議結束後凱利致電弗萊明向他報告狀況，但他覺得出售九．九％股權以換取信用措施，不足以拯救美林。

「這不會填補雷曼倒閉後的大窟窿。」他告訴弗萊明。

「在資助雷曼方面，我們可能已有交易的大綱。」財政部的高級顧問沙弗蘭（Steve Shafran）對在紐約聯準銀行內的邁克達德（Bart McDade）及其率領的雷曼隊伍宣布。

笑逐顏開的沙弗蘭告訴雷曼的人員，樓下的執行長們對雷曼分拆房地產資產計畫已接近達成融資的共識。眾人聽後都如釋重負，邁克達德興奮地用他的黑莓機發電郵給正在盛信律師事務所的格爾本德（Michael Gelband）。站在會議室內，格爾本德讀完邁克達德的郵件後大叫：「我們搞定啦！」笑容中他欣慰地喘口氣。

星期天下午，英國金融服務監管局（FSA）的副主席赫克托．桑特（Hector Sants），從英國西南端的康瓦爾郡（Cornwall）沿著A30高速公路開車回倫敦。一路上，他的手機危險地卡在他耳朵和肩膀之間。

整個週末，桑特和他的老闆——英國金融服務監管局主席、巴克萊資本的前銀行家麥卡錫（Callum McCarthy）熱線不斷。六十四歲的麥卡錫在這崗位上只剩下六天，下週五便要光榮退休。

桑特和麥卡錫反覆評估巴克萊資本和雷曼的事態。桑特和巴克萊資本董事長瓦萊（John Varley）今天已多次通話，但麥卡錫不斷試圖與美國的對口官員蓋特納聯絡卻徒勞無功——雙方在週六時曾作簡短通話，之後對方音訊全無。麥卡錫抱怨說：「他還沒有給我回電話，這些人全找不到。」

到底巴克萊資本的戴蒙德有沒有向美國政府通報關於得到英國核准交易的必要條件？他們毫無頭緒。麥卡錫對戴蒙德這個從未融入英國紳士行列的美國人很是擔心，怕他談判可能比較隨意，就像華爾街那些不顧一切的人；兩人特別擔心執意要進行交易的戴蒙德並沒有把英國監管機構批准交易的條件解釋清楚，在他們的眼裏，收購雷曼可能讓巴克萊和英國金融體系陷於險境。支持競投雷曼的瓦萊顯然沒有戴蒙德那樣積極，他星期五和桑特通電話時重申，巴克萊資本董事會只會在得到美國政府或其他來源的足夠資助才會批准交易。瓦萊保證：「除非我對資產的品質以及融資方案這兩方面都感到滿意，否則我不會對董事會推薦這交易。」

麥卡錫和桑特也面對另一迫切問題，這事好像無關痛癢，然而在此時此刻卻舉足輕重：倫敦結算所（London Clearing House）負責歐洲相當一部分的衍生產品交易的結算，這個週末，結算所原本計畫進行軟體升級，把所有交易轉移至新系統。麥卡錫和桑特指示倫敦結算所暫緩該升級行動，直至雷曼和巴克萊資本交易一事轉趨明朗。由於多名技術人員在待命轉換系統，兩人不斷被催逼要求盡快作出決定。

為回覆倫敦結算所，桑特對麥卡錫說：「我們不能再拖延，我們要找蓋特納把我們的立場說清楚。」他們草擬麥卡錫要說的話：「作為監管機構，我們感到為了全球金融體系的最佳利益，你們得要理解——我們希望巴克萊資本已對你們說明，但如果沒有——我們需要在交易資金和資產方面得到適度的財政承諾，才會容許交易進行。」

麥卡錫說他會再作最後一次嘗試聯絡蓋特納。

———

在紐約聯準銀行十三樓，助理希爾達．威廉斯（Hilda Williams）通知蓋特納麥卡錫在線上。蓋特納終於拿起電話，以他一貫直率的口氣解釋因忙於車輪戰般的會議力圖促成雷曼交易，很抱歉未能適時回電。麥卡錫即時打斷他，表明自己對進行中的商談一無所知非常擔心，他有一連串需要答案的問題。

「資本需求，以及，特別是交易本身引發的風險——即從承擔風險日起至完成交易日這段時間可能出現的無上限風險。」麥卡錫指出他對這交易最大的擔心。

他解釋英國金融服務監管局有必要確定巴克萊資本有足夠的資本總額承擔收購雷曼的風險；而就算銀行符合要求——麥卡錫認為這應是可能的——巴克萊資本在完成收購前依然需要找到方法擔保雷曼的交易。他說：「我對巴克萊資本能否滿足這些要求非常存疑，而他們能不能做到目前也不清楚。」

蓋特納沒想到英國金融服務監管局的立場如此強硬，他直截了當地問麥卡錫是否正式表示他們不會核准這交易。麥卡錫回答：「我完全不可能提出任何看法評論這些風險我們能否接受，除非你把建議提出來。」但他補充現在時間已晚——倫敦已是下午三時三十分——他們能在幾小時內作出結論的可能性不大。

麥卡錫接著提出另一難題：他說按英國的上市公司條例，巴克萊資本在未得到股東投票支持前並不能擔保雷曼的交易，這條例適用於英國所有上市公司。現在不僅沒有足夠時間進行投票，他也沒有權力豁免條例——只有政府才可以。

蓋特納說，依他和巴克萊資本的對話，他的理解是英國政府已表態支持這交易。麥卡錫一錘定音地說：「我沒收到任何類似的指示。」正如財政大臣達林（Alistair Darling）星期五對鮑爾森所說的，麥卡錫也對於巴克萊資本本身和整體市場的健全心存憂慮。

蓋特納不耐煩地說：「我們在半小時內要作出決定，時間已不多。」

「祝你好運。」麥卡錫簡單地回答。

蓋特納掛上電話後趕緊跑到鮑爾森辦公室，財長和考克斯正在談話，他把麥卡錫的對話向他們轉述，蓋特納說：「我問他是否說他不同意，他卻只不斷說他沒有說不。」

蓋特納抱怨說：「他明明是這意思。」

鮑爾森簡直快抓狂了：「我不敢相信這事。」在簡短討論策略後，鮑爾森命令考克斯——房間內唯一對雷曼有法律授權的監管者——致電麥卡錫。

鮑爾森惱怒地想，考克斯早該研究這些監管規定的。「我不想成為最後拿著小弟弟（Herman）的人。」財長看看他的褲襠，唯恐大家聽不懂他的玩笑。（譯注：街頭俚語 Holding Herman ——拿著赫爾曼〔男性性器官〕——是指被難題纏住、和朋友被卡在最壞的情況。）

考克斯撥打麥卡錫的手機號碼，找到在泰晤士河畔、Blackheath區兩層樓房家中的他。當麥卡錫耐心地重複說明巴克萊資本面對的問題後，考克斯建議他們試著繞過去，並說：「你好像對這事無動於衷。」

「不是的。」麥卡錫冷冷地反駁：「我只是想把實況說清楚，讓你可以更實際地處理。」

「你太否定這件事。」考克斯堅持道。

麥卡錫帶著怒氣說：「你應該明白，我們這邊最大的難題是沒有正確的消息管道得到資訊，你要明白，我們這麼晚才聽到這事。」接著，他逐一列舉巴克萊資本需要滿足的規定：「我們本可以預先告訴你哪些會成問題，而哪些不會。」

五分鐘後，面如死灰的考克斯拿著記事本找到鮑爾森和蓋特納。他說：「他們不會做的，這是徹底的轉變。他們從未跟我們說過這些！」

剛走進房間的紐約聯準銀行法律總監白士德（Tom Baxter）也嚇住了，他難以置信地說：「我們已走這麼遠了，資金也到位了，他們坐飛機過來之前不知道嗎？」

「讓我找達林。」鮑爾森說。

當地時間下午四時，在蘇格蘭愛丁堡，英國的財政大臣達林正準備啟程返回倫敦迎接他的下一週。達林差不多整天不停和巴克萊資本的瓦萊、英國金融服務監管局的官員以及首相布朗通話，商議英國政府應否批准巴克萊資本的交易。

達林對這交易存有很深的疑慮，特別當他從工作人員得知美國銀行已退出競投，巴克萊資本收購的是否只是別人剩下的東西？他已把今早報章所有相關新聞評論悉數讀過，包括《週日電訊報》（*Sunday Telegraph*）的社論：

免費的東西也可能是昂貴的。投資者應該要求戴蒙德證明以下兩點才支持他：他能保留以前那種近來銀行界已喪失的紀律；以及在最大透明度下證明雷曼真正是物美價廉。

阿里斯代爾．達林認為巴克萊資本對雷曼進行的帳目審閱深度不可能足夠，不可能確保銀行日後無須面對大幅減值的風險；更糟的是，達林還有別的煩惱：英國最大的金融保險和抵押貸款銀行——蘇格蘭哈利法克斯銀行（HBOS）正在苦苦掙扎，他知道勞埃德銀行（Lloyds）有興趣收購。在巴克萊資本、勞埃德銀行和蘇格蘭哈利法克斯銀行（HBOS）三者之間，他認為整個英國銀行體系都存在真正的風險。

這些擔憂正在他腦海裏盤旋時，他接到鮑爾森的電話。

「阿里斯代爾，」鮑爾森凝重地說：「我們剛才和英國金融服務監管局作了很令人難受的對話。」

達林回應他知道雙方互有接觸，但仍有很多問題懸而未決。達林說：「我原則上不反對這交易，但這會讓英國政府承擔非常巨大的風險；我們需要明確知道背負的是什麼，以及美國政府願意做什麼。我們的疑問並非不合理。」

「我們這邊已接近完成。」鮑爾森對達林的立場感到詫異，並施壓要對方準備免除股東投票的規定。

達林反問：「如果交易可以進行，那麼，美國政府會為這做什麼？你會付出什麼？」

鮑爾森重申他希望私營銀行團能夠有所進展，但這時達林把話題轉向鮑爾森展開一輪炮轟：關於雷曼破產美國政府的後備計畫的種種問題。「如果雷曼將被接管，我們需要知道，因為我們這邊也會有牽連。」達林結束談話前這麼說。

「他不會做的。」鮑爾森驚愕地告訴蓋特納：「他說『他不要輸入我們的毒瘤。』」

接下來兩分鐘，蓋特納辦公室內所有人七嘴八舌地談論這消息，鮑爾森喝令大家安靜，用他本週首次提高的聲音問：「我們為什麼不能早點知道？真是令人抓狂。」

鮑爾森開始喃喃自語：是否應該請布希總統親自致電布朗首相，他又自問自答：「沒有機會的。」他說達林暗示他已向布朗交代情況。「他距離願意讓巴克萊資本進行任何事的心態還很遠。」他這樣分析達林。

「那我們要啟動B計畫。」蓋特納沉思一會後說。

他們決定到樓下把消息轉達給銀行家們，讓他們可以對雷曼的破產有準備。B計畫很簡單：監管機構會催逼銀行對和雷曼或各自的交易盡快平倉以減低對市場的衝擊。接下來要解決第二個關鍵問題，蓋特納說：「我們也要處理美林。」

他們站起來離開時，情緒明顯低落的鮑爾森啞著嗓子說：「你要騎小馬，你就要準備踏中糞堆。」

一名紐約聯準銀行保安四處尋找邁克達德和科恩（Rodgin Cohen），最後在一樓對兩人通報：「財長鮑爾森希望現在見你們。」然後把他們引到蓋特納的等候室。

科恩馬上感到不安，因為當邁克達德到處發出關於交易已接近完成的興奮電郵時，科恩從數名政府人員處聽到的風聲是情況還有很多變數，並不樂觀。這時邁克達德也感到事態不妙，一邊等一邊給格爾本德發電郵：「可能有阻礙。」

等候室的門打開，蓋特納、鮑爾森和考克斯走出來，三人的陰鬱表情令人震驚。鮑爾森宣布：「我們已讓銀行同意共組銀行團，但英國政府表示不同意。」

難以接受這消息的科恩懷疑地問：「為什麼？是誰？」

鮑爾森回答：「是來自唐寧街。他們不願美國的問題感染英國體系。」震驚不已的邁克達德只能無聲呆立，而以泰然自若馳名的科恩則幾乎尖叫起來：「我不能相信！你一定要做點什麼！」

「聽著，」鮑爾森語氣堅定地說：「我不會哄騙他們，也不會威脅他們。」

科恩繼續說：「我有一個可以扳動英國政府的關係，」科恩自動請纓：「我可以找我的朋友。」

鮑爾森瞪著他直搖頭：「你在浪費時間，這決定來自最高層。」

科恩走到一角，直接打電話給麥卡錫。他們相識數十年，九〇年代麥卡錫在巴克萊資本工作時，科恩曾是他們的律師。科恩臉上的表情已顯示他的朋友無法提供幫助。

「如果你認為這事不會感染你，那你是大錯特錯。」科恩告訴麥卡錫，以近乎懇求的聲音請他回心轉意：「正因為你不做這交易，你才會受到感染。」

鮑爾森、蓋特納和考克斯三人踏進樓下執行長們聚集的大會議室，他們還在協調支持雷曼房地產資產分拆的資金安排。大廳內的情緒高昂，因計畫不斷推進。

鮑爾森窘迫地宣布：「不願意支援巴克萊資本完成交易的人可以鬆一口氣。」銀行家們對鮑爾森這話都大惑不解，面面相覷，直至鮑爾森正式訃告交易已告吹：「英國人不允許這種形式的擔保；他們沒有辦法今晚完成；他們需要股東大會通過。」

戴蒙說：「但我們已有資金！」

另一銀行家問：「他們不是我們最親密的盟友嗎？」

「各位，請相信我，」鮑爾森說：「我知道如何當硬漢。我已盡一切所能。這交易已被槍斃。」

大家都感覺如同遭到突擊，鮑爾森直搖頭說：「英國笑眯眯地把我們幹掉了。」

蓋特納隨即轉舵，把討論帶到緊急計畫的實行步驟。他說雷曼控股公司會在當天申請破產，他並示意政府將在下午加開臨時的緊急交易時段，讓各大主要銀行盡快拆倉，以減低所涉及的雷曼風險。

最後，蓋特納提出成立循環信貸措施的想法跟大家討論，這方案實質上是針對下一家出事的銀行，建議每家銀行貢獻一百億美元，當中七十億美元是實際出資，剩下三十億美元則為承諾，籌集共一千億美元成立緊急基金；任何銀行可在緊急情況下提取最多三百五十億美元應急。

會議結束時，鮑爾森和蓋特納一同拉賽恩（John Thain）到一旁附耳道：「我們要和你談談。」

在會議室坐下後，鮑爾森對賽恩說：「約翰，你看到雷曼的慘況，你必須做好準備。如果你尋求政府拯救，你要知道我們並沒有獲得這樣的授權。」

賽恩嚴肅地回答：「我正在進行，我正努力自救。」賽恩解釋他現在是雙軌並行：一是把公司部分股權售予高盛，二是把整家公司賣給美國銀行。他說今早和路易士喝咖啡，和美國銀行進展較多，但估計高盛也可加快。

蓋特納認為已聽夠了，他要對柏南克作報告，便起身離去。鮑爾森看得出賽恩傾向選擇高盛投資

——他知道賽恩希望能保留美林執行長一職——但他卻指示賽恩要加緊推動和美國銀行的交易，他力促：「約翰，你必須把這搞定，你這週末如找不到買家，只能求上天拯救你也拯救我們國家。」

邁克達德聯絡上在巴克萊資本總部的戴蒙德時說：「我聽說這交易無法通過。」

「你這是什麼意思？」大吃一驚的戴蒙德回答：「我完全沒聽說。」

「這事已告吹，政府說不會發生。」邁克達德向他重述鮑爾森和英國監管當局的討論。

戴蒙德馬上致電蓋特納。戴蒙德氣憤地說：「我剛得到消息，發生什麼事了？」

蓋特納只回答：「你應該找漢克。」

戴蒙德終於找到鮑爾森，他咬牙切齒興師問罪：「我告訴你，我要從別人口中得知你已決定這樣做，這對我是極其難受的。」他稍停下來控制自己：「我所聽到的，和我相信的事實兩者出入極大，我認為你欠我一個解釋。」

鮑爾森把原委告訴戴蒙德，原本滿腔怒火的戴蒙德頓時感到很洩氣和尷尬。他遷怒鮑爾森，也對英國政府失望，他們怎麼可以讓他走了這樣遠之後卻在最後一刻把計畫砸碎？

中午十二時二十三分，戴蒙德用他的黑莓機發電郵給過去六個月來一直拉攏他進行這交易的斯蒂爾（Robert Steel）：

不可能再壞的結局，非常沮喪。微小的英國。

邁克達德、柯克和夏佛沉默地慢慢走向紐約聯準銀行地下停車場，擠進邁克達德黑色的A8房車返回雷曼總部。至少五分鐘車上鴉雀無聲，因他們各自在心裏消化剛才的一切，他們對再也沒有選擇已認命。

當車子駛上城西高速公路（West Side Highway）時，邁克達德用擴音器撥電話給迪克・福爾德，開始說：「迪克，你先坐下，我有壞消息，實際上是恐怖的消息。據說是英國金融服務監管局不批准這交易。交易不會進行。」

「你說『不會進行』是什麼意思？」福爾德對著電話慘叫。

「鮑爾森說已經告吹，英國政府不容許巴克萊資本進行交易。沒有人來救我們。」

福爾德聽後也沉默無語。

在城的另一邊，美林的弗萊明（Greg Fleming）和美國銀行的科爾（Greg Curl）兩人已接近完成草擬協議條款，律師們也在草擬大綱文本，合併公司的基地將在夏洛特（Charlotte），但在紐約也會有主要運作；證券業務將繼續沿用甚具代表性的美林品牌，和他們家喻戶曉的「公牛」商標。

弗萊明在整理細節時克勞斯來電，克勞斯正再次前往高盛，他告訴弗萊明自己需要一組盡職審查隊伍。

「我不能派出任何人，」弗萊明回答：「我們手頭有一筆好交易，必須把它完成。」弗萊明對克勞斯有所保留，他認為克勞斯從上星期上任的第一天開始不僅沒幫上什麼忙，更有意顛覆和美國銀行的協議，克勞斯更有興趣和他在高盛的老朋友交易；弗萊明也擔心，若美國銀行發現美林也在和高盛談判，對方便會拂袖而去。

克勞斯對弗萊明說：「我們有越多選擇越好，你是公司的總裁，這是你的決定，但你正在犯很大的錯誤。」

「沒錯，這是我的決定，」弗萊明同意：「而我剛已決定了。」

「約翰，我們得談談，」福爾德撥通約翰．麥克手機後乞求說：「我們一定有辦法讓交易可行的，我們安排會議好嗎？」還在紐約聯準銀行的約翰．麥克很為他的朋友難過，但他沒法回應福爾德的要求，他只能重複說：「我很抱歉，迪克，我真的很難過。」

掛上電話後，他走回銀行家那裏，把剛才的對話告訴包括戴蒙在內的眾人，大家一起哀悼雷曼的命運。

戴蒙皺起眉頭說：「我剛才和一個雷曼人有一段最脫離現實的對話。他竟然還不承認現實。」約翰．麥克直搖頭：「這真是弔詭。」

弗勞爾斯（Chris Flowers）暫時放下美國銀行那邊的工作，在ＡＩＧ大樓內坐在走廊祕書辦公位置等候維爾倫斯坦德，陪同他的還有德國安聯保險公司的阿赫萊特納博士。他們準備一起提出收購方案。

他們被邀請進會議室時，鮑伯．維爾倫斯坦德、史萊柏和一群顧問：包括摩根大通的伯恩斯坦、蘇利文．克倫威爾律師事務所的懷斯曼（Michael Wiseman）等人已在恭候。

「我們有一收購建議，」弗勞爾斯宣布並拿出一頁條款書交給維爾倫斯坦德。還不知道摩根大通的銀行家已發現了額外二百億美元缺口的弗勞爾斯解釋，他已促成一項對ＡＩＧ估值四百億美元的收購建議（ＡＩＧ在週五的實際市值約為三一〇億美元）。他強調，鑒於公司現在問題重重，這是他在最短時間內可作出的最佳估值。

他接著介紹收購條款：他自己的公司和德國安聯保險公司會投入共一百億美元股本——每家公司各出資五十億美元——然後他們計畫從銀行募資二百億美元；同時，他們會出售一百億美元的資產；他們會直接投資ＡＩＧ被監管的附屬公司，但他們會獲得母公司的控制權。此舉是為保護弗勞爾斯和德國安聯保險公司：就算控股公司倒閉，他們依然擁有其附屬公司。最後，弗勞爾斯說交易的先決條件是聯準會承諾把ＡＩＧ轉換為券商，好讓ＡＩＧ能像高盛、摩根士丹利或其他投行一樣享用聯準會的貼現窗措施。

在結束說明前，弗勞爾斯補充沒有寫在文件上的一項條款：「鮑伯，我們需要換掉你。」沉默的反應說明維爾倫斯坦德和他的顧問認為這收購建議是一個笑話——不是因為弗勞爾斯膽敢告訴維爾倫斯坦德他將會被解僱，而是因為這建議充滿潛在陷阱：弗勞爾斯幾乎沒有投入自己的錢，也沒有籌備完成交易所需的八〇％資金；他們當然也認為價格之低流於荒唐，他們心裏認為這公司的價值是他建議的至少二倍。

維爾倫斯坦德平靜地回應：「沒有問題，我們有義務把你的建議交給董事會，但我先告訴你，你要知道，建議中有若干突發變數，我們不可能同意的。」維爾倫斯坦德指的是弗勞爾斯還是得仰賴銀行貸款。

「謝謝你。」維爾倫斯坦德站起來道謝，他希望弗勞爾斯盡快從他眼前消失。

弗勞爾斯離開房間後，阿赫萊特納博士把門關上並重新坐下，他輕聲說：「我不贊成他剛才所做的事。」

「可是，你進來前不是已看過文件的內容。」盡量控制脾氣的維爾倫斯坦德說。

「沒有，不是的，不是的。這不是我們做生意的方式。」阿赫萊特納博士抱歉地說。

「好吧，你怎麼說也行，非常感謝你。」維爾倫斯坦德回應。

待所有人終於離開後，維爾倫斯坦德轉身輕輕囑咐史萊柏：「不要讓這群人再踏入這大樓！」

———

在這瞬間，福爾德容許自己露出一個微笑。雷曼財務長羅維特（Ian Lowitt）剛收到消息，聯準會計畫擴張貼現窗口，此舉可讓包括雷曼等券商將更多種類的資產——包括他們部分最毒的資產——當作抵押品換取現金。

「好，我們再開始！」福爾德鼓舞地說，他相信雷曼可能因此能多活幾天，可以有更多的時間多找選擇。

「這是太好、太好的消息。」羅維特說，他的腦袋已在盤算可抵押給聯準會的數十億美元房地產：「我們有足夠的抵押品！」

———

鮑爾森靠在椅背上指示蓋特納和考克斯：「雷曼得馬上作出申請！」他明言不希望雷曼的拖延加重市場的不確定因素。

鮑爾森堅持雷曼馬上行動也有另一考慮：聯準會可能會對剩下的券商擴張貼現窗口，但他無意允許雷曼利用這管道，這只會帶來另外的道德風險。

考克斯說他希望舉行記者會宣布雷曼破產，作為唯一對雷曼擁有正式管轄權的機構，他覺得需要對公眾先發布消息，以避免消息外洩後引起恐慌。

他把紐約聯準銀行負責公共關係的米歇爾（Calvin Mitchell）和鮑爾森的幕僚長威爾金森（Jim Wilkinson）召到他的臨時辦公室，問他們何時可以準備好開記者會。

「你為什麼不在證管會那邊舉行？這不是更合適嗎？」米歇爾對於在亂局中安排一場媒體活動感到非常不安。

「在這裏比較方便；那邊一個人都沒有。」考克斯指著窗外那群在自由街守候的記者堅持說：「記者都在這裏。」

米歇爾說：「好吧。我們可以在這層樓舉行，或在大廳那層，我們可以搬一個站台下去。」

考克斯比較喜歡在大廳舉行記者會的建議，補充說：「背景很好。」當他們開始討論考克斯應在記者會中如何解說雷曼破產內容時，證管會的交易及市場部主管艾瑞克．希里（Erik Sirri）指出計畫有一個小問題，希里說：「我們不能作出這宣布，在一家公司決議破產前，我們不能說這公司已申請破產。這是雷曼董事會的決定。」

下午一時後，雷曼的柏克非（Stephen Berkenfeld）致電威嘉律師事務所（Weil Gotshal）掌理破產案件的律師丹豪斯（Stephen Dannhauser），匆忙解釋說一組由邁克達德帶隊的雷曼管理層剛被召到

紐約聯準銀行，他沒有對丹豪斯透露什麼，只催促對方：「你最好也趕過去。」

僅幾秒鐘，丹豪斯已抓住三名高級合夥人——哈威．米勒（Harvey Miller）、羅伯茨（Thomas Roberts）和法弗（Lori Fife）——一起衝到街上找出租車。四個汗流浹背的人擠坐在因塞車而寸步難行的車裏。這時，羅伯茨接到另一合夥人的電話，對方說剛收到花旗的查詢，要求威嘉律師事務所在雷曼破產案件中代表債權人花旗。

羅伯茨對大家說：「這好像沒有道理，我們正要去討論和巴克萊資本的交易。」

離開通用汽車大樓一小時後，出租車終於到達紐約聯準銀行大樓。新聞採訪隊依然守候在外，聯準會的保安在旁監視。當律師們走進大樓時，他們碰見花旗的潘迪特匆忙離開，像要趕赴另一約會。

邁克達德和雷曼其他的代表已到達，並已在樓上和幾排的政府官員和律師對坐著。紐約聯準銀行的法律總監白士德和代表證管會的佳利律師事務所（Cleary Gottlieb Steen & Hamilton）負責主持會議。

邁克達德正和白士德解釋：「你不明白後果；你不明白將會發生什麼事！」看見威嘉律師事務所的隊伍抵達，白士德禮貌地暫停並解釋情況：「哈威，經過深思熟慮和很多研究，現在已清楚巴克萊資本的交易不會進行。我們得出的結論是雷曼需要申請破產。」

充滿懷疑的米勒，走到白士德面前只有幾吋之隔：「為什麼？為什麼『需要』破產？」米勒進逼：「請你解釋，請你對這點詳盡解釋！」

湯姆．白士德羞怯地回應：「這，我不肯定這是必須的，但鑒於近日的情勢，又不會有任何拯救行動，所以我們認為雷曼申請破產是合適的。」

米勒瞥一眼他的同事們後才說：「對不起，湯姆，我們不太明白。」佳利律師事務所的律師艾倫．貝勒（Alan Beller）蠻橫地打斷他：「你必須這樣做，而且要在午夜之前。我們有安撫市場的程序。」

生氣的米勒提高聲音：「是嗎？你有安撫市場的程序是吧？你可以告訴我程序是什麼嗎？」

「不，這與你作決策毫無關係。」白士德也不客氣地回答。

「湯姆，」米勒堅持：「這沒道理。昨天，聯準會並沒有一人跟我們說有關破產的事，今天，我們卻要在午夜前作出申請。午夜有什麼特別的魔力？我們作出這申請的唯一方法——而這絕不會是在午夜前——就是一份簡短的申請第十一章破產保護訴願書。這能有什麼作用？」

「不管怎樣，我們有我們的程序。」白士德重複。

米勒站起來，他六呎二吋的龐大身影遮擋了其他律師，他一字一字地咆哮：「程序是什麼？」

白士德的眼神空洞不安，沒有即時回答。

米勒繼續警告：「如果雷曼在毫無準備下貿然破產，這將會是一場世界末日的浩劫（Armageddon）。我曾擔任較小型券商破產案件的受託人，他們的破產對市場也有很大的擾亂跟影響。你現在要其中一家最大的金融機構、最大的商業票據發行商之一，在前所未有的情勢下申請破產。你這樣做會把市場上的資金流動性整個抽走，市場會崩潰。」

米勒揮舞著手指強調：「這會是一場世界末日的浩劫。」

白士德和代表證管會的律師對望一眼，考慮片刻後終於說：「好吧，我會告訴你我們準備怎樣做，我們（指聯準會和證管會的律師）內部需要先商量一下。」

當會議室只剩下雷曼的隊伍時，米勒對羅伯茨說：「這簡直是瘋狂，他們在下他媽的指令要我們進行申請。政府在命令我們申請破產。」

「我真的不知道該說什麼，這一定是不合法的。」羅伯茨回答。

半小時後，白士德和其他的政府律師們重返房間開始會議。

「這樣，」白士德宣布：「我們對你所說的一切已作考慮，但我們的立場並無改變。我們確信雷曼必須申請破產，但我們願意做的是，讓聯準會的貼現窗口繼續對雷曼開放，以讓它的券商業務能繼續運作。」

白士德認為這妥協方案可行，可促使雷曼有秩序地結束營業。聯準會貸款給雷曼的券商業務部門，不是無止境的，只是作為破產的一部分。

紐約聯準銀行副總裁桑德拉．克里格（Sandra C. Krieger）問：「你們需要我們明天提供多少資金，支援你們到星期一晚上？」

柯克回答她：「這是無法知道答案的問題。」

「你這樣非常不負責任！」她厭煩地回答。

「是嗎？」漸感氣憤的柯克說：「那妳能告訴我，明天五百億美元的交易額中，有多少交易對手會在我們申請破產的情況下把錢轉給我們？」

眼看對話已演變為爭辯，米勒插嘴，再次質疑這措施的必要性。

白士德重複道：「我們已聆聽你們的意見，得出的結論是我們的決定正確無誤，我們不需對此再進一步討論。」

米勒執著地繼續說：「你在要求這公司作出歷史性的重大決定，這家公司有權獲悉一切相關的資訊。」

白士德回答：「你們不會得到這樣的資訊。」

貝勒加入說：「我們將有一系列的公告，我們有一定的信心明天可以安撫市場。」

「對不起，」米勒嘲諷地回應：「你是在說新聞稿？」

會議就在這樣的氣氛下結束。

弗萊明在利普頓律師事務所走廊碰到彼得．凱利時，馬上給他一個大熊抱，並附耳說：「完成了，二十九美元。你欠我一杯啤酒。」

弗萊明剛得到賽恩開綠燈首肯以每股二十九美元進行交易。弗萊明和科爾討價還價了一整個下午，不僅成功遊說科爾接受協議，更同意美林的分紅總額可與二〇〇七年發放的總額看齊；沒有人會得到聘僱保證——包括弗萊明和賽恩——這點科爾特別看重。為確保這交易順利完成，弗萊明說服科爾幾乎同意放棄「實質嚴重惡化」（material adverse change, MAC）條文——意思是就算美林的業務持續惡化，美國銀行都不可因為擬收購的業務已出現「實質嚴重惡化」而金蟬脫殼。

科爾敲定收購價前曾對路易士解釋：「也許我們日後能以更低價格進行收購，但如果我們今天不做這交易，我們可能會完全喪失機會。」對做了一輩子交易的科爾而言，這是他值得加冕的最高成就。

美國銀行和美林分別安排在下午五時及六時舉行董事會通過交易。不出數小時，近百年歷史、華爾街上最傳奇的老店美林，將以銀行合併史上最高的溢價出售予美國銀行。正如某報日後所形容的，交易一如沃爾瑪百貨（Wal-Mart）收購美國的珠寶名店蒂芬妮（Tiffany）一樣。

———

在紐約聯準銀行，銀行家們剛結束和雷曼的交易拆倉行動，但效果並不理想。當天稍早前，聯準會向所有執行長發出一份解釋相關程序的備忘錄——紐約和倫敦臨時加開兩小時的緊急交易時段，讓雷曼的交易對手們嘗試繞過雷曼這個中間人自行互相直接對盤。

整個過程完全建基在雷曼破產的假設，聯準會的備忘錄這麼寫著：「所有交易皆依緊急情況的基礎進行，當雷曼控股公司在星期一上午九時前申請破產，交易才會『執行』。」

聯準會刻意不把備忘錄分發給雷曼。

但不管聯準會的提議如何周全，各銀行要繞過雷曼成功對盤亦是很困難的事。下午四時，當那些沮喪萬分的紐約交易員們離開交易桌時，他們面對的雷曼風險和上星期五收盤時相比並無太大變化。

管理全球最大的債券基金——太平洋投資管理公司（PIMCO）的債券天王葛洛斯（Bill Gross）當天對記者說：「今天加開的臨時緊急交易時段雖說意圖讓市場主要參與者盡快拆倉，但並沒有促成很多交易——總量也許只有十億美元——然而企業債券的差價卻被大幅拉大。看來雷曼即將申請破產，而立刻爆發金融海嘯的風險，其實是來自全球的交易員、對沖基金和所有『買方』都同時急於拆除衍生工具、及信用違約交換（swaps）相關的買賣盤。」

美林賣給美國銀行的消息亦不逕而走，美國最備受敬重的投資人之一的葛洛斯對這謠傳極度保留。「某種程度上，美國銀行收購美林的傳言對提升市場信心有所幫助，但我對美國銀行是否在如此短的時間內決定付出如此高的溢價存有疑問。」

當天也出席紐約聯準銀行會議的摩根士丹利女銀行家波拉特（Ruth Porat）也對市場的猜測、特別在價錢上有所懷疑。她致電摩根士丹利的銀行業專家布魯贊（Jonathan Pruzan）把這則市場上最新的傳言告訴他：「傳聞價錢高達每股二十九美元，明天早上公布。這真不可思議，他們根本沒有足夠時間完成盡職審查，這價錢很荒謬。」

布魯贊不加思索地回答：「這是百分之百肯尼斯的做法。這是真的，肯尼斯就是會這樣做的人。」

摩根士丹利的法律總監加里．林奇（Gary Lynch）大聲對著聽筒說：「你全記錄下來了嗎？」瑞士信貸的投資銀行執行長柯磊洛（Paul Calello）不停在他身邊踱步。在紐約聯準銀行內，林奇沒有電腦，只能透過電話把新聞稿的重要內容念給摩根士丹利女發言人麥法登（Jeanmarie McFadden）聽，麥法登急急忙忙地記錄著。他們的計畫是讓市場知道雷曼可能會倒下，而華爾街的銀行全都聯手力阻金融體系爆破。

新聞稿的開頭是這樣的：「今天，一組來自全球的商銀和投資銀行發起一連串的行動，以幫助強化資金的流動性，及紓緩全球股市和債市前所未見的波動和各種影響。」

新聞稿接著提到，全球最大的金融機構已聯手為業界創立了一千億美元貸款措施——這是聯準會旗下主要交易商融資機制以外的措施，任何銀行都可從資金池中抽借最高三百五十億美元。

至今，十家銀行每家已各投入七十億美元，資金池已籌得共七百億美元，名單上的銀行猶如金融體系的名人錄：高盛、美林、摩根士丹利、美國銀行、花旗、摩根大通、紐約銀行、瑞銀（UBS）、瑞士信貸、德意志銀行和巴克萊資本。在正常的日子，他們是競爭激烈的對手。

新聞稿最後重申：「業界會竭盡全力提供額外流動資金以確保資本市場和金融體系的穩定。」

雷曼的隊伍漸漸感到恐慌。投資管理部主管、布希總統的表親喬治・沃克四世（George Herbert Walker IV），在公園大道三九九號的辦公室內正在設法拯救自己的部門。星期五時他已收到兩家私募股權投資公司的競標：分別是貝恩資本（Bain Capital）和德州太平洋集團（Texas Pacific Group, TPG），他正在努力拉攏撮合時，邁克達德麾下的一名交易員弗爾德（Eric Felder）來電，弗爾德連珠炮般像過度換氣症候群患者一樣，他執意說：「你一定要找你的表哥，如有致電總統的需要，這就是時候。」

作為布希總統的遠房表兄弟，沃克對動用家族關係很遲疑，他說：「我不知道應不應該這樣。」弗爾德說：「他媽的整家公司都快要沉沒了，需要有人出手阻止！」沃克嘗試打這電話，但只能在白宮接線生處留言，而最後也沒有人回電給他。

雷曼破產已在倒數計時，這時雷曼常務董事柏克非（Steven Berkenfeld）又再發現新難題：雷曼一共積欠為自己申請破產的威嘉律師事務所（Weil Gotshal）一千八百五十萬美元；這筆款項是之前累積的費用。雖然這未付款和雷曼在華爾街的欠帳相比微不足道，然而在法律上，這卻會防礙威嘉律師事務所及米勒代表雷曼申請破產保護的資格，因為威嘉律師事務所若是雷曼的債權人，任何法官都可能以利益衝突為由剔除威嘉律師事務所的參與。

柏克非認為威嘉律師事務所的參與對案件極為重要，他們的律師熟悉雷曼，而眼前的申請更要以破紀錄的速度完成。威嘉律師事務所主席丹豪斯也認為這是最重要的任務。以雷曼的份量和申請的複雜性來看，這應是比安隆（Enron）更巨大的案件，涉及的律師費用應超過一億美元。

丹豪斯指示柏克非要馬上直接電匯現金到事務所的帳戶付清帳單，此舉必須在申請破產前進行；但這方法也不無風險：收取付款也可能令事務所失去代表資格。

儘管雷曼承受著四面八方的壓力，柏克非仍作出努力。因為當天是星期天，柏克非對唯一能執行電匯的摩根大通提出要求。

然而，丹豪斯卻通知他轉帳並未成功：摩根大通已凍結雷曼的戶頭。丹豪斯說他被通知這是「來自高層的決定」。

柏克非馬上找到摩根大通的法律總監卡特勒（Steve Cutler）憤怒地追問：「聽著，我不清楚『來自高層的決定』是什麼意思。」他提高聲音：「我不知道是戴蒙或是外面其他人的意思，但有一天，我們會要求你作證時提供答案。」

卡特勒答應他會盡力安排付款。

疲倦和受挫的戴蒙德回到酒店後發現有驚喜等著他：他太太珍妮佛（Jennifer）、和在普林斯頓念大二的女兒內莉（Nellie）在房間內。從網路新聞得知父親努力促成的交易已泡湯，內莉馬上從新澤西州出發到紐約。

他們一家三口決定到 Smith & Wollensky 牛排館吃晚餐。剛要踏入餐廳時，戴蒙德的手機響起，來電顯示對方是邁克達德。他告訴女兒：「我不想接聽。我不能再繼續這事。」

女兒覺得這種退縮並不是父親平日的風格，她堅持：「爸爸，拿起電話。」

戴蒙德無奈地接聽，邁克達德已馬上提問：「我有一個問題，如果我們申請破產，你會不會考慮把我們的券商業務從破產剝離？」

戴蒙德輕聲對珍妮佛和內莉說：「我要講一會兒。」

女士們走進餐廳，戴蒙德問：「這真會發生嗎？真會申請破產保護嗎？」

邁克達德回答：「我現在還未確定，但如果真的提出申請，如果這是結果，你會不會考慮收購我們的券商業務？」

戴蒙德對他說：「這正是我們希望擁有的部分。所以，絕對願意。我們會考慮，但我先告訴你，我對破產法是一無所知，也不知從何開始，我得和董事會討論。我也要和約翰（巴克萊資本董事長）交代這事，但我幾乎可以肯定答案將是『可以』。」

戴蒙德繼續說：「不如這樣，明天我早點起來集合我的隊伍，我們早上五時碰面。如你們未宣布破產，請給我發個電郵。你集合你的隊伍，我集合我的。」

維爾倫斯坦德和他的摩根大通顧問星期天晚上返回聯準會報告最新情況。鮑爾森、蓋特納和傑斯特在會議桌就座後，維爾倫斯坦德嚴肅地對大家報告：「我們還在原地踏步，實際上，可能比之前更惡劣。」他解釋缺口已擴大至六百億美元，也詳細轉述弗勞爾斯耍的「鬼把戲」收購建議逗樂大家。

負責記錄的傑斯特，開始對維爾倫斯坦德和伯恩斯坦的數字嚴加盤問。傑斯特不理解為什麼數據都是概略的區間，他要知道ＡＩＧ所需資金的確實數字，準確到小數點。

伯恩斯坦嘆氣說：「我無法給你準確的數字，要獲得清楚的數字並不容易。」他形容ＡＩＧ的系統是如何落伍。

房間內每個人都看得出ＡＩＧ已如維爾倫斯坦德所說的「處於困境」——然而，至今沒有人提到「破產」一詞。維爾倫斯坦德再次建議聯準會貸款給ＡＩＧ讓他逃過評級機構的降級；蓋特納重申這是不可能的。有鑑於雷曼即將死亡，維爾倫斯坦德知道蓋特納的拒絕是認真的，儘管如此，他依然堅持：「我的建議是一項交易，不是拯救。」維爾倫斯坦德說：「如果我們可以在抵押資產的前提下得到聯準會的支持，我向你承諾，我們會把所有資產賣掉還債。」

鮑爾森懊惱地重複，這是不可能的。

ＡＩＧ隊伍離開後，蓋特納跟鮑爾森說他們需要開始考慮如何拯救這家公司——也許再組私營銀行團？

「我不知道，我不知道。」疲憊不堪的鮑爾森厭倦地說。他的心思還被雷曼和美林的命運纏繞著，現在他又需要為ＡＩＧ尋找解決方案？

鮑爾森的幕僚長威爾金森（Jim Wilkinson）試圖振奮老闆的精神，說：「如果這不是發生在我們身上，從分析的角度來看，這是極有意思的研究課題。」

ＡＩＧ不屬於財政部或聯準會的管轄範圍，但如果真要找人負責，這將會落在蓋特納的肩上，他對情況的掌握也最緊密。在鮑爾森「洗手」卸下包袱前，蓋特納向他「借用」傑斯特。這週末已證明傑斯特在雷曼和美林很多實質的問題上能幫上忙。鮑爾森說，作為高盛前任副財務長，傑斯特比任何人更能理解金融服務公司；他也是極少數明白他們眼前問題的複雜性的人：他在高盛時，九〇年代他的其中一名客戶正是AIG。

這漫長的晚上，回到摩根大通總部的戴蒙致電伯恩斯坦，聽取AIG最新情況。

伯恩斯坦告訴他：「情勢不妙。」並指出AIG的缺口增長速度有如「雪球」。

戴蒙認為AIG因「流動性危機」可能會出現即時難題，但他相信AIG基本的業務有龐大的潛在價值。一時間，他開始作白日夢：「也許我們可以看看，裏頭一定有價值的，一定有。」

伯恩斯坦簡直不能相信自己的耳朵：「什麼意思？為我們？」

「是呀。」戴蒙回答。

「不，不，不。」伯恩斯坦堅持要戴蒙打消這念頭：「他們連自己的數字也搞不清楚。」

「我不知道。」戴蒙沉思著，仍然不相信AIG是一文不值。「這可能是個好主意。」

鮑爾森看手錶，已過傍晚七時，亞洲市場即將開市，而雷曼依然未申請破產。

「考克斯跟他們說了沒有？」他對著威爾金森咆哮。

威爾金森說他曾請考克斯直接致電雷曼，但他一直抗拒。威爾金森鄙視地說：「他什麼屁也沒做。我已跟他重複你的話，他像是嚇呆了，就像汽車燈前受到驚嚇的鹿。」

鮑爾森一開始對考克斯便無甚尊敬，現在更證明他能力有限。鮑爾森囑咐他協調雷曼的申請，在「此時此刻」早應完成。他舉起雙手說：「這人真沒用。」然後親自衝到考克斯的臨時辦公室。硬闖進門後鮑爾森用力把門關上，罵道：「你到底在做什麼？為什麼你還沒打電話給他們？」

考克斯明顯不願利用他的官方職權指使一家公司申請破產，他難為情地解釋他不確定自己打這電話是否合適。

鮑爾森大發雷霆：「你簡直是不會開槍的黑道！操你的這是你的工作。你要打這電話。」

當威嘉律師事務所的破產律師團隊把一箱箱文件推入房間時，雷曼董事會議已在進行中。邁克達德用平穩的語氣，把在紐約聯準銀行發生的一切向董事會作詳盡報告。他回答問題時，福爾德的助理把字條遞給她的老闆，福爾德一邊讀一邊往椅背緊靠，然後說：「對不起，請等一等，克里斯．考克斯來電話要對我們說話。」

董事們面面相覷，一臉詫異，沒人聽說過證管會主席要求對企業董事會發言的先例。有董事質疑他們是否應接聽這電話，但被駁回。他們又有什麼損失？律師們警告如果對方提出任何問題，只有董事能作答。

福爾德靠近電話擴音器，疲憊地說：「克里斯，我是迪克．福爾德，我們收到你的訊息，董事會正在開會，所有人都在這裏，所有董事及公司的法律顧問。」

考克斯刻意審慎、生硬，如念稿子般地說：雷曼的破產將有助穩定市場，這對國家是最佳利益；他繼而介紹紐約聯準銀行法律總監白士德，由他告訴雷曼董事會聯準會和證管會的一致意見是雷曼應申請破產。

克睿克申克（Thomas Cruikshank）是雷曼其中一名獨立董事，他曾帶領全球最大的油田服務供應商哈利伯頓公司（Halliburton）經歷八〇年代石油爆破困境，之後並指定現任副總統錢尼（Dick Cheney）繼任其執行長一職。語帶不快的克睿克申克率先發問：「為什麼雷曼的破產如此重要？」

考克斯只能重複市場十分動盪而政府已深思熟慮，其他董事也加入戰團提出大同小異的問題，考克斯和白士德的答案也是照本宣科。董事們對他倆的含糊其詞越來越不滿，最後，克睿克申克直接質問：「讓我看看我是否明白。你是不是在下令我們要為雷曼申請破產？」

電話另一邊突然鴉雀無聲，幾分鐘後，考克斯說：「給我們數分鐘，馬上給你們回話。」一名律師按下滅聲鈕，雷曼董事們馬上爆發一連串的問題：證管會在下指令給我們嗎？或是聯準會？發生什麼鬼事？據大家所知，政府從未命令一家私營企業宣布破產。

十分鐘後，考克斯清清喉嚨重返電話上：「是否申請破產保護是董事會需要作出的決定；這不是政府的決定。」考克斯依然用同樣穩定、機械式的語調回答：「但我們相信你們早前和聯準會進行的會議中，政府已清楚表達意願……」IBM前總裁約翰．埃克斯（John Akers）打斷他：「你是說你實際上不是在下指令？」

「我不會說多於我剛才所說的話。」考克斯在對話結束前這樣回答。

目瞪口呆的董事們互相對望，面無表情的福爾德把頭埋在掌心。雷曼的法務長羅素站起來概括地解釋證券法下董事會的責任。在他說話時，一些董事竊竊私語：*破產似乎是無可避免。我們是否現在申請？下星期？*

他們全都知道政府可以用上很多招數，如果他們不按考克斯希望的進行，誰知道後果會如何？同意貸款給雷曼券商業務讓它繼續交易的聯準會，也隨時可以強迫雷曼清算。

雷曼申請破產的動議要進行投票。八十一歲的華爾街資深經濟學家、曾在所羅門兄弟公司工作、現擔任雷曼董事會風險管理委員會主席的考夫曼（Henry Kaufman）蹣跚地站起來發言。在七〇年代因悲觀的前景評論被喻為「末日博士」的考夫曼在今年初曾尖銳批評聯準會，指責「中央銀行對商業銀行的監管太過溫和」；現在他針對政府硬逼雷曼申請破產說：「這是羞恥的一天！政府怎能容許這樣的事發生？」考夫曼繼續咆哮：「監管者全到哪去啦？」他繼續發洩了五分鐘之後才無奈地坐下，其他董事只能難過地看著他。

午夜時分將至，破產的決議投票通過，一些董事淚水盈盈，福爾德抬起頭說：「我想這是說再見的時候。」

其中一名破產律師法弗（Lori Fife）苦笑說：「不，你不能走，董事會在以後的角色非常關鍵。」米勒補充：「你們要決定怎樣處理這些資產。所以這不是再見。我們將有一陣子會保持見面。」福爾德茫然地看著律師們，輕聲說：「真的嗎？」然後孤身慢慢走出房間。

剛從加拿大愛德蒙頓（Edmonton）回到奧馬哈家中的巴菲特，收到雷曼即將破產的消息。他要到Happy Hollow鄉村俱樂部準備和谷歌公司的共同創辦人賽吉・布林（Sergey Brin）和他太太安共進晚餐。

「你替我省了很多錢。」巴菲特進入餐廳時笑著對布林說：「要不是我得準時趕過來，我可能又買了些什麼。」

紐約市長彭博和鮑爾森通電話後，馬上從家中致電副市長凱文．希基（Kevin Sheekey）告訴他：「我想我們要取消加州之行。」希基已在收拾行李，準備前往參加他和加州州長阿諾．史瓦辛格策劃多月的活動。彭博解釋：「明天將是世界末日。」他的語調絲毫不像是開玩笑。嚇傻了的希基回應：「那你真想明天留在紐約嗎？」

黑石集團（Blackstone Group）的聯合創辦人彼得．彼得森（Peter Peterson）在七〇年代被路易斯．格魯克思曼擠出局前曾是雷曼的執行長。《紐約時報》的記者來電要求他為這天發生的事作評論時，他正和太太在家中看電視。

他遲疑了一會消化所有訊息後說：「我的天，我在這行業三十五年，這是我前所未見的非常事件。」

雷曼歐洲抵押貸款業務高級副總裁克里斯蒂安．勞雷斯（Christian Lawless），星期天晚上在倫敦辦公室發電郵給所有客戶作最後的謝幕：

> 話語不能表達在過往幾個星期公司被毀滅的悲哀，但我希望向你保證我們必定會以不同的形式重出江湖，並且必定會比以前更強壯。

在利普頓律師事務所，美國銀行的路易士歪笑著說：「嘩！」

收購美林的交易已完成——雙方的董事會已通過——他正等候開香檳慶祝。不過，完成交易不是讓他發笑的原因，赫利希（Herlihy）突然收到美林前執行長奧尼爾（Stanley O'Neal）的電郵，赫利希大聲念出：「我很遺憾一年前未能說服美林董事會。」奧尼爾指的是去年九月雙方的祕密會談。他繼續：「雖然我預計你會拒絕，但我可以就美林一事為路易士提供意見和顧問服務。」這電郵也許是變壞的局勢中唯一令人輕鬆的一刻。路易士不耐煩地等候律師們完成文件，好讓自己簽署。

他並沒有親自參與談判細節，但合併協議內有多份「附函」和其他關於薪酬的協定，打造這些文件需要時間。

弗萊明說服科爾同意付出不尋常的巨額——五十八億的「激勵報酬」，這相當於美林上一年度在市場變低迷前的數目。科爾和弗萊明兩人都認為這是留住美林僱員的必須價碼。

時間已晚，但聯準會仍在努力解決美國銀行與美林交易的可行性問題，尤其是在本週初被柏南克和蓋特納強行否決了對美國銀行訂定資本比率要求的里奇蒙聯邦準備銀行。

晚上九時四十九分，里奇蒙聯邦準備銀行的助理副總裁懷特（Lisa A. White）剛結束和美國銀行風險管理長布林克利（Amy Brinkley）的電話會議。懷特即時發電郵給她的同事，標題為：美國銀行最新情況：

> 剛和布林克利講完電話。
>
> 她說和美林的交易已具體化，只有一些法律細節還在討論中。雙方的董事會已批准交易，法律

問題一旦明確，他們會公布……布林克利表示美國銀行的管理層感覺和美林的合併比起和雷曼來得安心，特別是公司的價值和資產入帳方面。

布林克利承認外界可能會認為美國銀行收購美林的溢價過高，但美國銀行本身對美林的資產估值顯示其收購價其實便宜了三〇％到五〇％。著名的私募股本大咖弗勞爾斯，過去幾個月曾為其他潛在的股本投資者對美林進行了深度的盡職審查，我的印象是美國銀行是依賴他的報告。我取得更多的細節後會即時發出傳閱。

弗勞爾斯離開AIG後，走到華爾街和百老匯大道交界的三合教堂附近散步，他決定聯絡戴蒙，希望從他那兒知道維爾倫斯坦德對自己下午提交給AIG的收購建議反應如何。

弗勞爾斯問：「你有聽到什麼嗎？維爾倫斯坦德什麼屁也沒告訴我。」

戴蒙坦白地說：「你要知道，你撒尿令他很不高興。」

「是嗎。我真不明白為什麼，但也許我是有的。」弗勞爾斯說完後便掛上電話。他走回松街七十號時，他驚嘆自己參與美林這巨型收購的工作猶如奇蹟。他在AIG花了這麼多時間，但似乎只是無關重要的小事。最終，他沒有在美林交易中得到一小份，但這沒太大關係。在這個瘋狂的週末，他的公司和一家小型投行福克斯皮特（**Fox-Pitt Kelton**）都因為替美國銀行撰寫「公平意見」（**fairness opinion**）而得到報酬。

通常「公平意見」是獨立、沒有利益衝突者對於交易的「認可」。但在華爾街，他們被視為只是橡皮圖章。然而這個案件比較複雜：因為弗勞爾斯自己也希望參與與美林交易，而且福克斯皮特根本就是他的公司投資的。弗勞爾斯和他的投行共收取了約二千萬美元的費用，其中一千五百萬取決於交易成功——相當不錯的一週工作收入。

———

摩根士丹利的波拉特去探望在雷曼工作的朋友。當她在對方家中喝著酒憐憫一切時，波拉特接到她在財政部的朋友傑斯特來電。波拉特和傑斯特過去一個多月一起奮鬥解決兩房的事件。

他告訴她：「我需要妳的幫助。妳不會相信的，但我們認為ＡＩＧ可能這週內會破產。我在想妳能否再組織你的隊伍聚焦處理ＡＩＧ。」這任務是代表聯準會。他告訴波拉特他希望摩根士丹利的隊伍早上到聯準會集合。

「等一下，等一下，等一下。」波拉特不敢相信她所聽到的：「你是在星期天晚上告訴我，我們整個週末在處理雷曼，然後現在又要做這個？我們已經花了他媽的四十八小時在一件錯事上。」

———

回家的路是多麼漫長難受；福爾德坐在車內彷彿死了一半。以往的氣焰、熱忱、鬥志彷彿已成過去。他依然很憤怒，但其實他只是很傷感。第一次，一切好像沉寂下來，耳邊只有汽車引擎和輪胎在高速路上的聲音。他終於不再追看他的黑莓機。

他的賓士車開進家門時，已是凌晨二時。他的太太在床上等他回家。還未平復的福爾德慢慢走進寢室，他已多夜未眠，凌亂的領帶掛在他弄皺的襯衫上。他坐在床邊，悽楚地說：「一切都完了。真的結束了。」

太太黯然無語地看著他淚水盈眶。

「聯準會背棄了我們。」

「你已盡力了。」她輕揉著他的手說：「你已經盡力了。」

「一切都完了。」福爾德重複：「一切真的結束了。」

第十六章　AIG崩塌

九月十五日星期一早上七時十分，鮑爾森在下榻的華爾道夫飯店（Waldorf Astoria）套房床邊，當天的報紙攤開在面前。昨晚他幾乎徹夜難眠，擔心市場對前一天的消息不知將如何反應——也擔心AIG會不會成為下一塊倒下的骨牌。

佔據了《華爾街日報》頭版整個版面的兩行大字標題是：華爾街危機四伏，雷曼搖搖欲墜，美林被賣掉而AIG正尋求募資。雷曼在凌晨一時四十五分，在《華爾街日報》付印後，在紐約南區正式申請破產保護。

布希總統來電話時鮑爾森剛穿好衣服。鮑爾森前一晚只向總統作了簡短報告；這是他第一次有機會向總統詳細解釋經濟狀況，以及商議政府應向國民傳達什麼資訊。

鮑爾森的聲音比平常更沙啞，開場白是告訴布希總統雷曼已正式申請破產。「我肯定國會內有些人會為此感到高興，但我不認為他們應該有這種感覺。」鮑爾森知道，由於政治壓力，故不容許再有拯救行動。

鮑爾森審慎樂觀地認為投資者應可接受這消息，但他也預警金融體系可能會面對更大的壓力。

當天《華爾街日報》引述Zephyr Management公司常務董事愛華德（Jim Awad）的說法：「與貝

爾斯登的情況有明顯分別——這一次所有人已有準備。市場可能可以稍喘一口氣，因大家已準備好，你不會見到一千點的大跌，但嚴酷、漫長的熊市將再重現。」

鮑爾森告訴布希總統雖然美國市場再三個半小時才開市，但亞洲和歐洲市場只是輕微下跌，道瓊指數期貨雖然下滑，但跌幅只約三%。

鮑爾森把週末一些細節重述，怪罪英國政府誤導他們。鮑爾森對布希總統說：「我們已沒有選擇。」布希總統能體諒他的難處。

但總統對那些曾經出現的可能性並不太關心。他告訴鮑爾森，儘管他不樂見破產的結果，但是讓雷曼倒閉可以給市場一個強烈訊息：他的政府不再拯救華爾街的公司。

就在他們談話之際，市場對消息的不良反應逐漸顯現。蘇格蘭皇家銀行格林威治資本公司（RBS Greenwich Capital）的銀行業分析師魯斯金（Alan Ruskin），一清早便給他的客戶發出分析報告，試圖剖析雷曼破產的意義：「書寫這報告時，財政部擺出的姿態是要給我們所有人一個教訓：政府在金融業這股合併浪潮中將不會支撐每一交易。」他這麼寫：「他們的出發點部分是財政考量，部分是道德風險因素，我懷疑後者較多。我推測政府要教訓華爾街最重要的原因是要他們改變行為，要他們作決定時不再倖存將有公帑拯救之心。然而對身處大蕭條以來最嚴重的金融風暴的許多人來說，即使不是全部的人，這都是不能不學的一課。」

鮑爾森對布希總統詳細解釋聯準會支持雷曼券商業務的過渡計畫，以便雷曼可和其他銀行完成交易。他說：「我們希望在未來幾天他們能有秩序地拆倉。」

面對雷曼破產一事，鮑爾森明顯比總統更焦慮，不過這位財長對美國銀行收購美林的決定卻感到興奮，他指出，這對市場是「力量」的展示，可以紓緩發生恐慌的可能。

鮑爾森也首次向總統提出「ＡＩＧ可能是問題」的警告，以及報告蓋特納和聯準會計畫集合銀行團協助該公司募資。

「謝謝你的努力。」總統答謝他：「希望事情能穩定下來。」

上午七時，摩根大通的伯恩斯坦（Douglas Braunstein）正準備離開自己在曼克頓上東城區的公寓前往ＡＩＧ，這時戴蒙來電：「新計畫，蓋特納要求我們和他們一起為ＡＩＧ募集巨額資金，早上十一時在聯準會舉行會議。」

伯恩斯坦摀著耳朵企圖把曼克頓交通嘈雜聲擋開，他反對：「我們沒有能力籌募這數目的資金。」

戴蒙承諾他會找人協助，說：「政府邀請我們和高盛進行這事。」

伯恩斯坦的驚訝盡形於色，他大聲問：「見你的鬼，高盛又是怎麼來的？他們不是有利益衝突嗎？我是說，你看看他們與ＡＩＧ的關係，他們是很大的交易對手。」

戴蒙對他的擔心不予理會，他重複說：「美國政府囑咐我們做這事。」

伯恩斯坦堅持：「但是……」

「夠了。」戴蒙對旗下最頂尖的銀行家挑戰他的決定很不高興，執意說：「這跟我們兩方的事無關，我們是被要求幫助解決這事情。」

伯恩斯坦到達辦公室後，他、戴蒙和布萊克（Steve Black）三人策劃如何應對聯準會這不尋常的要求。他們決定徵召公司的副董事長小詹姆斯·李（James B. Lee Jr.）加入這小組。

戴蒙趕緊把指令告訴李。李是典型的穿吊帶褲、口袋常備「金漆電話通訊錄」（Golden Rolodex）的銀行家。今早他也是提早到辦公室應付雷曼倒閉的餘波，並剛剛和其主要客戶——媒體大亨梅鐸（Rupert Murdoch）通電話。他桌上安裝有四台電腦螢幕，牆上掛著的大螢幕平板電視正播放CNBC頻道的《財經論談》（*Squawk Box*）節目，還有他模仿時代廣場的私人跑馬燈新聞提要。李在他的椅子上轉過來。

「我有一項任務給你。」戴蒙站在李的門前高聲喊出指令：「我希望你趕到聯準會去。」

「去做什麼？」李充滿疑問。他今天特別忙碌，他預料市場將是一場災難。

「我要你去處理AIG的交易。」戴蒙告訴他：「蓋特納打電話來，要求我們為AIG找出私營市場解決方案。缺口很大，這肯定是『貸款之母』。」

如果這城裏只有一個銀行家明白債務世界，以及能在緊要關頭募資，這人非詹姆斯・李莫屬。他也許是摩根大通裏撮合交易最老資格的大咖，本身已是名利雙收的他，在城中的四季飯店餐廳內有常設的訂桌。他的影響力，部分源於他被視為美國企業的虛擬提款機，曾為歷史上一些最大型的交易開出巨額的支票。戴蒙希望他能建構一筆交易來貸款給AIG，讓AIG可繼續營運，並且組織其他大型金融玩家接力參與。

戴蒙拋下艱難的任務指令後隨即不見蹤影，接著布萊克走進李的辦公室向他進行五分鐘簡介，以及留下一份比黃頁分類電話簿還厚的AIG文件夾。布萊克把AIG形容成「他媽的噩夢」，並形容情勢如何越見困難。

布萊克歪笑著說：「你可從此接棒處理。」他很高興AIG現在是別人的問題。他跟李說，

AIG正在等著李趕去開會，十一時之前，李需要到紐約聯準銀行大樓。

李和伯恩斯坦、費爾德曼（Mark Feldman）在摩根大通總部公園大道出口集合。李的司機是退休警官蘇利文（Dennis Sullivan），過去二十年天天接送李從康乃迪克州Darien上下班，已在一輛黑色Range Rover內恭候。伯恩斯坦跟著李鑽進車裏，繼續解說情況。

李跟蘇利文說：「得趕快，我們要去下城區。不蓋你，但我們急得像昨天就應該到達那裏。」

———

看來極疲倦的約翰．麥克站在講臺上，他要激勵一群擠在會議室內的高級管理層。

他說，在過去二天半於聯準會開會，他僅靠「外賣三明治」及「擺放過久」的水果維持生命：「但我依然感到精神抖擻，而你們也應如是。」

約翰．麥克承認經過雷曼「失落的週末」後，市場承受巨大壓力——在歐洲的美國股票指數期貨和銀行股已在崩跌——但對他們而言，好消息是摩根士丹利仍生存下來。

麥克繼而概述這週末在紐約聯準銀行有關雷曼和美林的討論，他形容雷曼的死亡「非常不幸」。「我是說，我多希望自己能在這裏對大家說，你知道嗎，這是天大的機會，我們可以放鬆腳步，我們所有的競爭者已被殲滅。但我不會這樣說。我希望說的是：加快腳步，要更努力，想想今年發生的事，在一瞬間，我們三名競爭對手已不復存在。」

約翰．麥克補充：「我明白你們每一個人，不只你們，而是整個行業都非常震驚。你們是應該害怕，但這不等於我們要爬回洞穴裏發抖……我們為了工作而站在這裏，為我們的客戶服務，爭取市場佔有率。你們試著想想：在股市取得每一百分點佔有率的增加，就等於十多億美元的收入……」

「我認為當動盪平息下來，一定會的，未來的機會將多不勝數。我是樂觀的，但我不是盲目樂觀的人，我不是波莉安娜。我全心全意相信我們和競爭對手高盛現在有獨領風騷的機會。要經過這樣的試煉才得到絕無僅有的良機也令我難過，我不希望競爭對手倒閉，我只想戰勝他們。」（譯注：《波莉安娜》〔Pollyanna〕——小女孩波莉安娜在失去雙親後，由生活一絲不苟處事嚴謹的阿姨收養，波莉安娜對任何事都抱著樂觀積極的態度，為了無生趣的小鎮帶來歡笑。《波莉安娜》幾乎是在一夜之間暢銷全美——第一次發行就超過百萬冊。它不只是關於波莉安娜這小姑娘的小故事，更重要的是向我們展示了一種非常樂觀的人生觀。）

他的財務長克萊赫（Colm Kelleher）也附和並加強這觀點：「這是達爾文的進化論……弱者被淘汰；強者，我相信，會做得很好，很好。」

雷曼三十二樓的會議室就如同忙碌的蜂窩，一百多名徬徨的人進進出出——破產律師、重組專家和外聘顧問等等。

擔心被員工襲擊的福爾德，在保安陪同下恍恍惚惚地到樓上，到各間會議室轉轉。他早上已給蓋特納打電話，懇求對方收回破產申請的指令，當作是作了一場噩夢。

在雷曼偌大的交易大廳，情緒是嚴酷的，員工們不僅沮喪，他們非常憤怒。一開始時這股怒氣衝著政府，但很快矛頭便轉向管理層。他們在大樓南邊豎立一幅「羞恥圍牆」，陳列各式各樣的證據，包括福爾德和公司前總裁格里高利（Joe Gregory）的相片，並在旁邊註明「傻瓜與笨蛋」。

雷曼控股公司現在已正式進入破產程序，巴克萊資本的戴蒙德帶了一隊人馬來挑選自己心儀的資產擇肥而噬，捨棄最爛的那些。對戴蒙德來說，這是最好的時機——在法官的庇佑下以賤價取得雷曼最肥美的業務。巴克萊資本垂涎的目標是雷曼在美國本土的券商業務，以及其辦公大樓。而這次，英國政府和英國金融服務監管局都已表態支持；另一有利情況是，這不需要股東投票通過。

邁克達德也已組織隊伍啟動和巴克萊資本的談判。他深信，儘管破產讓雷曼股東的利益覆沒，然而他還有機會挽救即將消失的一萬個職位。

會議開始前，過去一週飽受折騰而萎靡不堪的柯克（Alex Kirk）把邁克達德拉到一旁，他對於剛在二十四小時前才退出競投，如今又以更低作價捲土重來的巴克萊資本有很大疑慮。跟在三樓的交易員們一樣，他內心充滿憤慨：「巴克萊資本要不是被愚弄，要不就根本是偽局的一部分。不管它是被愚弄或是偽局的一部分，我沒有興趣為他們工作。我要脫離這裏，我們目睹監管者這樣的行徑，我不想再為這類受監管卻又高槓桿的金融機構服務。」

失望的邁克達德能體諒柯克的心情，他說：「我明白，我了解，你做你想做的事。」不過，他要求柯克多留一週，幫忙管理交易大廳直至交易達成。極不情願的柯克最後同意。

邁克達德委託麥基（Skip McGee）和夏佛（Mark Shafir）找到方法執行與巴克萊資本的交易。

與此同時，在會議室一角，巴克萊資本管理層圍在會議桌旁，米勒則如臨朝聽政一般主持會議。蘇利文·克倫威爾律師事務所的克萊頓（Jay Clayton）原本與同事科恩（Rodgin Cohen）共侍雷曼，但今早他已轉投巴克萊資本的陣營，為對方所聘用。他在巴克萊資本這邊坐下來時不好意思地說：「我想我是從穿衣的街球隊轉到脫衣隊。」（譯注：穿衣的街球隊或脫衣隊——shirts or skins，外國打街球球員之間很容易混淆，所以會有一隊把衣服脫了，另一隊穿著衣服。）

米勒試圖釐清可以多快把公司出售，他知道這行業建基在交易夥伴對手的信心和信任，雷曼一分一秒的孤立無援也會使它的價值流失。

巴克萊資本的顧問克萊恩（Michael Klein）表示：「我們只會在沒有附帶任何債務的情況下進行交易。」

米勒問：「你的意思是？」

克萊恩解釋：「是這樣，我們不準備購入任何資產，除非這是百分之百『乾淨的交易』。」

巴克萊美國的董事長小考克斯（Archibald Cox Jr.）插嘴：「還有，我們明天要成交。」

米勒怒瞪他一眼，回應說：「若是這樣，我們應該馬上終止談判。一般來說，短期資產出售也需時二十一至三十天。」

小考克斯堅持：「我們不能等這麼久，到那時候，這業務已毫無價值。」

米勒建議道：「我唯一能想到的可能性是，你要求法院加快審批時間，我們可和美國證券投資者保護公司（Securities Investor Protection Corporation, SIPC）先達成原則協議，讓他們也同時啟動程序配合這出售。但這從未有先例。」

小考克斯問：「你可以做得到嗎？」

米勒只能回答：「沒有嘗試過我們哪會知道。」

蓋特納在紐約聯準銀行的辦公室，電話擴音器中傑米．戴蒙已在等候，而剛完成高盛週一內部會議的勞爾德．貝蘭克梵亦加入電話會議。

昨晚，蓋特納和鮑爾森商議後決定召集摩根大通和高盛協助ＡＩＧ。蓋特納的邏輯是：過去六個月的工作已讓摩根大通對AIG瞭如指掌，這可加速大家掌握AIG問題的深度。高盛方面，蓋特納想，可以在資產估值和組織銀行團貸款方面幫上忙。他喜歡跟同事說：「他們聰明得嚇人！」他知道高盛以往也曾當AIG的顧問，而且週末時也曾經討論收購AIG的資產，他們也知悉正在發生什麼事。

貝蘭克梵加入電話會議，蓋特納說：「勞爾德，我和傑米同在線上。」他說希望能為AIG找出私營市場解決方案，而他希望高盛加入幫忙。

蓋特納告訴貝蘭克梵：「摩根大通正趕來這裏，你也能派人過來嗎？」

「好的。」貝蘭克梵回答：「什麼時候？」

「你能在上午十一時前過來嗎？」

「我們可以。」雖然現在已是十時十五分，貝蘭克梵還是一口答應。

貝蘭克梵立即組織一小隊公司頂尖的銀行家：聯合總裁溫克里德（Jon Winkelried）；投行業務聯合主管大衛．所羅門（David Solomon）；直接投資部主管弗里德曼（Richard A. Friedman）；以及整個週末在AIG的柯爾（Chris Cole）。他們全在大廳會合步行到聯準會。

在早上舉行的美國銀行和美林的記者會順利結束後，弗勞爾斯和德國安聯保險公司的阿赫萊特納博士一同前往高盛，他們已約好和柯爾會面，準備三方會審剖析無功而返的AIG收購建議，並商談合作，重整旗鼓再次進擊AIG的資產。兩人在會議室等候柯爾近半小時，滿肚子火的弗勞爾斯和阿赫萊特納博士決定到樓下買點食物。

站在布勞德街八十五號的後巷邊，他們看見約三十碼前，貝蘭克梵、柯爾和整隊高盛的高層滿臉堅決的樣子往聯準會前進。弗勞爾斯說：「他媽的，他們放我們鴿子！」

摩根大通一組銀行家：李、伯恩斯坦和費爾德曼抵達AIG，他們發覺大樓空空如也，在他們眼裏這有點奇怪，不像在生死邊緣掙扎的公司。對於迎接他們的維爾倫斯坦德來說，摩根大通人馬的出現意味著他們本已僵硬的關係再進一步惡化：他們是否依然擔任AIG的顧問？或現在已搖身一變成為政府的代表？又或是代表他們銀行本身？

會議開始前，伯恩斯坦私下和維爾倫斯坦德交談：「政府要求我們這樣做，你可以接受嗎？」

「當然。」維爾倫斯坦德回答。

他們返回會議室時，急著趕往聯準會的李馬上一輪砲轟地發問：「你抓公司的現金能抓得多緊？評級機構最新的看法？你的信用額度如何？」

維爾倫斯坦德的答案全是假設或不確定的，他只說數字不斷惡化，雷曼的倒閉是雪上加霜，市場看來將更為轉弱，AIG資產的價值將隨之下跌，這勢必讓他們保證金更短缺。

在李的耳中聽來，這清楚表示這公司和維爾倫斯坦德皆未能掌握自身的財務數字——這和布萊克的形容吻合。

銀行家們出發前往聯準會前，力圖鎮定的維爾倫斯坦德鼓勵大家：「我想我們還有時間。」

摩根大通的隊伍快步走往聯準會時，李邊搖頭邊說：「每當有人說他們有足夠的時間，時間總是不夠。而當他們說需要資金，數目也一定是過低的。」他稍停一下表示：「他們捱不過這週。」

剛在紐約聯準銀行苦戰一整個週末的同一群銀行家和律師，現在又慌慌張張地在這裏集合；新加入的關鍵人物是紐約州保險廳總監迪納羅（Eric R. Dinallo）。當天稍早，他正式同意允許AIG動用他們旗下受監管的保險公司帳上二百億美元資產作為保證金以穩定公司。迪納羅原本正在前往州長派特森（Paterson）辦公室的途中——在州長宣布計畫的記者會上，他被安排站在派特森身後——不過蓋特納致電囑咐他折回來參加會議。

大家閒逛著等候會議開始，貝蘭克梵替迪納羅倒了一杯咖啡，說：「我希望你代表著這次金融危機的書擋（bookends），因為上次我見到你時，是在單一險種保險（monolines）的會議上。我真希望AIG之後一切能夠結束。」一月時，迪納羅曾召集華爾街首腦開會討論在信用危機中搖搖欲墜的兩家最大的債券保險商Ambac和MBIA的命運。（譯注：單一險種保險是一項保險政策，保證債券或其他類型債務的發行人可支付所承諾的本金和利息。透過購買這種保險，發行人可以提高債務安全評級，降低必須支付的利率，從而吸引投資者。單一險種保險最初用於地方政府債券。保險公司逐步擴大他們可承保的債務類型，當次級抵押貸款的發行人未能按期支付債務時，保險公司必須強制支付賠款，不少公司因而損失慘重。）

李、伯恩斯坦和費爾德曼終於到達聯準會時，他們立刻感到人力不足——似乎高盛三十樓的高層全都進駐聯準會辦公。被聘用代表聯準會利益的摩根士丹利代表斯考利（Bob Scully）和波拉特（Ruth Porat）也對高盛的「傾巢而出」大吃一驚。

「為什麼勞爾德會在這裏？」斯考利輕聲問波拉特。盡在不言中的事實是這三家銀行，或者應該說幾乎整條華爾街，其實都是AIG重量級的交易對手。若AIG倒閉，他們全都將面臨極其嚴重的後果。會議桌上的所有人各有救活AIG的理由。

表面上高盛似乎是AIG最大的交易對手，但當日稍早前，高盛聯合總裁蓋瑞・柯恩（Gary Cohn）才向內部誇口因高盛把風險對沖得宜，若AIG倒閉，高盛實質上會享有五千萬美元的盈利。現在看來，高盛自二〇〇七年底開始看壞AIG，並購買信用違約交換（CDS）保險的決定，是極聰明的投資。高盛曾進行一次內部稱為「WOW」（最壞情況中的最壞情況）的模擬分析——轉眼竟已成真。然而，儘管高盛成功把風險對沖，但貝蘭克梵也重視潛在的問題：AIG出事會殃及交易對手和整個市場，這會讓高盛面對難以估算的幾十億美元的大虧損。

全部人被引進會議室，蓋特納、財政部助理傑斯特、和今早剛從華盛頓飛抵紐約的副助理部長諾頓（Jeremiah Norton）也加入會議。

各就各位後，貝蘭克梵發現傑米・戴蒙並未出席。貝蘭克梵趕過來是因為他以為蓋特納邀請他倆出席，貝蘭克梵輕輕問溫克里德：「傑米他媽的在哪？」溫克里德只是聳聳肩。

蓋特納對大家說：「我們希望看看能否討論出私營市場的方案，我們要怎樣才可以實現它？」

接著十分鐘，會議變成銀行家們爭相表述意見的大雜燴：我們能否要求評級機構暫時不要降級？我們可否說服其他州的保險廳總監允許AIG動用旗下分公司資產作為保證金？

不久蓋特納起身離開，他指著鮑爾森的耳目丹・傑斯特說：「我留丹和你們一起。你們想出辦法馬上給我報告。」

離開前，他再說：「有一點我要說清楚：不要假設你們可以動用聯準會的資產負債表。」

會議又轉為分散討論，直至伯恩斯坦介紹AIG的財務狀況時才恢復一點秩序。伯恩斯坦解釋週末期間ＡＩＧ情況急速惡化，原因不僅是來自即將面臨的降級，更多是來自交易對手不斷要求更多的保證金——這評語明顯是衝著高盛而來，在整個週末以及過去整整一年，高盛不斷敲打ＡＩＧ拿出更多的保證金。

房內有些人感覺貝蘭克梵對這嘲諷的反應很輕描淡寫。貝蘭克梵問道：「那麼，這些錢是什麼時候會支付？」貝蘭克梵表面上一副像是代表業界發問的模樣，但有些人感覺他是為自己而問。

一名參與會議的人記下的草稿是：「高盛——六億美元。」他認為這大概是高盛要求的數目。雖然高盛已對ＡＩＧ的風險作對沖，但他們依然要求有相當水準的保證金以維持與該行繼續交易。

摩根士丹利的斯考利打斷問道：「你們能否延遲穆迪，多給我們幾天的時間？」

這時候，詹姆斯．李試圖打破僵局主控會議，他深信除非眾人聚焦在宏觀局面上，否則不會有任何作為。如果大家沒有拯救ＡＩＧ的建設性行動，ＡＩＧ就只剩下四十八小時的生命。

李已經在記事本上記下一些已提出的問題，以及他需要知道的事項：

流動資金預測

估值—業務、證券

條款書

參與者

所有相關法律

在頁邊他記下有關資金缺口的問題——「是五百？六百？七百億？」——然後他為這筆巨額貸款

草擬簡短的條款書：「期限：一至兩年；擔保：全部；考慮：費用、棘輪價差（ratcheting spreads）、認股權證（warrants）。」

ＡＩＧ需要貸款的數目龐大，費用也將是令人驚訝的高。依其風險等級，可能收取高達整筆貸款金額的五％；以五百億美元的貸款額計，費用加起來高達二十五億美元。

李甚至開始組織募資的目標銀行名單，幾乎每家銀行都曝險ＡＩＧ而成為易受攻擊的銀行：摩根大通、高盛、花旗、美國銀行、巴克萊資本、德意志、法國巴黎銀行、瑞銀、ＩＮＧ、滙豐、桑坦德銀行（Santander）；他的名單可以繼續延長，但在第十一家機構他便停了下來。

「好了，好了。」李對大家說，並把他的清單逐一念出來。

「我覺得這樣可以。」溫克里德率先附和。

大家決定開始一輪基本的盡職審查，把業務分成數種，並各自安排不同的任務。在落實細節前，貝蘭克梵藉故離開——戴蒙不在場，貝蘭克梵沒有同級人物，他覺得自己的出現有點自貶身價。

當他們離開聯準會返回到ＡＩＧ準備展開計算時，李的腦袋已在運轉，自言自語大聲地對空氣發問：「誰會買這堆狗屎？」

當天下午一時三十分，鮑爾森踏上白宮新聞發布室的講台。

「各位午安，我希望你們大家上個週末愉快。」他開始發言，場內有些尷尬的笑聲。「眾所周知，美國金融市場正在經歷十分困難的時期，我們努力糾正以往的過分行為。」

他剛回到華盛頓，先衝回財政部再前往白宮接受記者的訪問。威爾金森在回航中輔導他對答的要領。「我們得說我們要劃定最後界線。」威爾金森指導和警告他，記者的問題必定包括：「為什麼容許雷曼倒閉而拯救貝爾斯登？」威爾金森認為這是個好機會，可以乘機討論道德風險以及澄清美國政府的「工作不是拯救」。

鮑爾森對於此時此刻作出如此教條式的言論有些懷疑，並反對威爾金森的看法；但實際上，他已累得半死，他的心思也不受控制地飄回到ＡＩＧ。

鮑爾森發言完畢後，第一個問題輕鬆如壘球：「你能否說明將來聯邦政府的角色是什麼？我們會不會看到更多的聯邦政府拯救行動，就像你在兩房和貝爾斯登所做的？」

鮑爾森停了一會，說：「是這樣的，聯邦政府的角色明顯是非常重要的，如我所說過的，目前沒有其他事比保證金融體系繼續穩定運作來得重要，所以我認為監管機構保持高度戒備是極其重要的。」

「我們是否可解讀為『不會再有』？」一名記者高聲問。

「不要解讀為『不會再有』。」鮑爾森回答，他清一清嗓子後繼續說：「解讀為……我認為重要的是保持金融體系的穩定性和秩序。道德風險也是我絕不會掉以輕心的。」

接著是早有準備的問題：「為什麼政府同意拯救貝爾斯登但放棄雷曼？」

鮑爾森停下來，謹慎地整理自己的思想，然後說：「三月的形勢和圍繞貝爾斯登的情況與事實，跟我們現在九月的情況截然不同……我從沒有一刻想過拿納稅人的錢去冒險解決雷曼的問題是恰當之舉。」

這回答日後不斷縈繞在他的心頭。他曾小心翼翼地剖析用詞，技術上，他的答案正確無誤，但他明白假如美國銀行或巴克萊資本決定收購雷曼，他將有可能需要動用納稅人的錢支援交易，但此時此刻他當然不會把這點提出來。

提問源源不絕，鮑爾森變得越來越激動。

「為什麼聯準會為ＡＩＧ提供過渡貸款？」一名記者問。

「容我說明，目前在紐約進行中的事與政府提供過渡貸款毫無關係。現在紐約正在發生的事是私營企業齊聚一堂努力處理一個重大的題目，一個我認為金融體系必須處理的重要問題。我沒有其他補充。」

他差不多要步下講台前突然說：「我有時間多回答一個問題……坐在中間的女士。」他指著一名記者說。

記者問他今日銀行體系的健康有何阻礙。

「往前看，沿路必然有一些真正的難關，但我相信我們是有進展的。當我看到今天市場的表現，我認為這印證了我們金融業能走在一起面對超乎尋常的困境，而他們處理的方法應會令我們感到驕傲。謝謝大家。」

中午時分，ＡＩＧ十六樓的會議室亂成一片，在高盛和摩根大通的帶領下，超過一百多名銀行家和律師在這裏對ＡＩＧ開始盡職審查。唯一的問題是，似乎沒有一人能提供公司的任何準確數字。

「到底這裏有沒有ＡＩＧ的人？」有人高聲問道。當房內沒有人舉手時，大家不禁爆出一陣緊張的笑聲。

最後，ＡＩＧ的史萊柏被召來。只睡了三小時的他看似隨時會倒下。他穩定心情，開始拿最新的數字作毫不令人興奮的簡報。介紹完畢，早上在聯準會的核心分子擠坐在ＡＩＧ的會議室內。有一段時間情況好像有一丁點進展。李和溫克里德都感到ＡＩＧ的資產有實力，至少，足以讓他們對其貸款。他們相信該公司經歷的只是流動資金危機：如果他們可對ＡＩＧ提供過渡貸款，對方應可過關。

小組開始討論草擬一份初步條款書，他們試圖募集五百億美元以換取七九．九％的ＡＩＧ認股權證。這幾乎是懲罰性的價錢，但以ＡＩＧ現在的情況，這可能是他們破產之外唯一的選擇。溫克里德和李也討論他們應收取多少費用，而兩家公司準備平分。如他們募集的目標是五百億美元，為組織這銀行團貸款，兩家公司可以各獲得一二．五億美元的費用。

當小組分道回聯準會向蓋特納報告進展時，代表聯準會的摩根士丹利波拉特，把代表ＡＩＧ的黑石集團的杜紹基拉到一旁。他們兩人是好朋友，杜紹基原是摩根士丹利倫敦收購合併部門的主管。

波拉特問道：「你有什麼想法？」

「妳是指什麼？」杜紹基反問。「我無法從會議內容判斷會不會有條款書。」

「我不是這意思。」波拉特說：「我們擔心這些人正準備把業務偷走。」

——

「他就像公牛身上的乳房，沒用。」平常極冷靜的維爾倫斯坦德，當他把自己和傑斯特一起致電穆迪，想遊說對方暫緩ＡＩＧ降級的過程告訴杰米．甘寶和懷斯曼時，忍不住破口大罵財政部的傑斯特。

維爾倫斯坦德原本希望傑斯特能發揮政府的權力，加上他銀行家的說服力，應可輕而易舉地完成這任務。

維爾倫斯坦德解釋原先的計畫是「聯準會設法震懾那些人以爭取額外的時間」，怎知當傑斯特終於加入電話會議時，「他卻不願意告訴他們」。他明顯是對於扮演打手這角色感到不安，維爾倫斯坦德說傑斯特最多只能擠出軟弱無力的一句：「我們全都在這裏，你要知道，我們有整批人在努力中，我們需要多一兩天的時間。」

———

小組的核心銀行家已從ＡＩＧ返回聯準會——傑斯特無法成功遊說蓋特納到ＡＩＧ，儘管他是獨自一人面對超過三十人的小組——但貴為紐約聯準銀行總裁總有一定的特權，所以大夥兒只得全體勞師動眾去他那裏。

溫克里德給蓋特納的總結是，他們要填補的缺口大約六百億美元，也「可能更多」。沒有人知道政府不資助的情況下有什麼可行的解決方案。

「不會有政府的資金。」蓋特納重複鮑爾森早前在華盛頓說的話，重複他在整個週末就雷曼事宜的同樣看法。如果在場人士需要憑證確認他是認真的，那雷曼的破產便是證據。

蓋特納授權李當晚可開始和亞洲進行電話接觸，試探在那裏募資的可能性。摩根大通和高盛表明眼前還有很多工作要做。

———

當晚，ＡＩＧ的律師杰米・甘寶、杜紹基，和史萊柏一同在會議室吃中國菜外賣。情勢依然無望。迪納羅和州長派特森通融他們動用二百億美元保證金的計畫也許能為他們多爭取一天的時間，然而這還是太少，也太晚。好幾小時前，他們已找來破產專家，星期二開盤時，他們計畫動用信貸措施，這對市場來說是一個清楚顯示ＡＩＧ出了問題的訊號。他們做這建議時，維爾倫斯坦德比喻這等於是「卸下救生艇，因為你已準備棄船。這是你最後要做的事——在鐵達尼號沉沒前把燈關掉。」

史萊柏不能相信他們已走投無路，他依然深信聯準會最終會出手拯救他們。他帶點自以為是地說：「這時候是一場看看誰是懦夫的『鬥雞遊戲』。」

杰米．甘寶問：「你想聯準會他們知道牽連有多大嗎？」

杜紹基回答：「你是瘋了嗎？他們當然不知道。他們剛讓雷曼倒閉。這有如一部爛透的伍迪艾倫（Woody Allen）電影。」

凌晨一時，依然代表聯準會的摩根士丹利的斯考利和波拉特，決定要私下談談。他們躲在ＡＩＧ一個小廚房內把門關上，不讓高盛和摩根大通的銀行家聽見。

波拉特說：「這行不通的，他們不會成功。」

「我同意。」斯考利回答：「我們需要有後備方案。」他們為這任務取了一個代號後，決定先返回聯準會警告傑斯特。

當他們打開廚房門時，發現所有人都已離開，這確認了他們最害怕的事：任何交易的可能性都已正式劃上句點。

他們回到聯準會時，那裏也空無一人，只剩下在沙發上熟睡的諾頓——他本想佔用蓋特納的沙發，但給轟走要另覓打瞌睡的地方。

斯考利和波拉特叫醒他，三人一起把壞消息告訴傑斯特。於是，他們安排聯準會和財政部的人凌晨三時舉行電話會議。在這三更半夜，蓋特納的助理希爾達・威廉斯得到無人羨慕的任務——把所有人喚醒。

會議開始，蓋特納說：「我們遇到難題……」

幾週以來第一次，主要的報紙社論都稱讚鮑爾森，對他堅決不動用納稅人的錢拯救雷曼十分讚賞。

「財政部和聯準會讓雷曼倒閉，也不補貼美林急售予美國銀行的交易，以及努力為深陷困境的保險商AIG籌組銀行團——而不是自己放款，反而給人一種奇怪的安全感。政府介入所傳達的訊息要不是全球金融體系極度險峻，不然就是聯邦監管機構極度軟弱。」

然而，鮑爾森當天早上六時與傑斯特的通話，似乎顯示AIG和全球金融體系現在確實已陷入險境，而政府在別無選擇的情況下必須介入。

過去二十四小時，鮑爾森看到市場已被恐慌緊緊攫住，各大報紙的頭條也這麼反映。今早的《華盛頓郵報》是典型的報導：「股市因危機惡化大跌；AIG勢危；七千億美元的股東價值化為烏有。」

星期一，道瓊指數大跌五〇四・四八點，是自二〇〇一年九月十七日，即九一一事件重開市之後最大的單日指數跌幅。AIG的股價下跌六五%收在四・七六美元。

上午七時四十五分，柏南克在他辦公室內為今天舉行的聯邦公開市場委員會（FOMC）作準備，會議將在四十五分鐘後，於他辦公室樓下的大會議廳舉行。

每年在華盛頓舉行八次會議的聯邦公開市場委員會，選在今早舉行會議實屬巧合。這個由聯準會的理事所組成的委員會將決定美國的貨幣政策，以及是否調整聯邦基金利率。

會議開始前，柏南克找來理事凱文．沃什（Kevin Warsh）和副主席寇恩（Donald Kohn）到他辦公室一起和蓋特納進行電話會議。蓋特納因為要處理AIG的事宜而決定不出席會議，他改派紐約聯準銀行第一副總裁卡明（Christine Cumming）赴會。這決定有一個小問題：公開市場委員會的會議一般是市場及公眾關注的焦點，柏南克擔心蓋特納的缺席消息走漏，會引起市場進一步恐慌。

蓋特納說：「我們這時候沒有辦法想這個。」他迫切希望把小組的關注聚焦在眼前更大的問題上。蓋特納告訴他們，他正期待摩根大通和高盛在早上九時給他最新報告，但警告說從傑斯特和摩根士丹利方面得來的資訊，前景並不樂觀。因此，他認為是時候考慮B計畫。

因返回家中洗澡和換衣服，現在堵車而塞在羅斯福高速公路上的詹姆斯．李擔心紐約聯準銀行的會議他會遲到。戴蒙這時來電，李先行跟戴蒙匯報：「我準備對他們說數字實在太大，我們做不到。沒有人能做得到。這公司要倒閉。」

「如果這是答案，那只能是這答案了。」戴蒙回答。

「這是我最佳的判斷。」李對戴蒙保證。

好消息是——如果這稱得上是好事——李只需要向傑斯特報告，因為蓋特納應該在華盛頓出席聯邦公開市場委員會會議。

李終於趕到時，其他人已全部就座在會議室內。他坐在同事伯恩斯坦旁邊，耐心地等候傑斯特。門打開時，傑斯特和諾頓先進來，接著是蓋特納。他也沒花時間解釋他為什麼出現，只以他一貫少廢話、認真的語調問：「我們現在如何？」

詹姆斯．李看看自己的筆記本，他在頁邊記下兩點：「交易機會渺茫」和「ＡＩＧ缺乏現金」。李開始報告：「我們已全盤審查，他們有五百億美元的抵押品，但需要的資金卻是八百至九百億美元。換言之缺口達三百至四百億美元。我不知道如何能填補這缺口。」

高盛的溫克里德也加入說：「容我說明，讓這機構倒閉將會產生龐大的系統風險。我不用告訴你受影響的交易對手有多少吧。」

一份按交易金額多寡排列的ＡＩＧ交易對手清單馬上分發傳閱，列在這橙色和藍色紙上的榜首是風險高達六百五十億美元、剛被蘇格蘭皇家銀行（Royal Bank of Scotland）收購的荷蘭銀行（ABN AMRO）；第二名是法國東方匯理銀行（Calyon）；高盛第七；巴克萊資本第八；摩根士丹利第九。

蓋特納研究數字，每一行都令他皺眉頭。最後，他把文件放下，身子傾前讓大家聽清楚他要說的話：「好吧。這是我們要進行的。」他停一停，繼續說：「我希望你們把黑莓機和手機全關掉。我不要房間內任何人與外界聯繫，不可以和你們的辦公室、任何人聯繫。你們明白嗎？這是機密內容。」

當蓋特納確認在場所有人都已遵從他要求後，他提出一個出乎全場意料的問題：「如果聯準會說要進行此事，看起來會如何？」

過去七十二小時，政府一直言之鑿鑿不會拯救任何金融機構；但是，就這一句話，蓋特納把這一切全盤推翻——即使這可能只是假設，但是，遊戲規則已明顯改變了。

蓋特納繼續拋出問題：「這要怎樣進行？條款如何？架構如何？資本市場將有什麼反應？債券市場又如何？」

高盛的溫克里德難掩他嘴角的微笑。摩根士丹利的斯考利前一晚已想到他需要有B計畫，早已按摩根大通和高盛的數字粗略草擬一份條款書。摩根士丹利認為既然這兩家公司有意趁火打劫——那麼他們能接受的數字，聯準會也應可接受。

「照這樣去做。」蓋特納說完後就離開。

———

「伯恩斯坦他媽的不接電話。」維爾倫斯坦德幾次嘗試打他的手機之後大罵，他擔心被伯恩斯坦蒙在鼓裏。

維爾倫斯坦德的顧問、黑石集團的杜紹基剛從一名在紐約聯準銀行工作的同事口中聽說高盛和摩根大通的銀行家們擊掌互相祝賀——儘管在ＡＩＧ大樓內，這兩家銀行還有同事在檢查數字。

杜紹基終於透過手機簡訊找到摩根士丹利的波拉特；但是，她卻刻意含糊其詞，只說：「交易有變化。停止和摩根大通及高盛分享資訊。」

數分鐘後，維爾倫斯坦德的助理告訴他，他發狂地找了一整個早上的蓋特納，終於來電話。

維爾倫斯坦德不耐煩地打招呼。儘管他焦急地希望蓋特納告知最新進展，但是在電話中，蓋特納卻先下手為強，指示說：「給我最新的進展報告。」

「我只想告訴你我們正準備申請破產，」維爾倫斯坦德平靜地回答，「我已要求動用備用信貸措施，我想應該讓你知道這事。」

顯得有點焦急的蓋特納打斷他的話：「不要這樣做。」

維爾倫斯坦德被他的回答弄得莫名其妙：「不這樣做你也得給我一個理由。我是有義務和責任的。我能挖出一百五十億美元多支撐幾天，但我需要保護股東。」

蓋特納終於說：「這樣，讓我告訴你一些機密，我們正努力幫助你們，但這不能保證，需要華盛頓批准。」

依然滿腹疑惑的維爾倫斯坦德回答：「除非你能保證會有救兵，不然我只能動用備用信貸措施。」

「你應試圖還原你已做的事。」蓋特納下達這命令後掛線。

維爾倫斯坦德馬上把情況告訴他的律師杰米．甘寶和懷斯曼，兩人也面面相覷不知如何是好。他們再致電伯恩斯坦，但無人接聽。懷斯曼說：「去他媽的，我知道我們沒被邀請，但我們自己闖進去吧。」

星期二上午九時四十分，當貝蘭克梵來電時，鮑爾森正在財政部的辦公室裏。雖然他知道貝蘭克梵是緊張大師，但他覺得今天的他焦慮更甚以往。

貝蘭克梵告訴鮑爾森，他留意到一個新的問題在市場上湧現：透過雷曼倫敦部門作交易的對沖基金突然被截斷，幾十億美元的資金從市場上被吸走。聯準會保留了雷曼美國券商的業務繼續營運，讓交易對手平倉，但雷曼在歐洲和亞洲的營運卻依法被迫馬上申請破產。

貝蘭克梵解釋，透過一種鮮為人知、稱為再抵押（rehypothecation）程序的操作，以往雷曼的倫敦部門將許多對沖基金的抵押品再借貸出去，如今，要釐清各人的擁有權絕對是一場噩夢。很多對沖基金為了維持其資金流動性，被迫拋售資產，這又更進一步推低市場。

有些對沖基金因顧慮到雷曼已瀕臨破產，早已在雷曼破產前已改投其他券商；但是那些一直支持雷曼的對沖基金，下場卻很悽慘，Ramius Capital便是例子。Ramius Capital的創辦人彼得．科恩（Peter A. Cohen），曾任雷曼的前身薛爾森．雷曼（Shearson Lehman）的董事長。在雷曼破產前一週，他在CNBC頻道宣布他不會把業務從雷曼抽離；現在，他要對他的投資者解釋為何他們的錢被困在倫敦一神祕的破產繭內。

貝蘭克梵懇求他的前老闆採取行動穩定市場，貝蘭克梵告訴鮑爾森自己最大的憂慮是：如此多的資金被堵塞在雷曼內部將引起投資者的恐慌，使得他們也開始把資金從高盛和摩根士丹利撤走。

柏南克在華盛頓主持這次聯邦公開市場委員會會議時明顯心不在焉，會上他和沃什不斷互傳紙條，設法營救AIG。他們同意十時四十五分和蓋特納再一次召開電話會議，聽取最新情況。

蓋特納重申「私營方案已死」，並告訴他們：「我們要考慮動用我們的資產負債表。我們需要有力道和破斧沉舟地進行。」他暗示如果聯準會作出大膽和大型的交易支援AIG，此舉可恢復市場的信心。他建議引用聯邦準備法案（Federal Reserve Act）第十三條第三點——這個獨特條文允許聯準會在「非比尋常且危急」的情況下對非銀行企業提供貸款。

鮑爾森和柏南克都知道，AIG實質上已成為全球金融體系的關鍵樞紐——歐洲的銀行監管條例允許金融機構將它們和AIG金融產品公司（FP）簽訂的信用違約交換（credit default swap, CDS）

合約，列為計算資本比率時的資產。有了這些CDS合約，銀行等於是利用AIG的3A評級來包裝其高風險資產，即AIG的3A評級就如同銀行的企業貸款和住房貸款的包裝紙一樣，這讓銀行可發揮更大的槓桿。

但是，一旦AIG倒閉，這些保護膜將立刻失效，銀行將會被迫作資產減值並且要募集資本——以現時的市況，這將充滿風險。再者，事件牽涉的額度也極為龐大：僅二〇〇八年上半年，與這些包裝相關的CDS合約，這些AIG美其名為「對被監管資本具紓緩作用」（regulatory capital relief）的產品已賣出超過三千億美元。

在這之外，當然還有AIG本身龐大的保險王國：面值一．九兆美元，遍布全球的八千一百萬張壽險保單。儘管人壽保險的業務受到嚴格的監管，然而，面對的風險是客戶可能在恐慌下大批退單提現，繼而拖累其他保險商的穩定性。

柏南克耐心地聽取蓋特納說明原委，但沃什卻表明自己對此有所保留，他一直提倡另一方案：「爭取更多時間」。沃什認為，聯準會應該只動用資金支持AIG三十天——使得有足夠的時間深入審核AIG。

沃什承認：「我明白這可能讓我們面對無限大的風險，但至少，我們能搞清楚究竟發生了什麼事。」

柏南克更坦白承認：「我對保險這行業不了解。」

蓋特納繼續敦促他們要做出決定，他堅持體系風險實在太大。聽取他的理論後，柏南克囑咐蓋特納準備計畫，當他把計畫連同更多資訊提交時，大家會對於怎麼做進行正式投票。

「讓我再確認一下你和理事會對這事的支持……」蓋特納把剛才大家的對話再重述一遍。

懷斯曼和甘寶通過聯準會的保安進入大樓尋找伯恩斯坦。他們需要弄清楚AIG會發生什麼事，如果什麼也不會發生，他們也需要伯恩斯坦的隊伍幫忙策劃破產。懷斯曼終於在研究聯準會如何支持AIG的祕密會議中找到他。

把伯恩斯坦從會議室拖出來後，懷斯曼生氣地說：「你聽清楚，我們已沒有多少時間，我們需要你的幫忙弄清楚一些數字。我們需要知道你戴著誰的帽子。你是代表我們、聯準會或是摩通大通？」

伯恩斯坦稍稍思索一會後回答：「我想沒有和律師商談之前，我不能回答你的問題。」他要他們等一等，然後衝回會議室。

他回來時，語氣堅定地對懷斯曼說：「我不能說什麼。你應該和財政部直接聯繫。」

「好吧，謝謝你。」懷懷斯曼伸出手要跟伯恩斯坦握手，但伯恩斯坦已轉身返回會議。

數秒鐘後，聯準會一名助理出現，要求懷斯曼和甘寶馬上離開大樓。

他們被護送出門時，懷斯曼問甘寶：「你有看見嗎？伯恩斯坦連握手也拒絕，這裏他媽的發生了什麼事？」

不管鮑爾森如何抗拒拯救，早上十時三十分蓋特納在電話中跟他解說最新的計畫時，鮑爾森已清楚看見市場的走向，這令他顫慄。在高盛時，他熟悉保險業，這知識背景使他能了解AIG破產的爆破將引起全球恐慌。多次的出訪亞洲，也讓他很清楚AIG在當地業務多麼繁盛，不少外國政府都持有該公司的債券；外國政府已開始致電財政部，表達對AIG倒閉的擔憂。

威爾金森難以相信地問：「我們真會拯救這家保險公司嗎？」

鮑爾森無言地望著他，彷彿在說：只有瘋子才會視若無睹。

鮑爾森的特別顧問威爾遜（Ken Wilson），提出一個大家沒有考慮到的問題：「漢克，我們怎麼能見鬼地向一家企業丟出八百五十億美元，而不更換管理層？」這說法其實是問政府怎能拋出這麼大的資本而不解僱現任的執行長，並另立自己人；沒有新的執行長，政府給人的感覺就是支持製造這爛攤子的管理層。

「你說得對。你要給我找個執行長。你趕緊放下所有工作去找個執行長回來。」鮑爾森囑咐他。

威爾遜回到自己辦公室，打開電腦的通訊錄逐一研究。

在高盛時，他多年來一直負責金融機構業務，幾乎行業內每一位高層他都認識。通訊錄還未到「B」時，一個名字浮現他的腦海：全美保險（Allstate）的前執行長、現任高盛董事的李迪（Ed Liddy）——他是最完美的候選人，現在剛剛「在沙灘上」沒有工作，而又熱愛挑戰。李迪對AIG也很了解：每次高盛討論是否應收購AIG時，大家都請教他的意見。

然而，威爾遜沒有他的電話號碼，他致電整個週末在AIG、星期一又曾參與聯準會會議的高盛的柯爾，拿到李迪的號碼。

威爾遜找到李迪時來不及寒暄問候，他立刻道明來意：「你有沒有時間接聽漢克的電話？」李迪熱情地答應。

威爾遜走到鮑爾森的辦公室，對正在講電話的老闆說：「你要馬上掛線，我替你找到執行長了。」

AIG的股價已跌破二美元。助手向鮑伯・維爾倫斯坦德遞交格林伯格（Hank Greenberg）發給他的電郵。維爾倫斯坦德之前已聽聞格林伯格對傳媒說他準備發動一場代理投票權戰爭，或者接收公司。

「我有必要讀這個嗎？」他厭煩地嘆氣。郵件內容全在他意料之中：

親愛的鮑伯，

數星期來，我們一直在討論我如何能在你和董事會的建議下對公司提供幫助。在討論中，你曾告訴我跟鮑爾斯（David Boies），你相信我的協助對公司是重要的。你提出的唯一擔憂是如果我成為顧問會令你黯然失色。我尊敬地請教你跟董事會：不斷地拒絕共同努力拯救這偉大的公司，難道比個人的榮辱更重要？

我不太清楚拯救AIG是否為時已晚，然而，我們欠AIG股東、債權人和我們的國家一份嘗試。

自你出任AIG董事長，在你和董事會的管理下，三十五年來累積的股東價值已被毀於一旦。我沒有指責或批評之意。我想指出的是，在這情勢下，我對你和董事會不願意接受我的協助感到十分困惑。

蓋特納正在辦公室裏準備即將和柏南克舉行的電話會議。我們得要這樣做，我們真的要這樣做。

他在內心反覆地想。

傑斯特和諾頓正在審議所有的條款，他們剛得悉李迪已初步接受了ＡＩＧ執行長一職，並計畫當天晚上從芝加哥飛到紐約。

要在這麼短的時間內擬出拯救交易，政府需要外援，最合適的人選是對ＡＩＧ和目前特殊情況有所了解的人，傑斯特知道這人是誰以及在哪裏：達維律師事務所（Davis Polk & Wardwell）負責破產和重組的休伯納（Marshall Huebner），他曾為摩根大通處理ＡＩＧ事務，而且他剛好在樓下。

與此同時，被蓋特納聘為聯準會顧問的摩根士丹利的斯考利，希望先確定計畫的所有風險後才進行這電話會議。當斯考利想到市場迅速惡化時的環境，他對於ＡＩＧ有無能力償還政府貸款，開始抱持懷疑。一宗本來划算的交易，會不會反而虧本呢？

蓋特納加入電話會議時，斯考利向他發出警告說：「我得先說明，這貸款可能有損失，這裏有一些實質風險。」

雖然柏南克已表明他支持這交易，然而，他堅持要每一位電話會議參與者進行投票，他明顯非常擔心，不斷問：「我們能否肯定所做的是正確的事？」

在柏南克含蓄的支持，以及蓋特納堅持沒有其他方法可避免金融末日，投標的結果是五：〇。沒有人再提及道德風險，也沒有人提及雷曼。

懷斯曼和甘寶兩人才被保安人員護送離開紐約聯準大樓不久，他們又莫名其妙地被邀請回去。有人告訴他們有新情況出現，請他們到飯廳等候。

坐下後，甘寶看了一眼坐得老遠的高盛和摩根大通的銀行家後說：「這不是『酷小孩』（cool kids）的桌子。」

「有一點可以確定，」懷斯曼說：「他們並不是在處理私營企業的交易，你看他們的樣子多麼輕鬆。」

在等候時，甘寶接到電話，對方提出了兩個新問題：AIG在德州的壽險業務甚具規模，但現在德州的保險廳總監開始感到恐慌；更糟的是，摩根大通剛剛切掉AIG日本的信用措施，日本是AIG在美國以外最大的市場。甘寶覺得匪夷所思：才二十四小時前，摩根大通還是AIG的顧問，儘管這種做法是銀行應有的謹慎行為，但現在摩根大通已成為讓問題惡化的始作俑者。二十分鐘後，紐約州保險廳的總監迪納羅走過來安慰懷斯曼和甘寶，語重心長地說：「我不能多說什麼，但不要做任何草率的事。」

已很沮喪的甘寶回答：「我很願意撐下去，但我們的證券借貸業務已十分危急。」他指著摩根大通和高盛的隊伍說：「那些人正是製造麻煩的禍首。你跟他們說。」

「我想我們的現金馬上要用完了！」杜紹基在這即將倒下的保險巨擘總部宣布。現在差不多下午一時，如杜紹基的計算正確，AIG離破產只有數分鐘。

正在這一刻，維爾倫斯坦德走出辦公室，臉上掛著這大樓內很久沒出現的笑容，說：「他們害怕——眨眼睛了。」

他剛剛和蓋特納通話，蓋特納把聯準會的拯救計畫告訴他：聯準會會提供一百四十億美元的貸款，為公司續命至收盤。不過，蓋特納補充說在ＡＩＧ得到貸款前，得先拿出抵押品，正式的說法是「即期票據」（demand note）。

明顯開懷的維爾倫斯坦德，不禁又為如何在數分鐘內籌出一百四十億美元的抵押品而徬徨。突然他想到：他們那些非正式的保險庫。他衝下樓梯，走進一間上了鎖、布滿灰塵、排滿了櫃子的房間，裏頭存放著ＡＩＧ保險部門的股票證書——價值幾百億美元，從格林伯格時期一直存放至今。他們開始翻箱倒櫃，篩選一疊疊多年沒人碰過的證券。在這電子時代，保存實體的股票證書確實令人驚訝，但在此時此刻卻是受人歡迎的舊習。

ＡＩＧ高級副總裁兼公司祕書凱思琳．香農（Kathleen Shannon）把證券包紮好放在公文袋內。懷斯曼在電話裏囑咐她：「妳不用冒著中途被人打劫的風險。我派聯準會的保安護送妳過來。」

十分鐘後，在兩名持槍保安左右護衛下，香農拿著一個無人能猜出價值的公事包走過松街。

鮑爾森匆忙下樓，從財政部側門快步往白宮走去。他和柏南克要向布希總統報告他們即將進行的不尋常計畫。通過保安檢查後在等候室短暫逗留一下，他們被帶到總統的橢圓形辦公室。

鮑爾森小心翼翼地解釋條款，但他用華爾街的術語講述細節，這就令布希總統有點困惑。柏南克即時插嘴幫忙，說：「總統先生，讓我們先退一步想想。」他戴上教授的帽子，慢慢解釋ＡＩＧ如何和銀行體系糾結在一起；更重要的是，他試圖從布希總統的平民百姓角度入手，強調多少國民和中小企業依賴這家公司：老百姓購買ＡＩＧ的人壽保險保障家人；他們利用ＡＩＧ的養老年金支持他們的退休生活；ＡＩＧ也為建築專案及公共建設專案提供債券擔保。

總統提出的問題，某個程度上也直擊核心：「一家保險公司做這麼多事？」這家正是如此。

下午四時，聯準會的建議書從ＡＩＧ的古董傳真機列印出來。（這老機器十年前就該換掉，送進史密森尼博物館〔Smithsonian〕。）ＡＩＧ的律師軍團早已望穿秋水地守候著。當那三張紙終於出現時，律師們趕緊抓起來複印多份。

為獨立董事服務的外聘律師理查．比蒂（Richard Beattie）在翻閱這份文件後，轉向跟維爾倫斯坦德說：「好了，你終於得到為聯邦政府工作的機會。」

「什麼意思？」維爾倫斯坦德問。

「他們現在擁有你了。」比蒂回答。

事實正是如此。聯準會將對ＡＩＧ提供八百五十億美元的信用措施——他們希望這足夠讓ＡＩＧ逃過一劫並得以續命；而換取該筆貸款，政府以「股本參與票據」（equity participation notes）的認股權證方式取得ＡＩＧ大部分股權——七九．九％。

這建議跟摩根大通和高盛的版本大同小異。如果華盛頓打算幫助華爾街脫險，政府希望確保公司的原有股東不能從中獲利。科恩認為：「鮑爾森這次的處理手法，和兩房、和貝爾斯登如出一轍——如果政府介入，股東要為此付出代價。」

聯準會的貸款也附帶沉重的利息負擔。ＡＩＧ需支付的利率是根據一個複雜的公式——以倫敦銀行同業拆款利率（即銀行同業之間的短期資金借貸利率）為基準，當時這利率約為三％，再加上額外的八．五％。以當天的利率計算，公司所負擔的利率將超過一一％，宛如高利貸。這貸款的抵押品涉及AIG的所有資產，同時，政府有權否決公司對普通股股東或優先股股東派發股息。為向政府償還貸款，AIG必須出售大量資產——在當時的情況，這代表公司必須賤賣資產。對忠心於AIG的人來說，這貸款計畫不像是過渡融資，反而是讓AIG有序地分割出售。

「我真不敢相信。」維爾倫斯坦德一邊說一邊把文件放在一旁。

AIG的董事會已準備就緒進行緊急會議。還處在震驚狀態的維爾倫斯坦德站起來重讀條款時，助理進來說蓋特納來電。這時是下午四時四十分。

維爾倫斯坦德跟隨比蒂和科恩走進辦公室，按下電話擴音器。

「請你等一等好嗎？」蓋特納和他打招呼後說：「財長鮑爾森也將加入。」

「好的。」維爾倫斯坦德回答，並補充：「比蒂和科恩與我同坐在這裏。」

「你們已看過新的協議書，是嗎？」蓋特納在鮑爾森加入電話會議後問：「我們希望知道你願意接受條款。我們需要你盡早回覆，因為亞洲即將開市。」

在蓋特納的心底有揮之不去的擔憂：條件是否太苛刻？但他更擔心另一面的潛在攻擊——財政部被批評給AIG「甜心」交易。

政府的條件和私營企業考慮的方案大同小異，並非巧合。首先，他們的顧問差不多是同一組人。以現時的政治環境，可以說AIG獲得的是市場最低度同意的條件，因此在政治上是安全的。

「當然，我們十五分鐘後舉行董事會議，我準備介紹新建議。」維爾倫斯坦德說。

「我是理查。」比蒂插嘴說：「我希望澄清，你不應假設因為你的介入，所以董事會必須同意方案。我們對股東有信託責任（fiduciary duty），所以這將會是複雜的。」

比蒂不怕採取強硬態度，他實質上暗示ＡＩＧ申請破產保護而不接受政府的交易，可能對公司更有利。

蓋特納毫不動搖：「這是你唯一可得到的建議。」他生硬地回答，補充說：「還有一個條件……」

鮑爾森打斷他說：「這條件是我們要把你換掉，鮑伯。」

比蒂和科恩兩人尷尬不語地看著維爾倫斯坦德。

「好……的。如果這是你們想要的。」維爾倫斯坦德回答。

「我們將換上一個新執行長。」鮑爾森就事論事地說：「他明天會出現。」

維爾倫斯坦德從未幻想政府拯救後自己仍能安坐其位，只是，他對事態發展之快，反應不過來。數分鐘前政府才剛給他一份建議書——而他們已完成程序找到了繼承他的人？

迷惘的維爾倫斯坦德感到進退維谷，不知該如何繼續討論，他窘迫地問：「我還應該在這裏嗎？」

「是的，我們會感激你能給我們的任何幫忙。」鮑爾森回答。

「我能問他是誰嗎？」

「是李迪。」鮑爾森說。

維爾倫斯坦德不斷在腦海中搜尋他的記憶。

比蒂輕聲問：「他媽的誰是李迪？」

但科恩也毫無頭緒，只得聳聳肩。

鮑爾森發覺他們不知道李迪是誰，說：「他是全美保險（Allstate）剛退休的執行長。」

電話會議結束後，維爾倫斯坦德沒精打采地跌坐在椅上，輕嘆一聲，轉頭苦笑著對比蒂說：「你錯了。最終我還是不能為聯邦政府工作。」

維爾倫斯坦德和顧問們進來時，ＡＩＧ的董事已聚集在會議廳內。維爾倫斯坦德沒有在前期的事項上浪費時間，開門見山地說：「我們面對兩個糟透的選擇：明天早上申請破產，或今晚接受聯準會提出的交易。」他解釋交易的條件，並告訴董事們黑石集團（Blackstone）的破產顧問會說明這選擇的優點。

他同時把他個人的去留也對大家說明，他平靜地說：「我將被替換。李迪（Ed Liddy）將接替我的位子。」

「李迪？」ＩＢＭ銷售主管羅曼提（Virginia Rometty）問。

「是的，他來自全美保險。」維爾倫斯坦德解釋。

「我跟他認識十五年了。」她說。羅曼提是ＩＢＭ的高級行政人員，她曾掌管的銷售部門專門負責保險和金融業的客戶。「我沒有想到會是他。」

「我認識李迪！」緬因州的保險公司Unum的前執行長奧爾（James Orr）附和說。

奧爾曾對抗全美保險在長期殘疾保險市場的入侵。「如果我們尋找公司的執行長，他不僅不會在已篩選的名單上，他連初步名單也進不去！」

「這是一個你們得要消化的決定。」維爾倫斯坦德冷靜地說，然後把會議轉交科恩主持。

AIG董事、曾擔任雷根總統經濟顧問的費爾德斯坦（Martin Feldstein）表示，他很難相信一個政府——共和黨的政府——做出任何實質上是收購私營公司的舉動。

科恩提醒各董事，他們不單對股東有信託責任，對債券持有人也是。他推薦破產路線。

「你們要考慮各方面的事情，不要因為對方是聯準會你就要欣然接受。你應該聽取所有的選擇。」比蒂說。

維爾倫斯坦德的助理走進來把一字條交給他：**格林伯格來電話**。他翻翻眼，傾前對杜紹基說：「你可以回電話給他嗎？」

杜紹基躡手躡腳地走出會議室，他心裏知道，這電話絕對會是難堪的。杜紹基先找格林伯格的好朋友、黑石的聯合創辦人彼得．彼得森（Peter Peterson）加入這電話會談。在一九九八年俄羅斯債務危機時，因格林伯格的建議，AIG向亮起紅燈的黑石注資一三．五億美元。

在杜紹基等候和彼得森通話時，彼得森則正致電格林伯格在公園大道的辦公室。格林伯格的助理說：「他現在不能接聽電話，他要上《查理．羅斯》（*Charlie Rose*）節目談AIG。」

「你真的是跟我開玩笑。」嚇了一跳的彼得森回答。

杜紹基返回會議室時，他遞字條把消息告訴維爾倫斯坦德。這一刻，維爾倫斯坦德也只得無奈地微笑。

董事會很快回到棘手的主體議題。科恩把政府方案的優缺點先作解釋，然後再推薦申請破產保護的好處。他認為公司在法庭的協調下可有序地解體，這可能比接受政府的「不要就拉倒」的建議對公司更有利。

每一顧問皆提出他們的看法。杜紹基的分析是，如此龐大複雜的公司申請破產必定需要好幾個月才能結束，在這期間，公司的價值可能會進一步被蠶食。

杜紹基總結說：「剛才的十分鐘，我已把所有的理由對你們說明了，但有一點，」他看看大家：「擁有一件東西的二〇％，總比什麼也沒有要好，不是嗎？」

沒有人說話。

會議緩緩進行，維爾倫斯坦德知道要盡快回覆鮑爾森和蓋特納，他看看手錶後建議：「讓我們每人逐一表達我們應該怎樣做，坦白說，我本人懇請大家對聯準會的建議投贊成票。」他自己率先表態：「我們有三大部分：股東，客戶，員工。這建議對股東不友善，但可以保留客戶，以及讓公司繼續存活，讓我們的員工保有工作機會。」

他們沿著座位開始，除希爾頓飯店前執行長史蒂夫．博倫巴克（Steve Bollenbach）之外，所有董事皆贊成和政府交易。博倫巴克因獲得埃利．布羅德（Eli Broad）等反對派股東的支持，在一月份加入董事會。他認為由正式的法官主持公道，股東能得到較公平的交易。

在點票進行前，博倫巴克問：我們有沒有重新談判交易條件的空間？

維爾倫斯坦德和律師們又退回辦公室致電蓋特納。

「這裏有比蒂和科恩。」維爾倫斯坦德說：「我想由比蒂向你說明董事們的感受會更合適。」

比蒂傾身對著電話擴音器說：「董事會希望知道我們能否重新談判條件，他們認為八〇％是非常過分的。」

「條件沒有商量餘地。」蓋特納堅定地回答：「這是你們的唯一條件。」

三人面面相覷，比蒂繼續：「我們還有第二個問題。董事會希望知道，如公司能自行尋得融資替代聯準會，這能否被接受？」

蓋特納遲疑一會才回答：「如公司能把資金返還給聯準會，沒有人會比我更高興了。」

比蒂返回會議廳把對話轉述。交易達成。

鮑爾森和柏南克向總統滙報後，直奔國會對那些不滿拯救ＡＩＧ的議員作簡報。參議院多數黨領袖哈里．雷德（Harry Reid）在他二樓的會議廳主持會議。這會議召集很匆忙，有些國會議員二十分鐘前才收到通知。論資排輩，共和黨在參議院銀行委員會輩份最高的新罕布夏州參議員賈德．格雷格（Judd Gregg）本來正在參加一盛裝晚宴，他身穿燕尾服但拿掉黑領結出席這特別會議；遲到的麻州民主黨議員巴尼．弗蘭克（Barney Frank）抵達時襯衫還未整理好。

鮑爾森和柏南克解釋為何他們認為這決定是必須的。「若我們不這樣做，」鮑爾森告訴議員們：「ＡＩＧ的破產會讓全美國和全球都感受到衝擊。」

對資金來源感到擔心的弗蘭克問：「你有八百億美元嗎？」

柏南克難掩輕蔑的微笑回答：「我們有八千億美元。」

ＡＩＧ的新聞稿廣發傳媒時，戴蒙和李已回到摩根大通戴蒙的辦公室內，李對戴蒙說：「他們的投資永遠拿不回來，絕對不可能。」

戴蒙立即反駁：「我保證他們有多於五百億美元的資金回籠。」戴蒙認為，即使在公關傳媒方面很難交代，華盛頓還是達成了一筆理想的交易。「AIG有很多非常優質的保險業務，可以拿出來拍賣。你等著瞧吧。」

戴蒙和李打賭十塊美金看看誰的眼光比較準。

晚上十一時，維爾倫斯坦德的司機把車停在Lenox Hill醫院對面的公園大道上。疲倦又失落的維爾倫斯坦德衝進正門外有綠色雨棚的大樓，回到他位處七樓的公寓。在廚房裏，他把一天發生的事向太太卡洛（Carol）一一重述。

就寢前，維爾倫斯坦德最後一次查看他的黑莓機。這週末，不斷努力不讓公司下沉的幕後英雄、公司的會計長大衛・赫爾佐格（David Herzog）在晚上十一時五十四分給維爾倫斯坦德發電郵，標題是「最後的步驟」：

> 謝謝你帶領我們走過這非常艱難的挑戰。今天晚上滄海桑田的變化是以前早就種下的因果。我懇請你在離開崗位前能再多做一件事：請你為李迪先生把盤子擦乾淨。我促請你馬上解僱以下人士：
>
> 史萊柏
>
> Lewis & McGinn
>
> Nueger & Scott

本辛格（Bensinger）

Kelly

Kaslow

Dooley

雖然這好像很無情，但這批行政人員無能的表現都導致了美國這家最偉大的公司殞落。希望你不會讓李迪先生自己察覺出來。我並非對這些人不敬，但我們全球十二萬名員工應當獲得更好的，並對於所發生的事負起責任。

我們需要有領導能力的人，而他們絕不能領導。

大衛謹上

穿著內褲，呆站在走廊的維爾倫斯坦德不可置信地搖頭嘆息。

第十七章 摩根士丹利的掙扎

星期三早上，蓋特納開始跑步時天還未亮。昨晚，他只在紐約聯邦準備銀行總部不太舒服的房間睡了幾小時，他感到疲累和壓力沉重。

看著對岸的自由女神像，以及從斯坦頓島（Staten Island）載著上班人群的渡輪緩緩靠近碼頭，他極力想讓自己平靜下來。連續五天他的腦袋被困在數字迷宮內——那些龐大、抽象、難以理解的數字，在二十四小時內，從雷曼的價值變成零，到美國國際集團（AIG）需要八百五十億美元——八百五十億美元，這數目比新加坡和台灣兩地合計的年度預算還要大，有誰能真正了解如此巨大的數字？蓋特納希望這數字足以挽救這保險業巨擘免於破產——而眼前的金融危機也可告一段落。

渡輪上滿載日出而作的上班一族，蓋特納內心很感慨：一切都是為了這些人，因為這些人或多或少都要仰賴金融系統來進行經濟活動。不管那些數字如何嚇人，不管那些結構型金融商品和衍生工具如何錯綜複雜，不管那些投機出錯卻反過來要求百萬分紅的人，挽救金融危機真正是為了保護這些普羅大眾。

當他走過布魯克林橋底下的南岸街時，他不期然地想：新的一天又會是怎樣的地獄式挑戰。他非常憂慮眼前觸目驚心的最新事態發展：

美國歷史最悠久的貨幣市場基金、龐大的「儲備首選基金」（Reserve Primary Fund）的基金淨值一天前跌破其面值每單位一美元，最低達〇．九七美元。貨幣市場基金從不應有此現象，它是市面上風險最低的投資產品，因具備良好的流動性與安全性，其收益一般較低，投資者往往將貨幣市場基金當作資金的臨時停泊站。

然而，「儲備首選基金」因追求更高的報酬率——年報酬率四．〇四％——而插手高風險投資，包括投資了七．八五億美元在雷曼兄弟發行的債券工具而引發災難性的後果：投資者因恐慌紛紛贖回基金，「儲備首選基金」在資金嚴重流失之下無力應付所有贖回要求，被迫強制暫停贖回基金七天。

蓋特納想，目前貨幣市場基金承受著極大壓力，投資者幾十億美元的資金又因雷曼破產而被鎖死，這只意味著一件事：剩下的兩家投資銀行——摩根士丹利和高盛的倒閉也指日可待。

這恐慌同時在摩根士丹利的總部蔓延。坐在沙發上的摩根士丹利董事長約翰．麥克和他的同事查曼、高曼大家手上都拿著紙杯裝的咖啡。

麥克正在大發雷霆：他認為星期三早上的主要新聞應該是他在前一天中午發布的季度業績，一份可顯示摩根士丹利實力的業績，並去除任何認為摩根士丹利會步雷曼後塵的恐懼。

然而，公司的股價在星期二幾小時之內已下跌了二八％，麥克決定要毅然採取行動扭轉頹勢。這季度報告應該是正面的——比起高盛更理想（高盛在週二上午亦已公布業績，其股價亦同樣下滑，但跌幅較小）。摩根士丹利宣布純利一四．三億美元，比去年同期只微跌三％。然而，《華爾街日報》的頭條齧咬著他：「高盛、摩根士丹利碩果僅存——死戰還是倒閉？」而期貨市場的走向已說明，他顯示實力的苦心無功而返。

麥克面對的新困境不僅是一般投資者對貨幣市場基金及投行失去信心，不足為外人道的情況才是更嚴重問題：這週剛開始時，摩根士丹利的現金準備高達一、七八〇億美元，這筆資金可用於日常營運和貸款予對沖基金客戶，但是，在二十四小時內，惶恐的對沖基金客戶已一共提走了二百億美元，有些甚至乾脆結清其投資戶頭。

查曼跟麥克說：「資金簡直是奪門而出。」

「今天已經沒有人顧及忠誠。」麥克抱怨。他原本想強制凍結資金，但查曼說服他要繼續撐下去，並警告說：「把大門關上是弱勢的表現。」

但問題是，到底他們能承受多少資金被抽走？查曼說：「我們不能讓這情況無止境地持續下去。」

麥克的陰謀意識開始作祟，他認為對沖基金合謀對付摩根士丹利，他咆哮道：「這就是他們對雷曼所做的事！」其實，有新的證據顯示部分對沖基金確實急需資金，因其資金被鎖死在破產的雷曼倫敦分行，他們唯有轉向摩根士丹利和高盛提款。

對麥克而言，摩根士丹利別無選擇，只能不斷付款。

他花了一輩子把他們的券商業務打造成主要的盈利中心——全球最大一百家對沖基金有八十九家透過摩根士丹利進行交易。在金融危機中，投行絕不能顯露絲毫恐慌，否則就會拖垮整家公司。

麥克說：「我們充滿信心，我們不能示弱，我們不能慌張。」

在一般情況下，麥克都能臨危不亂。就在昨天，他甚至一如往常出現在交易大廳，和交易員聊天並吃披薩餅。然而，當天早上，他也開始方寸大亂：要做的事太多，要研究的選擇太多，要憂心的事也太多。

昨晚，他多年的律師好友、花旗的副董事長史蒂夫・沃爾克（Steven Volk）來電，對方過去曾協助他收購添惠公司（Dean Witter）。表面上，沃爾克來電是對摩根士丹利的業績表示恭賀，但實際上他卻是漫不經心地播下另一合併種子——花旗。

「約翰，我們會支持你，我們沒有野心。如你有意接受我們的策略聯盟，我們樂意和你討論。」

這是具潛在爆炸性的消息：摩根士丹利和花旗的合併，就如微軟和英特爾連在一起。

麥克、查曼和高曼反覆討論這想法。現時券商經紀（broker-dealer）的營運模式承受如此沉重的壓力，和花旗的合併可讓他們獲得穩定的存款基礎；現在只有摩根大通和花旗是僅存的強大銀行。

大家都在美國銀行收購美林的電話會議上聽到路易士（Ken Lewis）高談「券商經紀模式已正式死亡」的評論。路易士說：「七年來，我一直說投行最終會因資金問題而被商業銀行吞併，我依然這麼認為。投行的黃金年代已成過去。」

此時此刻，高曼想路易士的話可能有道理，他問：「你認為我們應該回電話給花旗嗎？」

麥克點頭同意，囑咐祕書致電花旗執行長潘迪特（Vikram Pandit）的辦公室。他們彼此非常了解，但並不親近。二〇〇〇年時麥克曾大力提拔當時在摩根士丹利的潘迪特。

「沃爾克對我說你希望做交易。」麥克在接通電話後對潘迪特說：「外面真艱難，我們在考慮不同的選擇。」

「你知道我們是有意相助的。」潘迪特回答：「現在可能是做點事的適當時機。」他不想說得更多，只說：「我需要和董事會商量後再回電話給你。」

鮑爾森查看「儲備首選基金」的最新情況，彭博終端機黑和橙的螢幕不停閃動著。這支擁有六百二十六億美元資產的基金是貨幣市場的龍頭大哥，它有了麻煩，很快便會蔓延到整個領域。

「我們有緊急情況。」威爾遜（Ken Wilson）走進鮑爾森的辦公室，一口氣把驚慌失措的執行長們來電名單向鮑爾森報告：貝萊德集團的芬克；紐約梅隆銀行（New York Mellon）的羅伯特・凱利（Robert Kelly）；北方信託（Northern Trust）的華德爾（Frederick H. Waddell）；還有Ameriprise的克拉奇奧洛（Jim Cracchiolo）。

「他們告訴我客戶爭先恐後地要求贖回，他們要提走幾千億美元！」威爾遜說：「風聲鶴唳，大家對任何可能持有雷曼債券的機構都抱有戒心。」

煩躁的鮑爾森坐立不安，因雷曼導致的恐慌就像瘟疫蔓延，有如華爾街黑死病災難。貨幣市場也需要支援。威爾遜補充，聽說摩根士丹利也承受對沖基金龐大的贖回壓力。如摩根士丹利倒下，他們兩人投入大半生的高盛也將時日不多。

「新的一天，新的危機。」鮑爾森苦笑著說。這句話把他心裏發毛的惶恐表露無遺。

鮑爾森本能的反應是私營部門應付系統問題的慣常伎倆——一連串的交易。公司彼此合併，互相掩蓋弱點。

但現時情勢卻非比尋常，看來，每一個問題背後隱藏的是另一問題。他可能因拒絕拯救雷曼而得到嘉許，但現在他看到這後果的破壞力之巨大：支撐金融體系的信心已東倒西歪，再也沒有人清楚遊戲規則是什麼。美國紐約大學史登商學院（Stern School of Business）經濟學教授、有「末日博士」

之稱的羅比尼（Nouriel Roubini）當日早上抱怨說：「他們假裝在雷曼事件劃出底線，兩天之後，他們又要做出拯救行動。」

他現在開始明白：商業債券和貨幣市場——這是他的基本謀生之道，也是高盛的特長——危機已漸漸直刺要害。

三十八歲的聯準會官員沃什（Kevin Warsh）的辦公室和他老闆柏南克的辦公室只有數門之隔。他正為另一些事心煩。

他剛跟柏南克與歐洲及亞洲的央行行長解釋聯準會針對ＡＩＧ作出的行動。歐洲央行行長特里謝（Jean-Claude Trichet）對他們「讓雷曼倒下」的決定大為震怒，正努力遊說柏南克請求國會為業界進行大規模的拯救行動，以恢復信心。

沃什卻另有憂慮。七年前，他放棄摩根士丹利合併銀行家（M&A banker）的職位，加入政府擔任布希總統的經濟政策特別助理，他知道市場對於這家他曾經效力的公司——摩根士丹利——已急速失去信心。從他的角度來看，最明顯的解決方案是摩根士丹利收購一家具有足夠存款的銀行，而最好的選擇是美聯銀行（Wachovia），它是一家擁有龐大存款基礎而且本身也在苦苦掙扎的銀行。

美聯銀行的惡夢始於二〇〇六年公司收購以加州為大本營的抵押貸款公司Golden West，交易最終演變成一場災難，產生龐大的壞帳。

鑒於曾任財政部副部長的斯蒂爾（Robert Steel）現在擔任美聯銀行的執行長，財政部無法與他聯絡，因此擔心這家銀行的責任便落到沃什肩上。他是越來越擔心：熟稔交易的他知道美聯銀行也急需夥伴，而他可能要擔任紅娘的角色。他想這銀行已絕對沒有單獨生存的能力。

然而，和鮑爾森對高盛的情況一樣，沃什與摩根士丹利也有利益衝突的顧慮。為此，他向聯準會的法律顧問阿爾瓦勒（Scott Alvarez）申請一豁免信，讓他可基於「公眾利益」的前提下接觸前僱主。

沃什聯絡到美聯銀行執行長斯蒂爾，囑咐對方二十分鐘後致電摩根士丹利的麥克，他自己則趁這空檔先跟麥克預告。

沃什也打給蓋特納，問道：「你希望我打電話給約翰，還是你自己來？」最後，他們決定一起找約翰・麥克。

儘管已病入膏肓，雷曼內部卻熙熙攘攘。睡眠不足、沮喪的交易員、律師和其他工作人員正忙碌地打電話，在公司關閉前各盡其職。充斥每人心頭的是福爾德昨晚發給全體人員的電郵：「過去幾個月的非常挑戰直到我們作出破產申請，這一切對大家個人情感上和財務上都是極痛苦的事。為此，我感到痛心難過。」對一些充滿憤恨的員工，這說法太輕描淡寫，就如同一九四五年八月十五日日本裕仁天皇對全國百姓的投降廣播：「戰局的發展並未有利日本。」

當日稍晚，在邁克達德、麥基、和夏佛過去三天總共只睡四小時的努力下，雷曼總算有一則小小的好消息公布：雖然沒能來得及挽救整家公司，但雷曼最終和曾經一度有機會成為公司救星的巴克萊資本（Barclays Capital）達成協議，以一七・五億美元向對方出售旗下的美國本土券商業務。巴克萊資本最後得到心儀的雷曼業務而不用承擔整個公司；而這交易也讓成千上萬的雷曼美國員工得以保有工作。

當邁克達德、麥基和夏佛走到不同樓層時，有些員工站起來對他們報以掌聲。

——

麥克早已知悉斯蒂爾電話的來意，也很高興和他對話。兩人皆是杜克大學（Duke University）的畢業生和校董。斯蒂爾接任美聯銀行不久，麥克更曾飛到夏洛特（Charlotte）向他推介聘用摩根士丹利做為美聯銀行的顧問。雖然麥克無功而返——美聯銀行把讓它深陷泥沼的Golden West交託給高盛清理——但兩人發覺彼此很有默契而承諾保持聯絡。

接通電話時，斯蒂爾對麥克說：「這是一個有趣的時刻，我想你已接到沃什的指令，他認為我們應該接觸。」

斯蒂爾繼續說，並故意把討論空洞化，先行試探麥克的意向：「我們也許有機會，我們正在考慮很多事情，我想這是應該討論的時候，但我們行動要快。」

有興趣的麥克不置可否地回答：「我也看到一些可能性。你的時間表如何？」

「我們是分秒必爭。」斯蒂爾說。

看到各市場的急轉直下，麥克也認為這值得討論。

對斯蒂爾而言，和摩根士丹利交易於公於私都很有利。摩根士丹利前幾年人事問題的風風雨雨令麥克並未找到公認的接班人。雖然他不想馬上得到麥克的王位，但兩人的好友兼摩根士丹利董事羅伊・博斯托克（Roy Bostock）私底下曾對斯蒂爾暗示，摩根士丹利和美聯銀行的交易可為摩根士丹利日後的接任問題提供順理成章的解決方案，意味斯蒂爾有很大的機會當上華爾街大銀行的頭頭。

與斯蒂爾通話後，麥克馬上聯絡他的首席交易銀行家斯考利（Robert Scully），對他轉告談話內容。斯考利對這想法有所保留，雖然他對美聯銀行的帳目所知不多，但他所知的卻足以令他提高戒心。然而，他同意在此時此刻不應排除任何方案；況且，美聯銀行分布全國，在同業中名列前茅的龐大紮實的存款基礎，對只能眼睜睜看著資金如江河潰堤的摩根士丹利來說，有極大的吸引力。

斯考利馬上致電副董事長金德勒（Rob Kindler），告訴他美聯銀行業務發展部主管卡羅爾（David Carroll）將在週四到訪展開談判。

和摩根士丹利相對保守的文化相比，聲量大、有話直說、愛穿老式西裝的金德勒絕對是個異類；在九〇年代，他是柯史莫法律事務所（Cravath, Swaine & Moore）的明星律師，但他一直嚮往銀行家這行業，故毅然離開法律界，先轉投摩根大通。（愛惡作劇的他，不久便拿摩根大通的口號「一公司，一組人，當上領導」〔One Firm, One Team, Be a Leader〕開玩笑，改為「一公司，一組人，賄賂領導」〔One Firm, One Team, Bribe a Leader〕。）儘管他有點怪脾氣，但在交易事務上，他的意見卻甚具價值。

金德勒一開始對於和美聯銀行合併同樣存疑，並告訴斯考利：「讓我們把交易放在大環境來分析：斯蒂爾出身高盛；美聯銀行所用的投行也是高盛；鮑爾森明顯來自高盛——我們和美聯銀行洽談的唯一原因是：高盛不要這筆交易！」

雖然斯考利的想法也雷同，但卻不願意說得太明。他說：「我不知道，但不一定是這樣。」

但不久金德勒對這交易考慮再三後很快就改變心意，他說：「這也可以對我們有利，為我們提供存款基礎、區域性的網絡，我們看看如何發展吧。」

他和金德勒偕同摩根士丹利金融機構事務聯合主管布魯贊（Jonathan Pruzan）著手研究美聯銀行

的帳目。美聯銀行最礙眼、最令人擔心的問題當然是其一千二百億美元的次貸風險。正當摩根士丹利對美聯銀行展開盡職審查（due diligence）時，麥克接到花旗潘迪特的回覆電話，婉拒他早上暗示的合併事宜：「我們的答案是不，這不是合適的時間，也許我們日後有機會合作。」

麥克無奈地掛線，美聯銀行不是任何人的夢中情人，但在此時此刻，它是舞會中唯一的女生。

「這就是經濟九一一！」

財政部長鮑爾森說話時，辦公室死寂得令人心寒。星期三的早上，財政部二十多名員工聚集在鮑爾森的辦公室，有些坐在窗旁，有些在沙發上，有些甚至坐在鮑爾森的桌邊，有人在筆記本上塗鴉。

在他們頭上懸掛的是繪於一七九二年的美國第一任財長亞歷山大・漢密爾頓（Alexander Hamilton）畫像的複製品。當年，這個年輕的國家經歷首次的金融恐慌：杜爾（William Duer）——財政部助理、漢密爾頓的好友利用內幕消息大量囤積政府債券；但美國政府債券價格大跌，杜爾不能清償債務，引發恐慌。漢密爾頓拒絕拯救朋友，但下令財政部直接購入政府債券穩定市場——這是大家早已遺忘、但發人深省且具有指引意義的政府介入模式。

鮑爾森斜坐在角落的椅子中，緊張地拍打肚子。鮑爾森面帶痛苦地向他的幕僚解釋，在過去四小時內危機又再達另一高峰，情勢之危急，他認為只可與七年前的九一一襲擊事件相比，雖然這次沒有死傷，但百年老店也可一夕瓦解，成千上萬的人將面臨失業。

鮑爾森說，整個經濟已瀕臨崩潰邊緣，摩根大通的戴蒙（Jamie Dimon）早上已在電話中向他訴說憂慮，但鮑爾森的憂心已從投行轉移到奇異電器（General Electric），它是全球最大的公司，也是美國創新的標記。

奇異電器執行長伊梅特（Jeffrey Immelt）親口告訴他，這跨國企業用以支應日常營運資金的商業票據已幾乎失效。鮑爾森同時聽說摩根大通已停止貸款給花旗集團，美國銀行也終止給予麥當勞加盟者貸款，目前美國國債交易利率低於一%，顯示投資者只對政府支持的債券有信心。

鮑爾森知道，這是他的金融危機，也許是他任內以至整個職業生涯裏最關鍵的時刻。昨天晚上，聯準會主席柏南克和他已有共識，是時候以系統性方案解決問題了，單獨處理個別金融機構的問題是沒用的。貝爾斯登出事和雷曼事件隔了六個月，但是，如果摩根士丹利倒下，不出六小時高盛也會倒下，緊接著將是其他大型銀行，然後，天曉得再來會是什麼。

鮑爾森站在同僚前，希望找到一個全方位的方案，一個需要政府介入干預的方案。他依然抗拒紓困（bailout）這個概念，但也明白他必須屈服於眼前的現實。

他說：「唯一停止這事件的方法，可能是提出一個財政措施。」雖然他對上述方向在政治上能否通過根本毫無把握，但他們需要開始考慮各種可能的方案。

鮑爾森對同事們坦承，自己將遭受嚴重的政治轟炸：對於紓困ＡＩＧ，眾議院金融服務委員會主席弗蘭克（Barney Frank）已公開諷刺他，宣稱要提出議案把雷曼申請破產的九月十五日訂為「自由市場日」，弗蘭克說「國家對自由市場的承諾僅僅維持了一天」。

肯塔基州共和黨參議員邦寧（Jim Bunning）亦公開譴責：「這星期一，聯準會再一次動用納稅人的錢拯救那些將貪婪放置在責任感之上的機構。」阿拉巴馬州共和黨參議員謝爾比（Richard Shelby）也表示：「極度不同意利用納稅人的錢拯救私人企業。」

鮑爾森說，第一要務是應付貨幣市場的危機。財政部顧問、高盛出身的前銀行家沙弗蘭（Steve Shafran）建議財政部直接介入和擔保基金。「我們有這權力。」他引用一九三四年的「黃金準備法」（Gold Reserve Act），內容是將美元含金量下調後騰出的黃金用於設立穩定基金，這基金規模現已達五百億美元。關鍵是，沙弗蘭說，該法條授權財政部長只須獲得總統授權便可動用穩定基金，進行黃金、外匯、證券和信貸等方面的交易，而無須通過國會。

「就這樣做！」鮑爾森一錘定音，沙弗蘭馬上離開房間把所需程序啟動。

但想要穩定銀行，沒有如此簡單的方案。負責經濟政策的助理部長史瓦格（Phillip Swagel）強調要大膽，不能因害怕政治批判而迴避應付問題，他說：「你不會希望像日本一樣。」

史瓦格和負責國際事務的助理部長凱西卡瑞（Neel Kashkari）把他們春季時準備的、已蒙塵的十頁「敲碎玻璃」計畫再拿出來：在流動性危機出現時，這計畫要求政府介入，從放貸者手中直接購入有毒資產，糾正他們的資產負債表使得他們能繼續放貸。計畫的草擬人知道執行這計畫的複雜性——銀行會拼命捍衛他們資產的價格——但這卻可以減低政府介入銀行的日常運作，這是那些保守派極力主張的。

「我們應該這樣做。」凱西卡瑞告訴鮑爾森。他一直參與政府前一陣子針對困難屋主的紓困計畫「HOPE NOW」，並因而得到第一手資料，知道當銀行資產負債表上承擔太多壞帳時，他們沒有能力提供新的貸款。

鮑爾森的顧問、還在紐約處理ＡＩＧ事件的傑斯特（Dan Jester）透過電話表示，購買資產太複雜，他支持對機構直接注資，他說：「注資可讓你的金錢有更大的力道。」在市場繼續下跌時，這也可幫助銀行應付難關。

負責金融機構事務的助理部長納森（David Nason）反駁說，這方法的問題在於潛藏在每個人心中的對國有化的恐懼。如政府注資私人機構，則政府變相成為股東，這正是房間內大部分人希望避免的。他問：「別人會想，我們要把他們ＡＩＧ化嗎？」他已把政府不到二十四小時前的投資拿來當動詞使用。

鮑爾森在「敲碎玻璃」計畫首次提出時已喜歡這方案，現在他更比較傾向朝這方向進行。ＡＩＧ是他們不能重複的災難，購買資產能夠保持政府和私人企業之界限。眼下需要開始為國會準備立法的大綱。他們需要很多的資金，而且是立刻。

他把研究如何落實這計畫的任務交給凱西卡瑞和一組人：「敲碎玻璃」方案是個誘人的紙上理論，但欠缺細則、離真正可執行相距甚遠。鮑爾森給他們二十四小時把架構變為行動綱領。

會議結束前，鮑爾森問：「這需要多少錢？」

凱西卡瑞春季時的估計是五千億美元，此刻他嚴肅地回答：「需要的應該更多，我不清楚，也許會是一倍。」

散會時鮑爾森警告大家這個討論是機密。隨後，鮑爾森致電蓋特納交換意見。蓋特納告訴他：「你無法在不引起擠兌的情況下討論銀行資本需要這巨額數字。如果你得不到授權，我肯定你會引爆一場驚天動地的恐慌。你要注意，在未拿到錢之前一定不能公開此事。」

星期三下午，摩根士丹利的股價已下跌了四二％，謠言滿天飛：最新版本說，摩根士丹利是

AIG的交易夥伴，超過二千億美元危在旦夕。這謠言並不正確，但有誰理會？對沖基金繼續要求贖回的款項近五百億美元。德意志銀行為了挖摩根士丹利的對沖基金客戶，派發的傳單上大字寫著：「德意志：穩定的交易對手。」

麥克和他的智囊開會，他已摸清每天收盤前嚴酷的例行儀式：在下午二時四十五分，對沖基金開始把資金轉離，包括現金和保證金的戶頭結餘。下午三時，聯準會的貼現窗口將關閉，摩根士丹利要待翌日早上才能提取額外資本。下午三時○二分，摩根士丹利的信用違約交換（credit default swaps, CDS）差價——防止摩根士丹利倒閉的保險價格——便會急升。最後，他們的結算銀行摩根大通會來電要求更多的保證金以保障自己。

麥克幾乎大叫：「現在發生的事情簡直令人憤怒。」他認為對摩根士丹利的攻擊是「不道德和不合法的」。儘管他知道拋空機制對市場的功效——畢竟許多對沖基金都是他旗下的客戶——但眼下卻是摩根士丹利的生死關頭。

摩根士丹利財務長克萊赫（Colm Kelleher）的看法更宿命論——他相信拋空的人不會停止，甚至不應成為眾矢之的，他們是市場的產物，所作所為只是為了求生存，他告訴麥克：「他們是冷血動物，眼前有什麼便吃什麼。」

麥克剛和他最要好的朋友之一、知名對沖基金公司Pequot Capital Management創辦人森伯格（Arthur J. Samberg）通過電話，森伯格要求提取部分款項。

生氣的麥克對他說：「聽著，你要拿走你的錢是吧！你就拿走啊！」

森伯格辯說：「約翰，我並不想這樣做的，但我基金內的基金戶頭全認為我在摩根士丹利的風險太大。」他並引述一些關於摩根士丹利財務狀況的謠傳。

「拿走你的錢。」約翰・麥克告訴他：「你也可以叫你的同業拿走所有剩下的錢！」

麥克相信這些負面揣測是由他的敵人刻意散播的，並由美國商業新聞有線電視台（CNBC）肆意傳播，他對那些所謂「垃圾報導」感到非常氣憤，氣得他致電奇異電器執行長伊梅特投訴。奇異電器間接擁有CNBC，它是奇異旗下的NBC Universal的一部分。然而伊梅特只能抱歉地回應：「我們能做的也不多。」

麥克的首席行政官奈德斯（Thomas Nides）認為公司應該主動出擊。奈德斯是公關業巨頭博雅公關公司（Burson-Marsteller）的前任執行長，也是近幾年麥克最親密的顧問；奈德斯的影響力之大，甚至可以成功遊說一輩子共和黨的麥克支持希拉蕊（Hillary Clinton）。他鼓勵老闆與華府的朋友聯繫，說服對方禁止拋空，他說：「我們一定要把這些混蛋擊垮！」

摩根士丹利的法律總監林奇（Gary Lynch）曾是證管會執法部主管，他自告奮勇致電紐約證交所監管部門主管凱撒姆（Richard Ketchum），促請他留意可疑的交易，他說：「我支持自由市場，我也支持自由的街道，但若有人拿著球棒在街上走，這可能已是需要戒嚴的時候。」

奈德斯為麥克安排一系列的電話，對象包括紐約州民主黨參議員查理斯・舒默（Charles Schumer）和希拉蕊，懇求對方代為出面向證管會施壓。

奈德斯告訴他們：「這是為了捍衛就業，為的是國民。」

然而，與美國證管會主席考克斯（Christopher Cox）交談後，麥克的心情更壞。在麥克的角度看，考克斯這個自由市場狂熱者像是故意慢吞吞的，並且把低效率視為政府監管者的合理行為：考克斯不會在拋空、或任何其他事宜上採取任何行動。

名單上接著是鮑爾森。他對麥克提倡禁止拋空表示理解與同情，但亦不肯定他可以做些什麼。他語帶安撫地說：「約翰，我明白，但這事得由考克斯決定，我看看能做些什麼。」

為了尋找盟友，麥克不惜與他的死敵——高盛執行長勞爾德．貝蘭克梵聯絡：「這些混蛋把我的股票，還有我的CDS趕盡殺絕。」急瘋了的麥克說：「勞爾德，你跟我在同一條船上。」麥克要求貝蘭克梵與他一同在CNBC上出現，以展示實力。

貝蘭克梵解釋，高盛還未到危急存亡之秋，除非已到最後關頭，否則他不願意跟拋空的對沖基金開戰。

在這條戰線碰了一鼻子灰，奈德斯採用另一個也許更高明的策略，他致電急需一個案件來重振政治仕途的紐約州檢察官庫莫（Andrew Cuomo）。

奈德斯有預感，庫莫或許會對嚇阻拋空的對沖基金有興趣，這是一項容易得到選民支持的行動：在金融危機中，肚滿腸肥的對沖基金對搖搖欲墜的銀行步步進逼，窮追猛打。所有人都記得前檢察長史匹哲（Eliot Spitzer）如何利用同樣的平台對付華爾街。

奈德斯找到庫莫，向對方努力推銷宣布調查拋空炒家的優點。庫莫曾對拋空表示憂慮，但僅只口頭警告而已。

奈德斯對庫莫說：「如果你這麼做，我們會站出來表揚你。」

奈德斯知道麥克並不願意這樣做——這樣變成是在攻擊自己的客戶——但眼下是背水一戰，實在顧不了那麼多。

收市前，麥克發電郵給全體員工。

致：全體員工

發：約翰．麥克

我知道今天大家對我們的股票十分關注，我也一樣。昨天我們公布強勁業績和持有一、七九〇億美元現金後——幾乎所有股票分析師都在他們的報告中清楚標明——我們的股價和CDS合約沒有理由如此動盪。

到底發生什麼事？我非常清楚——我們現在處身於由恐懼和謠言主導的市場，而拋空炒家不斷推低我們的股價。請大家了解，管理委員會和我為了阻止市場上這些不負責任的行動，會盡我們所能採取一切步驟。我們和財長鮑爾森、財政部反映，向考克斯主席和證管會反映；同時，我們也積極和長期股東、交易對手和客戶保持聯絡。我也鼓勵你們和客戶聯絡——確保他們知道我們業績強勁，以及擁有強而有力的資本。

「在這時我不能碰高盛，簡直是荒謬！」鮑爾森向他的法律顧問霍伊特（Bob Hoyt）抱怨。鮑爾森希望參與柏南克、蓋特納和美國證管會主席考克斯下午三點舉行的會議，討論高盛和摩根士丹利的事宜，但除非鮑爾森得到法庭特別批准，否則他不能參與該會議。

現在摩根士丹利已危在旦夕，鮑爾森愈來愈擔心高盛；他相信如果高盛倒閉，整個系統將完全毀滅。他已受夠了避席規定，他有點後悔出任財長時簽署了道德守則，同意自己在任期內要避席任何關於高盛的事宜；當時，他把不與前僱主聯絡的例行的一年協議延長似乎是良好誠信義務之舉，現在，這協議竟反咬他一口。

早在貝爾斯登事件發生後的三月，蓋特納就曾提出這點。他說：「漢克，如果另一家投行倒閉，我不知道除了高盛之外還有誰有能力接收投行，我們應該馬上看看怎樣處理你的避席事宜，我實在不知道如何在你缺席的情況下解決問題。」

鑑於市場形勢極度嚴峻，法律顧問霍伊特告訴鮑爾森，他可以嘗試申請豁免，其實，霍伊特已擬好申請草稿。

鮑爾森早在上任前已把持有的所有高盛股票賣掉，除了退休金：六十五歲後，高盛會每年發給他一萬零五百三十三美元的退休金，但相對於鮑爾森的整個身價，這金額簡直不值一曬。霍伊特認為鮑爾森很容易對政府道德管理會（Office of Government Ethics）說明自己並不涉及任何利益衝突。

鮑爾森明知這豁免申請在「表面」上會不斷加深「高盛陰謀論」的流傳，但他覺得自己別無選擇。他希望保密，他和霍伊特研究是否能把「豁免保密」。

霍伊特向白宮法律顧問、華府生態識途老馬費爾汀（Fred F. Fielding），以及財政部監管道德守則的小奈特（Bernard J. Knight Jr.）提出豁免申請；在沒有異議的情況下，他們即時接受霍伊特的意見。

小奈特在電郵中回覆：「我認為你參與有關或涉及高盛的事宜，對政府帶來的利益程度，大於公眾對政府計畫和運作的道德守則疑問。」

費爾汀的辦公室將這封白宮信箋送到財政部時，豁免便正式獲准。豁免信內容如下：

> 這備忘錄提供豁免……在你出任美國財政部部長期間，你的責任是服務美國國民，推行有效的財政管理，推廣經濟增長和穩定，捍衛美國及國際金融體系的安全和健康。
>
> 你在前僱主高盛的固定收益退休金計畫之利益，僅為你投資組合的一小部分，因此，你透過退休金計畫獲得的利益，不會對你向政府提供的服務構成道德準則的影響。憑這豁免，你可親自並實質地參與對你退休利益有影響的事情，包括對你的退休利益有責任和義務的高盛集團。

在公眾毫不知情下，鮑爾森正式獲准協助高盛。

星期三下午，瑞銀集團（UBS）銀行股分析師紹爾（Glenn Schorr）以「停止這瘋狂——我們需要暫停」為題，向他的客戶透過電郵發出最新報告。收盤時，摩根士丹利的股票已驟然下跌二四%至二一．七五美元，最低曾至一六．〇八美元；高盛則一度最低九七．七八美元，最終收在一一四．五〇美元，跌幅一四%。

紹爾的郵件被傳遍全城：「我們認為投資者應專注在風險管理和表現上，而不能只注意你有沒有存款在那裏（銀行也可以破產的，按我們的調查，在這勢頭下，投資者贖回基金後，存款也不免緊隨其後）。我們的觀點是，缺乏信心、和強行把『大到不能倒』的機構整合並不是終極解決方案。全球實應關注，因為繼續壓搾金融體系的資產負債表，以及業界只剩下越來越少參與者，將會令企業和對沖基金可享用的信用乾涸，所有領域的資金成本會繼續大漲。」

這封電郵最終也傳到財政部大樓。鮑爾森想得知華爾街上真實的觀感，正按長長的來電待覆名單回電話，其中包括巨型私募基金黑石集團（Blackstone Group）的董事長史瓦茲曼（Steve Schwarzman）。

電話接通時，史瓦茲曼語帶諷刺地問：「漢克，你今天如何？」

鮑爾森回答：「不太好。你那邊看到什麼？」

對話很快轉為嚴肅。對所見所聞深感害怕的史瓦茲曼說：「我要告訴你，幾天內系統便會全面崩潰。我很懷疑銀行下星期一是否還能開門營業。大家都爭相放空金融機構，並且把結餘從券商提走，因為他們不希望成為最後一人——像雷曼那樣——這會導致高盛和摩根士丹利的倒閉。大家只顧自身的利益，你要有所行動才行。」

鮑爾森說：「我們正在計畫中，你認為我們該做些什麼？」

史瓦茲曼這樣回答：「你要以西部小鎮的警長處理失控事件的角度看這事，拿著槍走上大街對天發數槍示警，說明局面由我控制——現在沒有人負責！」

鮑爾森邊聽邊想像自己擔任警長的角色，說：「你有建議嗎？」

「這，你第一件可做的事是禁止放空金融機構——你先不要管這招對清除壓力是否真有幫助，雖然這也許有。這可以有恐嚇作用，讓他們知道事情將有改變而他們不可以繼續以這種方式投資，讓他們停下來。」

鮑爾森同意：「這是不錯的主意，我們已在商討，我可以這麼做。還有什麼？」

史瓦茲曼再說下去：「我會阻止別人從券商戶頭提款，沒有人真的想把在高盛或摩根士丹利的帳戶轉走，他們只是認為必須這樣，他們不想成為沉船的最後一人。」

鮑爾森回應：「我沒有權力這樣做。」

史瓦茲曼又建議另一方法：「你可廢除有關金融機構的CDS產品，這對金融機構帶來很大的壓力。」

鮑爾森抗議說：「我也沒有這樣做的權力。」

史瓦茲曼擔心鮑爾森並沒有聽進他的話，他再強調：「你必須宣布一些很大型的措施挽救這體系，動用龐大的資金來解決系統的問題。」

「我們現在有些想法，但沒有準備好。」鮑爾森告訴史瓦茲曼。

史瓦茲曼的回應是：「你有沒有全然準備好是無關緊要的，你需要明天就公布，這才可以阻止崩潰，你要想出一些方法抓住別人的注意力。」

星期三下午，麥克看見他的財務長克萊赫鐵青著臉走進他的辦公室，馬上警惕地問：「怎麼了？」

一口英國腔的克萊赫說：「約翰，我們的資金在星期五便會乾涸。」他一直緊盯著公司的流動資金，看著金額不斷萎縮，一如機師在機場上空徘徊，等候降落批准時留意著油缸的心情一樣。

麥克緊張地說：「這是不可能的。拜託，拜託，請回去你的辦公室再重新算算吧。」

每一小時都有新的問題浮現。他早前發出譴責拋空炒家的內部電郵已流傳出去，好幾家側重放空策略的對沖基金——其中有些只是為其持股量作對沖風險的基金——已註銷他們在摩根士丹利的帳戶以示抗議。

揭發安隆（Enron）使用會計方法誇大其收入的尼克斯聯合基金公司（Kynikos Associates）掌門

人詹姆斯．查諾斯（James Chanos）大怒：「你抱怨是一回事，但發出備忘錄怪罪客戶又是另一回事。」他身為摩根士丹利的客戶已二十年，這次為表示不滿，他也懲罰性地從帳戶內轉走十億美元。老虎基金的創辦人，對沖基金界的教父級人物朱利安．羅伯遜（Julian Robertson）雖然也來電大罵，但他並未把錢提走。

儘管摩根士丹利對拋空者的襲擊很不滿，但這些公司客戶第二天可能會氣炸了：麥克正在檢視就支持庫莫對拋空行為進行調查的聲明，這聲明將在一天之後發布。他心裏有數，聲明的措辭一定會激怒他的客戶，令更多客戶拂袖而去，但麥克認為他已無路可走，只能鋌而走險。聲明內容如下：

摩根士丹利對紐約檢察長庫莫採取強硬行動將不正當的金融股放空者連根拔起表示讚許，透過對這些操縱和欺詐的行為展開廣泛的調查，檢察長庫莫對幫助穩定金融市場起了絕對的領導作用。有鑒於市場已呈現極端、前所未見、與股票基本因素完全脫節的波動；我們同時支持他對證管會要求暫停放空金融股的呼籲。

三十分鐘後，克萊赫回到麥克的辦公室，這一次他緊張的程度已比之前略減。他從交易系統內挖出一些鎖死在未完成交易的資金，根據重新的估算，他說：「也許我們可以撐到下星期初。」

鮑爾森身子前傾，吃力地收聽柏南克和蓋特納透過擴音器傳來的聲音。現在已是星期三晚上，財政部的工作人員已有心理準備要再通宵奮戰。

柏南克清楚表明他的沮喪，他不相信個別的交易，或任何一次性的方案能解決這危機。他堅持：

「我們不能老這樣做，一則由於我們聯準會缺乏所需資源或民主的合法性，再者，國會的介入和主導這情況也很重要。」

原則上鮑爾森同意，但他擔心柏南克低估了政治阻力，他說：「我明白你們不希望孤軍作戰撲滅火勢，但最差的結果是——我去提出請求，但落得被趕出來的下場。我們把弱點暴露了，但又沒有所需的彈藥。」

柏南克吐出一句他前一天對聯準會同事說的話：「貓耳洞裏沒有無神論者，金融危機中沒有道學先生。」他想說服鮑爾森，介入已是必然之路。

鮑爾森同意，但認為如果按這方向進行，他希望能推薦政府購入有毒資產的計畫，他認為這方案在政治上最有可能被接受，因可參照一九八〇年代末美國政府為解決七百四十七家儲貸機構（savings and loans）共四千億美元的債務及資產危機，於一九八九年成立的資產處置機構「重整信託公司」（Resolution Trust Corporation, RTC）。

「重整信託公司」收購並承接失敗機構的大量債務、房地產和債券。和鮑爾森面對的境況相似，裏頭的資產壞的比好的多，有些如建築和開發的貸款根本沒有市場。那任務之大令人怯步：「重整信託公司」董事長威廉．西德曼（L. William Seidman）一開始時估計，即使公司能成功地每天售出一百萬美元的資產，要完成出售所有資產，也需時三百年。當這機構終於在比原訂時限早一年、即一九九五年完成任務時，納稅人付出的代價差不多是二千億美元（按二〇〇八年的價值計算）——遠低於啟動計畫時的估計。

鮑爾森認為這方法可行。同時，今早《華爾街日報》的社論也提倡一個由聯準會前主席伏克爾

（Paul Volcker）、前財政部長布萊迪（Nicholas Brady）、和美國貨幣監理署前署長路德維格（Eugene Ludwig）共同提出的類似計畫。

他們建議：「這新的政府機構可以合理的市場價格處理當下的問題債務，在可能情況下，讓老百姓保住房子，也讓公司繼續營運。和RTC一樣，這機制應有實行期限和由無黨派的專業人士出任。這危機的病理是，除非你能先下手重擊，不然它就會茹毛飲血地逐一侵蝕最弱的環節。」

奈德斯每週從華府的家通勤到紐約工作。星期四早上他醒來後馬上到酒店的健身房。他在健身機上邊鍛鍊邊閱讀《紐約時報》，頭版的報導幾乎令他跌倒，標題是：「恐懼增，華爾街巨頭們看股價跌」。報導中段直接引述兩位對摩根士丹利和花旗正商討合併的知情人士，說麥克告訴潘迪特：「我們需要合併，不然我們不能過關。」

奈德斯不相信麥克會說這種話，和潘迪特的電話交談他也曾在場，而對話絕非如此。管它是真是假，奈德斯明白摩根士丹利不能承受這樣的報導——越是多人知道的事，越會變成事實。

奈德斯致電麥克：「你有看見《時報》那篇不負責任的狗屁報導嗎？」

麥克只讀《華爾街日報》、《金融時報》和《紐約郵報》。之前，蘇茲伯格（Sulzberger）家族因不滿摩根士丹利一名資產管理人發動針對《時報》所有權的徵求委託書戰役而抽資，麥克予以還擊，即時取消訂閱《紐約時報》以示抗議。

現在麥克又有對《紐約時報》不滿的新理由。他和同事們深信這消息是潘迪特發出的，因而對他深感憤怒。

奈德斯問：「你沒有說過這話，是嗎？」

「沒有，絕對沒有！我從沒說過，我肯定不會用這些字眼。」麥克堅持。

奈德斯清楚自己馬上要挑戰這報導的真實性——其他新聞機構已來電查詢。

「你他媽的是哪一門記者？」他找到撰文的記者達西（Eric Dash）後即破口大罵：「你要撤回這報導！」

與此同時，麥克準備在四天內第二度安撫員工，特別在《紐約時報》刊登報導後。他邀請海岬金融集團（Promontory Financial Group）董事長路德維格（Eugene Ludwig），以及前一天在《華爾街日報》發表支持RTC架構的社論作者，與他一起與員工對話。

罹患感冒、眼鏡不時從鼻樑滑下的麥克站在交易大廳的講台，他的發言將送達摩根士丹利全球的員工。帶著濃厚北卡羅萊那州口音的他，以平實、沒有講稿的口吻說：「你們可以看到我們的頭寸水平，可以看到我們的業績，以及所有其他的事，我們的數字是真實可靠的；有別於別人評論的其他機構。我們有真盈利，過往八天我們也賺取了很多利潤。然而，這沒有多大作用，今天我們置身的市場是金融欺騙、謠言和含沙射影的卑劣壓倒了事實。」

麥克重述他和一「好朋友」的電話內容，一名對沖基金經理人告訴他對於摩根士丹利的恐懼。麥克安撫他，但不到四小時，這名基金經理人又再來電，又再帶來一則最新的市場謠言。

「我是說，不管我們如何解釋，謠言總是再起。」麥克承認公司需要研究他們的選擇，他也對市場的黑白顛倒感到詫異。

「令我感覺奇怪的是，才不久前：兩個月、四個月前，大家才說花旗的模式已失敗——太複雜，太龐大，太全球，太難管控。現在，我們這新模式又是失敗的。我們的模式——這包括高盛——是否因為我們不屬於銀行的一部分所以模式變成失敗？我們的模式會否在連續三季度的理想盈利下失敗？我們的模式會否因為監管者欠缺強勢介入而失敗？這可能才是問題。

「我認為當下的關鍵是：我們如何在這亂局中殺出重圍？這是亂局。在交易大廳裏看到你們的眼神令我傷心。」

麥克繼而談到最敏感的問題——出售股票。按證管會的規定，員工只能在特定時段——例如在宣布業績後——也就是現在出售股票。

「我知道這是窗口時段。」麥克說：「我理解你們非常害怕——事實是我們大家也感到害怕。如你希望賣掉股票，你可以如此決定。我對此不擔心，我自己不會賣股票，你可能說，約翰，你有很多股票，你自己不用擔心……是的，我是有很多股票，但我也有擔心，但我更關心你們感到心安的感覺，所以，如果你們希望出售股票，就賣掉它吧。」

到員工發問時間，摩根士丹利永遠「熊心萬丈」的經濟學家史蒂芬．羅奇（Stephen Roach）就拋空提出很尖銳的問題：「約翰，很多拋空者其實都是我們公司的客戶。如你和這些客戶們一起，你會對他們說什麼？」

麥克吸了一口氣後回答：「這我已反覆思考過，我的本能反應是我非常憤怒，我希望能把心底話老實對他們說：我不喜歡與你們做生意等等類似的話；但在我吸第二口氣後，我會說，我理解這是他們的工作，所以他們有這種行徑。但我不會深陷於這些討論當中。」

「這是我希望說的，我是發出了憤怒的信息，我們有權生氣，我們很生氣，我們很不高興，我們一定要處理這情緒。我們並非要針對客戶指責他們離棄我們，我們在這裏是為營運公司、為客戶做到最好。有些不願意和我們再交往，我們可以以後再處理他們，由他們離去。讓我們專注在有建設性的事情上，你想給他們冠上牛鬼蛇神的名字對他們大發雷霆，也於事無補。」

他再補充說：「我很想將那些整我們的人毒打一頓。但我不會這樣做，我希望你們也不要。」

———

高盛內部的恐慌是無庸置疑的，或許最明顯的信號是，高盛的聯合總裁柯恩（Gary Cohn）把他三十樓的辦公室搬到全球證券銷售主管施瓦茲（Harvey M. Schwartz）的辦公室內——這裏和交易大廳只隔著一道玻璃牆。他們還刻意把辦公室的門敞開著，柯恩要緊盯一切最新發展。

聯準會連同其他國家的央行剛宣布了共一千八百億美元的刺激市場計畫，但好像沒多大效用。高盛的股價一開盤已下跌七．四％。在高盛交易大廳到處懸掛的平面電視正在播放CNBC節目，在螢幕的左下角新闢了一小欄，有些挑釁地問：「你的錢安全嗎？」

這也是高盛客戶開始漸漸擔心的問題。公司的CDS合約差價之擴大前所未見，投資者很快便開始意識到過去從沒想過的問題：高盛也有可能倒閉。高盛的股價在兩天內由一三三美元跌至一〇八美元。

每隔五分鐘，就有經紀人衝進施瓦茲的辦公室，告訴他又有對沖基金宣布將從高盛撤資，然後會向柯恩遞上一張寫有該基金電話號碼的紙條，請柯恩致電他們看看情況。摩根士丹利開始拖延付款，一些投資者便來試探高盛，先要求提取一億美元，看看高盛有沒有能力支付。每一次，柯恩都馬上付款，他害怕客戶會放棄高盛。

高盛的好消息是，對沖基金的提款只是稍高於資金的流入。某個程度來說，市場的苦惱對他們相對有利，很多對沖基金把需要執行的交易轉移至高盛。當對沖基金SAC投資顧問公司（SAC Capital）的創始人史蒂芬．柯恩（Steven Cohen）把數十億美元轉到高盛時，場內的交易員全都興奮不已。

儘管如此，管理資產超過三十五億美元、索羅斯（George Soros）的門生德魯根米勒（Stanley Druckenmiller）因關注高盛的償付能力，在過往一週不斷把其大部分存款提走。其實，如果德魯根米勒這一級的基金經理人也對高盛失去信心這消息傳開，光是這個就足以引發擠兌。

柯恩致電德魯根米勒，希望遊說他回心轉意把資金轉回高盛。柯恩處理這件事包括私人感情——過去柯恩曾為德魯根米勒在家中舉辦慈善酒會，柯恩說：「我的記憶力甚佳，請你明白，我現在正學習區分誰是我的朋友，誰是我的敵人。我打算整理一份名單。」

可是，德魯根米勒無動於衷，他反擊說：「我才不管你想什麼狗屁——這是我的錢！」與其他對沖基金不同，德魯根米勒的基金大部分是他自己的錢，他說：「這是我的生計，我要保護自己，我才不管你他媽的說什麼廢話。」

「你愛怎樣就怎樣吧！」柯恩以深思熟慮的語氣說：「這將長時間改變我們之間的關係。」

美聯銀行業務發展部主管卡羅爾和他的團隊即將抵達摩根士丹利總部半小時前，金德勒致電斯考利。金德勒從辦公室的窗戶看著街上大批記者在大樓門前等候，問：「我們怎會挑這地方和他們會面？外面有很多記者。」

「不用擔心，沒問題的。」斯考利早已考慮到，他已安排卡羅爾他們從四十八街的工作人員出入處混進來。

金德勒唯一的目的是取得美聯銀行的抵押貸款帳目來「擊破」（crack the tape）——華爾街把抵押貸款逐一審閱的術語——這是他們搞清楚美聯銀行真正價值的唯一途徑。這可不是容易的事：帳目包括一千二百五十億美元的貸款，內含各種可調整利息的抵押貸款，讓客戶可選擇林林總總的還款方案，甚至可選擇每月還款額，或只付息。

摩根士丹利堅持要看美聯銀行的業務計畫（business plan），但這要求被卡羅爾拒絕：「我們的法律顧問認為這並不妥當。」

深信美聯銀行企圖隱瞞的金德勒找到摩根士丹利法律總監林奇，氣惱地要求林奇向美聯銀行的對口單位珍・謝爾本（Jane Sherburne）施壓。

謝爾本解釋：「從法律角度來看這真的有困難，在未達成合併協議之前，我們不能把資料交給你。」

這讓林奇也開始懷疑其中有問題，他心想：美聯銀行的數字是否比別人所知的更差？林奇說：「我們不可能不看這資料而進行交易。」謝爾本最後讓步。

高盛執行長貝蘭克梵鬆掉領帶、解開襯衣鈕扣，全神貫注地瞪著電腦螢幕，沮喪地看著高盛的股價在幾小時內下跌了二二%至八九・二九美元。一直不願意反擊拋空者的貝蘭克梵，現在也認為他的股票承受的壓力非比尋常。他剛和證管會主席考克斯通電話，貝蘭克梵告訴考克斯：「他們是故意的，你可能需要為此做點事。」

他收到同事的電郵，說摩根大通在散播高盛要倒閉的謠言，意圖挖走高盛的對沖基金客戶。這將是一個惡性循環。

貝蘭克梵在過去二十四小時不斷聽到這樣的謠言，他實在氣得忍無可忍，認為這些危言聳聽已達失控的地步。他也對摩根大通抹黑高盛以爭取客戶之說感到難以置信，他覺得自己緊張得有點像一天前和他通電話的麥克。

貝蘭克梵致電戴蒙，說：「讓我們談談。」然後慢慢地道明來意：「我不是在指控你們，但你們留下不少蛛絲馬跡。」

戴蒙回應：「也許有些人所做的事我並不知情，但他們知道我曾囑咐過，不要在水深火熱時打擊同業。」

然而，貝蘭克梵並不接受這解釋，說：「可是，傑米，如果他們繼續做，你就很難辯稱這不是你指使的了！」為了加強這論點，電影迷貝蘭克梵開始引述電影《軍官與魔鬼》（*A Few Good Men*）中的對白：「是不是你下達紅色指令（Code Red）？你是否說你的部下不會做任何事情？」

戴蒙耐心地聆聽，不敢再刺激貝蘭克梵。

「傑米，重點是，我不相信是你指使你的部下這樣做，但如果你想停止你組織內這些行為，你有能力威嚇他們不要這樣做。」貝蘭克梵說。

儘管在這樣慌亂的形勢下，高盛終歸是高盛，戴蒙不願意打仗。半小時內，他已叫他的副手布萊克（Steve Black）和溫特斯（Bill Winters）向全公司同事發電郵：

我們不希望任何摩根大通的同事利用市場對券商的不理性行為從中牟利。我們如常與摩根士丹利、高盛交易。雖然他們是強大的競爭對手，但在這非常時刻，我們不希望任何人掠奪他們的客戶；我們希望在最大的可能下繼續支持他們的業務，和不作負面的事情影響他們。

我們不相信有任何同事做了不適當的行為，只是想強調在這非常時刻，建設性是十分重要的。現在券商營運模式所發生的一切並不理性，對摩根大通不利，更對全球金融體系和我們的國家不利。

中午時分，鮑爾森在檢閱他的同事連夜草擬、處理有毒資產問題的最新條款，希望這草案可遞交國會。他的核心班底已聚集在他的辦公室，並把椅子拉到沙發旁。

他逐頁翻閱文件說：「這已很好，很簡潔。」他停一停，看看睡眼惺忪的同事後繼續說：「我希望重中我們必須盡快把這文件提交國會山莊。這份文件必須簡單，非常簡單，我們的方法是要鼓勵銀行和金融機構參與，而不是懲罰。這全是為幫助銀行重新調整資本結構，以及讓金融機構可以為資產定價。」

還有一個重要問題要處理：結案金額。

雖然有毒資產計畫理論上行得通，但要真正落實和令其發揮效力，鮑爾森知道他們必須從全國一些最大的銀行手上大規模購入有毒資產。成本會非常龐大，華府生態鏈內外均會視之為另一次紓困行動。

鮑爾森看看坐在他左邊沙發上的凱西卡瑞，希望他提供意見。

此時此刻，最關鍵的憂慮是花費這麼龐大的數目，他們必須要求國會提高負債上限——這政治難題需要國會投票同意國家背負更多債務。七月時，他們才剛剛把上限調高至一〇·六一五兆美元。

小組討論提案大綱，凱西卡瑞的看法是他們應該完全迴避這問題：「我不知道不提及債務上限是否可行，為什麼我們不說這不應被債務上限所規範？」

鮑爾森說：「這樣行不通。」又說：「我不希望去申請新的債務上限但無功而返。我們的難處是，若這情況發生，所有人又會專注在這點上。」

「我做了一些分析。」史瓦格看著他的紀錄，他估計需要的資金約為五千億美元——這是在情況不再惡化的情形下。

對於自認財政態度保守的鮑爾森而言，答案再明顯不過：「好吧，我們負責任的方式是必須申請調高債務上限。」他指示專責立法事務的助理部長凱文·福勞默（Kevin Fromer）重新草擬文件。

「你可以朝這方向進行，但我們不一定要在文件內提及。」抗拒鮑爾森要求的福勞默這樣回答，並說：「我們從不在提案內提及債務上限並主動要求立法，我們只須鋪陳這情況，並告訴國會他們需要這樣做。他們會這樣做，因為他們更害怕不這樣做的後果。這是視覺遊戲。」

最後，他們決定文件內暫時不提及債務上限，留待日後伺機處理——最理想的時機是國會同意計畫之後，並來不及再作修改時。

會議結束前，鮑爾森提出最後一個問題：美聯銀行可能會倒閉。他從沃什處得到內幕消息，美聯的財務狀況比他們自己所想的更糟。大家明白他話中的含義，畢竟，他們的前同事斯蒂爾是這銀行的執行長。

「如美聯銀行倒閉，我又得走上國會，我真希望這事在明年一月後才發生！」鮑爾森對著一屋子大笑的人說。

——————

星期四中午，克萊赫衝進麥克的辦公室報告：「剛才摩根大通執行長戴蒙來電，似乎想摸底，他說看看有什麼可以幫忙，實在很奇怪。」

麥克回答說，聯合總裁高曼也接到類似的電話，而且蓋特納早前曾來電，建議他與戴蒙討論合併的可能。

「很明顯，他主動來電是想進行交易。」克萊赫說：「傑米是喜歡在籃下伺機而動的人……你也知道傑米的名言吧——『吃掉別人前，要先跟他做朋友』。」

麥克對這建議如坐針氈，他並不特別想和戴蒙合作，因為他認為兩者之間有太多重疊，但他決定不再瞎猜戴蒙的意向，選擇直接向他問清楚。

數分鐘後，麥克找到戴蒙後直截了當地說：「傑米，蓋特納說我應該打給你，讓我們打開天窗說亮話：你是不是想進行交易？」

「不，我不想進行交易。」戴蒙淡然地說。戴蒙也很懊惱，這已是他今天第二度接到競爭對手對他表示不滿的電話。

麥克反駁：「那就奇怪了，你打電話找我的財務長，又打給我的總裁——這是為什麼？」

「我只是想幫忙。」戴蒙重複。

「如果你真的想幫忙，請直接跟我說，我不想你到處打給我的同事。」麥克說完隨即掛線。

———

星期四中午時分，高盛五十樓固定收入交易部門正處於幾乎崩潰的狀態，一切已停頓下來，沒有任何交易，交易員們全死盯著自己的螢幕。

市場繼續瘋狂，高盛股價已跌至八五．八八美元，為六年來新低點。道瓊指數下跌一五〇點。赫倫顧問公司（Heartland Advisors）資產投資組合經理人邁克．彼得羅夫（Michael Petroff）早上對法新社（Agence France-Presse, AFP）說：「現在市場的交易全都基於所有金融機構都將倒閉的假設。現在已太感情用事。」

高盛另一聯合總裁溫克里德（Jon Winkelried）走訪每一樓層，試著讓所有人冷靜下來，他給交易員們一切如常的感覺，說：「只要我們願意，一小時內便可籌得五十億美元。」

不過，到了下午一時，市場——還有高盛的股價——突然轉跌為升，高盛股價反彈至八十七美元，繼而再上漲至八十九美元，交易員急忙分析上漲原因，這才發現英國金融服務監管局（Financial Services Authority）宣布三十天內禁止拋空二十九檔金融股，當中包括高盛——這正是貝蘭克梵和麥克遊說證管會主席考克斯要推進的一步。

高盛的交易大廳馬上生氣蓬勃，一個年輕的交易員在網路上找到美國國歌並把它連接到廣播系統中播放，三十多名交易員跳到辦公桌上，手按心上，高唱國歌，並互相擁抱和鼓掌：市場在轉向而**我們的旗幟仍在飄揚**。

九分鐘後，市場又傳出鮑爾森也即將有大動作。彭博的紅色新聞標題：「（紐約州參議員）舒默表示，聯準會考慮更廣泛的紓緩危機計畫。」市場進一步上揚。

下午三時〇一分，市場全面上揚，華爾街所有交易員都在收聽CNBC記者加斯帕里諾（Charlie Gasparino）的報導，他引述消息表示，聯邦政府正準備「類似資產重整信託公司（RTC-like）的方案」，這將可「把所有有毒資產從美國的銀行和投行的帳目上剝離」。

交易員們把RTC方案演繹為「一切已沒問題」，大力推高股價。從加斯帕里諾開始報導到結束，市場上漲了一〇八點，是持續跌市中的曇花一現。

在財政部，鮑爾森和凱西卡瑞剛跟蓋特納、柏南克進行了一個多小時的電話會議，試圖找出政治阻力最低的強化銀行路線圖。柏南克似乎對計畫感到不安，他比較傾向其他國家也爭相採用的直接注資措施。

一直催促要有「果斷行動」的蓋特納，這時又拋出新方案，開始探討把聯準會貼現窗口對所有金融機構及他們任何的資產全面開放的可能，這肯定會贏得投資者的掌聲。

凱西卡瑞有點生氣地問：「我不知道你是什麼意思？聯準會真的希望那麼任意地詮釋自己的權限嗎？你可能不立法而執行嗎？」

鮑爾森怒目盯著凱西卡瑞，因他正希望蓋特納能說服柏南克接受這決定，這可以省掉鮑爾森到國會走一趟。

「我們不可以這麼做。」柏南克責罵蓋特納。

電話會議因鮑爾森和柏南克要在下午三時到白宮西翼向布希總統匯報而匆匆結束，而柏南克要從聯準會開車趕過來。

鮑爾森和凱西卡瑞出發，通過停車場步行三分鐘前往白宮。這時，鮑爾森接到眾議院議長、民主黨的裴洛西（Nancy Pelosi）來電：「財長先生，」她嚴肅地說：「看到市場出現的混亂，我們希望明天能和你會面。」

鮑爾森知道他的計畫需要盡快爭取國會的支持，回答：「議長女士，這已不能等到明天，我們今天就過來。」

到達橢圓形總統辦公室，財政部的官員在房中間的沙發就座。參與會議的包括副總統錢尼（Cheney）；昔日高盛好友、現任布希的幕僚長博爾頓（Joshua Bolten）；幾位白宮的工作人員，加上柏南克、沃什。

鮑爾森坦白告訴布希，金融體系瀕臨崩潰：「總統先生，如果我們不果斷的行動，我們會墜入比大蕭條更甚的經濟蕭條。」

柏南克也同意這分析。

布希內心掙扎著要弄清楚事情發生的過程，質問：「我們怎會落到這個地步？」

鮑爾森先把這問題撇開，他知道答案會太冗長，夾雜太多十多年來難以釐清的鬆散管制——部分由他本人推動——還有過度狂熱的銀行家、超出其財力過度消費的屋主。他繼續向總統報告，解釋自己計畫向國會申請五千億美元購買有毒資產，希望對體系產生穩定作用。

他也馬上指出政治的分歧意見，提出購買有毒資產總的來說比直接注資銀行更容易被接受。對五千億美元這數字感到驚訝的布希對此點頭同意後問：「足夠嗎？」

鮑爾森斷然說：「這已很多。一定會有作用的。」儘管他希望獲得更大的數目，但還是對總統說：「我不認為可以爭取到更多。」

他們清楚這必定是政治化的議題，但鮑爾森堅持：「我們百分之百要到國會！財政部並無此權力。」

鮑爾森停頓一會之後補充：「理論上，柏南克任何時間也可做這決定。」鮑爾森出乎意料地使出政治手段，想試探柏南克可以被逼迫到什麼地步：鮑爾森一直認為，只要柏南克願意，他的權力是無限的。

布希感覺這也是一個機會，轉頭問班．柏南克：「班，你能這樣做嗎？」

柏南克一點也不高興突然成為眾矢之的，他以其教授口吻企圖迴避問題：「這實際上是財政政策，而非貨幣政策。」

布希明白並同意，說：「我們需要採取行動解決這問題。」但布希有自知之明，自己民意之低，在國會根本很難幫上忙，他對鮑爾森和柏南克說：「你們應該過去。」言下之意非常明顯：你們只能靠自己。布希堅持兩人盡快促使國會接受這建議。

他們離開白宮時，凱西卡瑞轉頭問鮑爾森：「我不敢相信你竟然敢這樣逼迫柏南克。」

鮑爾森笑著回答：「也許柏南克可以成功。」

貝蘭克梵並未因市場反彈而鬆一口氣，當日高盛以一〇八美元作收，比最低點八六．三一美元略微收復失地。

在他辦公室內，聯合總裁柯恩、財務長維尼亞（David Viniar）、聯合總裁溫克里德，和投行業務聯合主管大衛・所羅門（David Solomon）、幕僚長約翰・羅傑斯（John Rogers）齊集。他知道摩根士丹利未倒下前，高盛應該還是安全的，但這不能令人釋懷。

柯恩和聯準會的沃什早上一直在通電話，試圖找出不被海嘯吞沒的方法。沃什提出，高盛也許可和花旗合併，因為這樣對解決雙方的問題都有利：高盛可得到龐大的存款基礎；花旗則得到投資者支持的管理團隊。

柯恩對此意見存疑，他解釋說：「我認為這很難行得通，因為我不相信他們的資產負債表，而且這將引起很大的社會問題。」社會問題（social issues）是華爾街的術語，意思是誰來當頭？高盛的管理層對潘迪特和他的團隊並不感興趣。

沃什說：「你不用擔心『社會問題』，我們會處理。」這是一個並不含糊的暗示：如果合併成功，潘迪特可能會失業。

但貝蘭克梵對這個方案不太感興趣。高盛的律師科恩（Rodgin Cohen）一直勸他考慮把公司的投行身分轉為銀行控股公司，就跟摩根大通和花旗一樣。這樣，高盛便可無限量地享用聯準會的貼現窗口。

這是夏天時科恩未能成功遊說蓋特納通融雷曼的方案，但雖然蓋特納曾拒絕這建議，鑒於市場現在的慘況，科恩認為他會有不同的決定。

轉為銀行控股公司的想法不時在高盛內部討論，最近在俄羅斯董事會上他們也曾討論接受更多存款的需要。貝蘭克梵明白在這艱難環境中，投行只要稍稍依賴短期貸款也會令投資者擔心；而存款基礎是穩定的資金來源。然而，貝蘭克梵一直反對這建議，因為高盛從此要接受的監管程度將大幅提高。然而，在這個非常時期，至少高盛的執行長已感到全世界已開始向這方向移動。

鑒於高盛目前已可使用聯準會貼現窗口，而聯準會也安插了數人在高盛檢查，貝蘭克梵開始認為多一點政府監管也不會是太大的代價。

「你一定要把他們嚇得半死才會奏效。」鮑爾森的幕僚長威爾金森（James Wilkinson）跟鮑爾森和柏南克這麼說。兩人將在傍晚前往議長裴洛西的辦公室和國會領袖們會面。

威爾金森認為，除非他們能說服國會世界末日即將來臨，要不然，他們的五千億美元拯救華爾街的方案永遠不會得到批准：共和黨會抱怨這是社會主義；民主黨聽到要拯救腦滿腸肥的白領會跳起來。

在裴洛西辦公室楓木桌兩邊，二十多位國會議員聚集與鮑爾森、柏南克會面，而考克斯主要是因禮貌而受邀列席。

裴洛西以歡迎和感謝大家在這麼「緊迫的通知」下出席作開場白。

不懂誇大的柏南克嚴肅地解釋：「我一輩子的學術生涯都在研究大蕭條。我可以對大家說，如果我們不果斷地行動，你可期待另一次大蕭條來臨；而且這次的情況將比以前更差、更悽慘。」

坐在桌末的參議員舒默（Charles Schumer）明顯地倒抽一口涼氣。

鮑爾森以他強而有力的態度，接力解說他的建議之運作方法：政府買入有毒資產，把它們從銀行帳目上剔除，這間接令資產重新恢復定價甚至可以提高價值，也讓銀行健康一些，經濟從而得到幫助，就如鮑爾森不斷重複地說：「幫助大街（help Main Street）。」

坐在柏南克旁邊的弗蘭克議員認為鮑爾森泛指「大街」是不誠實、狡猾的技倆，只是灑大錢拯救危害經濟的華爾街大銀行，但對一般背負貸款重壓的美國老百姓並沒有直接幫助，他嘲諷地問：「屋主怎麼辦呢？你要搞清楚，你現在不是在對華爾街董事會推銷計畫。」

參議員陶德（Christopher Dodd）也附和：「說得對！」

謝爾比議員也反對計畫，並把它比喻為「空白支票」。

鮑爾森說，他明白大家的擔心，但繼續沿用「嚇破他們的膽」的戰術，堅持這是必須的：「我真不敢想如果我們不這樣做會發生什麼事。」他希望國會能在幾天內通過法案，並答應在數小時內把整份建議書遞交國會，他說：「如果通不過，希望上天能拯救我們。」

坐在柏南克對面的內華達州國會議員哈里．雷德（Harry Reid）困惑地看著鮑爾森——怎可能要求國會在這麼短的時間內通過如此大的法案？他說：「你知道你在要求我們什麼嗎？在這裏，要共和黨同意沖馬桶也需要四十八小時。」

「哈里，」肯塔基州共和黨議員米奇．麥康奈爾（Mitch McConnell）被鮑爾森和柏南克的報告嚇到了，插嘴說：「我想我們必須這樣做，我們應該試試，我們可以做得到的。」

麥克收到奈德斯的好消息時，他還在時代廣場的辦公室。這個好消息是：奈德斯在證管會的線人確認，當局正準備禁止拋空金融股，七百九十九家不同的公司將受影響；這措施很可能在明早便會公布。

消息已在傳媒之間散播開來。查諾斯（James Chanos）——也許是全球最著名的拋空炒家，他因摩根士丹利支持政府禁令而全面撤走在摩根士丹利的資金。短兵相接，血戰難免，他說：「這肯定是有權勢的監管者在政治上討人歡心，但事實上，根本無證據顯示拋空的人在散播謠言壓低股價。」

這一天，摩根士丹利的股價曾下跌四六％，而單單在最後一小時的交易已令摩根士丹利股價轉跌為升，最終漲三．七％，或〇．八美元。在政府介入和拋空禁令之間，麥克希望最終能偷得一點呼吸的空間。

不過他心知肚明，公司已深受內傷。對沖基金繼續抽資，其他銀行正為摩根士丹利的倒閉購買保險，金額高達十億美元。在過去兩天，美林為摩根士丹利一．五億美元的債券購買保險。花旗、德意志銀行、瑞銀、聯博基金（Alliance Bernstein）和加拿大皇家銀行也採取同樣策略。

麥克知道公司最需要的是有投資者站出來收購一大部分股權以示支持。「我不知道如何讓這成真。」他對奈德斯吐露，他正拼命想辦法。摩根士丹利一直被視為太保守，而在麥克的敦促下更在錯誤的時間承受更多的風險。現在，他們置身在一場完美的風暴中，在資不抵債的邊緣。

麥克只能想到一位投資者會考慮對摩根士丹利投入如此龐大的資金：中國的第一支主權基金——中國投資公司（China Investment Corporation, CIC）。五十一歲的摩根士丹利中國執行長孫瑋（Wei Sun Christianson）和中國政府關係密切，她在過去二十四小時內曾初步與中投公司總裁高西慶（Gao Xiqing）討論，因兩人剛好一同參加收購大王福斯曼（Teddy Forstmann）在美國阿斯彭（Aspen）酒店舉行的會議。被稱為「槓桿收購之王」的福斯曼，就是在一九八〇年代末期雷諾納貝斯克（RJR-Nabisco）收購案時說出「門口的野蠻人」（Barbarians at the Gate）這句名言的人。

中投公司已持有摩根士丹利九．九％股份，高對孫表示他有興趣增持至四九％。高特別關心摩根士丹利的存活：他在二〇〇七年十二月投資了五十億美元在摩根士丹利，但如今這項投資已跌掉了一半價值；他另一主要投資是在黑石集團（Blackstone Group）的初次公開招股，目前股價也損失超過七〇％。如摩根士丹利破產，高很可能失業。

麥克和奈德斯討論這方案，兩人都對這建議不大感興趣，但在別無選擇的情況下，他們明白這可能是唯一的方案。高西慶與麥克因同為杜克大學董事而認識，高準備星期五到紐約和他們見面。

當天稍早時間，麥克已和自命中國通的鮑爾森提及這事，希望他出面鼓勵中國政府支持這項交易。請政府出面仲介是異於尋常的做法，但麥克正在力挽狂瀾，他解釋說：「從面子的角度說，中國必須感到是被邀請的。」

鮑爾森答覆他會嘗試，看看能否請美國總統布希致電中國國家主席胡錦濤。鮑爾森堅決地說：「我們需要摩根士丹利保持獨立運作。」

奈德斯對於鮑爾森幫助摩根士丹利的意願有一嘲諷的看法，奈德斯告訴麥克：「他會想辦法讓我們繼續生存，否則，高盛也會隨之倒下。」

第十八章　日本三菱來電！

二〇〇八年九月十九日星期五早上，聲音沙啞、疲憊的鮑爾森慢慢踏上財政部新聞發布室的講台，準備正式宣布名為「問題資產拯救計畫」（Troubled Asset Relief Program, TARP）的救市方案——這是一系列的提供擔保與徹底購入那些「拖垮金融系統、危害經濟的不流動資產」之計畫。他同時宣布一項廣泛的貨幣市場基金擔保方案，為期一年，目的是讓投資者能放心把資金停泊其中。然而，方案換得的反應是當天清早，美國聯邦存款保險公司（Federal Deposit Insurance Corporation, FDIC）女董事長貝爾（Sheila Bair）來電大發雷霆，她對於未被諮詢大表不滿之餘，更十分憂慮這擔保措施會導致資金大逃亡——投資者會把資金從原本健康的銀行撤離轉存到有擔保的貨幣市場基金。

鮑爾森只能搖頭感嘆：他不可能事事盡如人意，贏不了。

站在記者大軍面前，他費盡氣力推介計畫的核心內容「問題資產拯救計畫」：「目前我們金融系統的根本弱點是：隨著住宅市場持續向下調整，流動性不足的抵押貸款資產價值不斷流失；流動性不足的資產窒息了攸關美國經濟命脈的信用流動。」

領帶有點歪、臉色變得更疲倦及蒼白的鮑爾森接著說：「當金融系統運作正常時，現金和資金應該在家庭和企業之間流動，例如用於支付房貸、就學貸款，和進行投資以創造新工作等；但當這些失去流動性的資產癱瘓了系統，金融市場的堵塞將會嚴重影響到我們的金融系統以至經濟發展……」

至今仍不習慣提詞機的鮑爾森看著講稿念出聲明：「我深信，比起其他的景象——一系列金融機構骨牌式的倒閉、冰封的信用市場無力支撐經濟發展——這個大膽的計畫對美國家庭的代價較小。」

股市明顯對華盛頓終於出手控制金融危機大感興奮——在鮑爾森公布TARP以及考克斯頒布暫時禁止金融類股票放空的雙劍合璧下——市場開盤應聲上揚三百點，鮑爾森發言時升勢持續。

鮑爾森刻意避談這計畫的代價。早前他和助理部長凱西卡瑞討論後，鮑爾森擔心這計畫實質需要的資金遠超過日前他對總統報告的五千億美元——而且是遠遠超過。

返回辦公室後，鮑爾森跟立法事務助理部長凱文．福勞默（Kevin Fromer）和凱西卡瑞討論比較準確的數字應該是多少。

「一兆美元可以嗎？」凱西卡瑞問。

「我們肯定會被砍頭。」鮑爾森沮喪地說。

被這數字嚇傻的福勞默也說：「絕不可能！這不會發生。不可能！」

「那算了。七千億美元如何？」凱西卡瑞再問。

「我不知道，」福勞默說：「但總比一兆美元好。」

他們心裏深知這些數字全是猜測的，最終的數字必定是國會質疑最少的最高數額。

不管最後的金額是多少，他們也知道凱西卡瑞絕對能夠像變魔術一般把一筆一筆理由整理出來：「住宅貸款約十一兆美元、商用不動產約三兆美元；兩者合計是十四兆美元——它的五％恰好是七千億美元。」凱西卡瑞自己憑空想像數字時也對整件事的荒謬感到可笑。

星期五早上，當約翰．麥克接到貝蘭克梵的電話時，他正在收看美國商業新聞有線電視台（CNBC）的節目。螢光幕上記者加斯帕里諾（Charlie Gasparino）仍對自己能早一步披露政府的收購有毒資產計畫沾沾自喜，他認為此舉等於為摩根士丹利帶來一線生機——該行不需被逼著和人進行交易，起碼壓力大大降低。

有自知之明的麥克心裏苦笑，其實他在這週末只許成功，要不然摩根士丹利很可能會步雷曼的後塵。

貝蘭克梵問麥克：「對於成為一家銀行控股公司，你覺得如何？」

麥克從未仔細研究這問題，於是問：「這樣可以幫助我們嗎？」

貝蘭克梵說，高盛正研究這方案的可行性，並解釋這做法的好處是——他們接受聯準會監管的同時，可換來貼現窗口無限量的支持，同時，他們還會有更充裕的募資時間。

麥克回答：「長遠來說，這的確對我們有利。但短期來說，我不確定你的行動能來得及拯救我們。」

貝蘭克梵鼓勵麥克：「你必須撐住，因為我緊緊跟在你後面，只差三十秒。」

———

摩根士丹利一組集合了紐約、倫敦、香港員工的團隊正連夜趕工，全力審核美聯銀行每一筆抵押貸款個案。這時，專責研究美聯銀行一千二百億美元抵押貸款組合的摩根士丹利銀行業專家布魯贊

（Jonathan Pruzan）終於有點頭緒。

在出發前往利普頓律師事務所（Wachtell Lipton）對美聯銀行展開盡職審查前的一個準備會議上，布魯贊沉重地宣布：「現在我知道為何他們不願意把資料交給我們了，因為數字將顯示出他們預期有一九%的累計虧損。」

就在一星期前，於雷曼舉辦的會議上，斯蒂爾（Bob Steel）曾公開估計這數字只約為一二%。公平地說，布魯贊知道市場比起當時已明顯惡化，而累計虧損本質上是不太可靠的，因銀行可隨意操縱調整高低——然而，要解釋這麼大的分歧也很難自圓其說。布魯贊猜想，美聯銀行能提出的最好的理由也許是：他們是愚蠢地樂觀。

斯考利（Robert Scully）高喊道：「這簡直是他媽的在開玩笑！我們一定不能接受這個交易。」

更糟糕的是，摩根士丹利需要募集股本金二百億至二百四十億美元才能支持合併後的公司，在目前的市況下，這根本是難如登天。儘管如此，摩根士丹利的銀行家沒有把原定一整天的盡職調查取消，他們認為如期赴會並不會帶來任何損失，反之摩根士丹利不妨順水推舟，借助鮑爾森新出臺的政策從美聯銀行手上收購一些有毒資產。投資者似乎對此已有預期，已先把美聯銀行的股價炒高了。

摩根士丹利和美聯銀行各自派出三十人的團隊，齊聚在利普頓律師事務所在五十二街的辦公室。有鑒於摩根士丹利與高盛的競爭關係，美聯銀行在這項目棄用高盛出任顧問，改聘紐約佩雷拉溫伯格夥伴（Perella Weinberg Partners）——傳奇金融家佩雷拉（Joe Perella）與高盛前銀行家彼得·溫伯格（Peter Weinberg）——後者是高盛元老西德尼·溫伯格（Sidney Weinberg）的孫兒。

溫伯格和摩根士丹利副董事長金德勒（Rob Kindler）握手時，他們難以想像竟是在這麼惡劣的環境下見面。溫伯格大聲問：「發生什麼事？操你媽的我們怎會到這地步？」

「只有天知道。這堆屎真是造也造不出來。」金德勒無奈地說。

開始工作的頭兩小時內，摩根士丹利的銀行家已感覺有點不對勁。鮑爾森的「問題資產拯救計畫」宣布以後，美聯銀行的恐懼氣氛明顯減弱——他們有可能是這計畫很大的受益者，他們可以把大部分的有毒資產脫手賣給政府——因而失去進行交易的急迫性。

金德勒擔心美聯銀行只是藉摩根士丹利拖延時間，該行可能另有交易同時在談，對手可能是高盛。他環顧房間，對他的同事說：「看，我們是後備隊。這不會真的發生的。」

與此同時，美聯銀行的團隊也對摩根士丹利的交易決心抱持懷疑：如果這交易攸關存亡，他們的頂尖高層在哪？美聯銀行的領隊卡羅爾（David Carroll）不明白為何摩根士丹利的財務長克萊赫（Colm Kelleher）並無現身。

下午二時，摩根士丹利的團隊從律師樓撤退返回時代廣場的總部請示麥克。

金德勒告訴他：「這些人心有旁騖是明顯不過的。」

斯考利形容美聯銀行的抵押貸款帳目是「一個四百億至五百億美元的問題，這是龐大的；而美聯銀行團隊的青年軍，對我們的分析沒有任何質疑。」

一直緊盯著公司現金分秒流逝的克萊赫剛剛檢視美聯銀行的帳目，評說：「這簡直是一件連我這張大嘴巴也不能入口的東西！」

至此，所有人都明白，唯一令這交易得以進行的情況，是政府出面提供保護傘，但沒有人認為政府願意這樣做。

麥克沒有聽到半句能夠平靜自己緊張神經的話，他囑咐祕書致電斯蒂爾，提醒對方：「你找我們，說要以每小時一百英哩的速度全速前進，」他帶著南方口音開始衝動地說：「但你的隊伍卻沒有給我們同樣的急迫感覺。」

斯蒂爾十分抱歉地對麥克說：「你說得對，我們似乎很難再走下去。」

斯蒂爾和麥克同意互相保持聯絡，但在掛線前，斯蒂爾請求麥克幫忙：「如果我們不再商談的消息走漏了，那將對事情沒有幫助。」

星期五下午，蓋特納和貝蘭克梵談話後在自己的記事本寫下「高盛城堡」（Fortress Goldman）這幾個字，貝蘭克梵在交談中肯定提到這詞彙數十次，這是他表達希望高盛能保持獨立運作的方式。

蓋特納在盤問貝蘭克梵的財務狀況後，擔心他未能真正體會自己的境況有多危險。貝蘭克梵說希望高盛能挺過危機，但承認：「還要看看其他世界將發生什麼事。」

蓋特納也試探貝蘭克梵對轉型為銀行控股公司的想法。雖然貝蘭克梵一開始對此有點抗拒，但現在也覺得這想法可行。他越來越相信，如果市場感覺聯準會是他的後盾，這將可逐步挽回投資者的信心。他自己計算過，高盛約九五％的資產可能已通過貼現窗口抵押給聯準會，剩下的五％應不是太大的障礙。高盛的律師科恩（Rodgin Cohen）幾天前已和蓋特納討論過此事，當然蓋特納要先讓柏南克同意這想法才成。

貝蘭克梵的語氣向蓋特納透露了他已幾近恐慌的狀態，雖然他說他計畫募集資本，也有信心公司能從各私人投資者中得到支援——甚至巴菲特也可能會感興趣。

當克萊赫的電話響起時，藍鰭餐廳（Blue Fin）的服務生剛捧上一客豐盛的壽司：包括龍蝦卷、鮪魚壽司、蟹籽壽司等。克萊赫與摩根士丹利的同事很晚才吃午飯，他們包括高曼、查曼和奈德斯。他們正在準備當晚與中投公司總裁高西慶及其團隊見面的事。由於美聯銀行方面已不可行，現在高西慶便成為摩根士丹利唯一的出路。

看到來電顯示時，克萊赫知道這是來自日本的電話，於是他走到餐廳的角落接聽。摩根士丹利日本證券業務總裁康雷德（Jonathan Kindred）興奮地說：「我這消息有點意思！我剛接到三菱銀行的電話，他們想進行交易。」日本最大的銀行三菱日聯金融集團（Mitsubishi UFJ）有興趣入股摩根士丹利——這真是意外的驚喜，而且竟是自動找上門來的。才在這一週稍早時，摩根士丹利其實否決了致電三菱的建議，因為對方董事長沖原隆宗（Ryosuke Tamakoshi）曾在一會議上公開表示，在雷曼破產後，他將不會在美國投資任何項目。

康雷德的看法是三菱準備速戰速決，但克萊赫對此很懷疑，他曾與日本的銀行交手，根據他的經驗，他們的節奏是名副其實的慢郎中，作風保守兼十分官僚。

當克萊赫返回席上把消息告訴大家後，高曼馬上雙眼發亮，他想，這正正是他們夢寐以求的事情呀！

科爾姆．克萊赫卻嘲諷地說：「簡直是浪費時間——他們永遠都不會真正起而行的。」

高曼堅持說：「科爾姆，我的感覺是他們真會做點事。」

高曼當年在美林工作時曾策劃三菱日本的財富管理業務與私人銀行業務合併。他認為三菱主動來電是一個正面訊息：「這種動作是不會意外發生的。」

星期五晚上，沃什搭乘美國航空的穿梭服務到紐約，希望協助蓋特納找到方法應付未來一週；同樣重要的是，他是柏南克在前線的耳目。由機場到紐約聯邦準備銀行總部的車程中，沃什接到科恩的電話，科恩正分別為美聯銀行及高盛擔任顧問——前一筆是美聯銀行與摩根士丹利合併的交易，後一筆則是高盛申請轉為銀行控股公司。

科恩告訴沃什說，他有一個潛力很大的構想，這構想還未得到其客戶的正式認可，只是一個老手在業務上作出善意的提議。

科恩向沃什建議，政府應考慮撮合高盛與美聯銀行，他知道這機會很小，更承認公眾觀感已是一大難題，因為鮑爾森在高盛三十年，並在一九九九年至二〇〇六年擔任執行長；而斯蒂爾又是高盛前行政人員、以及財長鮑爾森的前副手——然而，這方案的確可以解決所有問題：高盛將可獲得它覬覦的存款基礎，而美聯銀行也可免於一死。

沃什聆聽建議後，對自己不期然地喜歡這想法也感到有些意外。

穿著高領休閒服的高西慶和他的團隊在晚上九時後到達摩根士丹利的辦公室，他剛剛與摩根士丹利的孫瑋同乘私人飛機從阿斯彭會議的會場飛抵紐約。他當日稍早和墨西哥電信億萬大亨史林姆（Carlos Slim）同屬一組參加收購大王福斯曼（Teddy Forstmann）在美國阿斯彭酒店舉行的會議。高要求主持人查理．羅斯（Charlie Rose）簡化某些流程好讓他趕往機場。由於報紙已把收購傳言沸沸

騰騰地傳開來，會議分組成員都清楚高要趕赴的目的地。

在摩根士丹利會議室裏，高西慶的背痛毛病當場發作讓他痛苦萬分，當高曼走進來想自我介紹時，他看到的是高躺在地上講電話。麥克客氣地為高搬來一張沙發，讓他躺下。

他們一邊嘗著麥克最喜歡的義大利餐廳San Pietro的外賣，一邊探討交易的可能性。背痛的高不斷轉換姿勢，又站起來又躺下，但他仍能清晰地重申他有興趣購入摩根士丹利四九％的股權。

他在飛機上已告訴孫瑋，他準備向摩根士丹利提供高達五百億美元的貸款，並以現價購入總值不超過五十億美元的股權。

麥克的心一沉，彷彿連血液也凝住了——儘管他心裏有數高西慶一定漫天殺價，但沒想到價錢會低到如此不合理的程度——這建議實際上只是一項貸款，雖然可能有助摩根士丹利度過難關，但高明顯是趁火打劫。

對高來說，這建議可讓他在二〇〇七年購入的一〇％摩根士丹利股權有重新定價的機會，該筆投資目前價值已大大下挫。和其他國家主權基金議定的條款不同，中投公司並沒有維護投資者利益的稀釋條文，但是不知何故高卻一直辯稱合約內設有這條文，摩根士丹利唯有拿出合約副本跟他確認此說並不屬實。

不管高的建議是多大的侮辱，麥克明白自己已瀕臨絕境。雖然整體市場還不太差，但公司的資金依然流血不止。克萊赫告訴麥克，公司的現金結餘只有約四百億美元，幾個壞日子便可把這數目一掃而空，而最近的日子又盡是晦氣十足。

在沒有太多的選擇下，麥克告訴高西慶公司會打開帳本給他審閱。高西慶已聘用蘇利文．克倫威爾律師事務所（Sullivan & Cromwell）那位幾乎無所不在的律師——科恩，並委任德意志銀行擔任顧問，兩家公司已派出人員支援中投。

會議室門外釘了一張寫上「CIC」（中投）的紙，這是高西慶的臨時辦公室。麥克也召來物理治療師醫治高的背痛。

當麥克回到辦公室與孫瑋及其他同事會合時，同事們都驚訝不已——當孫瑋說明中投的建議時，查曼還以為自己聽錯了。

克萊赫說：「這是個荒謬的要求，他們完全不合理。」

高曼嘗試讓大家冷靜下來，他說：「也許這是剛開始的殺價，談下來可能會合理一點。」

午夜剛過，在下曼哈頓區保齡綠（Bowling Green）一號法院六〇一庭內還是人潮洶湧。破產法官正在處理的案件是有關批准雷曼售予巴克萊資本（Barclays Capital）一事。雖然世人已把這事拋諸腦後，轉而關注摩根士丹利和高盛的命運，然而，一萬名雷曼員工的生計依然懸而未決。

法庭內有超過一百五十名律師，包括全國知名的一些破產專家，大家摩肩擦踵擠在一室，各自代表不同的債權人。

前總統柯林頓的女兒雀兒喜．柯林頓（Chelsea Clinton）也在場，她代表對沖基金艾威基金（Avenue Capital）。

法庭從下午四時三十六分已開始審理案件，破產法庭法官詹姆斯．派克（James Peck）堅持要在當晚下班之前作出判決，因市場每分每秒都在磨蝕雷曼資產的價值，批准這交易的迫切性越見明顯。

雷曼申請破產保護的資產金額達六、三九〇億美元，不僅是美國有史以來最大的申請案，要釐清如此複雜的金融機構也是前所未有的情況。

在這夏末之夜，法庭內還是熱烘烘的——窗戶全關上，座椅又不夠，很多人乾脆坐在空調出風口上。代表雷曼的威嘉律師事務所（Weil Gotshal）甚至搬來冰水。

法官派克向威嘉律師事務所的米勒（Harvey Miller）示意：「你可以靠向前一點。你也許正是如此，但我不肯定。老實說，這法庭裏擠這麼多人，每次我看到有人朝這邊走來，我就有點擔心。米勒先生？」

米勒在這種情勢下還是一身筆挺的西裝：灰色西裝配藍色襯衫再加上一條紅色的領帶。他開始勾勒交易大綱：巴克萊資本將以一七．五億美元收購雷曼在北美的業務。

「法官大人，這是一宗悲劇。」米勒這樣形容雷曼。

「只差一週，我們與『問題資產拯救計畫』失之交臂。」他補充：「這是真正的悲劇。」

「我也曾這樣想。」法官派克同情地說。

不過，大部分雷曼債權人的代表律師感受卻截然不同，他們對雷曼以低價售予巴克萊資本深感憤怒，指出協議包含極多含糊之處。Akin Gump Strauss Hauer & Feld律師事務所的戈頓（Daniel H. Golden）代表一群共持有九十億美元雷曼債券的苦主團，戈頓懇求法院暫緩判決，他說：「這個審訊並沒有可信的證據引證巴克萊資本付出的是合理的價錢。也沒有其他證供及證據支持巴克萊資本購買其他資產的價錢是合理，或者已盡力向債權人提供最高價值。」

米勒對於有人暗示交易的不公平性也感到憤怒，反駁說法庭應馬上批准此交易，他激動地說：

「我不希望以冰塊正在融化來作比喻，但法官大人，這已經融化一半了……從星期三以來所發生的事，說明批准的必要性。這交易是為了所有人的利益，包括戈頓先生客戶的利益。法官大人，如果堅持另闢蹊徑的話，就算有餘款能分派給其他債權人也只是所剩無幾。」

審訊進行了差不多八小時，當中夾雜了三次小休，在數十名律師的陳詞和擴音器靜電雜訊的干擾下，法官派克體諒到營救這百年老店的龐大努力，同意批准巴克萊資本的交易，他解釋說：「我批准這交易並非因為米勒先生施加的壓力，也不是因為我知道這是目前最佳的交易；我得批准這交易，因為這是唯一的交易。」

心如鉛重的他繼續宣讀雷曼的「悼詞」：「雷曼已變成受害者。事實上，雷曼是在信用市場的海嘯中唯一倒下的真正標誌，這令我難過。我感到我對所有債權人、所有員工、所有客戶、你們所有人都負有責任。」

凌晨十二時四十一分，法官派克結束審訊。他走下台時，台下有些聽眾已感動得淚流滿面，也有些人情不自禁地鼓掌起來。

星期五晚上，蓋特納也睡得不好，他再一次在聯準會總部十二樓的房間留宿。清晨六時，他已穿戴整齊回到樓上的辦公室：牛津布襯衫，休閒長褲，腳上只穿著襪子，他在走廊上練習推桿。

他滿腦子都是作戰策略，好不容易捱到週末，但他已在擔心如果下星期一之前想不出辦法拯救摩根士丹利和高盛，局面將一發不可收拾。

前一晚，鮑爾森在電話中說明了約翰．麥克的困境：「約翰手中抓著的只是一根幼草。」他們聽說摩根士丹利的現金只剩下三百至四百億美元。鮑爾森也為他的前僱主高盛擔心，他說：「我們一定要想辦法為他們找出活路。」

他們又一同檢視眼下所有的可能方案。早上，蓋特納開始在記事本上寫出不同的合併假設：摩根士丹利與花旗；摩根士丹利與摩根大通；摩根士丹利與三菱；摩根士丹利與中投；摩根士丹利與外來投資者；高盛與花旗；高盛與美聯銀行；高盛與外來投資者；高盛城堡……摩根士丹利城堡……

這是一個華爾街終極棋局。

貝蘭克梵在星期六早上七時許回到辦公室。雖然他依然推薦他的「高盛城堡」銀行控股的計畫，但他和柯恩（Gary Cohn）已分派任務給數個小組，要他們開始研究不同交易的可行性：匯豐（HSBC）、瑞銀（UBS）、富國銀行（Wells Fargo）、美聯銀行、花旗、日本住友銀行（Sumitomo）和中國工商銀行等等。

星期五，柯恩與聯準會的沃什再交談時，沃什建議他繼續找尋合併目標，特別是花旗集團。其實過去十八個月，高盛一直研究和花旗合併的可能，只是消息從沒公布，亦無任何具體洽商。柯恩和沃什以前也討論過這可能性兩次，過去一直抗拒這想法的柯恩現在已開始感興趣。

一開始時，柯恩的設想是花旗應該收購高盛，他甚至已設定作價；但沃什的建議恰恰相反：高盛應該是買家。對柯恩來說，這建議並不合理，因花旗比高盛大得太多；然而，沃什所知道的——他並未與柯恩分享——花旗的帳目其實千瘡百孔，其實際價值會比目前股價低很多。

因此，聯準會為花旗考慮三種可能的結果，代號「新公司」、「高盛存活者」和「花旗存活者」。

當高盛的幕僚長約翰．羅傑斯（John Rogers）到達貝蘭克梵的辦公室時，貝蘭克梵正在檢查電郵。貝蘭克梵按了按桌底的祕密按鍵遙控開啟辦公室的玻璃門。（這是鮑爾森當執行長時代設置的玩意。）

兩人在研究作戰策略時，蓋特納來電，他以一貫不耐煩的口氣要求貝蘭克梵馬上致電花旗集團執行長潘迪特展開合併的對話。貝蘭克梵雖然對這指令式的提議稍感意外，但最後還是同意。

數分鐘後，貝蘭克梵致電潘迪特，說：「我想你已知道我打來的原因。」

潘迪特以困惑的語氣回答：「不，我不知道。」

兩人尷尬地默不作聲，貝蘭克梵以為聯準會已預先安排這次通話，最後他說：「我打給你是因為，至少這世界上有些人認為我們兩家公司合併是一件好事。」

又是令人不安的靜默。

潘迪特終於開口：「我想你知道你的來電令我感到受寵若驚。」

貝蘭克梵開始懷疑偉甘．潘迪特是否在戲弄他，他隨即回答：「偉甘，我不是打電話來奉承你的。」

潘迪特急忙地掛線：「我得和董事會開會，稍後再找你吧。」

貝蘭克梵掛線後望著羅傑斯說：「真尷尬透了，他完全不知道我在說什麼！」

從貝蘭克梵的角度看，他應要求辦事，卻出盡洋相。貝蘭克梵立即致電蓋特納，並賭氣地說：「我剛致電偉甘，回想起來，你從沒告訴我偉甘知不知道我會找他，這只是我一廂情願的推論，他給我的感覺是完全不知情，他的表現令我確信如此。」

蓋特納估算錯誤了——難道潘迪特看不出那是他的一份大禮？這真是反智之極。但蓋特納沒空理會任何人受傷害的感受，只說：「好的，遲些再談。」然後便掛上電話。留下莫名其妙的貝蘭克梵呆坐，搞不懂究竟是怎麼回事。

星期六早上，福斯曼在週末舉行第二天會議，葛林斯班和其在美國國家廣播公司（NBC）當記者的妻子安德列亞・米切爾（Andrea Mitchell）在阿斯彭酒店的大宴會廳和與會者交頭接耳。他們在等待下一輪討論的開始，題目為：「華爾街危機：下一步將會怎樣？」

以華爾街的標準，這是星光熠熠的聚會：參與討論的包括財政部前部長桑默斯（Larry Summers）；太平洋投資管理公司（Pimco）執行長埃里恩（Mohamed El-Erian），他的著作《大衝撞》（*When Markets Collide*）剛剛出版；ＣＮＢＣ頻道著名的保守派評論家庫德羅（Larry Kudlow），以及最引人注目的美聯銀行執行長斯蒂爾。

斯蒂爾曾考慮不出席這天的會議，但是，在清晨四時，他還是起飛出發到阿斯彭，準時到達會場。

會議主持人查理・羅斯（Charlie Rose）開始進行小組問答時段，斯蒂爾則緊張地看錶。葛林斯班正熱切地討論按市價入帳的方案，但是，斯蒂爾一心只想著盡快趕到紐約。討論結束後，他閃電式離開房間，途中碰見富國銀行執行長理查・柯瓦希維奇（Richard Kovacevich），斯蒂爾一直認為對方也是合併的對象。

「我準備下週和你聯絡。」斯蒂爾對他說。

「好的，我也想和你互通近況。」柯瓦希維奇回答。

「我要趕往機場，我會給你打電話。」斯蒂爾承諾。

斯蒂爾跳上黑色吉普車直奔機場，他終於有幾分鐘的空檔查看黑莓機的電郵，他發現沃什已經發了數個電郵給他，催促他盡快回覆。

凱文．沃什終於找到斯蒂爾後說：「聽著，我要你撥個電話，我們認為你應該跟貝蘭克梵聯絡。」

斯蒂爾對這句話字裏行間的含義大感驚訝：政府正試圖拉攏高盛和美聯銀行合併！基於兩家機構與財政部的關係，他知道表面上看來這將是政治風波一觸即發的交易。他再細想，相信鮑爾森或多或少也有參與其中，只是鮑爾森不能直接跟他聯絡而已。

一想到這裏，斯蒂爾對這建議感到十分焦慮：他想，如果高盛有意收購美聯銀行，交易早早已經實行了，怎會等到現在？畢竟，直到這星期當他與麥克通話時，高盛仍是美聯銀行的顧問，對美聯的帳目也瞭如指掌。因此，如果這項交易有利可圖，高盛不會看不到。不過，斯蒂爾認為這樣的交易也有好處，而且由於得到聯準會的鼓勵，可能事在必行了。

斯蒂爾找到貝蘭克梵後說：「我和凱文談過，他叫我致電給你。」

有別於高盛致電花旗的安排，這次已有前期功夫，對方已有默契——貝蘭克梵說：「對，我知道，我們希望攜手促成一筆交易。」

斯蒂爾告訴貝蘭克梵他即將乘坐美聯銀行的私人飛機飛往紐約，下午時分便會抵達。

當飛機飛往東岸時，他細味這次的交易，一點點重返娘家的感覺在他心頭升起，即使這交易是在政府指令下完成，也許，他甚至可以爭奪董事長一職。

戴蒙原本希望可享受這兩星期以來的第一個假日，直到星期六清早，蓋特納致電戴蒙，指示他——紐約聯準銀行的最高領導人很少作出建議——好好想想是否有意收購摩根士丹利。

戴蒙說：「你是在開玩笑吧！」

蓋特納嚴肅地說不。

戴蒙抗議：「我已做了貝爾斯登，這次不可能了。」他指的是摩根大通三月收購貝爾斯登的交易。

蓋特納不理會，繼續說：「你會接到約翰．麥克的電話。」說完便掛線。

麥克之前已收到蓋特納同樣蠻橫無理的指令，所以五分鐘後他致電戴蒙。就如早前告訴麥克，戴蒙重申他並不想收購摩根士丹利。但戴蒙受命幫助麥克，所以本來是死對頭的兩人開始討論摩根大通是否可放貸予摩根士丹利，讓後者有機會喘一口氣。戴蒙表示他會考慮考慮，有決定後會馬上回覆。

才掛線，戴蒙馬上致電蓋特納說：「我和約翰談過，我們討論有關貸款事宜。」

蓋特納對這消息感到氣餒，說：「我不知道這樣夠不夠。」他對治標不治本的暫緩措施一點興趣也沒有，他的命令不著痕跡，但他已明示聯準會非常希望兩家公司能合為一體——而且並非臨時性質。

戴蒙立即發電郵給他的營運委員會成員，急召他們回辦公室開會。在一小時內，身穿高球服裝的同事們齊聚四十八樓的會議室。

戴蒙提及蓋特納的電話時，臉上有一絲不悅。

兩「摩」合併其實並非什麼新想法，但自從一九七三年六月二十日後——那天摩根士丹利、摩根銀行（JP Morgan）、摩根信託公司（Morgan Guaranty）和英國的Morgan Grenfell在百慕達Grotto Bay酒店內舉行代號「三角」的祕密會議後，這想法便如石沉大海，再也沒人重提。

戴蒙在白板上以黑筆勾畫出他心中的方案，說：「我們可以進行全面收購；又或部分收購；或者考慮融資方案。」

接著的兩小時，他們反反覆覆地考慮選擇：哪些部分可以分拆？哪些部分可以先存放起來（warehoused，購買房地產的術語，把資產整體保留或提升品質，待市場復甦時再作出售）？

戴蒙大聲提議：也許可以收購摩根士丹利然後再上市？

但各式各樣的可能情況最終還是離不開問題的中心點：摩根大通實際上打算收購什麼？兩家機構之間重疊的業務實在太多，而摩根士丹利的有毒資產又值多少錢？這些都是未能解答的問題。

上週也有參加雷曼會議的摩根大通風險管理長約翰．霍根（John Hogan）踏出會議室打電話給摩根士丹利的克萊赫和風險管理長迪雷格（Kenneth deRegt），他說：「我不清楚你們心裏的想法，但在我的想法中，要我們『幫助』的話，我們需要很多資料，你可否回去問問麥克，到底你們有什麼期望？到底你們要我們怎樣『幫忙』？」

霍根語氣中那種皇恩浩蕩的態度，克萊赫和迪雷格馬上嗅得出來。

半小時後，克萊赫回覆霍根，要求五百億美元的貸款。克萊赫同時希望，如果摩根大通提出收購建議，戴蒙的條件不會像中投那樣苛刻。

霍根給摩根大通高層們發出電郵，標題「緊急與機密」說明計畫內容：

明天早上九時三十分，請到第七大道七五〇號摩根士丹利辦公室。我們現在還不知道開會地點——摩根士丹利的聯絡人是大衛．王（David Wong）。開會目的是讓我們考慮在摩根士丹利各項無抵押資產中建構出一項擔保融資協議。

蓋特納這時候已怒火中燒，他今天從早上八時已開始找潘迪特，他剛剛聽到貝蘭克梵說他已和潘迪特再聯絡上，唯一的問題是，潘迪特拒絕高盛，而蓋特納連和潘迪特說上一句話的機會也沒有。

終於，他找著潘迪特。蓋特納在電話中咆哮：「我找你找了四個小時都找不到，在目前的情況這是完全不可接受的！」

潘迪特道歉，並解釋他正與同事討論高盛的建議，而他們最終否決了建議。潘迪特試圖解釋拒絕的原因，說：「我們很擔心背起高盛，我們的資產負債表無法再負擔多一兆美元的責任。」

蓋特納在心裏嘲笑他。

潘迪特說：「我們是一家銀行，銀行接受存款，奉行嚴謹的文化，我不能想像一家銀行可以用其存款悉數投資於對沖基金上，我知道高盛並不是這樣，但它給人的感覺是他們會把存款用於自營交易，原則上這是不對的！」

既然撮合高盛和花旗失敗，蓋特納轉向下一個想法：合併摩根士丹利和花旗。

潘迪特也曾考慮這個方案，雖然兩者選其一，他傾向與摩根士丹利合併，但骨子裏他對交易仍是老大不願意，他告訴蓋特納：「這項交易仍然不是我們的選擇，但我們可以考慮一下。」

下午二時，麥克擔心和中投的談判已走進死胡同。麥克形容高西慶的建議「具攻擊性」，但高西慶不作絲毫讓步。另一方面，戴蒙會帶來什麼新方案，他又毫無頭緒；更遑論接到任何關於三菱的消息了。

在樓下，投資銀行部主管陶博曼（Paul Taubman）與麥克同樣驚慌，外貌比實際年齡年輕的陶博曼已四十八歲，畢業後便加入摩根士丹利直到現在，如今他已成為全國最卓越和最贏得客戶信任的合併顧問之一，但他現在只能想到：究竟這一切會不會在這個週末畫上句點。

陶博曼和同事李之遠（Ji-Yeun Lee，譯音）正與身在東京的摩根士丹利日本的對口負責人孝平由貴（Kohei Yuki）通電話，當時日本正值午夜，孝平由貴正在籌劃與三菱展開會談。

孝平由貴說：「我想他們已入睡，明天再找他們吧。」

陶博曼回答：「這樣不行，你必須打電話到他們家中，吵醒他們。」

對方傳來良久的沉默，因為這做法顯然破壞日本的禮節。

「好……的……」他說。

「你聽著，如果你是高級行政人員，你不會說：『你知道嗎？我不準備吵醒我的老闆，這事我自己知道就可以了，而當這變成一生中最重要的機會時，我怎麼向他解釋我沒有叫醒他呢？』」

二十分鐘後，孝平由貴回覆：「找到他了。」

三菱的人將會叫醒所有相關團隊的同事起來工作。

在下兩層樓的會議廳，摩根士丹利的董事會成員已齊集，氣氛馬上開始緊張。他們有些人從國內不同地方趕來，另一些像霍華德．大衛斯（Howard J. Davies）爵士則從倫敦飛過來。唯一缺席的是甲骨文總裁查理斯．菲力浦斯（Charles E. Phillips，他曾是摩根士丹利的科技股分析師）。

克萊赫剛簡報完公司那份不太理想的財務報告。曾擔任AT&T前財務長的董事查爾斯．諾斯基（Charles Noski）直截了當問：「我們什麼時候現金會用罄？」

克萊赫稍停一會，嚴肅地回答：「看星期一和星期二情況而定，最快可能在本星期中段。」這是平地一聲雷的預警：如這週情況欠佳，他們將全部成為股東訴訟的目標。

由羅伯特．吉德（C. Robert Kidder）領導的獨立董事們決定他們需要聘請獨立顧問，短暫討論後他們選定美國財政部前副部長、小型投資銀行艾維克夥伴（Evercore Partners）的創辦人羅吉．阿爾特曼（Roger Altman，他以前和福爾德是合用一輛車的好友），他的責任包括對可能出現的交易提供意見；同時，如果這週末的事件引發訴訟，最起碼他們要給別人一份堅守負責的感覺，阿爾特曼成為董事們一層薄薄的保護膜。

麥克再次出現後，麥克的外聘顧問、美國貨幣監理署前署長路德維格（Eugene Ludwig）跟大家說明他們建議的銀行控股公司方案。路德維格相信鮑爾森有動機要保護摩根士丹利，他說出公司內部大家都知道的事：「我們倒下，高盛亦會倒下。」然而，他再補充其他董事未必想到的：「隨後，奇異電器（General Electric）也將倒下。」

在高盛，兩名頂尖的銀行家大衛．所羅門（David Solomon）和約翰．溫伯格（John Weinberg）剛從康乃迪克州費爾菲爾德（Fairfield）的早上會議回來。他們剛和奇異電器的執行長伊梅特

（Jeffrey Immelt）、財務長基斯・沙朗（Keith Sharon）開會。

坐在柯恩的沙發上，所羅門把會議過程重述。這是複雜、近乎滑稽的情況：所羅門和溫伯格大老遠跑到那裏去建議客戶如何應對金融危機，並提出首要目標是募集資本。而伊梅特最主要的擔憂是：如果他的顧問公司結束營業，剩下他一人怎麼辦？

奇異電器主要業務本應是製造業而非金融工程，但近年來公司大約一半的利潤都來自一個業務單位：奇異金融（GE Capital）。像其他華爾街投行一樣，奇異金融的營運依賴短期票據市場和全球投資者的信心，伊梅特擔心高盛和摩根士丹利的命運會對奇異有影響。會議結束時，除了募集資本的初步計畫，以及對伊梅特承諾高盛將繼續營運下去，大家對於其他問題也沒有明確答案。

但高盛的柯恩已開始考慮怎樣和美聯銀行展開對話。柯恩和沃什交談時，答應在聯準會能資助的前提下考慮這建議；沃什則回應他們將積極考慮這個可能性。柯恩相信沃什的話：鮑爾森已跟貝蘭克梵打過招呼，要高盛嚴肅處理此事。沃什說：「如果你只著眼在繼續發掘問題並埋頭研究你可以得到怎樣的幫助，那將永遠不會發生。」他補充：「你已水深火熱，我並不能幫你。」與此同時，沃什命令柯恩研究人事問題：「如果你們不打算解決社會問題，那就不要花時間在經濟問題上。」沃什說的社會問題是引用華爾街的術語，意思是誰當領導者。「如果你們不設法接受他們，而斯蒂爾對這又不情不願的，一切都不會得到解決。」

斯蒂爾即將在數小時後抵達位於紐約市郊的威斯特徹斯特郡機場，柯恩走進勞爾德・貝蘭克梵的

辦公室建議說：「勞爾德，你應該到機場迎接斯蒂爾。」柯恩相信這是一個打開合併會談的友善舉動。貝蘭克梵滿臉的不高興，自從當年鮑爾森任命他和斯蒂爾一同出任高盛證券部聯合主管開始，貝蘭克梵就認為兩人關係一直欠佳。貝蘭克梵回答：「有這必要嗎？」

柯恩肯定地說：「有。我是想和你一起去，但這會有點突兀。你應該去接機。」

貝蘭克梵仍然抗拒：「你自己去不成嗎？」

視斯蒂爾為朋友的柯恩說：「不，我與他的關係已經十分友好。」

最後貝蘭克梵就範，動身前往機場。

這一刻，鮑爾森終於感到可以鬆一口氣：他的團隊剛完成「問題資產拯救計畫」提案初稿，並已得到美國預算管理局（Office of Management and Budget）快速簽發給國會傳閱。

鑒於鮑爾森星期四晚上一口答應國會領袖將在「幾小時內」向他們提交草案，他認為這份文件必須簡潔易懂。鮑爾森和他的立法事務助理部長福勞默，以及法律顧問霍伊特（Robert Hoyt）不斷趕工，全文盡在三頁文件裏面。

連番討論後，鮑爾森的團隊最後把數字訂在凱西卡瑞一天前所建議的：七千億美元。如草案獲得通過，這是聯邦政府有史以來最龐大的一次性支出。

他們擔心政治介入的情況，霍伊特在提案中加上幾行防範性的語句，以及授予鮑爾森他所需要的各種權力：

財政部長依照法案賦予他的權力所作出的決策並不能被覆核，財長擁有自行決定權，不受任何法院或其他行政機關覆核。財長有權視需要而採取任何此法案所授權的行動……不需顧及其他公共契約法規……法案授權之任何行動的相關支出，包括行政支出，將被視為當下適當的使用。

提案剛發出，還未收到任何回饋，但財政部的工作人員已興奮地互相傳閱草案。同事們的反應很直接：即使是財政部內部也有許多人擔心鮑爾森似乎索求太多。這三張紙的法案沒有提及任何監察機制，也無條款或條件；文件的過分簡短已令人不安。

「你看過了提案嗎？」傑斯特（Dan Jester）問副助理部長諾頓（Jeremiah Norton），他們倆都沒有參與起草提案。

「沒有，我只看過大綱。」諾頓回答。

「不是的。」傑斯特澄清：「那就是提案！」

星期六下午稍後時間，克萊赫與摩根士丹利副會計長羅素（Dave Russo）、法律顧問利普頓律師事務所的赫利希（Edward Herlihy）、海岬金融集團（Promontory）的路德維格（Eugene Ludwig）一起前往紐約聯準銀行，遞交轉為銀行控股公司的申請。

在十三樓的接待處，兩名工作人員走上前問他們：「你們誰是財務長？」

克萊赫回答：「我是。」

「你必須單獨跟我們進去。」克萊赫帶點誇張地對同事示意「道別」後被引進一會議室。房間內紐約聯準銀行的領導層——魯列奇（William Rutledge）、多德里（William Dudley）、切基（Terrence Checki）和卡明（Christine M. Cumming）——全齊集一起。

魯列奇問：「聽著，如果你們的其他嘗試在這週末全告失敗，你是否仍然同意轉型為一家銀行控股公司？」

「這是什麼意思？」不太確定這話背後的技術性含義的克萊赫猶豫地問。

他們向克萊赫解釋成為銀行控股公司的優勢：例如摩根士丹利能吸引一定數量的存款基礎，以及接受一些監管規定，聯準會的貼現窗口可向摩根士丹利提供短期資金。

「你能否促請你的董事會同意？」他們問克萊赫。

克萊赫這時才恍然大悟這次會議的真正意義：聯準會在拯救他的公司。他們的金庫應可避免被吸乾。

「當然。」這是克萊赫的回答。

斯蒂爾抵達時，穿著休閒褲、開領襯衫的貝蘭克梵正在機場停車場等著他。平日梳理體面的斯蒂爾從機場大樓步出，他看似睡眠不足，他已經十五個小時沒睡，但如此漫長的一天看似還未能結束。

當貝蘭克梵看見斯蒂爾時馬上欣喜地說：「好一份生日禮物！」當天是貝蘭克梵五十四歲生日，他仍心繫當晚將與妻子在一家牛排餐館享受生日晚宴。

在車程中，貝蘭克梵和斯蒂爾小心翼翼地概略討論交易的大綱，以及各自的背景；不過，其實雙方都不知道這合併將何去何從，甚至他們倆將何去何從。

到達高盛總部後，斯蒂爾直接上三十樓，他曾在那兒度過許多時光。踏進會議室，他看見過去五個月一直為其公司擔任顧問的柯爾（Chris Cole），這回他已搖身一變站在意圖收購美聯銀行的另一方。與此同時，斯蒂爾的律師科恩卻同是高盛的律師，一切都變得混淆複雜。不過，雙方達成共識，如果大家都有意願進行交易的話，那就在星期一早上之前達成協議。

令高盛最頭痛的問題，與摩根士丹利面對的問題一樣：如何測量美聯銀行的坑洞有多深。美聯銀行擁有一千二百二十億美元的option ARM（選擇性可調利率房貸，ARM: adjustable-rate mortgage），高盛馬上得出結論這幾乎已一文不值。雙方同意派出代表研究相關數字；斯蒂爾說他會請同事翌日早上飛抵這裏。

當晚收工前，貝蘭克梵邀請斯蒂爾到他的辦公室，他想談談職銜，這是比較敏感的話題——因為人們通常以名片上的頭銜和個人的財富來衡量他人。

貝蘭克梵表示，他考慮任命斯蒂爾為第三位聯合總裁，與柯恩和溫克里德（Jon Winkelried）齊名，而斯蒂爾將繼續管理將成為高盛零售業務旗艦的美聯銀行。

斯蒂爾對此甚感意外和被冒犯：他已是堂堂一家大銀行的執行長，也曾任高盛副董事長，以及在華盛頓出任財政部副部長，現在卻要屈就為貝蘭克梵手下三個聯合總裁之一？

他圓滑地說：「我不確定是否想跟柯恩和溫克里德同級，但我會想一想。」

「戴蒙要收購我們嗎？」法律總監林奇在麥克辦公室外的走廊問他。

「我想不是吧。」麥克解釋摩根士丹利只是和摩根大通探討增加貸款之事。「為什麼你這麼問？」

「若是這樣，那奇怪的事正在發生。」林奇轉述代表摩根士丹利獨立董事的律師、柯史莫法律事務所（Cravath）的合夥人法伊莎・賽義德（Faiza J. Saeed）對他說的話：摩根大通剛致電柯史莫法律事務所表示要聘請法伊莎・賽義德代表該行進行與摩根士丹利的交易。林奇說她講得比較含糊，但總的來說她要先獲得林奇的首肯才能接受這差事，因當中涉及利益衝突，故此她聯絡林奇。

「呀！」麥克有點譁然：「這是通知我們的好方法。」

黃昏時，鮑爾森仍在辦公室內，他剛與蓋特納通過電話，但是電話筒傳來的消息沒什麼用，蓋特納告訴他，摩根士丹利除了申請成為「赤裸裸」的銀行控股公司方案之外，並沒有準備其他方法。蓋特納又表示，他不肯定有沒有投資者——摩通大通、花旗、中投、三菱等——最終能成事；他對高盛與美聯合併的方案更是存疑。他對鮑爾森說：「我們已經技窮。」

鮑爾森在過去一星期每晚只能睡上三個小時，身心疲累的他感到一陣嘔心。看到整個金融業在他眼前倒下——他的整個專業人生——這令他黯然。這一刻，他感到頭昏腦脹，在他的辦公室外，員工們都聽到他在嘔吐。

星期六晚上，感冒纏身的麥克返回寓所，他的妻子特地從市郊的度假屋開車回到市中心的家裏安慰他。他比平日沉默，仍在思考如何能在二十四小時內籌集數百億美元，他聲音充滿絕望，說：「妳知道嗎？我可能會失去整家公司。」

他告訴妻子，他需要一點空間喘息，然後獨自到外面散步。走在麥迪遜大道上，他意識到自己的人生和事業正危懸一線。他也曾在戰線上——最為人津津樂道的是他敗給摩根士丹利前執行長裴熙亮（Philip J. Purcell）的那場苦戰——但這些和眼前的局面根本無法相提並論。這不僅是個人存亡的問題，而是關乎全球為他工作的約五萬名員工，他深深感到需要為這些員工負起責任。雷曼員工在上一個星期日被迫離開辦公室的影像仍深深烙在他的心頭，他需要振作起來，不管怎樣，他一定要拯救摩根士丹利。

數分鐘後他返回客廳，對著妻子報以感激的微笑道：「我寧願這樣，也比在北卡羅萊那州閒閒看書好。」

星期六黃昏，鮑爾森的車子還未在家門前停下來，他已跳出車外，手機緊貼耳旁。他的保安密探蘭根（Jim Langan）多次勸他要等車子停妥後才下車，但鮑爾森早已不理會這些規矩。

他急步走進屋內，他要和中國國務院副總理王岐山（Wang Qishan）通電話。前一天，他費勁地安排這一次電話會議，企圖說服中方投資摩根士丹利。本來，他希望布希總統親自致電中國國家主席，但當和白宮幕僚長博爾頓（Josh Bolten）商量後，對方擔心由總統出面代表某家美國公司始終不太合適。反而，他建議最大的可能是總統在電話上概括地談到整體金融業，巧妙地暗示對方。但上演這動作前，鮑爾森需要試探確認中國是否真有興趣交易。

鮑爾森安排在晚上九時半與王岐山通話，他曾以高盛執行長的身分走訪中國，因而與王相熟，他們的關係良好。

其實鮑爾森也知道，一手策劃與另一個國家進行私人性質的市場交易個案是非常罕見的，何況這次洽談的對象更是美國最大的債主。在打這電話前，鮑爾森曾諮詢國家安全顧問哈德利（Stephen Hadley）的意見，得到的指示是：步步為營。

鮑爾森與王岐山聯絡上後，他很快便切入正題——摩根士丹利。鮑爾森告訴王岐山：「我們歡迎你們的投資。」他又建議中國任何一家最大的銀行，如工商銀行，都可以參與其中，使這項投資更具策略意義。

王卻表示，在雷曼破產的影響下，他對於中投介入摩根士丹利心存憂慮。

「從策略角度看，摩根士丹利是十分重要的。」鮑爾森如此回答，暗示他不會讓摩根士丹利倒下。

王岐山無動於衷，要求美國政府承諾為投資作擔保，鮑爾森試圖在不作出明確的承諾下盡量滿足王的要求：「我可以向你保證，投資摩根士丹利絕對是正面的事情。」

———

幾小時後，星期天的早上鮑爾森又重回他的汽車裏，財政部發言人蜜雪兒．大衛斯（Michele Davis）已在車內等候。她拿出一本即將在星期一發行的《新聞週刊》（*Newsweek*）雜誌說：「你不會喜歡這個。」雜誌大字標題：「大皇亨利」，還有鮑爾森的大頭照。

他們正前往美國國家廣播公司（NBC）為《與傳媒會面》（*Meet the Press*）節目錄影。他準備對他的釣魚夥伴、節目主持人布羅考（Tom Brokaw）推薦他的「問題資產拯救計畫」。在這節目的前主持人羅瑟特（Tim Russert）去世後，布羅考暫時代理主持這個政治脫口秀節目。然後，鮑爾森要直接到美國廣播公司（ABC）擔任《本週》（*This Week*）節目的嘉賓。再下一站則是哥倫比亞廣播公司（CBS）的《面對國家》（*Face the Nation*）節目。

鮑爾森匆匆翻看文章。除他在高盛的老仇人、現任新澤西州州長寇辛（Jon Corzine）質疑他的一致性外，其他全是正面的誇獎。更重要的是，這封面默認鮑爾森在美國甚至全球掌控的龐大權力：布希總統已讓出駕駛權轉往後座；在這危機中，鮑爾森已成為國家實質的領導者。

這權力令他高興，但他也知道這是雙刃劍。在布羅考的訪談節目中，他馬上感到被這雙刃劍宰割的滋味。紅燈亮起，節目開始，主持人即時攻擊他的計畫欠缺細節，這也是財政部同事一天之前所擔心的。布羅考說：「如你還是高盛的董事長，你拿這方案交給你的合夥人，他們會叫你滾出房間，得到更多答案後再回來，對吧？」

摩根士丹利的風險管理長迪雷格（Kenneth deRegt）正在準備和摩根大通開會的資料，他希望展示公司財務最亮眼的一面，正在努力蒐集能被視為合乎貸款要求的抵押品。

工作在進行時，他和金融機構業務主管波拉特（Ruth Porat）突然醒悟，這麼徹底地公開公司資料，可能會給摩根士丹利幫倒忙。如一切順利，黃昏時分摩根士丹利便會轉型成為銀行控股公司，他們便可獲得更多的流動資金——這計畫摩根大通並不知情。他們決定要選擇性地作簡介，只介紹摩根士丹利不能抵押給聯準會的資產——這當然是帳目內最劣質的資產。這是鋌而走險的一招，他們不把公司打磨得亮亮麗麗求售，也許有意無意間把潛在的夥伴嚇跑了。

摩根大通投資銀行執行部主管伯恩斯坦（Douglas Braunstein）、風險管理長霍根和布萊克（Steven Black）準時在早上八時四十五分抵達第七大道七五〇號摩根士丹利總部。隨同他們前來的還

有摩根大通法律總監卡特勒（Steve Cutler），他們的數十名助手亦已在場等候。與會地點是摩根士丹利總部西面一處毫不起眼、沒有標誌的辦公大樓；摩根士丹利的祕密會議一般都在這裏舉行。

當摩根大通的團隊正在布置由摩根士丹利提供的辦公室時，霍根對他的成員重申：「這是高度機密。」

伯恩斯坦驚訝地發現摩根士丹利並沒有為他們準備任何咖啡或食物——這難道是一種談判策略？——伯恩斯坦馬上囑咐一助理到街上甜圈圈店走一回。

大家心裏明白，這可能是他們一輩子中最歷史性的盡職審查。雖然霍根告訴他們，這次調查的目的是看能否貸款給摩根士丹利，但眾人皆知情況很快便會提升為全面的合併審查，這交易讓貝爾斯登的合併像是少年棒球隊的練習一樣。他們為摩根士丹利每一主要業務設立戰鬥室——以檢閱券商、房地產、主要投資和商品等業務。

摩根大通的律師已表示他們懷疑在這麼短的時間內能否促成這交易。他們不斷提出「在二十四小時內完善擔保權益」有難度。

但事實上他們根本不需要這麼長的時間：不到兩小時，摩根大通已決定終止這計畫。他們對摩根士丹利提交的資產品質之低劣大吃一驚，他們絕對無法放貸。

「這是垃圾。」霍根告訴布萊克。

———

到了中午，高盛和美聯銀行斯蒂爾率領的六人高層代表團磋商進度理想，已經接近終點。斯蒂爾的首席顧問兼前高盛員工彼得・溫伯格（Peter Weinberg）已擬定協議大綱。

高盛將以每股一八・七五美元的作價收購美聯銀行，高盛將發行股票支付交易金額；這價錢是美聯銀行星期五的收盤價。

交易唯一的嚴重障礙是：高盛希望獲得「戴蒙式」的待遇。所以，下一步的推進方向是請示聯準會的沃什，探問到底聯準會是否準備擔保美聯銀行大部分的有毒資產以資助這交易。

在談判小休期間，溫伯格在行政樓層的走廊慢慢觀賞懸掛在牆上的歷屆執行長肖像，他一直走到自己的祖父西德尼・溫伯格的肖像前面，他的祖父在一九二七年當上高盛合夥人，是傳統華爾街的翹楚：業務是建基在人與人之間的關係和互不辜負的信任上，更不是槓桿和日益複雜的金融工程。過去十年間，他祖父的世界已被投行的相繼上市、和動用股東資金從事後來被證明是高風險的投資，而徹徹底底地被毀滅掉。

高盛的聯合總裁溫克里德看到若有所思的彼得・溫伯格，他緬懷地說：「世界真已顛倒。」

當巴菲特接到高盛副主席特洛特（Byron Trott）的電話時，他正在奧馬哈市的家裏。巴菲特一向討厭華爾街的銀行家，但卻非常欣賞特洛特這位從美國中西部到芝加哥工作、溫文爾雅的銀行家。鮑爾森早年介紹兩人相識，現在特洛特是巴菲特唯一信任的投資銀行家。「他比任何跟我們談過的投資銀行家更明白我們公司——雖然說這話令我心痛——但他的費用是值得的。」巴菲特在他旗下波克夏・哈薩威公司二〇〇三年的年報如此寫道。對巴菲特而言，這是他最高的讚美。

特洛特帶著新建議致電巴菲特。過去數星期，特洛特遊說巴菲特入股高盛一直徒勞無功，現在他想到一個新方案。他向巴菲特透露，高盛在政府協助下正磋商收購美聯銀行，並詢問巴菲特是否有興趣投資於合併後的高盛和美聯銀行。

最初巴菲特以為自己聽錯了：政府協助？協助高盛的交易？

稍稍思量這項新組合建議後，巴菲特以一貫平實友善的口吻說：「特洛特，別浪費時間了，這宗交易涉及到財長的前僱主、以及高盛前副董事長兼前副財長的公司，到了晚上，政府便會發覺他們不可能為這宗交易提供資金。不行的，他們很快會覺醒，哪怕這是全世界最有利可圖的交易，他們也不能這樣做。」

麥克在星期日下午收到一個好消息：三菱的交易好像真的能夠成真，對方有意大手筆入股摩根士丹利。當天傍晚，麥克更與三菱總裁畔柳信雄（Nobuo Kuroyanagi）進行電話會議。正當他們商談細節時，鮑爾森來電。

鮑爾森嚴肅地說：「約翰，你要想想辦法。」

麥克不禁提高音量嚷道：「要我想想辦法？你這是什麼意思？」他的語氣中帶著不耐煩，並解釋他剛知道日本方面有意進行交易。「你一直都很支持我們——你說我們能夠撐過去的。」

鮑爾森說：「我知道，但你要找個合作夥伴。」

麥克再度重申：「我們有日本的投資者！三菱會加入！」就好像鮑爾森剛才沒聽見他的話一樣。

鮑爾森說：「我們都知道日本人的特性，他們會打退堂鼓的，日本人從來都不能速戰速決。」他建議麥克轉戰中國或摩根大通的交易。

麥克憤然說：「不，我很了解他們，我不同意你的觀點。」他解釋，三菱在年初惡意收購加州聯合銀行（Union Bank in California），委任摩根士丹利為顧問，他又提醒鮑爾森：「日本人很少會進行惡意收購，他們委任我們後，雙方一直通力合作，直到完成交易，所以這次他們也會幫我們一把。」

但鮑爾森仍然存疑，並嘆謂：「他們不會的。」

麥克氣急敗壞地說：「我們看法不同。」但答應會繼續向他匯報最新情況。

柯恩致電正在聯準會開會的沃什，向他簡述了高盛和美聯銀行交易的初步條款。他們同意按市價——星期五的收盤價一八．七五美元——進行交易；有鑑於美聯銀行當日股價受到華府擬推出「問題資產拯救計畫」的消息帶動彈升二九%，柯恩認為這是很大的讓步。

然後，他馬上乘勢追擊道出重點：要完成交易，高盛需要政府擔保、或為美聯銀行總值一千二百億美元的選擇性可調利率房貸（option ARM）設定限制。

沃什打斷柯恩，說：「我們沒有準備要這樣做，我們不能看起來就像在簽空白支票一樣。」沃什支持合併，建議改良方案，由高盛承擔首筆虧損，這樣政府才能考慮提供協助，就像摩根大通同意承擔貝爾斯登收購的頭十億美元虧損後，聯準會就願意替其擔保剩下的二百九十億美元。

人正在高盛的美聯銀行董事、阿拉馬克公司（ARAMARK）董事長兼執行長紐保爾（Joseph Neubauer）的手機響起，來電者是鮑爾森。鮑爾森和紐保爾認識多年，高盛一直是阿拉馬克公司的投行，先後多次安排公司上市和私有化，讓紐保爾和他的公司獲利數百萬美元。

紐保爾擔心這次通話存有風險。他心想，鮑爾森不應該涉及任何與美聯銀行或高盛有關的事情，但現在鮑爾森竟然在這兩家公司可能是最具變革性的交易談判時刻給他打電話。其實在之前一天，鮑爾森曾致電紐保爾，跟他討論這交易的可行性，但是，那只是討論；而到了今天，雙方正處於談判的關鍵時刻。

鮑爾森認為他並非直接和斯蒂爾接觸，來電是合理的舉動，但紐保爾擔心兩者根本沒有差別。鮑爾森說：「這不只關乎高盛，我擔心的是美聯銀行，你不擔心嗎？」

鮑爾森並沒有告訴紐保爾他已獲得豁免，可參與高盛相關事宜；反而，他不斷就交易一事向紐保爾施壓——他擔心美聯銀行的董事會由於對全球經濟嚴峻的程度體會不深，而不嚴肅看待此交易。

鮑爾森指示他：「我想你們必須有迫切感。」

當紐保爾掛線後，他向其他董事說：「你們一定不會相信，剛才是鮑爾森。」他不需要解釋，所有董事也能感受到這來電是如何令人難以置信。房間內很多人認為，財長的言下之意是命令他們和高盛合併。

在財政部，鮑爾森的幕僚長威爾金森（Jim Wilkinson）這時已累得簡直像在夢遊。當鮑爾森告訴他高盛和美聯銀行交易的最新進展，並問他政府應否提供協助時，神智不太清醒的威爾金森認為這是個很合理的方案。

不過，半小時後，一杯咖啡令威爾金森醍醐灌頂，深思熟慮的他馬上改變主意。由於政府正積極推動「問題資產拯救計畫」，這宗資助交易一旦成事，便會在最壞的時刻帶來最壞的宣傳效果：市場會徹底質疑鮑爾森的誠信，他會背負串連高盛同伴中飽私囊的罪名，而政府與高盛官商授受的陰謀論更會沸沸揚揚。

於是，威爾金森第一時間與蜜雪兒．大衛斯衝進鮑爾森的辦公室急忙地說：「漢克，如果這樣做，你便會完蛋！除非我們他媽的瘋了才會這樣做。」

———

柏南克的電話被轉接到蓋特納會議室內的擴音器上，財政部的傑斯特和諾頓，紐約聯準銀行的切基、多德里和麥康奈（Meg McConnell）已在會議桌旁等候。

沃什正在審閱高盛和美聯銀行最新的交易協議條款，他們已按照沃什的建議作出修訂：高盛將承擔頭十億美元的虧損，他們更表示如果政府同意提供協助，他們會盡力在當天下午促成交易，而兩家公司的董事會已在待命。

大家都認為這是一宗有利的交易：高盛將可獲得穩定的存款基礎；而美聯銀行則可得到強大的投資銀行及其頂尖的管理人員。

然而，蓋特納不久便發現缺點，他問：「這宗交易會讓高盛更弱勢嗎？」——這是貝蘭克梵當日稍早前已提出的問題。此外，蓋特納也質疑應否由聯準會借出款項，因為美聯銀行的監管機構為聯邦存款保險公司（FDIC），重擔應由他們來背。

切基不能相信高盛竟膽敢提出如此的要求，他說：「他們仍在努力談判，好像他們真有能力做到一樣！」但他反對合併卻另有原因：他擔心雙方沒有足夠的時間考慮清楚，有點像是奉子成婚一樣。

柏南克默不作聲地聆聽辯論。

接著發表意見的是曾在高盛任職的多德里，他認為交易對政府沒什麼好處，他的觀點與巴菲特雷同：這會是政府的一場公關浩劫。他說：「我們在做什麼？看看大家錯綜複雜的關係：財政部、斯蒂爾和我，人人都和高盛有關，我們必須謹慎行事。」

蓋特納和柏南克致電鮑爾森後，他們三人一致同意政府不能碰這交易。

———

當沃什把消息轉告斯蒂爾和柯恩的時候，兩人頓時目瞪口呆。花了一天一夜的時間，並按照政府的指示擬定協議，現在竟然不能成事。

沃什解釋：「對不起，我明白你們的感受——我也很沮喪，但我們沒有資金，也沒有權力這樣做。」

還未能接受這打擊的斯蒂爾跟沃什說，自己就像走到不同的新娘面前逐一下跪求婚，先是摩根士丹利，現在是高盛，為的只是求一姻緣來拯救這家公司。

感受到戰火一觸即發，柯恩說：「我還是先走開吧。」

斯蒂爾卻首次提高聲調說：「不，你應該聽下去。你應該坐在這裏，仔細聽清楚他媽的每一個字！」

火冒三丈的斯蒂爾對著桌子中央的電話擴音器說：「你說我該怎麼辦呢？告訴我吧！你愛莫能助，不喜歡這樣，又不喜歡那樣。你要我們進行曼哈頓中城那筆交易？」他指的是摩根士丹利。「你要我致電花旗集團嗎？我有責任保護股東，這是我的職責，你他媽的直接告訴我要怎麼辦好嗎？我已經疲於奔命了！」

麥克對聚集在他辦公室裏的管理層宣布：「我不能肯定這消息是否真確，但傳言是高盛將在二十四小時內宣布收購美聯銀行。」他剛在董事會會議時從一位董事口中聽到這傳言，這消息令他十分沮喪。畢竟，才在星期五的時候他們已和美聯銀行進行談判，可惜卻毫無進展。

摩根士丹利投資銀行部主管陶博曼大為震驚，內心很懷疑：高盛是摩根士丹利勢不兩立的勁敵，他們怎麼可能願意擔起美聯銀行的有毒資產？難道高盛沒有看見美聯銀行資產負債表上的大洞嗎？他突然恍然大悟，驚叫：「操你媽，他們這幫混蛋可能和政府有協定！若非政府有意拯救美聯銀行並接收他們的有毒資產，這根本不合常理。」

鮑爾森已聽到風聲：高盛和美聯銀行的交易已告吹，這大大加重鮑爾森要盡快為摩根士丹利尋找出路的壓力。他認為摩根大通是不二之選。雖然執行長戴蒙一直抗拒交易——鮑爾森在一天前已多次提出建議——現在鮑爾森認為有必要施加更大壓力。

鮑爾森把蓋特納和柏南克也抓進和戴蒙舉行的電話會議，鮑爾森說：「戴蒙，我希望你認真考慮收購摩根士丹利，這家公司擁有優質的資產，潛力雄厚。」戴蒙剛結束和中投高西慶的臨時會議，會上雙方探討是否攜手合作收購摩根士丹利：由中投購入股權，摩根大通提供信貸措施。不過會議並無任何突破。

戴蒙早已料到政府不會輕易讓他置身事外，但他不肯讓步，認真地說：「你別再這樣，這是不行的，我們不可能這樣做。為了你和為了國家，我願意赴湯蹈火，但卻萬萬不能做任何危及摩根大通的事。」

戴蒙認為銀行必須動用五百億美元來完成交易，並要削減大量職位，他說：「即使你把公司送給我，我也不能這樣做。」

戴蒙重申：「我不想做，約翰．麥克也不想這麼做。」

鮑爾森繼續施壓：「可是我也許需要你這麼做。」

戴蒙沉默了一陣子，最後他的態度有點軟化，說：「我們會考慮一下，但這是個很艱難的決定。」

摩根士丹利董事會議內的緊張氣氛已開始不受控制。二十四小時前剛被聘為獨立董事顧問、小型投行艾維克夥伴（Evercore）的阿爾特曼（Roger Altman）告訴他們應慎重考慮賣掉整個公司。他描繪的末日景象令數名董事深感厭惡，並認為阿爾特曼骨子裏是貪圖交易的巨額顧問費，因此力勸他們做交易。

休息時，董事博斯托克（Roy Bostock）對首席董事吉德（C. Robert Kidder）說：「我們應即時把他開除，把他掃地出門。他不是來幫忙的。」有一些董事擔心他曾經出任副財長，與政府關係千絲萬縷，有可能會向政府洩露公司的內部財務情況。他們認為這就是蓋特納對麥克施壓逼他做交易的原因。他們不知道的是，一天前的晚上，阿爾特曼確實有發電郵給蓋特納通報自己接下摩根士丹利的任務，但他並未透露任何會議的細節或內容。

不知道是因為疑心作祟或睡眠不足，討論開始擦出火藥味。聘用阿爾特曼時麥克並未被徵詢，他比任何董事更不喜歡阿爾特曼的出現。麥克把他暫時調離會議室後向董事們宣布：「我不信任他。」

麥克認為如果他們要把公司賣掉，也應任用摩根士丹利自己的銀行家為顧問。再者，他提醒各董事，阿爾特曼的公司和日本的瑞穗金融集團（Mizuho Financial Group）是合作夥伴，麥克對於在阿爾特曼面前透露和三菱的談判細節甚感擔心，因為瑞穗金融集團和三菱是競爭對手。

「我不知道這廝究竟站在哪一邊！」麥克說。

蓋特納繼續在他的辦公室主持大局，他深信摩根士丹利在星期一做不成交易便一定會倒閉。稍早前他已威脅麥克：若他找不到大額投資或合併對象，他會否決摩根士丹利遞交的銀行控股公司申請。蓋特納警告說：「光成為一家赤裸裸的銀行控股公司是沒用的。」蓋特納和鮑爾森一鼻孔出氣，認為麥克相信三菱可成為及時雨根本是春秋大夢。他歇斯底里地對著話筒大叫：「你的B計畫是什麼？你需要有B計畫。」

不過，聯準會有些人對蓋特納這種速食般的合併策略不盡同意。蓋特納這「只此無他」硬逼著銀行成親的手段之不受歡迎程度，從投行執行長們的諷刺可見一斑：他們稱蓋特納為網上著名的婚姻介紹所「eHarmony」。

沃什抱怨：「如果我們再以一美元作價把任何一家投行賣掉，一切將會全盤崩潰。」

下午三時半，約翰．麥克的助手通知他鮑爾森來電，麥克拿起沙發旁的聽筒接聽。他背後的電視正播放美式足球聯盟紐約巨人隊和辛辛那提猛虎隊的比賽。

鮑爾森說：「約翰，你好，柏南克和蓋特納也在這裏，我們想和你談談。」

麥克說：「既然你們全都在，我可以把我的律師也叫進來嗎？」

鮑爾森同意，於是麥克把電視調到靜音，然後按下電話擴音器的按鈕。

鮑爾森以嚴正的語氣說：「星期一開市之前，摩根士丹利這事件必須已解決，否則市場怎能開市。你要想個方法——我們想要你進行一筆交易。」

瞠目結舌的麥克只有聽的份兒。

柏南克在這種情況下一般是保持沉默，這時卻清一清嗓門補充道：「你未必明白我們的顧慮，我們要竭力保障金融體系的穩健，所以我們需要你進行一筆交易。」

蓋特納咬著不放說：「我們為這件事花了很多時間，看來你應該致電戴蒙談談。」

麥克按捺不住一肚子的怒火，憤然道：「我曾經找過戴蒙，但他不想要我們的銀行。」

蓋特納說：「不，他會收購你的銀行。」

麥克大喊：「對呀！用一美元來收購啊！這合理嗎？」

但蓋特納繼續說：「我們希望你照著辦。」

已怒不可遏的麥克厲聲質問：「那我問你，你認為這是有利公眾的政策嗎？ＡＩＧ、雷曼兄弟、貝爾斯登以及其他機構一舉裁員已讓三萬五千人丟了飯碗，但你卻跟我說應該把四萬五千名僱員的公司與五萬名僱員的公司合併，然後削減二萬個職位？我不認為這是對公眾有利的政策。」

一時間，大家都啞然無聲。

然後，蓋特納冷漠地說：「這是關乎體系穩健的問題。」

麥克答道：「沒錯，我很敬重你們三位的為人和工作，你們都很愛國，全美國都應對你們不勝感激。但我不會答應，我怎樣也不會答應，我不能這樣對待這公司的四萬五千名員工。」

說完後，他把電話掛斷。

在高盛那邊氣氛沒這麼激烈。剛和蓋特納通話的貝蘭克梵對走進他辦公室的柯恩宣布：「我們將拿到銀行控股公司，這將會成事。」

當聯準會把新聞發布草稿傳真過來時，他們留意到另有一家機構也將得到批准，但名字暫時留空。肯定是摩根士丹利，貝蘭克梵心想。他星期五早上打給麥克的電話一定起了作用。

坐在貝蘭克梵的沙發上、整天食不下嚥的柯恩玩弄著他面前的煎蛋捲。他終於面露微笑，他們已走出森林。現在只剩下董事們在申請書上的簽署。他們已安排全部董事會成員五分鐘後舉行電話會議。

大家接通在線上時，貝蘭克梵開始說：「我終於能給大家帶來好消息……」

下午高西慶返回摩根士丹利的時候，他發現摩根士丹利正和三菱進行合併談判。他早前已有些微不妥的感覺，因為麥克有意拖慢談判腳步，但他不敢相信麥克會和日本人做交易！根據鮑爾森和王岐山早前晚上的對話，他以為美國政府已恩准中投的交易。

高大發雷霆，即時率隊離場，沒有道別，頭也不回，從會議室直奔大門奪門而出。

摩根士丹利的銀行家們仍在等待三菱的答覆，他們知道聯準會將對摩根士丹利授予銀行控股公司

的地位，但蓋特納仍然堅持公司要在星期一前獲得一筆大額投資，以顯示投資者對公司的信心。

三菱提交了一份意向書，表明有意以九十億美元上限收購不超過兩成股份。但陶博曼和金德勒清楚法律上這僅僅是一份信件，並非牢不可破的合約，摩根士丹利未必能趕在限期前完成交易。他們只能寄望市場相信日本人會信守承諾，並比鮑爾森或蓋特納更信任日本投資者。

金德勒和陶博曼一邊在檢閱信件，一邊笑談這週末傳媒對他們旋風式談判的報導。幾家傳媒的消息本末倒置甚至是炒作舊謠言。CNBC頻道的加斯帕里諾言之鑿鑿地說摩根士丹利將和美聯銀行或中投成交。

金德勒嘆道：「這真是華爾街上最操他媽的危險人物。」

在樓上的辦公室內，麥克正與三菱總裁畔柳信雄透過傳譯員討論，希望確定意向書的內容。這時，他的助手打岔道：「蓋特納來電——他一定要和你談談。」

麥克按著電話筒對助手說：「跟他說我現在沒空，稍後回覆。」

五分鐘後，鮑爾森來電，麥克又對助手說：「我正在和日本人洽談，沒有空，談妥後我再回覆吧。」

兩分鐘後，蓋特納再次來電，麥克的助手無奈地說：「他說要跟你談，是十分重要的事。」

麥克眼見還差一點點便與對方達成協議，於是向辦公室內幫忙處理交易的女同事李之遠（譯音）說：「掩住耳朵。」

然後他對助手說：「叫他另找人去操他媽，我正忙著想辦法拯救我的公司！」

——

摩根大通的管理層早已齊聚在小詹姆斯・李（James B. Lee Jr.）位於行政樓層的辦公室內，一邊待命，一邊百無聊賴地收看萊德盃（Ryder Cup）高球賽紐約巨人隊賽事，並狼吞虎嚥吃著牛排。

忽然，戴蒙衝進辦公室，高呼道：「感謝主！我們脫身了！」他鬆了一口氣說：「麥克剛剛來電說，獲得日本投資者注資九十億美元！」

晚上九時三十分，通訊社開始報導消息：高盛和摩根士丹利將轉型為銀行控股公司。這是一歷史性分水嶺事件：國內兩家最大型的投資銀行為求自救，實質上宣布他們的商業模式已成絕唱。《紐約時報》把這形容為「將鍍金年代（Gilded Age）的標誌——巨型金融（high finance）徹底改寫」，以及「對他們金融和投資模式過高的風險來一記當頭棒喝」。

第十九章　高盛獲救

九月二十二日星期一，高盛轉型為銀行控股公司的第二天，疲態畢露的貝蘭克梵臉頰顯得有點腫，他在辦公室裏怔怔地看著桌上的美國漫畫家蓋瑞・拉森（Gary Larson）的作品《遠端》（*The Far Side*）。漫畫特寫一對父子站在家園的欄杆旁，眺望鄰居正被狼群圍攻的房子。標題說：「我知道你想念Wainwrights，但他們是愚蠢懦弱的人——所以引來狼群和掠奪者。」（譯注：蓋瑞・拉森的《遠端》利用曲解關聯；其中經常使用的手法是擬人——他筆下的眾生無論是人或動物、昆蟲，甚至外星人都以樂觀但略帶嘲諷的眼光來看這繽紛世界。）

在貝蘭克梵眼裏，這漫畫正是華爾街近期的寫照。稍有差池，摩根士丹利、也許甚至高盛的命運都可能如漫畫中的鄰居家一樣。

五大投資銀行中，只有他們和摩根士丹利依然屹立未倒，但高盛的馬步卻越來越不穩。有別於摩根士丹利，這天高盛的股價不僅未穩定下來，反而繼續下跌六・九％。儘管高盛新的銀行控股公司身分讓它享有直接向聯準會拆借資金的權利，投資者卻開始擔心高盛需要更多的資本。

市場一連兩天受政府推出「問題資產拯救計畫」（TARP）的刺激上揚，該計畫為市場帶來挽救經濟的希望；然而，很快市場又轉向，因投資者了解計畫後，他們看出鮑爾森需要做得更好，才能如他所願地重建市場信心。

對很多因四〇一（K）退休計畫而蒙受嚴重損失的美國人而言，華爾街根本不值得被拯救。民主黨議員巴尼·弗蘭克大聲疾呼：「要我們購買因為這些人作出錯誤決定而導致的壞帳，然後讓他們帶著數百萬美元離場，這是個嚴重的錯誤。美國人民不願這計畫落實，而這計畫也不應通過。」

然而，貝蘭克梵對拯救方案的政治拉鋸並不放在心上，他更焦急的是高盛募集資本的事。他把募資這重大的任務交託予聯合總裁溫克里德（Jon Winkelried），溫克里德在週末將率隊分別與在中國、日本和中東的潛在投資者接觸。然而，他們毫無目標地亂槍掃射獲得的結果，全只是禮貌的回絕。

星期一晚上，人在芝加哥的高盛副主席特洛特（Byron Trott）奇怪紐約總部何以一直音訊全無，遂決定在辦公室致電紐約的溫克里德，特洛特擔心地問：「從週末到現在平靜得有點奇怪，發生了什麼事？」

溫克里德告訴特洛特，星期二將與投資者接觸啟動新一輪的售股建議。有鑒於市場仍像玩蹺蹺板般震盪不已，他認為高盛不應期望可以從單一投資者拿到巨額投資；以目前市況，較可能的情況是東拉西補：由十幾個機構投資者每人拿出一小部分。

「等一下。」特洛特打斷他：「你們要暫緩這事。」特洛特是高盛內唯一通往巴菲特的管道。特洛特建議應該再次考慮與巴菲特接觸：自上星期四起，特洛特已對巴菲特推薦入股高盛的不同方案，但都被這永遠小心謹慎的投資家拒絕。貝蘭克梵鼓勵特洛特向他提議標準的可轉換優先股（convertible preferred stock）方案，巴菲特可獲包含中位數利息的優先股，並可按比高盛股價高出一〇%的溢價轉換為普通股。但一如特洛特所預測，這方案對巴菲特吸引力有限。巴菲特告訴特洛特：「以目前的市況，我沒有理由冒這風險。」

星期二早上，特洛特和貝蘭克梵及高盛所有高層商議後，擬出新的建議並再次致電巴菲特推銷。巴菲特的孫兒正在奧馬哈市探望祖父，巴菲特正打算帶他們到旗下公司的冰雪皇后（Dairy Queen）霜淇淋連鎖店大快朵頤，所以特洛特與巴菲特的交談必須在二十分鐘內。特洛特很清楚要巴菲特願意投資的唯一方法，是給他特別優厚的交易條件。這是特洛特提出的：高盛向巴菲特出售包含年利率一〇%的優先股，總金額五十億美元，這等於高盛每年須付出五億美元的利息，以換取巴菲特注資；同時，巴菲特可以每股一一五美元兌換為高盛普通股，兌股價較高盛股票市價低了八%。

這樣的條件，其實比春天時巴菲特要求雷曼福爾德的條件更好，而當時福爾德拒絕了。

一如往常憑感覺的巴菲特很快便同意交易大綱。特洛特馬上致電溫克里德，把好消息告訴他。溫克里德當時正在中央車站準備前往聯合國總部出席第六十三屆會議，布希總統將在會上發言。

特洛特非常興奮：「我想巴菲特會同意！」

「太好了！你別掛斷。」溫克里德試圖在擁擠、嘈雜的中央車站人行道上找個安靜地方。他囑咐辦公室馬上安排高盛的智囊小組舉行電話會議——包括財務長維尼亞（David Viniar）、總裁兼營運長柯恩（Gary Cohn）、投行業務負責人大衛·所羅門（David Solomon），和人在華盛頓參加國會會議的貝蘭克梵。

數分鐘後，大家已在電話中集合，開始討論巴菲特的交易。他們的共識是，現金固然重要，但巴菲特的投資對市場來說也是一劑強心針。溫克里德補充，巴菲特的投資可讓高盛乘勢從別的投資者募集更多資本。

「既然如此，我們有什麼理由不進行交易？」維尼亞問。

「就這樣決定吧。」所羅門說。

特洛特立刻安排貝蘭克梵和巴菲特直接通話，他們簡單地檢閱條款後，巴菲特建議高盛準備文件並發送給他，好讓雙方在當天下午收盤後能發布消息。

重視每個細節的貝蘭克梵問：「你希望我把我擔心的事情跟你說嗎？」

「不用了，這樣可以了。」巴菲特冷靜地回答：「如果我有疑慮，我根本不會進行交易。」說完，他帶著孫兒們出發去吃霜淇淋。

在高盛總部裏，公司高層們正為巴菲特在合約內設置的撤銷交易條款內容傷神：高盛的四位高層在二〇一一年或之前，或者在巴菲特拋售他的持股之前，不得出售他們的持股量超過一〇%——即使他們離開公司。巴菲特對貝蘭克梵解釋：「我購買馬匹時，也要買下騎師的。」

這約束對柯恩、維尼亞和貝蘭克梵都不構成問題——但是溫克里德卻例外。只有四十九歲的溫克里德近期已暗示有意離職，但公司內只有少數人知道溫克里德正面對個人的現金危機。儘管他在二〇〇六年的薪金高達五、三一〇萬美元，二〇〇七年進一步攀升至七、一五〇萬美元，但其中大部分是高盛股票。他並沒有債務，但由於大量的花費，因此現金見底。

溫克里德在麻省南部的楠塔基特（Nantucket）海岸邊擁有五．九英畝的地產——他已準備以五千五百萬美元出售。令他資金短缺的主因是他在科羅拉多州米克郡（Meeker）的Marvine牧馬場。溫克里德熱愛參加西部牛仔馬術比賽，他的牧場雖然三年來共贏得超過一百萬美元的獎金，但根本入不敷出，因為每年營運費用高達數百萬美元。

貝蘭克梵親自找上溫克里德，向他承諾公司必定會想辦法替他解決經濟問題，溫克里德雖然對巴菲特的條件心感不快，但他明白這交易有利於高盛，最後也接受。

在巴菲特注資的正面消息支持下，第二天早上高盛又成功從其他投資者取得另外五十億美元，股價應聲上揚六％。

貝蘭克梵終於可以鬆一口氣——那些狼群已遠離家門。

「約書亞，我不能相信這正在發生！」鮑爾森對著手機大嚷，而建議他出任財長的白宮幕僚長約書亞·博爾頓則在電話的另一邊。

「沒有人徵詢過我的意見，如果你們真要繼續做這些狗屎事情，我看你們最好另請高明出任財政部長！」

鮑爾森在國會山莊花了整個下午出席聽證會，試圖遊說那些心存疑慮的議員們通過他的「問題資產拯救計畫」。鮑爾森剛得到消息：共和黨總統候選人麥肯（John McCain）宣布暫停競選活動，折返國會幫忙協商處理金融拯救計畫——在這金融危機驚濤駭浪之際，卻淪為總統候選人興風作浪、唇槍舌劍的舞臺。

對疲倦和沮喪的鮑爾森來說，這消息再次提醒他要通過法案將是一場苦戰。他害怕麥肯的介入反而會激發議會中的共和黨人反對提案。如果布希政府無力控制自己黨派及黨內的總統候選人，鮑爾森知道他必定會焦頭爛額的。

鮑爾森在美國國會瑞本大樓（Rayburn Building）的接待室踱步，他跟博爾頓通話的激動口氣讓陪同他出席聽證會的柏南克渾身不自在，因此離開房間。柏南克至今仍不能習慣官員之間粗言穢語大叫大嚷，更糟糕的是，他不能接受這些人幕後的政治惡鬥方式——特別是在競選年間。

事實上兩黨支持「問題資產拯救計畫」的熱情消退得很快——投資研究公司Graham, Fisher & Company的執行董事羅斯納爾（Joshua Rosner）對《紐約時報》形容：「問題資產拯救計畫的英文縮寫TARP，更貼切的說法是：『完全摒棄對公眾負責任』（Total Abdication of Responsibility to the Public）。」

民主黨指責這是鮑爾森官商授受接濟他的華爾街好友之方法，而共和黨則譴責這是另一個政府橫行霸道強行干預的案例。兩黨議員不謀而合的一點是，齊聲抱怨計畫費用過高，有些人質問能否分期進行，另一些人尋求在法案中加入行政人員薪酬上限的條款。

康乃迪克州民主黨參議員陶德（Christopher Dodd）宣稱：「他們遞交給我們的提案是不能接受的。這是行不通的。」

來自喬治亞州的共和黨議員傑克．金斯頓（Jack Kingston）更公開批評鮑爾森是「糟透了的溝通者」，他抱怨說：「我們被要求為一生中最重要的法案投票，然而我們還沒有看見提案。」

除了在政治修辭上鑽研，議員和投資者們也開始對提案如何落實購買有毒資產提出實質的疑問：政府如何付款？價錢如何擬定？如果有人從中染指納稅人的血汗錢又怎麼辦？

黑石集團執行長史瓦茲曼（Stephen Schwarzman）曾鼓勵鮑爾森要推出計畫安撫市場，他讀完計畫細節後打電話給財政部幕僚長威爾金森，要他轉達訊息給鮑爾森。

「你宣布的計畫是錯的！」史瓦茲曼說。

「你是什麼意思？」威爾金森問。

史史瓦茲曼警告說：「你要購買這些資產來為體系注入流動資金，但實際上你不可能在短時間內找出不讓納稅人或銀行難受的方法。」他接著說：「你也無法強逼他們賣出資產！」

史瓦茲曼解釋，大部分的銀行執行長寧願選擇把價值低殘的壞資產掛在資產負債表上，而不是出售之後將巨額損失列入綜合損益表。

「況且，」他補充：「這些資產的包裝高度複雜，不像競標債券那樣簡單；分析工作動輒需要數週甚至數月，然而，如果你坐著不動數週或數月，危機馬上借屍還魂。」

九月二十五日星期四下午四時，兩黨領袖和他們相關的委員會成員，以及兩黨的總統侯選人麥肯和歐巴馬齊聚在白宮的內閣室（Cabinet Room），擠坐在桃花心木製造、巨大橢圓形的長桌兩旁。而總統布希、副總統錢尼和鮑爾森則坐在正中的位置。這趟「白宮峰會」的目的是要遊說共和黨內被麥肯壯了豹子膽的離心議員重返談判桌，接受拯救計畫。

布希先對大家說：「我們在座各位都非常重視這問題，大家也清楚必須盡快落實方案。」他繼續警告：「如果金錢再不流動，這鬼東西馬上就要崩塌。」總統指的是國家的經濟。

然而，當共和黨眾院領袖貝納（John Boehner）宣布共和黨人不支持拯救方案時，會議氣氛馬上急轉直下——由試圖達成共識轉為立場之爭。共和黨提出，他們建議設立一項由華爾街負擔的抵押貸款保險。民主黨則抗議這計畫，認為對眼前的危機毫無幫助。房內紛爭四起，互相惡言指責，副總統錢尼默不作聲，微笑著隔岸觀火。

尋求妥協的歐巴馬問：「我們是否要重頭開始，或是可以把我們的一些考量納入方案中修正？」

但事態發展至此，任何尋求中間立場的努力都為時已晚，會議最後不歡而散。

無奈的財政部團隊垂頭喪氣地走往總統辦公室。這時，一名工作人員給鮑爾森通風報信：民主黨人正聚集在走廊對面的羅斯福室（Roosevelt Room）內。

鮑爾森自言自語：「我一定要知道他們在做什麼。」在他的同事未發覺前，鮑爾森已不見蹤影。

鮑爾森闖進房間時，民主黨人正七嘴八舌憤怒地臭罵共和黨不光彩地破壞拯救計畫——鮑爾森知道提案瀕臨崩潰。

為打破僵局，鮑爾森在眾人面前向眾議院議長裴洛西（Nancy Pelosi）單腳跪下，語重心長地懇求：「我乞求妳不要讓這瓦解，不要撤銷對法案的支持，多給我一次機會拉攏大家。」背後響起議員們陣陣的嘲笑聲。

忍俊不住的裴洛西低頭看著跟前的大塊頭財政部長曲膝半跪，用她一貫的挖苦譏諷口吻跟他說：「我不知道原來你是天主教徒。」（譯注：裴洛西回答的全文是：「我不知道原來你是天主教徒。要知道不是我、而是共和黨，在阻撓這個議案。」）

星期五凌晨四時，花旗執行長潘迪特在他位於上東城區的公寓忙碌著，他要回覆很多電郵。他睡得很少，因為前一天他在費城的華頓商學院演講直到很晚才回到家。他告訴聽眾說：「你們挑了最佳的時機回到學堂。」

他的收件匣塞滿了公司核心小組對市場最新消息你來我往的討論：數小時前，聯邦存款保險公司（Federal Deposit Insurance Corporation）勒令擁有三千億美元資產的華盛頓互惠銀行（Washington Mutual）停業，這是美國歷史上最大的銀行倒閉案。

聯邦存款保險公司早已預防萬一，在一天前已為華盛頓互惠銀行——全美最大的儲貸機構——舉行小型拍賣會。一般而言，聯邦存款保險公司會選擇在星期五傍晚接收銀行，讓監管者可在週末作準備，讓政府在星期一接管銀行後銀行馬上能照常營業。

然而，華盛頓互惠銀行急遽惡化——十天內被提領金額高達一百七十億美元——監管者別無選擇，只能實施立即接管。

也遞交了投標書的潘迪特得知，華盛頓互惠銀行已由競爭死敵戴蒙的摩根大通以十九億美元這超低作價成功奪得。潘迪特檢閱收件匣時，美聯銀行斯蒂爾（Bob Steel）的來信映入眼簾。他知道幾天前斯蒂爾曾致電他的辦公室，他也能猜到斯蒂爾的來意：斯蒂爾希望出售美聯銀行。從潘迪特的角度看，美聯銀行的強大存款基礎確實很有吸引力——花旗空有龐大的規模，但欠缺的正是美聯銀行所擁有的。不過，潘迪特的直覺告訴他，只有在超低價的情況下得到美聯銀行，他才會感興趣。

潘迪特在凌晨四時二十七分回電郵給斯蒂爾：「對不起，我出差去了；現已回來。請隨時來電。」幾分鐘後，電話已響起，斯蒂爾也已一早起床。

上週末被高盛和摩根士丹利一次又一次棄婚的斯蒂爾，仍繼續費盡九牛二虎之力尋找可能的合併對象。聯準會的沃什不斷向他施壓，斯蒂爾知道這週末必須作最後的衝刺。他也和上週在阿斯彭會議遇到的富國銀行（Wells Fargo）執行長柯瓦希維奇（Dick Kovacevich）約定，兩人在這星期天於紐約凱雷飯店共進早餐。

如一切順利，他也許可以為銀行舉行一場競標。

———

經過星期四會議失敗的恥辱後，鮑爾森和白宮的共識是要竭盡所能重新啟動拯救方案談判。「時間，」鮑爾森警告博爾頓：「已不多。」

九月二十七日星期六下午三時十五分，鮑爾森和他的團隊又再出動，啟程前往國會眾議院坎能大樓（Cannon Building）的H-230房間，再次和國會議員見面，希望這次能達成共識。凱西卡瑞提醒大家，他們面對的最大障礙是國會對於經濟問題並沒有真正理解。他和威爾金森上週給鮑爾森的建議一樣，他說：「我們必須把他們的助理也嚇得屁滾尿流。」他敦促大家「我們不要把焦點放在法案上」，並建議焦點應放在若不通過法案會帶來什麼災難性的後果。

鮑爾森抵達議長裴洛西辦公室旁的會議室時，他注意到，內華達州參議員雷德（Harry Reid）、麻州民主黨議員弗蘭克、伊利諾州民主黨議員伊曼紐爾（Rahm Emanuel）、參議院銀行委員會主席陶德、紐約州民主黨參議員舒默（Charles Schumer），以及他們的助理已都在場，只有議長本人缺席。為強調這會議內容的敏感性和重要性，與會者一律禁止攜帶電子通訊設備，以防洩密——所有手機和黑莓機都被暫時沒收，貼上機主的名字後統統放進一廢紙箱內。

會議開始時，鮑爾森依照凱西卡瑞的劇本陰沉地宣布：「大家有目共睹本週華盛頓互惠銀行停業的事件，」接著他以最令人毛骨悚然的語調補充：「還有很多公司——包括大型的公司——也岌岌可危。情況之危急，已非言語所能形容。」

嚴肅的議員們非常專注地聆聽著，但隨即提出他們認為妨礙計畫的四大「罪狀」：民主黨認為計畫毫無監管可言；參與的銀行又不設定行政人員薪酬的上限——鮑爾森個人認為這會冷卻銀行對參與計畫的興趣；政府應該直接投資銀行，抑或是購入他們的有毒資產；資金是否需要一次發放，或者可以分期。

「去你的。」沒法得到直接答案的舒默砲轟：「如果你馬上需要七千億美元，你應該現在就回答這些問題。」

鮑爾森對舒默的咄咄逼人很生氣，回敬他說：「我做這事為的是你，也是為我。如我們不進行，災難將落在我們的頭上。」

話題不久便轉到銀行高層的薪酬上。大家都清楚，銀行需要納稅人動用巨額資金拯救，然而銀行又同時向其高層發放驚人的分紅——這一定會帶來潛在的政治風波。參議院財政委員會主席、蒙大拿州民主黨議員鮑卡斯（Max Baucus）義正詞嚴地指出，他對於鮑爾森沒有針對受益於該計畫的銀行設定管理層薪酬約束感到非常憤怒，在他眼中，這些行政人員應該一無所得；最低限度，應該強迫他們放棄被解僱時一般可獲得的巨額離職金——黃金降落傘，以及其他額外津貼。

鮑卡斯的聲量不斷提高，最後已差不多在放聲怒罵財政部的官員。

鮑爾森忍不住打斷鮑卡斯說：「不要情緒激動好嗎？」接著，他試圖解釋他的道理：沒有設定行政人員報酬上限的原因並非為了保護他的朋友，而是他相信這措施根本不切實際。他說，銀行會因而需要重新議定報酬協議，這過程可能需要數月之久，會阻礙問題銀行加入計畫。

鮑爾森企圖以理性推論讓會議降溫，但他的努力徒勞無功；其他國會領袖也相繼表達他們的義憤，話題這次轉到缺乏監察和責任歸屬。

雖然鮑爾森在提交的三張紙提案之後已大幅增加內容、補強很多細節，然而，談到監察責任的部分還是少之又少。鮑爾森非常抗拒民主黨的建議：他們要求設立委員會，權責不單是負責監察計畫，更重要的是負責營運及擁有決策權——鮑爾森擔心這會讓計畫無可避免地被政治化。

麻州民主黨議員弗蘭克說：「我們要求的不外乎是像馬克斯兄弟（Marx Brothers）的格羅科（Groucho）、哈珀（Harpo）和奇科（Chico）看著澤波（Zeppo）而已。」引來全場笑聲。（譯注：馬克斯五兄弟是一九三〇、四〇年代最受歡迎的喜劇組合，被稱為「無政府主義賤客」。格羅科、哈珀、奇科和澤波是五兄弟的其中四人。他們電影作品雖然不多，但是對喜劇影響深遠。）

為尋求各方都能接受的中間方案，財政部和國會的人員挑燈夜戰，但問題的癥結始終反覆拉鋸無法突破。

「我們根本不可能走訪全國上百家銀行要求他們重新擬定全部的薪酬協議。」凱西卡瑞說，再次重申他們不能在提案中列入薪酬上限的原因：「這會花掉太多時間，而且根本無法實行。換言之，就算他們獲得黃金降落傘，我們也無可奈何。」

舒默的一名助理建議一個新角度：「那，為什麼你們不禁止新的黃金降落傘？」

凱西卡瑞靦腆地承認：「我們怎麼沒想到這點。」

剎那間大家靈光一閃，原先立場僵固的死穴被成功解開了。數日來，大家第一次發現各方可以接受更多的妥協並達成協議。民主黨雖然在爭取監管方面敗陣，但在薪酬問題上卻爭得某種意義的勝利。

當官員與議員助理們繼續在不同意見中尋找合適、各方面可接受的外交措詞，臉色慘白的鮑爾森退席走進裴洛西的辦公室。議員雷德擔心地問：「你要我們把國會的醫生召來嗎？」

「不用，不用，不用的。」鮑爾森身子有點搖晃地回答：「我沒事。」他邊說已邊匆忙地抓起廢紙箱開始乾嘔起來。

星期天早上八時正，斯蒂爾和他的悍將卡羅爾（David Carroll）踏進優雅的、二十世紀初裝飾派藝術的凱雷酒店大廳，乘電梯到富國銀行董事長柯瓦希維奇的套房。

由於「問題資產拯救計畫」法案仍未通過，斯蒂爾和卡羅爾希望這次會面能說服柯瓦希維奇收購美聯銀行。對斯蒂爾來說，這是苦酒一杯；他兩個月前才離開財政部加入美聯銀行當執行長，而現在，無路可走的他要硬生生地把公司賣掉。就像美國國際集團（AIG）的維爾倫斯坦德一樣，他根本是毫無選擇。在這大環境下，他背負的次貸組合價值每天流逝，使得美聯銀行越來越難脫困。斯蒂爾深深感到有責任要盡快找到買家，在暴風雨把他們吹倒前，他希望他的公司還有一點價值。

屋漏偏逢連夜雨，時間對他來說更是一大壓力，因標準普爾和穆迪已威脅要把美聯銀行的債務評等降級。降級會讓壓力更大，他們的股價在星期五已急瀉二七%，進一步侵蝕存款戶的信心，當天的提款額高達五十億美元。

斯蒂爾希望能進行一次競標，他也與潘迪特在星期五和星期六面談；但昨晚，像高盛在上一個週末的情況一樣，花旗只會在政府資助的情況下進行交易，而且潘迪特說他準備每股只出一美元。

斯蒂爾和卡羅爾在柯瓦希維奇的套房內共進早餐時，他熱切期盼這次能有更好的收穫。

六十四歲、鬢角微露銀白的柯瓦希維奇把富國銀行打造成全國管理最佳的銀行之一：他們在西岸最具實力，吸引巴菲特的波克夏．哈薩威公司（Berkshire Hathaway）成為銀行的最大單一股東。

服務生為他們倒咖啡後，特別為這會議從舊金山飛到紐約的迪克．柯瓦希維奇直接表明他有意在沒有政府資助下收購美聯銀行，他希望在當日內可完成交易。但是，這位以敢說敢做、心直口快馳名的銀行家警告說：「不過，這不會是『二字頭』的數字。」

斯蒂爾微笑著回答：「迪克，現在先不要擔心價錢。」儘管柯瓦希維奇已拒絕每股二十美元的收購價，但斯蒂爾對於他有興趣以十幾美元進行收購已深感滿意。他補充道：「我們看看可以如何進行交易，一旦成事，價錢一定會是合理的。」

柯瓦希維奇說他的團隊會繼續盡職審查工作，他希望晚一點便能給斯蒂爾回話。

離開酒店時，面帶笑容的斯蒂爾致電他的顧問彼德．溫伯格（Peter Weinberg）報告：「我認為這會議進行得很不錯。」

星期天早上，蓋特納在辦公室裏思考眼下的選擇，他的手指慣性地反覆梳理他厚厚的頭髮。他一天前和花旗通話時，對方提出與政府合作收購美聯銀行的計畫。花旗願意承擔美聯銀行五三〇億美元的次級債務（subordinated debt），以及三、一二〇億美元的組合中頭四二〇億美元的虧損；而在這以外，一切全由政府負責。為換取有關保障，花旗將以發行優先股和認股權證形式向政府支付一二〇億美元。

蓋特納一直支持花旗和美聯銀行合併的構想，他認為這是解決雙方問題的最佳方案：花旗需要擴大他們的存款基礎；而美聯銀行明顯需要仰賴更大、更強的機構。

但是他剛和沃什，以及負責監管美聯銀行的里奇蒙聯邦準備銀行總裁萊克（Jeffrey Lacker）結束電話會議，萊克告訴他有新的問題：雖然柯瓦希維奇早上對斯蒂爾表示他希望能達成獨立協議，但柯瓦希維奇剛打電話給萊克，聲明如果他必須在星期一之前完成交易，他對於沒有政府支援感到不放心。他對於美聯銀行的入帳價很有保留，因而不願冒險。

為美聯銀行一事，政府內已出現地盤爭奪戰：里奇蒙聯邦準備銀行的介入；沃什和蓋特納扮演交易操盤手；而聯邦存款保險公司的貝爾（Sheila Bair）還未正式加入戰圈，但如果美聯銀行真的倒閉，它可是在貝爾的管轄範圍。

於是蓋特納和沃什安排和聯邦存款保險公司女主席、五十四歲的貝爾進行電話會議，向她備案。貝爾是他倆在政府內最不喜歡的官員之一。蓋特納和沃什一直認為貝爾是愛出風頭的傳媒人來瘋，愛玩弄政治的監管者，她只關心保護聯邦存款保險公司而非整個體系；在他們眼中，貝爾缺乏團隊精神。蓋特納不時在鮑爾森面前批評貝爾，而鮑爾森也和他所見略同。有時候，鮑爾森對貝爾也會心存敬意，他常常對同事說：「她是真正下場參與的人，」但他補充：「但是當有人圍著她、或當她孔雀開屏向別人展示自己時、或她正在擔心傳媒的時候，她是極難纏的。」

貝爾才剛和巴菲特通完電話（她希望巴菲特幫她聯繫富國銀行的總裁斯坦普〔John Stumpf〕），之後她加入與蓋特納、沃什和財政部納森（David Nason）的電話會議。

被禁止和斯蒂爾通話的鮑爾森企圖在這事上置身事外，專注處理「問題資產拯救計畫」，他只間斷地從納森口中得到談判的進展報告。

當蓋特納建議貝爾應介入幫忙補貼美聯銀行可能進行的交易，貝爾堅定地拒絕，以長篇大論說明她唯一會介入事件的狀況就是全面接收銀行然後將之出售。她結束發言，換來的只是尷尬的沉默。

「是的，是的，是的。」蓋特納嘲諷地回應貝爾。

蓋特納反駁說，如果讓聯邦存款保險公司接收美聯銀行，結果就是股東和債券持有人的權益蕩然無存，他深信這會讓市場的恐懼進一步惡化。

蓋特納至今仍對貝爾驟然接管華盛頓互惠銀行的處理手法甚感惱火，因這做法對投資者的信心帶來嚴重的打擊。蓋特納告訴貝爾，鮑爾森不斷努力說服公眾支持銀行系統，因此當天貝爾的決定很不恰當。

然後，蓋特納轉移目標，他問納森，財政部能否對最終可能超過一千億美元的拯救方案提供一臂之力。

納森毫不猶疑地回答：「我們仍然在努力爭取通過『問題資產拯救計畫』，不能承諾任何資金。」

晚上七時，在蘇利文．克倫威爾律師事務所（Sullivan & Cromwell）內等候的斯蒂爾，終於接到柯瓦希維奇的電話。他不知為何過去兩小時對方音訊全無，上一次通話也顯得莫名其妙的冷漠。現在，柯瓦希維奇晴天霹靂地宣布他不準備在沒有政府資助的情況下進行交易，他解釋：「我們沒做你們那種貸款，對它們不甚理解。」

失望至極的斯蒂爾無言以對，只能說聲謝謝你，然後便沒精打采地坐著，不明白為什麼自己又一次被摒棄。

斯蒂爾想，花旗一直只在場外守候，就算對方願意進場，斯蒂爾也不相信對方會提高作價——尤其根本沒有其他對手。

當他把柯瓦希維奇的最新消息通知他的心腹班底時，他將之形容為：「一個不太漂亮的事實。」

大約晚上八時，科恩（Rodgin Cohen）聽到謠言說花旗與聯邦存款保險公司正在共商大事，這令他懷疑花旗正試圖策動聯邦存款保險公司接收美聯銀行，安排類似摩根大通收購華盛頓互惠銀行的交易。

大為光火的科恩馬上找上內德．凱利（Ned Kelly）——潘迪特倚重的花旗策略制定人。幾天前，內德．凱利剛被委派為花旗全球機構性客戶部門主管，此舉令公司裏曾被譽為華爾街最具權力的女士克勞切克（Sallie Krawcheck）辭職。

「我們需要談談。」科恩咬牙切齒地說。

「科恩，我沒有主動聯絡他們，是他們打電話給我的。」內德．凱利像申冤一般抗辯，堅持說：「我的建議依然在桌上，仍然有效。」

斯蒂爾得悉這交談後，他知道自己現實上已別無選擇。沃什已對他表明：星期一之前沒有交易，銀行就不能開門營業。在午夜十二時三十分，斯蒂爾為銀行獨立生存作最後的努力，他致電貝爾提出建議：聯邦存款保險公司會不會考慮接受美聯銀行發行的認股權證，以承諾擔保銀行的一部分有毒資產？

凌晨四時，斯蒂爾得到他一直擔心的答覆。貝爾通知他，美聯銀行已被政府以每股一美元賣給花旗。貝爾說，這次聯邦存款保險公司不會完全罔顧銀行股東的利益，她在蓋特納的施壓下，同意在花旗承擔頭四百二十億美元虧損的前提下擔保美聯銀行的有毒資產，因為這家銀行「對體系來說是重要的」。

鮑爾森獨自站在辦公室內，收看被稱為國會頻道的C-SPAN電視台。螢光幕上正在報導他的拯救提案在國會的情勢：經過星期日各方進一步達成更多的妥協，提案的障礙已逐一去除，新草案已獲得不同派系接納，國會將可進行投票。

裴洛西在國會議事大廳內慷慨激昂地發表演說，強調草案必須獲得通過；不過，她也不忘借題發揮，攻擊布希政府、鮑爾森和華爾街：「他們自稱為自由市場的倡導者，其實是一種一切隨心所欲、不負責任的心態。」她歸咎布希政府：「沒有監督、沒有紀律、沒有規則，但在失敗後，你有黃金降落傘，納稅人會拯救你……從這角度看，派對已經結束。民主黨相信自由市場，我們知道它可以創造工作、財富，可以為我們的經濟創造很多美好的事；但是，在共和黨支持下——一部分，不是所有的共和黨人——他們鼓勵的其實是肆無忌憚，它沒有創造工作，沒有創造資本；它只創造了混亂。」

幾名鮑爾森的屬下在他的辦公室門外徘徊，不敢進去打擾他，財政部發言人蜜雪兒．大衛斯卻沒有這顧忌，她一手推門而進，與鮑爾森一起緊盯著螢光幕底部每一贊成和反對票的顯示。鮑爾森認為提案將會通過，而市場的表現也反映了這樣的預期。

國會開始投票五分鐘後，反對的票數持續增加。鮑爾森知道很多共和黨人和開明的民主黨人對拯救措施仍心存反感，而且正值改選前夕，議員們都不願意在離大選日只有五星期的現在，給予競爭對手任何攻擊自己的彈藥。

裴洛西和民主黨領袖還有時間挽回投票結果。

大衛斯安慰鮑爾森：「如果他們沒有足夠票數確定議案會獲通過，他們是不會將議案提交國會投票的。」

一言不發的鮑爾森只是眼睜睜地盯著電視，看著反對票越來越多。

財政部立法事務助理部長凱文．福勞默從國會大廳外致電鮑爾森，緊張地說：「我看會被否決。」

「我知道。」鮑爾森低沉地喃喃自語：「我也在看。」

最後，在下午二時十分，經過異常漫長的四十分鐘點票，法槌敲下，一錘定音：在眾議院投票中，反對票二二八票、贊成票二〇五票。共和黨有超過三分之二投下反對票，民主黨反對的也不少。

一直靜觀投票結果的華爾街交易員和投資人爭相進行恐慌性拋售，股市應聲重挫，道瓊指數收盤慘跌七七七．六八點，跌幅七％，創下最大單日點數跌幅紀錄。

這一刻鮑爾森無言：他的計畫，他相信是自己一生中所提交的最重要的議案——他費盡氣力以避免第二次大蕭條的努力——已告失敗。他的同事們無聲地聚集在他辦公室，大家互相安慰，鮑爾森只簡單地說：「我們需要馬上再開始工作。」

不出一小時，他率隊再度前往白宮，和總統在羅斯福會議室內研究如何把提案起死回生。

在財政部大樓內，傑斯特和諾頓對鮑爾森面對的難題另有想法：他們一直深信購買有毒資產的構想難以執行，並認為政府真正能夠扭轉乾坤的方法是直接投資銀行。

諾頓走進助理部長納森的辦公室說：「這『問題資產拯救計畫』是瘋狂的，你真認為這方法對嗎？」

傑斯特和諾頓過去已曾對鮑爾森力陳利弊，但在當時，動用政府資源購買私人機構股權仍是一大思想障礙；而且，在漢克．鮑爾森向公眾公開他的計畫後，他亦很難轉變方向。

「如果你對這計畫意見這麼強烈，你應該告訴漢克。」納森對他們說，並補充：「你也可以跟他說，我跟你們的意見相同。」

第二天，傑斯特和諾頓一起去見鮑爾森把想法告訴他：購買有毒資產存在太多困難，就算財政部能夠想出實行計畫的方法，也無法確認其效果。然而，直接投資於銀行系統，傑斯特說，就算是最脆弱的機構，他們都能立刻強化它。再者，他們也不需要對資產作任何估價。傑斯特認為，更重要的是，這些銀行最終會重振實力，以及價值，而納稅人也可因而獲利。最後，傑斯特說，按現在的「問題資產拯救計畫」草案，儘管政府沒有對外公布，但財政部其實已擁有注入資本的權力。

對「問題資產拯救計畫」的設計和實現之困難重重感到灰心的鮑爾森，也逐漸認同傑斯特的想法，他覺得這可能是在一堆壞選擇之中唯一可靠可行的方案，雖然他也知道這會是布希政府的詛咒，而且他還不知道該如何向美國人民推銷這方案。

「好吧。」鮑爾森嘆氣道：「你儘管試試草擬些什麼，看看會怎樣。」

斯蒂爾在新澤西州蒂特波羅機場（Teterboro Airport）登上美聯銀行的公司飛機準備返回夏洛特時，天色已轉為昏暗。整個星期他一直馬不停蹄與花旗進行有關合併的會議，雙方計畫在星期五刊登全版廣告，聲明：「花旗銀行很榮幸能和美聯銀行結成夥伴……（美聯銀行）是花旗銀行完美的夥伴。」儘管斯蒂爾對微不足道的收購價感到沮喪，但最低限度已拯救了公司免於倒閉，他知道他已盡

一己之所能，為此他感到光榮，能夠抬得起頭。

這宗由政府編導的交易在星期一早上已經公布，但還需要正式的「協議化」（papered over）。在這期間，花旗貸款四十九億美元給美聯銀行輸血。有很多細節仍有待擬定，但雙方估計一天之後可簽署協議。離開前，斯蒂爾與潘迪特握手，潘迪特則高興地說：「看來我們已大功告成了。」

當斯蒂爾的飛機在跑道上滑行時，他的黑莓機響起，是貝爾來電。「柯瓦希維奇找過你嗎？」

「沒有，自從星期一早上後就沒有。」覺得困惑的斯蒂爾回答，並說這位富國銀行的執行長曾致電恭賀他與花旗的交易成功，僅此而已。

斯蒂爾問道：「妳為什麼這樣問？」

「我了解他在沒有政府資助的情況下，想要以每股七美元作出全面收購。」

「真的？」斯蒂爾的腦中馬上衡量這突發的建議會為公司帶來多少複雜又難以預料的後果。富國銀行是否要當程咬金？之前恩准花旗交易的政府又是否已改變主意？

「貝爾，我的飛機隨時要起飛，」斯蒂爾抱歉地說，並要求：「妳能否打給謝爾本（Jane Sherburne）。」謝爾本是美聯銀行的法律總監。

晚上九時，斯蒂爾的飛機剛剛在夏洛特降落後數分鐘，柯瓦希維奇的電話已到，提出一如貝爾描述的建議。

斯蒂爾與謝爾本以及美聯銀行聘用的法律顧問科恩已作商量，律師們的指示是斯蒂爾不能對建議表示接受或反對。斯蒂爾告訴柯瓦希維奇：「我希望看到建議書。」一分鐘後，他已收到富國銀行董事會已批准的合併協議電郵。

斯蒂爾不敢相信自己的好運氣，感覺有如耶誕節提早來臨：從每股一美元變成每股七美元——而且不需政府資助。

他馬上囑咐辦公室安排在晚上十一時召開緊急董事會電話會議。在開會前，斯蒂爾和科恩討論策略，他有責任代表美聯銀行股東接受最高的競標價，但他也明白和花旗早有協議——這協議讓公司免於倒閉。美聯和花旗簽訂的協議書包含獨家商談條款，以防止美聯銀行接受第三者的收購。

「我肯定會被人告上法院。」斯蒂爾跟科恩說。

「你只得挑選最合適的毒藥。」科恩就事論事地回答。

他們倆心知肚明，他們根本沒得選擇：董事會有義務接受最高的競標價，只能在花旗這一邊鋌而走險。斯蒂爾和科恩明白富國銀行在星期二——即花旗交易的後一天——提出競標的原因：一項不為人注意的稅務條例作了修訂，新規定允許富國銀行把所有美聯銀行的減值（write-downs）去抵扣富國銀行的收入，這可讓合併後的銀行未來在稅務上節省幾十億美元。

美聯銀行在午夜過後通過接受富國銀行的收購建議：富國銀行的收購條件包含了所有業務；股東拿得更多；而且明顯是監管者比較傾向的交易。（花旗的條件，不僅每股只有一美元，更摒棄美聯銀行旗下幾家能提供額外價值的子公司——金額有可能增加個幾美元——但確切的數字很難認定。）

凌晨二時，美聯銀行的董事會從顧問高盛和佩雷拉溫伯格夥伴取得交易移轉的「公平意見」（fairness opinions）——其實才在一週前，高盛和佩雷拉溫伯格夥伴還是坐在談判桌的另一邊。

斯蒂爾致電柯瓦希維奇把消息通知他，接著撥打貝爾黑莓機的號碼，她要斯蒂爾打黑莓機號碼而不要打到家裏，以免吵醒她的孩子。

斯蒂爾說：「我們全通過了。」

如釋重負的貝爾感嘆：「這真好。我們明天清早第一件事就是要找潘迪特。」

「貝爾，我們不能等到明早。」斯蒂爾堅決地說：「我們已做了這決定，而且已得到通過。我們必須現在告訴他，我不希望明天他起床時從別人口中得悉此事。」

「對的，你該打這電話。」貝爾用同樣堅定的口吻說。

斯蒂爾回答：「我認為妳也應該參與，是妳以父母之命把我們撮合的。」

斯蒂爾把貝爾留在線上，再連接謝爾本，最後才致電潘迪特，把他吵醒。

潘迪特恍恍惚惚地問：「發生什麼事？」

「是這樣的，有個重要的新發展。」斯蒂爾小心翼翼地解釋：「我現在跟貝爾和謝爾本同在電話上，你需要一點時間嗎？」

潘迪特即時提起精神道：「沒事，我可以。到底什麼事？」

「我們收到富國銀行主動提出以每股作價七美元、並且不需政府資助的情況下全面競購美聯銀行的建議。富國銀行董事會已同意這建議。我們認為這樣是合理正確的決定。」

「是嗎，這有點意思，」出乎意料的潘迪特回答：「更好的競價？讓我打電話給內德．凱利，跟你一起看看我們怎樣解決這問題。」

斯蒂爾急忙打斷他：「不是的，不是這意思。你不明白。」斯蒂爾稍停一停後說：「我已簽署同意書了。」

對方沉默下來完全沒有反應。如果剛才潘迪特還有些睡意的話，現在他已完全驚醒過來。他再開口時，語調已怒氣四射，他已完全明白斯蒂爾的訊息。

「我們有協議的！你知道你不能這樣，因為實質上我們跟你有獨家條款。你沒有權力簽那個！」

怒火中燒的潘迪特，轉向貝爾求助：「主席女士？」

貝爾以她最官樣文章的口氣回答：「我不能介入此事。」

「這不光是關於花旗，」潘迪特解釋：「我們還有其他問題要考慮，我需要和妳單獨談談。」

斯蒂爾掛線後，潘迪特馬上向貝爾抗議：「這是不對的。對國家不對，而且不對就是不對！」

貝爾再次清楚闡明，這是最終的決定。

———

十月三日星期五下午，由於眾議院即將第二度為拯救法案進行投票，股市因而上揚。救市法案重現生機，因為計畫已經過參議院修訂，增加了一系列減稅條款，以及調高聯邦存款保險公司對每個銀行帳戶的保障上限：從十萬美元上調至二十五萬美元。星期三晚上，這個從三頁的初稿躍增至超過四百五十頁的法案，在參議院獲得通過。

很多在星期一持反對態度的民主黨和共和黨議員被遊說而轉變立場——一部分是受兩位總統侯選人影響，另一些則是被總統說服，另有一些人同意修訂，也有不少人是擔心金融海嘯來勢洶洶真的會把經濟推到嚴重衰退的深淵。一份近期的報告指出，九月份工作機會減少了十五萬九千個，是五年來最嚴重的情況。股市這個星期一直在跌：華盛頓互惠銀行被接管，以及美聯銀行窮途末路只能瘋狂地尋找合併夥伴——在在顯示麻煩已不單單發生在華爾街。

最後點票時，星期一投下反對票的二十四名共和黨議員、以及三十三名民主黨議員已轉投贊成票。

當日下午，布希總統簽署《二〇〇八年緊急經濟穩定法案》（*Emergency Economic Stabilization Act of 2008*），規模達七千億美元的「問題資產拯救計畫」（TARP）應運而生。總統宣布：「我們向世界證明，美國將會穩定我們的金融市場，同時會繼續擔當全球經濟的領導角色。」

當然，沒有國會議員或公眾會知道，其實在財政部之內，整個原來的「問題資產拯救計畫」已被連根拔起重新計畫：傑斯特、諾頓、和納森在重新擬定的計畫中，把七千億美元中的一大部分預留起來準備直接投資於個別銀行。

傑斯特飛回老家德州奧斯汀稍作休息，但在這期間他仍不斷透過黑莓機和諾頓探討不同的方案。財政部法律顧問霍伊特警告諾頓和納森，因潛在的利益衝突，他們不能聘用財務顧問；於是，他倆只得透過非正式的管道找到數名華爾街銀行家，低調地探求落實注資計畫的具體方案。

名單上是幾個因過去幾次的週末交易而與他們混熟的人，包括：摩根大通的蒂姆．梅恩（Tim Main）和卡特勒（Steven Cutler）、摩根士丹利的波拉特（Ruth Porat）、美林的克勞斯（Peter Kraus）、花旗的內德．凱利（Ned Kelly）。為了避嫌，他們刻意不和任何高盛的人聯絡，免得為早已沸騰的高盛陰謀論添火加油。

諾頓和納森對他們提出相同的問題：你會如何設計這計畫？政府的投資應尋求普通股或是優先股？銀行會願意為政府的投資提供多高的股息率？有什麼條款可加強這計畫的吸引力；反之，有什麼條款會令他們卻步？

傑斯特、諾頓和納森知道執行計畫的時間不多——儘管「問題資產拯救計畫」法案已通過，但市場沒有立刻穩定下來。

投票開始前，道瓊指數一度上升超過三〇〇點，然而到收盤時卻倒跌一五七．四七點或一．五%。富國銀行和美聯銀行的交易宣布後，花旗股價急跌一八%，是自一九八八年以來該公司的最大跌幅。總結一週，標準普爾五百指數又跌掉九．四%。

十月六日星期一，福爾德在踏進國會舉行的雷曼倒閉聽證會之前，他難以自己地私下對他的顧問團說：「我是全美國最醜陋的人。」一句話道盡他的哀愁與憤怒。

市場依然非常波動，儘管「問題資產拯救計畫」已獲通過，但投資者對其運作及成效存有疑慮，指數再進一步下跌三．五%。

福爾德進場時，觀眾舉起粉紅色的抗議牌，上面寫著「打進大牢不打救！」（Jail not Bail）和「騙子」（Crook）。如福爾德還不理解別人怎樣看他，佛羅里達州共和黨議員約翰．麥卡（John Mica）一語道破：「如你還不知道自己是什麼角色，你今天是反派，你要演好這反派。」

過去數週，福爾德的情緒跌到前所未有的抑鬱深淵。他在格蘭陵的家中日夜不停地踱步，不時有雷曼前員工打電話來，不是對著他破口大罵，就是泣不成聲。他依然每天到辦公室去，連他也不知道自己去幹什麼。

不過，他有足夠的自知之明，知道發生了什麼事，還有他個人將要面對多少尖酸刻薄的話語。他很想反抗，但發覺自己無力。很多時候，哀傷滲透他的心靈，悲憤也充斥著他——怨恨自己，也怨恨政府，特別是鮑爾森——福爾德看見鮑爾森逐一拯救其他公司，唯獨他心愛的雷曼——竟在自己的守護下滅亡。

他也對國會議員說：「我想清楚說明，我對我所作的公司決策負全部責任。」他再補充：「從沒有人可以讓時光倒流，但事後來看，如果歷史能夠重來，我會不會作出不同的決策？答案是肯定的。」

然而，福爾德的悔悟陳詞對於他的觀眾來說並不中聽，他們拿出他的薪酬方案連珠炮地鞭撻他。加州民主黨議員瓦克斯曼（Henry Waxman）率先開火：「你的公司現在破產了，而我們的國家正深陷危機之中。但是，你仍然能穩拿四億八千萬美元。我只問一個簡單的問題：這公平嗎？」

福爾德回答：「我的股票之主要來源，議員先生，是來自——不好意思，應該說我主要的收入大部分都是雷曼股票。我所持有的股票，絕大部分在我們申請破產時我仍然持有著。」

事實上，雖然福爾德在這段時間套現了二億六千萬美元，但是，他絕大部分的財產確實與雷曼綁在一起共存亡。他擁有的股票市值一度高達十億美元，現在價值只剩六萬五千四百八十六點七二美元。

他已著手準備出售其豪宅，以及他太太心愛的藝術品。

這其實是關於行政人員薪酬爭議的一個發人深省的矛盾：福爾德是一個將自己絕大部分身家財產長期與公司連結在一起的執行長，因而他自己也承擔高度風險。

福爾德努力地希望搏得觀眾絲毫的惻隱之心，他說：「對雷曼、和被雷曼影響的人，這痛苦是無與倫比的，但這金融海嘯遠超過任何單一機構或行業所能承受。」

福爾德也藉機發洩內心的積怨——指責對沖基金散播不實的謠言；投訴聯準會在夏天時不容許雷

曼轉型為銀行控股公司；最後，他也罪己自責。

他結束陳詞時，悲從中來，有一刻好像忍不住要飲泣起來，不過，他強忍著，努力平靜自己的情緒——這是他在出席聽證會前，幾乎天天在家中磨難的心路歷程。

大廳裏鴉雀無聲，國會議員們都傾身留神聽他說話。

「我知道委員會裏沒有太多人會關心這個，」福爾德一邊說一邊將手中的講稿擺到一旁，這段發自內心的即席發言令眾人、包括他的律師也感到驚訝。「每天晚上我都會驚醒過來，茫然忖度：『如果再來一次，我可以怎麼做？』」熱淚盈眶的福爾德滿懷懊悔地補充：「在某些對話中，我應該怎麼說？我應該怎麼做？我每一個晚上，都捫心自問。」

「這……」他黯然地說：「痛苦將在我有生之年永遠跟著我。」接著，他控訴政府竭盡全力營救體系內其他機構，卻唯獨放棄雷曼，他對此耿耿於懷也感到不解，他苦澀地說：「直到我被埋進墳墓的那一天，」全場每個人都緊緊被他狠狠的每一個字抓住，他說：「我都會想個不停。」

星期一下午，鮑爾森收到他朋友巴菲特發給他的四頁私人信件。他們在週末時曾討論鮑爾森的現況——在「問題資產拯救計畫」出臺後，在華爾街帶來的號召力不大，投資者更開始懷疑其效果。鮑爾森對巴菲特透露自己正在考慮動用「問題資產拯救計畫」的資金直接投資於銀行；但巴菲特告訴鮑爾森，在踏出這一步前，他對於如何讓計畫有效地吸收有毒資產有點心得，他在信中向鮑爾森親授錦囊妙計，羅列現行計畫的問題，以及解決方法。

巴菲特也許是金融業裏說理最清晰、表達能力最強的演說家之一，他在信中先指出鮑爾森現有計畫的欠缺之處：

「有些批評者擔心財政部不會按市價吸收抵押貸款，而會以較高的『理論價』收購，以圖利出售資產的機構。批評者也質疑財政部如何管理購入的抵押貸款：財政部能不能扮演真正投資者的角色，還是會過分受到國會或媒體的壓力影響？例如，財政部會不會拖慢執行不動產法拍，又或者以官僚態度行事於是拖延了債務的申請？」

針對這些問題，巴菲特建議組建「公營私人夥伴合作基金」（Public-Private Partnership Fund, PPPF）。這個由政府支持的投資基金實際上將以半民營形式運作，其唯一的目的是吸收所有的債務和房屋貸款相關的證券，但會避開毒素最高的擔保債權憑證（CDO）。與其由政府單獨進行，巴菲特建議改為政府以四百億美元搭配私人機構每家一百億美元的投資，這樣政府就能更具槓桿效率地運用資金。

所有投資的收益「會先收歸財政部，直至財政部取回其整體投資額以及相關利息。」其後，私人股東應可收回其投資額：一百億美元股本，以及按財政部所收取的利率取得利息。再之後，巴菲特說，七五%的利潤應給予私人投資者，二五%則留給財政部。這想法的獨特之處是保護納稅人免受損失：因私人投資者的資金先放在風險線上。

巴菲特說他對於這架構異常興奮，甚至已和全球最大的債券經紀公司——太平洋投資管理公司（PIMCO）的葛洛斯（Bill Gross）和執行長埃里恩（Mohamed El-Erian）討論，對方提出願意免費為這基金效勞。他也和高盛的貝蘭克梵討論過，貝蘭克梵也願意無償募集資金。

最後，巴菲特補充：「我個人也願意在這公開發行的股票中認購一億美元的股票。」並解釋這

「是不計他在波克夏．哈薩威公司的持股，其個人淨資產的二〇％」。

讀完信，鮑爾森感到十分迷惘。他的想法剛開始傾向直接注資銀行，但回頭一想，也許巴菲特的模型也是可行的。鮑爾森召來凱西卡瑞到他的辦公室——凱西卡瑞剛在那天早上被委任為助理部長，專責處理「問題資產拯救計畫」。不過，這委任已招來風風雨雨，紛紛指責鮑爾森偏向任用高盛的前員工。（但在高盛其實沒有高層認識誰是凱西卡瑞，有些甚至要助手上網路搜尋。）

鮑爾森把巴菲特的信交給凱西卡瑞，說：「給他打電話。」

十月八日星期三早上，飛抵倫敦的麥克對著他在金絲雀碼頭總部的同事說：「這明顯是一場恐慌，而且是一場全球性的恐慌，回想那些監管者的表現，和他們所做的一切——他們能否先天下之憂制服這恐慌——你知道這是十分艱難的，因為在事態沒有惡化前，你根本不能預知情況將會惡化到什麼地步……」

股票市場在新一輪針對銀行系統的恐慌下又開始崩塌——整體經濟也進一步受影響。麥克到倫敦和他最新的投資者三菱共進晚餐，他身心靈承受著極大的壓力。他實在太疲倦，這星期他簡直是在飛機上過的。當中投的高西慶發現摩根士丹利同時和日本人進行談判，在盛怒之下拂袖離去後，麥克馬上飛到北京試圖修補關係。這差不多是一次外交任務，旨在安撫受創傷的自尊，以及避免讓事件升級變成小型的國際糾紛，因為鮑爾森早前曾私下介入和中國政府進行洽談。同樣重要的是，中投仍是摩根士丹利的主要投資者，麥克希望他的海外投資者不計前嫌。

但此時此刻麥克已沒有心思顧及其他人的心情，他眼睛緊盯著前一天已下跌一七％的公司股價

——投資者擔心三菱或許會悔約，因為盡職審查和監管的批准手續已歷時一週半，但交易仍然未能落實，而摩根士丹利的股價卻持續下跌，公眾的疑問變成是：三菱如果退出協議可能是更好的選擇。

摩根士丹利持有的只是一紙條款書——和花旗跟美聯銀行簽訂的好不了多少；而聯準會的規定讓公司在星期一之前不可能完成交易，在這期間，摩根士丹利被迫在股市的波動和三菱退出的可能性之間風雨飄搖。

當日稍早時，三菱已在東京發表聲明：「我們留意到有傳聞三菱不會完成和摩根士丹利的策略聯盟以及投資。按慣例我們不會對謠傳作出評論；然而我們希望特別聲明，類似的謠言毫無根據。」

這是麥克最需要聽到的，他信任日本人，以及渴望可以對他們不退出有信心，但在他內心深處，他還是心焦如焚。

鮑爾森準備正式改變主意。十月八日星期三，柏南克和貝爾將在早上十時十五分到他辦公室和他會面。他已決定，財政部應對銀行作直接投資，財政部內外已有足夠的聲音支持這決定。

「我們可以購買優先股，倘若公司有盈利，我們還可分得利潤。」弗蘭克議員有次在演講中支持納稅人成為股東的構想。

舒默議員也認同這方案，他聲明：「當市場復甦時，聯邦政府會因而得利。」

不過，方案獲得的最大認同卻是來自海外：英國政府宣布，向巴克萊銀行、蘇格蘭皇家銀行等共八家銀行注入共八百七十億美元資金，以重燃投資者對這些徘徊於雷曼爆破邊緣的銀行的信心。英國納稅人將會得到銀行的可轉換優先股（包括收取年息），如果銀行的前景回穩，股價上揚，這些優先股會轉換為普通股，納稅人也可從中得利。當然，這計畫也是一場豪賭，如果相反的情況出現，例如政府投資之後銀行倒閉，那麼嚴重的金錢損失就不可避免。

星期二早上七時四十分，英國首相布朗（Gordon Brown）已透過電話向在總統辦公室的鮑爾森和布希總統介紹該計畫。英國正式宣布計畫後，布朗的明快決策備受各方讚賞——不少評論將之拿來與鮑爾森比較。《紐約時報》專欄作家、也是經濟學家的克魯曼（Paul Krugman）之後這樣評論：「布朗政府對這次金融危機看得透徹，所以能夠快速執行擊中要害的紓困對策。這份洞察力和決斷力沒有一個西方政府能媲美——特別我們的政府，根本不能與之相比。」

七大工業國部長將在哥倫布日（Columbus Day，即十月的第二個星期一）的長週末於華府舉行會議，鮑爾森想他也應該藉機使出大動作來穩定體系。他知道不管怎樣，從政治層面來說這一定不受歡迎——一週前，他把這想法和財政部發言人大衛斯討論，她不可置信地看著鮑爾森說：「你絕不可以把這話對公眾說。」

鮑爾森也和柏南克討論他已改變的觀點，柏南克一直是直接注資的支持者，現在他們算是取得了共識。其實，他們考慮同時宣布另一配套計畫，一個廣泛而全面的計畫：擔保所有的銀行存款，這樣一定能讓心有疑慮的銀行顧客安心下來，不再提走款項。柏南克估計，宣布注資以及廣泛的擔保應該是一杯有足夠效力的經濟雞尾酒，可以扭轉劣勢。

然而眼前，他們首先需要為計畫尋找資金來源，他們認為貝爾的聯邦存款保險公司是唯一獲授權作相關擔保的機構，計畫的方向也吻合這機構的使命。

鮑爾森和柏南克在鮑爾森的辦公室對貝爾說明這計畫。他們解釋，聯邦存款保險公司其實等於是對願意付保費的銀行提供保險，鮑爾森認為，如果最後保費高於賠償額，聯邦存款保險公司還可能從中獲利。

貝爾聽完計畫後立刻往後退，她在腦海中飛快地計算這擔保計畫會對聯邦存款保險公司帶來多大的壓力，然後，她斷然回絕：「我看不出我們可以這樣做。」

———

星期六早上，摩根士丹利的查曼（Walid Chammah）從夢中醒來，他擔心他的公司將會結束。摩根士丹利的股價持續下跌，星期五收在九·六八美元——這是自一九九六年以來的新低。對沖基金和其他客戶再次上演撤資潮；萊登伯格證券公司（Ladenburg Thalmann）具影響力的資深金融業分析師迪克·巴夫（Dick Bove）把摩根士丹利、雷曼以及貝爾斯登放在一起比較。「摩根士丹利正力圖扭轉結果，」巴夫給他客戶的報告中這樣寫道：「總而言之，我們這一刻要摒住氣，期盼這場電影會有不同的結局。」

查曼把原訂在杜克大學商學院進行的演講取消，讓他可以留在紐約，提振公司低迷的士氣。星期五，他走訪摩根士丹利總部每一樓層，不時停下腳步安慰那些茫然的員工。他在交易大廳發表演說，語帶驕傲地對交易員們說：「這公司已存在七十五年，也將繼續活到下一個七十五年。」他花了三個半小時，從四十樓逐層逐層走到二樓。返回辦公室時他的情感彷彿已經虛脫，眼中泛著傷心的淚水。

另一個讓這一天特別難熬的原因是：三菱要毀約的謠言如火如荼地燃燒著。摩根士丹利中沒有任何人收到三菱有絲毫思想轉變的表示，反之，三菱其實已再三確認他們準備依承諾進行交易——然而，最令人坐立不安的事實是：其實退出可能才是正確的商業決定。

那天下午，金德勒（Robert Kindler）對陶博曼（Paul Taubman）說：「他們會重新擬定條件的；他們必須這樣做。」「他們什麼時候會來電話？不用想就知道答案。」

摩根士丹利每一名員工都非常清楚三菱退局的意義：銀行會再次出現擠兌，也許，公司將會結束。麥克正從倫敦趕飛機回來，查曼在一片焦慮揣測之中獨自守護著公司。

他的太太一直緊貼電視上的金融新聞，並打到他的辦公室關切地問：「你一切還好嗎？」「我沒事。」他安詳地回答，把擔心壓在心裏。

但是，她還是察覺了：「你太過、太過平靜了，你沒有服用鎮靜劑或其他什麼吧？」

查曼原計畫星期六一清早飛到華盛頓，和麥克與七大工業國領袖舉行一連串會議，但是，他最終決定在這早上留守紐約，以應付日本方面萬一傳來的消息。

中午時分，他想，三菱若想退局，現在應已和他聯絡，因此他出發前往機場。正當他走下登機道時，他的手機響起。**該死的**，查曼心頭一震，**要來了**。

來電者果真是三菱銀行，但令查曼詫異的是，他們重申進行交易的意向——但補充希望能重新談判較佳條件——獲取優先股而不是普通股。

「你們是否準備星期一完成交易？」查曼問。

對方的答案是肯定的。

查曼終於面露笑容，這一刻，他交易基因作祟，忍不住問：「你們提出九十億美元是有原因的嗎？可以加碼嗎？」他言下之意是反正大家重新談判，他希望三菱會考慮購入更多的股權——雖然他明知這可能太超過了。

人正在鱈魚角（Cape Cod）的金德勒，剛發電郵給在辦公室的李之遠（譯音）問她：「一切沒事嗎？」

兩分鐘後，他收到回覆電郵：「一小時前沒事。請來電話。」

金德勒馬上飛回紐約，查曼和陶博曼也在整合團隊，他們絕對要在星期一前完成這交易。

星期天，他們已擬出修訂的條款——儘管對摩根士丹利來說，這交易使得他們要承受的代價比以前更昂貴，但他們對於此時此刻仍能找到投資者，已興奮不已。

三菱將購買七十八億美元可轉換優先股，以及十二億美元不可轉換優先股，兩者均設有股息年利率一〇%。剩下唯一的技術問題是：星期一是哥倫布日，美國和日本的銀行都放假，正常的電匯無法通行。

金德勒回到了總部，大聲提問：「你奶奶的，他媽的我們怎樣搞定這事？」

陶博曼想到一個辦法：「他們可以給我們支票。」

其實，陶博曼也從未聽說有人曾開出九十億美元的支票，但是，他想，在這狀況下，任何事情皆有可能。

十月十二日星期天早上十時，身穿休閒服的鮑爾森坐在會議廳內。這個就在他辦公室對面的會議廳裏擠滿了政府金融高官和監管機構高層。柏南克和貝爾剛抵達，蓋特納更是一天之前已趕過來。美國貨幣監理署署長杜甘（John Dugan）、白宮副幕僚長卡普蘭（Joel Kaplan）也在場。鮑爾森的核心團隊——包括納森、傑斯特、凱西卡瑞、大衛斯、威爾金森、瑞恩（Anthony Ryan）、福勞默、諾

頓、威爾遜和霍伊特——都已就座，雖然有些因桌旁已無位置而坐在靠牆的排椅上。

鮑爾森召集這會議協調他即將公布的一系列穩定體系政策之細節。這次會議已是這夥人的第二次會議，很多人在週六下午三時已開過會，勾勒計畫大綱。

計畫涉及多個部門——包括財政部、聯準會和聯邦存款保險公司——連鮑爾森在當日也形容這是「不可思議」的。按照傑斯特、諾頓和納森設計的基礎，鮑爾森希望盡快動用「問題資產拯救計畫」中二千五百億美元投資在銀行系統之內。他們基本上已有籠統的原則：接受資金資助的銀行需向政府支付五%的利息。鮑爾森認為，如果利率訂得過高，如巴菲特向高盛拿一〇%，這可能會嚇倒銀行，令銀行對計畫卻步。最終落實的方案是，這利率在後期會提高，五年後增至九%。

早上辯論的核心其實是在計畫的實行方法而非數目。為了再強調注資的必要性，蓋特納說：「身處美國歷史性的金融危機之中，你必須做三件事：你需要減少債務；要注入股本金；而且要剝離不良資產。這是計畫的其中一部分。」

他建議唯一可以讓弱勢銀行接受這計畫的方法，是強勢銀行同時接受注資，目的是讓參加者「去污名化」，也許更能掩護那些瀕臨倒閉的公司。對這一點，大家不盡同意。

「我們不能拖垮強者以使別人相信弱者並非弱者。」柏南克這樣評述。

還有，加強「問題資產拯救計畫」的資金使用效率也是問題：如果將資金調配給本身健康的公司，這等於可分配給真正有需要的公司的資源會變得更少。

會議前蓋特納和沃什討論過這個問題，沃什告訴他這個污名化的想法是無效的：「誰都無法矇騙市場，你怎可能愚弄大家，讓他們相信人人都是同樣的好、壞或是無分別的。」

然而蓋特納和鮑爾森很快便成功遊說所有小組成員，令他們接受計畫要奏效，必須要說服最大的銀行：如高盛和花旗接受資助。他們列出資助對象名單，準備星期一邀請他們到華盛頓，要求他們一同在計畫推行首日舉行簽署儀式。

有人提出這計畫是否應包括保險公司，納森建議也邀請大都會人壽保險（MetLife）做為「問題資產拯救計畫」的創始參與者。

蓋特納問：「我們怎能這樣做？」

納森對著滿屋子知情者微笑著說：「你監督他們要他們做。」

在辯論注資計畫的同時，摩根士丹利將何去何從也是鮑爾森關心的。他不斷和麥克保持緊密的電話聯繫，他知道摩根士丹利正努力達成新條款的交易；他也得知，三菱也有聯絡聯準會，要求美國政府保證不會在三菱入股後也投資摩根士丹利——三菱害怕如果這情況出現，會讓股東蒙受損失。

當沃什告訴蓋特納這消息時，他的反應很簡單：「操他的！」

當天下午，他們回信給日本政府，承諾未來政府推出的任何干預行動，都不會讓三菱產生比其他股東更多的負面影響。而且當然，摩根士丹利對政府的計畫，或是其在背後促成這交易一無所知。

或許那個週末最大的爆點是，鮑爾森希望能宣布還未與聯邦存款保險公司達成共識的擔保存款一事。鮑爾森和柏南克跟貝爾為此議題作了漫長的討論。開始時，她提出一妥協方案：聯邦存款保險公司會提供保險，但只針對銀行存款，也就是把高盛和摩根士丹利等類別的公司拒於門外。

看著貝爾似乎有點回心轉意，鮑爾森使出渾身解數，甚至把她拉到辦公室說：「我保證這一切歸功於妳。」從她看來，因為歐洲多個政府已宣布大同小異的措施，鮑爾森承受著巨大的政治壓力，必須盡快把計畫推出。這擔保將是計畫中最大型的、但又常常被忽視的部分。為銀行系統提供終極的保護網，會讓政府承擔幾千億美元、或甚至更多的潛在責任。

納森和鮑爾森整個星期也在討論擔保措施這問題。納森的看法是，這代表著美國「有史以來最大的政策變更」。他對鮑爾森說：「這是一個翻天覆地的重大決定，必須在所有人面前辯論清楚，直到他們每個人都點頭同意。」

在週末其中一個會議之中，支持擔保計畫的蓋特納和扮演唱反調角色的納森作了深入的辯論——其實納森心裏也對政府實質上為整個行業提供無限擔保，心存疑慮。

最後，蓋特納贏得辯論，而貝爾也首肯這計畫。

最後一塊拼圖是邀請各銀行到華盛頓，以及鼓勵他們接受「問題資產拯救計畫」的資助。他們結論是，如能把所有執行長集合在一個房間裏，由同業之間發揮無形壓力會迫使他們按計畫而行。

確定了銀行名單後，電召他們的責任落在鮑爾森身上。（鮑爾森在雷曼週末中並沒有像其他人那樣有聯繫任務，所以這次大家把這責任丟給他。）

下午六時二十五分，鮑爾森返回辦公室後開始逐一聯絡這些執行長。他的訊息很簡短：他會囑咐每一位執行長前來華盛頓，但會避談任何發出邀請之緣由的具體細節。

星期天晚上，在華盛頓出席國際貨幣組織活動的貝蘭克梵，和客戶一起用餐時給柯恩使了個眼色，兩人一起走到房間一角，貝蘭克梵低聲說：「漢克剛來電話。要我明天下午三時到財政部。」

「為什麼？」柯恩問。

「我不知道。」

「他怎麼跟你說的？」被弄糊塗的柯恩問。

貝蘭克梵回答：「相信我，我有追問他，我一直追問他，他唯一跟我說的是『你會高興的』。」

「這才真有點嚇人！」柯恩說。

「我就知道這消息會讓你高興。」貝蘭克梵打趣地說。

星期天晚上，鮑爾森來電話時肯尼斯．路易士（Kenneth Lewis）正在夏洛特的家中準備晚餐。

「肯尼斯，」鮑爾森不多廢話：「我需要你明天下午三時到華盛頓來開會。」

路易士回答：「好的，我會來。關於什麼事？」

「我想你會高興的。」路易士想，既然鮑爾森含糊其詞，他也不便追問。

二〇〇八年十月十三日星期一，上午七時三十分，金德勒坐在利普頓律師事務所的會議室內。他的樣子像去了地獄一趟，他已一整天沒睡，身上仍穿著度假休閒褲和拖鞋，連鬍子也沒刮。他親自到律師事務所來接收三菱即將送來的支票。麥克人在華盛頓，他要負責完成交易。

金德勒有點緊張，雖然和三菱雙方已同意所有條款，但其實他一輩子也沒見過寫上九個零的支票，他也不肯定這究竟是否可行——還是會分成幾張支票支付？

金德勒本以為三菱會差遣一名低階職員把支票送過來，然而，律師事務所的接待員通知他，一大隊穿著體面正式服裝的三菱高級職員剛進大廳，正向著會議室進發。

金德勒尷尬萬分，他簡直像個待在沙灘上的嬉皮。他狼狽地衝下走廊，硬是向一名律師借穿他的西裝——在扣上外套時，背部傳出一聲撕裂聲——匆忙中他把外套背部撕破了。事務所的律師們全都捧腹大笑。

三菱東京日聯銀行總經理中島孝明（Takaaki Nakajima）帶同約六名日本同事前來準備參加簽約儀式。金德勒十分抱歉地對著目瞪口呆的日本銀行家說：「我實在沒想到您會親自蒞臨，若我早知道，我一定會叫麥克出席。」

中島孝明從信封裏拿出支票移交給金德勒。支票上註明：「憑票支付摩根士丹利$9,000,000,000.00.」金德勒緊緊抓著這張不可思議的支票，他可能是有史以來第一人實實在在地觸摸著這麼大金額的支票——他知道，摩根士丹利剛剛被救活了。

有些日本人開始拍照，把這令人吃驚的金額收錄下來。

「這對我們是莫大的光榮，標誌著你們對美國和摩根士丹利的信任與信心。」蓬頭垢面的金德勒努力扮演著政治家的角色。「這將是極棒的投資。」

日本團隊轉身離開時，笑逐顏開的金德勒即時向摩根士丹利高層團隊通報：七時五十三分，標題：「支票到手了！！！！！」內容只短短數字：「交易完成！！！！！」

第二十章 財政部的最後會議

「財長鮑爾森辦公室，請等一等。」早上八時，鮑爾森的助理克莉絲朵．維斯特（Christal West）在老闆辦公室門外接聽連綿不絕的電話。

鮑爾森突發英雄帖給華爾街九大銀行的安排並不特別理想，因為他沒有說明原委。「卡利歐剛打電話來。」卡利歐（Nicholas Calio）是花旗的頭號華府說客；維斯特給鮑爾森核心顧問團的通報電郵這樣寫道：「我把剛才回覆賽恩（John Thain）辦公室的話跟他覆述一次──他們得要來開會，在會議前不會有其他資料發放……所有人昨晚已跟財長確認將會出席。」

另一位花旗說客溫蓋特（Heather Wingate）的電話又到，她同樣想刺探會議目的。溫蓋特收到她老闆花旗集團副董事長凱頓（Lewis Kaden）的電郵囑咐她：「趕快搞清楚鮑爾森邀請潘迪特明天到財政部所為何事？若只是業界通報會，我想潘迪特不會去。如果是有關別的事，我們需要知道是什麼。」

啊，潘迪特！鮑爾森的助理知道她老闆怎麼看這人：他可是很難搞定的人。

財政部另一高級顧問傑弗瑞．斯托爾茨福斯（Jeffrey Stoltzfoos）接聽了溫蓋特的電話後，也馬上發電郵跟大家抱怨：「潘迪特顯然還未決定是否親自前來或是另派代表。我沒有給溫蓋特任何額外訊息，只告訴她我們將和她、或其他花旗的人聯絡討論。」

並不是只有華爾街的巨頭們對會議感到困惑；鮑爾森同樣沒有把「大召集」的細節知會白宮。白宮負責政策的副幕僚長卡普蘭（Joel Kaplan）也發電郵問威爾金森（Jim Wilkinson）：「究竟是一個會議還是九個會議？」

威爾金森即時在黑莓機上回信：這將會是先來一個全體會議，再分開會談以落實方案。

統籌一切讓會議順利進行的任務落在維斯特的頭上。這也許是財政部大樓有史以來至關重要的會議，而維斯特則是統籌者。她發電郵給財政部的高級顧問史丹福．法雅（Stafford Via）：「我們要預先把流程準備好：我想我們需要有人站在閘門外和大門內負責帶路，讓大夥兒在三樓集合。還有，如果有需要，我們可以利用小的會議室和外交接見室供等候之用。」

她也和安全局要求把連接大樓的漢密爾頓廣場（Hamilton Place）關閉，因為她擔心會有大批記者在那裏聚集，會亂成一團。不過，她的申請被堅決地拒絕。

早上九時十九分，她給華爾街巨頭們的祕書發電郵，附上路線指示圖：「首先在第十五街和漢密爾頓廣場交界下車，然後從漢密爾頓廣場步行往大閘進入大樓。他們需要出示附照片的身分證明文件（例如汽車駕照）。」

維斯特飛快地再次檢查一遍，她突然發現美國銀行的路易士（Ken Lewis）是唯一未提報其社會安全證號碼和出生日期的人；而她必須把這資料轉給安全局核對。

維斯特三次撥打路易士辦公室的電話也沒有人接聽，她改撥他家中的號碼，幾分鐘後她給路易士的祕書發電郵：「我剛從路易士太太那裏拿到他的社會安全證號碼和出生日期。」

幾乎沒有人感到驚訝，但也令人擔心的是：祕密會議的消息已洩露出去。美國獨立社區銀行協會執行長卡姆・凡恩（Cam Fine）馬上發電郵給來自德州的帥哥、財政部商業事務副助理部長梅森（Jeb Mason）抱怨：「我猜是我的邀請郵件丟失了，雖然我們代表五千家銀行，和坐擁超過一兆美元資產。」凡恩在電郵內加上一個笑臉，再補充：「梅森，來點金融幽默——笑一下。」

儘管維斯特已竭盡所能，但一切依然非常混亂。紐約聯準銀行主管公共關係的米歇爾（Calvin Mitchell）發急件給威爾金森：「你有出席下午三時會議的與會者名單嗎？你們有沒有確認是哪些人獲得邀請？」

在會議舉行之前一小時，這些執行長仍然想嗅出究竟。美林負責政府關係的貝利（Steven Berry）著急地發電郵給威爾金森：「你知道三點鐘會議的主題嗎？賽恩在追問我。還有，房間號碼？我十五分鐘後要跟賽恩見面。」

下午三時剛過了幾分鐘，柏南克、蓋特納和貝爾（Sheila Bair）聚集在鮑爾森辦公室，這是開大會前四人達成共識的最後機會。

捲起衣袖的鮑爾森如常地坐在他角落的位置，後仰的程度就像他需要腳踏墊一樣。蓋特納坐在他身旁；貝爾則坐在藍絲絨的沙發上；而柏南克則挑面向鮑爾森的椅子坐下。

他們即將要實施鮑爾森形容為「不可思議」的計畫，大家內心的緊張從臉上肌肉緊繃的程度可見一斑；鮑爾森更好像正被人折磨著一樣。

「好吧。」鮑爾森開口說：「要點提示你們全都看過了？」鮑爾森一邊揮舞手中印有約六項要點提示的文件，一邊說：「我們再排練一次。」

鮑爾森說，首先他會介紹每個人，接著，他指著議程內的三點：商業票據（commercial paper）、聯邦存款保險公司（FDIC）、和問題資產拯救計畫（TARP）——這些字首組成的縮寫，日後全變成「紓困」（bailout）的同義詞。不過，「紓困」依然是鮑爾森難以啟齒的詞語。

「之後，我就把會場交給你們。」鮑爾森向柏南克和蓋特納點頭，兩人按鮑爾森的示意排練關於商業票據計畫的台詞。

鮑爾森再說：「從這裏開始，貝爾會接棒。」他還因為之前一晚貝爾對於擔保方案抱怨個不停而在生她的氣。

終於，彩排到了最關鍵點：就像給平常百姓發放的福利救濟金一樣，政府將對國內最大的銀行發放救濟金。

鮑爾森按著要點提示大聲念出來：「為鼓勵廣泛的參與，本計畫是以相同的條件為符合資格的金融機構提供具吸引力的資金而設計的。我們計畫明天公布詳情，而你們九家機構將是我們的第一批參與者。我們會清楚聲明你們的機構十分健康，挺身而出參與只是為了支持美國經濟。」

大家心裏清楚這句話是癡人說夢。

柏南克和蓋特納早前商量過，他們擔心這筆資金連支持一家問題銀行——全國最大的花旗銀行可能都不夠，更遑論解決正在蔓延的金融危機。蓋特納特別擔心花旗，過去幾週他一直說跟著倒下的會是花旗。

接著討論的是蓋特納和鮑爾森辯論了一整天的問題：他們要多強硬？蓋特納已說服鮑爾森「接受問題資產拯救計畫的資金是對參與者的強制規定」。蓋特納懇請鮑爾森言辭要嚴厲：「我們要清楚說明，這不是可讓他們選擇的事。」鮑爾森同意他的想法。

新的要點提示反映了蓋特納的轉變：「這是一個合成計畫（銀行債務擔保和以資金收購），你們的機構必須兩點同時接受；我們也不認為退出是可行的，因為這樣你們會置身於易遭攻擊和無保障的環境裏。」

為了再強調這點，他們還警告：「就算注入資金對你們沒有吸引力，你們也要知道這是監管機構不論任何情況都會執行的。」他們已算出哪些執行長會抗拒。

鮑爾森估計，儘管潘迪特可能會頑強掙扎，但最終他也會接受。戴蒙（Jamie Dimon）是囊中之物。貝蘭克梵（Lloyd Blankfein）可能會震怒，但不會構成障礙。約翰．麥克（John Mack）需要資金，他會立刻接受方案。路易士可能會爭執一陣子；不過，最難確定的是富國銀行的柯瓦希維奇（Richard Kovacevich）：他會不會破壞一切？

鮑爾森回憶請柯瓦希維奇出席會議也是困難之至，他說：「我只差沒把他弄上飛機。」大家帶著驚訝並笑著聽鮑爾森繼續說故事：「我只說，你聽著，財政部長、聯準會主席、聯邦存款保險公司全都要求你到這裏！你最好過來！」大家被逗得大笑後又馬上返回嚴肅的議題。

「戴維，」鮑爾森指著戴維．納森（David Nason）說：「他會負責把數字念出來；而霍伊特會跟他們談一遍薪酬問題。」鮑爾森指的是業界給其中層和高層主管過於奢侈的薪酬這個敏感議題。

在這之後，按照計畫是把執行長分房隔離：「我們讓他們想清楚，跟董事會通電話，如果他們有提問我們也可以回答。到了下午六時三十分大家再集合。」

當大家已準備就緒，鮑爾森鼓勵士氣：「希望我們能成功。」他們一起步出長廊，邁向職業生涯中最大和最具歷史意義的會議。

在財政部大樓外，任何試圖嚴控這次會議的努力已經無效。戴蒙早到了四十五分鐘，在下午二時十五分已抵達。他漫不經心、輕輕鬆鬆地走過在漢密爾頓廣場紮營的攝影記者們面前。記者們趕緊拿起照相機瘋狂快拍。財政部公共關係部的麥克拉琳（Brookly McLaughlin）見狀急忙用黑莓機向同事通報：「我們毫無準備！」Peloton對沖基金創辦人貝勒（Ron Beller）十分鐘後出現；接著是花旗的凱利和高盛貝蘭克梵在二時四十三分抵達；而麥克和潘迪特緊隨其後。

二時五十三分，路易士依然不見蹤影。維斯特緊張起來，結果他在最後五分鐘出現，偷偷地從鮑爾森的私人入口走進大樓。

下午二時五十九分，維斯特發出電郵：「他們已全部入內。」

美國財長的會議廳最懾人心神的裝潢是放在正中央、擦得閃閃發亮的二十四呎長的桃花心木大桌；兩旁牆壁一邊掛著斯圖爾特（Gilbert Stuart）為華盛頓總統所畫的肖像；另一邊則是林肯政府的財政部長沙蒙·蔡斯（Salmon P. Chase）的畫像，美鈔上的名句「美國信靠上帝」（In God We Trust）便是由他一錘定音。拱形、玫瑰和綠色的天花板頂部垂掛著五盞巨型燃氣水晶吊燈，二十張皮革紅木椅背面每一張都印上以美元為標誌的美國徽章。

鮑爾森、蓋特納、柏南克和貝爾進場時，九位執行長各自在預先以英文字母排序的椅子上就座。這是第一次——也許也是唯一的一次——在美國金融業界最有影響力的九位執行長和他們的監管者同時同坐一室。

「我感謝你們在這麼急促的通知下來到華盛頓。」鮑爾森以此作開場白，他的語調是這幾週出現風雲劇變以來最嚴肅的。

「柏南克、貝爾、蓋特納和我邀請你們今天下午來，是因為我們覺得美國需要有強力和決斷的行動，以制止我們金融體系內的恐慌蔓延。」

坐在鮑爾森對面的貝蘭克梵臉色開始凝重，路易士也將身子傾前留神聆聽。

鮑爾森解釋：「過去幾天，我們努力地擬出一個包含三部分的計畫，以應對這次的動盪。」接著，一如事先的排練，蓋特納和柏南克率先對大家介紹新的商業票據措施，然後，再由貝爾解釋聯邦存款保險公司準備推出的擔保計畫。鮑爾森把最關鍵的宣布留給自己。

「基於問題資產拯救計畫獲得的授權，財政部在年底前將動用二千五百億美元購買銀行和存款機構的優先股。」鮑爾森肅穆的神情表明這史無前例的措施之嚴重性，他說：「體系需要更多的流動資金，你們會因為政府注入市場的資本而受惠。因而，我們準備宣布你們九家機構將參與這個計畫。」

鮑爾森繼續說明，每家銀行的注資條件是一模一樣的，目的是希望強勢銀行能為需要資金的弱勢銀行提供掩護。「這關乎恢復銀行體系的信心；你們是這信心的關鍵。」

「我們很遺憾要在逼不得已的情況下走這一步。」為了怕大家沒聽明白，他再次強調，不論每個人意下如何，他是期許所有人都會接受注資。「讓我說得更明白些：如果你們不接受注資，又未能按監管者的要求在市場上募集足夠的資本，那時候，我也會給你們第二次機會，但屆時的條件你絕對不會喜歡。」

銀行家們全都被嚇呆了。如果鮑爾森的目的是要他們驚惶失措，他的策略完全成功。

「這是為了國家應該要做的正確決定。」鮑爾森以此結束發言。

接著輪到蓋特納大聲按照英文字母順序念出每家銀行被分配到的金額——美國銀行：二百五十億美元；花旗：二百五十億美元；高盛：一百億美元；摩根大通：二百五十億美元；摩根士丹利：一百億美元；道富銀行（State Street）：一百億美元；富國銀行：二百五十億美元。

想要打破緊張氣氛的戴蒙打趣地說：「我應該在哪裏簽字？」雖然傳出陣陣笑聲，但銀行家們終於知道被財政部召來的原因後，這份緊張是不容易消退的。

下午三時十九分，自動請纓參加會議、坐在後排的威爾金森收到白宮副幕僚長卡普蘭的電郵，他急需把最新情報向布希總統匯報：「快點給我最新進展——反應如何？」

威爾金森不知怎麼回答，因為一切還沒有結果。

富國銀行的柯瓦希維奇對這最後通牒十分不高興。要他搭飛機——平常的大眾航班——親身前來他一直很鄙視的華府，為的就是要強迫他接受自己並不需要的資金，以配合政府費盡心力拯救這些個金融牛仔的鳥計畫？

他挖苦地說：「我又不像你們這種賣花俏產品的紐約人，我不明白我為什麼要在這裏，跟你們一起討論如何紓困你們？」

有一刻大家啞口無言，接著又各說各話，你一言我一語，直到鮑爾森介入。

鮑爾森狠狠地瞪著柯瓦希維奇，威嚇地說：「你的監管者就坐在這裏。」美國貨幣監理署署長杜甘（John Dugan）和聯邦存款保險公司主席貝爾女士就坐在柯瓦希維奇對面。「你明天將接到他們的電話，通知你：你的資本適足率不夠，不過你們又未能在公開市場集資。」

賽恩（John Thain）也跳上擂臺，問：「在薪酬政策上你會提供我們什麼樣的保護？」

賽恩的新老闆路易士簡直不能相信這廝竟有膽量提出這問題，然而，這確實是在場所有人最想問的。政府會不會推出具追溯力的新的薪酬計畫？政府可以這樣做嗎？經過這一役，政府將會擁有他們公司的股權，如果國民強烈抗議，財政部會不會就範？

財政部的法律顧問霍伊特（Bob Hoyt）回答這問題：「我們將制訂條款規定政府不能單方面改變立場，但如果國會修改法律，你們是沒有庇護的。」

感到很不耐煩的路易士覺得大家不應再原地踏步，他說：「我想說明三點：首先，這計畫有很多令人喜歡和不喜歡的地方，我認為鑒於眼下正在發生的事，如果我們對未來沒有一定的恐懼，我們肯定是瘋子。第二，如果我們多浪費一秒討論薪酬，我們簡就是失去理智！」最後路易士堅定地說：「我不認為我們有必要繼續談下去，大家都知道我們將會簽下名字。」

不過，柯瓦希維奇還是坐立不安。這等於是社會主義！

柏南克清喉嚨的聲音響了一響，然後房間又靜下來。

最後，柏南克以教授的口吻說：「我不明白大家對這計畫為何要如此緊張？」他接著解釋國家正面臨自大蕭條以來最糟糕的經濟狀況，懇求他們考慮「整體的利益」，他說：「我們不是想要威逼利誘要你們就範……」

鮑爾森看了他一眼，彷彿在說：沒有錯，事實上，我就是在威逼！

會議中一直坐著不吭聲的麥克轉身對蓋特納說：「把協議給我。」他掏出筆，在文件上簽上名字，手指一彈，把它送回桌子的另一邊。「成了！」就是麥克這一聲，鮑爾森最憎恨的詞語「紓困」

正式生效。

蓋特納指著文件說：「你沒有寫上你的名字啊。」

「你寫不行嗎？」麥克指揮蓋特納在「名字」一欄以大楷寫上「摩根士丹利」。

蓋特納又說：「你也沒有把金額寫上。」

「不是說一百億美元嗎？」麥克有氣無力地回答。

賽恩驚慌地看著麥克問：「你不可以在沒有董事會同意之前簽這文件的。」

「我不可以？」麥克毫不在乎地回答：「我的董事會若要召開，要二十四小時前通知。他們會同意的，如果他們不同意，他們可以開除我！」

貝蘭克梵表明自己需要跟董事會商議：「我不覺得自己有這授權可以單獨決定此事。」其他人也認為必須按照規矩辦事。

戴蒙站起來走到窗前，他決定即席進行電話董事會議。他致電祕書凱西（Kathy），要她把董事會急召線上。其他執行長也各自分散到不同的房間打電話回辦公室。

下午四時〇一分，威爾金森終於回覆卡普蘭的電郵：「我們差不多了，只差一人。這交易應會完成。」他是指富國銀行的柯瓦希維奇。

在走廊外，潘迪特臉上露出燦爛的笑容：「我們剛完成，他們會給我們二百五十億美元，而且還連帶擔保。」他對著手機，語調高興得彷彿中了彩券頭獎。

已簽署協議的麥克找到摩根士丹利董事博斯托克（Roy Bostock），萬一董事會對於他的魯莽決定有異議時，希望博斯托克幫忙滅火。麥克說：「我希望先告訴你，我們即將在二十分鐘後舉行電話董事會議，目的是要批准公司接受問題資產拯救計畫所提供的一百億美元款項。」他停頓一會之後說：「但我已簽署協議了。」

博斯托克明白麥克要求他擔當的角色，說：「我明白，董事會不會對綁在轉盤上的你拋斧頭的。」

摩根士丹利董事會開始時，博斯托克首先聲明：「約翰，除了你簽署接受注資外，我們沒有其他的選擇。你是正確的。」博斯托克也不想鼓勵討論，馬上要求進行投票，並率先以身作則：「我贊成。」

相比之下，戴蒙的口氣是很失望：「這對摩根大通是相對不利的。」從另一個角度看，這資金可以幫助弱勢銀行追上他們。「但我們不能自私，不能成為障礙。」

下午五時三十八分，霍伊特一邊收取已簽署的協議，一邊發電郵給團隊：「在路上——五在手，欠四。」

鮑爾森、蓋特納、柏南克和貝爾在鮑爾森辦公室等候著。

除柯瓦希維奇的抗議外，會議進行得不錯，比他們預料的好得多。實際上他們剛剛把國家的金融體系國有化了，但也沒有人被嚇破膽需要用擔架抬出去。鮑爾森的手指在肚皮上跳動，這是他沉思時不自覺的小動作，他對自己剛完成的事情仍感到難以置信。

鮑爾森剛和在俄亥俄州托萊多（Toledo）發表對經濟看法的民主黨總統候選人歐巴馬通話——把消息告訴他。接著，他嘗試致電麥肯，但未能接通。

下午六時二十三分，威爾金森給團隊發出這訊息：「九得其八，道富銀行只差董事會……我們基本上完成了。」

兩分鐘後，在下午六時二十五分，威爾金森用他的黑莓機發出捷報：「九得其九，已全部簽妥。」

在白宮的卡普蘭回答：「這太好了。」

納森將已簽署的協議書拿去給鮑爾森。

站在財長的辦公室門外，納森停下腳步，讓鮑爾森和他的團隊細嘗這一刻的意義，他說：「我們剛渡過盧比孔河。」（譯注：在西方，「渡過盧比孔河」〔Crossing the Rubicon〕是一句常用諺語，源自西元前四十九年，凱撒破除將領不得帶兵渡過盧比孔河的禁忌，帶兵進軍羅馬與格奈烏斯．龐培展開內戰，最終獲得勝利。意指過了某一點，已沒有回頭路。）

後記

才幾個月的光景，華爾街和全球的金融體系已變得面目全非。過去的五大投行全部潰敗——有的倒閉，有的被急售，也有的轉型為銀行控股公司。兩家抵押貸款巨無霸和全球規模最大的保險公司全都逃不過被政府接管的命運。

在二〇〇八年十月初，總統大筆一揮，財政部——應該說美國納稅人——頓時成為這些全國最具規模金融機構的股東，這樣的拯救行動在幾個月前幾乎是不可想像的。

儘管華盛頓向華爾街輸送幾千億美元的鈔票，但也無法立刻遏止市場的混亂。拯救行動不僅沒有把市場的信心恢復過來，卻適得其反，令投資者的情緒和聯想——這被凱因斯稱為「動物本能」（animal spirits），也就是造成總體經濟波動的根本力量——更為猖獗。即使在布希總統簽署「問題資產拯救計畫」（Troubled Asset Relief Program, TARP）法案後，早已備受蹂躪的道瓊工業指數還是每況愈下，市值曾一度再蒸發多達三七%。

但華爾街天天上演的幕幕風雲，除了直接後果之外還沉澱著更大的餘波——這事件對美國人的心理有深遠的影響。隨著拯救法案第一次向金融機構放款後，全國出現熾熱的辯論：金融業的大震盪對資本主義的未來到底意味什麼？政府在經濟問題上應扮演什麼角色？這角色是否會從此永遠改變？

一年過去了，這些憂慮依然是全國激辯的熱門話題。本書出版時，沸騰的公憤對於正在悄悄滋生蔓延的社會主義作出嚴厲的警告，他們質疑政府在華爾街、底特律，以至醫療體系的角色。（拯救銀行後，布希總統再宣布動用一百三十四億美元緊急救援瀕臨倒閉的兩大車廠：通用汽車和克萊斯勒（Chrysler），讓他們在破產保護下重組。）

華盛頓同時指派華盛頓知名律師芬柏格（Kenneth Feinberg）擔任「薪酬沙皇」（pay czar），檢討被拯救的銀行之肥貓薪資狀況。

這新的聯邦行動主義出乎意料的結果是：傳統的政治信念人仰馬翻，共和黨的總統竟被迫再三捍衛自己一向反對的干預立場。二〇〇八年十月十七日布希總統辯稱「政府介入不等同政府接收」，以反駁批評他的言論。他說：「目的不是要削弱自由市場，而是保存自由市場。」

布希的聲明說明了他本人和接任的政府對於紓困（bailout）的矛盾——自由市場的自由必須有所規範——至少暫時是這樣。

某種程度上，鮑爾森的問題資產拯救計畫是他太強行推銷方案的受害者。計畫的原意是穩定金融體系、預防其惡化，但為了爭取立法者及選民的支持，這計畫卻被描繪成藥到病除的特效藥。但是，從消費者和中小企業的角度來說，信用市場仍然故障失靈——即使有幾千億美元的資金灌注拯救銀行界之後，不少美國人還是無法獲得房貸或貸款。對他們而言，復原的承諾並沒有及時兌現。

儘管大量的現金源源不絕地為金融體系輸血，一些大銀行卻始終岌岌可危。在危機前一度是美國規模最大金融機構的花旗集團不斷走弱，被財政部形容為「死亡之星」（Death Star）。二〇〇八年十一月，財政部需要在原本的二百五十億美元注資額上再追加二百億美元給這金融「巨無霸」，並且需要為花旗數千億美元的資產作出擔保。

二〇〇九年二月，政府擁有花旗的股權由八％激增至三六％。十年前，這家銀行身先士卒推動放鬆管制；十年後，這家金融巨擘的三分之一股權已屬於納稅人。

即便是那些仍然相信紓困的人，他們也對於華盛頓如何能脫卸義務和責任有所懷疑。在二〇〇九年初，美國銀行宣布需要政府額外資助二百億美元以支持與美林的合併交易，引發一場全國性的辯論。鮑爾森把這交易形容為「一鍋粥中的老鼠屎」（**the turd in the punchbowl**）。

還有，當美林在被美國銀行收購的前幾天曾向公司高層發放了共計三十六億美元的獎金這消息曝光後，公眾莫不義憤填膺，激發有關部門對此進行一連串的調查和聽證會，把政府和金融機構私下的談判內容赤裸裸地攤在世人眼前。

九月時，美國銀行與美林的「婚事」一度被吹捧為拯救美林的義舉。但在完成交易的幾個月過程中，美林的交易虧損急速膨脹，資產管理業務也轉弱，公司必須為其惡化中的資產作出更巨額的減值。不過，公眾全被蒙在鼓裡，而在十二月五日，兩家公司的董事會分別投票通過合併。

其實在幕後，路易士曾威脅要退出收購，但被鮑爾森和柏南克施壓，暗示如果不完成交易，他有可能要另謀出路。

當戲劇的各式各樣情節暴露在世人眼前，賽恩（**John Thain**）成為首當其衝的炮灰：落得被路易士親臨其辦公室解僱的下場。儘管證據顯示，美國銀行老早就知道美林的問題只是並未揭露，一度被視為是拯救美林的大英雄的賽恩，瞬間淪為千夫所指的問題根源。

撻伐賽恩之聲還不止於此。當賽恩曾向即將卸任的美林董事會要求高達四千萬美元分紅的消息浮現時，他更成為眾矢之的。

身兼薪酬委員會成員的美林董事約翰．芬尼根，聽到人事部代表覆述這要求時馬上破口大罵：「這簡直是荒唐！」賽恩辯稱自己對這一無所知，並在董事會對此進行討論前已撤回分紅要求。

然而，公眾的憤怒在美國國際集團（AIG）的個案達到高峰。AIG已成為一個更大的負擔，超出任何人的預期，其初始的八百五十億美元續命貸款，最後演變成為超過一千八百億美元的政府援助。蓋特納在作出初次注資時表示這貸款有充分的抵押保證，不過，很快大家便發現，這貸款相當於銀行給沒有信用、毫無還款能力的家庭濫放次貸一樣。

然而木已成舟，納稅人已成為AIG的股東。議員們紛紛大力批判AIG窮極奢侈的行為：公司支付給獨立保險經紀人於加州丹納岬（Dana Point）豪華休閒勝地的退休費用超過四十四萬美元，還有英國郊區打野鳥之旅花費八萬六千美元。

但最令群眾惱怒的是AIG行政人員獲得數十億美元的肥貓獎金。咬牙切齒的示威者蜂擁地攻擊公司總部以及行政人員的住所。歐巴馬總統炮轟質問AIG：「公司在納稅人的支援下才能夠苟延殘喘，他們如何交代自己如此令人憤慨的所作所為？」美國商業新聞有線電視台（CNBC）的財經評論家克拉默（Jim Cramer）也在節目中煽風點火：「我們要在超級市場追擊他們，要在球場上糾纏他們，我們在任何地方都應逼迫他們。」

四面八方的批判，引發了對於企業應如何經營的討論：公司決定開支時，應該考慮追求盈利？還是回應社會輿論？臨危受命的AIG新任執行長李迪，對於「侍候二主」感到不勝其煩，上任十一個月即掛冠求去。

政府對ＡＩＧ發放的援助資金去向也成為焦點。超過四分之一的資金馬上流出，落入全球性的金融機構如高盛、美林和德意志銀行等的口袋裏，以償還ＡＩＧ因信用違約交換（CDS）合約、以及證券借貸所造成的欠帳。

這個現象使批評者又大興問罪之師，指責鮑爾森的方案其實是「由華爾街拯救華爾街」。（再者，外國政府雖沒有在拯救中提供資金，但外國銀行透過這個途徑卻間接受惠，這令鮑爾森有口難辯——罪加一等。）

因高盛從ＡＩＧ手上拿到最多款項——約一百二十九億美元；不用說，高盛立刻成為眾矢之的，以財政部和鮑爾森與高盛的淵源，高盛於幕後操縱的陰謀論大行其道。財政部被譏諷為「高盛政府」（Government Sachs），高盛和ＡＩＧ的賠償瓜葛正突顯這關係——因此財政部選擇拯救ＡＩＧ而不是雷曼。

高盛則是辯稱，它就ＡＩＧ的風險組合一直有做「全面的對沖以及獲得足夠的抵押保證」，高盛並沒有在拯救ＡＩＧ的行動中得到特別利益。（公平地說，證據和揮之不去的謠言確實有所出入。媒體報導渲染的一百二十九億美元數字確實有誤導性；ＡＩＧ轉賬予高盛的金額為四十八億美元，是ＡＩＧ贖回其抵押證券的款項）。

然而，這並不是說高盛在拯救ＡＩＧ一案沒有既得利益，但事實比傳媒的片面報導很多時候是複雜得多。

然而，媒體的報導只是以訛傳訛，忽略了一個重要事實：鮑爾森本人對ＡＩＧ拯救計畫並沒有很多參與；整個行動其實由蓋特納主導（部分由財政部的顧問傑斯特操刀）。同時被忽略的是蓋特納天生愛做交易的性格——本書中提出的很多例證，和從他日後當上財長後推出的政策來看，全都反映他做交易比鮑爾森更積極。

陰謀論排山倒海而來，而且內容的描述越來越有聲有色。《紐約》雜誌的封面標題是：「高盛是不是魔鬼？」《滾石》（*Rolling Stone*）雜誌作家馬特．泰比（Matt Taibbi）提出一個讓群眾十分受用的比喻——高盛是「纏繞在人性面孔上的巨大吸血烏賊，他的吸血管不停地吸取任何銅臭的東西」。

問題資產拯救計畫（TARP）放款後幾個月，高盛宣布二〇〇九年上半年錄得盈利五十二億美元。同年六月，高盛率先向政府返還該計畫發放的一百億美元；而在七月，高盛又以十一億美元的作價贖回向政府發行的認股權證。

轉型為銀行控股公司的高盛，已返回依然故我的運作軌道。

高盛的成功對行業帶來的實質問題是：當政府及納稅人對金融機構提供具體（或間接的）擔保時，如果這些機構繼續冒險以獲取巨額的盈利時，監管者該如何應對？

二〇〇九年高盛的第二季度業績，顯示該公司的風險價值（VaR, value at risk）已高達二．四五億美元（去年同期這數字為一．八四億美元）。高盛的交易至今還是有利可圖的，但時移勢易，下錯注時又如何呢？

然而不論情況是好是壞，高盛和國內其他大型金融機構仍似乎是「大到不能倒」。

金融危機能夠避免嗎？這是個一兆一千億美元的問題——是拯救行動累計至今的金額。答案是「也許」——但先發制人的行動應該早在鮑爾森二〇〇六年春天宣誓就任財長之前就實行。

災難的種子早已在過往的政府政策和措施中埋下：在九〇年代後期，禁止銀行承擔證券業風險的法條被廢除了；鼓勵民眾購屋，並推出寬鬆的房貸標準；歷史性的持續低利環境締造的資金泛濫泡沫；華爾街的薪酬制度鼓勵管理層勇於承受更大風險以獲取短期回報。以上各因素造就了完美風暴。

當信用危機的徵兆浮現時，要力挽狂瀾已經不可能，也必然會有劇烈的市場調整。儘管為時已晚，但是檢討一下在最後階段可採取哪些措施把傷害降到最低，也是合乎情理的。

鮑爾森加入布希政府的第一個夏天時已曾多次預警市場會出問題；不謀而合的是，紐約聯準銀行總裁蓋特納這些年來也一直提出，全球金融市場的環環緊扣只會令大家在恐慌時更脆弱，而非更強壯。他們是不是應該早點採取行動，以防範危機的發生？

就事論事公平地說，鮑爾森確實多月來不斷公開呼籲政府要有正式的授權，以對倒閉的投資銀行執行「有序結束」。然而，他從未向國會提出這申請，即使他提出，能否通過也並不樂觀。

一個悲哀的現實是：華盛頓從來不重視未到兵臨城下前的危機。

這引起另一個更尖銳的問題：當危機已無法避免時，政府的應對究竟是發揮紓緩的作用、還是讓它更惡化？有一點可以確定的是，如政府在那些金融巨頭相繼破產倒下時只袖手旁觀，市場可能出現的變數絕對會比目前已發生的情況更為兇險。

另一方面，金融官員鮑爾森、柏南克、和蓋特納一連串出爾反爾的決定，也是加劇市場波動不爭的事實：他們為貝爾斯登編織安全網，擔保房利美和房地美，卻在容許雷曼申請破產保護後隨即拯救AIG。到底程序是什麼？規則又是什麼？投資者應如何判斷這公司會被拯救、會被容許倒閉或被國有化——答案是不知道。當投資者被這不確定弄得無所適從時，他們會恐慌是可以理解的。

二〇〇九年二月，蓋特納承認：「本意是要帶來信心和保證的緊急行動很多時候弄巧成拙，讓公眾感到憂慮和投資者感到不確定。」

當然，有不少華爾街份子都認為政府不拯救雷曼、讓雷曼倒閉是根本的錯誤。美國的經濟學家和聯準會前副主席布蘭德（Alan Stuart Blinder）將放任雷曼倒閉的決定稱為「一個巨大的錯誤」，他說：「就在雷曼申請破產保護的那天，一切應聲崩潰。」

不論如何計算，雷曼未獲拯救絕對是一場悲劇——不是因為這公司值得被拯救——而是因為其倒閉引發市場一瀉千里和全球經濟大規模的動盪。誠然，也許經濟本身也會崩潰，然而雷曼的倒閉把一切加速了。

雷曼執行長福爾德確實犯下很多錯誤——不管是出於愚忠、狂妄自大，還是缺乏自知之明。但和這齣戲中其他人物自求多福的立場不同的是，福爾德的出發點似乎不是貪婪，而是全心拯救他心愛的公司的強烈渴望。從事交易員出身的他，一輩子在死亡邊緣和回魂經驗間打滾，他在危機中的最後一刻還對自己能戰勝這打擊有絕對的信心。

雖然鮑爾森否認他害怕再度拯救華爾街是因為擔心隨之而來的公憤，但他在處理雷曼事件時的兩難態度某種程度確實源於這份擔心，也是不容置疑的。曾參與政府那個週末會議的人士，在某個特別坦誠的時刻告訴我，英國政府當時表示批准巴克萊資本的交易有困難，這確實是「令人驚訝的巧合」，因為「我們拯救雷曼必定也會受到譴責」。

事後孔明可能會認為聯邦政府應對雷曼有所支撐行動——尤其是政府在隨之而來的災難中有意為行業內其他人提供援助——然而聯邦政府也確實缺乏一有效機制，協助有倒閉危機的投行有序地結束營業；因而，鮑爾森、蓋特納和柏南克迫於無奈，只能以麻省理工學院的經濟學家約翰遜（Simon Johnson）所說的「交易定政策」（policy by deal）的手法應對。

和規範不同，交易很多是急就章——匆匆忙忙的決定自然忙中有錯、有瑕疵，在紐約聯準銀行或財政部內無數無眠的會議中孕育的交易也不例外，全是此時此刻當下的產品。

沒有人關注的事實是，雷曼在美國的業務並非是引發全球高度恐慌的罪魁禍首。聯準會決定准許雷曼的券商業務在母公司申請破產後繼續營運，是值得嘉許的明智之舉，這讓美國的交易能在一定的秩序下平倉。

在其他國家，這卻是一場大混亂。英國和日本的規定強迫雷曼的券商業務立刻停止，把在國外和本土的投資者上百億的資產凍結。不少突然現金周轉不靈、被追繳保證金的對沖基金只能急售資產以補倉，資產價值因而再被壓低，引發另一輪惡性循環。

華盛頓對這些附帶的副作用毫無準備，決策者根本沒有考慮到他們的行動對國際的影響——這失策正是全球應建立有效的金融監管制度的強有力理由。

為捍衛自己作出的決定，鮑爾森後來不時把自己拒絕拯救雷曼的原因修正又修正，試圖擾亂視聽。二〇〇九年一月四日在《紐約時報》的評論版，路易士（Michael Lewis）和艾因霍恩（David Einhorn）這樣評論：「開始時，財政部和聯準會聲稱他們讓雷曼倒閉的目的是讓世人了解：不負責任的華爾街公司不一定有政府作擔保；但隨之發生的混亂使得輿論開始認為讓雷曼倒閉是愚蠢的決定時，當局又一改口風，說他們缺乏合法的權力拯救雷曼。」

巴克萊資本的交易未能完成時，美國政府看似真的沒有監管工具可拯救雷曼。和貝爾斯登的情況不同的是，當時政府透過摩根大通作為管道，發放緊急貸款予貝爾斯登；而在雷曼的個案，則沒有任何金融機構可作管道。再者，聯準會已認定雷曼沒有足夠的抵押品合乎單獨借貸資格，基本上是沒有任何選擇。

但這也不能解釋為何美國政府和鮑爾森不多花點力氣把巴克萊資本留在談判桌上。在二〇〇八年九月十四日星期天早上與英國監管者忙亂的電話往來中，鮑爾森和蓋特納從未提出政府願意資助巴克萊資本的收購，以減低巴克萊資本的風險，並安撫小心翼翼的英國政客。

鮑爾森的看法是，巴克萊資本的英國監管者一定不會在十二小時的期限內批准雷曼的交易。從這角度看，再談判也是浪費寶貴時間。可能鮑爾森的結論是正確的，但質問他是否過早撤退也是合情合理的。

在整個危機過程中，鮑爾森的決策帶來的結果是利是弊，將是無窮無盡的辯論；但換上別人站在鮑爾森的位置——在一個民意支持度每況愈下的跛腳政府內——這人可能被嚇呆或只是議而不決。

唯一不能否定的，是鮑爾森已竭盡全力地工作。一年後回頭看，他在危機中採取的許多措施的確有助於奠定穩定市場的基礎，這些成果卻全被歸功於歐巴馬政府、蓋特納或柏南克的功勞。

迄今，大部分接受了問題資產拯救計畫放款的銀行已返還款項，納稅人亦從中獲利四十億美元。不過，這數字並不包括給ＡＩＧ、花旗和其他公司的支援，那些則可能會成為呆帳。

美國國會議員弗蘭克（**Barney Frank**）曾透徹描述鮑爾森對日後將如何被歷史學家評斷的進退維谷心情，弗蘭克說：「政治的難度在於：為百姓排除萬難幾乎是拿不到分數的；對選民說：『嘩！情況真是糟糕透頂，但你知道嗎，如果沒有我，情況只會更悽慘。』歷史上，從來沒有人能靠這樣的立場當選。」

試圖理解導致二〇〇八年九月發生的事故緣由絕對是重要的課題，但目的應該是強化體系和預防日後危機重演。華盛頓現在有難得的機會研究和推銷針對基本監管架構的改革，但遺憾的是，這千載難逢的機會可能被糟蹋掉。

除非監管制度來一次脫胎換骨的大改變——包括嚴格限制大型金融機構的槓桿上限，遏止以分紅酬勞鼓勵管理層冒不負責任風險的獎勵機制，和嚴打造謠操縱股市及衍生產品市場的行為——要不然，大到不能倒的銀行將依然故我的存在；而下一次，無可避免的泡沫再來臨時，泡沫也將無可避免地再次爆破，循環必定會再出現。

金融業一直被視為在後台默默支援經濟的角色，幫助新公司創業起飛，老公司開枝散葉；但在危機發生前的幾年，金融業自身也走到台前。華爾街的目標從為客戶贏取盈利轉而為自己謀利。本書付印時，試圖鼓吹重新管制金融體系風險的少數幾份議案，全是溫溫吞吞地不夠認真。事過境遷，危機慢慢淡化時，鬆一口氣的歐巴馬政府的重心已轉移到別的議題上了。

這時候，被打倒但並未被征服的華爾街，蹣跚前進，為尋找新的利潤再出征。甘犯風險的行徑在體系內借屍還魂。禿鷹投資又再成為業界寵兒，所有人迫不及待地募集資本，爭相加入商用房地產爆破的投機行列，抓緊可能是一生難逢的撈底機遇。

也許最令人不安的是，華爾街自我中心的中心思想絲毫未變。這次金融危機確實毀滅了不少人的事業和聲譽，也重創了很多人令他們傷痕累累，但是，死裏逃生、撿回一命的人卻孕育出新的刀槍不入優越感——在今時今日的環境，華爾街最欠缺的其實是一份發自內心的謙卑。

我期望這個揭露幕後場景的故事，能夠闡明一家機構、或整個系統之所以「大到不能倒」，除了受到政策法規的管制之外，最終也和公司的領導者和監管他們的官員息息相關。在這段時間所發生的事，日後必定會被不斷研究，或許當同樣的挑戰再度來臨時，下一代的銀行家和監管者也會加入研究的行列。

當針對拯救的辯論還很激烈的時候，戴蒙給鮑爾森寫了一封信，裏頭引述人稱老羅斯福的西奧多．羅斯福總統（Theodore Roosevelt）在一九一〇年四月於巴黎索邦大學的一場演講，題目是「一個共和國的公民意識」：

> 批評家並不重要。當一個強者跌倒，或當一個人做得不夠完美時，站在一旁指指點點的人並不重要；榮耀是屬於競技場上的參與者，他的臉上滿是泥沙血汗，他英勇地出擊，他犯錯，他會不停跌倒，也時常徒勞無功，因為，沒有任何努力不是伴隨著錯誤和不足的，但他至少為理想而奮鬥，因而能嘗到激情洋溢的滋味。他懂得全力以赴，最終勝利時得享成就的喜悅，失敗時他知道自己已竭盡全力——因而他永遠不會與那些冷漠膽小、從不知勝利或失敗為何物的靈魂為伍。

這段話確實令人動容。雖然羅斯福所描述的是英雄，但他這段話中的英雄究竟是勝是敗，並不重要。這是鮑爾森、蓋特納、柏南克和這書中許許多多人物的寫照。只有歷史能評斷他們在這「競技場」中的得失功過。

致謝

本書的緣起，是二〇〇八年九月十五日那短暫的幾小時。經過一整天勞累的工作，我與《紐約時報》的同事費盡心思報導幾乎是我們經濟發展上最具歷史意義的一個週末所發生的種種，我筋疲力竭，在凌晨二時半回到家裏。雖然我人已踏進家門，但我的心思仍然被剛寫好的頭條新聞深深震撼著——雷曼已正式申請破產保護；美林將售予美國銀行；AIG風雨飄搖。

我把已就寢的妻子Pilar Queen吵醒，跟她分享這些新聞：「你不會相信的，」我說，並向她覆述發生的種種，最後我說：「這簡直就像是一部電影！」

妻子定定地看著我幾秒鐘，在她把被單重新蓋上再回到夢鄉之前，她拋下一句：「不，這更像一本書。」

在這之後的整整一個星期，就算只在腦海裏考慮提筆來寫一本書，我也徹底的逃避。我熱愛我的新聞寫作生活，而且，老實說，單單想到要拿起筆來洋洋灑灑地寫下數千字，已令我不寒而慄。

然而，妻子鍥而不捨，一直循循善誘，溫柔但堅定地遊說我應該接受這挑戰。在我對自己仍然沒有信心的時候，她已認定我有能力完成這任務。在這之後的三百六十五個晝夜，她不斷鼓勵我要完成這工作，而我，我在這期間簡直覺得自己有如一個必須無時無刻全力以赴的馬拉松選手。

我也欠我父母Joan和Larry Sorkin，以及我的姊妹Suzie一個特別的感謝。不論我在生命中獲得任何成就，都全是因為他們的愛與支持。當我在中學準備畢業論文時，他們全在我旁邊擔心得團團轉。對他們來說，對我自己來說，要完成一部書絕不是一件輕鬆的事。

我還要提一位重要的家庭成員，但遺憾的是他已無法看到這部書的問世，更遑論閱讀它——他就是我的祖父Sidney Sorkin。在二〇〇八年九月十二日「雷曼週末」之前，我仍是擁有四位健在的祖父母、外祖父母的幸運之人，然而，祖父在那個週五，以九十一歲的高齡離開我們了。

祖父一直熱愛閱讀，我深深感受到，他在天之靈也在督促我在懷念他的同時，應該把那個週末之後發生的事詳細記下來。

在過去一年的寫作生涯中，我獲得祖母Lilly Sorkin、外祖父母Chester and Barbara Ross——三人都超過九十高齡，以及我的妻子的熱切鼓勵與支持。

寫作一本書可能是個孤獨的體驗，然而，我在不同的關口都獲得各方摯友提供幫助，讓我從不感到孤單。我也欠Jeff Cane一個深切的感謝，在《紐約時報》他曾長期擔任我的編輯，他有如一部金融活百科全書，在寫作初期提供極大的幫助。

我的好友、《紐約時報》中另一位我喜愛但已離職的編輯Jim Impoco，以及另一位前時報人、《紐約》雜誌的一流編輯Hugo Lindgren，他們兩位在整個過程中給我許多極棒的建議。

資料搜集員及核對員Michelle Memran的工作非凡，她將最混亂的細節清晰地解構，制定出最精細的時序表，幫助我掌握每一個複雜的場景。在本書完工前的最後一週，另一位資料搜集員**Pam Newton**不厭煩地製作人物表。這些朋友不分晝夜工作，為協助我完成這個項目而犧牲了與家人相處的時間。

另一位使我能夠完成此書的是本書編輯Rick Kot。我有幸能獲得他擔任此書的編輯，他同時也是我心愛的財經書籍《門口的野蠻人》（*Barbarians at the Gate*）的編輯。我和他本已是朋友，經此合作，大家的友誼更進一步。是他不停地催促此書的寫作，也是他讓此書的每一頁更能妙筆生花。他的助理Laura Tisdel也必須一提，她有能耐如同雜耍演員般同時間處理十多項不斷變化的事情。

本書出版社Viking的總裁Clare Ferraro在我踏進他的辦公室推銷這書時，他已對這計畫的遠景投下信心的一票。我也欠整個Viking團隊人情：Rachel Burd, Carla Bolte, Pat Lyons, Fabiana Van Arsdell, Paul Buckley, Jennifer Wang, Carolyn Coleburn, Yen Cheong, Louise Braverman, Linda Cowen, Alex Gigante, Melanie Belkin, Jane Cavolina, Norina Frabotta, Susan Johnson, John Jusino, Michael Burke, Martha Cameron, Beth Caspar, Hilary Roberts, Jackie Veissid, Christina Caruccio及Noirin Lucas。他們全天候辛勞地工作，讓此書得以成真。

我的版權代理人David McCormick擁有一個良好代理人應有的一切，而且水準更高。我也感激P. J. Mark及Leslie Falk，他們負責此書的海外銷售。我也必須感謝Creative Artists Agency的Matthew Snyder，他是我的電影版權代理人，我們自二〇〇一年起合作至今。

如果我不感謝《紐約時報》那些優秀的同事，那我就太怠慢了。其中許多人慷慨地提供編輯上的寶貴意見，更重要的，每當我身心疲憊得快要倒下時，他們毫不吝惜地提供情感上的支援——多得連我自己也不好意思承認。我要特別感謝Jenny Anderson, Liz Alderman, Alex Berenson, Adam Bryant, Eric Dash, Charles Duhigg, Geraldine Fabrikant, Mark Getzfred, David Gillen, Diana Henriques, David Joachim,

P. J. Joshi, Kevin McKenna, Dan Niemi, Joseph Nocera, Floyd Norris, Winnie O'Kelley, Cass Peterson, Tim Race以及Louise Story。

我也要特別提到一群《紐約時報》的朋友，他們變成我生命中非常重要的一部分：二〇〇一年我創立的網上財經報導DealBook的團隊：Peter Edmonston, Michael J. de la Merced及Liza Klaussmann三位是DealBook早期能夠成功的關鍵人物。隨著DealBook的成長，能夠與Zachery Kouwe, Steven M. Davidoff , Jack Lynch, Cyrus Sanati以及Chris V. Nicholson合作也是極其愉快的事。

我也要感謝我在美國商業新聞有線電視台（CNBC）工作的朋友，尤其是《財經論談》（*Squawk Box*）以及《*Kudlow & Cramer*》的製作團隊。他們在我還只是一個二十五歲年輕小伙子、毫無電視經驗時已讓我在螢光幕前出現。

我也要感謝生命中來自不同角落支持這項目的朋友：David Berenson, Dan Bigman, Graydon Carter, Cynthia Colonna, Alan Cowell, David Faber, David Goodman, Warren Hoge, Mark Hoffman, Laura Holson, Ben Hordell, Joe Kernen, Malman一家人, Queen一家人, Carl Quintanilla, Anita Raghavan, Dan Richenthal, Becky Quick, Charlie Rose, Seth and Shari Saideman, Schneiderman一家人, Alixandra Smith, Doug Stumpf, Matt and Melissa Sussberg, Jonathan Wald, Weinberg一家人, Josh and Lauren Wolfe, 以及Michael Wolff。百密一疏，我肯定會不慎遺漏感謝一些特別的人，若是這樣，我現在先道歉。（我的感謝名單刻意剔除任何可能被人懷疑是消息來源的人物。）

也許，我最大的感謝要獻給我的僱主《紐約時報》。我十八歲時進入《紐約時報》可說是一個意外，那是在一九九五年春天的時候。我一直很崇拜報紙廣告頁的專欄作家Stuart Elliott，結果他很大膽地讓我進入這棟大廈：編輯 Felicity Barringer 沒有注意到我的年紀，下了一個賭注讓我負責一篇故事。商業版編輯 Glenn Kramon 信任我並讓我留下，更待我畢業以後聘用我，再委派我到倫敦。現任的商業版編輯 Larry Ingrassia 不單讓我留下，更讓我成為專欄作家，並且傾全力支持我。執行編輯 Bill Keller（在他之前是我加入公司時已擔任此職的 Joe Lelyveld）容許，而且鼓勵這本書的誕生。我的事業發展都要歸功於他們。

我要特別感謝 Larry 跟 Bill，還有董事總經理 John Geddes 及 Jill Abramson，他們慷慨地接受我花時間寫作此書。

我還要特別感謝在「牆壁」另一邊的兩個人：報紙的發行人 Arthur Sulzberger Jr.，以及數位部門的資深副總裁 Martin Nisenholtz。他們兩位不單鼓勵我的記者工作生涯，也支持我的協助這份報紙的創業意圖。

最後，若是沒有在華爾街、華盛頓以及其他地方的數百位受訪者大方地貢獻他們的時間，以及分享他們珍貴的資料，這本書就不可能出現。我已經答應他們，我不會在這裏提及他們任何一位的名字，但是，他們心中有知，他們也知道我是如何衷心地感激他們。

參考書目

Auletta, Ken. *Greed and Glory on Wall Street: The Fall of the House of Lehman*. New York: Random House, 1986.

Bagehot, Walter. *Lombard Street: A Description of the Money Market*. New York: Charles Scribner & Sons, 1897.

Chernow, *Ron. Alexander Hamilton*. New York: Penguin Press, 2004.

———. *The House of Morgan: An American Banking Dynasty and the Rise of Modern Finance*. New York: Grove Press, 2001.

Cohan, William D. *House of Cards: A Tale of Hubris and Wretched Excess*. New York: Random House, 2009.

———. *The Last Tycoons: The Secret History of Lazard Fréres & Co*. New York: Doubleday, 2007.

Crisafulli, Patricia. *The House of Dimon: How JPMorgan's Jamie Dimon Rose to the Top of the Financial World*. New York: Wiley, 2009.

Eddy, Mary Baker. *Science and Health with Key to the Scriptures*. Boston: The Christian Science Board of Directors, 2000.

Einhorn, David. *Fooling Some of the People All of the Time: A Long Short Story*. New York: Wiley, 2008.

Ellis, Charles D. *The Partnership: The Making of Goldman Sachs*. New York: Penguin Press, 2008.

Endlich, Lisa. *Goldman Sachs: The Culture of Success*. New York: Touchstone, 1999. 中譯本《四百億美元的祕密：高盛公司的致勝之道》先覺出版

Faber, David. *And Then the Roof Caved In: How Wall Street's Greed and Stupidity Brought Capitalism to Its Knees*. New York: Wiley, 2009.

Friedman, Milton, and Anna Jacobson Schwartz. *A Monetary History of the United States, 1867-1960*. Princeton: Princeton University Press, 1963.

Greenspan, Alan. *The Age of Turbulence: Adventures in a New World*. New York: Penguin Press, 2007. 中譯本《我們的新世界》大塊文化出版

Kelly, Kate. *Street Fighters: The Last 72 Hours of Bear Stearns, the Toughest Firm on Wall Street*. New York: Portfolio, 2009.

Langley, Monica. *Tearing Down the Walls: How Sandy Weill Fought His Way to the Top of the Financial Worid... and Then Nearly Lost It All*. New York: Simon & Schuster, 2003. 中譯本《打造花旗帝國》時報文化出版

Lowenstein, Roger. *When Genius Failed: The Rise and Fall of Long-Term Capital Management*. New York: Random House Trade Publishing, 2000. 中譯本《天才殞落》藍鯨出版

McDonald, Lawrence G., and Patrick Robinson, *A Colossal Failure of Common Sense: The Inside Story of the Collapse of Lehman Brothers*. New York: Crown Business, 2009. 中譯本《雷曼啟示錄》遠流文化出版

Partnoy, Frank. *Fiasco: The Inside Story of a Wall Street Trader*. New York: Penguin, 1999.

Schroeder, Alice. *The Snowball: Warren Buffett and the Business of Life*. New York: Bantam Books, 2008. 中譯本《雪球：巴菲特傳》天下文化出版

Shelp, Ronald. *Fallen Giant: The Amazing Story of Hank Greenberg and the History of AIG*. New York: Wiley, 2006. 中譯本《AIG的故事》財訊出版

Strauss, Barry. *The Battle of Salamis: The Naval Encounter That Saved Greece—and Western Civilization*. New York: Simon and Schuster, 2004.

Tett, Gillian. *Fool's Gold: How the Bold Dream of a Small Tribe at J.P. Morgan Was Corrupted by Wall Street Greed and Unleashed a Catastrophe*. New York: Free Press, 2009.

Wessel, David. *In FED We Trust: Ben Bernanke's War on the Great Panic*. NewYork: Crown Business, 2009.

Whitehead, John C. *A Life in Leadership: From D-Day to Ground Zero: An Autobiography*. New York: Basic Hooks, 2005.

Woodward, Bob. *Maestro: Greenspan's Fed and the American Boom*. New York: Simon & Schuster, 2001. 中譯本《大師的年代：葛林斯班與黃金十年》藍鯨出版

經濟新潮社 〈經濟趨勢系列〉

書　號	書　　名	作　者	定價
QC1001	全球經濟常識100	日本經濟新聞社編	260
QC1002	個性理財方程式：量身訂做你的投資計畫	彼得・塔諾斯	280
QC1003X	資本的祕密：為什麼資本主義在西方成功，在其他地方失敗	赫南多・德・索托	300
QC1004	愛上經濟：一個談經濟學的愛情故事	羅素・羅伯茲	280
QC1007	現代經濟史的基礎：資本主義的生成、發展與危機	後藤靖等	300
QC1009	當企業購併國家：全球資本主義與民主之死	諾瑞娜・赫茲	320
QC1010	中國經濟的危機：了解中國經濟發展9大關鍵	小林熙直等	350
QC1011	經略中國，布局大亞洲	木村福成、丸屋豐二郎、石川幸一	380
QC1012	發現亞當斯密：一個關於財富、轉型與道德的故事	強納森・懷特	350
QC1014C	一課經濟學（50週年紀念版）	亨利・赫茲利特	300
QC1015	葛林斯班的騙局	拉斐・巴特拉	420
QC1016	致命的均衡：哈佛經濟學家推理系列	馬歇爾・傑逢斯	280
QC1017	經濟大師談市場	詹姆斯・多蒂、德威特・李	600
QC1018	人口減少經濟時代	松谷明彥	320
QC1019	邊際謀殺：哈佛經濟學家推理系列	馬歇爾・傑逢斯	280
QC1020	奪命曲線：哈佛經濟學家推理系列	馬歇爾・傑逢斯	280
QC1021	不公平的市場	亞瑟・歐肯	240
QC1022	快樂經濟學：一門新興科學的誕生	理查・萊亞德	320
QC1023	投資銀行青春白皮書	保田隆明	280
QC1024	常識經濟學：人人都該知道的經濟常識	詹姆斯・格瓦特尼、理查・史托普、德威特・李	320
QC1025	公平賽局：經濟學家與女兒互談經濟學、價值，以及人生意義	史帝文・藍思博	320
QC1026C	選擇的自由	米爾頓・傅利曼	500
QC1027	洗錢	橘玲	380
QC1028	避險	幸田真音	280

經濟新潮社　〈經濟趨勢系列〉

書　號	書　　　名	作　　者	定價
QC1029	銀行駭客	幸田真音	330
QC1030	欲望上海	幸田真音	350
QC1031	百辯經濟學（修訂完整版）	瓦特・布拉克	350
QC1032	發現你的經濟天才	泰勒・科文	330
QC1033	貿易的故事：自由貿易與保護主義的抉擇	羅素・羅伯茲	300
QC1034	通膨、美元、貨幣的一課經濟學	亨利・赫茲利特	280
QC1035	伊斯蘭金融大商機	門倉貴史	300
QC1036C	1929年大崩盤	約翰・高伯瑞	350
QC1037	傷一銀行崩壞	幸田真音	380
QC1038	無情銀行	江上剛	350
QC1039	贏家的詛咒：不理性的行為，如何影響決策	理查・塞勒	450
QC1040	價格的祕密	羅素・羅伯茲	320
QC1041	一生做對一次投資：散戶也能賺大錢	尼可拉斯・達華斯	300
QC1042	達蜜經濟學：.me.me.me…在網路上，我們用自己的故事，正在改變未來	泰勒・科文	340
QC1043	大到不能倒：金融海嘯內幕真相始末	安德魯・羅斯・索爾金	650
QC1044	你的錢，為什麼變薄了？：通貨膨脹的真相	莫瑞・羅斯巴德	300

國家圖書館出版品預行編目資料

大到不能倒：金融海嘯內幕真相始末／安德魯·羅斯·索爾金（Andrew Ross Sorkin）著；潘山卓譯. -- 初版. -- 臺北市：經濟新潮社出版：家庭傳媒城邦分公司發行, 2010.09

面；公分. --（經濟趨勢；43）

參考書目：面

譯自：Too big to fail: the inside story of how Wall Street and Washington fought to save the financial system from crisis--and themselves

ISBN 978-986-120-326-3（平裝）

1. 金融危機　2. 美國

561.952　　99017334

編號：QC1043　書名：大到不能倒

cité 城邦 讀者回函卡

謝謝您購買我們出版的書。請將讀者回函卡填好寄回，我們將不定期寄上城邦集團最新的出版資訊。

姓名：______________ 電子信箱：______________

聯絡地址：□□□ ______________________________

____

電話：（公）______________ （宅）______________

身分證字號：______________ （此即您的讀者編號）

生日：____ 年 ____ 月 ____ 日　性別：□男　□女

職業：□軍警　□公教　□學生　□傳播業　□製造業　□金融業　□資訊業

□銷售業　□其他 ______________

教育程度：□碩士及以上　□大學　□專科　□高中　□國中及以下

購買方式：□書店　□郵購　□其他 ______________

喜歡閱讀的種類：______________

□文學　□商業　□軍事　□歷史　□旅遊　□藝術　□科學　□推理

□傳記□生活、勵志　□教育、心理　□其他 ______________

您從何處得知本書的消息？（可複選）

□書店　□報章雜誌　□廣播　□電視　□書訊　□親友　□其他 ______

本書優點：（可複選）□內容符合期待　□文筆流暢　□具實用性

□版面、圖片、字體安排適當　□其他 ______

本書缺點：（可複選）□內容不符合期待　□文筆欠佳　□內容保守

□版面、圖片、字體安排不易閱讀　□價格偏高　□其他

您對我們的建議：______________

____

____

____